U0263221

第二次青藏高原综合科学考察研究丛书

国家出版基金项目
NATIONAL PUBLICATION FOUNDATION

青藏高原江河湖源
新生代古生物考察报告

邓　涛　吴飞翔　苏　涛等　著

科学出版社
北　京

内 容 简 介

本书介绍了第二次青藏高原综合科学考察队古生物科学考察分队在阿里地区札达盆地、日喀则地区、藏北色林错附近、昆仑山口及藏东南芒康等地进行新生代古生物考察的研究成果，呈现了青藏高原从新生代中期以来生态环境由"热带动植物乐园"到"冰期动物群摇篮"的巨大转变。本书主体部分由以下内容组成：化石产出地点地质地层背景介绍，哺乳动物（啮齿目、食肉目、奇蹄目、偶蹄目）、鱼类（鲤形目、攀鲈目）、昆虫和植物等门类化石的系统研究。书中介绍了相关的地质学、地层学和古生物学的专业知识，同时配以大量精美的标本照片、骨骼素描和古生物复原图。

本书适合对古生物学、西藏古生态与古环境和青藏高原科学考察等感兴趣的读者阅读。

审图号：GS (2021) 3313号

图书在版编目（CIP）数据

青藏高原江河湖源新生代古生物考察报告 / 邓涛等著. —北京：科学出版社，2021.8
（第二次青藏高原综合科学考察研究丛书）
国家出版基金项目
ISBN 978-7-03-068989-4

Ⅰ.①青⋯ Ⅱ.①邓⋯ Ⅲ.①青藏高原–新生代–古生物–考察报告 Ⅳ.①Q911.727

中国版本图书馆CIP数据核字（2021）第104169号

责任编辑：李秋艳 白 丹 朱 丽／责任校对：何艳萍
责任印制：肖 兴／封面设计：吴霞暖

科 学 出 版 社 出版

北京东黄城根北街16号
邮政编码：100717
http://www.sciencep.com

北京汇瑞嘉合文化发展有限公司 印刷
科学出版社发行 各地新华书店经销

*

2021年8月第 一 版 开本：787×1092 1/16
2021年8月第一次印刷 印张：25 1/2
字数：600 000

定价：298.00元

（如有印装质量问题，我社负责调换）

"第二次青藏高原综合科学考察研究丛书"
编辑委员会

第二次青藏高原综合科学考察队

古生物科学考察分队人员名单

姓名	职务	工作单位
邓 涛	分队长	中国科学院古脊椎动物与古人类研究所
倪喜军	副分队长	中国科学院古脊椎动物与古人类研究所
徐 星	副分队长	中国科学院古脊椎动物与古人类研究所
李 强	副分队长	中国科学院古脊椎动物与古人类研究所
王世骐	副分队长	中国科学院古脊椎动物与古人类研究所
吴飞翔	副分队长	中国科学院古脊椎动物与古人类研究所
易鸿宇	副分队长	中国科学院古脊椎动物与古人类研究所
周浙昆	副分队长	中国科学院西双版纳热带植物园
苏 涛	副分队长	中国科学院西双版纳热带植物园
陈子隽	副分队长	中央新影集团
李 淳	队员	中国科学院古脊椎动物与古人类研究所
李志恒	队员	中国科学院古脊椎动物与古人类研究所
裴 睿	队员	中国科学院古脊椎动物与古人类研究所
张立召	队员	中国科学院古脊椎动物与古人类研究所
史静耸	队员	中国科学院古脊椎动物与古人类研究所
秦 超	队员	中国科学院古脊椎动物与古人类研究所
尚庆华	队员	中国科学院古脊椎动物与古人类研究所
董 为	队员	中国科学院古脊椎动物与古人类研究所

张颖奇	队员	中国科学院古脊椎动物与古人类研究所
王 强	队员	中国科学院古脊椎动物与古人类研究所
侯素宽	队员	中国科学院古脊椎动物与古人类研究所
董丽萍	队员	中国科学院古脊椎动物与古人类研究所
王 元	队员	中国科学院古脊椎动物与古人类研究所
赵克良	队员	中国科学院古脊椎动物与古人类研究所
葛俊逸	队员	中国科学院古脊椎动物与古人类研究所
周新郢	队员	中国科学院古脊椎动物与古人类研究所
张蜀康	队员	中国科学院古脊椎动物与古人类研究所
赵 祺	队员	中国科学院古脊椎动物与古人类研究所
史勤勤	队员	中国科学院古脊椎动物与古人类研究所
张立民	队员	中国科学院古脊椎动物与古人类研究所
孙博阳	队员	中国科学院古脊椎动物与古人类研究所
时福桥	队员	中国科学院古脊椎动物与古人类研究所
冯文清	队员	中国科学院古脊椎动物与古人类研究所
娄玉山	队员	中国科学院古脊椎动物与古人类研究所
李 录	队员	中国科学院古脊椎动物与古人类研究所
李东升	队员	中国科学院古脊椎动物与古人类研究所
马 宁	队员	中国科学院古脊椎动物与古人类研究所
张 伟	队员	中国科学院古脊椎动物与古人类研究所
高 伟	队员	中国科学院古脊椎动物与古人类研究所
张绍光	队员	中国科学院古脊椎动物与古人类研究所
袁 梦	队员	中国科学院古脊椎动物与古人类研究所
王世营	队员	中国科学院古脊椎动物与古人类研究所
向礼世	队员	中国科学院古脊椎动物与古人类研究所
臧海龙	队员	中国科学院古脊椎动物与古人类研究所

符术兵	队员	中国科学院古脊椎动物与古人类研究所
吴 倩	队员	中国科学院古脊椎动物与古人类研究所
刘淑敏	队员	中国科学院古脊椎动物与古人类研究所
沈 韦	队员	中国科学院古脊椎动物与古人类研究所
房庚雨	队员	中国科学院古脊椎动物与古人类研究所
丁今朝	队员	中国科学院古脊椎动物与古人类研究所
陈银芳	队员	中国科学院古脊椎动物与古人类研究所
桂 友	队员	中国科学院古脊椎动物与古人类研究所
王 宇	队员	中国科学院古脊椎动物与古人类研究所
王 松	队员	中国科学院古脊椎动物与古人类研究所
张鹏杰	队员	中国科学院古脊椎动物与古人类研究所
李 航	队员	中国科学院古脊椎动物与古人类研究所
李 雨	队员	中国科学院古脊椎动物与古人类研究所
李刘昆	队员	中国科学院古脊椎动物与古人类研究所
江左其杲	队员	中国科学院古脊椎动物与古人类研究所
孙丹辉	队员	中国科学院古脊椎动物与古人类研究所
熊武阳	队员	中国科学院古脊椎动物与古人类研究所
李春晓	队员	中国科学院古脊椎动物与古人类研究所
张晓晓	队员	中国科学院古脊椎动物与古人类研究所
付 娇	队员	中国科学院古脊椎动物与古人类研究所
李世杰	队员	中国科学院古脊椎动物与古人类研究所
何思财	队员	中国科学院古脊椎动物与古人类研究所
刘玉栋	队员	中国科学院古脊椎动物与古人类研究所
刘瑜峰	队员	中国科学院古脊椎动物与古人类研究所
曹文心	队员	中国科学院古脊椎动物与古人类研究所
于 洋	队员	中国科学院古脊椎动物与古人类研究所

张逸男	队员	中国科学院古脊椎动物与古人类研究所
鲁　丹	队员	中国科学院古脊椎动物与古人类研究所
阴琦玉	队员	中国科学院古脊椎动物与古人类研究所
马辽原	队员	中国科学院古脊椎动物与古人类研究所
巩　皓	队员	中国科学院古脊椎动物与古人类研究所
Khurram Feroz	队员	中国科学院古脊椎动物与古人类研究所
Muhammad Llyas	队员	中国科学院古脊椎动物与古人类研究所
Kazim Halaclar	队员	中国科学院古脊椎动物与古人类研究所
星耀武	队员	中国科学院西双版纳热带植物园
李树峰	队员	中国科学院西双版纳热带植物园
王　力	队员	中国科学院西双版纳热带植物园
刘　佳	队员	中国科学院西双版纳热带植物园
黄　健	队员	中国科学院西双版纳热带植物园
Cédric Del Rio	队员	中国科学院西双版纳热带植物园
邓炜煜东	队员	中国科学院西双版纳热带植物园
张馨文	队员	中国科学院西双版纳热带植物园
吴梦晓	队员	中国科学院西双版纳热带植物园
徐小婷	队员	中国科学院西双版纳热带植物园
陈琳琳	队员	中国科学院西双版纳热带植物园
陈佩蓉	队员	中国科学院西双版纳热带植物园
赵佳港	队员	中国科学院西双版纳热带植物园
肖书妹	队员	中国科学院西双版纳热带植物园
李伟成	队员	中国科学院西双版纳热带植物园
高　毅	队员	中国科学院西双版纳热带植物园
宋　艾	队员	中国科学院西双版纳热带植物园
杨九成	队员	中国科学院西双版纳热带植物园

唐 赫	队员	中国科学院西双版纳热带植物园
徐聪丽	队员	中国科学院西双版纳热带植物园
赵 凡	队员	中国科学院西双版纳热带植物园
黄永江	队员	中国科学院昆明植物研究所
贾林波	队员	中国科学院昆明植物研究所
胡瑾瑾	队员	中国科学院昆明植物研究所
池建新	队员	中央新影集团
沈 华	队员	中央新影集团
陈 东	队员	中央新影集团
陈 瑶	队员	中央新影集团
张福成	队员	沈阳师范大学
王孝理	队员	沈阳师范大学
郭 颖	队员	沈阳师范大学
许 贺	队员	沈阳师范大学
郑 燕	队员	沈阳师范大学
赵 艳	队员	沈阳师范大学
曹秀成	队员	沈阳师范大学
龙 潜	队员	沈阳师范大学
胡东宇	队员	临沂大学
李志刚	队员	临沂大学
王 岩	队员	临沂大学
王任飞	队员	临沂大学
赵 羽	队员	临沂大学
慕振明	队员	临沂大学

丛书序一

　　青藏高原是地球上最年轻、海拔最高、面积最大的高原，西起帕米尔高原和兴都库什、东到横断山脉、北起昆仑山和祁连山、南至喜马拉雅山区，高原面海拔 4500 米上下，是地球上最独特的地质－地理单元，是开展地球演化、圈层相互作用及人地关系研究的天然实验室。

　　鉴于青藏高原区位的特殊性和重要性，新中国成立以来，在我国重大科技规划中，青藏高原持续被列为重点关注区域。《1956—1967 年科学技术发展远景规划》《1963—1972 年科学技术发展规划》《1978—1985 年全国科学技术发展规划纲要》等规划中都列入针对青藏高原的相关任务。1971 年，周恩来总理主持召开全国科学技术工作会议，制订了基础研究八年科技发展规划（1972—1980 年），青藏高原科学考察是五个核心内容之一，从而拉开了第一次大规模青藏高原综合科学考察研究的序幕。经过近 20 年的不懈努力，第一次青藏综合科考全面完成了 250 多万平方千米的考察，产出了近 100 部专著和论文集，成果荣获了 1987 年国家自然科学奖一等奖，在推动区域经济建设和社会发展、巩固国防边防和国家西部大开发战略的实施中发挥了不可替代的作用。

　　自第一次青藏综合科考开展以来的近 50 年，青藏高原自然与社会环境发生了重大变化，气候变暖幅度是同期全球平均值的两倍，青藏高原生态环境和水循环格局发生了显著变化，如冰川退缩、冻土退化、冰湖溃决、冰崩、草地退化、泥石流频发，严重影响了人类生存环境和经济社会的发展。青藏高原还是"一带一路"环境变化的核心驱动区，将对"一带一路"沿线 20 多个国家和 30 多亿人口的生存与发展带来影响。

　　2017 年 8 月 19 日，第二次青藏高原综合科学考察研究启动，习近平总书记发来贺信，指出"青藏高原是世界屋脊、亚洲水塔，是地球第三极，是我国重要的生态安全屏障、战略资源储备基地，是中华民族特色文化的重要保护地"，要求第二次青藏高原综合科学考察研究要"聚焦水、生态、人类活动，着力解决青藏高原资源环境承载力、灾害风险、绿色发展途径等方面的问题，为守护好世界上最后一方净土、建设美丽的青藏高原作出新贡献，让青藏高原各族群众生活更加幸福安康"。习近平总书记的贺信传达了党中央对青藏高原可持续发展和建设国家生态保护屏障的战略方针。

第二次青藏综合科考将围绕青藏高原地球系统变化及其影响这一关键科学问题，开展西风–季风协同作用及其影响、亚洲水塔动态变化与影响、生态系统与生态安全、生态安全屏障功能与优化体系、生物多样性保护与可持续利用、人类活动与生存环境安全、高原生长与演化、资源能源现状与远景评估、地质环境与灾害、区域绿色发展途径等10大科学问题的研究，以服务国家战略需求和区域可持续发展。

"第二次青藏高原综合科学考察研究丛书"将系统展示科考成果，从多角度综合反映过去50年来青藏高原环境变化的过程、机制及其对人类社会的影响。相信第二次青藏综合科考将继续发扬老一辈科学家艰苦奋斗、团结奋进、勇攀高峰的精神，不忘初心，砥砺前行，为守护好世界上最后一方净土、建设美丽的青藏高原作出新的更大贡献！

孙鸿烈

第一次青藏科考队队长

丛书序二

　　青藏高原及其周边山地作为地球第三极矗立在北半球，同南极和北极一样既是全球变化的发动机，又是全球变化的放大器。2000年前人们就认识到青藏高原北缘昆仑山的重要性，公元 18 世纪人们就发现珠穆朗玛峰的存在，19 世纪以来，人们对青藏高原的科考水平不断从一个高度推向另一个高度。随着人类远足能力的不断加强，逐梦三极的科考日益频繁。虽然青藏高原科考长期以来一直在通过不同的方式在不同的地区进行着，但对于整个青藏高原的综合科考迄今只有两次。第一次是 20 世纪 70 年代开始的第一次青藏科考。这次科考在地学与生物学等科学领域取得了一系列重大成果，奠定了青藏高原科学研究的基础，为推动社会发展、国防安全和西部大开发提供了重要科学依据。第二次是刚刚开始的第二次青藏科考。第二次青藏科考最初是从区域发展和国家需求层面提出来的，后来成为科学家的共同行动。中国科学院的 A 类先导专项率先支持启动了第二次青藏科考。刚刚启动的国家专项支持，使得第二次青藏科考有了广度和深度的提升。

　　习近平总书记高度关怀第二次青藏科考，在 2017 年 8 月 19 日第二次青藏科考启动之际，专门给科考队发来贺信，作出重要指示，以高屋建瓴的战略胸怀和俯瞰全球的国际视野，深刻阐述了青藏高原环境变化研究的重要性，要求第二次青藏科考队聚焦水、生态、人类活动，揭示青藏高原环境变化机理，为生态屏障优化和亚洲水塔安全、美丽青藏高原建设作出贡献。殷切期望广大科考人员发扬老一辈科学家艰苦奋斗、团结奋进、勇攀高峰的精神，为守护好世界上最后一方净土顽强拼搏。这充分体现了习近平总书记的生态文明建设理念和绿色发展思想，是第二次青藏科考的基本遵循。

　　第二次青藏科考的目标是阐明过去环境变化规律，预估未来变化与影响，服务区域经济社会高质量发展，引领国际青藏高原研究，促进全球生态环境保护。为此，第二次青藏科考组织了 10 大任务和 60 多个专题，在亚洲水塔区、喜马拉雅区、横断山高山峡谷区、祁连山 - 阿尔金区、天山 - 帕米尔区等 5 大综合考察研究区的 19 个关键区，开展综合科学考察研究，强化野外观测研究体系布局、科考数据集成、新技术融合和灾害预警体系建设，产出科学考察研究报告、国际科学前沿文章、服务国家需求评估和咨询报告、科学传播产品四大体系的科考成果。

两次青藏综合科考有其相同的地方。表现在两次科考都具有学科齐全的特点，两次科考都有全国不同部门科学家广泛参与，两次科考都是国家专项支持。两次青藏综合科考也有其不同的地方。第一，两次科考的目标不一样：第一次科考是以科学发现为目标；第二次科考是以摸清变化和影响为目标。第二，两次科考的基础不一样：第一次青藏科考时青藏高原交通整体落后、技术手段普遍缺乏；第二次青藏科考时青藏高原交通四通八达，新技术、新手段、新方法日新月异。第三，两次科考的理念不一样：第一次科考的理念是不同学科考察研究的平行推进；第二次科考的理念是实现多学科交叉与融合和地球系统多圈层作用考察研究新突破。

"第二次青藏高原综合科学考察研究丛书"是第二次青藏科考成果四大产出体系的重要组成部分，是系统阐述青藏高原环境变化过程与机理、评估环境变化影响、提出科学应对方案的综合文库。希望丛书的出版能全方位展示青藏高原科学考察研究的新成果和地球系统科学研究的新进展，能为推动青藏高原环境保护和可持续发展、推进国家生态文明建设、促进全球生态环境保护做出应有的贡献。

姚檀栋

第二次青藏科考队队长

前　　言

　　青藏高原是地球上最年轻和最高的高原，其高度占据对流层的 1/3，对大气环流和气候有着巨大的动力和热力效应。青藏高原隆升是晚新生代全球气候变化的重要因素，强烈地影响了亚洲季风系统。印度板块与欧亚板块的碰撞是约 65 Ma 以来地球历史上发生的最重要的造山事件（丁林等，2017），而由此导致的青藏高原隆升对东亚乃至全球环境产生了重要影响。然而，关于青藏高原的隆升历史和过程，尤其是不同地质时期的古高度，长期以来都存在激烈的争论（Molnar et al.，1993；Tapponnier et al.，2001；Rowley and Currie，2006；Wang et al.，2008a；Ding et al.，2014，2017；Deng and Ding，2015；Botsyun et al.，2019；Su et al.，2019）。

　　实际上，在青藏高原两侧发现的哺乳动物化石也暗示了青藏高原的隆升过程。渐新世时期，青藏高原北侧的中国西北地区有巨犀生活，而青藏高原南侧的印巴次大陆西瓦立克地区的地层中也有巨犀化石分布。巨犀动物群在青藏高原的南、北两侧的发现表明，青藏高原在晚渐新世时的隆升幅度还不大，还不足以阻挡大型哺乳动物群的交流，巨犀、巨獠犀和爪兽等都还可以在"青藏高原"的南、北之间比较自由地迁徙。至中中新世，铲齿象在青藏高原北侧的很多地点都有发现，而同一时期在青藏高原南侧的印巴次大陆已见不到这类动物的踪迹，反映出青藏高原在中中新世已经隆升到足以阻碍动物交流的高度。

　　在中国科学院组织的第一次青藏高原综合科学考察中，古生物研究是一项重要任务。发现三趾马化石的藏北比如县布隆地点的现代海拔为 4560 m，其三趾马动物群的时代为晚中新世早期，年龄距今约 10 Ma。布隆的三趾马被命名为西藏三趾马 *Hipparion xizangense*，伴生的动物群包括竹鼠、巨鬣狗、后猫、野猫、大唇犀、萨摩麟和羚羊等。该动物群中的喜湿热成员，特别是低冠竹鼠等，主要生活于落叶阔叶林带。当时森林密布，河湖发育，雨量充沛，土壤处于湿热的氧化环境中，孢粉化石指示还有棕榈存在，与今天的高山草甸及高寒干燥的气候环境迥然不同。西藏三趾马的颊齿齿冠相对较低，第三蹠骨缺失一个对第四跖骨的关节面，这些都是森林型三趾马的特征，与整个动物群的生态环境吻合，反映当时的海拔应在 2500 m 以下。

西藏南部吉隆县沃马地点的现代海拔为 4384 m，其三趾马动物群的时代为晚中新世晚期，年龄经古地磁测定为距今 7 Ma。吉隆县的三趾马为福氏三趾马 *Hipparion forstenae*，其他化石成员还包括更新仓鼠、喜马拉雅跳鼠、鼠兔、鬣狗、大唇犀、后麂、古麟和羚羊等。吉隆三趾马动物群的生态特征显示森林和草原动物各占有一定比例，与南亚的西瓦立克三趾马动物群产生了分异，表明这一时期的喜马拉雅山已对动物群的迁徙产生了显著的阻碍作用。根据对牙齿化石的釉质稳定碳同位素分析，吉隆的三趾马生活于疏林地带，以混合的 C_3 和 C_4 草本植物为食，其中 C_4 植物占 30%，这一比例显示其生活的海拔在 2900 m 以下。

晚新生代青藏高原的隆起对东亚地区的哺乳动物演化具有直接而深远的影响。为了更详细地解读青藏高原在新生代的演化过程，深入青藏高原内部开展工作就显得尤为必要，因此我们从 2001 年开始，沿着第一次青藏高原综合科学考察队前辈的足迹开展新生代古生物地层考察工作。喜马拉雅山脉在中新世、上新世的隆升强化了南亚的夏季季风及北亚的冬季季风，这不仅导致了中亚气候的干燥化，甚至很可能触发了全球的气温下降。例如，青藏高原严寒所造成的恶劣生态环境则成为许多哺乳动物不可逾越的障碍，随着青藏高原的隆起，我国西北地区哺乳动物的面貌和特征自中新世以来也与青藏高原以南的印巴次大陆的动物群差距逐渐加大。因此，哺乳动物化石及相关的地层学对解释青藏高原的抬升过程和隆起幅度具有重要的作用。在青藏高原的主体上发现古生物化石的潜力很大，这将有助于重塑青藏高原新生代生物群的整体面貌，解读出动植物生活的地史时期的生态环境特征。我们期望新的考察成果能与多学科的综合研究一起推动青藏高原这一全球瞩目的热点地区的科学探索迈向更高的水平。

2001 年的第一个考察地点是藏北那曲地区的比如县布隆盆地，1975 年，中国科学院第一次青藏高原综合科学考察队在这里发现了为青藏高原隆升研究提供重要证据的三趾马动物群化石。第二个考察地点，同时也是主要地点，为西藏西南部属于日喀则地区的吉隆盆地，沃马村在吉隆河边的一个巨大冲积扇上，盆地里厚厚的晚新生代河湖相堆积就分布在河谷两岸，1975 年发现三趾马化石的黑沟剖面在与沃马村隔河相望的对岸。黑沟剖面出露相当好，下伏的地层为侏罗系海相页岩，含有丰富的菊石化石。在重点考察的新近纪晚中新世地层中，我们不仅找到了当年的三趾马化石地点，还发现了新的小哺乳动物层位。吉隆盆地是研究青藏高原演化的重要场所，前人已做了大量的地质工作，但在研究深度和力度方面都需要进一步加强。此次考察从化石、地层、古地磁和地球化学方面对吉隆盆地进行了深入细致的研究，除了三趾马动物群的发掘，开展的小哺乳动物筛洗和稳定同位素研究都是以前从未进行过的，孢粉和古地磁的取样密度比前人的工作提高了 10 倍以上。

吉隆和布隆的三趾马动物群研究具有重要的意义，它们与华北的三趾马动物群相似，但与其相距不远、喜马拉雅山相隔的印巴次大陆在同时期有不同的动物群。这显示青藏高原在那时已抬升到相当的高度，使喜马拉雅山成为有效的高山屏障，隔开了印巴次大陆与西藏和华北的动物交流，因而动物群向不同的方向发展。根据华北地区和吉隆盆地的对比，我们可以知道青藏高原自那时起已上升了相当大的高度。

这次主要是采集用于稳定同位素分析的岩石和化石样品。采样层位也准确标定，特别是两层褐煤。没有发现古土壤，至少没有结核层。在化石层有很大的收获，发现了三趾马的颊齿和肢骨，还有很多釉质碎片，有些还风化得特别干净，一点齿质和白垩质都不带，可以直接拿回实验室研磨成粉末样品。还到沃马村里收集了一些牦牛牙，将分析它们的稳定同位素，以便与化石对比。

从 2006 年开始，我们在西藏的考察转移到了阿里地区的札达盆地。因为在研究青藏高原哺乳动物化石的过程中我们了解到，青藏高原隆升的概念实际上早在 19 世纪中叶就被英国古生物学家 Hugh Falconer 提及，他说明是来自中国西藏阿里地区札达县海拔 5800 m 的尼提山口的犀牛化石。仔细研究文献可以发现，这些化石并非出自山口，而是由越过山口的贸易者携带，很显然是札达盆地地层中的产物。在现代的印度平原上就生活着犀牛，因此 Falconer 很自然就能想到，尼提山口的犀牛也应该曾经生活在低海拔地区，而其时代是在几百万年前，因此青藏高原自那时以来已上升超过 2000 m。到了 20 世纪 70 年代，中国科学院第一次青藏高原综合科学考察队也在札达盆地找到了哺乳动物化石，说明这里就应该是"尼提山口化石"的真实产地。

此后我们反复多次对札达盆地进行考察，从中新世、上新世和更新世的地层中发现了非常丰富的哺乳动物及其他脊椎动物化石。我们的发现不仅重建了札达盆地的古海拔，更重要的是找到了第四纪冰期动物群、现代青藏高原动物群和北极动物群最初的起源地，我们发现了最原始的披毛犀、雪豹、北极狐和盘羊，我们研究了高原上的札达三趾马和雪山豹鬣狗，我们追踪到藏羚羊和长颈鹿的远古遗存……这些发现又吸引着我们一次又一次回到青藏高原、回到西藏。

我们最大力度的青藏高原科学考察从 2009 年开始，因为从该年度开始中国科学院启动了青藏高原研究的知识创新工程重要方向项目群，并且在 2012 年进一步加大支持，设立了战略性先导科技 B 类专项。2009 年的重点工作就是前往藏北的伦坡拉盆地进行地层和古生物考察。伦坡拉盆地是一个小型的陆相新生代盆地，位于西藏自治区班戈县一带，面积 3600 km^2，海拔超过 4600 m，盆地内发育了牛堡组和丁青组两套沉积地层。

在西藏地区数量众多的新生代陆相盆地中，伦坡拉是已知油气地质条件较好，并已初步获得工业油气流的一个盆地。

在伦坡拉盆地的工作以寻找化石为主，很快就发现了线索，是水生植物的叶片化石，接着又找到了昆虫化石，有不少保存得非常好的标本。根据地质填图报告提供的记录，在论波日山有丁青组露头，曾经发现过鱼类化石，我们将其作为目标区。这里是典型的丁青组油页岩分布地，阳光强烈地照射在剖面上，岩层亮得刺眼，并了解了什么是"纸状"的油页岩，不仅薄如纸片，而且韧性非常好，可以一页一页地翻开，也可以把一叠油页岩轻松地卷起来。

第一块鱼化石并不是在前人原来描述的油页岩里发现的，而是在油页岩中薄板状的钙质粉砂岩里发现的。此后，化石一块接一块地被发现，有鱼的残段，也有完整的鱼化石。捷报频传，好消息又传来，在油页岩中也找到了鱼化石，跟其他学者原来描述的一样，甚至更好，可以见到立体的保存。

2010年我们首先要去班戈和尼玛进行考察。感到惊喜的是，从纳木错到班戈县的公路已经完全修好，铺上了柏油。虽然只是单幅路面，隔一段距离才有一个双幅错车位置，但已经足够了。在伦坡拉盆地的工作有很大收获，在论波日的丁青组油页岩中找到大量保存完好的鱼类化石。在扎加藏布里采集了现生的高原鳅和裂腹鱼，以便进行对比研究。详细测量并绘制了丁青组的剖面图，采集了连续的孢粉样品，发现了5层火山凝灰岩，并在最后一个工作日找到了盼望已久的哺乳动物化石。在工作地点的地面上发现了很多燧石和玉髓制品，与内蒙古和东北地区分布的细石器非常相似。

继续向西到达措折罗玛镇，该小镇原来是尼玛县的行政中心，现在改属于双湖县。有研究说在措折罗玛镇附近的地层中发现了鱼化石，我们来进行初步的核查和踏勘。化石点在镇西南10多千米的江弄淌嘎，发育白垩系地层，而研究中的鱼化石被认为属于新生代时期。根据资料找到了剖面，在比研究中更高的层位山上发现了大量鱼化石，保存状态相当好，还有不错的植物化石，踏勘结果比预想的收获更大。

有了良好的开始，此后我们每年都来藏北，在尼玛和伦坡拉盆地发现了大量保存精美的植物、昆虫、鱼类化石，在哺乳类、鸟类、两栖类化石方面也取得了重大的突破。在丁青组中发现的早中新世近无角犀化石可以与在中国和欧洲其他地点发现的近无角犀进行对比，显示伦坡拉盆地当时的海拔在3000 m以下。

可可西里盆地也是我们的重要工作地点，在沱沱河地区和五道梁地区都采集到了关键的古生物化石。例如，在二道沟附近的十多层灰岩中发现了大量介形虫。而最有价值的材料则是五道梁组湖相泥灰岩中的植物化石。五道梁组中发现的小檗化石与现代的亚洲小檗亲缘关系最近，根据生态环境对比和古气温校正，推断在过去的1700万年中，该地区抬升了2000～3000 m，不支持先前有关藏北地区在中新世之前已抬升至甚至超过今天高度的假说。

　　青藏高原何时达到了现代高度？科考队 2009 年在札达盆地东南的达巴沟发现了札达三趾马 Hipparion zandaense 的骨架化石，为这一问题提供了可能的答案。由于骨骼化石的形态和附着痕迹能反映肌肉和韧带的状态，所以可以据此分析灭绝动物生活中的运动方式。札达三趾马的骨架保存了全部肢骨、骨盆和部分脊椎，因此给我们提供了重建其运动功能的机会。我们根据其运动功能分析证明札达三趾马是一种生活于高山草原上善于奔跑的动物，从而恢复其生态环境，并据此推算了青藏高原在 4.6 Ma 前的古海拔。另外，稳定碳同位素分析也证明上新世的札达三趾马主要取食高海拔开阔环境的 C_3 植物，与现代藏野驴具有相同的食性。札达三趾马的肢骨在比例上也与藏野驴相似，尤其是细长的掌蹠骨，它们与平原地区的三趾马存在显著差异。显然，藏野驴和札达三趾马在形态功能上发生了趋同进化，这是适应相同高原环境的结果，由此进一步支持了根据札达三趾马化石所作出的青藏高原古环境和古海拔判断。

　　第二次青藏高原综合科学考察研究于 2017 年 8 月 19 日在拉萨启动，习近平总书记发来贺信，向参加科学考察的全体科研人员、青年学生和保障人员表示热烈的祝贺和诚挚的问候。我们备受鼓舞和鞭策，在 2017 年参加了江湖源和河湖源的两次考察，尤其是在色林错周边区域进行了卓有成效的野外工作，取得了可观的成果。科考队重点在双湖县、班戈县和尼玛县的古近纪化石地点开展发掘工作，并对双湖县多玛乡达玉村和尼玛县措折罗玛镇的 3 个含化石剖面进行测量，采集了包括鱼类、哺乳动物、鸟类、昆虫、大植物等不同生物门类的化石标本 500 多块，组成青藏高原面上迄今已知标本数量最多、材料保存最好、物种多样性最高的化石群落，其中大部分化石材料为未知的新类型。对其进行系统的科学研究，将大大丰富对河湖源区古近纪以来生态系统和古环境演变历史的认识。通过研究可知，古近纪的化石以喜温暖湿润和较低海拔环境的物种为主，植被为热带和亚热带森林，其生物多样性和环境面貌与该地区的现状截然不同，反映自古近纪以来其环境发生了巨大的改变。换言之，该地区今天的环境，如地形地貌、水系格局及环境的物理化学特征在古近纪较晚的阶段尚未建立，这与近来根据喜马拉雅地区不同植物组合的定年所重建的隆升过程（Ding et al.，2017）基本一致。另外，这些化石材料的发现也具有重要的生物地理学意义。所采材料中存在不少高原或亚洲首现的新化石类型，它们在欧洲、非洲乃至北美洲存在亲缘关系较近的化石或现生类群，显示青藏高原江湖源区在隆升之前曾是一些洲际分布的生物类群的重要演化区域。这些类群后续的演化及其自西藏地区向外的迁移扩散，形成了以上地区现代生物多样性的关键基础。

　　我们在青藏高原各个盆地发现的不同时代的古生物化石代表了不同的海拔，清晰地描绘出青藏高原逐步隆升的过程。随着生物的演化，直到今天，青藏高原形成了独特的生态系统，丰富的高山动植物成为地球上生物多样性的重要组成部分。本书即近年来所进行新生代古生物考察的综合报告，包括哺乳动物、鱼类、昆虫和植物化石，将为青藏高原新生代的生物演化和地质变迁研究提供重要的古生物证据。

本书是第二次青藏高原综合科学考察研究古生物科考队众多科研和科考人员长期不畏艰苦、辛勤劳动的成果。作者贡献如下：前言由邓涛撰写；摘要由吴飞翔撰写；第1章地质地层背景由王世骐、王晓鸣和李强撰写；第2章啮齿目由李强撰写，食肉目由王晓鸣、曾志杰、江左其杲撰写，奇蹄目由邓涛、王晓鸣、李强撰写，偶蹄目由王晓鸣撰写；第3章鱼类化石由吴飞翔、王宁、毕黛冉、房庚雨撰写；第4章昆虫化石由蔡晨阳撰写；第5章植物化石由苏涛、徐聪丽、贾林波、罗素玲、许贺、星耀武、史恭乐、姜慧等撰写；第6章结语由邓涛撰写。邓涛为本书主编并进行统稿，为中国科学院古脊椎动物与古人类研究所研究员、所长，以及第二次青藏高原综合科学考察研究"生物与高原隆升协同演化"专题总负责人、古生物科考队总队长。

参加科学考察工作的，除本书中的各位撰稿人以外，还包括中国科学院古脊椎动物与古人类研究所的倪喜军、刘娟、侯素宽、赵敏、史勤勤、董丽萍、孙博阳、卢小康、李刈昆、李雨、戎钰芬、孙丹辉、熊武阳、李春晓、王维、张晓凌、时福桥、冯文清、高伟、王平、张绍光、张立召等，甘肃省博物馆的颉光普，美国佛罗里达州立大学的王杨、张春福、Dana Biasatti，美国洛杉矶自然历史博物馆的Gary Takeuchi，中国科学院西双版纳热带植物园的周浙昆、刘佳、唐赫、邓炜煜东、赵凡及其他古生态组成员，西北大学的李杨瑶，中国科学院青藏高原研究所的吴福莉、颜茂都，中国科学院地质与地球物理研究所的孙继敏、靳春胜，中国地质大学（北京）的韩中鹏，中国科学院南京地质古生物研究所的李建国、张海春、许波，兰州大学的宋春晖、苗运法，中国地震局地质研究所的刘静，成都理工大学的夏国清，西藏自治区林业厅的唐毅。特别感谢中国科学院青藏高原研究所的姚檀栋、陈发虎、丁林院士对本次考察的大力支持，以及第二次青藏高原综合科学考察研究办公室，中国科学院青藏高原研究所众多科研人员和工作人员，西藏自治区人民政府和地方各级人民政府及其他社会热心人士提供的帮助。在此谨致谢意！

资助项目及资助机构：第二次青藏高原综合科学考察研究（2019QZKK0705）、中国科学院战略性先导科技专项（XDA20070203，XDB26000000）、中国科学院前沿科学重点研究项目（QYZDY-SSW-DQC022）、中国科学院国际伙伴计划（GJHZ1885）、国家自然科学基金重点项目（41430102）、中国科学院生物演化与环境卓越创新中心和中国科学院青年创新促进会（2017103，2017439）等。

作　者

2019 年 10 月

摘　　要

　　保护好青藏高原生态环境是藏区高质量发展的基本前提，这要求必须以科学调查为基础，多学科、多角度地认识青藏高原的自然环境及其发展过程。特别是在"一带一路"倡议的背景之下，尤其需要宏观地、历史地认识藏区的自然环境资源及其演变过程。新生代由于地质构造隆升，青藏高原地区的环境经历了剧烈变化，由此形成了今天高原独特的自然体系。河湖源和江湖源既是青藏高原自然生态体系重要的组成单元，又是亚洲几大主要河流的发源地。中国科学院青藏高原古生物科学考察队（简称科考队）在这两个区域按地史时序开展了古生态与古环境考察，积累了青藏高原科考史上最丰富的化石资料，掌握了以上两大区域新生代主要时期生态系统的基本面貌及其发展脉络。本书基于相关考察研究数据，系统介绍了上述区域主要化石地点的地质地层背景，以及哺乳动物、鱼类、昆虫和植物等众多古生物门类的系统学和生物地理学的最新研究成果，为揭示青藏高原隆升的环境效应贡献了独立的生物学注解，也为揭示青藏高原在现代生物多样性发展历史中的作用奠定了基础。

　　本书前言介绍了科考队十几年来转战青藏高原各地的艰苦历程，详细回顾了江湖源、河湖源主要化石点的发现和持续考察的经过，以此作为后文系统介绍考察研究成果的铺垫。第1章详细介绍了藏北伦坡拉盆地、尼玛盆地、阿里札达盆地产化石地点的地质地层背景，是对各地含化石层剖面生物地层学工作的总结。自第2章起对各化石门类研究成果进行了详细介绍。第2章哺乳动物包括啮齿目3种（札达盆地仓鼠科2种和鼹形鼠科1种）、食肉目6种（札达盆地犬科2种、鬣狗科2种，伦坡拉盆地和札达盆地的猫科化石2种）、奇蹄目5种（分别产自聂拉木县达涕盆地、札达盆地和噶尔县门士盆地的马科3种、伦坡拉盆地和札达盆地的犀科2种）和偶蹄目1种（札达盆地牛科1种）。第3章鱼类包括鲤形目3种

（藏北伦坡拉盆地和昆仑山口盆地鲤科2种，昆仑山口条鳅科1种）和攀鲈目1种（产自伦坡拉盆地和尼玛盆地的攀鲈科）。第4章描述了产自伦坡拉盆地的昆虫半翅目黾蝽科大黾蝽。第5章植物部分介绍了始新世、渐新世之交的芒康卡均植物群，日喀则地区金星蕨科的小毛蕨，伦坡拉盆地榆科的椿榆，天南星科的似浮萍叶与无患子科的栾树。以上述研究成果为基础，第6章总结了青藏高原自中生代以来古生态与古环境的演变历史，体现了新生代以来青藏高原历经构造隆升，自"热带动植物乐园"到"冰期动物群摇篮"的巨大转变。

根据青藏高原科考总体任务的设置，科考队在江湖源区的考察区域集中在色林错两侧和昆仑山口盆地。色林错东西两侧的伦坡拉盆地、尼玛盆地发育大量古近纪到新近纪早期的河湖相沉积，赋存丰富的化石。科考队在伦坡拉盆地采集上千个编号的始新世和渐新世动植物化石，其中包含大量典型的热带、亚热带动植物。目前已正式报道的鱼类包括化石鲃类张氏春霖鱼和西藏始攀鲈。春霖鱼集合了南亚和非洲一些鲃类的特征，代表着青藏地区现代裂腹鱼类出现前鲤科鱼类的演化水平。而关于西藏始攀鲈的发现则是高原地区首例关于鲈形鱼类化石的报道，将这一类群的化石记录往前推了2000多万年；现代攀鲈则局限于南亚、东南亚和西非热带平原地区。与上述鱼类同时代的古植物包括棕榈科、天南星科的似浮萍叶、榆科的椿榆和无患子科的栾树等阔叶树木及水生植物，显示当时藏北仍处于温暖湿润的低地环境中。这些高原腹地的古生物群落及其代表的古环境，一方面为高原隆升模型的完善和修订提供了独立证据，另一方面也为各自类群的演化研究提供了科学资料。进入新近纪后，该地区生态群落不断变化。已知的化石代表有中新世早期较原始的裂腹鱼类和犀科化石，以及上新世晚期的猫科化石。犀科化石（近无角犀牛）将伦坡拉盆地论波日化石层时代约束为早中新世，其指示的古海拔不超过3000 m；而色林错的锯齿虎化石的存在则说明上新世或早更新世时期，江湖源区生态系统食物链顶端由这些高度特化的大型肉食类动物占据，然而它们最终被其他捕猎灵活性更高的食肉类动物，如雪豹、狼等取代。江湖源区古近纪的生物多样性在新近纪急剧减少，并趋近于现代高原生物区系的面貌。以鱼类为例，昆仑山口上新世的鱼类化石显示，此时已出现高度特化适应高寒环境的裂腹鱼类，鱼群的组成及水体环境与现今相似。由化石鱼类和周边水系近缘种类的比较可知，晚上新世昆仑山口周边青海湖几个水域间的联系比现代更密切，可能曾存在过一个比现在更广阔的水体。晚上新世以后，东昆仑山的抬升使得这一水体进一步分离。从生物地理学的角度看，江湖源区古近纪一些特定类群（如攀鲈）的现代后裔分布于南亚和东南亚，甚至远至西非雨林地区，其原始代表在西藏地区的存在暗示隆升之前的青藏地区或是这些类群早期演化的重要地区。而植物群中不少化石，如似浮萍叶、椿榆等是青藏高原乃至亚洲首现的类型，此前其化石近亲仅见于新生代较早时期的北美洲和欧洲。这些材料为重建相关动植物类群的演化历史起到了关键作用，将西藏地区纳入其历史的分布区域之内。

　　河湖源区工作区选择在阿里地区札达盆地、雅鲁藏布江流域日喀则及藏东南澜沧江流域芒康等地。日喀则地区古新世的毛蕨化石说明该地区当时的海拔低于现在，且曾为温暖湿润的气候类型；而始新世 - 渐新世之交藏东南芒康附近的植物群则证明晚始新世以来，青藏高原东南部经历了明显的抬升过程，然而这一地区植被的类群组成在始新世末已有明显的现代色彩；而进入上新世后，青藏高原西部阿里地区的札达盆地栖居着如披毛犀、北极狐、雪豹、原羊和高度特化的裂腹鱼等典型的适应寒冷环境的动物，显示当时的自然环境已与今天相差无几。其中尤为最重要的是，上述某些哺乳动物由于在高原适应了寒冷环境，在之后的大冰期来临时，走出西藏向北迁徙，构成了冰河世纪动物群中的主体。同时，青藏高原的环境变化也为其他起源于高原周边，如蒙古高原和中国北方的某些动物带来了新的机遇。与上文冰期动物"走出西藏"不同，一些仓鼠和鼢鼠则反其道而行之，它们自上新世从青藏高原外部迁入，快速扩散而适应了高原的干旱环境，曾一度形成了高原历史上啮齿动物可观的多样化。虽然它们中的一部分最终走向了灭绝，然而其他一些种类却最终在藏区存活至今，成为今天高原生态系统的重要组分。

　　由以上资料可以看出，青藏高原隆升前后，藏区自然环境发生了巨大转变，在此过程中，生物或就地适应，"演进与隆升并进"；或迁入藏区，定居高原；或向外扩散，影响高原周边更广大地区生物区系的发展。这些发现及后续研究从历史的角度，以系统的、独立的生物学证据突出了青藏高原在区域乃至全球自然环境和生态区系版图演变过程中的重要地位，因此对于应对当前泛第三极地区重大资源环境变化之挑战、预判其长远影响、制定科学的对策具有特殊的参考价值。

目　录

第 1 章

地质地层背景

科考队在青藏高原江河湖源区的主要工作区域包括藏北地区伦坡拉盆地和尼玛盆地、阿里地区札达盆地及昆仑山口盆地。青藏高原由于在新生代经历了强烈的构造运动抬升，地层均经历了强烈的剥蚀，陆相新生界沉积普遍发育不佳，仅局部受构造控制的断陷区域发育较好。虽然这些盆地普遍面积不大，但其沉积序列保存了周边地区高原隆升的重要信息，是研究新生代高原隆升事件的重要对象，因而在近 10 年来受到了地学各领域研究者的高度关注（Deng and Ding，2015）。由于青藏高原范围大，各沉积盆地分属不同地块，其沉积物发育历史、沉积盆地环境差别较大，难以对青藏高原的新生界陆相沉积做出统一的综合概述，因此我们主要从古脊椎动物角度对几个新生代沉积盆地的地层情况作一些初步介绍。

1.1　伦坡拉盆地

伦坡拉盆地和尼玛盆地位于班公湖—怒江断裂带的中段南侧，拉萨地块与羌塘地块之间的缝合带。两个盆地东西距离相近，沉积活动受到相同的构造因素控制，其沉积建造具有同构性，尤其反映在其沉积环境和古生物面貌上。伦坡拉盆地是西藏地区唯一发现有工业流油的盆地，对其研究比较充分，是我们本次考察工作的重点。

伦坡拉盆地位于西藏自治区那曲市班戈县西北缘与双湖县东南缘交界线一带，并包括申扎县北缘的部分地区。该盆地呈东西延伸的狭长带状，东西长约 220 km，南北宽 15 ～ 20 km，面积约为 3800 km²。伦坡拉盆地的演化受到班公湖—怒江大断裂的活动方式控制，属于拉张断陷盆地，兼具走滑特性（雷清亮等，1996；艾华国等，1998；杜佰伟等，2004）。其基底为燕山期褶皱带的海相沉积物和熔岩等。盆地北缘为逆掩推覆构造带，发育有红星梁逆断层和达玉山逆冲断层；南缘为丁青冲断和长山隆起构造带，发育有长山正断层。盆地内也发育有一系列纵向次级断层，构造因素在盆地中相对比较复杂。

盆地内的新生代沉积物总厚度可达 4000 m，目前采用的划分方案为下部的牛堡组和上部的丁青组。下部始新统 - 渐新统牛堡组，厚度 20 ～ 3000 m，其岩性和厚度横向变化较大。牛堡组下段为棕红色砂岩、砾岩，局部夹灰绿紫红色泥岩，与下伏中生界呈不整合接触；中上段以灰色、灰绿色泥页岩为主，夹泥灰岩、油页岩，局部夹凝灰岩，产轮藻、孢粉、介形类等化石。上部渐新统 - 中新统丁青组，主要为一套半深湖 - 深湖相碎屑岩，与牛堡组呈局部平行不整合接触，盆地中部沉积厚度可达 1000 m 以上，其下段为灰色泥岩、页岩、油页岩、泥灰岩及灰黄色粉细砂岩；中段为灰色泥岩、页岩夹油页岩、粉砂岩和细砂岩；上段为灰色泥岩夹灰色页岩、粉砂岩（夏位国，1986；马鹏飞等，2013）。

关于伦坡拉盆地新生代沉积物的年代，存在较多的争议。Rowley 和 Currie（2006）用稳定同位素研究伦坡拉盆地古高程的工作中，引用了 1993 年中国地质调查局的资料，得出渐新世（35 Ma）时伦坡拉盆地的海拔即达到了 4 km 的结论，这一颇具轰动效应的成果使得对伦坡拉盆地年代学的研究大大升温。Deng 等（2012b）利用论波日山剖面丁青组上部的近无角犀化石，得出丁青组上部的时代为 18 ～ 15 Ma 的早中新世。He 和 Zhang（2012）对车布里剖面丁青组中下部斑脱岩夹层进行锆石 U-Pb 测年，得出斑脱岩中原生锆石的年龄为 23.6±0.2 Ma，根据古地磁极性分析，得出丁青组中下部的时代为 25.5 ～ 19.8 Ma 的晚渐新世到早中新世。

　　我们在对伦坡拉盆地的野外考察中，在达玉、车布里、论波日山等几个地点发现了大量的古生物化石，化石主要分布于丁青组中，牛堡组中也有少量化石出现，包括植物、无脊椎动物、鱼类、两栖类、爬行类、哺乳类等门类。丰富的化石提供了生动鲜明的伦坡拉盆地古生态图景，为还原伦坡拉盆地渐新世到早中新世古气候和古环境提供了大量的一手材料。为了研究这些古生物化石产出的地层情况，我们在达玉、论波日、车布里 3 个地点实测了剖面，下面分别进行介绍。

1.1.1　达玉剖面

　　达玉剖面位于盆地中部北缘，在北部红星梁逆断层和达玉山逆冲断层的影响下，形成一系列东西轴向的倾伏褶曲构造，其中主要构造为一背斜，方向为东西向，约 94°。其南北侧还发育有一些小的褶曲（图 1.1）。达玉剖面可分为 3 段，北段为一倒转的单斜构造，位于红星梁逆断层和达玉山逆冲断层之间，为牛堡组棕红色的洪积相砂砾岩，偶夹脊椎动物化石，向上过渡为河湖相的粉砂岩、细砂岩、泥岩和页岩（图 1.1B 和图 1.2A）。中段位于主背斜上，为丁青组下部湖泊相黄色、绿色、红色泥岩和页岩，夹有泥灰岩，其中页岩层中含有大量各种门类的化石（图 1.1B 和图 1.2B）。南段由一个小的背斜和其南翼的倒转单斜构造组成，中部发育有一不整合面，不整合面之下为丁青组下部湖泊相黄色、红色泥岩和页岩，向上过渡为棕红色河流相粉砂岩、细砂岩和泥岩；不整合面之上为丁青组中部，由洪积相砂砾岩迅速过渡为湖泊相泥岩、页岩和油页岩层，并夹有凝灰岩层，其中含大量化石（图 1.1B 和图 1.2C）。三段剖面之间均覆盖有第四系松散堆积物，其中中段顶部可以与下段底部相对比（D6，D7）。以下介绍达玉剖面北、中、南三段的岩性和化石组合。

　　达玉剖面北段（牛堡组），剖面起点 32°2′16.89″N，89°47′13.27″E；终点 32°2′31.60″N，89°47′18.17″E（图 1.2A 和表 1.1）。

　　达玉剖面中段（大背斜北翼），剖面起点 32°1′48.78″N，89°46′34.86″E；终点 32°2′0.64″N，89°47′12.21″E（图 1.2B 和表 1.2）。

　　达玉剖面南段（南侧小背斜），剖面起点 32°1′11.13″N，89°47′24.65″E；终点 32°0′57.03″N，89°47′16.09″E（图 1.2C 和表 1.3）。

1.1.2　论波日剖面

　　论波日剖面位于伦坡拉盆地中部，位于达玉剖面正南约 5 km。其中主要构造为一大背斜，背斜南翼的绝大部分均已被剥蚀，其北翼形成的单斜构造出露良好（图 1.3

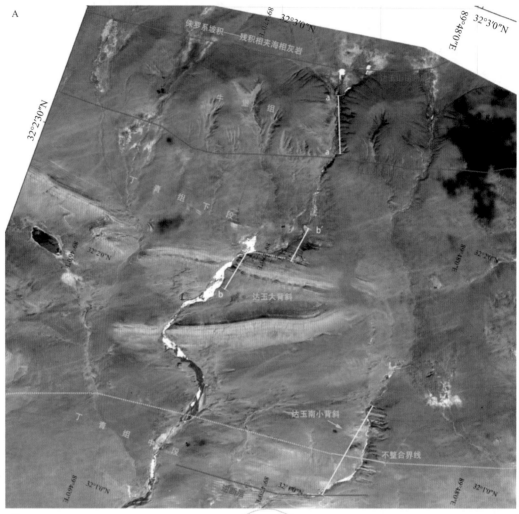

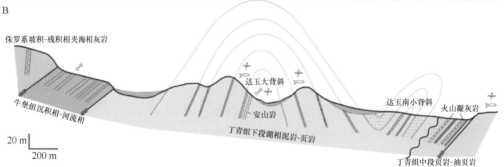

图 1.1　达玉地区构造信息

A. 达玉地区的高清卫星图像及实测剖面位置，a-a′. 达玉剖面北段（牛堡组），b-b′. 达玉剖面中段（大背斜北翼，丁青组下段），c-c′. 达玉剖面南段（大背斜北翼，丁青组中下段）；B. 达玉剖面简图

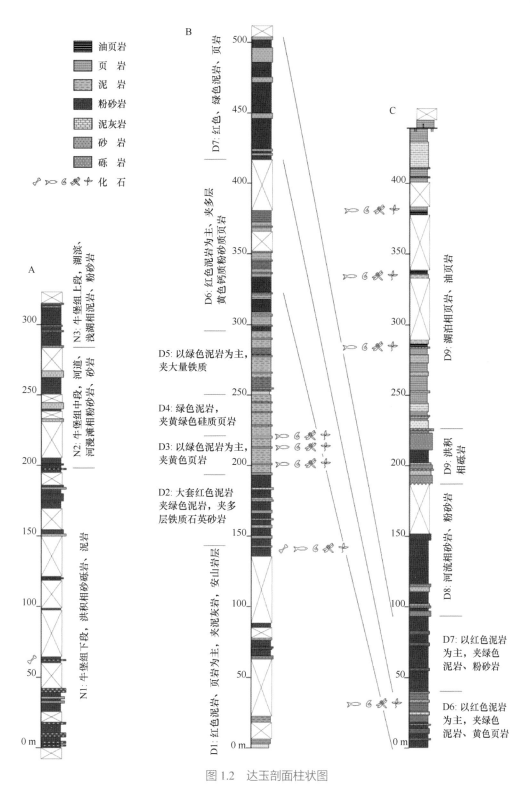

图 1.2　达玉剖面柱状图

A. 达玉剖面北段（牛堡组）；B. 达玉剖面中段（大背斜北翼，丁青组下段）；C. 达玉剖面南段（大背斜北翼，丁青组中下段）

表 1.1　达玉剖面北段（牛堡组）岩性描述

层号	岩性描述及其他信息	层厚（m）
130	第四系覆盖	
	======= 断层接触 =======	
	牛堡组上段（N3）	
129	橘粉色薄层状细粒长石砂岩（长石占 30%），接触胶结	0.1
128	棕色块状泥岩	2.4
127	浅黄绿色厚层状泥岩	0.5
126	棕色块状泥岩	6.0
125	覆盖	3.0
124	棕色块状泥岩	2.2
123	浅黄绿色薄层状泥岩	0.1
122	棕色块状泥岩	1.9
121	橘粉色中层状钙质细粒石英砂岩，孔隙胶结	0.3
120	棕色块状泥岩	3.0
119	橘粉色厚层状细粒长石砂岩（长石占 30%），接触胶结	0.75
118	棕色块状泥岩	2.25
117	棕色中层状泥质粉砂岩	0.6
116	棕色中层状泥岩	0.3
115	棕色中层状泥质粉砂岩	0.6
114	棕色厚层状泥岩	1.5
113	棕色厚层状泥质粉砂岩	0.75
112	棕色厚层状泥岩	0.75
111	棕色中层状细粒长石岩屑砂岩，接触胶结	0.15
110	棕色薄层状泥质粉砂岩	1.35
109	棕色厚层状泥质粉砂岩	0.7
108	棕色厚层状泥岩	0.6
107	浅黄绿色中层状泥岩	0.2
	牛堡组中段（N2）	
106	厚层向上过渡为薄层状，中部黄色；上下橘粉色细粒长石岩屑砂岩，接触胶结	1.5
105	覆盖	16.5
104	黄色块状细粒含砾长石砂岩（长石占 50%），接触胶结，含中型板状层理和包卷构造	4.5
103	棕色块状泥岩	1.8
102	棕色中层状泥质粉砂岩	0.3
101	棕色块状泥岩，偶夹浅黄绿色泥岩	2.4
100	棕色厚层状泥质粉砂岩互层，中部夹中 - 细粒砾岩透镜体，分别为 10 cm、30 cm 厚，次棱角，分选差，成分为绿色砂岩	7.5
99	覆盖	6.0
98	黄色块状细粒含砾长石砂岩（长石占 50%），接触胶结，含中型板状层理和包卷构造	2.8
97	棕色中层状细砾岩，粒径 φ 0.5 ～ 2 mm，次棱角状，分选适中，成分为绿色砂岩	0.2
96	黄色块状细粒含砾长石砂岩（长石占 50%），接触胶结，含中型板状层理和包卷构造	1.5
95	棕色薄层或中层状泥质粉砂岩，夹泥岩	0.9

续表

层号	岩性描述及其他信息	层厚（m）
94	棕色中层状细粒含砾岩屑砂岩，接触胶结	0.3
93	棕色中层状泥质粉砂岩	0.3
92	覆盖	5.5
91	棕色厚层状细粒含砾岩屑砂岩，接触胶结	0.5
90	覆盖	1.0
89	棕色厚层状细粒含砾岩屑砂岩，接触胶结	0.5
88	覆盖	25.5
87	棕色块状泥岩	1.5
86	棕色薄层状泥岩夹泥质粉砂岩；中部为泥质粉砂岩，夹泥岩	3.0
85	棕色厚层状泥质粉砂岩，含小砾石	0.75
84	棕色厚层状细粒含砾岩屑砂岩，接触胶结	0.75
83	棕色中层状泥质粉砂岩	0.3
82	棕色薄层状细粒含砾岩屑砂岩，接触胶结	0.1
81	棕色中层状泥质粉砂岩	0.3
80	棕色薄层状细粒含砾岩屑砂岩，接触胶结	0.1
79	棕色中层状泥质粉砂岩	0.3
78	棕色薄层状细粒含砾岩屑砂岩，接触胶结	0.1
77	棕色中层状泥质粉砂岩	0.3
	牛堡组下段（N1）	
76	棕色厚层状细粒卵砾，粒径 φ 100 mm 以下，次棱角，分选差，杂基支撑	1.0
75	棕色厚层状泥岩	0.8
74	棕色中层状中粗粒砾质岩屑长石砂岩，接触胶结	0.3
73	棕色中层状泥岩	0.3
72	棕色中层状中粗粒砾质岩屑长石砂岩，接触胶结	0.3
71	棕色中层状泥岩	0.3
70	覆盖	9.0
69	棕色厚层状中粗粒砾质岩屑长石砂岩	0.4
68	覆盖	1.1
67	橙粉色中层状中粒角砾，粒径 φ 5～10 mm，分选好	0.3
66	覆盖	1.2
65	棕色薄层状细砾岩，粒径 φ 1 mm 左右，次磨圆，成分以绿色砂岩、中基性喷出岩和石英为主	0.1
64	棕色中层状泥质粉砂岩	0.2
63	棕色中层状细砾岩，粒径 φ 1 mm 左右，次磨圆，成分以绿色砂岩、中基性喷出岩和石英为主	0.2
62	棕色厚层状泥岩	1.0
61	棕色中层状细砾岩，粒径 φ 1 mm 左右，次磨圆，成分以绿色砂岩、中基性喷出岩和石英为主	0.15
60	棕色块状泥岩偶夹薄层状泥质粉砂岩	1.35
59	棕色块状中粗粒长石砂岩；夹有中-细粒砾岩透镜体，分选差，次磨圆，球度好，典型的透镜尺度为 35 cm×2 m	3.0
58	棕色块状中粗粒长石砂岩；中-细粒砾岩，分选差，磨圆适中	2.25
57	棕色块状含砾泥质粉砂岩，夹中-细粒砾岩透镜体	2.25

续表

层号	岩性描述及其他信息	层厚（m）
56	棕色中层状中粗粒长石砂岩，无层理，夹中 - 细粒砾岩透镜体	0.2
55	棕色块状泥质粉砂岩	1.6
54	以棕色中层状为主，粗砾岩，粒径 φ 20 mm 以下，分选差，杂基支撑	0.3
53	棕色中层状泥质粉砂岩	0.3
52	以棕色中层状为主，细粒卵砾，粒径 φ 100 mm 以下，分选差，杂基支撑	0.3
51	棕色中层状泥质粉砂岩	0.3
50	覆盖	15.0
49	棕色块状中粗粒含砾长石砂岩	0.5
48	以棕色中层状为主，细粒卵砾，粒径 φ 100 mm 以下，分选差，杂基支撑	0.3
47	棕色块状中粗粒含砾长石砂岩	2.2
46	以浅黄绿色块状为主，细粒卵砾，粒径 φ 100 mm 以下，分选差，杂基支撑	1.5
45	覆盖	28.5
44	棕色厚层状泥质粉砂岩	0.8
43	棕色中层状中粗粒长石砂岩，无层理，夹中 - 细粒砾岩，分选差，杂基支撑，成分为石英、石英砂岩、安山岩、砾岩等	0.3
42	棕色厚层状泥质粉砂岩	0.8
41	棕色中层状中粗粒长石砂岩，无层理，夹中 - 细粒砾岩，分选差，杂基支撑，成分为石英、石英砂岩、安山岩、砾岩等	0.3
40	棕色厚层状泥质粉砂岩	0.8
39	覆盖	19.5
38	棕色厚层状，细粒卵砾，粒径 φ 100 mm 以下，分选差，杂基支撑	0.5
37	棕色厚层状泥岩	1.0
36	覆盖	33.0
35	棕色中层状含砾泥质粉砂岩	0.3
34	以棕色中层状为主，粗砾岩，粒径 φ 20 mm 以下，分选差，杂基支撑	0.3
33	棕色中层状含砾泥质粉砂岩	0.3
32	以棕色中层状为主，细粒卵砾，粒径 φ 100 mm 以下，分选差，杂基支撑	0.3
31	棕色中层状含砾泥质粉砂岩	0.3
30	棕色厚层状含砾泥质粉砂岩	0.5
29	棕色厚层状细粒卵砾，粒径 φ 100 mm 以下，分选差，杂基支撑，含大哺乳椎体化石	1.0
28	棕色块状泥岩，含小砾石	1.5
27	覆盖	18
26	棕色块状粗粒卵砾，粒径 φ 200 mm 以下，分选差，杂基支撑，磨圆较好，球度较好	3.0
25	棕色块状含砾泥质粉砂岩	1.5
24	棕色块状含砾泥质粉砂岩，夹中 - 细粒砾岩透镜体	1.4
23	浅绿色薄层状细砾岩，粒径 φ 2 mm 左右	0.1
22	棕色块状细粒卵砾，粒径 φ 100 mm 以下	1.5
21	棕色块状含砾泥质粉砂岩，夹中 - 细粒砾岩透镜体	1.4
20	浅绿色薄层状细砾岩 φ 2 mm 左右	0.1
19	棕色块状细粒卵砾，粒径 φ 100 mm 以下	1.5

层号	岩性描述及其他信息	层厚（m）
18	棕色块状泥岩，偶夹砾石	6.0
17	覆盖	7.5
16	棕色块状细粒卵砾，粒径 φ 100 mm 以下，分选差	1.5
15	棕色块状含砾泥质粉砂岩	1.5
14	棕色块状含砾泥质粉砂岩，夹中 - 细粒砾岩透镜体	3.0
13	棕色块状粉砂岩，泥岩互层，夹中 - 细粒砾岩透镜体	1.5
12	以棕色块状为主，粗粒卵砾，粒径 φ 200 mm 以下，分选差	3.0
11	棕色厚层状含砾泥质粉砂岩泥岩	0.4
10	棕色中层状中 - 细粒砾岩，杂基支撑，粒径 φ 80 mm 以下	0.3
9	棕色厚层状含砾泥质粉砂岩	0.5
8	以棕色中层状中 - 细粒砾岩，杂基支撑，粒径 φ 80 mm 以下	0.3
7	棕色块状含砾泥质粉砂岩	1.5
6	以棕色块状为主，细粒卵砾，粒径 φ 100 mm 以下，分选差，杂基支撑；砾石以绿色砂岩、中基性喷出岩、石英岩、石英砂岩、石英砾为主，下部安山岩较多，也有中基性火山岩及长石晶体，还有少量硅质岩	1.5
5	棕色厚层状含砾泥质粉砂岩	0.55
4	棕色厚层状中 - 细粒砾岩	0.4
3	棕色厚层状含砾泥质粉砂岩	0.55
2	以棕色厚层状为主，含 φ 100 mm 以下的细粒卵砾，分选差，杂基支撑	0.75
1	棕色厚层状含砾泥质粉砂岩	0.75

======= 断层接触 =======
第四系覆盖

表 1.2　达玉剖面中段（大背斜北翼）岩性描述

层号	岩性描述及其他信息	层厚（m）
176	第四系覆盖	

~~~~~~~~~不整合~~~~~~~~~
丁青组下段第 7 亚段 (D7)：红色、绿色泥岩、页岩

175	浅黄绿色钙质粉砂质页岩	1.5
174	浅黄绿色薄层状钙质粉砂质页岩中夹泥岩	0.5
173	棕色厚层状泥岩	5.5
172	浅黄绿色薄层状泥岩中夹多层钙质粉砂质页岩	7.5
171	浅黄绿色薄层状钙质粉砂质页岩中夹泥岩	3.0
170	棕色或浅黄绿色薄层状粉砂岩与钙质粉砂质页岩互层	1.4
169	棕色薄层状粉砂岩	0.1
168	浅黄绿色钙质粉砂质页岩	0.5
167	棕色厚层状泥岩	2.42
166	棕色薄层状粉砂岩	0.08
165	棕色厚层状泥岩	0.75
164	棕色厚层状粉砂岩	0.75
163	棕色块状泥岩	1.5

续表

层号	岩性描述及其他信息	层厚（m）
162	棕色或浅黄绿色块状泥质粉砂岩，夹钙质粉砂质页岩	3.0
161	浅黄绿色薄层状钙质粉砂质页岩中夹泥岩	3.75
160	棕色块状泥岩	5.25
159	棕色块状泥岩夹钙质粉砂质页岩	4.5
158	棕色块状泥岩	3.0
157	棕色块状泥岩夹薄层状粉砂岩	3.0
156	棕色块状泥岩	6.0
155	浅黄绿色薄层状泥岩中夹多层钙质粉砂质页岩	3.75
154	棕色或浅黄绿色块状泥岩夹钙质粉砂质页岩	2.25
153	棕色块状泥岩夹薄层状粉砂岩	3.0
152	棕色块状泥岩	9.0
151	棕色块状泥岩夹薄层状粉砂岩	1.5
150	棕色块状泥岩偶夹钙质粉砂质页岩	6.0
149	浅黄绿色薄层状泥岩中夹钙质粉砂质页岩	1.5
148	棕色块状粉砂岩夹薄层状泥岩	1.5
147	浅黄绿色薄层状泥岩中夹钙质粉砂质页岩	1.5
146	棕色块状泥岩	3.0
丁青组下段第6亚段（D6）：以红色泥岩为主，夹多层黄色钙质粉砂质页岩		
145	覆盖	17.05
144	浅橄榄棕色粉砂岩	0.2
143	覆盖	13.95
142	浅黄绿色或深橘黄色钙质泥岩	0.3
141	覆盖	4.5
140	棕色块状泥岩	8.25
139	浅黄绿色块状泥岩	3.0
138	浅黄绿色钙质页岩	0.75
137	浅黄绿色块状泥岩	3.0
136	覆盖	14.25
135	浅黄绿色或深橘黄色钙质页岩	0.75
134	浅黄绿色块状泥岩	5.25
133	浅黄绿色、深橘黄色钙质页岩	0.75
132	棕色块状泥岩，偶夹泥岩	5.25
131	浅黄绿色块状泥岩	2.25
130	浅黄绿色薄层状泥岩	0.75
129	深橘黄色薄层状钙质粉砂岩、页岩，含浅黄绿色、深橘黄色铁质团块	0.75
128	浅黄绿色块状泥岩	2.25
127	棕色块状泥岩	11.25
126	深橘黄色、灰黄色薄层状钙质粉砂岩、页岩	0.75
125	浅黄绿色块状泥岩	3.75

续表

层号	岩性描述及其他信息	层厚（m）
124	棕色块状泥岩	9.0
123	浅黄绿色块状泥岩	1.5
122	深橘黄色、灰黄色薄层状钙质粉砂岩、页岩	1.5
121	棕色块状泥岩	1.5
120	浅黄绿色块状泥岩	5.1
119	灰黄色页岩变成钙质粉砂岩	0.6
	丁青组下段第 5 亚段（D5）：以绿色泥岩为主，夹大量铁质	
118	浅黄绿色中层状泥岩	0.3
117	棕色块状泥岩	3.0
116	浅黄绿色块状泥岩	5.8
115	黄灰色或灰黄色页岩	0.2
114	浅黄绿色块状泥岩	4.5
113	浅黄绿色、黄棕色厚层状粉砂岩与泥岩互层	1.5
112	棕色块状泥岩	1.5
111	浅黄绿色块状泥岩	1.0
110	浅黄绿色厚层状粉砂岩	0.5
109	浅黄绿色块状泥岩	1.5
108	浅黄绿色块状泥岩	1.25
107	暗黄色中层状粉砂岩	0.25
106	黄灰色页岩夹一层棕黄色菱铁矿	0.25
105	浅黄绿色块状泥岩	1.25
104	浅黄绿色厚层状粉砂岩	0.6
103	浅黄绿色块状泥岩	3.9
102	浅黄绿色块状粉砂岩	1.5
101	浅黄绿色块状泥岩	3.5
100	灰黄色页岩	1.0
99	浅黄绿色厚层状泥岩	0.75
98	浅黄绿色块状粉砂岩，局部含铁质含量高的粉砂结核	2.25
97	黄棕色块状泥岩，含浅红色透镜状铁质含量高的粉砂岩	1.5
96	黄棕色块状泥岩	5.7
95	黄灰色厚层状铁质细粒石英砂岩	0.85
94	黄棕色块状泥岩	1.55
	丁青组下段第 4 亚段（D4）：绿色泥岩，夹黄绿色硅质页岩	
93	黄棕色页岩	0.9
92	黄灰色页岩	1.5
91	浅黄绿色块状泥岩，含硅质	5.5
90	黄灰色硅质页岩，含玉髓	0.5
89	浅黄绿色块状泥岩，含硅质	6.65
88	黄灰色硅质页岩，含玉髓	0.2

续表

层号	岩性描述及其他信息	层厚（m）
87	浅黄绿色块状泥岩	2.15
86	浅黄绿色块状泥岩，夹薄层状粉砂岩	6.0
85	浅黄绿色块状泥岩	1.0
84	黄灰色硅质页岩，含玉髓	0.5
83	浅黄绿色块状粉砂岩，含硅质	6.5
82	浅黄绿色厚层状泥岩	0.5
丁青组下段第3亚段（D3）：以绿色泥岩为主，夹黄色页岩，主要化石层		
81	灰黄色页岩，含植物、昆虫（伦坡拉大黾蝽，见第4章）、鱼类化石（鲤科，攀鲈科，见第3章）	1.5
80	浅黄绿色薄层状粉砂岩	0.5
79	浅黄绿色块状泥岩	3.4
78	灰橘色薄层状铁质粉砂质泥岩	0.7
77	浅黄绿色块状泥岩	1.9
76	灰黄色页岩，含植物 [棕榈科西藏似沙巴棕（Su et al.，2019）、椿榆、似浮萍叶、栾树苞片等（详见第5章）]、昆虫（伦坡拉大黾蝽，详见第4章）、鱼类（西藏始攀鲈，详见第3章）、哺乳动物（研究中）、鸟类羽毛（研究中）	0.6
75	浅黄绿色块状泥岩	2.4
74	浅黄绿色块状粉砂质泥岩，中部夹薄层状浅黄绿色粉砂岩	3.0
73	浅黄绿色块状泥岩，局部裂隙有铁质胶膜和结核	3.0
72	浅橄榄色硅质粉砂岩	0.6
71	浅黄绿色块状泥岩	2.05
70	灰黄色页岩，含植物、昆虫、鱼类化石（鲤科）	0.55
69	浅黄绿色块状泥岩	1.3
68	浅黄绿色块状铁质粉砂岩向上递变为泥岩	1.5
67	浅黄绿色薄层状铁质粉砂岩	3.0
丁青组下段第2亚段（D2）：大套红色泥岩夹绿色泥岩，夹多层铁质石英砂岩		
66	黄灰色页岩	1.5
65	浅红棕色块状泥岩	7.5
64	浅黄绿色中层状泥灰岩	0.2
63	浅黄绿色厚层状或块状泥岩	0.8
62	黄灰色厚层状铁质细粒石英砂岩	0.5
61	浅红棕色块状泥岩	6.0
60	浅黄绿色厚层状泥岩	0.8
59	黄灰色厚层状铁质细粒石英砂岩	1.0
58	浅红棕色厚层状泥岩	0.9
57	黄灰色钙质页岩互层	0.45
56	黄灰色厚层状铁质细粒石英砂岩	0.6
55	浅红棕色块状泥岩	4.9
54	浅黄绿色块状泥岩	0.2
53	黄白色中层状含细砂粉砂岩	0.15
52	浅黄绿色钙质页岩	1.05

续表

层号	岩性描述及其他信息	层厚（m）
51	黄灰色页岩	0.7
50	浅黄绿色块状泥岩，局部有水平纹理	1.25
49	浅红棕色块状泥岩	4.0
48	黄灰色厚层状铁质细粒石英砂岩	0.9
47	浅红棕色块状泥岩	1.9
46	黄灰色页岩	0.7
45	浅红棕色块状泥岩	0.65
44	灰橘色薄层状含细砂粉砂岩	0.35
43	浅黄绿色块状泥岩	2.0
42	浅红棕色块状泥岩	5.5
41	浅黄绿色厚层状泥岩	0.5
40	黄灰色页岩	1.1
39	浅黄绿色厚层状泥岩	0.4
38	浅红棕色块状泥岩	5.3
丁青组下段第 1 亚段（D1）：以红色泥岩、页岩为主，夹泥灰岩及安山岩层		
37	灰黄色厚层状泥灰岩、泥云岩	0.7
36	浅黄绿色块状泥岩	1.5
35	浅红棕色块状泥岩，含植物（棕榈科）、昆虫、鱼类（攀鲈、鲤科）、两栖类化石（研究中）、鸟类羽毛（研究中）	5.25
34	覆盖	44.25
33	浅黄绿色钙质页岩	0.75
32	覆盖	2.25
31	棕灰色页岩	0.75
30	浅红棕色厚层状细粒长石砂岩或粉砂岩	0.75
29	浅红棕色块状泥岩	1.5
28	浅黄绿色钙质页岩	0.2
27	覆盖	7.3
26	灰黄绿色厚层状泥岩向上过渡为页岩	1.5
25	浅红棕色块状细粒长石砂岩向上过渡为泥岩	1.5
24	浅红棕色块状泥岩向上过渡为粉砂岩	2.85
23	绿灰色中层状粉砂岩	0.15
22	浅红棕色块状泥岩	1.65
21	淡红色厚层状安山岩，表面有气孔，有黑云母，孔隙中有方解石	0.6
20	暗黄棕色中层状泥岩，受到烘烤作用	0.15
19	浅黄色厚层状泥灰岩	0.6
18	浅红棕色块状泥岩	3.0
17	浅红棕色页岩	0.75
16	淡橄榄灰色块状铁质细粒岩屑砂岩（含 50% 岩屑）向上过渡为粉砂岩	2.25
15	覆盖	40.4
14	浅红色页岩与灰黄绿色页岩互层	1.3

续表

层号	岩性描述及其他信息	层厚（m）
13	浅红棕色块状泥岩	2.6
12	浅红色页岩与灰黄绿色页岩互层	0.7
11	覆盖	4.5
10	浅红棕色页岩	1.5
9	覆盖	5.5
8	灰棕色块状页岩向上过渡为粉砂岩	2.0
7	浅黄绿色薄层状钙质页岩	0.02
6	淡红色厚层状泥岩	0.47
5	浅黄绿色薄层状钙质页岩	0.02
4	淡红色厚层状泥岩	0.48
3	浅黄绿色薄层状钙质页岩	0.02
2	淡红色厚层状泥岩	0.49
1	浅橄榄色页岩（背斜核）	3.0

表 1.3　达玉剖面南段（南侧小背斜）岩性描述

层号	岩性描述及其他信息	层厚（m）
147	浅橄榄色页岩	未见顶
	====== 断层接触 ======	
	丁青组中段第 2 亚段（D10），湖泊相页岩	
146	浅橄榄色页岩	4.5
145	浅黄绿色薄层状钙质页岩	1.1
144	浅橄榄色页岩	4.15
143	灰黄绿色厚层状泥岩	0.75
142	浅橄榄色页岩	0.3
141	灰黄绿色块状泥岩	4.85
140	浅黄绿色薄层状钙质页岩	0.2
139	灰黄绿色厚层状泥岩	0.65
138	浅黄绿色薄层状钙质页岩	3.8
137	淡橄榄灰色薄层状铁质粉砂岩，含凝灰质	0.2
136	浅黄绿色薄层状钙质页岩	0.5
135	淡橄榄灰色薄层状铁质粉砂岩	0.2
134	灰黄绿色块状泥岩	1.25
133	浅黄绿色薄层状钙质页岩	0.05
132	灰橄榄色块状泥岩，中含棕色铁质团块	5.25
131	浅橄榄色页岩	0.75
130	淡橄榄灰色薄层状含铁质凝灰质粉砂岩	0.15
129	浅橄榄色页岩中夹灰黄色页岩及多层钙质粉砂岩	2.85
128	浅橄榄色页岩	1.5
127	浅橄榄色页岩中夹灰黄色页岩及多层钙质粉砂岩	1.5
126	淡橄榄灰色薄层状铁质粉砂岩，含凝灰质	0.75

<table>
<tr><td colspan="3" align="right">续表</td></tr>
<tr><td>层号</td><td>岩性描述及其他信息</td><td>层厚（m）</td></tr>
<tr><td>125</td><td>浅橄榄色页岩</td><td>23.25</td></tr>
<tr><td>124</td><td>浅橄榄色纸状油页岩</td><td>45</td></tr>
<tr><td>123</td><td>淡绿黄色薄层状钙质粉砂岩</td><td>0.5</td></tr>
<tr><td>122</td><td>灰黄绿色块状泥岩</td><td>49</td></tr>
<tr><td>121</td><td>浅橄榄色纸状油页岩</td><td>2.85</td></tr>
<tr><td>120</td><td>浅橄榄色薄层状凝灰质砂岩，含铁质</td><td>0.15</td></tr>
<tr><td>119</td><td>浅橄榄色页岩</td><td>4.3</td></tr>
<tr><td>118</td><td>灰蓝色薄层状细粒含铁钙质岩屑砂岩，孔隙胶结</td><td>0.2</td></tr>
<tr><td>117</td><td>灰黄绿色块状泥岩</td><td>0.65</td></tr>
<tr><td>116</td><td>浅黄绿色薄层状钙质页岩</td><td>0.2</td></tr>
<tr><td>115</td><td>灰黄绿色块状泥岩</td><td>5.15</td></tr>
<tr><td>114</td><td>浅橄榄色页岩</td><td>3.65</td></tr>
<tr><td>113</td><td>浅橄榄色纸状油页岩</td><td>0.2</td></tr>
<tr><td>112</td><td>浅橄榄色页岩</td><td>0.65</td></tr>
<tr><td>111</td><td>浅橄榄色页岩中夹灰黄色页岩及多层钙质粉砂岩</td><td>1.5</td></tr>
<tr><td>110</td><td>灰黄绿色块状泥岩</td><td>1.5</td></tr>
<tr><td>109</td><td>浅黄绿色薄层状钙质页岩</td><td>1.5</td></tr>
<tr><td>108</td><td>浅橄榄色页岩</td><td>3.0</td></tr>
<tr><td>107</td><td>浅橄榄色页岩中夹灰黄色页岩及多层钙质粉砂岩</td><td>1.5</td></tr>
<tr><td>106</td><td>浅橄榄色页岩</td><td>6.0</td></tr>
<tr><td>105</td><td>灰黄色块状钙华，有洞孔状构造</td><td>1.5</td></tr>
<tr><td>104</td><td>浅橄榄色页岩</td><td>7.5</td></tr>
<tr><td>103</td><td>浅黄绿色薄层状钙质页岩</td><td>6.0</td></tr>
<tr><td>102</td><td>浅橄榄色页岩中夹灰黄色页岩及多层钙质粉砂岩</td><td>3.0</td></tr>
<tr><td>101</td><td>浅橄榄色页岩</td><td>0.3</td></tr>
<tr><td>100</td><td>浅橄榄色薄层状凝灰质砂岩</td><td>0.2</td></tr>
<tr><td>99</td><td>浅橄榄色纸状油页岩</td><td>0.15</td></tr>
<tr><td>98</td><td>浅黄绿色薄层状钙质页岩</td><td>0.85</td></tr>
<tr><td>97</td><td>浅橄榄色页岩</td><td>1.5</td></tr>
<tr><td>96</td><td>浅黄绿色薄层状钙质页岩</td><td>6.0</td></tr>
<tr><td colspan="3" align="center">丁青组中段第 1 亚段（D9），洪积相砾岩</td></tr>
<tr><td>95</td><td>薄层状暗黄色，含砂细粒卵砾，粒径 φ70～80 mm 为多，偶有 φ15 mm 左右，次棱角状，分选好，杂基支撑，成分有石英砂岩、石英岩、硅质岩、石灰岩、安山岩、辉绿岩、绿泥石、绿帘石等矿物</td><td>1.5</td></tr>
<tr><td>94</td><td>灰黄绿色块状钙质泥岩，含粒径 φ50 mm 钙质粉砂质结核，表面有黑色铁锰质斑痕</td><td>1.5</td></tr>
<tr><td>93</td><td>暗黄色块状粗粒砾岩，粒径 φ20 mm 为多，大至 φ40～50 mm，次棱角状，分选好，杂基支撑，成分有石英砂岩、石英岩、硅质岩、石灰岩、安山岩、辉绿岩、绿泥石、绿帘石等矿物；纵向劈理中有铁质杂基或胶结物</td><td>6.0</td></tr>
<tr><td>92</td><td>暗黄色厚层状细粒砾岩，偶见粒径 φ10 mm 左右的中粗砾，次棱角状，分选好，局部含有铁质杂基支撑，成分以石英为主，偶有少量角岩或硅质岩</td><td>6.0</td></tr>
<tr><td>91</td><td>棕色块状粉砂质泥岩</td><td>6.0</td></tr>
<tr><td>90</td><td>灰黄色及淡绿黄色粉砂质块状泥岩中夹多层钙质粉砂质结核层，结核以粒径 φ30 mm 为主</td><td>3.0</td></tr>
</table>

续表

层号	岩性描述及其他信息	层厚（m）
89	灰橘粉色及浅棕色薄层或中层状，含砾中粗粒岩屑砂岩，孔隙胶结	1.5
88	暗黄色厚层状或块状细粒砾岩，偶见粒径 φ10 mm 左右的中粗砾，次棱角状，分选好，局部含铁质杂基支撑，成分以石英为主，偶有少量角岩或硅质岩	2.25
87	棕色厚层状粉砂质泥岩	0.75
86	暗黄色薄层状含砾细粒卵砾，粒径 φ70～80 mm 者为多，偶有 φ15 mm 左右者，次棱角状，分选好，杂基支撑，成分有石英砂岩、石英岩、硅质岩、石灰岩、安山岩、辉绿岩、绿泥石、绿帘石等矿物	1.0
85	棕色厚层状粉砂质泥岩	0.5
84	灰橘粉色薄层状和浅棕色中层状含砾中粗粒岩屑砂岩，孔隙胶结	3.0
83	暗黄色块状粗粒砾岩，粒径 φ20 mm 者为多，大至 φ40～50 mm，次棱角状，分选好，杂基支撑，成分有石英砂岩、石英岩、硅质岩、石灰岩、安山岩、辉绿岩、绿泥石、绿帘石等矿物	3.0
82	暗黄色厚层或块状细粒砾岩，偶见粒径 φ10 mm 左右的中粗砾，次棱角状，分选好，局部含铁质，杂基支撑，成分以石英为主	3.0
丁青组下段第 8 亚段（D8）：河流相砂岩、粉砂岩		
81	覆盖	35.5
80	棕色块状粉砂质泥岩，有水平微层理	0.75
79	灰橘粉色薄层或中层状，细粒石英砂岩向上过渡为棕色细粒钙质长石砂岩，含 5% 岩屑，接触胶结，有薄层状小规模平行层理及板状交错层理，表面有孔状沉积构造	0.75
78	棕色块状粉砂质泥岩，有水平微层理	3.5
77	棕色中层状细粒钙质长石砂岩，含 5% 岩屑，接触胶结，有薄层状小规模平行层理及板状交错层理，表面有孔状沉积构造	0.25
76	棕色块状粉砂质泥岩，有水平微层理	16.5
75	淡绿黄色薄层状泥质粉砂岩	0.75
74	棕色块状粉砂质泥岩，有水平微层理	3.0
73	淡绿黄色薄层状泥质粉砂岩	1.0
72	棕色块状粉砂质泥岩，有水平微层理	5.75
71	淡绿黄色薄层状泥质粉砂岩	0.75
70	棕色块状粉砂质泥岩，有水平微层理	0.65
69	灰橘粉色薄层状细粒石英砂岩	0.1
68	棕色块状粉砂质泥岩，有水平微层理	1.75
67	棕色中层或薄层状细粒钙质长石砂岩，含 5% 岩屑，接触胶结，有薄层状小规模平行层理及板状交错层理，表面有孔状沉积构造	0.5
66	棕色块状粉砂质泥岩，有水平微层理	1.5
65	灰橘粉色薄层状细粒石英砂岩	1.0
64	棕色块状粉砂质泥岩，有水平微层理	2.0
63	灰橘粉色薄层状细粒石英砂岩	0.5
62	棕色块状粉砂质泥岩，有水平微层理	7.75
61	淡绿黄色薄层状泥质粉砂岩	0.75
60	灰橘粉色薄层状细粒石英砂岩	1.5
59	淡棕色局部黄灰色薄层/中层细粒钙质长石砂岩，含 5% 岩屑，接触胶结，有薄层状小规模平行层理及板状交错层理，表面有孔状沉积构造，局部表面有团状赤铁矿聚集	1.5
58	棕色块状粉砂质泥岩，有水平微层理	2.25
57	棕色薄层或中层状细粒钙质长石砂岩，含 5% 岩屑，接触胶结，有薄层状小规模平行层理及板状交错层理，表面有孔状沉积构造	0.75
56	棕色块状粉砂质泥岩，有水平微层理	1.5

续表

层号	岩性描述及其他信息	层厚（m）
55	淡棕色薄层／中层状细粒钙质长石砂岩，含 5% 岩屑，接触胶结，不具有层理	1.5
	丁青组下段第 7 亚段（D7）：以红色泥岩为主，夹绿色泥岩、粉砂岩	
54	棕色块状粉砂质泥岩，有水平微层理，含植物碎屑	10.5
53	灰绿色薄层状泥岩	0.65
52	淡绿黄色薄层状泥质粉砂岩，局部含铁质	0.35
51	灰绿色薄层状泥岩	1.25
50	棕色块状粉砂质泥岩，有水平微层理	6.0
49	灰绿色薄层状泥岩	0.75
48	淡绿黄色页岩	0.4
47	淡绿黄色薄层状泥质粉砂岩	0.35
46	灰绿色薄层状泥岩	0.65
45	淡棕色中夹棕色薄层状泥质粉砂岩中夹粉砂质泥岩，有水平微层理	1.6
44	棕色块状粉砂质泥岩，有水平微层理	1.35
43	淡棕色薄层状泥质粉砂岩	0.15
42	棕色块状粉砂质泥岩，有水平微层理	2.6
41	淡棕色薄层状泥质粉砂岩	0.4
40	棕色块状粉砂质泥岩，有水平微层理	1.95
39	淡棕色薄层状泥质粉砂岩	0.3
38	棕色块状粉砂质泥岩，有水平微层理	7.46
37	淡绿黄色薄层状泥质粉砂岩	0.04
36	棕色中层状粉砂质泥岩，有水平微层理	0.25
35	淡绿黄色泥质粉砂岩向上过渡为页岩	0.5
34	灰绿色薄层状泥岩	0.71
33	浅橄榄色薄层状粉砂质泥岩	0.04
32	棕色中层状粉砂质泥岩，有水平微层理	0.19
31	淡绿黄色薄层状泥质粉砂岩	0.06
30	棕色块状粉砂质泥岩，有水平微层理	14.9
29	灰黄色薄层状钙质粉砂岩	0.6
28	灰黄色粉砂质页岩	0.5
27	黄棕色厚层状粉砂质泥岩	1.0
26	棕色块状粉砂质泥岩，有水平微层理	3.0
25	黄棕色厚层状粉砂质泥岩	0.75
24	灰黄色薄层状钙质粉砂岩，含化石	1.75
23	黄棕色厚层状粉砂质泥岩	2.0
22	棕色块状粉砂质泥岩，有水平微层理	1.5
21	灰绿色薄层状泥岩	1.5
20	黄棕色厚层状粉砂质泥岩	1.5
19	灰黄色薄层状钙质粉砂岩，含化石	0.5
18	黄棕色厚层状粉砂质泥岩	0.5

续表

层号	岩性描述及其他信息	层厚（m）
17	灰黄色薄层状钙质粉砂岩	1.5
16	黄棕色块状粉砂质泥岩	5.0
	丁青组下段第 6 亚段 (D6)：以红色泥岩为主，夹绿色泥岩及黄色页岩	
15	棕色块状粉砂质泥岩，有水平微层理	1.5
14	淡棕色薄层状泥质粉砂岩	0.2
13	灰橘粉色薄层状细粒石英砂岩	0.1
12	棕色中层状粉砂质泥岩，有水平微层理	0.15
11	淡棕色薄层状泥质粉砂岩	0.1
10	灰橘粉色薄层状细粒石英砂岩	0.2
9	棕色块状粉砂质泥岩，有水平微层理	2.25
8	灰绿色薄层状泥岩，风化后成块状	3.5
7	棕色厚层状粉砂质泥岩，有水平微层理	0.85
6	淡棕色薄层状泥质粉砂岩	0.15
5	棕色块状粉砂质泥岩，有水平微层理	3.3
4	灰橘粉色薄层状含钙粉砂岩向上过渡为浅绿色泥灰岩	0.2
3	棕色块状粉砂质泥岩，有水平微层理	3.25
2	淡棕色薄层状泥质粉砂岩	0.75
1	棕色块状粉砂质泥岩，有水平微层理（背斜核）	1.5

和图 1.4A）。相比于达玉剖面，论波日剖面由于位于盆地的中心位置，出露丁青组中上部的地层，牛堡组则没有出露。整套地层以深湖相含大量有机质的页岩和油页岩为主，夹有薄层状泥岩、粉砂岩、泥灰岩，并夹有多层凝灰质，偶夹有细砂岩，剖面上部逐渐过渡为浅湖相泥岩、泥灰岩。页岩和油页岩中含有大量保存精美的鱼类、昆虫和植物化石，细砂岩中则偶含小型哺乳动物化石，上部含有瓣鳃类化石和近无角犀 *Plesiaceratherium* 化石（Deng et al.，2012b）。

论波日剖面（图 1.4 和表 1.4），剖面起点 31°56′12.8″N，89°47′28.0″E；终点 31°57′28.4″N，89°47′55.9″E。

1.1.3　车布里剖面

车布里剖面位于伦坡拉盆地中部北缘，在达玉剖面西侧约 10 km。由于扎加藏布河流经此处，切穿岩体，地层得以良好出露（图 1.5）。该区域不仅受盆地北缘红星梁逆掩推覆构造带的影响，还可能受到盆地中部蒋日阿错凹陷和江加错凹陷之间南北向的丁卡森平移断层的影响（雷清亮等，1996；艾华国等，1998），使得新生代地层体的出露呈碎片化，剖面之间的关系难以精确对比。He 和 Zhang（2012）对该剖面最西一段中丁青组中下部斑脱岩夹层进行锆石 SIMS U-Pb 测年，得出斑脱岩中原生锆石的年龄

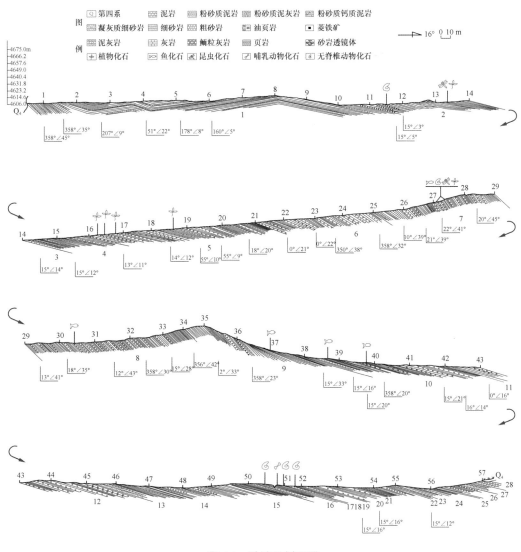

图 1.3　论波日剖面图

为 23.6±0.2 Ma，并对该段地层进行了详细古地磁测年。我们在同一段剖面的上部发现了大量植物及昆虫化石，也对该剖面进行了测量。该剖面主要为湖泊相的泥岩、页岩夹有泥灰岩、斑脱岩层，与论波日剖面中部的时代接近，但前者不含有典型的纸片状油页岩。原因是该剖面位于湖盆的边缘，与湖盆中心的论波日剖面为同时异相沉积。该剖面以北约 2 km 的逆掩断层中含有大套中 - 酸性岩浆岩体，其 Ar-K 年龄为 73.25 ± 2.07 Ma。

车布里剖面西段（图 1.5A 和表 1.5），剖面起点 32°4′33.2″N、89°37′12.1″E；终点 32°4′17.2″N、89°36′57.6″E。

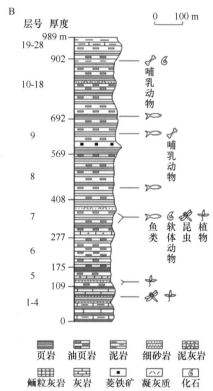

图 1.4　论波日剖面

A. 论波日剖面照片（从北向南），展示其与达玉剖面的位置关系；B. 剖面柱状图（引自 Deng et al.，2012b）

表 1.4　论波日剖面西段岩性描述

层号	岩性描述及其他信息	层厚（m）
	第四系草山覆盖	
	~~不整合~~~~~~~~	
28	棕色薄层状泥岩（未见顶）	3.33
27	灰绿色、灰白色薄层 - 中层状泥灰岩	8.67
26	灰色页岩与褐灰色纸片状油页岩互层	7.99
25	棕色薄层状泥岩	0.33
24	灰色薄层状页岩夹褐灰色纸片状油页岩。中部靠下夹一层 5 cm 厚的灰白色薄层状泥灰岩	19.28
23	灰白色薄层状泥灰岩	2.25
22	棕色薄层状泥岩	1.5
21	褐灰色纸片状油页岩和灰色页岩互层。中部夹一层 5 cm 厚的浅黄色泥灰岩；页岩含油质较高	31.18
20	棕色薄层状粉砂质泥岩	1.69
19	褐灰色纸片状油页岩与灰色页岩互层。靠中部夹一层 10 cm 厚的浅黄色泥灰岩，内含介形虫化石	10.84
18	灰色、淡黄色薄层状泥灰岩。含瓣鳃类化石	2.05
17	红棕色、浅褐棕色块状泥岩。含犀牛类（近无角犀，详见第 2 章）化石	2.39
16	灰色薄层状页岩夹灰色薄层状灰岩。中部夹一层 10 cm 厚的淡黄色薄层状灰岩，内含介形虫化石	12.64
15	灰色巨厚层状页岩	24.56

续表

层号	岩性描述及其他信息	层厚（m）
14	褐灰色纸片状油页岩与灰色页岩互层。均呈巨厚层状。底部含一层 5 cm 厚的灰色凝灰质细砂岩，下部和顶部各夹一层 5 cm 厚的灰色薄层状泥灰岩，中部夹一层 10 cm 厚的棕色薄层状粉砂质泥岩	43.88
13	棕色薄层状粉砂质泥岩	0.66
12	褐灰色纸片状油页岩与黄绿色、灰色页岩互层。二者多呈巨厚层状，底部的页岩油质含量高	48.01
11	棕色薄层状粉砂质泥岩	0.55
10	褐灰色纸片状油页岩和灰色页岩互层。下部夹灰色、褐黄色薄层状灰岩、泥灰岩和 3 层 1 ～ 30 cm 厚的凝灰质砂岩，最下边的页岩和凝灰质粗砂岩中含鱼骨化石；中部夹棕色粉砂质泥岩，含小哺乳动物化石；顶部夹 7 层 5 ～ 10 cm 厚的淡黄色、黄绿色薄层状灰岩	74.6
9	灰色页岩夹灰色、浅黄色、淡褐色薄层状泥灰岩、灰岩。中部靠下夹 2 层 2 cm 厚的褐黄色薄层状菱铁矿。中部靠上的页岩中含鱼骨化石	123.15
8	灰色页岩与灰褐色纸片状油页岩互层。油页岩厚度变化较大，在 0.1 ～ 3 m 反复变化，以厚 1.5 ～ 2 m 者为多；下部的油页岩中含鱼化石	161.27
7	褐灰色纸片状油页岩与灰色页岩互层。靠下部夹灰色薄层状鲕状灰岩，中部夹浅紫色、浅灰色薄层状细砂岩、凝灰质细砂岩；中部的油页岩和页岩中含精美的鱼（大头近裂腹鱼，详见武云飞和陈宜瑜，1980）、昆虫和植物化石	131.47
6	褐灰色纸片状油页岩夹灰色页岩。油页岩的厚度从下往上越来越厚，一般厚 30 ～ 40 cm，最厚的可达 18 m 以上；中部的油页岩和页岩的层间沿倾向有小的挠曲，夹一层 30 cm 厚的褐黄色菱铁矿	101.91
5	浅褐色纸片状油页岩、灰色页岩，浅褐色、灰白色灰岩和鲕状细砂岩互层。页岩含油质高；油页岩层厚 0.02 ～ 0.4 m，逐渐反复出现，且厚度越往上越大；油页岩和页岩含植物叶化石，灰岩中含 5 ～ 7 cm 粗的树干化石；中部靠上层间挠曲发育	65.87
4	灰色厚层 - 巨厚层状页岩与薄层状灰岩互层。上部夹一层 10cm 厚的浅褐色薄层状粉砂质钙质泥岩	23.82
3	灰色厚层状页岩。靠下部褶皱和层间挠曲发育，中部富含植物和昆虫化石	15.28
2	灰色含油质页岩、页岩与浅褐色薄层状灰岩互层。下部页岩中夹菱铁矿薄层或透镜体；中部靠上的页岩中含螺化石；靠顶部含一薄层浅褐色粉砂质钙质泥岩	12.85
1	土黄色页岩与浅褐色薄层状粉砂质泥灰岩、灰岩互层	57.45
～～～～～～～～不整合～～～～～～～～		
0	第四系草山覆盖	

1.2　尼玛盆地

尼玛盆地位于西藏自治区那曲市双湖县西南缘与尼玛县东部交界线一带，向西延伸至尼玛县中部。盆地呈东西延伸的狭长带状，面积约为 1500 km²。与伦坡拉盆地相同，尼玛盆地也位于班公湖—怒江断裂带的中段南侧，拉萨地块与羌塘地块之间的缝合带上。尼玛盆地与伦坡拉盆地大致以色林错为界。两个盆地的发展历史具有同构性，因而在新生代层序和沉积构造特征上有很多相似之处。在 1∶250 000 尼玛区幅地质调查报告中，尼玛盆地没有新生代地层（西藏自治区地质矿产局，1993）。王波明等（2009）指出了双湖县措折罗玛镇以南东西走向的大范围灰绿色泥岩、页岩夹有多层灰色灰岩、泥灰岩地层，该地层在 1∶250 000 尼玛区幅区测资料中被划分为上白垩统竞柱山组。王波明等（2009）等指出，该套地层中的孢粉组合主要反映了始新世—渐新世的时代特征，而并非白垩纪，在地层中也发现了新生代的鱼类化石；此外，该地层的岩性特征

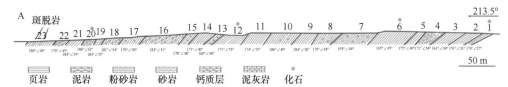

图 1.5　车布里剖面西段

A. 车布里西段实测剖面图；B. 车布里西段实测剖面照片；C. 车布里剖面全景照片

表 1.5　车布里剖面西段岩性描述

层号	岩性描述及其他信息	层厚（m）
	第四系冲积物	
	~~不整合~~~~~~~~~	
23	红棕色页岩，发育厚 0～1.5 mm 的层理，含铁锰质。夹有多层红棕色钙质粉砂质泥岩条带，每条厚 5～10 cm。在 15 m 及 23.5 m 处有两层分别为 1.1 m、0.4 m 厚的斑脱岩，含未成晶形的石英、黑云母、长石等	20.7
22	黄色粉砂质泥岩，层理不发育，含铁锰质。夹有灰白色页岩及 2 层厚～5 cm 的白色泥灰岩	6.9
21	红棕色页岩，发育厚约 1 mm 的层理	9.8
20	灰绿色、灰黄色粉砂质泥岩，层理不太发育，含铁锰质。夹有灰白色页岩及 2～3 层厚约 3 cm 的白色泥灰岩。灰白色页岩中含有大量植物及昆虫化石	9.3
19	红棕色页岩，发育厚约 1 mm 的层理。夹一层约 1 m 厚的灰白色，层厚 <0.5 mm 含铁锰质页岩	7.6
18	红棕色粉砂质泥岩，胶结较硬，层理不发育。夹有多层红棕色粉砂质泥岩	11.5
17	灰黄色、红棕色页岩，发育厚 <1 mm 的层理，含铁锰质。夹有多条灰绿色泥灰岩，胶结硬，发育厚约 3 mm 的层理，含铁锰质	16.0

续表

层号	岩性描述及其他信息	层厚（m）
16	红棕色粉砂质泥岩，胶结较硬，层理不发育。夹有多层红棕色粉砂质页岩，发育厚约 5 mm 的层理	40.9
15	灰绿色页岩，发育厚约 1 mm 的层理，含铁锰质。夹有约 10 条厚 3～5 cm 的灰绿色泥灰岩，胶结坚硬	14.2
14	红棕色与灰绿色页岩互层。均发育厚 < 1 mm 的层理，含铁锰质	20.8
13	灰绿色页岩，发育厚约 1 mm 的层理，含铁锰质。夹有 2 层厚约 10 cm 的泥灰岩，含铁锰质及云母。发育有多条节理，为泥灰质填充	6.7
12	红棕色与灰绿色页岩互层。均发育厚 < 1 mm 的层理，含铁锰质。灰绿层中含植物化石	25.1
11	灰绿色、红棕色页岩，发育厚约 1 mm 的层理，含铁锰质。发育有 12～13 条解理，为泥灰质填充。不发育层理	26.6
10	红棕色页岩，发育厚约 1.5 mm 的层理。夹有 2 层砖红色、灰绿色钙质砂岩，含云母	35.5
9	灰绿色页岩，发育厚 < 1 mm 的层理，与红色泥岩互层，含铁锰质	18.4
8	灰绿色页岩，发育厚 < 1 mm 的层理，夹有钙质粉砂岩，含铁锰质	14.4
7	灰绿色厚层状钙质粉砂岩与灰绿色疏松泥岩互层。钙质粉砂岩胶结坚硬，不发育层理，含大量铁锰质	26.1
6	灰绿色页岩，发育厚 0.5～2 mm 的层理，层理从底到顶渐变厚，含铁锰质及植物化石	19.1
5	灰绿色粉砂质页岩，发育厚 > 3 mm 的层理，胶结较硬，含大量铁锰质	3.4
4	红棕色粉砂质泥岩，含铁锰质，夹多层灰绿色钙质粉砂质泥岩，胶结坚硬，发育有水平层理，含铁锰质	11.3
3	红棕色页岩，发育厚约 1.5 mm 的层理，含铁锰质	8.2
2	灰绿色页岩，发育厚约 1 mm 的层理，含铁锰质	3.7
1	红棕色页岩，发育厚约 1.5 mm 的层理，含铁锰质及植物化石	4.4
	～～～～～～～～不整合～～～～～～～～	
0	第四系草山覆盖	

以细粒、深色的湖相沉积物为主，与竞柱山组红色、紫红色粗粒碎屑岩沉积物有比较明显的差别，但是与伦坡拉盆地牛堡组上段和丁青组下段的岩性比较接近，因而将其分别划为牛堡组和丁青组。Kapp 等（2007）和 DeCelles 等（2007a）也通过火山凝灰岩测年证实这套地层的时代为新生代，而不是之前认为的白垩纪（卢书炜等，2010）。

　　我们在该套地层的江弄淌嘎剖面和宋我日剖面发现了大量的鱼类、植物、昆虫化石，化石的面貌与伦坡拉盆地达玉剖面中段丁青组下部的化石组合非常相似。我们仅对江弄淌嘎剖面出露较好、化石集中的一段进行了测量（图 1.6A）。受盆地南缘尼玛逆冲断层的影响，盆地南部的新生代地层形成了一个巨大的、东西轴向展布的向斜构造，称为尼玛向斜（Kapp et al.，2007；DeCelles et al.，2007a）的南翼倒伏，倒转覆盖于北翼之上。江弄淌嘎剖面中泥裂的方向清楚地指示了该地层的倒转属性（图 1.6B 和图 1.6C）。

　　江弄淌嘎剖面（图 1.6D 和表 1.6），剖面起点 31°47′40.5″N，87°45′39.1″E；终点 31°47′41.6″N，87°45′39.0″E。

图 1.6　江弄淌嘎剖面

A. 江弄淌嘎剖面全景照片；B 和 C. 剖面泥裂照片（表明其为倒转地层）；D. 江弄淌嘎剖面柱状图

表 1.6　江弄淌嘎剖面岩性描述

层号	岩性描述及其他信息	层厚（m）
18	第四纪覆盖	
17	红绿相间的泥岩，夹多层泥页岩或泥灰岩，含植物、水黾等昆虫及鲤科鱼类的化石碎片	17.3
16	黄绿色泥岩，层理较差，15.1 m 处含一层钙质粉砂质泥岩	3.8
15	黄绿色或灰白色泥页岩，含铁锰质，10.5 m 处夹薄层状灰白色钙质页岩	5.5
14	红色钙质砂岩，胶结坚硬，具有水平层理	2.0
13	绿色泥岩，具有水平层理，夹有灰白或灰黄色钙质粉砂质泥岩或页岩。灰白色泥灰岩中含铁锰质和鱼化石；灰黄色页岩层理发育，含植物、昆虫化石	9.7
12	红绿相间的泥岩，夹数层灰白色或灰黄色钙质粉砂质泥页岩，含植物碎片和脊椎动物化石［鲤科鱼类和鸟类羽毛（研究中）］	34.4

续表

层号	岩性描述及其他信息	层厚（m）
11	红绿黄相间的粉砂质泥岩，表面层理不明显，风化成小块状，且都含泥页岩或钙质粉砂质泥页岩，递变为红绿相间的泥岩（砂质变少）	25.8
10	红色钙质砂岩，胶结坚硬，具有水平层理，含铁锰质	2.9
9	红绿黄相间的钙质粉砂质泥页岩，新鲜面主要为红色，层理不明显，含植物碎片	4.3
8	灰绿色粉砂质泥岩，胶结成块状，含铁锰质，不具有层理，含植物化石，夹有多层灰白色钙质粉砂质泥页岩，具有水平层理，含棕榈、菖蒲等植物、鱼类（鲤科张氏春霖鱼、攀鲈科西藏始攀鲈，详见第 4 章）、水黾等昆虫化石和羽毛化石（研究中）	12.1
7	灰质页岩和砂质页岩互层，灰岩为灰白色钙质粉砂质泥页岩，具有水平层理；砂岩为红棕色灰白色钙质砂岩，胶结坚硬，具有水平层理	20.7
6	棕红色泥岩，胶结疏松	6.5
5	褐色泥岩，无层理，夹有一层灰白色钙质粉砂质泥岩，具有水平层理	1.7
4	黄绿色粉砂质泥岩，无层理	0.7
3	棕红色泥岩，胶结疏松，31.5 m 处有一层灰白色泥页岩，厚 20 cm，具有水平层理	8.4
2	深绿色粉砂质泥页岩，呈薄层状，含铁锰质，在 17.5 m 处有一层灰绿钙质粉砂质泥页岩，具有水平层理，厚 0～50 cm	6.0
1	灰绿色粉砂质泥岩，含有片状云母，胶结疏松，无层理	7.5

1.3　札达盆地

　　札达盆地全区位于西藏自治区阿里地区札达县，北、西、南三面与印度交界；其位于青藏高原西南隅，阿伊拉日居山与喜马拉雅山之间，在阿里地区形成了一个相对独立的地理单元。札达盆地是青藏高原上面积最大的新生代沉积盆地，盆地自西北向东南方向延伸，长约 260 km，宽约 60 km，沉积面积约 9000 km²（Saylor，2008；孟宪刚等，2006；周勇等，2000；吴旌等，2012）（图 1.7）。

　　札达盆地位于活动的弧形伸展构造上，是一个地堑式断陷盆地。其西南部边界为一系列藏南拆离体系的低角度的正断层，该断裂带的活动年代始于距今约 21 Ma；其东北部边界为大反向逆冲断裂系，由数条南西倾逆推断层组成，构成了雅鲁藏布江缝合带的北界，该断裂带的活动年代始于距今约 10 Ma。盆地的基地为中生代灰岩、砂岩及页岩，称为特提斯沉积序列（Saylor，2008；孟宪刚等，2006）。

　　札达盆地新生代沉积物的总厚度可达 800 m 以上（图 1.8），为一套河湖相、风成及洪积相的复合沉积体系，不整合于中生代的特提斯沉积序列之上。剖面下段包括约 200 m 厚的具有槽状交错层理的砂岩和叠瓦状的卵砾和漂砾，以及透镜状的砂砾岩体，解释为大型河流的河道沉积；其中夹有多层细砂和粉砂层，解释为堤岸相和沼泽相沉积，其中富含哺乳动物、斧足类及植物大化石。剖面中段包括约 250 m 厚向上变粗的逆序沉积，解释为从深湖相到三角洲相沉积。剖面上段包括 350 m 厚向上变粗的逆序沉积，并且粒度比中部更粗，解释为湖滨相和三角洲相沉积（Wang et al.，2013c）。在一些文献中，这套地层被划分为托林组、古格组和香孜组（吴旌等，2012），而我们采用 Saylor（2008）和 Wang 等（2013c）的方案，将该河湖相地层归为统一的札达组。

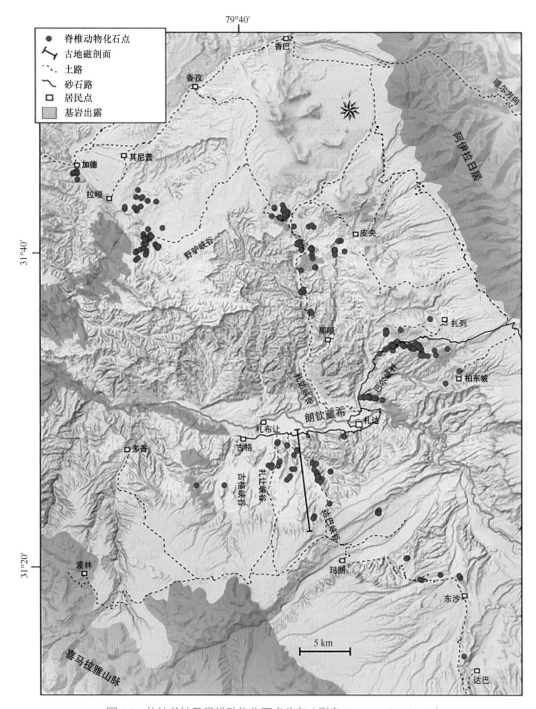

图 1.7　札达盆地及脊椎动物化石点分布（引自 Wang et al.，2013c）

　　札达盆地的脊椎动物化石非常丰富，在全部露头的中 - 细粒沉积物中都有分部。鱼类化石主要分布于札达组中段，尤其分布于细粒沉积物中；大哺乳动物化石则在近岸相的沉积物中最为丰富，并且经常被发现于基岩出露的周边地层，这些基岩可能是

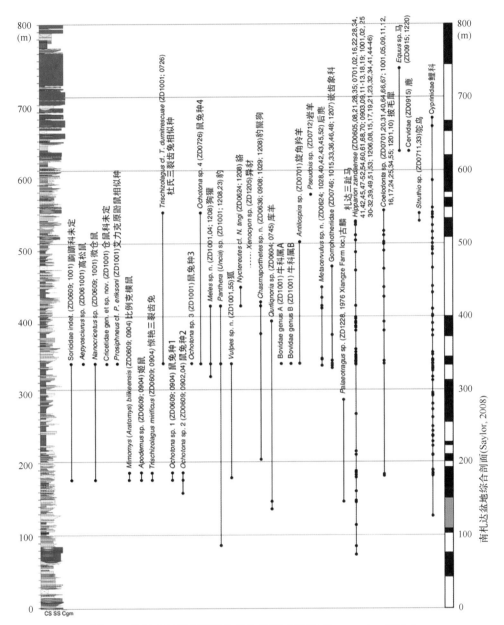

图 1.8　札达盆地的脊椎动物生物地层（引自 Wang et al.，2013c）

剖面柱状图和古地磁年龄依据 Saylor 等（2010）

当时的札达古湖的湖岸或岛屿。而剖面底部或顶部高能环境中的砾岩沉积物中则几乎不含化石，只有在更新统的砾岩中有少量哺乳类化石碎片。

虽然札达盆地是一个构造活动的区域，但札达组的岩层很少受构造变形影响，产状大多接近水平。札达组主要是浅湖相沉积，其水平层一般比较稳定，可以在较长范围内追索对比。但由于札达盆地主要呈现河流深切较为陡峭的峡谷地貌，既不利于化石采集，也不利于化石本身的保存和积累。我们总共发现了 240 个化石地点。其中

3 个（IVPP ZD0609、IVPP ZD0904 和 IVPP ZD1001）为小哺乳化石地点，发现了多个类群；其余地点出土大哺乳化石和鱼化石，一般只出产一种或少数几个类群（图 1.7 和图 1.8）。保存化石的大小则由水动力条件决定，也取决于露头是平缓还是陡峭。

哺乳动物化石通常存在于札达组中段的 170～600 m，种类很丰富，并且具有强烈的时代意义（图 1.8）。在 174 m 处的化石点 ZD0609 发现了微仓鼠 *Nannocricetus*、模鼠 *Mimomys*、姬鼠 *Apodemus*、惊艳三裂齿兔 *Trischizolagus mirificus*，该小哺乳动物组合可能代表了最早的上新世。大哺乳动物也呈现出上新世的面貌，如食肉类的豹鬣狗 *Chasmaporthetes*（地点包括 ZD0636、ZD0908、ZD1029）、上新鬣狗 *Pliohyaena*（地点包括 ZD1208）、狐 *Vulpes*（地点包括 ZD1001、ZD1055）、貉 *Nyctereutes*（地点包括 ZD0624、ZD1208）、狗獾 *Meles*（地点包括 ZD1001、ZD1004、ZD1208）。这些物种的首现都是在上新世，其中犬科从北美洲迁移而来。有蹄动物也呈现出上新世的面貌，但也有中新世的类群，如库羊 *Qurliqnoria*。

比 174 m 低的层位只发现了 5 种哺乳类：鼠兔 *Ochotona*、豹 *Panthera*、库羊 *Qurliqnoria*、古麟 *Palaeotragus*、三趾马 *Hipparion*。其中豹 *Panthera* 是首次发现，其他均是中国北方或青藏地区晚中新世的类群，因此其时代应为晚中新世。而 620 m 之上的层位化石更少，只有两种可鉴定：马 *Equus* 和一种进步的鹿类。马 *Equus* 是在更新世从北美洲迁移而来的，因此札达组在 620 m 之上代表了更新世（图 1.8）。

鱼化石在札达组细粒的河湖相沉积物中很常见，它们对古环境和古地理有很强的指示作用，但是年代意义不强。

札达盆地至少有 3 个独立的古地磁年代学研究，包括钱方（1999）、王世锋等（2008）和 Saylor 等（2009）（图 1.9）。可以比较好地将三者的古地磁数据进行对比，我们的哺乳动物群提供了独立的年代约束，因而可以对目前的古地磁数据提供良好的解释。总的来说，札达盆地剖面中部的化石组成呈现了上新世的面貌，其下部和顶部含有一些中新世和更新世成分，但下部和顶部均位于粗粒洪积相中，化石稀少。剖面顶部（620～800 m）由于有两个地点的马化石，可以确定为更新世的 C1n～C2r 时段中。在更新世之下到 400 m 之上，已有的古地磁数据和标准极性柱都可以很好地对比。而 400 m 之下的部分则很难给出满意的解释。比较重要的约束是剖面下部的小哺乳动物群（ZD0609）对应于 Saylor（2008）和 Saylor 等（2009）的南札达盆地剖面的 174～186 m，这一动物群的时代是上新世，所以我们把它对比到 C3n.4n，这样的话，札达盆地剖面 200～400 m 的地层时代都被限定在一个较短的时间段中，大约在 C3n 附近。整个札达盆地的时代为 6.4 Ma～4000 年。但这一对比方案对剖面中一些小的极性事件，如 N8（333～345 m）、R11（约 225 m）、N14（110～120 m）无法给出满意的解释和安排。另一种对比方案是将札达盆地剖面下部的极性时向下移，使得整个剖面的沉积速率比较均匀，整个札达盆地时代为 8.3 Ma～4000 年。这一对比方案使得札达盆地的模鼠 *Mimomys*、三裂齿兔 *Trischizolagus* 等类群的时代比其他地方要早发现约 1 Ma，并且这种对比方法使很多极性事件无法对比，这不是唯一的对比方法。

札达盆地提供了青藏高原上最好的上新世沉积记录。在札达盆地中发现了最早的

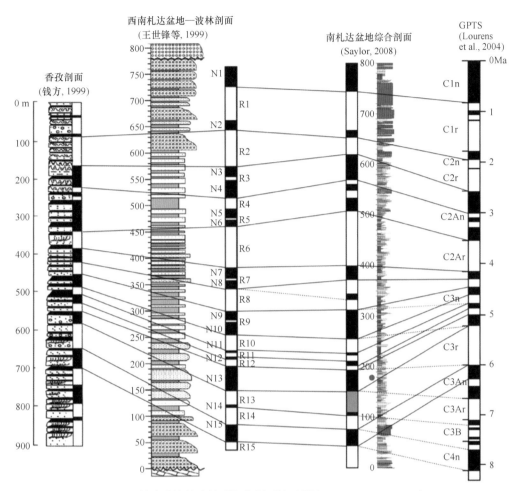

图 1.9 札达盆地的古地磁年代学对比（引自 Wang et al., 2013c）

披毛犀、最早的豹、最早的北极狐、最早的盘羊等（Deng et al., 2011; Tseng et al., 2014; Wang et al., 2014, 2016），这些动物是更新世冰期大型哺乳动物群的祖先，上新世的札达盆地成了冰期大型哺乳动物的训练营，因而其在当今哺乳动物的演化历史上扮演了重要的角色，具体将在下文介绍。

第 2 章

哺乳动物化石

独特的现代青藏高原哺乳动物群中的多数成员在高原上具有悠久的生活历史，表明它们在高海拔的高原范围内经历过长期的适应过程。在现代动物地理分区上，古北界与东洋界的分界线正在青藏高原的南缘。我们立刻会想到，这条界线与青藏高原有密切联系。那么，现代青藏高原哺乳动物地理区系如何形成与演变？演变的影响因素和演变过程中的环境背景又如何？

哺乳动物对气候环境的变化非常敏感，因此哺乳动物的演化历史能够反证新生代气候环境的重大变化，进而推断青藏高原隆升的时间和幅度。中国在新生代的哺乳动物方面有着世界上得天独厚的优势，而最近的研究结果显示中国东、西部的哺乳动物群及保存化石的沉积物之间存在明显的差异，这些差异可能正是青藏高原隆升的反映，表明自晚中新世开始，中国的古地貌和气候条件自西向东已发生强烈的分异。

新生代发生了全球性的气候变化，亚洲地区也受到了喜马拉雅构造运动，特别是青藏高原隆升的影响，所有这些变化必然会对哺乳动物的分布和动物地理区系的演变产生影响，这些演变也会记录在埋藏的化石之中。对哺乳动物化石的研究是进行自然环境恢复和古动物地理区系再造的重要手段，因此，从哺乳动物化石的角度可以探索新生代环境的变迁和青藏高原隆升的历史，同时也可以探讨青藏高原的隆升对哺乳动物区系形成与演变的影响。

本章解剖术语和测量方法：ac，anterior cap 前帽；AL，anterior lobe 前叶；bra（BRA），labial reentrant angle 唇侧褶沟（小写为下牙，大写为上牙，下同）；bsa（BSA），labial salient angle，唇侧褶角；L，maximum length of the wear surface，磨蚀面最大长；lra（LRA），lingual reentrant angle，舌侧褶沟；lsa（LSA），lingual salient angle，舌侧褶角；pl，posterior lobe，后叶；t（T），triangle，三角；W，maximum width of the wear surface，磨蚀面最大宽；a、b、c、d、e 和 A、B、C、D，dentine tract parameters，珐琅质参数。C/c，上、下犬齿；I/i，上、下门齿；M1～M3，上第一至第三臼齿；m1～m3，下第一至第三臼齿；Mc III，第三掌骨；mtP4，第四上臼齿的后附尖；paP4，第四上臼齿的前附尖；P1～P4，上第一至第四前臼齿；p1～p4，下第一至第四前臼齿；trm1，第一下臼齿的下三角座。Sisson 和 Grossman（1953）；鬣狗科，Miller（1979）、Werdelin 和 Solounias（1991）；马科，Eisenmann 等（1988），Bernor 等（1997），邓涛和薛祥煦（1999a）；犀科，Guérin（1980）。对数比例图按照 Simpson（1941）的方法建立。使用游标卡尺进行测量，精确到 0.1 mm。部分章节根据需要，将解剖术语缩写安排在插图图例中。

标本编号及机构缩写：中国科学院古脊椎动物与古人类研究所青藏高原野外地点编号；DT，达涕盆地；KL，昆仑山口盆地；MS，门士盆地；ZD，札达盆地；CAS，中国科学院；F：AM，美国自然历史博物馆（纽约）古生物部 Frick 藏品；HHPHM，黄河 - 白河博物馆（Musée Haong ho Pai ho de Tientsin，天津自然博物馆的前身）；IVPP V，V，RV，中国科学院古脊椎动物与古人类研究所脊椎动物化石编号；IZ，中国科学院动物研究所，中国北京；KUMA，美国堪萨斯大学自然历史博物馆哺乳动物

系；L，长度；LACM，美国洛杉矶自然历史博物馆；LMA/S，陆相哺乳动物期 / 阶
（land mammalian age/stage）；M，瑞典乌普萨拉大学进化博物馆哺乳动物化石编号；
Ma，百万年；MCZ，美国哈佛大学比较动物学博物馆哺乳动物部；MNHN，法国国家
自然历史博物馆（巴黎）及标本编号；NGS，美国国家地理学会；NIPB，中国科学院
西北高原生物研究所（西宁）；NSFC，中国国家自然科学基金；OV，中国科学院古脊
椎动物与古人类研究所现生脊椎动物标本编号；PMU，瑞典乌普萨拉古生物博物馆；
PPM，美国得克萨斯州大平原自然历史博物馆；SAM，南非开普敦 Iziko 南非博物馆；
THP，天津自然博物馆化石编号；W，宽度。

2.1　啮齿目

产自西藏西南部札达盆地上新世（约 4.4 Ma）地层中的两种仓鼠化石，是喜马拉
雅山以北的青藏高原腹地在吉隆盆地晚中新世"*Plesiodipus*" *thibetensis* 之后的新发现，
表明仓鼠类在高原历史上是具有一定多样性的。札达盆地的邱氏微仓鼠 *Nannocricetus
qiui* 显示出 *Nannocricetus* 在早上新世是从其起源中心，即蒙古高原或中国北方往高海
拔的青藏高原腹地迁移。刘氏高冠仓鼠 *Aepyocricetus liuae* 可能代表了一类青藏高原新
近纪的土著仓鼠。仓鼠"走进西藏"的模式正好与一些大型哺乳动物"走出西藏"的
模式相反。而喜马拉雅山南麓地区缺乏像 *Nannocricetus qiui* 和 *Aepyocricetus liuae* 这样
的仓鼠成员，表明在早上新世时期，喜马拉雅山已经成为啮齿类动物的地理阻碍。

产自札达盆地早上新世地层（约 4.4 Ma）中的鼢鼠化石，是鼢鼠类化石在青藏
高原腹地的首次发现。材料包括 29 枚牙齿，均被归入艾氏原鼢鼠 *Prosiphneus eriksoni*
（Schlosser，1924），它们具有如下特征：尺寸较大；齿根高度愈合；上白齿 ω 型；m1
前帽较小且位于牙齿中央，前部的第一对褶沟相对排列；白齿齿冠较高，具有较大的
齿质曲线参数值。根据支序分析，所有已知的 7 种原鼢鼠及札达的艾氏原鼢鼠构成一
个单系（原鼢鼠属）。另外，札达的艾氏原鼢鼠位于原鼢鼠演化支系的末端。艾氏原鼢
鼠在札达盆地的出现，显示在早上新世时期，鼢鼠类也发生了一起从其起源中心蒙古
高原及中国北方地区经可可西里 - 羌塘进入青藏高原腹地的扩散事件。从晚中新世到上
新世时期，鼢鼠类的快速演化是对青藏高原北部地区干旱化的一种适应，札达地区鼢
鼠的出现可能指示了开阔的草原环境。

根据大型哺乳动物化石，我们提出了第四纪冰期大型哺乳动物"走出西藏"假说，
不过根据目前的化石证据仍无法判断到底这些大型哺乳动物是从一开始就在青藏高原
内部演化，还是先从外部迁入然后再扩散出去。小哺乳动物化石可能为这一问题提供
了较好的解释。鼢鼠类化石在亚洲北部非常丰富，具有较高的年代分辨率。根据其系
统发育，我们提出了鼢鼠类"走进西藏"的观点；即原始的种类源自青藏高原外部，
随后一支扩散进入高原腹地，这一支原始鼢鼠类最终在高原上灭绝，而高原台面下则
演化出进步的种类并成功延续至今。

仓鼠科 Family Cricetidae Fischer de Waldheim，1817；
仓鼠亚科 Subfamily Cricetinae Fischer de Waldheim，1817

本书描述的仓鼠化石材料产自 IVPP ZD1001 地点（31°40′N，79°45′E，海拔～4114 m），与仓鼠化石同时发现的还有最古老的雪豹 *Panthera blytheae*、祖先类型的北极狐 *Vulpes qiuzhudingi* 和艾氏原鼢鼠 *Prosiphneus eriksoni*（Tseng et al.，2014；Wang et al.，2014；Li and Wang，2015）。化石层位大致可以对比到国际地磁极性标准年代表（GPTS）上的 C3n.1r，约 4.4 Ma（Wang et al.，2013b）。

材料和方法：新材料包括 43 枚零散的白齿，均于 2010 年采自 ZD1001 点，通过筛洗法获得。所有标本均保存于中国科学院古脊椎动物与古人类研究所标本馆，以供研究人员观察。牙齿的结构术语（图 2.1）修改自 Mein 和 Freudenthal（1971）、邱铸鼎（1996）。使用 Zeiss MA EVO25 型扫描电镜照相，标本未镀金，电压 3.0 kV。测量使用了 Olympus SZX7 体式显微镜，精确到 0.1 mm。

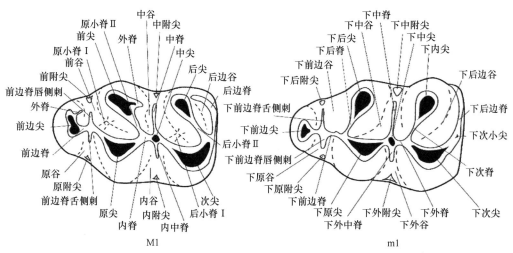

图 2.1　仓鼠科臼齿构造术语

修改自 Mein 和 Freudenthal（1971）及邱铸鼎（1996）

微仓鼠属 *Nannocricetus* Schaub，1934

模式种：*Nannocricetus mongolicus* Schaub，1934。

归入种：*N. primitivus* Zhang et al.，2008；*N. qiui* Li et al.，2018。

分布：晚中新世早期至上新世晚期，中国北方、西北和西南；晚中新世，蒙古。

邱氏微仓鼠 *Nannocricetus qiui* Li et al.，2018

正模：IVPP V 23220，一枚左 M1（图 2.2A）。

副模：IVPP V 23221.1 ~ 16，16 枚零散的臼齿，包括 4 枚左 M1（一枚前部破损）、2 枚 M2（1 左 1 右）、1 枚左 M3、4 枚 m1（1 左 3 右）、4 枚 m2（2 左 2 右）和 1 枚右 m3。

模式产地：中国科学院古脊椎动物与古人类研究所野外地点编号 ZD1001，西藏自治区札达县，早上新世（约 4.4 Ma）。

名称来源：献给中国科学院古脊椎动物与古人类研究所的邱铸鼎研究员，他为中国新近纪小哺乳动物研究做出了巨大的贡献。

种征：*Nannocricetus* 属种个体较大者。尺寸与内蒙古二登图 2 的 *N. mongolicus* 及陕西蓝田的 *N. primitivus* 相似，但大于内蒙古比例克的 *N. mongolicus*。以 M1 的前边尖更宽，m1 下前边尖区域更长，中脊和下中脊退化更明显而明显区别于 *N. primitivus*。除了 M2 之外的所有臼齿的（下）中脊彻底消失，M1 上的原小脊 I 和后小脊 I 彻底消失，M1-2 上保留原谷，m1-2 的下后边脊尖状明显而区别于 *N. mongolicus*。以 M1-2 上的中脊和 m1-2 上的下中脊退化更明显，M1 前边尖和 m1 的下前边尖明显二分，m1-2 的下后边脊尖状明显而区别于"*Nannocricetus*" *wuae*。

时代：ZD1001 点海拔 4114 m，大致对应 Saylor 等（2010）的札达盆地南剖面上的 335 m 处，对比国际地磁极性标准年代表上的 3n.1r 正极性带，约 4.4 Ma（Hilgen et al.，2012；Wang et al.，2013b）。

测量：见表 2.1。

描述：M1 外形呈肾形，唇侧凹舌侧凸。三对主尖依次相对排列，后部逐渐变宽。前边尖宽而从前部分裂，形成牙齿上的最前排齿列。舌侧和唇侧的前边小尖近等大，

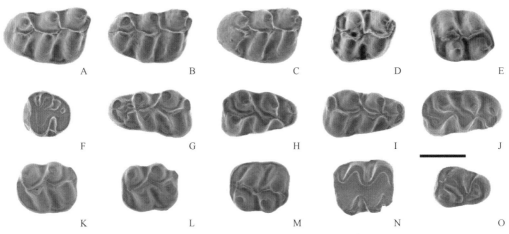

图 2.2　札达盆地 ZD1001 地点 *Nannocricetus* 的臼齿冠面视图

A. 左 M1，V 23220；B. 左 M1，V 23221.1；C. 左 M1，V 23221.2；D. 左 M2，V 23221.5；E. 右 M2，V 23221.6；
F. 左 M3，V 23221.7；G. 左 m1，V 23221.8；H. 右 m1，V 23221.9；I. 右 m1，V 23221.10；J. 右 m1，V 23221.11；
K. 左 m2，V 23221.12；L. 左 m2，V 23221.13；M. 右 m2，V 23221.14；N. 右 m2，V 23221.15；O. 右 m3，V 23221.16；
A 为正模；B ~ O 为副模；比例尺 =1 mm

表 2.1　西藏札达盆地 ZD1001 点 *Nannocricetus qiui* 臼齿测量

牙齿	标本数（个）	长度（mm）		宽度（mm）	
		平均	范围	平均	范围
M1	4	1.92	1.83～2.06	1.27	1.22～1.30
M2	2	1.40	1.38～1.42	1.22	1.21～1.23
M3	1	—	1.11	—	1.04
m1	4	1.86	1.75～1.95	1.04	1.02～1.09
m2	4	1.36	1.31～1.40	1.14	1.09～1.18
m3	1	—	1.33	—	0.91

两者中间的前缘略有凹陷。前边小脊有两支，起始于两个前边小尖，向后与原件前臂形成"Y"形结构。这一连接的位置较高，约有齿冠高度的 2/3。舌侧和唇侧前边小尖之间发育小的齿谷。前尖的位置比原件略微靠后，它们形成牙齿的中间一排齿列。第二排与第一排齿列之间由舌侧的原谷和唇侧的前边谷分得很开。在这两个齿谷中，没有任何前边小脊的侧刺发育。原脊单支，仅有原小脊 II。原小脊 I 彻底消失，导致前边谷强烈向后延伸，原小脊 II 形成前边谷的后缘。原小脊 II 短而后舌向与原件的后臂连接，与内脊（加上次尖前臂）一起，它们形成牙齿上的第二个"Y"形结构。无中尖。后尖的位置比次尖略微靠后，它们形成牙齿上的最后一排齿列，它们与第二排齿列之间由舌侧的内谷和唇侧的中谷隔开。这两个齿谷中，无中脊和内中脊。后脊单支，仅后小脊 II 发育。后小脊 I 的缺失造成了中谷严重向后延伸。后小脊 II 比较弱，隔开中谷和后边谷。无次小尖。后边脊短，与次尖及后尖连接。后边谷非常小且浅。所有 4 个主要的齿谷均呈斜坡状向牙齿基部敞开。在正模上的前边谷的外缘还可见一个小的前附尖（图 2.2A）。齿谷边缘无齿带。仅一枚重度磨蚀和一枚破损的牙齿还保留有部分牙根，推测有 3 个牙根（1 个粗壮的前根和 2 个细弱的后根）。

M2 由于缺乏前边尖而显得形状较方。后部较凸出。前边脊有两支，唇侧支粗、长且高，舌侧支弱、短并往牙齿基部下降。唇侧支抵达前尖的前壁基部并围出一个横向的前边谷。舌侧支与原尖之间的空间有限，原谷不太明显。前边小脊短，了解前边脊和原尖前臂与原小脊 I 的联合部。原脊有两支，原小脊 I 在一件标本上完整且粗壮（图 2.2D），但在另一件标本上则不完整且弱（图 2.2E），都前舌向与原尖的前臂连接。原小脊 II 更粗壮一些，后舌向与原尖的后臂连接。在原尖与前尖中间，由原小脊 I 与原小脊 II 围成一个卵圆形的坑。中间和内中脊彻底消失。内脊上发育有一个萌芽状的中脊，中脊将中谷分隔成一个在次尖和后尖之间小、高而浅的部分及一个在前尖和后尖之间大、低而深的部分。后脊单支，仅有不太明显的后脊 II，后舌向与后边脊连接。无次小尖。后边脊粗壮且弯曲。其中一件标本发育一个小但清晰的后边谷（图 2.2D）。齿谷外缘均无齿带。齿根没有保存。

M3 明显比 M2 小，呈圆三角形。它的舌侧和后部显著退化。前边脊仅有唇侧支，短但粗壮，在前尖前面围出一个小的前边谷。舌侧支和原谷均消失。次尖明显小于原尖。原脊单支仅有原小脊 I，原小脊 I 短而粗，前舌向与原尖前臂连接。无中尖、中脊和内中脊。后尖极小，彻底与牙齿的后唇缘融合。后脊单支，仅有后小脊 I，短而粗，并前舌向与次尖的前臂（或内脊的后部）连接。中谷和后边谷被后小脊 I 很好地隔开。内谷是所有齿谷中的最大者。其中一件标本的内谷的次尖前壁上还发育有一条脊形的凸起（图 2.2F）。具有 3 个同样粗细的齿根（2 前 1 后）。

m1 呈窄长的三角形，下前边尖处最窄，往后逐渐加宽。5 个主要齿尖彼此交错排列。下前边尖从前边轻微地分裂，后部具有沟。唇侧的下前边小尖几乎等于或稍大于舌侧者。在 3 件标本上，下前边小脊单支，位于唇侧，连接唇侧下前边小尖与下原尖前臂和下后脊的联合部。然而，在另一件标本上，下前边小脊却有两支，其舌侧支连接舌侧下前边小尖与下后尖的前壁，唇侧支连接唇侧下前边小尖与下原尖前臂和下后脊的联合部。无下前边小脊的侧刺。下后脊短而前唇向与下原尖的前臂连接。无下中尖、下中脊和下外中脊。下次脊短但粗壮，前唇向与下原尖的后臂连接。下外脊倾斜且长。下后边脊明显呈尖状，远远低于下次尖。牙齿上有 5 个开放的齿谷。唇侧的下原谷和下外谷宽且深，舌侧的下中谷和下后边谷窄且朝前弯曲程度大。下前边谷在一件标本上小（图 2.2G），但在其余 3 件上宽而深。其中一件标本上的下中谷的外缘上还发育有一个小的下中附尖（图 2.2I）。仅一枚牙齿保留了齿根，有 2 个齿根。

m2 近似矩形，长大于宽。下前边脊的舌侧支弱小，近于消失，唇侧支则强壮且长，它后唇向下降，抵达下原尖基部前唇处。下前边谷极小或消失，下原谷呈斜坡状，朝牙齿基部敞开。下后脊非常短，近于与下原尖前臂及下前边小脊融合。无下中尖、下外中脊和下中脊。下次脊短于下原尖的后臂，形成一条斜线。下外脊长，比下次脊和下原尖后臂低，后唇向伸展。下后边脊明显呈尖状。在 4 个开放的齿谷中，下外谷最宽，下中谷和下后边谷向后延伸的程度都大。没有保留齿根。

m3 是下齿列中最窄者，长度与 m2 相似（表 2.1）。外形呈长三角形，下内尖区非常退化。下前边脊有唇侧支。下后尖位置比下原尖更靠前。下后脊与下前边脊的唇侧支及下原尖的前臂融合。无下中脊。下外脊非常粗壮，与格外退化的下内尖融合在一起。下次尖也明显退化，位置靠舌侧。下内尖、下次尖、下后边脊和下外脊的后部愈合，在牙齿后部形成一个小的齿盆。牙齿只有 3 个开放的齿谷，下原谷和下中谷都小而浅，而下外谷大而深。牙齿具有 2 个齿根。

比较：札达盆地的标本很容易被归入微仓鼠 Nannocricetus Schaub，1934 属中，因为它们具有下列组合特征：绝大多数白齿缺乏（下）中脊；M1 的前边尖明显从前二分，原小脊 I 缺失；m1 瘦长，下前边尖狭窄且二分；下白齿的下后脊和下次脊短且近于横向；齿谷呈斜坡状向下敞开。

Nannocricetus 最早由 Schaub（1934）依据内蒙古晚中新世二登图的材料建立。迄今只有 3 个发表的种，包括 N. mongolicus，N. primitivus 和 "N." wuae（Schaub，1934；Zhang et al.，2008，2011）。模式种 N. mongolicus 还被发现于内蒙古的二登图 2（区别于 Schaub 的二登图）、哈尔鄂博、比例克和高特格，甘肃灵台，河北泥河湾和青海昆仑山口盆地等晚中新世至晚上新世地层中（蔡保全，1987；Wu，1991；Qiu and Storch，2000；郑绍华和张兆群，2001；Li，2010；Li et al.，2014）。N. primitivus 的

模式产地是陕西蓝田灞河组，时代为晚中新世早期，还被发现于青海柴达木盆地的深沟地点，其亲近种被发现于蒙古的 Builstyn Khudag（Qiu and Li，2008；Zhang et al.，2008；Maridet et al.，2014）。"N." wuae 是 Zhang 等（2011）依据内蒙古四子王旗晚中新世早期的材料建立的，被认为是 Democricetodon 向 Nannocricetus 演化过程中的一个过渡类型。不过，它拥有太多原始的特征，如 M1 的前边尖窄小、不怎么分裂，而且位置明显偏唇侧；M1-2 具有后小脊 I；m1 的下前边尖不分裂，m1-2 具有较长的下中脊，等等。这些特征与 Nannocricetus 相比更符合 Democricetodon Fahlbusch，1964 的属征。因此，我们将 "N." wuae 视为 Democricetodon 中的一个进步种类，排除 Nannocricetus 属。

尺寸上，札达盆地的标本与内蒙古二登图 2 和哈尔鄂博的 Nannocricetus mongolicus（Wu，1991）、陕西蓝田的 N. primitivus（Zhang et al.，2008）及蒙古 Builstyn Khudag 的 N. aff. primitivus（Maridet et al.，2014）相一致；稍大于内蒙古高特格和青海昆仑山口的 N. mongolicus（Li，2010），明显大于青海柴达木深沟的 N. primitivus（Qiu and Li，2008）和内蒙古比例克的 N. mongolicus（图 2.3）。形态上，札达盆地标本的 M1 前边尖宽，m1 的下前边尖区拉长，（下）中脊退化，因此，明显不同于 N. primitivus 而更接近于 N. mongolicus。此外，札达盆地标本以白齿彻底缺失（下）中脊（除 M2 外）、M1 无原小脊 I 和后小脊 I，M1-2 上具有后边谷，m1-2 的下后边脊呈明显尖状而区别于 N. mongolicus。因此，札达盆地的标本代表了 Nannocricetus 属的一新成员（Li et al.，2018）。

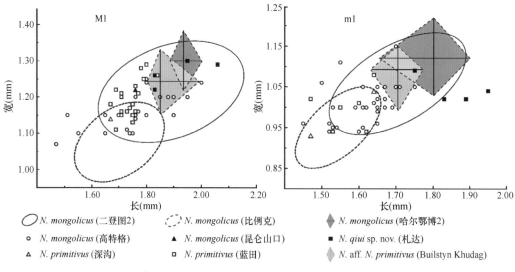

图 2.3　中国和蒙古 Nanncocricetus 各种类第一臼齿测量散点图

左图 M1，上第一臼齿；右图 m1，下第一臼齿

高冠仓鼠属 Aepyocricetus Li et al.，2018

模式种（唯一种）：刘氏高冠仓鼠 Aepyocricetus liuae Li et al.，2018。

名称来源：Aepys，希腊词前缀，意为"高的"，与 cricetus（仓鼠）一起意为"具有高齿冠的仓鼠"，同时也暗指化石产地的高海拔。

属征：中等大小的仓鼠略小于现生的 *Cricetulus*（*Tscherskia*）*triton*，与内蒙古二登图 2 的 *Sinocricetus zdanskyi* 大小相似。以 M1 前边尖更宽且二分，m1 下前边尖区拉长，缺少（下）中尖、（下）附尖、内脊/下外脊和（下）前边小脊侧刺而区别于较古老的 Cricetodontinae、Gobicricetodontinae、Megacricetodontinae 和 Copemyinae。以臼齿丘脊形而区别于脊形齿的田鼠型仓鼠"microtoid criectids"。以下列组合特征而区别于所有已知的晚新近纪、第四纪和现生真仓鼠类，这些特征包括：臼齿齿冠高，冠面丘脊形；上臼齿的主尖紧靠在一起，相对排列，无中尖、附尖、中脊、内中脊、外脊和前边小脊侧刺，原脊和后脊都有两支，后边脊退化；M1 前边尖从前二分，磨蚀后，M1 的冠面平坦，类似于现生的沙鼠 *Meriones* 者；下臼齿主尖交错排列。无下中尖、下附尖、下中脊、下外中脊和下前边小脊侧刺，下后边脊呈尖状；m1 下前边尖明显二分；下中谷和下后边谷的前唇部均封闭，较浅且高于其他的齿谷。

刘氏高冠仓鼠 *Aepyocricetus liuae* Li et al.，2018

正模：IVPP V 23222，一枚左 M1（图 2.4A）。

副模：IVPP V 23223.1 ~ 25，25 枚零散的臼齿，包括 6 枚 M1（1 左 5 右）、2 枚 M2（1 左 1 右的前部）、3 枚 M3（1 左 2 右）、4 枚 m1（3 左 1 右）和 7 枚 m2（5 左 2 右）及 3 枚 m3（2 左 1 右）。

模式产地：西藏自治区札达县，ZD1001 地点。

名称来源：献给化石的发现者，来自中国科学院古脊椎动物与古人类研究所和加拿大艾伯塔大学的刘娟博士，感谢她的发现为我们的研究提供了基础。

种征：同属征。

时代：早上新世，约 4.4 Ma（Wang et al.，2013b）。

测量：见表 2.2。

描述：M1 外形呈肾形。舌侧和唇侧的主尖紧靠在一起，形成前后三排近于平行的齿列。前边小脊的侧刺、中尖、中脊和内中脊都缺失。前边尖和原尖 - 前尖齿列之间的空隙较宽阔。在轻度磨蚀的标本上，主尖尖端彼此分开，尖状，形成锯齿状（图 2.4A）；前边尖宽，明显从前部裂成两个近等大的前边小尖；前尖和后尖指向后舌侧；前边小脊、原脊和后脊都有两支，形成两个"X"形连接结构，这样就在牙齿中线发育 3 个窄且浅的窝，从前往后依次位于舌侧与唇侧前边小尖之间、原尖与前尖之间及次尖与后尖之间；具有短的后边脊。在中度或重度磨蚀的标本上（图 2.4B、图 2.4E、图 2.4F），咀嚼面变得平坦，主要齿尖和脊融合到一起，形成类似现生沙鼠 *Meriones* 一样的冠面结构；主尖变成了 3 对褶角，前边小脊、原脊和后脊融合成了牙齿中线的宽脊；后边脊几乎消失。在轻度磨蚀的标本上，前边尖前壁上有一小而浅的窝或沟（图 2.4A、图 2.4C）。原谷、内谷、前边谷和中谷均呈斜坡状向下敞开，齿谷边缘均无齿带。牙齿具有 4 个分开的齿根（1 前根、2 舌侧根和 1 后唇侧根）。

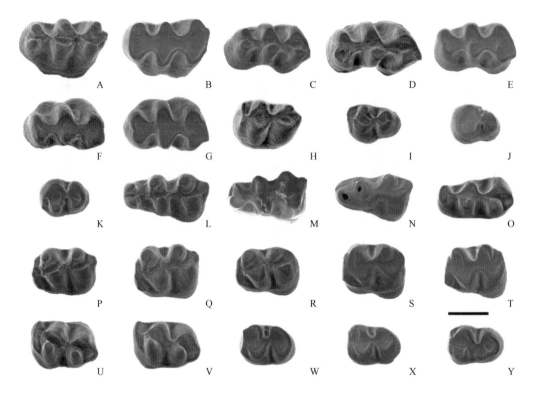

图 2.4　札达 ZD1001 地点 *Aepyocricetus liuae* 的臼齿冠面视图

A. 左 M1，V 23222；B. 左 M1，V 23223.1；C. 右 M1，V 23223.2；D. 右 M1，V 23223.3；E. 右 M1，V 23223.4；F. 右 M1，V 23223.5；G. 右 M1，V 23223.6；H. 左 M2，V 23223.7；I. 左 M3，V 23223.9；J. 右 M3，V 23223.10；K. 右 M3，V 23223.11；L. 左 m1，V 23223.12；M. 左 m1，V 23223.13；N. 左 m1，V 23223.14；O. 右 m1，V 23223.15；P. 左 m2，V 23223.16；Q. 左 m2，V 23223.17；R. 左 m2，V 23223.18；S. 左 m2，V 23223.19；T. 左 m2，V 23223.20；U. 右 m2，V 23223.21；V. 右 m2，V 23223.22；W. 左 m3，V 23223.23；X. 左 m3，V 23223.24；Y. 右 m3，V 23223.25；A 为正模；B～Y 为副模；比例尺 =1 mm

表 2.2　西藏札达盆地 ZD1001 点 *Aepyocricetus liuae* 臼齿测量

牙齿	标本数	长度（mm）		宽度（mm）	
		平均	范围	平均	范围
M1	7	2.12	2.0～2.20	1.37	1.25～1.58
M2	1	—	1.59	—	1.22
M3	3	1.28	1.19～1.33	0.98	0.94～1.02
m1	4	2.04	1.88～2.21	1.12	1.01～1.22
m2	7	1.72	1.63～1.77	1.21	1.14～1.26
m3	3	1.46	1.36～1.57	1.04	0.97～1.09

　　M2 外形近似矩形，后部凸出。舌侧和唇侧的主尖相对排列，通过非常短的脊彼此连接在一起，形成"8"字形的冠面结构。前边脊有两支，舌侧支短弱，唇侧支粗壮且其末端膨大。原脊和后脊也有两支。无中尖、中脊和内中脊。中线上有两个小坑，分别由原尖和前尖、次尖和后尖围成。后边脊呈尖状，位于牙齿的最后端。在牙齿开放

的齿谷中，原谷和后边谷几乎消失，前边谷小，中谷和内谷宽阔，呈斜坡状向下敞开。没有保留齿根。

M3 形态与 M2 尖脊构造相似，但尺寸显著小。外形为圆三角形，后部退化。舌侧和唇侧的主尖相对排列，形成"8"字形的冠面结构。前边脊的舌侧支几乎消失，唇侧支发达且末端膨大。原脊和后脊都有两支，中脊、内中脊和后边脊均缺失。中线上有两个小坑，分别由原尖和前尖、次尖和后尖围成。在一件轻微磨蚀的标本上（图 2.4I），次尖和后尖的后部连接不完整。前边谷清楚，中谷和内谷都宽，呈斜坡状向下敞开。具有 2 个齿根（1 前 1 后）。

m1 呈窄长的三角形。有三对主尖。在后面的两对主尖中，舌侧主尖的位置比相对应的唇侧主尖更靠前。在未磨蚀或轻微磨蚀的标本上（图 2.4L 和图 2.4O），牙齿的冠面为锯齿状；下前边尖从前分裂成两个近等大的下前边小尖；舌侧下前边小尖独立于唇侧下前边小尖、下前边小脊和后面的主尖（下原尖和下后尖）；下前边尖与下原尖 - 下后尖组合之间的空隙较大。下前边小脊单支，连接唇侧下前边小尖与下原尖前臂和下后脊的联合部；无下前边小脊侧刺。下后脊短，稍微指向前唇侧；下后尖与下原尖之间有一个小坑，它比后舌侧的下中谷要高得多；无下中尖、下中脊和下外中脊；下次脊短，轻微前唇向，与倾斜的下外脊的中部连接；无下次小尖；下后边脊呈显著的尖状，位于牙齿的最后舌端。在中度或重度磨蚀的标本上（图 2.4M、图 2.4N），所有齿尖和脊被磨平，形成了一个大的融合的齿质区域；咀嚼面平坦，舌侧有 3 个褶角和 2 条褶沟，唇侧有 4 个褶角和 3 条褶沟；5 个主要齿谷中，下前边谷、下原谷、下中谷和下内谷宽，呈斜坡状向下敞开；下后边谷最小，也最窄，高于其他 4 个齿谷。具有 2 个齿根。

m2 外形呈矩形，长大于宽。舌侧主尖的位置明显比相对应的主尖靠前。下前边脊具有一条短弱的舌侧支和一条长、粗且呈板状的唇侧支。下前边小脊非常短。下后脊短，近于横向地与下原尖的前臂连接。下原尖和下后尖紧靠在一起。下原尖后臂的舌侧面膨大，形成了下原尖和下后尖之间前坑的后缘。这个坑比后面的下中谷要高得多。无下中尖、下中脊和下外中脊。下次脊非常短，前唇向与弯曲的下外脊连接。下后边脊呈尖状。重度磨蚀后，齿尖和脊磨平而融合在一起（图 2.4S、图 2.4T）。下原尖和下后尖融合程度更高一些。在 5 个齿谷中，下后边谷最小，也最浅。下原谷也小，但下中谷和下外谷较宽大和较低。具有 2 个齿根。

m3 外形呈圆角矩形，比 m2 稍短和稍窄一些。舌侧主尖相对于相应的唇侧主尖位置明显靠前。下前边脊具有一条弱的舌侧支和一条粗壮的唇侧支，分别围出浅的下前边谷和大而深的下原谷。下后脊短，前唇向与下原尖的前臂连接。下原尖与下后尖之间的空隙狭窄，形成一个浅坑（图 2.4Y），它比后面的下中谷高得多，重度磨蚀后消失。无下中尖、下中脊或下外中脊。下外脊短、宽，近纵向伸展。下内尖退化，通过前部的下次脊和后部的下后边脊与下次脊融合在一起。在一件轻度磨蚀的标本上（图 2.4X），下内尖和下次尖之间出现一个清晰的圆形的下后边谷，比下中谷要浅一些。具有 2 个齿根。

比较：*Aepyocricetus liuae* 以如下特征区别于西藏吉隆晚中新世的"*Plesiodipus*"

thibetensis（="*Himalayactaga liui*"）（李传夔和计宏祥，1981）：个体更小，上臼齿的主尖相对排列，具有原小脊 I 和后小脊 I，未形成像 *Plesiodipus* 属那样的"斜脊"（即原尖前臂＋原脊 II），下臼齿上完全缺失下中脊，具有舌侧下前边脊，下次脊较短等。*Aepyocricetus liuae* 很容易与同一地点的 *Nannocricetus qiui* 区别开，前者尺寸大，齿冠明显高。*Aepyocricetus liuae* 尺寸上明显小于现生的 *Cricetus cricetus*，稍小于 *Cricetulus*（*Tscherskia*）*triton*，落入内蒙古二登图 2 的 *Sinocricetus zdanskyi* 的测量范围内（Wu，1991）（图 2.5）。*Aepyocricetus liuae* 拥有非常的冠面形态模式，缺乏（下）中尖、（下）附尖、内中脊/下外中脊及（下）前边小脊侧刺等构造，M1 具有更宽和分裂的前边尖，m1 的下前边尖区拉长等，这些特征都排除了归入那些较古老型仓鼠的可能，如 Cricetodontinae Schaub，1925；Gobicricetodontinae Qiu，1996（邱铸鼎，1996；Rummel，1999）；Megacricetodontinae；Copemyinae Jacobs and Lindsay，1984；等等。*Aepyocricetus liuae* 的白齿是丘脊形齿，因此也不可能归入田鼠类仓鼠 "microtoid cricetids"，后者通常高冠，齿尖特化为褶角，如晚新近纪的 Microtoscoptinae Kretzoi，1955；Baranomyinae Kretzoi，1955；Trilophomyinae Kretzoi，1969；*Pannonicola* Kretzoi，1965（*Ischymomys* Zazhigin，1972）；以及其他一些类型（McKenna and Bell，1997；Fejfar，1999；Fejfar et al.，2011）。*Aepyocricetus liuae* 具有如下特征组合：齿冠较高，白齿丘脊形，缺乏（下）中脊和（下）前边小脊侧刺，主尖紧靠在一起，M1 磨蚀后形成类似 *Meriones* 的模式，下臼齿模式后尖脊之间融合在一起，这些特征使得 *A. liuae* 区别于所有已知的晚新近纪、第四纪和现生的真仓鼠类，如中国的 *Cricetinus* Zdansky，1928；*Sinocricetus* Schaub，1930；*Allocricetus* Schaub，1930；*Nannocricetus* Schaub，1934；*Bahomys* Chow and Li，1965；*Kowalskia* Fahlbusch，1969；*Amblycricetus* Zheng，1993。还有欧洲的 *Rotundomys* Mein，1966；*Microtocricetus* Fahlbusch and Mayr，1975；*Collimys* Daxner-Höck，1972；*Hattomys* Freudenthal，

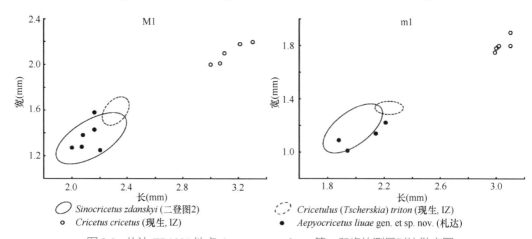

图 2.5　札达 ZD1001 地点 *Aepyocricetus liuae* 第一臼齿的测量对比散点图

与现生的 *Cricetulus*（*Tscherskia*）*triton*（20 件标本），*Cricetus cricetus*（6 件标本）（均保存于中国科学院动物研究所 IZ），

以及化石种类内蒙古二登图 2 地点的 *Sinocricetus zdanskyi*（Wu，1991）

左图为 M1，上第一白齿；右图为 m1，下第一白齿

1985；*Hypsocricetus* Daxner-Höck，1972；*Rhinocricetus* Kretzoi，1956。还有西伯利亚的 *Gromovia* Erbajeva，Alexeeva，and Khenzykhenova，2003；以及现生的 *Cricetus* Leske，1779；*Cricetulus* Milne-Edwards，1867（包括 *Tscherskia* Ognev，1914，*Cansumys* Allen，1928 和 *Allocricetulus* Argyropulo，1933）；*Mesocricetus* Nehring，1898；*Phodopus* Miller，1910；等等。在这些属中，札达的 *Aepyocricetus liuae* 与 *Mesocricetus* 最像，但前者以上白齿缺失后边谷、M2-3 缺失舌侧前边脊、m2-3 的舌侧下前边脊退化更多、m2 相对于 m2 更长而区别于后者。

讨论：仓鼠是一类多样性较高的小型啮齿动物，其现生种类有 7 个属和 18 个种，都归入鼠型超科仓鼠科之下的仓鼠亚科。仓鼠亚科与 Arvicolinae、Lophiomyinae、Neotominae、Sigmodontinae 和 Tylomyinae 等亚科互为姐妹群（Musser and Carleton，2005）。系统上，现生的仓鼠类组成一个单系类群，即仓鼠亚科，得到了形态学和分子生物学方面证据的双重支持（Carleton and Musser，1984；Michaux and Catzeflis，2000；Michaux et al.，2001），该亚科最早出现于新近纪（McKenna and Bell，1997）。中国的仓鼠亚科种类尤其丰富，从晚中新世开始一共出现了 10 个属，包括 *Sinocricetus*、*Nannocricetus*、*Kowalskia*（=*Neocricetodon* 和 *Chuanocricetus*）、*Amblycricetus*、*Cricetinus*、*Allocricetus*、*Bahomys*、*Cricetus*、*Cricetulus*（=*Tscherskia* 和 *Allocricetulus*）和 *Phodopus*（Zdansky，1928；Schaub，1930，1934；周明镇和李传夔，1965；郑绍华，1984，1993；Wu，1991；郑绍华和蔡保全，1991；邱铸鼎，1995；罗泽珣等，2000；Qiu and Storch，2000；Qiu and Li，2003；Zhang et al.，2008；Li，2010）。这些仓鼠主要分布于晚新近纪中国北方和南方较低海拔区域，在高海拔的青藏高原上则罕见。迄今，唯一详细描述的青藏高原腹地仓鼠化石只有产自吉隆盆地晚中新世地层中的 "*Plesiodipus*" *thibetensis*（= "*Himalayactaga liui*"）（李传夔和计宏祥，1981）。直到今天，青藏高原上的仓鼠种类也不多，仅有 *Cricetulus* 一个属而已（罗泽珣等，2000）。因此，在西藏西南部札达盆地早上新世地层中发现的两种新的仓鼠无疑增加了青藏高原腹地仓鼠类的多样性记录。

目前，已经在札达盆地内发现了数量惊人的哺乳动物化石，其中最古老的披毛犀 *Coelodonta thibetana* 化石的发现启发了我们提出第四纪冰期大型哺乳动物 "走出西藏" 的假说，这些大型哺乳动物在上新世时在青藏高原上繁衍，当冰期来临时便迅速地向高原北方低海拔的 "猛犸象草原"（Mammoth Steppe）扩散（Deng et al.，2011；Wang et al.，2015b）。相反，小哺乳动物似乎遵循一种 "走进西藏" 的模式，其中鼢鼠和仓鼠就为这种动物地理模式提供了很好的范例。鼢鼠中的一支 *Prosiphneus* 就成功地从高原外部扩散进入高原上的昆仑山口盆地和腹地的札达盆地（Li and Wang，2015）。

札达盆地的仓鼠很容易分为两个截然不同的类群，一个是小个体、低齿冠的 *Nannocricetus qiui*；一个是大个体、高齿冠的 *Aepyocricetus liuae*。它们都很容易与原来青藏高原腹地仅有的化石仓鼠——产自吉隆晚中新世地层的 "*Plesiodipus*" *thibetensis*（Li and Chi，1981）相区别（图 2.6）。吉隆的仓鼠最早被李传夔和计宏祥（1981）归入 Young（1927）建立的 *Plesiodipus* 属中，模式标本包括一段左下颌带 m1-3（V5205.1）、

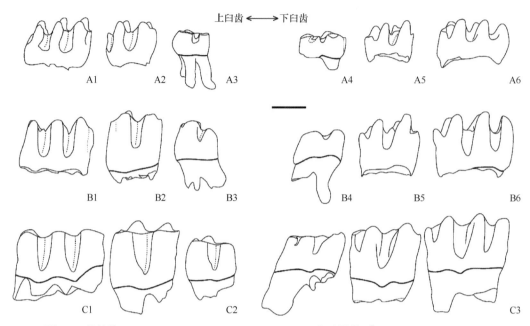

图 2.6 札达的 *Nannocricetus qiui*、*Aepyocricetus liuae* 和吉隆的 "*Plesiodipus*" *thibetensis*
冠面舌侧视对比图，显示不同的齿冠高度

A1 ～ A6 为 *Nannocricetus qiui*；A1. 正模，左 M1，IVPP V 23220；A2. 左 M2，IVPP V 23221.5；A3. 左 M3，IVPP V 23221.7；A4. 左 m1，IVPP V 23221.8；A5. 左 m2，IVPP V 23221.12；A6. 右 m3，IVPP V 23221.16（反转）；B1 ～ B6 为 *Aepyocricetus liuae*；B1. 正模，左 M1，IVPP V 23222；B2. 左 M2，IVPP V 23223.7；B3. 左 M3，IVPP V 23223.9；B4. 左 m1，IVPP V 23223.12；B5. 左 m2，IVPP V 23223.6；B6. 右 m3，IVPP V 23223.23；C1 ～ C3 为 "*Plesiodipus*" *thibetensis*；C1. 右 M1，IVPP V 5205.2（反转）；C2. right M2-3，IVPP V 5204；C3. 左 m1-3，IVPP V 5205.1（李传夔和计宏祥，1981）；比例尺 =1 mm

1 枚右 M1（V5205.2）和 1 段右下颌带 m2-3（IVPP V5204）。同一文献中，他们还建立了一个有疑问的 "跳鼠" 种类 "*Himalayactaga liui*"，其模式标本包括来自吉隆同一地点的 "两枚下臼齿（V5204）"（李传夔和计宏祥，1981）。然而，这两枚所谓的 "下臼齿" 鉴定有误，它们实际上是上臼齿。无论从是大小还是从形态方面，都可以很好地与 "*Plesiodipus*" *thibetensis* 中的 M1（V5205.2）对比。吉隆的仓鼠确实拥有一些戈壁古仓鼠类中出现的特征，如上臼齿缺失原小脊 I 和后小脊 I，由原尖前臂和原小脊 II 形成非常强壮的 "斜脊"（邱铸鼎，1996）。然而，与 *Plesiodipus* 的模式种 *P. leei* 相比，吉隆的标本明显不同，它的 M1 的前边尖更宽，而且深度二裂，前边小脊有两支；上臼齿唇侧的齿谷更弯曲；m1 的下前边尖更宽、更长，下后脊不与下前边尖（但与下前边小脊）连接，具有深的下前边谷；下臼齿的下原尖和下次尖不呈方形，下内尖与下次尖之间的下外脊部分更长，下后边脊明显长，还有一些其他特征（邱铸鼎，1996）。进一步说，吉隆的仓鼠与欧洲的 *Collimys* 和 *Pseudocollimys* Daxner-Höck，2004 有相似之处，但区别于更高的齿冠，上臼齿中脊彻底消失，m1 无下中脊，M1 前边尖明显宽和从前面分裂，m1 的下前边尖区明显拉长。对于吉隆的仓鼠来说，归入 *Plesiodipus* 显然是不合适的，也许在将来的工作中会为之建立一个新的属。

动物地理：*Nannocricetus* 是中国北方和西北方晚新近纪常见的一类仓鼠，通常与另外两个仓鼠属即 *Sinocricetus* 和 *Kowalskia* 共同出现（Schaub，1930，1934；Wu，1991；Qiu and Storch，2000；郑绍华和张兆群，2001；Li，2010）。有学者认为 *Nannocricetus* 可能由古仓鼠类中的 *Democrietodon* 演化而来（Zhang et al.，2008，2011），我们也赞同这一观点。最古老的 *Nannocricetus* 记录是晚中新世早期的 *N. primitivus*（如陕西蓝田和青海深沟）和 *N.* aff. *N. primitivus*（蒙古 Builstyn Khudag）（Qiu and Li，2008；Zhang et al.，2008，2011；Maridet et al.，2014）。根据化石证据，*Nannocricetus* 可能起源于蒙古高原或中国北方，不过该属在亚洲北方其他地区缺乏记录可能是由采样不足造成的。在 *Nannocricetus* 的早期演化阶段，该属就已经进入了青藏高原中海拔相对较低的柴达木盆地中（Qiu and Li，2008）。在晚中新世晚期时，*N. primitivus* 迅速地被 *N. mongolicus* 所替代，并成功地扩展到中国北方和西北大部分地区（Schaub，1934；蔡保全，1987；Wu，1991；Qiu and Storch，2000；郑绍华和张兆群，2001；Li，2010），到早上新世时期已经扩散至青藏高原高海拔台面的北部边缘地区（昆仑山口）（Li et al.，2014）。札达盆地的 *N. qiui* 是该属早上新世时的又一高原代表。由于昆仑山口的 *N. mongolicus* 和札达的 *N. qiui* 的时代都是早上新世，因此这两个种的分异时间可能要早于早上新世（>4.4 Ma）。与 Li 和 Wang（2015）说明的鼢鼠化石 *Prosiphneus eriksoni* 一样，札达盆地的 *N. qiui* 无疑又指示了一次如下事件：在早上新世或更早时期，仓鼠中的 *Nannocricetus* 从它的起源中心（即低海拔的蒙古高原或中国北方）向高海拔的青藏高原腹地扩散。

Aepyocricetus liuae 的臼齿形态甚为独特，目前还不能确定其到底与哪类仓鼠亲缘关系最近，无论是高海拔的青藏高原地区还是低海拔地区的种类。它有可能是青藏高原上的一个特化的类群。吉隆盆地中的 "*Plesiodipus*" *thibetensis* 也存在同样的问题，也缺乏亲近的类群。它们可能代表了两类在新近纪从青藏高原腹地内部演化出来的土著仓鼠。进一步说，*A. liuae* 的上白齿磨蚀后呈类似沙鼠的冠面模式，这种相似性可能指示出札达盆地在早上新世时比较干旱，因为现生的沙鼠主要生活在荒漠、灌丛、干旱草原和草地上（Nowak and Paradiso，1983；罗泽珣等，2000）。尽管一些大型哺乳动物表现出在上新世末 "走出西藏"，但这些啮齿类动物 "走进西藏" 却使青藏高原动物地理的形成过程和历史显得更为复杂。*Nannocricetus* 在早上新世时或更早时期能从青藏高原的北缘扩散到腹地中的札达，表明在扩散初期，高原台面上应是没有太大地理障碍的。同 *A. liuae* 一样，*N. qiui* 也成了高海拔青藏高原内部的土著物种。

喜马拉雅山的南麓（巴基斯坦和印度）有许多新生代化石地点也产出仓鼠类化石，如 *Eucricetodon*、*Eumyarion*、*Primus*、*Spanocricetodon*、*Megacricetodon*、*Democricetodon* 和 *Punjabemys*（Hussain et al.，1979；De Bruijn et al.，1981；De Bruijn and Hussain，1984；Lindsay，1987，1988，1994；Downing et al.，1993；Patnaik，2016）。然而，这些地点缺乏上新世的仓鼠化石记录。尽管如此，*Aepyocricetus liuae* 和 *Nannocriceus qiui* 在喜马拉雅山南麓的缺席，可能表明喜马拉雅山脉在早上新世时期已经对仓鼠类的扩散形成了难以逾越的障碍。现有证据显示，新近纪青藏高原上的哺乳动物与北方低海

拔地区有较大关联，而与南方或西南的印度次大陆地区鲜有关联。

鼹形鼠科 Spalacidae Gray，1821
䶄鼠亚科 Myospalacinae Lilljeborg，1866
原䶄鼠属 *Prosiphneus* Teilhard de Chardin，1926

模式种：*Prosiphneus licenti* Teilhard de Chardin，1926。

归入种：艾氏原䶄鼠 *P. eriksoni* (Schlosser，1924)；鼠型原䶄鼠 *P. murinus* Teilhard de Chardin，1942；天祝原䶄鼠 *P. tianzuensis* (Zheng and Li，1982)；邱氏原䶄鼠 *P. qiui* Zheng et al.，2004；郝氏原䶄鼠 *P. haoi* Zheng et al.，2004。

分布：晚中新世早期到早上新世，中国北方地区和西藏西南地区。

评注：䶄鼠属于鼹形鼠科，是一类亚洲特有的穴居型啮齿类动物。䶄鼠类化石广泛分布于中国北方、蒙古高原及其周边地区的新近纪地层中。与鼢类一样，䶄鼠类化石演化速率快，可以作为新近纪陆相地层对比的关键化石之一 (Zheng，1994)。在中国，䶄鼠化石主要分布于北方，在青海有极少量发现，在西藏地区则从未发现过。目前，青藏高原䶄鼠化石的记录仅有 3 例：贵德盆地的 *Allosiphneus arvicolinus* (=*Siphneus arvicolinus*)(Nehring，1883；郑绍华等，1985)、共和盆地的 *Allosiphneus arvicolinus* (=*Myospalax arvicolinus*) 和 *Myospalax fontanieri*(郑绍华等，1985)，以及昆仑山口盆地的 *Prosiphneus* cf. *P. eriksoni*(Li et al.，2014)。其中，昆仑山口盆地化石的时代为早上新世，贵德盆地和共和盆地化石的时代为早—中更新世。在青藏高原上，现生的䶄鼠仅局限于青海境内，在高原腹地无任何记录。札达盆地的䶄鼠化石记录无疑是䶄鼠在青藏高原腹地的首次发现，具有重要的生物年代、动物地理和古环境意义。

通常认为化石和现生䶄鼠构成一个单系，并组成了䶄鼠亚科 Myospalacinae。不过，目前在科级的归属上尚有相当大的争议。简单归纳一下，目前主要有 4 种不同的意见。第一种是归入䶄鼠科的 Siphneidae，这一名称最早是由 Teilhard de Chardin 和 Young(1931) 提出的，后由 Leroy(1941) 正式建立，Teilhard de Chardin(1942)、Zheng(1994)、Qiu 和 Storch(2000) 及郑绍华等 (2004) 均使用了这一名称。第二种是 Kretzoi(1961) 建立的 Myospalacidae 科，也见于 Pavlinov 和 Rossolimo(1987) 及 Rossolimo 和 Pavlinov (1997)。第三种是归入仓鼠科的 Cricetidae，这一观点主要为中国哺乳动物学家和古生物学家基于形态学研究所赞同 (罗泽珣等，2000；王应祥，2003；Liu et al.，2013)。第四种是归入鼹形鼠科的 Spalacidae，主要得到了分子生物学证据的支持 (Jansa and Weksler，2004；Norris et al.，2004；Wilson and Reeder，2005)。䶄鼠是一类东亚特有的啮齿类动物，最早出现于中中新世晚期或晚中新世早期。化石证据显示出䶄鼠与仓鼠之间具有较近的关系。䶄鼠亚科与亚洲戈壁古仓鼠亚科 Gobicricetodoninae 中的近古仓鼠 *Plesiodipus* 有相似之处，一度曾有人认为䶄鼠起源于 *Plesiodipus* (Zheng，1994；郑绍华等，2004；Liu et al.，2013；邱铸鼎，1996；郑绍华，1997)。根据我们最近对内蒙古中部地区新近纪啮齿类动物的研究，䶄鼠确实与戈壁古仓鼠类具有较近的亲缘关系，可能从戈壁古仓鼠中的某一支但不是 *Plesiodipus* 演化而来（邱铸鼎和李强，2016）。同时，我们认为郑绍华等（2004）建立的"秦安原鼢鼠"的鉴定有错误，它的正型（一枚 m1，V 14043）和 3 枚 m2（V 14044.1 ～ 3）具有如下特征：m1 前帽（ac）与三角 2（t2 或者下原尖）之间的颈部非常短，唇侧褶角 2（bsa2 或下原尖外角）形状较方，唇侧褶角 1（bsa1 或下次尖外角）较锐利，m1 和 m2 的唇侧褶沟 1（bra1 或下外谷）较浅。这些特征都与 *Prosiphneus* 属征不符，应该归入 *Plesiodipus* 中。Zheng（1994）将 Teilhard de Chardin（1942）建立的 *Prosiphneus lyratus* 种从 *Prosiphneus* 属中移除，并新建 *Pliosiphneus* 属，Liu 等（2013）还重新对该属进行了定义。事实上，*Prosiphneus lyratus* 的模式标本属于一件老年个体，其臼齿特征不明晰。这样一来，就非常困难将 *P. lyratus* 同其他那些仅依据零散牙齿建立的 *Prosiphneus* 种类直接进行对比。因此，将任何零散臼齿归入 *P. lyratus* 种时就需要格外谨慎。

艾氏原鼢鼠 *Prosiphneus eriksoni* Schlosser，1924

归入标本：西藏札达 ZD1001 地点，29 枚零散臼齿（IVPP V18032.1 ～ 29），包括 4 枚 M1、5 枚 M2、3 枚 M3、6 枚 m1、6 枚 m2 和 5 枚 m3。

地点和层位：鼢鼠化石来自 IVPP ZD1001（31°39′58.2″N，79°44′57.3″E，海拔～ 4114 m）地点，在 2010 年 8 月的发掘过程中，一同发现的还有布氏豹 *Panthera blytheae* 和邱氏狐 *Vulpes qiuzhudingi*，它们被认为分别是雪豹和北极狐的祖先。化石点位于札达县城西北约 20 km、象泉河北岸的札达沟的东侧山顶。化石产自一层～ 20 cm 厚的含泥粒灰白色和灰绿色细砂岩中，该层覆盖在一层锈黄色角砾岩之上。岩性上，化石层可以对比到札达盆地综合剖面的中部湖相地层中（Wang et al.，2008），或大致相当于札达盆地南剖面中的 335 m 水平（Saylor et al.，2010）。因此，ZD1001 地点的时代大致对比到国际地磁极性标准年代表 GPTS 上的 C3n.1r 带，大约在 4.4 Ma（Wang et al.，2013）。

材料、方法和缩写：在 2010 年野外发掘过程中，共从 ZD1001 地点取土样 28 袋，折合 0.5t，筛洗出数百件哺乳动物化石，其中有 29 枚零散的牙齿属于鼢鼠。本书描述的新材料均保存于中国科学院古脊椎动物与古人类研究所标本馆中，以便于研究者查看。

本书使用的牙齿描述术语及测量方法采用郑绍华等（2004）的方案。使用 Wild Heerbrugg 牌光学显微镜对标本进行测量，精确到 0.1 mm。其他对比标本也均保存于中国科学院古脊椎动物与古人类研究所标本馆中。

测量：见表 2.3 和表 2.4。

描述：M1 的前叶（AL）是牙齿上最窄的部位，其前缘平直。冠面视，舌侧褶角（LSA）半圆形，但唇侧褶角（BSA）更锐利一些。舌侧褶沟（LRA）比唇侧褶沟（BRA）短，彼此交替排列。LRA1 和 LRA2 横向伸展，而唇侧的 BRA1 和 BRA2 则后舌向延伸，深入冠面达 2/3 冠面宽度。侧面视，珐琅质曲线（DT）起伏不平，所有尖峰都超过了褶沟的沟底。前部的两个齿根完全愈合，但后部齿根与前齿根之间仍分离。

表 2.3　西藏札达盆地 ZD1001 点 *Prosiphneus eriksoni* 的臼齿冠面最大长和最大宽测量表

牙齿	最大长（mm）		最大宽（mm）		数量
	均值	范围	均值	范围	
M1	3.52	3.37 ~ 3.69	2.60	2.39 ~ 3.00	4
M2	2.56	2.32 ~ 2.82	2.19	1.81 ~ 2.49	4
M3	2.36	2.28 ~ 2.43	2.02	2.01 ~ 2.02	2
m1	3.69	3.41 ~ 3.92	2.20	1.90 ~ 2.53	5
m2	3.10	2.92 ~ 3.25	2.25	1.90 ~ 2.65	5
m3	2.37	2.27 ~ 2.62	1.93	1.52 ~ 2.23	4

表 2.4　西藏札达盆地 ZD1001 点 *Prosiphneus eriksoni* 的臼齿珐琅质曲线各项参数测量表

牙齿	珐琅质曲线参数（DT parameters）				
上	A	B	C	D	
M1	0 ~ 0.22	0.99 ~ 1.47	0.99 ~ 1.49	0.07 ~ 0.36	范围
n=4	0.12	1.23	1.25	0.23	均值
M2	0.31 ~ 0.80	0.37 ~ 0.99	0.58 ~ 1.01	0 ~ 0.29	范围
n=4	0.57	0.62	0.75	0.10	均值
M3	0 ~ 0.17	0 ~ 0.16	0.38 ~ 0.60	0.10 ~ 0.11	范围
n=2	0.09	0.08	0.49	0.10	均值
下	a	b	c	d	e
m1 范围	0	0.47 ~ 0.94	0.63 ~ 0.94	0.38 ~ 0.58	0 ~ 0.46
n=5 均值	0	0.71	0.79	0.52	0.24
m2 范围	—	0.15 ~ 0.59	0.43 ~ 0.93	0.30 ~ 0.71	0.14 ~ 0.33
n=5 均值		0.40	0.66	0.49	0.25
m3 范围		0.36 ~ 0.60	0.77 ~ 0.94	0	0
n=3 均值	—	0.52	0.85		

　　M2 冠面形态是典型的 ω 型，与 M1 相似但没有前叶。舌侧褶沟横向，与唇侧褶角相对排列。唇侧褶沟后舌向伸展。侧面视，珐琅质曲线起伏不平，所有尖峰均超过褶沟的沟底。齿根愈合成两条又宽又扁的根。

　　M3 的形态与 M2 相仿，第 4 个三角（T4）明显小于第 1 个三角（T1）。在牙齿的后舌侧发育有一个额外的褶沟。这条褶沟或开放（图 2.7E1）或因磨蚀已成一个小的釉岛（图 2.7F1）。侧面视，舌侧的珐琅质曲线近于一直线，而且未向上超过褶沟沟底；但唇侧珐琅质曲线却起伏不平，而且超过了褶沟沟底。具有两个齿根。

　　m1 的唇侧褶角较圆，但舌侧褶角比较尖锐。前帽（ac）小、卵圆形，在年轻个体中呈纵向对称（图 2.7G1 和图 2.7H1），但在年老个体中则较为后舌向拉伸（图 2.7I1 和图 2.7J1）。在磨蚀较轻的标本中，前帽前端还有一个开口（图 2.7G1），成年后因磨蚀而封闭（图 2.7H1），在老年个体中因磨蚀深而彻底消失（图 2.7I1 和图 2.7J1）。bra2 和 lra3 相对排列。lra3 是所有褶角中最浅者，在老年个体中几乎消失（图 2.7I1）。侧面视，珐琅质曲线起伏不平，并且超过了褶沟沟底。

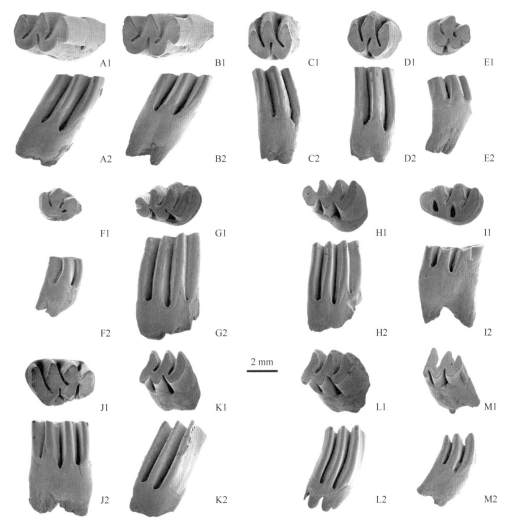

图 2.7　西藏札达盆地 ZD1001 地点艾氏原鼢鼠 *Prosiphneus eriksoni* 的臼齿

A. 右 M1，V 18032.2；B. 右 M2，V 18032.3；C. 右 M2，V 18032.6；D. 右 M2，V 18032.7；E. 左 M3，V 18032.10；F. 左 M3，V 18032.11；G. 左 m1，V 18032.13；H. 左 m1，V 18032.14；I，左 m1，V 18032.15；J. 右 m1，V 18032.17；K. 左 m2，V 18032.19；L. 左 m2，V 18032.20；M. 左 m3，V 18032.25；A1 ～ M1 为冠面视；A2 ～ F2 为唇侧视；G2 ～ M2 为舌侧视，显示釉质曲线

　　m2 的唇舌两侧各有 3 个褶角和 2 条褶沟。冠面视，三角明显后舌向倾斜，舌侧褶沟比唇侧褶沟深。侧面视，珐琅质曲线起伏不平，并且超过了褶沟沟底。

　　m3 的形态大致与 m2 相仿，但尺寸稍小。后叶 (pl) 退化明显。舌侧珐琅质曲线整体稍高于褶沟的沟底，而唇侧的珐琅质曲线则非常低，低于褶沟的沟底。齿根强烈向后弯曲。

　　比较：Teilhard de Chardin 和 Young (1931) 将鼢鼠分为两个属，包括臼齿有牙根的化石属 *Prosiphneus* 和臼齿无牙根的现生属 *Siphneus* (=*Myospalax*)。根据头骨，特别是枕部特征，他们进一步将 *Siphneus* 划分为凸枕型的 *S. fontanieri* 类群、凹枕型的

S. psilurus 类群和平枕型的 *S. tingi* 类群。Teilhard de Chardin（1942）延续了这种划分方案，并且进一步提出白齿齿根的有无、M1 冠面形态是否是 ω 型，以及矢状脊和枕区的形态都可以作为鉴别特征。郑绍华（1985）首次将鼠平类中常用的珐琅质曲线参数引入白齿有根的化石鼢鼠中。依据头骨和白齿特征，Zheng（1994）和郑绍华（1997）对东亚的化石鼢鼠进行了系统总结，将鼢鼠类划分为 3 个亚科 10 个属，同时又重新定义了珐琅质曲线参数。不过，他的划分方案并没有得到广泛的认同，其中一些分类单元的有效性一直存有疑问（Wilson and Reeder，2005；McKenna and Bell，1997）。最近，郑绍华等（2004）和 Liu 等（2013）对测量珐琅质曲线参数的方法进行了修订，也证实了珐琅质曲线参数在区分 *Prosiphneus* 的不同种中的有效性。本书引用了他们的方法。

札达的鼢鼠化石，其 M1 的冠面形态是 ω 型，m1 的前帽相对较小、对称和位置靠内，m1 的 bra2 和 lra3 相对排列。根据 Zheng（1994）和郑绍华（1997）的定义，札达的鼢鼠应属于凸枕型鼢鼠。Zheng（1994）认为凸枕型鼢鼠包括白齿有根的 *Prosiphneus*、*Myotalpavus* 和 *Pliosiphneus*，以及白齿无根的 *Eospalax* 和 *Allosiphneus* 属。札达的鼢鼠具有齿根，因此不可能属于后两个属。在以上 3 个白齿有根的属种中，*Myotalpavus* 和 *Pliosiphneus* 的有效性存在疑问，McKenna 和 Bell（1997）及 Wilson 和 Reeder（2005）都认为这两个属是 *Prosiphneus* 的晚出异名。郑绍华等（2004）正式摒弃了 *Myotalpavus* 这一名称。*Pliosiphneus* 最初是由 Zheng（1994）建立的，仅包括一个种，即 Teilhard de Chardin（1942）建立的 *Prosiphneus lyratus*。*P. lyratus* 的模式标本是一件年老个体的头骨（HHPHM 31.076），产自山西榆社盆地。最近，Liu 等（2013）重新对 *Pliosiphneus* 进行了定义，仍坚持将 *Prosiphneus lyratus* 作为 *Pliosiphneus* 的模式种。可惜的是，*Prosiphneus lyratus* 的模式标本可能已经丢失。Teilhard de Chardin（1942）只测量了整个上齿列的长度，没有测量每一颗白齿的长度。根据他的图 36 及图 36a 判断，*Prosiphneus lyratus* 模式标本的 M1 的长和宽可能分别是 4.0 mm 和 2.8 mm，稍大于札达盆地的鼢鼠化石（图 2.8）。不过，其珐琅质曲线无法识别，不能将札达的鼢鼠化石与之做进一步对比。

札达鼢鼠的白齿具有齿根，m1 的前帽对称且位置靠内，bra2 和 lra3 横向相对排列，珐琅质曲线参数 *a* 值为 0。这些特征都与凸枕型鼢鼠中的 *Prosiphneus* 相符，特别是与郑绍华等（2004）和 Liu 等（2013）修订后的 *Prosiphneus* 属征相符。郑绍华等（2004）归纳的 *Prosiphneus* 一共包括 7 个种，即 4 个老种：*P. licenti*、*P. murinus*、*P. eriksoni* 和 *P. tianzuensis*，同时还有 3 个新建的种：*P. qinanensis*、*P. qiui* 和 *P. haoi*。正如前文所述，我们认为 *P. qinanensis* 应该被排除在 *Prosiphneus* 之外。此外，有些文献中说原鼢鼠的化石还见于内蒙古比例克和青海昆仑山口盆地的早上新世地点，都归为 *P. cf. P. eriksoni*（Qiu and Storch，2000；Li et al.，2014）。

根据测量尺寸，札达的鼢鼠明显大于内蒙古阿木乌苏的 *Prosiphneus qiui* 和甘肃秦安的 *P. haoi*，稍大于甘肃庆阳和秦安的 *P. licenti*、陕西榆社的 *P. murinus* 和内蒙古二登图的 *P. erksoni*，与甘肃天祝的 *P. tianzuensis* 及比例克和昆仑山口的 *P. cf. P. eriksoni* 大小最接近（图 2.8）。形态上，札达的鼢鼠以其具有较高的齿冠、较高的珐琅质曲线参数

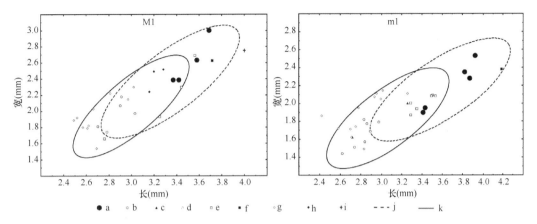

图 2.8 *Prosiphneus* 和 "*Pliosiphneus*" *lyratus* 的第一臼齿的尺寸测量散点图
（左图为 M1，右图为 m1）

a. *Prosiphneus* cf. *eriksoni*，西藏札达；b. *P. qiui*，内蒙古阿木乌苏；c. *P. haoi*，甘肃秦安；d. *P. licenti*，甘肃秦安；e. *P.
tianzuensis*，甘肃天祝；f. *Prosiphneus* cf. *eriksoni*，青海昆仑山口；g. *P. licenti*，甘肃庆阳；h. *P. murinus*，山西榆社；
i. "*Pliosiphneus*" *lyratus*，山西榆社；j. *Prosiphneus* cf. *eriksoni*，内蒙古比例克；k. *P. eriksoni*，内蒙古二登图

值、高度愈合的齿根、唇侧褶沟深和 m1 的褶角较圆而明显区别于较原始的 *P. qiui* 和 *P.
haoi*；又以较高的珐琅质曲线参数值而区别于 *P. licenti* 和 *P. murinus*。札达的鼢鼠以上臼
齿具有更高的珐琅质曲线参数值、m1 的前帽更对称和靠内而不同于 *P. tianzuensis*。尽管
尺寸相似，札达鼢鼠的珐琅质曲线参数值比比例克和昆仑山口的 *P.* cf. *P. eriksoni* 明显要
小（图 2.9）。在形态上，札达的鼢鼠与内蒙古二登图的 *P. eriksoni* 最一致。两者之间的
差别只在于札达的鼢鼠尺寸稍小，珐琅质曲线参数中 m1 的 *b* 值稍小，M1 的 *C* 值稍大。

支序分析和 *Prosiphneus* 的系统发育：此前尚无人对 *Prosiphneus* 进行过支序分
析。我们的目标聚焦在厘清 *Prosiphneus* 属内的种级归属，因此没有考虑鼢鼠中的其他
属种。*Democricetodon lindsayi* Qiu，1996 选择为外类群。考虑到 *Prosiphneus* 可能与
Plesiodipus 及 *Gobicricetodon* 有较近的亲缘关系，我们选择的内类群包括 7 种已知的
Prosiphneus，加上札达的鼢鼠及邱铸鼎（1996）描述的 *Plesiodipus leei*、*Pl. progressus*、
Gobircricetodon flynni 和 *G. roubustus*。事实上，这些种类的标本大多为零散的牙齿，因
此用于分析的矩阵只包括牙齿方面的特征（表 2.5 ～表 2.7）。

我们使用 Goloboff 等（2008）的 TNT（1.1 版本，2015 年 3 月）进行支序分析，使
用 Mesquite（版本 3.02 build 681）(Maddison and Maddison，2015) 建立特征矩阵，包括
13 个种和 55 个特征。使用隐枚举速算法 (IE) 和不加权搜索出 4 颗等值的最大简约树。
严格合意树步长 122，一致性指数 CI=0.869，保留指数 RI=0.888。

根据严格合意树（图 2.10），所有已知的 7 个 *Prosiphneus* 种及札达的 *P. erisksoni*
构成了一个单系，即 *Prosiphneus* 属。*Plesiodipus leei+Pleisiodipus progressus* 构成的
支系与 *Prosiphneus* 互为姐妹群。*Gobicrietodon robustus+G. flynni* 组成了 *Pleisodipus+
Prosiphneus* 支系外的更为基干的类群。在 *Prosiphneus* 支系内，*P. murinus*、*P. licenti*
和 *P. haoi* 的位置仍不稳定，同时比例克的 *Prosiphneus* cf. *P. eriksoni* 和二登图及札达

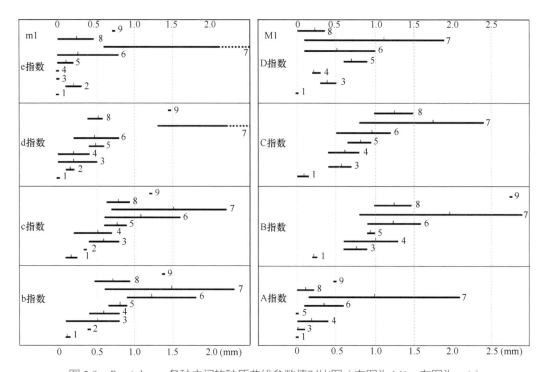

图 2.9 *Prosiphneus* 各种之间的釉质曲线参数值对比图（右图为 M1，左图为 m1）

1. *P. qiui*，阿木乌苏；2. *P. haoi*，秦安；3. *P. licenti*，庆阳；4. *P. murinus*，榆社；5. *P. tianzuensis*，天祝；6 和 8. *P. eriksoni*，
6. 二登图，8. 札达；7 和 9. *Prosiphneus* cf. *P. eriksoni*，7. 比例克，9. 昆仑山口。1～6 数据引自郑绍华等（2004），7 为重新测量，
8 和 9 由作者自量

的 *P. eriksoni* 之间的关系也未完全确定。尽管如此，还是可以很清楚地看到，*P. qiui* 是 *Prosiphneus* 属种最基干的种类，中间经历了一系列过渡性种类，最终演化到 *P. eriksoni* 的阶段，无疑，札达的 *P. eriksoni* 是 *Prosiphneus* 属演化的最终阶段。

表 2.5 用于支序分析的特征矩阵（一）

种类	0	1	2	3	4	5	6	7	8	9	10	11	12	13	14	15	16	17	18
林氏众古仓鼠 *Democricetodon lindsayi*	0	0	0	0	3	1	0	0	0	2	1	0	1	0	0	0	0	1	0
李氏近古仓鼠 *Plesiodipus leei*	0	1	1	1	1	1	2	1	1	2	0	2	0	0	1	2	0	0	2
进步近古仓鼠 *Plesiodipus progressus*	1	2	1	1	1	1	2	1	1	2	0	2	0	1	1	3	0	0	2
弗氏戈壁古仓鼠 *Gobicricetodon flynni*	0	2	0	1	0	0	1	0	0	0	1	1	2	1	0	0	0	1	1
粗壮戈壁古仓鼠 *Gobicricetodon robustus*	0	3	1	1	0	0	1	0	0	0	1	0	1	2	1	0	0	0	2
邱氏原鼢鼠 *Prosiphneus qiui*	1	2	1	1	2	1	2	0	1	2	0	2	1	3	1	1	1	1	3
郝氏原鼢鼠 *Prosiphneus haoi*	1	3	1	1	?	?	?	?	?	?	?	?	?	?	?	?	?	?	3
桑氏原鼢鼠 *Prosiphneus licenti*	1	2	2	1	2	1	2	0	1	2	1	3	1	3	2	3	1	1	3

续表

种类	0	1	2	3	4	5	6	7	8	9	10	11	12	13	14	15	16	17	18
鼠形原鼢鼠 *Prosiphneus murinus*	1	3	2	1	2	1	2	0	1	2	1	3	1	3	2	3	2	1	3
天祝原鼢鼠 *Prosiphneus tianzuensis*	1	4	2	1	2	1	2	0	1	2	1	3	1	3	2	3	3	1	3
艾氏原鼢鼠（二登图） *P. eriksoni* (Ertemte)	1	4	2	1	2	1	2	0	1	2	1	3	1	3	2	3	3	2	3
艾氏原鼢鼠（札达） *P. eriksoni* (Zanda)	1	4	2	1	2	1	2	0	1	2	1	3	1	3	2	3	3	2	3
艾氏原鼢鼠相似种 *Prosiphneus* cf. *P. eriksoni*	1	4	2	1	2	1	2	0	1	2	1	3	1	3	2	3	3	2	3

注：包括 13 个种类和 55 个特征，? 为特征未知。第一部分，特征 1 ～ 18。

表 2.6　用于支序分析的特征矩阵（二）

种类	19	20	21	22	23	24	25	26	27	28	29	30	31	32	33	34	35	36
林氏众古仓鼠 *Democricetodon lindsayi*	0	0	0	0	0	0	2	1	0	1	0	0	0	1	0	2	0	2
李氏近古仓鼠 *Plesiodipus leei*	2	2	2	1	2	0	0	0	1	0	0	0	0	1	2	1	0	0
进步近古仓鼠 *Plesiodipus progressus*	2	3	2	1	3	0	0	0	1	1	?	0	?	1	2	1	0	0
弗氏戈壁古仓鼠 *Gobicricetodon flynni*	1	1	1	0	0	0	0	1	0	0	1	0	0	0	1	0	0	0
粗壮戈壁古仓鼠 *Gobicricetodon robustus*	1	1	2	0	0	0	0	?	0	1	0	0	0	0	1	0	0	1
邱氏原鼢鼠 *Prosiphneus qiui*	2	2	3	2	1	1	1	0	1	1	0	1	0	1	3	1	1	1
郝氏原鼢鼠 *Prosiphneus haoi*	2	3	3	2	3	2	?	?	?	?	?	?	?	1	3	2	1	2
桑氏原鼢鼠 *Prosiphneus licenti*	2	3	3	2	3	2	1	1	1	1	2	1	1	3	2	1	2
鼠形原鼢鼠 *Prosiphneus murinus*	2	3	3	2	3	2	1	1	1	1	2	1	1	3	2	1	2
天祝原鼢鼠 *Prosiphneus tianzuensis*	2	3	3	2	3	3	1	1	1	1	2	1	1	3	2	2	2
艾氏原鼢鼠（二登图） *P. eriksoni* (Ertemte)	2	3	3	2	3	3	3	1	1	1	2	1	1	3	2	3	2
艾氏原鼢鼠（札达） *P. eriksoni* (Zanda)	2	3	3	2	3	3	3	1	1	1	2	1	1	3	2	3	2
艾氏原鼢鼠相似种 *Prosiphneus* cf. *P. eriksoni*	2	3	3	2	3	3	3	1	1	1	2	1	1	3	2	3	2

注：包括 13 个种类和 55 个特征，? 为特征未知。第二部分，特征 19 ～ 36。

表 2.7　用于支序分析的特征矩阵（三）

种类	37	38	39	40	41	42	43	44	45	46	47	48	49	50	51	52	53	54
林氏众古仓鼠 *Democricetodon lindsayi*	1	1	1	0	0	1	0	0	0	0	0	0	0	0	0	0	0	0
李氏近古仓鼠 *Plesiodipus leei*	1	0	2	1	1	1	0	1	0	2	1	1	1	0	0	0	0	0

续表

种类	37	38	39	40	41	42	43	44	45	46	47	48	49	50	51	52	53	54
进步近古仓鼠 *Plesiodipus progressus*	1	0	2	1	1	1	0	1	0	2	1	1	1	0	1	1	1	0
弗氏戈壁古仓鼠 *Gobicricetodon flynni*	0	0	0	0	0	0	0	0	0	1	1	1	0	0	0	0	0	0
粗壮戈壁古仓鼠 *Gobicricetodon robustus*	1	0	0	0	0	0	0	0	0	1	1	1	0	0	0	0	0	0
邱氏原鼢鼠 *Prosiphneus qiui*	1	0	0	0	2	1	1	2	1	2	2	1	2	1	1	0	0	1
郝氏原鼢鼠 *Prosiphneus haoi*	1	1	2	0	2	1	1	2	2	2	2	1	2	2	1	0	0	1
桑氏原鼢鼠 *Prosiphneus licenti*	1	1	2	0	2	1	1	2	2	2	2	1	2	2	1	0	0	1
鼠形原鼢鼠 *Prosiphneus murinus*	1	1	2	0	2	1	1	2	2	2	2	1	2	2	1	0	0	1
天祝原鼢鼠 *Prosiphneus tianzuensis*	1	1	1	0	2	1	0	2	3	2	2	1	2	3	2	0	0	2
艾氏原鼢鼠（二登图） *P. eriksoni* (Ertemte)	1	1	1	0	2	1	1	2	3	2	2	1	2	3	2	0	0	2
艾氏原鼢鼠（札达） *P. eriksoni* (Zanda)	1	1	1	0	2	1	1	2	3	2	2	1	2	3	2	0	0	2
艾氏原鼢鼠相似种 *Prosiphneus* cf. *P. eriksoni*	1	1	2	0	2	1	1	2	3	2	2	1	2	3	2	0	0	2

注：包括 13 个种类和 55 个特征。第三部分，特征 37～54。

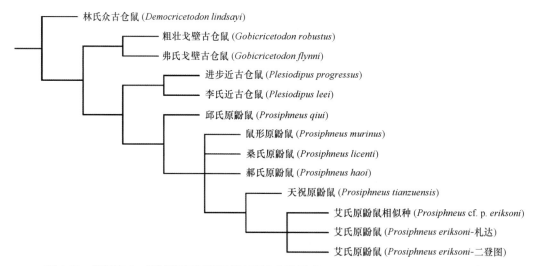

图 2.10　依据表 2.5 通过支序分析得出的严格合意树（$L = 122$；$CI = 0.869$；$RI = 0.888$），显示 *Prosiphneus* 种间及 *Prosiphneus* 和其他相关类群之间的系统关系

上述支序分析结果与化石的证据相当吻合。最古老的 *Prosiphneus* 是内蒙古阿木乌苏的 *P. qiui*，时代为晚中新世早期或者中国陆相哺乳动物分期中的灞河期（相当于欧洲 MN 带中的 MN9）（Qiu et al.，2013）。稍晚出现的是甘肃秦安的 *P. haoi*，古地磁年龄测定为 8.2～9.5 Ma（郑绍华等，2004）。*P. licenti* 主要被发现于三趾马红土中，如甘

肃的庆阳和秦安，时代一般认为是晚中新世或者中国陆相哺乳动物分期中的保德期，古地磁年龄测定为 6.5 ～ 7.6 Ma（Saylor et al.，2010；Teilhard de Chardin，1942）。*P. murinus* 仅被发现于山西榆社盆地，郑绍华等（2004）对其年代估计为 6.3 ～ 4.5 Ma。不过，*P. murinus* 的最晚出现时间应该不对，根据与 Flynn 教授的交流，*P. murinus* 的最后出现时间应该不晚于 5.5 Ma。*P. tianzuensis* 今被发现于甘肃天祝，时代为晚中新世晚期（大致相当于欧洲 MN 带中的 MN12）（郑绍华和李毅，1982）。*P. eriksoni* 的模式地点为内蒙古二登图，时代被广泛认为是晚中新世大约 5.3 Ma（Fahlbusch et al.，1983；Qiu et al.，2006）。然而，在甘肃灵台发现的 *P. eriksoni* 的古地磁年龄约在 4.9 Ma（郑绍华和张兆群，2001）。札达盆地的 *P. eriksoni* 的时代稍晚，古地磁年龄测定约 4.4 Ma（Wang et al.，2013）。

　　Prosiphneus cf. *eriksoni* 出现于内蒙古的比例克和青海昆仑山口盆地。比例克动物群存在的年代通常被认为是早上新世，内蒙古下高特格动物群产出更进一步的凹枕型鼢鼠，后者的古地磁为约 4.2 Ma，因此比例克的年代早于 4.2 Ma（Qiu and Storch，2000；Qiu et al.，2006；徐彦龙等，2007；O'Connor et al.，2008）。由岩石地层及磁性地层学的结果可知昆仑山口盆地动物群存在的年代大致为 4.2 Ma（Li et al.，2014）。Liu 等（2013）将 Qiu 和 Storch（2000）描述的比例克的 *Prosiphneus* cf. *eriksoni* 归为 cf. *Pliosiphneus lyratus*。由于缺乏头骨，很难将比例克和昆仑山口的零散牙齿与榆社盆地的 *Prosiphneus lyratus* 的正型直接进行对比。我们倾向于将比例克和昆仑山口的鼢鼠视为 *Prosiphneus* 属中的一个进步的种类。我们赞同郑绍华等（2004）的部分观点，即 *Prosiphneus* 属起始于 *P. qiui*，终结于 *P.* cf. *eriksoni*。*Prosiphneus* 支系的演化趋势有：体积的增大、齿根的愈合、齿冠的增大和珐琅质曲线参数值的增大。在所有已知的 *Prosiphneus* 种类中，札达盆地的 *P. eriksoni* 具有较大的尺寸、较高愈合程度的齿根和较大的珐琅质曲线参数值，几乎已经位于 *Prosiphneus* 支系演化的终端，这与它的年代较近也是相符的（图 2.11）。

　　动物地理：现生鼢鼠是亚洲的土著生物，善掘洞，从哈萨克斯坦、俄罗斯西伯利亚、中国北方、蒙古东部一直到朝鲜半岛均有分布（罗泽珣等，2000）。中国动物学者赞同所有的现存鼢鼠均属于 *Myospalax* 属（Laxmann，1769）。在中国，*Myospalax* 主要生活在东部和北部的古北界区域，包括内蒙古 - 新疆和青藏高原东北部（青海区域），也出现在中国东部和西南部东洋界和古北界交界的过渡区内（罗泽珣等，2000；张荣祖等，1997；潘清华等，2007）。在青藏高原地区，格尔木南部的东昆仑山是 *Myospalax* 的最西地理分布极限（张荣祖等，1997），西藏的腹地无任何现生鼢鼠的记录（郑昌琳，1979；冯祚建等，1986）。化石鼢鼠的地理分布范围比现生鼢鼠的要稍大一些。化石鼢鼠的最西可以分布到哈萨克斯坦的西部边界，最北可以分布到贝加尔湖，最东南的分布可达长江（安徽安庆）（Zheng，1994；于振江等，2006）。在本书之前，云南昆明、四川甘孜和青海昆仑山口是鼢鼠最接近西藏的地理分布（Li et al.，2014；张兴永等，1978；宗冠福等，1996）。我们在札达盆地发现的 *Prosiphneus eriksoni* 在地理上位于青藏高原腹地、西藏的西南部，无疑极大地扩大了鼢鼠类化石的古地理分布范围，同时

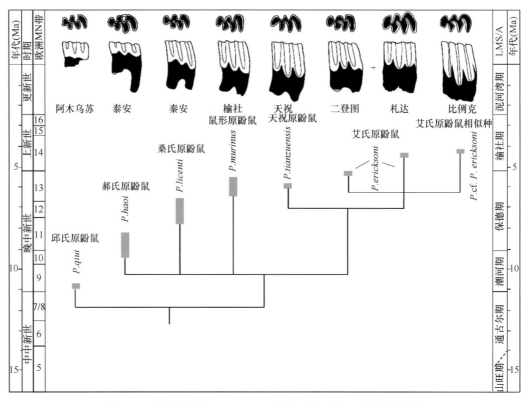

图 2.11　中国新近纪 *Prosiphneus* 各种时代延限和系统发育关系

对于大多数物种显示的是其大致时代范围。第一下臼齿依据实际尺寸等比例缩小，显示 *Prosiphneus* 在 m1 上的
演化趋势，特别是齿冠的增高和侧面珐琅质曲线的增高

也具有重要的古环境意义。

目前的化石证据强烈支持鼢鼠在中中新世 / 晚中新世之交起源于中国北方，在晚中新世至上新世时快速演化和分异（Zheng，1994；郑绍华，1997；郑绍华等，2004；邱铸鼎，1996；邱铸鼎和李强，2016）。札达盆地出现的 *Prosiphneus eriksoni* 无疑代表了鼢鼠在早上新世时期一次成功的扩散事件。值得注意的是，也是在早上新世时期，青藏高原北部的昆仑山口盆地出现了鼢鼠，即 *Prosiphneus* cf. *eriksoni*，东昆仑山地区仍有现生的鼢鼠生活（Li et al.，2014；张荣祖等，1997）。根据裂腹鱼类和古水系的研究，东昆仑山地区在早上新世时期并没有完全形成地理上的障碍（Wang and Chang，2010）。*Prosiphneus* 在昆仑山口和札达盆地的出现表明，在早上新世时期，青藏高原与中国北方是存在动物交流的。昆仑山口与札达盆地的动物群之间共同拥有 *Prosiphneus*、*Nannocricetus*、*Aepyoscitrus*、*Ochotona* 和 *Vulpes qiuzhudingi*（Li et al.，2014）。这表明昆仑山口与札达盆地之间在早上新世时期存在非常活跃的动物交流，而两者之间广阔的可可西里 - 羌塘盆地可能为鼢鼠的扩散提供了通道。

札达盆地的现代生态系统中，*Marmota himalayana*、*Lepus oiostolus* 和 *Ochotona curzoniae* 是小型哺乳动物中的优势物种（郑昌琳，1979；冯祚建等，1986）。在早上

新世，兔形类在札达盆地中无论是在种类方面还是在数量上都占据优势。作为西藏最大的现生啮齿类动物，旱獭靠掘洞和冬眠来抵御高原上的严酷气候。有意思的是，最近 Polly 等（2015）认为青藏高原上的旱獭是从更新世时期的西伯利亚迁移而来的。可惜我们至今仍未在高原上找到任何旱獭的化石，不过我们找到了鼢鼠和一类松鼠 *Aepyosciurus*（Wang et al.，2013）。*Aepyosciurus* 是一类特化的松鼠，以高度脊形化和高冠的颊齿而区别于其他所有松鼠种类，它被认为是一种青藏高原上特化的地栖型松鼠（邱占祥等，2004）。牙齿的形态指示 *Prosiphneus* 和 *Aepyosciurus* 都高度适应干旱的草原环境。我们推测在早上新世的青藏高原上，*Prosiphneus* 和 *Aepyosciurus* 分享着与现在旱獭所占据的相类似的生态位。

　　近年来，我们提出了第四纪冰期大型哺乳动物"走出西藏"的假说（Deng et al.，2011；Tseng et al.，2013；Wang et al.，2014a，2014b）。不过，这些大型哺乳动物化石仍然非常有限，并不能详尽地解释这些化石种类到底是何时从何处而来的。对于它们其中的绝大多数，仍不清楚它们是青藏高原上土生土长的，还是从外面迁入的。例如，藏羚羊 *Qurliqnoria-Pantholops* 支系，尚不清楚它们是源自青藏高原还是从外部迁入的（Deng et al.，2011；Wang et al.，2014b；Gentry，1986）。

　　幸运的是鼢鼠类化石比较丰富，年代分辨率高，地理分布广，提供了对于"走进西藏"假说进行解释的非常好的例子：早期或祖先类型从高原外部迁入青藏高原之后在高原内部演化并最终在高原上灭绝。另外，丰富的化石记录显示鼢鼠类的支系在晚中新世至上新世时期，其在高原之外的中国北方快速演化并高度适应开阔地带，这一时期区域内的气候趋于干旱，同样也反映到大型哺乳动物居群上（Fortelius and Zhang，2006；Fortelius et al.，2006）。有人认为，生理胁迫可能是严酷环境下的"物种工厂"产生新物种的主要机制（Wang et al.，2014b；Fortelius et al.，2014）。札达盆地 ZD1001 点的小哺乳动物仍然是有限的，而盆地里的地层可以一直延续至更新统。我们希望将来的工作会揭示这些穴居的啮齿类到底是何时在高原上彻底灭绝的，如果恰好是在第四纪冰期开始的时候灭绝的话，这将变得非常有意思。

　　古环境：现生鼢鼠可适应各种环境，如温带平原、草原、农田、林缘和高山草甸等。鼢鼠能生活在不同的海拔上，如四川的 *Myospalax fontanieri* 和青海的 *M. baileyi* 都生活在高山地区，平均海拔分别为 2500～4200 m 和 2800～4200 m（胡锦矗和王酉之，1984；李德浩等，1989）。札达盆地内新生代沉积物的海拔范围为 3700～4500 m，与这些高山地区生活的鼢鼠的高度相差无几。就此而言，似乎鼢鼠类不能对判断古海拔提供很好的约束。另外，哺乳动物颊齿高冠化一般被认为是对坚硬食物的一种适应。札达盆地的小哺乳动物化石中，兔形类 *Trischizolagus+Ochotona*、松鼠 *Aepyosciurus*、刘氏高冠仓鼠 *Aepyocricetus liuae* 和 *Prosiphneus* 都是高冠齿动物。它们的共存表明札达盆地在上新世时期可能相当干旱。共同出现的大型有蹄类，如 *Hipparion*、*Coelodonta* 和一些牛科和鹿科动物也同样适应开阔的草原环境。而 *Coeledonta thibetana*、*Panthera blytheae* 和 *Vulpes qiuzhudingi* 的出现，更进一步指示了当时札达盆地在冬季应该是有厚雪覆盖的（Deng et al.，2011；Tseng et al.，2013；Wang et al.，2014b）。

结论：在西藏札达盆地里首次发现一种原始的鼢鼠化石，这也是鼢鼠类化石在青藏高原腹地的首次发现。根据臼齿的大小和形态，特别是珐琅质曲线参数值的大小，可将札达盆地的鼢鼠归入艾氏原鼢鼠 *Prosiphneus eriksoni* 中，与内蒙古晚中新世二登图动物群中的艾氏原鼢鼠一致。札达盆地的 *Prosiphneus eriksoni* 尺寸较大，齿根高度愈合，齿冠高（珐琅质曲线参数值高），依据支序分析的系统发育关系，其已经非常接近 *Prosiphneus* 支系的演化末端。*Prosiphneus eriksoni* 在札达盆地的出现代表了鼢鼠类在早上新世时期的一次重要的扩散事件，而可可西里和羌塘盆地似乎是其扩散的通道。*Prosiphneus* 和其他高冠齿小哺乳动物及大量大型食草动物在札达盆地 ZD1001 点的共同出现，指示札达盆地在早上新世时期是开阔的草原环境。

2.2　食肉目

在长期的生存竞争中食肉动物要比食草动物经历更大的进化风险。食草动物需要具有复杂的牙齿和消化器官，以便将大量的植物性食物转变为能量，但一般来说它们的食物来源非常丰富，相对容易获得。对于食肉动物而言，它们通常还需要具有捕捉其他动物的能力，这使得食肉动物的食物源变得很不稳定，同时在食肉动物内部，种与种之间及个体与个体之间都存在着为争夺食物而进行的激烈争斗。食肉目包括的许多动物都是我们相当熟悉的，如狼、熊、浣熊、熊猫、鼬、貂、獾和水獭等，这些动物又被称为犬形类，还有灵猫、鬣狗和猫，后面这些动物被称为猫形类。

食肉类常常具有可以咬住东西的强大门齿，以及用于刺杀的发达匕首形犬齿。对于大多数食肉动物来说，犬齿就是它们用来杀死猎物的致命武器。它们的颊齿中片状的上、下裂齿（P4/m1）作用在一起就像锋利的剪刀一样，可以很容易地把肉切割成碎片，以方便吞咽和消化。食肉动物还具有发达的上下颌，头骨上具有作为发达的颌肌附着的矢状嵴和颧弓。食肉动物也是非常聪明的动物，因为它们需要跟猎物进行较量，在捕杀其他动物时必须在精神上高度集中，在动作上充分协调。食肉动物的感觉器官通常非常灵敏，特别是嗅觉发达，眼光敏锐。它们的身体和四肢一般都很强壮，能够作出柔软而有力的动作。食肉动物的脚趾很少退化，趾端都具有尖锐的爪子。

青藏高原晚中新世早期的比如县布隆地点产有巨鬣狗 *Dinocrocuta gigantea*、后猫 *Metailurus* sp. 和野猫 *Felis* sp. 等食肉动物（郑绍华，1980），晚中新世晚期的吉隆县沃马动物群中也含有鬣狗化石（计宏祥等，1980）。在上新世的札达动物群中出现了更多的食肉类化石，如貉 *Nyctereutes*、邱氏狐 *Vulpes qiuzhudingi*、拟震旦豺 *Sinicuon* cf. *dubius*、獾 *Meles*、鼬 *Mustela*、雪山豹鬣狗 *Chasmaporthetes gangsriensis*、佩里耶上新鬣狗 *Pliocrocuta perrieri*、布氏豹 *Panthera blytheae* 等。在伦坡拉盆地色林错早期发现的一件猫科动物的脑化石（王景文和鲍永超，1984）也被重新研究，可能属于剑齿虎。

犬科 **Canidae Fischer de Waldheim，1817**

犬亚科 **Caninae Fischer de Waldheim，1817**

狐族 **Vulpini Hemprich and Ehrenberg，1832**

狐属 ***Vulpes* Frisch，1775**

邱氏狐 ***Vulpes qiuzhudingi* Wang et al.，2014b**

正型标本：IVPP V18923，一件完整的左下颌，带有 c、p1 齿槽、p2、p3 和 p4 齿槽、m1、m2 齿槽。保存于中国科学院古脊椎动物与古人类研究所，由竹内哲二、曾志杰和李强带领的发掘队在 2010 年 8 月 7 ～ 14 日采集。

归入标本：IVPP V18924，右下颌残段带 c ～ p4，被发现于 IVPP ZD1055 地点，地理坐标 31°30′39″N，79°49′04″E，札达盆地接近札达县的入口处，由邓涛于 2012 年 7 月 4 日采集（图 1.7）。V19060，单独的下 m2，被发现于 KL0605 地点，地理坐标 35°39′13″N，94°03′29″E，青海省昆仑山口盆地，由李强于 2006 年 8 月 25 日采集。

模式地点：ZD1001 地点，31°39′58″N，79°44′57″E，海拔 4114 m，喜马拉雅山脉北坡札达盆地的札达县札达沟（Wang et al.，2013b）（图 1.7）。

年代和分布：ZD1001 化石点海拔 4114 m，古地磁对应到 4.42 Ma（Chron 3n.1r），而化石点 ZD1055（3880 m）对应到 5.08 Ma（Chron 3n.4n）（Wang et al.，2013b）。因此这两件标本限定的年代为 4.42 ～ 5.08 Ma，对应于中国陆生哺乳动物的早上新世高庄期（Qiu et al.，2013）。KL0605 地点单独的 m2 被发现于昆仑山口盆地，是唯一在札达盆地之外发现的标本。KL0605 地点为暗灰色含有机质粉砂岩，与 Chron 2Ar 对应（Gilbert Chron，3.596 ～ 4.187 Ma）（Wang et al.，2013b）。结合以上记录，邱氏狐的分布年代为 3.60 ～ 5.08 Ma。

名称来源：献给对青藏科考作出杰出贡献的中国科学院古脊椎动物与古人类研究所的邱铸鼎教授。

鉴定特征：大约与现生雄性赤狐 *Vulpes vulpes* 个体大小接近，邱氏狐 *V. qiuzhudingi* 比现生和晚更新世北极狐大约大 20%。邱氏狐与其他所有狐狸区别于高度食肉化的牙齿特征，m1 和 m2 锋利的下跟座主要由下次尖组成，下内尖退化或消失，下跟座较短，m3 缺失。

描述：正型标本的左下颌几乎完整，只缺失上升支。与所有狐属成员一样，下颌较为细长，从吻尖至关节髁长 111 mm，m1 下跟座处下颌高度为 15.9 mm。存在 2 个颏孔，一个在 p1 下方，另外一个在 p3 后侧齿根的前缘。这两个孔的位置在 V18924 中略微靠前（图 2.12）。无类似貉中的亚角突。角突破损，其形态不可知。

下门齿的齿槽保存状态不好，i1 ～ i3 的情况不确定。在正型标本中 c 在中部破损，剩余的基部显示侧缘光滑，内侧面存在不明显的齿带（破损处的釉质层较为光滑，显示犬齿在这个个体生前就已经断裂）。p1 单根，有一个主尖。p2 双根，在正型标本中有中等发育的后齿带尖，这比多数现生狐狸更加发达，但在 V18924 这个尖较弱。由于

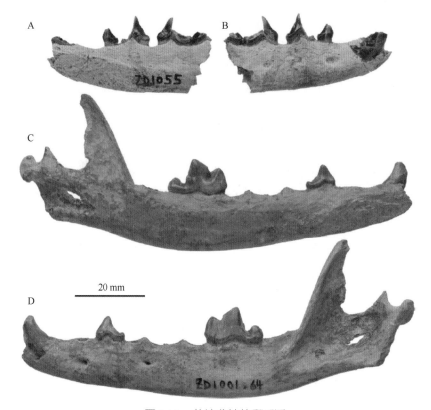

图 2.12 札达盆地的邱氏狐

V18924,右下颌残段,A.舌侧视,B.颊侧视;V18923,正型标本,左侧下颌,C.舌侧视,D.颊侧视

标本限制,无法确定这种差异是个体发育的不同阶段(V18924 个体的年龄比 V18923 大),还是个体变异。V18924 中保存有破损的 p3 和 p4,显示 p3 有一个小的后附尖,二者都无前附尖。下 m1 显示出高度食肉化的特征:下三角座细长,下前尖 - 下原尖嵴长,下跟座锋利。与高度食肉化对应,下后尖高度退化,比下次尖高不到 1 mm。下三角座后侧面上存在一条明显的纵沟,分隔下原尖和下后尖。下跟座主要由高大的下次尖组成,在冠面视中几乎占据整个下跟座。下次尖前嵴明显连到下三角座基部,停在下三角座后侧面的中部。下内尖小,贴在下次尖的基部,作为内齿带的延伸。在正型标本上只有 m2 双根的齿槽。无 m3。

V19060 为被发现于 KL0605 地点的单独 m2,显示出高度食肉化的特征,和札达盆地发现的正型标本(图 2.13D 和图 2.13E)一致。牙齿的尺寸(长 7.14 mm,宽 4.46 mm)和正型标本的尺寸吻合得非常好。牙齿的轮廓显示下三角座较宽而下跟座较窄。一个较大的下原尖明显大于退化的下后尖,后者不到下原尖一半的高度,并且位于牙齿的内侧边缘。下跟座也由锋利的下次尖占据,缺乏下内尖。这颗 m2 代表这个物种的海拔更高(4726 m)、时代更晚、食肉化程度更高的一个阶段。

比较与评注:以下现生狐类标本用于对比研究:南非狐 *Vulpes chama*(LACM 41794,41795)、孟加拉狐 *V. bengalensis*(LACM 16780,16980)、沙狐 *V. corsac*(MCZ

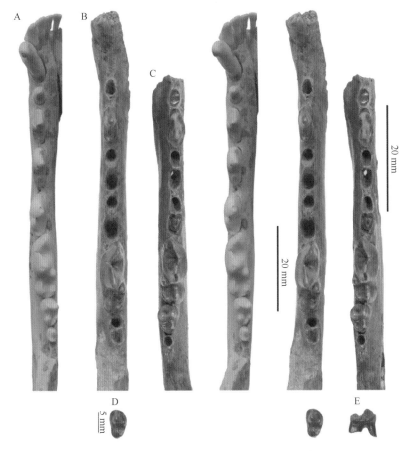

图 2.13　三件狐狸下颌冠面视的立体照片

A. 现生北极狐，左 i1 ～ m3，LACM92231，阿拉斯加。B. 邱氏狐，左侧 c，p2，m1，V18923，札达盆地。C. 北极狐，左侧 p2，m1 和 m2，F：AM70926，阿拉斯加，Rancholabrean 期；邱氏狐左侧 m2，V 19060，来自 KL0605 地点，昆仑山口盆地。D. 冠面立体照片。E. 内侧视。左侧比例尺对应 B，右侧的对应 A 和 C，下侧的对应 D 和 E

41148）、藏狐 *V. ferrilata*（MCZ 38088）、北极狐 *V. lagopus*（LACM 92230，92231）、苍狐 *V. pallida*（LACM 70165，70166）、吕佩尔狐 *V. rueppelli*（LACM 8582）、草原狐 *V. velox*（LACM 多于 20 个个体）和赤狐 *V. vulpes*（LACM 多于 20 个个体）。

　　札达盆地的狐狸体型较大，接近高纬度地区，如阿拉斯加基奈（Kenai）半岛、科迪亚克（Kodiak）岛和密歇根上半岛的赤狐的上限（Szuma，2008a；Gingerich and Winkler，1979），下裂齿长度超过北极狐 20%（Szuma，2008b）（表 2.8，图 2.14）。它的体型又小于最小的犬属 *Canis*，如金背胡狼 *Canis anthus*（根据美国自然历史博物馆馆藏的 5 件来自伊朗、印度、埃塞俄比亚的标本测量）小 9%，也稍小于榆社盆地的戴氏始犬 *Eucyon davisi*（m1 平均长度 17.6 mm，范围 16.9 ～ 18.0 mm，*n*=4）（Tedford and Qiu，1996）。然而，和戴氏始犬较宽的 p4（平均宽度 p4 为 4.8 mm，范围 4.3 ～ 5.4 mm，*n*=4）不同，札达盆地的狐狸 p4 很窄（宽度 4.2 mm，图 2.14）。同时它的体型也明显小于札达的震旦豺 *Sinicuon*（Wang et al.，2015a）。有趣的是，虽然赤狐的体型变化遵循贝格曼法则，越靠北的体型越大（Szuma，2008a），北极狐则正好相反，越往北，体型越小（Szuma，2008b；Germonpre and Sablin，2004）。McNab（1971）认为猎物大小是决定小型食肉动物体型的主要因素，而不是气候。在这种关系下，札达盆地的邱氏狐与现代捕食鼠兔和小型啮齿类的青藏高原的沙狐 *Vulpes corsac*（Clark et al.，2008）体型接近也十分有趣。

表 2.8　现生和化石北极狐的牙齿测量

	Vulpes qiuzhudingi			*Vulpes lagopus*		
	IVPP V18923 (ZD1001)	IVPP V18924 (ZD1055)	IVPP V19060 (KL0605)	阿拉斯加晚更新世 ($n=11$)	欧洲 ($n=122\sim265$)	加拿大西北领地 ($n=18$)
c 长（mm）	7.3	7.8			7.21	
c 宽（mm）	4.9	5.1			3.93	
p1 长（mm）		4.9		3.93	3.81	3.71
p1 宽（mm）		2.8			2.70	
p2 长（mm）	8.4	8.1		7.36		7.35
p2 宽（mm）	3.3	3.1				
p3 长（mm）		10.3		8.31		8.31
p3 宽（mm）		3.3				
p4 长（mm）	11.7[a]			8.94		9.09
p4 宽（mm）		4.2		3.98		4.10
m1 长（mm）	16.6			13.79	13.71	13.75
m1 宽（mm）	6.1			5.15	5.13	4.96
m1 跟座宽（mm）	5.1			5.06		4.90
m2 长（mm）			7.1	5.83		6.15
m2 宽（mm）			4.5	4.09		3.94

注：a 根据齿槽推断，现生欧洲的北极狐来自 Szuma（2008b），加拿大的北极狐来自 AMNH 馆藏标本，阿拉斯加晚更新世的北极狐来自 AMNH Frick 馆藏，这些标本曾经被 Youngman（1993）研究。

　　除了北极狐以外，现生所有的狐狸，如赤狐 *Vulpes vulpes*、吕佩尔狐 *V. rueppelli*、南非狐 *V. chama*、孟加拉狐 *V. bengalensis*、藏狐 *V. ferrilata*、敏狐 *V. velox* 和沙漠大耳狐 *V. macrotis*，其 m1 下跟座都是双尖的，保存有下跟凹。除此之外，虽然 m3 的变异很大（Gingerich and Winkler，1979），但赤狐 m3 基本上不会缺失。在偶尔缺失的情况下，也能看出是在生活过程中脱落的，还能看见齿根吸收的痕迹。由于上述高度食肉化的特征仅能在北极狐中看见（图 2.12、图 2.13、图 2.15），因此西藏的狐狸似乎应该可以归入北极狐支系，即使不能排除是平行进化的结果，正如更新世犬科也多次演化出狼大小的犬科动物（Tedford et al.，2009）。最近分子生物学根据 15kb 的外显子和内含子基因得出的系统发育，认为北极狐和沙漠大耳狐是姐妹群（Lindblad-Toh et al.，2005），这与更早的线粒体基因得出的结果一致（Mercure et al.，1993；Geffen et al.，1992）。然而沙漠大耳狐仍然保留着双尖的下跟座，而北极狐 - 邱氏狐支系已经有锋利的 m1 下跟座。

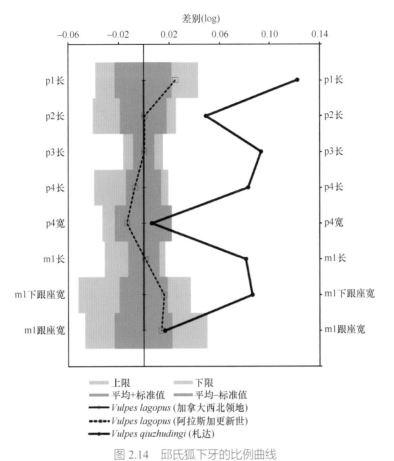

图 2.14　邱氏狐下牙的比例曲线

标准差（暗灰色）和上、下限（浅灰色）来自参考种加拿大西北领地的北极狐

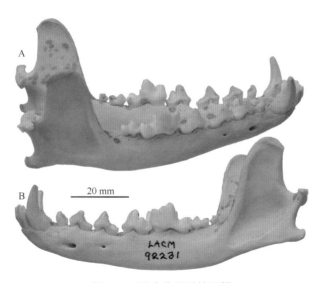

图 2.15　现生北极狐的下颌

LACM 92231，阿拉斯加。A.下颌骨侧视，分别显示左、右牙齿的舌侧视和颊侧视；B.左半下颌骨的颊侧视

现生藏狐 *V. ferrilata* 最明显的特征就是长吻，除此之外，它的肢骨也较短（Clark et al.，2008；Pocock，1937）。修长的吻部也可以通过前臼齿较大的齿隙反映出来。尽管札达盆地的狐狸落入藏狐的尺寸变异范围内，但其高度食肉化的 m1 和 m2、较大的下次尖、下后尖退化、m3 缺失，都和藏狐不同。由于高度食肉化的牙齿在演化过程中很少会再反转为中度食肉化的形态（Tedford et al.，2009；Wang et al.，1999；Wang，1994），而且高度食肉化也经常伴随着体型的增大而增大（Van Valkenburgh et al.，2004），因此札达盆地的狐狸不太可能和现代的藏狐有关。但是正如以下所示，藏狐可能与北极狐有关。

目前为止，关于藏狐的系统发育研究还较为薄弱，而之前已经发表的形态学分类中，藏狐和沙狐最接近（Clutton et al.，1976），与食肉目冠群全证据系统发育树的结果一致（Bininda-Emonds et al.，1999）。然而，Zrzavý 和 Řičánková（2004）根据 12 个树系从形态学、细胞色素 b、细胞色素 c 氧化亚单元 I 和 II 得出的严格合意树，没有给出足够的解释。有趣的是，最近根据形态学、分子生物学、细胞学、生活史、生态和行为特征做的全证据树，几乎解析了全部狐属的相互关系，并把北极狐和藏狐放到了以沙漠大耳狐和敏狐为末端成员的支系的基部（Fuentes-González and Muñoz-Durán，2012）。就我们所知，这是第一次将藏狐和北极狐在系统发育上联系起来，尽管本书研究的札达盆地的狐狸可能已经在北极狐支系中了。

动物地理和古环境：瑞士地理学家、山脉学家和探险家 Marcel Kurz 在 1933 年提出了地球上的最高点珠穆朗玛峰为"第三极"的概念（Dyhrenfurth，1955）。由于其高海拔和低温，喜马拉雅山，包括珠穆朗玛峰和附近的青藏高原，拥有比除南北极以外任何地区更多的冻土分布。毫不奇怪，现代北极和青藏高原的动物都有着类似的适应寒冷气候的特征，如极地的麝牛和青藏高原的牦牛都有着长而厚实的冬毛。Deng 等（2011）记录了在青藏高原起源的披毛犀，并提出了"走出西藏"的假说，认为青藏高原是欧亚大陆北部冰期动物的摇篮。此外，又记录了青藏高原高海拔豹属 *Panthera* 支系的早期成员（Tseng et al.，2014），以及豹鬣狗 *Chasmaporthetes* 的早期成员（Tseng et al.，2013）和接近狼大小的高度食肉化的犬科（Wang et al.，2015a）。这里的邱氏狐是另外一个例子，将现代的极地动物群和青藏高原联系在了一起，也是首次记录到喜马拉雅和昆仑山区早上新世的狐狸和北极狐的联系。这个将青藏高原的祖先和现代极地的后代联系在一起的演化过程，为连接这两个动物群提供了线索。在青藏高原发现的北极狐的近亲及其他高度食肉化的物种，显示了食肉类动物群中以捕猎性组分为主，与现代北极地区的组分（北极狐、灰狼、北极熊）近似。冬季极冷的气候可能是造成如此适应的一个重要原因。

许多形态和生理特征使得北极狐能够适应寒冷的环境：长而厚实的冬毛，下有 70% 的绒毛，结实的身体，短小的耳朵和腿，足部进步的热力循环系统，以及寒冷环境下减慢的新陈代谢速率（Audet et al.，2002；Prestrud，1991）。而藏狐也有着类似的适应（如厚实的毛发）（Clark et al.，2008），这可能在它们共同的青藏高原的祖先中就已经获得。研究显示 2 个支系的狐狸，邱氏狐 - 北极狐支系和藏狐支系在青藏高原寒冷的环境下演化出来，一种趋于高度食肉化并演化出北极狐，另外一种保留原始的牙齿特征，并产生沙狐和藏狐。同位素分析表明札达盆地的上新世已经接近现代平均 0℃ 的环境（Saylor et al., 2009），或比现在稍高几度（Wang et al., 2013b）。冬季气温很低，而上新世的极地地区比现在温暖得多，年均温可达 8℃（Brigham-Grette et al., 2013; Ballantyne et al., 2010; Csank et al., 2011）。这显示在上新世时期，青藏高原的环境比北极更加恶劣，对于狐狸来说，在青藏高原生存会面临更大的挑战。

根据邱氏狐的发现，我们把北极狐的祖先追溯到青藏高原，其时代远比过去认识得早，但已经有特殊的适应高度食肉化的特征。这显示出在青藏高原祖先和晚很长时间的欧洲 / 北美洲的北极狐化石之间还有许多未知的记录。然而考虑到目前只采集到 3 件标本，以及食肉类记录的稀有性，在年轻地层里面发现更多材料的可能性很大。新材料具体能延伸到多年轻的地层中还未可知，但是根据现有的资料推测，情况可能和披毛犀一样（Deng et al., 2011）。这个很早出现的适应寒冷气候的支系，可能在高原存活了数百万年，然后在第四纪冰期向北扩展。

旧大陆最早的狐属成员是非洲的里氏狐 *Vulpes riffautae*，被发现于乍得约 7 Ma 的地点（de Bonis et al., 2007b），只比现生的耳廓狐稍大。如果这个年龄是正确的话，欧亚大陆的狐狸化石记录就有明显的缺失，这些记录几乎都是上新世一更新世的记录，而非洲的狐狸一定来源于欧亚大陆。和其较老的年龄一致，这种小型狐狸的 m1 下跟座呈盆状。其他的狐化石，如北非的哈氏狐 *Vulpes hassani*，则代表与现生种类相关的地方物种（Geraads, 2011）。

在亚洲，白海狐 *Vulpes beihaiensis* 最初被描述于榆社盆地的麻则沟组下部，年代估计为 3.3 ~ 3 Ma，代表欧亚已知最早的种类（Qiu and Tedford, 1990）。榆社盆地正在进行的犬科回顾研究显示这个物种的分布年限为高庄组最顶部到麻则沟组的大部分，根据最新的古地磁校正结果，时间跨度为 4.4 ~ 3 Ma（Opdyke et al., 2013; Flynn and Qiu, 2013）。白海狐被认为与现生沙狐 *V. corsac* 的体型和比例接近，但是前白齿的附尖更加发达。札达盆地和昆仑山口的邱氏狐比榆社盆地的白海狐时代更早，体型更大，但裂齿特征更加进步。

中国另外一种化石狐狸是被发现于周口店鸡骨山（也叫周口店第 6 地点，在北京直立人化石点西南 2 km）的鸡骨山狐 *Vulpes chikushanensis*（Young, 1930; Teilhard de Chardin and Young, 1929）。鸡骨山红色堆积物中的动物群被认为与周口店地区的很多其他地点年代近似，为中更新世（0.8 ~ 0.4 Ma）（Shen et al., 2001）。鸡骨山狐最早由杨钟健描述，被认为类似于现生的沙狐。由于很难与沙狐区分，杨钟健在选择建立新种的同时，他提到"在有更多对比材料的情况下，我们或许会认识到这种狐狸仍然生活在亚洲"（Young, 1930）。鸡骨山狐的下裂齿长 12 ~ 14 mm，比邱氏狐小 15% ~ 30%。

在欧洲，Kormos（1932）把 Kormos（1911）最初归入沙狐的来自匈牙利 Komitat Baranya 的材料命名为原沙狐 *Vulpes praecorsac*。来自乌克兰 Odessa Catacombs（晚上新世 MN16）更多的材料也被归入原沙狐中，并且代表东欧最早的狐狸记录（Odintzov, 1965）。二者之间的差距比较小，不清楚它们是否属于不同的物种（Kurtén, 1968）。

欧洲另外一种早更新世狐狸，原冰期狐 *V. praeglacialis* Kormos，1932 则相对较小，牙齿结构也比较原始（Caleros et al.，2006）。Kurtén（1968）把这个物种归入似北极狐 *Vulpes alopecoides* Forsyth-Major，1875 的概念范畴，并认为它缺乏北极狐的特化特征，而更加接近赤狐。此外，Bonifay（1971）则认为有一个似北极狐—原冰期狐—北极狐的渐变过程。然而这种解释没有把北极狐典型的食肉化特征和欧洲的种类联系起来。例如，北极狐有如下牙齿特征：门齿较大，尤其是 I3 和 i3；只在 P3 和 p4 上有后附尖，后者尤其大；M2 比 M1 小；m1 和 m2 的下后尖和下内尖退化；m3 单尖。这些特征在上述欧洲化石类群中都不存在。正如 Kurtén（1968）和 Rabeder（1976）认为的，似北极狐和原冰期狐最终演化成了赤狐而非北极狐。

真正的北极狐化石直到晚更新世才在欧洲出现（Croitor and Brugal，2010），此时它们已经广布于欧洲大部分地区，即使一些比较早的记录（如 Tornewton Cave）还需要证实（Kurtén，1968）。正如 Kurtén（1968）总结的，H. G. Stehlin 识别出的欧洲 80 个含有北极狐的化石点，东起基辅，西到爱尔兰。但是没有现代的综合性研究能证实这些地点全部存在北极狐化石。NOW 数据库中列举了欧亚大陆晚更新世的 20 个点，大部分都在俄罗斯西伯利亚地区（Fortelius，2018）。类似地，北美洲的北极狐化石也只被发现于晚更新世（Youngman，1993）。

犬族 Canini Fischer von Waldheim，1817
犬亚族 Canina Fischer von Waldheim，1817
震旦豺属 *Sinicuon* Kretzoi，1941
拟震旦豺相似种 *Sinicuon* cf. *dubius* Teilhard de Chardin，1940

归入标本：IVPP V18925，带 m1 牙齿和 m2 齿槽的左侧下颌残段，被发现于阿里地区札达盆地东萨村北 2km，IVPP ZD1205 地点，坐标：31°19′029.7″N，79°54′30.1″E，海拔 4045m。ZD1205 地点对应于地磁表的 3.81～3.42 Ma，接近高庄/麻则沟阶/期的分界线（Qiu et al.，2013）。标本为王晓鸣于 2012 年 7 月 6 日采集。

地层和年代：由于 V18925 是一个在第四纪冲积物中再沉积的标本，记录这件标本的地层关系很重要。ZD1205 地点位于札达盆地西南部，在第四纪冲积物（年代晚于 0.5 Ma）的边缘。中新世—上新世的札达组被切出一条宽阔的谷地（图 2.16），其中填充有附近第四纪冲积砾石和细粒沉积物。第四纪冲积物本身也被现代发源于喜马拉雅山，向北流的季节性辫状河侵蚀切割（图 2.16）。ZD1205 在舌状的第四纪冲积物中，向东南延伸，然后在一小片基岩露头的附近切割札达组的粉砂岩（图 2.17）。基岩由蛇纹岩、片岩和石英脉组成。

在舌状堆积中，相互交错的砾岩和粉砂岩形成顶部 5 m 厚的第四纪冲积物，下伏 20～30 m 厚的粗粒暗灰色砾岩（图 2.17A）。ZD1205 在上部交错的粉砂和砾石层中，大约比灰色砾岩层高 2 m（图 2.17）。砾石主要由分选和磨圆较差，基质支撑的暗色的基岩岩屑组成。浅黄色的基质主要由来自附近山头蚀变的札达组粉砂质沉积物组成。

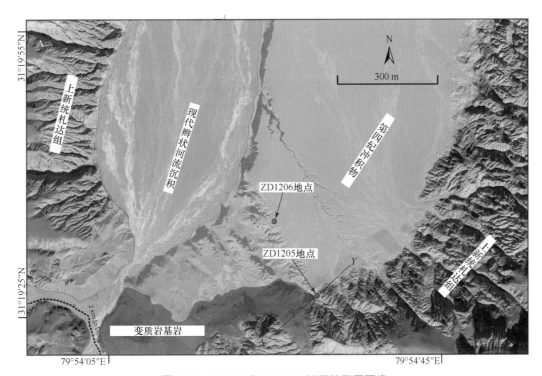

图 2.16　ZD1205 和 ZD1206 地区的卫星图像

地层 *X*—*Y* 见图 2.17

砾石和基质都显示其来源于附近。

　　尽管 ZD1205 地点在第四纪沉积物中，我们仍然认为这件犬科标本来自附近山头札达组的再沉积，理由有 3 个：①沉积物的几何形态由附近札达组的沉积物控制，为第四纪沉积物唯一可能的来源；②砾石和基质都来源于附近的沉积物，搬运几米至几百米；③在冲积物顶部的堆积中，也发现一颗三趾马（可能为札达三趾马）的牙齿（V18926，图 2.18A 和图 2.18B）（Deng et al.，2012a；Wang et al.，2013b），其釉质层被高度交代，齿质带有暗红色的铁质条纹，非常接近 V18925；札达三趾马的存在不会晚于上新世，并且相对丰富的三趾马材料主要来自札达盆地 5.95 ～ 3.36 Ma 的堆积中（Wang et al.，2013b）。因此很有可能所有的非基底组分（除了暗色的变质岩屑以外）的沉积物都来自札达组。

　　结合以上观察，我们根据海拔 4045 m 进一步确定了 ZD1205 地层年代。由于札达组为水平状态，因此 V18925 不可能来自低于这个高度的札达组的沉积物。作为 ZD1205 沉积物的来源，当地札达组的上界容易推测。虽然当地地理最高峰可达 4279 m，但有理由认为 V18925 来源于更近的沉积物，因为考虑到牙齿的保存状况和下颌骨脆弱的属性，这件标本很可能没有经过长距离的搬运。假设它来自附近大约 4100 m 的山头，在搬运剥蚀过程中少于 50 m 的高差，水平搬运少于 300 m，那它很可能来自札达组在 4045 ～ 4096 m 的层段。少于 50 m 高差搬运的假设得以证实的另外一个原因是，根据我们的野外经验，札达组多数化石都会在剥蚀离开原保存地几米的地

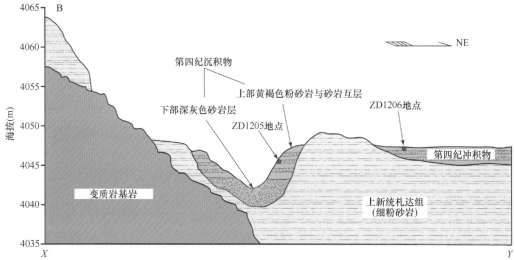

图 2.17 ZD1205 地区的照片

A. 向东南沿着一个通向盆地的小沟方向看,显示基岩、札达盆地的粉砂岩和第四纪冲积物(上下单元)的叠覆关系;化石点的位置(白色箭头)在断崖后。B. X—Y 地层的图解(位置见图 2.16),垂向上拉伸;虽然化石是在第四纪冲积物中再次沉积的,但原岩来自上新世的札达盆地

方损坏。三趾马化石较差的保存状态也证实了这一点。后者来自 ZD1206 地点,该地点在附近的第四纪沉积物中至少被水平搬运了 200 m。用和 Wang 等(2013b)中一样的比对方法,上述标本估计在札达南剖面 469 ~ 525 m 处,对应于 Saylor 等(2010a)所测的古地磁 C2Ar 中部到 C2An.3n 中部,大约在 Hilgen 等(2012)的 ATNTS2012 中的 3.8 ~ 3.42 Ma 的上新世中期。札达盆地最年轻的原地保存的三趾马为 3.36 Ma(Wang

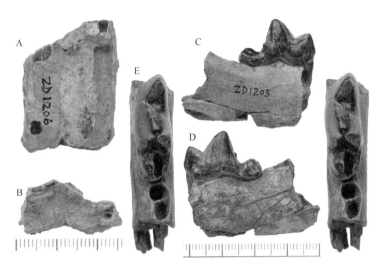

图 2.18　札达三趾马和拟震旦豺相似种颊齿化石

札达三趾马, V18926, ZD1206, A. 外侧视, B. 冠面视; *Sinicuon* cf. *dubius*, V18925, ZD1205,
C. 内侧视, D. 外侧视, E. 冠面视（立体照片）

et al., 2013b), 也和上述估计对应。

　　描述: 虽然只是一个下颌残段, 但这件标本有着特征鲜明的高度食肉化的 m1。水平支没有保存底缘, 因此下颌的高度也无法估计。保存较好的 m1 为这个犬科化石最具有特征的部分。高度食肉化的特征表现在其窄长锋利的下三角座, 主要由高冠的下前尖—下原尖脊组成。下后尖退化明显, 其尖顶几乎不高于下次尖。在下三角座的后内侧, 一条明显的嵴从下原尖顶部出发, 连入下后尖。下跟座窄而向后收缩。下次尖几乎位于下跟座的中间, 为下跟座唯一的尖, 其内侧存在一条低而窄的齿带。下内尖不呈尖状, 但这条内齿带可能代表退化的下内尖。m2 双根, 与现生犬属 *Canis* 相比较为退化。由于破损, 不清楚在 m2 后侧是否还存在 m3（图 2.18C、图 2.18E、表 2.9）。

　　分类位置: 欧亚大陆和非洲大型高度食肉化的犬科成员的分类位置一直有很多争议。下裂齿锋利和齿尖退化程度不同的化石被归入不同的犬科类群: 异豺 *Xenocyon*（Kretzoi, 1938; Musil, 1972; Schütt, 1973; Moulle et al., 2006; Echassoux et al., 2008; Tedford et al., 2009; Hartstone-Rose et al., 2010)、震旦豺 *Sinicuon*（Kretzoi, 1941; Qiu et al., 2004)、非洲野犬 *Lycaon*（Martínez-Navarro and Rook, 2003; Madurell-Malapeira et al., 2013)、豺 *Cuon*（Pei, 1939, 1987; Teilhard de Chardin, 1940; Baryshnikov, 1995, 1996)、犬属 *Canis*（Tong et al., 2012) 或犬属异豺亚属 *Canis*（*Xenocyon*）(Rook, 1994; Sotnikova, 2001; Sotnikova and Rook, 2010)。毫不奇怪, 以上每位作者都对化石和现生野犬（非洲野犬和豺）有不同的认识。虽然不指望根据有限的材料解决这个问题, 但 Wang 等（2015b）指出 Martínez-Navarro 和 Rook（2003）根据南非材料提出的从欧亚属种到非洲野犬的时代种渐变过程可能没那么简单, 因为牙齿和肢骨结构似乎是独立演化的, 因此很难相互对应（Hartstone-Rose et al., 2010）。在豺支系中, 地理分布也有一定的迷惑性, 因为原豺 *Cuon priscus* 在欧洲中更新世和

似野犬异豺 *Xenocyon lycaonoides* 共存于德国的 Mosbach II（Thenius，1954；Schütt，1973）。在 Tedford 等（2009）的系统发育分析中，现生非洲野犬和豺与化石异豺之间存在较大的形态差异。这显示过渡型异豺仍然具有上新世—更新世高度食肉类群形态发展阶段的有用功能。类似地，震旦豺也是如此。

表 2.9   震旦豺（*Sinicuon dubius*）和异豺（*Xenocyon lycaonoides*）的牙齿测量

项目	m1 长（mm）	m1 宽（mm）	m1 三角座长（mm）
札达盆地			
IVPP V18925	22.5	8.4	16.1
灰峪（周口店 18 地点）			
无编号	26.5	9.5	
泥河湾（山神庙咀地点）			
IVPP V17755.05	24.9	10.3	17.1
IVPP V17755.04	25.5	10.4	18.7
IVPP V17755.03	24.8	10.5	18.4
IVPP V17755.21	27.7	10.6	20.0
IVPP V17755.06	25.3	10.1	17.7
IVPP V17755.10	24.7	9.6	17.0
郧县			
郧县 743-326	22.5	9.3	
郧县 743-274	25.2	9.8	
郧县 743-265	25.5	9.9	
郧县 743-260	24.0	9.2	
郧县 743-258	24.0	9.1	

注：泥河湾 m1 标本的长、宽测量根据 Hu（2011）和 Tong 等（2012），其三角座长度由本书作者测量；郧县标本测量根据 Echassoux 等（2008）。

在中国，裴文中（Pei，1939）第一次把北京西南 25km 处的门头沟灰峪（也称门头沟或周口店第 18 地点）的材料归入类似豺的犬科动物 ["?*Cuon*（*Cyon*）sp.（sp. nov.）"] 中。Teilhard de Chardin（1938）把这一地点归入早更新世或维拉方期。Teilhard de Chardin（1940）根据这些材料建立了新种拟豺 *Cuon dubius*，识别出其特征：m1 锋利而高冠，下后尖依然存在；这些特征都与札达盆地的标本近似。正如名字显示的，Teilhard de Chardin 并不认为这个物种是豺的祖先，而认为它是中间类型。或许没有看到 Teilhard de Chardin 在 1940 年的论文，Kretzoi（1941）根据这些标本建立了裴氏震旦豺 *Sinicuon peii*，但这个名字在随后的几十年里鲜有人使用。在描述柳城巨猿洞的食肉类化石时，Pei（1987）采用了拟豺 *C. dubius* 的名字，忽略了 *Sinicuon*。邱占祥等（2004）认识到了 Kretzoi 的名字具有优先权。他们把 Kretzoi 和 Teilhard de Chardin 的名字根据优先律结合起来，即拟震旦豺 *Sinicuon dubius*。他们同时把来自甘肃龙担黄土沉积物中的一枚 M1 也归入这个种，使其分布延伸到早更新世。然而邱占祥等（2004）没有给出震旦豺 *Sinicuon* 和异豺 *Xenocyon* 的区别特征，只是暗示异豺可能和非洲野犬

Lycaon 有关，尽管他们认识到震旦豺和异豺都在形态上介于犬属 *Canis* 和现代非洲野犬 *Lycaon* 之间。邱占祥等的新种属名组合也没有立刻获得承认。Tedford 等（2009）根据更加严格的定义（认为豺 *Cuon* 不存在 m3），将灰峪的化石放到了拟异豺 *Xenocyon dubius* 里面。类似地，最近在湖北省郧县人遗址发现的大量早更新世（1 ～ 0.8 Ma）犬科化石也被归入拟异豺 *X. dubius*（Echassoux et al.，2008）中。这些法国学者选择异豺 *Xenocyon* 作为属名，尽管他们根据存在第一掌骨，认为这些化石可能代表现生豺 *Cuon* 的祖先。

更加复杂的是，Tedford 等（2009）认为在中更新世时期，似野犬异豺 *X. lycaonoides* 遍布欧亚大陆，并偶尔到达北美洲，虽然他们没有详细列出亚洲的记录。例如在泥河湾盆地的山神庙咀，被 Tong 等（2012）归入直隶狼的大批材料，就很接近 Sotnikova（2001）描述的似野犬异豺 *X. lycaonoides*。Brugal 和 Boudadi-Maligne（2011）及 Petrucci 等（2012）给出了欧洲豺类的总结，因此关键在于是否能在亚洲最早的高度食肉化犬科动物中区分出豺这个支系。如果可以，那震旦豺就能作为最早的向豺支系过渡的类群。

札达盆地的犬科化石显示出向豺演化的形态，如 m1 缺失下内尖，m2 退化，m1/m2 的长度比例较大。然而这些高度食肉化的特征变异可能会很大（Tong et al.，2012），并在欧洲不同时代的化石点形成一个形态梯度的变化（Sotnikova，2001）。例如，相比于泥河湾山神庙咀的标本，札达盆地标本的 m1 比山神庙咀最小的 m1 还短 1 mm。总体形态上，札达盆地的标本更接近山神庙咀中相对食肉化较高的牙齿，如 V17755.05 和 V17755.06，它们或完全缺失下内尖（17755.05），或下内尖只有通过下次尖内嵴（V17755.06）显示出来。札达下裂齿的下后尖退化状况也落入山神庙咀标本的变异范围内。这个尖在一些山神庙咀的标本中比札达盆地的标本退化更明显。山神庙咀标本展现出的变异性与 Sotnikova（2001）描述的似野犬异豺 *X. lycaonoides* 近似。

尽管没有单独的测年方法，根据动物群，北京附近门头沟的 18 地点的材料代表中国早更新世最早的震旦豺（Tedford et al.，2009）。札达盆地的化石因此将这一记录向前推了 1 Ma，甚至更多。似乎欧亚大陆高度食肉化的犬科动物比过去认为的更加复杂，无论从时代还是从形态多样性上来看都是如此。在没有更多标本的情况下，我们把喜马拉雅地区这个早期记录暂时称为 *Sinicuon* 似乎比较合适，但这种处理方式是为了表达一个形态上的发展阶段，而不一定代表一个单系（Tedford et al.，2009）。

动物地理：在西藏上新世发现两种在时代上远比其在欧亚大陆北部的亲戚更早的高度食肉化的犬科动物，即邱氏狐（Wang et al.，2014）和震旦豺（Wang et al.，2015a），有着一定的生态和环境指示意义。现生极地的陆生食肉动物，如北极狐、灰狼和北极熊，几乎都是纯食肉动物（Mech，1974；DeMaster and Stirling，1981；Audet et al.，2002）。如此高度捕猎性的生活方式似乎与食物的获取有关，尤其是与寒冷的冬天，以及低温下的能量的需求有关。因此可以推测，上新世青藏高原存在众多高度食肉化的犬科动物也和当时极冷的冬天有关。青藏高原的化石记录比欧亚大陆其他地方的记录更早，这支持"走出西藏"的假说（Deng et al.，2011），即青藏高原较早而原始的类型是后期欧亚大陆北部冰期动物的祖先。

最近的分子生物学研究将豺和非洲野犬放在犬属支系的基部（Lindblad-Toh et al.，2005），与形态学分析认为的高度食肉化犬科成员为犬亚科的末端支系（Tedford et al.，2009）相矛盾。如果分子系统发育关系是正确的，那么豺和非洲野犬就应该与犬属 *Canis* 一样古老，甚至更加古老。大型犬类到达欧洲被称为"狼事件"，虽然早期的大型犬类的记录被稍稍往前推了一点（Sardella and Palombo，2007；Martínez-Navarro et al.，2009；Rook and Martínez-Navarro，2010），但狼事件依然局限在早更新世（在新定义之前为晚上新世，Gibbard et al.，2010）。高度食肉化的震旦豺在形态上比 *Canis* 更加进步，因此把这类动物的年代推到了 *Canis* 出现之前，而新的青藏高原的记录显示高度食肉化的犬科动物可能出现在犬属之前。

所以，喜马拉雅山脉的记录不仅显示出高度食肉化的特征，也比之前所知道的这类动物生存的时代更早，且这个记录符合"走出西藏"假说。在形态上，不同支系的异豺和震旦豺逐渐过渡到现生的豺和非洲野犬。如果震旦豺的确是这些高度食肉化犬科动物的祖先，那么"走出西藏"的概念应该扩展到包括南亚温暖气候区在内的动物群。

鬣狗科 Hyaenidae Gray，1869
豹鬣狗属 *Chasmaporthetes* Hay，1921

修订属征：中型到大型鬣狗。和其他鬣狗亚科动物一样，P4 后附尖长度等于或长于前尖；p1 及 m2 缺失，而 *Hyaenictis* 中依然存在 m2；前臼齿的附尖和主尖同列，前附尖不像其他进步的鬣狗亚科成员一样内偏；下前臼齿的冠面轮廓呈椭圆形，较纤细，而不像更加粗壮的鬣狗类那样圆胀，但比狼鬣狗 *Lycyaena* 更宽；p4 的前、后附尖大小近似，对称分布，而其他鬣狗亚科种类一般不那么对称；和其他鬣狗亚科一样，p4 后内齿带退化；m1 的下后尖缺失，而在狼鬣狗和更原始的鬣狗中还存在；m1 的跟座有锋利的下次尖，其他尖退化，而在鬣形兽 *Hyaenictitherium* 中，下跟座一般有 2 ~ 3 个发育良好的尖；蹠骨和指骨细长，与所有的鼬鬣狗类和鬣狗亚科成员都不一样。

雪山豹鬣狗 *Chasmaporthetes gangsriensis* Tseng et al.，2013

正型标本：IVPP V18566，属于同一个体的头骨、牙齿和足部骨骼。V18566.1，一个带有 C 齿槽、破损的 P1-P3 及部分 P4 和部分 M1 齿槽的上颌；V18566.2，一个右侧上颌碎片，保存有眶下孔前侧开口及 P3 后侧齿根，以及破损的 P2；V18566.3，左侧下齿列包含 c-p4，破损的 m1，以及左侧的关节髁；V18566.4，部分右下齿列，带 i1-c 齿槽、p2、破损的 p3、部分 p4-m1，以及破损的关节髁。V18567.1，不完整的右侧第二蹠骨，缺失近端关节面；V18567.2，近端第二趾骨；V18567.3，远端第二趾骨。

化石地点：IVPP ZD0908，在札达县东北 14 km，札达沟公路的东侧（图 2.19）。本书描述的所有材料都来自札达沟公路的一个冲沟中，在一个陡坡的东面；这些不相连的牙齿、头骨和足部骨骼化石被发现于同一个风化面上，在一个 2 m×2 m 的区域内。

图 2.19　札达盆地雪山豹鬣狗化石点地图
灰色线表示土路，黑色实心圈表示村寨和镇子

同一个体的更多釉质层碎片被发现在山坡的下方。在这个区域附近没有发现别的化石。

　　年代：化石被发现于札达组中部靠下的部分，属于早上新世，Deng 等（2011，2012a）和 Wang 等（2013b）估算的古地磁对应时间为 4.89 ～ 4.08 Ma。在 2009 年的野外季中，李强率领的考察队在札达沟北部踏勘时候发现了这些化石。

　　鉴定特征：p2 与 p3 的比例大于其他的豹鬣狗；m1 下三角座锋利，并且比其他豹鬣狗更宽；m1 跟座上有 2 个尖，中部为锋利的下次尖，内侧有一个退化更加明显的下内尖，狼鬣狗 Lycyaena 和鬣形兽 Hyaenictitherium 中都有 3 个尖，而更加进步的月谷豹鬣狗 Chasmaporthetes lunensis 和碎骨豹鬣狗 C. ossifragus 中都只有一个尖；下颌后侧底缘迅速上升，不像 C. lunensis 和 C. ossifragus 那样有底部偏转；下前臼齿之前的大小差异在豹鬣狗中是最小的。

　　词源：Hay（1921）没有给出 Chasmaporthetes 的含义，但根据他对化石地点的原始描述，Tseng 等（2013）认为属名的含义如下：Chasma 为裂隙或洞的意思，por 是西班牙语"为了"，而 thetes 是希腊语"下层人士"，如工人的意思。Hay（1921）提到"化石被发现于石炭纪的灰岩裂隙中,这个裂隙为铜矿工人发现"。gangs 为"雪"的藏语,ri 是"山"的藏语。种名指发现化石处的札达盆地被雪山包围。

描述:根据化石保存的位置、状态和尺寸,以及磨损程度的相似性判断,可知这些上下颌属于一个个体。上颌碎片破损严重,难以看出其特征,但显示 P3 后侧齿根正好在眶下孔前开口的下侧。这个齿根被认为是 P3 后侧齿根,因为上前白齿的 2 个齿根之间有较大的沟壑,沿着后根的前侧面和前侧齿根的后侧面延伸。另一个上颌碎片只包括 P2 的齿根及其附近的骨头;齿冠基部破损,但是可以看出主尖后侧有一个明显的后附尖。P2 在齿冠和齿根的交界处尺寸为 17.5 mm×8.6 mm(长×宽)。左侧的上颌骨碎片更完整一些,保存了犬齿槽的后壁、颧弓的基部(图 2.20A)。在背侧,颌骨碎片保存了眶下孔及眼眶的底界。颧骨和上颌骨的骨缝在眼眶边界处朝向腹侧,并且在眼眶和眶下孔之间的位置向后急转 95°;然后骨缝以 45° 向下腹方向延伸,止于颧弓基部。上颌骨 P4 齿根的位置存在一个被邱占祥等(2004)称为指状凹痕的凹陷。上颌骨和颧骨的内边缘和颧骨的外边缘平行;其前部靠近眶下孔后开口的位置较窄,而颧弓在 P4 后侧齿根之后才开始扩宽。

图 2.20 雪山豹鬣狗左侧带 P1 ~ P4 的上齿列(V18566.1)

A. 外侧视;B. 内测视;C. 冠面视。比例尺为 20mm

在腹侧表面,前腭孔所在的沟向前延伸到 P1 处。右侧 P1 在齿根处断裂,其断面呈圆形。右侧的 P2 破损,但剩余部分显示这颗牙齿前后较长,有一个明显的后附尖及微弱的后内齿带(但无后外齿带)。P3 的前侧破损,但后侧的形态和 P2 相似,只是稍大。P3 的后侧边缘是椭圆形的,无内侧膨凸。P4 的前附尖和前尖都存在,但后附尖嵴不完整,原尖破损。P4 的前附尖是牙齿外侧最低的尖,其前侧存在一个小的前附尖;前尖是最高的尖,在顶端和内侧面存在一定的磨损。后附尖外侧破损,比前尖稍长。牙齿内侧面后侧有很强的内齿带,牙齿在前尖处向内变宽,形成支撑原尖的内架。内架的前侧边缘比牙齿的前外边缘更靠后,原尖架的宽度和牙齿在前附尖处的宽度一致。总体来说，P4 外侧尖都在一条线上，基本和牙齿矢状轴平行。P2 和 P3 稍稍叠覆，牙齿的前端稍稍偏向中矢状轴。右侧的 M1 至少有 3 个齿根，包括一个较大的外侧齿冠和 2 个较小的内侧齿根；齿根的内侧和后侧面破损，因此齿根的尺寸难以估计（图 2.21C）。

左下齿列保存了所有门齿的齿槽，排列紧密，i2 的位置比其他门齿更靠后（图 2.21）。犬齿槽较大但不完整。c 和 p2 之间有一个长约 15 mm 的齿隙；二者之间存在一个粗糙的沟壑，将齿隙分为内、外两部分。下颌联合部为卵圆形，粗糙，从门齿槽延伸到齿隙处（图 2.21D）。3 个颏孔存在：最大的主要颏孔位于 p2 前侧齿根稍靠前处，在中部高度；一个较小的颏孔在主颏孔的后侧；第 3 个颏孔更小，位于 p2 和 p3 处，并且更靠下。p2 前后延长，在后内侧稍微加宽；前附尖很小，而后附尖大而明显。牙齿不存在明显的齿带。p3 在齿根处破损，但是根据冠面推测其比例大于 p2。p4 的外侧齿冠存在，现生牙齿的侧视前后对称，前后附尖大小近似。m1 齿冠部分完整，但是所有的齿尖都存在，牙齿特征明显：下前尖比下原尖长，但是后者更高；这 2 个尖都较为粗壮，在尖顶附尖的外侧存在磨损。下跟座由单一的下次尖组成，位于中央，较为锋利，并和下三角座共线。后内齿带膨凸，且内侧在下内尖的位置分化出一个小尖。齿列的冠面凸出，其顶点大约在 p2 的后外侧。咬肌窝深而明显，其前缘延伸到 m1 的下方。上升支的后背侧在关节髁上破损。下颌底缘在 m1 处下凸，在角突处破损。下颌孔较大，并位于上升支内侧面下方。

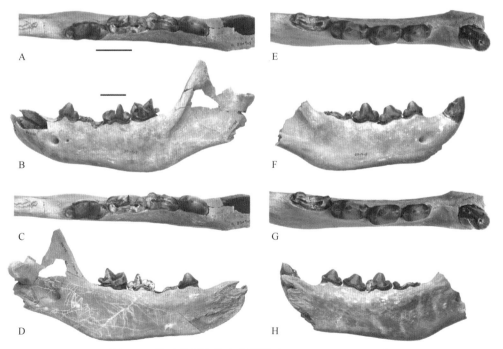

图 2.21　雪山豹鼬狗的左右下颌（V18566.3，V18566.4）

A 和 C. 左侧下颌的立体照片；B. 左侧下颌的外侧视；D. 左侧下颌的内侧视；E 和 G. 右侧下颌的立体照片；F. 右侧下颌的外侧视；H. 右侧下颌的内侧视。上部的比例尺对应立体照片，下部的比例尺对应外侧视和内侧视，均为 20 mm

右侧齿列与左侧的特征类似，但是p2～p4都保存完好（图2.21E～图2.21H）。主要区别在于存在一个单一的较大的颏孔，其后侧有一个很小的孔。p2和p3在形态上一致，但是后者稍大。p4后内侧有短而强烈的内齿带，位于后附尖内侧，延伸约4.5 mm。右侧的m1破损，但是其形状和左侧的非常接近。右侧的髁状突存在，但上升支破损。

右侧的第二蹠骨和趾骨与其他鬣狗近似，也与其余的豹鬣狗接近（图2.22）。第二蹠骨的近端破损，因此无法测量骨骼的全长。但保存的部分比现生鬣狗更长，显示出其擅长奔跑的特征（Berta，1981）。靠近近端的内腹侧面存在一个卵圆形的粗糙面，为与第一蹠骨相连韧带的附着面（Berta，1981）。骨干弯曲，远端内弯。远端背侧存在很深的籽骨窝，腹侧存在2个浅的籽骨窝。近端趾骨细长，向远端变细；远端趾骨较扁，其近端和远端加宽，形成一个马鞍形的头，和现在的鬣狗近似。正如Berta（1981）指出的，近端趾骨的近端关节面呈角状边界，不同于猫科动物圆润的边界。

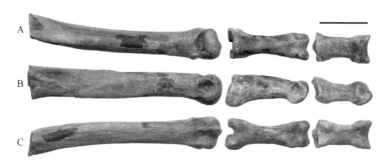

图2.22　雪山豹鬣狗右侧第二蹠骨、近端和远端趾骨（V18567.1～V18567.3，从左到右）
A. 背侧视；B. 外侧视；C. 内侧视。比例尺为20 mm

比较：m1下跟座退化，p4后齿带退化，前、后附尖对称，延长的颊齿排除了雪山豹鬣狗属于原始的鼬鬣狗*Ictitherium*或鬣形兽*Hyaenictitherium*的可能性。m1下跟座呈刀叶状，有修长的前臼齿，有共线的附尖，颊齿不叠覆，也排除了其属于更加粗壮的鬣狗亚科成员，如副鬣狗*Adcrocuta*或上新鬣狗*Pliocrocuta*的可能性。这个特征组合与豹鬣狗支系的4个属一致，包括狼鬣狗*Lycyaena*、貂鬣狗*Hyaenictis*、拟狼鬣狗*Lycyaenops*和豹鬣狗*Chasmaporthetes*（Werdelin，1999）。雪山豹鬣狗和同属其他成员最明显的区别在于其m1较短宽，这与菱形拟狼鬣狗*Lycyaenops rhomboideae*和亨氏貂鬣狗*Hyaenictis hendeyi*一致。但是拟狼鬣狗属*Lycyaenops*的物种（*L. rhomboideae*和*L. silberbergi*）p2和p3后侧都接近矩形，和雪山豹鬣狗的长卵圆形不同（图2.21）。根据Werdelin等（1994）的修订，貂鬣狗的特征为存在m2，而雪山豹鬣狗不存在；此外，貂鬣狗的p4较原始，后内齿带退化不明显（Werdelin et al.，1994）。狼鬣狗是豹鬣狗支系中最原始的属，其前臼齿更加细长，p4后齿带比雪山豹鬣狗和其他豹鬣狗都更加发达；m1存在下后尖，而雪山豹鬣狗的这个尖已经消失。综合来看，雪山豹鬣狗m1的形态和性状比狼鬣狗更加进步，但与貂鬣狗、拟狼鬣狗和豹鬣狗一致，而前臼齿则与其他豹鬣狗近似。我们认为雪山豹鬣狗是一种原始的豹鬣狗，以下将要进行证明。

Kurtén 和 Werdelin（1988）比较了豹鬣狗不同种的颊齿尺寸，认为与欧亚大陆的月谷豹鬣狗不可区分。雪山豹鬣狗的 p3 落在欧洲和亚洲的月谷豹鬣狗尺寸范围的中心；m1 相对比于 Kurtén 和 Werdelin（1988）观察的所有的豹鬣狗都更短（表 2.10～表 2.12）；M2 的最小长度接近 Werdelin（1988a）测量的中国的鬣狗型鬣形兽 *Hyaenictitherium hyaenoides*；P3 尺寸在月谷豹鬣狗变异范围的下限附近；P4 的长度和宽度在豹鬣狗变异范围的中间位置，但是 P4 后附尖的相对长度处于分布的下限附近，这更加接近鬣狗型鬣形兽。这些比较显示，尽管雪山豹鬣狗的前白齿已经和其他豹鬣狗类似，但是它的裂齿依然较为原始而接近鬣形兽（表 2.10）。

表 2.10　雪山豹鬣狗的测量　　　　　　（单位：mm）

项目	P1 长	P1 宽	P2 长	P2 宽	P3 长	P3 宽	P4 长	P4 长	P4 长	P4 宽
左	7.3*	6.1*	18.0	9.7	20.6*	12.4*	32.1	11.8	12.4*	17.2*
右			17.6*	8.7*						

项目	c1 长	c1 宽	p2 长	p2 宽	p3 长	p3 宽	p4 长	p4 宽	m1 长	m1 三角座长	m1 宽
左			17.4	9.4	20.0*	10.3*	22.3	10.3*	23.2	18.7	11.2
右	16.2	11.5	17.3	9.2	20.0	10.7	22.0	10.6	23.4*		—

项目	右第二蹠骨	近端趾骨	远端趾骨
长度	＞80.0	34.4	24.8
近端宽度		12.6	11.3
轴宽度	9.5	7.4	8.1
远端宽度	13.0	10.8	11.9

* 根据齿槽测量值估计，下同。

表 2.11　*Chasmaporthetes* 和 *Hyaenictitherium hyaenoides* 上牙的测量（单位：mm）

种名	标本号	lP3	wP3	lP4	lmtP4	wP4
C. australis	TM 112-00-98，289-02-02	27.0	16.7	39.9	14.5	20.3
C. australis	SAM PQ-L20989，50096，14199	25.9	15.4	38.7	15.1	18.8
C. nitidula	DN 404	21.0*		31.2*	13.9*	13.4
C. exitelus	AMNH 26369	21.7	12.7	32.3	14.0	19.0
C. kani	IVPP V7274	23.1	14.7	34.5	12.9	18.2
C. kani	IVPP V7275	23.8	14.4	34.0		20.3
C. kani	IVPP V7276	22.2		32.9		
C. lunensis	IGM 3381-1	20.3	13.3	33.4	14.2	17.6
C. lunensis	IGM 3381-324	19.2	12.4	33.7	13.0	17.2
C. lunensis	IGM 3381-204	21.0	12.0			
C. lunensis	IGM 3381-205	21.0	11.0*			
C. lunensis	F：AM 99783	21.2	13.2	33.1	14.3	17.9
C. lunensis	F：AM 99784	21.2	13.6	31.7	13.8	17.3
C. lunensis	F：AM 99789	22.7	15.6	32.5	14.2	19.2
C. lunensis	PMU M1975			34.5	14.9*	20.2

续表

种名	标本号	lP3	wP3	lP4	lmtP4	wP4
C. lunensis (cf. *C. ossifragus*)	PMU M1976	21.0*	13.2	34.9*	15.1	18.3
C. progressus	IVPP V7279	23.4	14.7	34.5	14.8	17.7
C. progressus	HMV 1196	23.7	14.7	36.5	14.6	16.7
C. progressus	HMV 1197	22.3	14.2	34.2	14.4	13.9
C. lunensis (*kani*)	IPSLA 161，57，157	21.7	12.9	32.8	12.0	18.0
C. lunensis (*kani*)	IPSLA 58，156	24.3	16.0	32.7	12.0	17.0
C. lunensis	OGU 33			34.1	13.5	19.5
C. lunensis	OGU 2903-50			34.0	13.8	19.5
C. lunensis	OGU 3224			36.0	14.9	19.2
C. lunensis	OGU 3215			35.0	14.5	
C. lunensis	IPPS V127	23.7	14.0	33.0	15.5	
C. lunensis (*kani*)	IGM(s) 1763	22.3	14.1	31.8	12.9	18.3
C. lunensis	Viret 1954 "*C. bielawskyi*"	21.2	14.0	32.9		16.5
C. lunensis (*bielawskyi*)	QSV 53 / MGHN 161818	20.5	14.0	33.0	15.0	19.0
C. lunensis	IGF 4377		16.0	33.0		18.5*
C. lunensis	MNCN 67100 L			30.3*		
	MNCN 67100 R	19.4	12.1*	29.9	13.6	16.0
C. lunensis	Qiu，1987		15.5			
C. lunensis	NHMB Va 1822	21.8	14.2	32.4	14.0	17.6
C. melei	MAN 65729	18.9	11.5	29.2	12.3	14.0*
C. ossifragus	LACM 74046	22.5	11.8			
C. ossifragus	LACM 105/164	25.5	13.3	34.3*	13.0	
C. ossifragus	UALP 1130			33.4	13.5	
C. ossifragus	FLMNH 21025	21.0*	11.7			
C. ossifragus	FLMNH 19297	22.1	13.0	34.4	14.0	16.7
H. hyaenoides	标本来自 Werdelin，1988a	19.7	11.4	30.0	11.7	17.0

注：灰色条目指示"B"组豹鬣狗标本。研究机构缩写：AMNH，American Museum of Natural History，New York，U.S.A.；DN，Drimolen specimens in O'Regan and Menter 2009；F：AM，Frick Collection of the American Museum of Natural History，New York，U.S.A.；FLMNH，Florida Museum of Natural History，University of Florida at Gainsville，Florida，U.S.A.；HMV，Hezheng Museum of Paleozoology，Gansu，China；IGF，Museo di Storia Naturale，Sezione di Geologia e Paleontologia，Florence，Italy；IGM，Institute of Geology，Russian Academy of Sciences，Russia；IGM(m)，见表 2.12，Instituto de Geología，Universidad Nacional Autónoma de México，México D.F.，México；IGM(s)，Institute of Geology，Madrid，Spain；IVPP，Institute of Vertebrate Paleontology and Paleoanthropology，Chinese Academy of Sciences，Beijing，China；IPPS，Instituto Provincial de Paleontologia de Sabadell，Universitat de Barcelona，Sabadell，Spain；LACM，Natural History Museum of Los Angeles County，California，U.S.A.；MAN，Museo Archeologico，Nuoro，Italy；MNCN，Museo Nacional de Ciencias Naturales-CSIC，Madrid，Spain；MNHN，见表 2.12，Muséum national d'Histoire naturelle，Paris，France；NHMB，Naturhistorisches Museum，Basel，Switzerland；OGU，Metchnikoff State University，Odessa，Ukraine；PMU，Evolutionsmuseet，Uppsala Universitet，Uppsala，Sweden；PPM，见表 2.12，Panhandle-Plains Historical Museum，Texas，U.S.A.；QSV，Saint-Vallier Collection，Muséum d'Histoire naturelle，Lyon，France；SAM，South African Museum，Cape Town，South Africa；SK，见表 2.12，Swartkrans Collection，Transvaal Museum，South Africa；STS，Sterkfontein Collection，Transvaal Museum，South Africa；TM，见表 2.12，Toros-Menalla collection by the Mission Paléoanthropologique Franco-Tchadienne（de Bonis et al.，2007a）；UALP，University of Arizona Laboratory of Paleontology，Arizona，U.S.A.；UCB，Département des Sciences de la Terre，Université Claude-Bernard，Lyon，France；NMNH，见表 2.12，National Museum of Natural History（Smithsonian Institution），Washington，D.C.，U.S.A.。测量值引自 Berta（1981），Qiu（1987），Kurtén 和 Werdelin（1988），Werdelin（1988a），Sotnikova（1994），Qiu 等（2004），Antón 等（2006），de Bonis 等（2007a），Tseng 等（2008），O'Regan 和 Menter（2009）。* 为估计值。

表 **2.12** *Chasmaporthetes* 和 *Hyaenictitherium hyaenoides* 下牙的测量 （单位：mm）

种名	标本号	lp2	wp2	lp3	wp3	lp4	wp4	lm1	ltrm1	wm1
C. australis	TM 112-00-98，21989-02-02	17.8	9.7	23.7	12.8	25.3	13.6	30.5	25.2	13.4
C. australis	SAM PQ-L20989，50	18.2	9.9	23.2	12.5	24.7	12.6	27.8	23.0	12.5
C. nitidula	SK 301	17.2*		21.4	11.9	25.5*	12.5			
C. nitidula	SK 302	15.4	8.4 / 9.5	19.4 / 20.5	10.4 / 11.5					
C. nitidula	SK 303	15.5*								
C. nitidula	SK 304	16.4								
'C'. *silberbergi*	SK 300			20.3	12.1	25.3	12.3			
'C'. *silberbergi*	STS 126	18.1	11.0							
C. kani	IVPP	17.4	10.4	20.6	11.9	23.9	12.1	25.3	20.1	11.3
C. kani	IVPP	17.4	8.7	19.9	10.0	23.2		24.4	20.5	10.9
C. kani	IVPP	18.4	9.7	21.1	11.4	23.9	12.1			
C. kani	IVPP	17.3	9.5	20.7	11.0					
Chasmaporthetes cf. *C. ossifragus*	IVPP V7280	15.1	8.7	21.0	11.2	23.9	11.9	27.2	22.5	11.6
C. lunensis	F：AM	15.8	8.1	18.9	9.9	22.2	10.4	23.6	19.6	9.3
C. lunensis	IGM 33812			19.7	10.0	24.1	10.5	24.7	20.6	10.9
C. lunensis	IGM 3381325			19.4	9.2	23.2	10.8	24.1	20.2	10.9
C. lunensis	IGM 3381203			19.1	10.2	23.2	10.7	24.5	20.7	10.9
C. lunensis	IGM 297519	15.7	8.8	19.7	10.4	23.6	11.0	24.7	20.3	10.8
C. lunensis	IGM 3120249	16.3	8.3	18.6	10.0	21.8	11.1	25.1	20.3	10.9
C. lunensis	IGM 3120-352	16	8.5	18.7	10.0	22.0	11.2	24.9	20.4	10.9
C. lunensis	IGM 3120-26	15.9	8.6					24.6	20.3	11.3
C. lunensis	F：AM99785	15	8.8	18.2	10.2	22.0*	11.0	24.7	20.8	11.5
C. lunensis	F：AM99786	16.4	9.5	19.5	11.4	23.3	12.6	26.5	22.5	12.7
C. lunensis (kani)	F：AM99788	17.1	10.2	20.5	11.8	23.5	12.4	26.4	22.0	11.7
C. lunensis (cf. *C. ossifragus*)	PMU M1976			20.6	11.1	23.9	11.1	28.2	24.5	11.7
Chasmaporthetes cf. *C. ossifragus*	IVPP V7281							27.3	23.5	12.2
C. progressus	IVPP V7279					25.5	11.9	25.5	21.5	11.9
C. lunensis	IVPPV15162	17.4	9.9	21.4	11.7	24.0	12.6			11.9
C. borissiaki	Kurtén & Werdelin	15.8	8.4	19.3	10.2	22.8	11.6	24.8	20.4	9.8
C. lunensis	OGU 6	17.5	9.0	19.7	10.0	24.5	10.2	24.8	20.7	10.8
C. lunensis	OGU 3246-18	17.8	8.8	20.8	10.0	24.4	10.9	25.2	20.9	10.5
C. lunensis (bielawskyi)	UCB 211221	16	9.7	20.6	11.0	23.0	11.3	24.5	20.2	11.5
C. lunensis	QSV 52/MGHN 161817	16.4	9.4	21.3	11.4	26	11.5			
C. lunensis	MNHN Oli-27					26.0	12.9		23.0	12.0
C. melei	MAN 65729	13	8.8	17.2	10.0	20.1	10.3			
C. ossifragus	NMNH 10223	18.6	8.1*			25.7	7.3*	26.1		8.5

续表

种名	标本号	lp2	wp2	lp3	wp3	lp4	wp4	lm1	ltrm1	wm1
C. ossifragus	F：AM 23390	18.5	9.6	21.9	11.4	25.1	12.0			
C. ossifragus	PPM（JWT）2343	17.5	9.7	22.4	11.8	25.7	12.6	25.1	22.5	10.4
C. ossifragus	FLMNH 18088	17.2	9.4	19.8	10.9	24.4	11.9	29.3	25.0	12.2
C. ossifragus	FLMNH 18089							28.7		12.1
C. ossifragus	IGM（m）10001	19.4	10.0*	21.0	10.7*	22.5	10.1*	22.4		9.3*
H. hyaenoides	标本来自 Werdelin，1988a	14.3	7.7	17.5	9.5	20.1	10.1	22.9	17.6	10.1

注：灰色条目指示"B"组豹鬣狗标本；研究单位缩写见表 2.11；* 为估计值。

由于雪山豹鬣狗正型标本保存得不是很好，因此无法对 Qiu（1987）及邱占祥等（2004）深度讨论过的一些关于头骨的特征进行评估。但是根据保存下来的形态特征可以稍稍修订原来给出的豹鬣狗的鉴定特征：邱占祥等（2004）认为豹鬣狗的眶下孔位于 P4 前侧齿根背侧，或在其前背侧；在雪山豹鬣狗中，这个孔位于 P3 后侧上方，这一特征被认为是更加原始的特征（邱占祥等，2004）。而在 La Puebla de Valverde 的月谷豹鬣狗中，眶下孔位于 P3 和 P4 之间（Antón et al.，2006），已经比雪山豹鬣狗更靠后；与之相应，雪山豹鬣狗的眼眶也比较靠前，其底缘在 P4 前尖之上，而不是像 La Puebla de Valverde 的标本那样在 P4 后附尖。因此，雪山豹鬣狗的形态特征扩大了豹鬣狗属 P4 和眶下孔位置对应关系的变异性。毫无疑问，头骨特征和牙齿位置会受到个体发育阶段的影响，而很多豹鬣狗的标本显示出亚成体特征（Khomenko，1932）。因此我们不把这个特征作为属的修订特征，有待更多数据来证明。

豹鬣狗的 P4 后附尖较长，与狼鬣狗和貂鬣狗一样具有高度食肉化的特征，比后附尖没有延长的鼬鬣狗类更加进步（Kurtén and Werdelin，1988）。一些晚期的豹鬣狗（如碎骨豹鬣狗 *C. ossifragus*）的这一特征发生反转，P4 后附尖反而不是很长。雪山豹鬣狗的 P4 后附尖占全长的 39%，这一比例在豹鬣狗中较低，类似拟狼鬣狗 *Lycyaena dubia*（39%）和巨口狼鬣狗 *L. macrostoma*（38%）。考虑到雪山豹鬣狗的尺寸和中国的鬣狗型鬣形兽近似，其后附尖也占 39%（Werdelin，1988a），而原始特征，如 m1 存在下内尖，因此雪山豹鬣狗的后附尖长度可能是原始特征，而非碎骨豹鬣狗中那样的进步特征。

p4 长度和 m1 长度的比例常被用于定义欧亚大陆的豹鬣狗的形态型，认为在欧洲的 p4 较长（94%～98.7%）而亚洲的较短（85%～88%）（Kurtén and Werdelin，1988；Sotnikova，1994）。然而更多的亚洲豹鬣狗的材料证明这 2 种形态型都存在于亚洲（Sotnikova，1994）。与过去认为的短 p4 取代了原始的长 p4 的观点相反，其实长 p4 并没有被完全取代，二者在晚上新世和更新世都存在于亚洲。雪山豹鬣狗的这一比例为 0.96，完全属于长 p4 型，也与其他原始特征一致。雪山豹鬣狗 p4 侧视轮廓对称，表明前后附尖大小近似。这与狼鬣狗 - 貂鬣狗 - 豹鬣狗支系的演化趋势一致，其前臼齿附尖发育，后齿带退化，对称性增强。雪山豹鬣狗的 p4 形态不如碎骨豹鬣狗进步，后者的齿带几乎已经消失；而雪山豹鬣狗的后内齿带仍然存在且长，从中央突起一个类似的小尖。相比于 p4，雪山豹鬣狗前侧的臼齿不那么对称，也代表这一支系的原始特征（Werdelin et al.，1994）。

Kurtén 和 Werdelin（1988）把豹鬣狗的特征定为 m1 下跟座单尖，而邱占祥等（2004）指出，除了中央的下次尖，其余的尖在豹鬣狗中很少见。Sotnikova（1994）指出多尖的情况其实不如别的学者认为得那么罕见。我们对形态数据的检验结果支持 Sotnikova（1994）的观点；雪山豹鬣狗下跟座多尖，即代表这一原始状态与狼鬣狗、貂鬣狗和鬣形兽一致（Werdelin and Solounias，1991）。鲁西尼期和维拉方早期的豹鬣狗也存在多尖的情况，多余的尖位于下跟座的齿带上（Sotnikova，1994）。而维拉方期更晚的时候，豹鬣狗的下跟座就都是单尖的了。Kurtén 和 Werdelin（1988）认为 m1 下跟座的下次尖呈刃叶状是所有豹鬣狗的特征，与尖状的斑鬣狗支系不同。这一解释目前仍然在我们观察的所有标本中都成立，不论下跟座是否有额外小尖。亚洲最早的斑鬣狗是甘肃庆阳晚中新世的 *Crocuta exitelus*，只有一件上颌；因此其 m1 的状况不清楚，无法确定锋利的 m1 是否可以作为豹鬣狗属的自近裔特征。希腊 Axios 峡谷 MN13 的博尼斯豹鬣狗 *Chasmaporthetes bonisi* 的 m1 下裂齿已经十分锋利，并且一个小的下内尖依然存在（Koufos，1987；de Bonis and Koufos，1994）。与之类似，Toros-Menalla 晚中新世的南方豹鬣狗相似种 *Chasmaporthetes* cf. *australis* 也有退化的双尖状的下跟座（de Bonis et al.，2007a）。在非洲，南非 Langebaanweg 中新世—上新世之交的南方豹鬣狗下跟座已经是单尖了（Hendey，1978）。在欧洲，MN16 敖德萨墓地（Odessa Catacombs）的月谷豹鬣狗的下跟座有时仍然存在双尖。在亚洲，榆社盆地早上新世的月谷豹鬣狗的跟座也保留了多个尖。在欧洲维拉方期，月谷豹鬣狗趋于演化出单尖的下跟座（Kurtén and Werdelin，1988），而这个特征与同时代蒙古 Beregovaya 及中国北方寿阳的标本一致（Galiano and Frailey，1977；Sotnikova，1994）。在北美洲，只有 Cita Canyon（得克萨斯州布兰肯期 IV）和 Inglis IA（佛罗里达布兰肯期 V）的材料保留了 m1，这两个地点的 m1 的下跟座都是单尖的（Berta，1981；Stirton and Christian，1940）。因此，Sotnikova（1994）认为下跟座额外小尖的发育状况不能作为鉴定物种的标准的观点是正确的，只能说在进步豹鬣狗中较为少见。晚期的豹鬣狗下跟座的尖都较少，下跟座只保留锋利的下次尖。

上新鬣狗 *Pliocrocuta*、硕鬣狗 *Pachycrocuta*、副鬣狗 *Adcrocuta* 和斑鬣狗 *Crocuta* 粗壮的前臼齿显示出不同程度的齿冠膨胀和齿带发育；雪山豹鬣狗和其他的豹鬣狗前臼齿都没有如此发育，附尖和主尖同列，而粗壮的鬣狗中前附尖和齿带都内偏。在豹鬣狗（如摩尔多瓦 Dermedzhi 的鲍氏豹鬣狗 *C. borissiaki*；西班牙 La Puebla de Valverde、蒙古 Shamar 和德国 Schernfeld 的月谷豹鬣狗 *C. lunensis*；Transvaa 洞穴 Swartkrans 地点的 *C. nitidula*）中，P2 和 P3 的后内齿带都较为发育，并且常常存在一个额外的齿根支撑。在雪山豹鬣狗中，P3 依然是双根的，后内齿带扩展不明显。因此，雪山豹鬣狗在这一点上和希腊 Dytiko 的博纳斯豹鬣狗（de Bonis and Koufos，1994）及甘肃庆阳晚中新世的 *C. exitelus* 接近（Kurtén and Werdelin，1988）。有人可能会认为这种缺乏第三齿根的情形代表古老物种的原始状态，但是 Toros-Menalla 晚中新世的南方豹鬣狗相似种有着明显的第三齿根（de Bonis et al.，2007a），而意大利 Olivola（MN17）的月谷豹鬣狗的正型标本却没有（Del Campana，1914）。除此之外，第三齿根和后内齿带虽然在鬣形兽中不存在，但在一些狼鬣狗标本中已经存在了。虽然仍然不清楚这个特征的分布，但是 P3 的后内扩展会使牙齿变得更加粗壮而有利于用来咬碎坚硬的食物。这个特征在雪山豹鬣狗中不存在。

Sotnikova（1994）认为豹鬣狗的鉴定特征为下颌总有一个单一的颏孔；副鬣狗的颏孔数目可以变异是正常的事情（Werdelin and Solounias，1991），因此在豹鬣狗中这个特征存在变异也毫不奇怪。在雪山豹鬣狗中，左侧的下颌存在单一的颏孔，而右侧的下颌在主要的颏孔之后还有一个较小的颏孔。另外一个有鉴定意义的下颌特征是角突的形态。Qiu（1987）比较了不同豹鬣狗角突的形态，认为正如 Berta（1981）所发现的，豹鬣狗类的角突都向背腹侧扩展，并且向腹侧弯曲。雪山豹鬣狗（V18566.3）的角突缺失，但是仍然可以看出对应部分腹侧向上弯曲，而不存在类似月谷豹鬣狗和碎骨豹鬣狗中那样向后腹侧的弯曲或扩展（Qiu，1987）。末端的偏转可能是晚期豹鬣狗的特征，虽然最早的 Dytiko 和 Toros-Menalla 标本都没保存角突，稍晚 Langebaanweg 的南方豹鬣狗（SAM PQ-L22204）标本显示角突腹侧向上弯（Hendey，1978），类似雪山豹鬣狗、狼鬣狗和鬣形兽。角突处弯曲增强，下颌变高是豹鬣狗的进步特征，雪山豹鬣狗的此处较低（图 2.21），保留了原始特征。

下颊齿（p2 ～ m1）的对数比例图显示豹鬣狗与其可能的祖先，即类似鬣形兽（Werdelin et al.，1994）那样的大型鼬鬣狗之间的变化（图 2.23、表 2.11 和表 2.12）。月谷豹鬣狗的 p2 尺寸不同程度地增大（可以比鬣形兽相对更长或更宽），而 p3 和 p4 的变异性很小，m1 相对增大，下三角座相对延长（图 2.23A）。在月谷豹鬣狗中，一部分标本以较长的 m1 与其他标本区别，这些即 Sotnikova（1994）归入 C. lunensis（kani）的标本。这些标本不仅 m1 长，前白齿也都比鬣形兽大（图 2.23B）。这些标本可能属于一个单独的类群，正如以下关于物种分类部分的详细讨论。

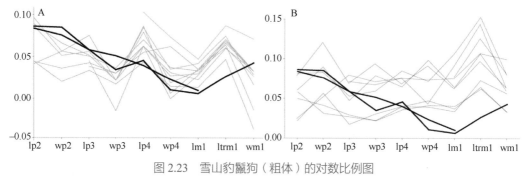

图 2.23　雪山豹鬣狗（粗体）的对数比例图

数据来源：A. *Chasmaporthetes lunensis* 标本来自欧洲和亚洲；B. 类群"B"豹鬣狗标本来自亚洲（二者都浅灰色）；0 线鬣狗型鬣形兽下齿列数据来自 Werdelin（1988a）。注意雪山豹鬣狗相对较短的 m1。l 长，w 宽，ltr 下三角座长。原始数据见表 2.12

非洲的南方豹鬣狗与月谷豹鬣狗的区别在于体型更大，p2 ～ p3 更大，p4 更宽，m1 下三角座不那么长。这些特征是原始特征，因为南方豹鬣狗的齿列按比例增大但不延长的特征在鬣形兽中也可以观察到。北美洲的碎骨豹鬣狗与月谷豹鬣狗和南方豹鬣狗都不同，它与南方豹鬣狗一样，前白齿增大，但与月谷豹鬣狗一样，m1 下三角座延长。雪山豹鬣狗与以上几种都不同，p2 ～ p4 增大程度变小，m1 稍稍延长，并且明显加宽（图 2.23）。相比于鼬鬣狗类因为体型增大从而进化为前白齿增大的南方豹鬣，雪山豹鬣狗的前白齿大小近似，前侧的前白齿相对增大明显。这些差异显示雪山豹鬣狗前白齿的同一性较强，p2 也可以承担类似其他鬣狗中 p3 和 p4 那样的研磨食物的功能。Galiano 和 Frailey（1977）已经发现一些鬣狗和恐犬亚科的猫齿犬 *Aelurodon* 中这一特征的平行演化。加宽的 m1 也支持这一解释，下裂齿增大了粗壮程度，增强了压碎的功能。在这一方面，雪山豹鬣狗接近比豹鬣狗更基干的亨氏貂鬣狗 *Hyaenictis hendeyi* 和菱形拟狼鬣狗 *Lycyaenops rhomboideae*（Werdelin et al.，1994；Werdelin，1999）。

为了研究豹鬣狗不同种的特征和尺寸的变化，不同种的牙齿测量和比例被放到了地层框架中（图 2.24）。根据所有的标本的生物地层和年代地层的研究而将其分别放到其估计的地质年代中（表 2.13）。P3 的宽 / 长显示这一比例在月谷豹鬣狗中趋于增大，晚中新世的南方豹鬣狗和上新世的碎骨豹鬣狗 P3 较窄。雪山豹鬣狗这一比例为 0.60，在鲁西尼期月谷豹鬣狗比例范围的中间（图 2.24A）。P4 后附尖的长度（所占全长的比例）显示，随着时代变老，这一比例增大。雪山豹鬣狗依然位于月谷豹鬣狗变异范围的中部。P4 变化较为复杂。晚中新世的南方豹鬣狗比其他豹鬣狗更大，其他豹鬣狗无明显的变化趋势，但晚期的标本变异范围较大（图 2.24C）。雪山豹鬣狗的 P4 比其他

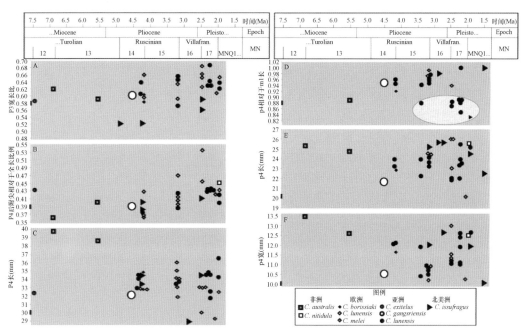

图 2.24　豹鬣狗根据相对地层关系的牙齿测量和比例散点图

A. P3 宽长比；B. P4 后附尖相对于全长比例；C. P4 长；D. p4 相对于 m1 长；E. p4 长；F. p4 宽。注意 D 中类群 B 的豹鬣狗的 p4/m1（长度比）由浅灰色椭圆形表示。鬣狗型鬣形兽的测量均值来源于 Werdelin（1988），在 *y* 轴上由黑色条带表示。地层年代数据来源见表 2.13

表 2.13　豹鬣狗化石地点及其地质年代

地点	国家	地区	年代	数据来源
Toros-Menalla	乍得	非洲	7 Ma（MN12）	de Bonis et al.，2007a
Langebaanweg	南非	非洲	Early Pliocene（5 Ma）	Hendey，1978
Olduvai Bed I	肯尼亚	非洲	2.0～1.7 Ma	Walter et al.，1991
Sterkfontein	南非	非洲	3～2 Ma（MN17）	Berger et al.，2002
Swartkrans	南非	非洲	2～1 Ma/"Lower" Pleistocene	Vrba，1975
Drimolen	南非	非洲	2.0～1.5 Ma（MN18）	O'Regan and Menter，2009
Ahl al Oughlam	摩洛哥	非洲	2.5 Ma	Geraads，1997
Qingyang，Gansu	中国	亚洲	MN12	Qiu et al.，1999
Mahui，Gaozhuang	中国	亚洲	5.7～4.0 Ma（MN13～MN15）	Flynn et al.，1991
Zanda Basin，Tibet	中国	亚洲	4.89～4.08 Ma	Deng et al.，2011
Mazegou，Yushe	中国	亚洲	3.4～2.9 Ma（MN15～MN16）	Flynn et al.，1991
Shamar	蒙古	亚洲	MN16	Sotnikova，1994
Beregovaya	俄罗斯	亚洲	MN16	Sotnikova，1994
Kuruksay	塔吉克斯坦	亚洲	MN17	Vislobokova，2005
Xiazhuang，Shouyang	中国	亚洲	Nihowanian（MN17～MN18）	Sotnikova，1994
Qinxian	中国	亚洲	Late Villafranchian（MN17～MN18）	Qiu，1987
Mianchi，Henan	中国	亚洲	Nihowanian（MN17～MN18）	Qiu and Qiu，1995
Nihewan	中国	亚洲	Nihowanian（MN17～MN18）	Qiu and Qiu，1995
Longdan，Hezheng	中国	亚洲	E. Pleistocene（MN18）	Qiu et al.，2004
Xiliexi	中国	亚洲	E. Pleistocene（MN18）	Dong，2006
Dytiko	希腊	欧洲	MN13	Koufos，2006
Dermedzhi	摩尔多瓦	欧洲	Late Ruscinian（MN15）	Sotnikova，1994
Dafnero	希腊	欧洲	MN17	Koufos，2006
Triversa	意大利	欧洲	MN16	Bernor et al.，1996
El Rincon	西班牙	欧洲	2.65 Ma	Domingo et al.，2007
Las Higueruelas	西班牙	欧洲	MN16	Bruijn et al.，1992
Calta	土耳其	欧洲	MN15	Fortelius et al.，2003
Perpignan	法国	欧洲	MN15	Turner et al.，2008
Layna	西班牙	欧洲	MN15	Domingo et al.，2007
Odessa	乌克兰	欧洲	MN16a	Sotnikova，1994
Villaroya	西班牙	欧洲	MN16	Domingo et al.，2007
Etouaires	法国	欧洲	MN16	Antón et al.，2006
Gulyazi	土耳其	欧洲	MN16	Antón et al.，2006
Monte Tuttavista	撒丁岛	欧洲	L. Plio to E. Pleist.（MN17～MN18）	Rook et al.，2004
St. Vallier	法国	欧洲	MN17	Kurtén and Werdelin，1988
Olivola	意大利	欧洲	MN17	Antón et al.，2006
La Puebla de Valverde	西班牙	欧洲	MN17	Domingo et al.，2007
Seneze	法国	欧洲	MN18	Antón et al.，2006
Erpfinger Hohle	德国	欧洲	MN18	Antón et al.，2006

续表

地点	国家	地区	年代	数据来源
Schernfeld	德国	欧洲	MN18	Rook et al.，2004
Inferno	意大利	欧洲	MN18	Antón et al.，2006
Goleta	墨西哥	北美洲	～ 4.9 Ma	Woodburne，2004
Miñaca Mesa	墨西哥	北美洲	Early Blancan（4.9 ～ 3.6 Ma）	Woodburne，2004
Comosi，AZ	美国	北美洲	Early Blancan（4.9 ～ 3.6 Ma）	Morgan and White，2005
Anita，AZ	美国	北美洲	Late Blancan（3.6 ～ 1.7 Ma）	Morgan and White，2005
Duncan，AZ	美国	北美洲	3.3 ～ 3.0 Ma	Woodburne，2004
Benson，AZ	美国	北美洲	3.1 Ma	Woodburne，2004
Cita Canyon，TX	美国	北美洲	3.0 ～ 2.5 Ma	Woodburne，2004
Dry Mountain，AZ	美国	北美洲	3.0 ～ 2.33 Ma	Woodburne，2004
Santa Fe，FL	美国	北美洲	2.5 ～ 2.1 Ma	Woodburne，2004
Inglis IA，FL	美国	北美洲	1.9 ～ 1.7 Ma	Woodburne，2004
El Golfo	墨西哥	北美洲	Irvingtonian（1.7 ～ 0.2 Ma）	Woodburne，2004

鲁西尼期的豹鬣狗更短。p4 和 m1 长度的比例在晚中新世的种类中较小，到上新世—更新世分为 2 类：一类包括月谷豹鬣狗 - 碎骨豹鬣狗，另外一类包括亚洲和北美洲 m1 延长的类群，正如对数比例图区分出的一样（图 2.23、图 2.24D）。雪山豹鬣狗的比例为 0.95，属于第一类。除了明显较小的上新世—更新世岛屿上的麦氏豹鬣狗 *C. melei* 之外（图 2.24E），豹鬣狗的 p4 的长度随着地层无明显变化。而 p4 的宽度在月谷豹鬣狗中变化更大，一些月谷豹鬣狗和碎骨豹鬣狗与麦氏豹鬣狗重合。雪山豹鬣狗的 p4 较短，而宽度接近平均（图 2.24F）。

　　生物地层和古动物地理：在地层框架中对比豹鬣狗的形态特征澄清了豹鬣狗分类和比较中的原始特征和进步特征，这里简要讨论解释特征演化的化石记录。最早的豹鬣狗来自晚中新世的希腊、乍得和中国，但这些材料都比较破碎，因此无法详细比较它们的演化位置，然而豹鬣狗在 7 Ma 出现之初就已经广泛分布了。在早上新世的时候，豹鬣狗已经扩散到了北美洲。鲁西尼期的豹鬣狗发现在欧洲有 4 个化石点，而在 MN16-17 发现了大约 13 个化石点（图 2.25、表 2.13）。欧洲大部分标本都被归入月谷豹鬣狗，而摩尔多瓦 Dermedzhi 和法国 Perpignan 的标本被归入鲍氏豹鬣狗 *C. borissiaki*，它可能是月谷豹鬣狗的同物异名（Rook et al.，2004）。在更新世，欧洲豹鬣狗的多样性稍稍提高，萨丁岛上出现了岛屿种麦氏豹鬣狗 *C. melei*（Rook et al.，2004）。非洲有两个与欧洲不同的种（虽然只有一些牙齿特征），并且其之间年代差距较大，这可能与上新世非洲化石记录较少有关（Werdelin，2010）。南方豹鬣狗 *C. australis* 被发现于晚中新世和中新世—上新世之交，而 *C. nitidula* 被发现于相当于维拉方期的地层。在北美洲，只有碎骨豹鬣狗 *C. ossifragus* 被发现于从布兰肯期到伊尔文登期。在亚洲，豹鬣狗的分类问题还没有解决，因为部分区域包含类似月谷豹鬣狗的类型，部分区域的化石则接近碎骨豹鬣狗（图 2.25）。

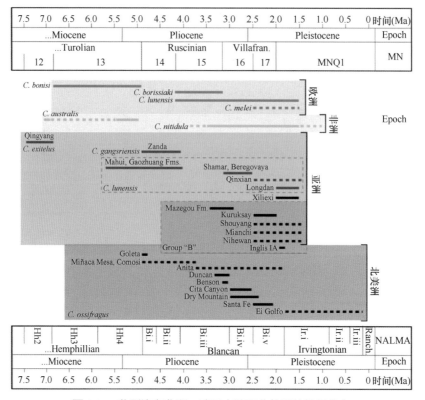

图 2.25　豹鬣狗在非洲、欧亚大陆和北美洲的地层分布
只有亚洲和北美洲的化石点名字被列出，地层和年代值来源见表 2.13

　　从甘肃庆阳晚中新世的瘦豹鬣狗 *C. exitelus* 开始，亚洲至少有 4 类豹鬣狗被发现。甘氏豹鬣狗 *Chasmaporthetes 'kani'* 被发现于榆社上新世和寿阳上新世—更新世地层；塔吉克斯坦 Kuruksay 的标本也被归入 *C.'kani'*（Sotnikova，1994），详见下面的讨论。碎骨豹鬣狗相似种被发现于上新世的榆社盆地，以及上新世—更新世的滍池和泥河湾地区。进步豹鬣狗 *Chasmaporthetes 'progressus'* 最初被发现于沁县，后来也被发现于龙担（邱占祥等，2004）。最后，Sotnikova（1994）和 Tseng 等（2008）分别把蒙古 / 俄罗斯及淮南的标本归入月谷豹鬣狗中。

　　分类讨论：现在关于豹鬣狗分类的分歧主要是对于种内变异 / 种间变异认知的分歧。物种经常根据牙齿少量的特征建立，但是对于多大程度的变异可以作为物种判别的标准目前还没有共识，尽管食肉类的牙齿测量值的变异程度可能比头骨更大（Dayan et al.，2002）。Tseng 等（2013）总结了针对亚洲豹鬣狗不同分类观点的主要差异，并评价了一些特征的解释，主要关注亚洲的豹鬣狗是因为它们与雪山豹鬣狗的关系较为密切。

　　以前被归入 *Euryboas* 的材料发现于蒙古（Shamar）、俄罗斯（Beregovaya）、塔吉克斯坦（Kuruksay），以及乌克兰的敖德萨墓地（Sotnikova，1994），上述所有材料及欧洲的 *Euryboas* 都被归入豹鬣狗属（Kurtén and Werdelin，1988）。多数学者都同意这一归属方案（除了 Galiano and Frailey，1977），因此以下讨论豹鬣狗属的化石记录和标本。

北美洲：由于亚洲和北美洲的豹鬣狗可能具有联系，所以先讨论新大陆的豹鬣狗记录。新大陆的豹鬣狗记录由 Werdelin 和 Solounias（1991）进行过总结，他们认为几乎所有来自美国和墨西哥的化石都是碎骨豹鬣狗，而佛罗里达的标本可能是一个新种。Kurtén 和 Werdelin（1988）首次认为被 Berta（1981）归入碎骨豹鬣狗的佛罗里达的材料由于 m1 较长而存在一定的独特性。根据 Tseng 等（2013）的分析，佛罗里达材料的 p4（Inglis IA；UF 18088）落入 Irvingtonian 期 El Golfo 和 BlancanIV 期 Cita Canyon 材料的变异范围内。此外，虽然 Inglis IA 齿列的 p4/m1 长度比例在北美洲的材料中属于一个极端，但是中国的材料证明这个特征是连续的（寿阳、滍池、泥河湾、沁县，图 2.24），不能作为物种的鉴定特征。然而如果将下牙的宽长比例做对数比例图的话，的确可以把佛罗里达和部分中国材料与被 Sotnikova（1994）归入 *Chasmaporthetes lunensis（kani）* 的标本区分（图 2.23A 和图 2.23B）。除了 m1 较长以外，前白齿不像其他月谷豹鬣狗那样窄长；这一类群（这里称为类群 B，以与月谷豹鬣狗的主要类群标本区别）被发现于亚洲和北美洲相当于维拉方期的地层中。尽管类群 B 的下牙的测量特征似乎与月谷豹鬣狗的主要类群有明显不同，但 Tseng 等（2013）依然决定不重新命名，因为目前没有头骨特征来支持（Werdelin and Solounias，1991）。然而有趣的是，如果佛罗里达的标本和亚洲的 B 类群接近的话，那北美洲这个时代较晚的记录将代表不同于早布兰肯期（图 2.24）碎骨豹鬣狗的一波迁徙。这种现象另外一个可能的解释是旧大陆和新大陆都演化出了极端个体。Werdelin 和 Solounias（1991）认为北美洲和欧亚大陆豹鬣狗的种级区分在于北美洲的豹鬣狗 P3 较窄，P4 后附尖较短，这在 Kurtén 和 Werdelin（1988）的测量值分析中已经被揭示。早布兰肯期墨西哥的碎骨豹鬣狗 P4 比欧亚大陆的豹鬣狗更窄，而布兰肯 V 期佛罗里达的豹鬣狗 P3 比 MN16 除了月谷豹鬣狗正型标本（Olivola IGF 4377）外的材料都更窄。在本项研究分析中，所有碎骨豹鬣狗的 P4 后附尖的相对长度都落入了欧亚大陆豹鬣狗的范围内（图 2.24B），显示仅根据 P3 和 P4 的特征无法明确区分北美洲和旧大陆的豹鬣狗。

欧亚大陆：邱占祥等（2004）描述了来自甘肃龙担早更新世的豹鬣狗，他们指出稀少的头骨材料是造成物种归属具有复杂性的原因之一，而只有很少的牙齿特征可以被识别。他们也认为尺寸的大小在分类中的重要性不大，正如 Tseng 等（2013）分析的一样，一维的测量项无法区分除了非洲较大的南方豹鬣狗和萨丁岛较小的麦氏豹鬣狗之外的物种。邱占祥等（2004）强调了使用鼻骨形状作为物种分类的依据。但是根据图 2.26 显示的那样，鼻骨形状之间的差异可能源于种内或者种群间的变异，而不是种间差异。邱占祥等（2004）结合头骨和牙齿的特征，认为欧亚大陆至少存在 4 种豹鬣狗，但是他们的分类中没有讨论晚中新世庆阳的 *C. exitelus* 或希腊 Dytiko 的 *C. bonisi*。甘氏豹鬣狗 *Chasmaporthetes kani* 在他们的概念中，特征为有着类型 I 的鼻骨形状（图 2.26A 和图 2.26C），下前白齿低冠，p2 前附尖很小或缺失，m1 下跟座存在多个小尖。除了齿冠高度以外，别的特征实际上都存在较大的地理差异（Sotnikova，1994；Tseng et al.，2013）。进步豹鬣狗 *Chasmaporthetes progressus* 的特征为有着类型 II 的鼻骨

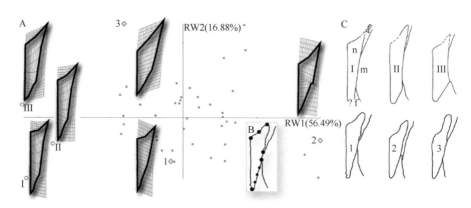

图 2.26　现生斑鬣狗和豹鬣狗鼻骨形态的几何形态学分析比较

A. 解释 73.37% 变异的前两个轴；不同的格子显示 Qiu（1987）提到的类型Ⅰ～Ⅲ的鼻骨，也代表斑鬣狗种群中鼻骨形态的极端变异（Ⅰ～Ⅲ）。B. 本项研究几何形态学中用到的标志点和半标志点。C. Qiu（1987）三种豹鬣狗鼻骨形态和斑鬣狗鼻骨形态变异的对比（Ⅰ～Ⅲ对应 A 中的点）。豹鬣狗的图像数据来自 Tseng 和 Wang（2011），而鼻骨类型来自 Qiu（1987）

（图 2.26A 和图 2.26C）、较高的齿冠、附尖发达的前臼齿、延长的 P4 后附尖及单根 m1 下跟座；除此之外，邱占祥等（2004）还认为亚洲这个物种的标本都小于之前归入这个物种的欧洲标本。我们发现进步豹鬣狗的齿冠高度和甘氏豹鬣狗没有差异；实际上甘氏豹鬣狗正型标本（F: AM 99789）的齿冠比进步豹鬣狗的正型标本（V7279）更高。此外，考虑更多的标本后，亚洲标本尺寸小的观点也不成立。关于前臼齿附尖和 m1 下跟座齿尖的数目的变化的讨论中，后者随着地质历史过程逐渐减少，且缺乏 P4 后附尖延长的证据，使得进步豹鬣狗和甘氏豹鬣狗之间的差别变得存疑。

　　邱占祥等（2004）认为别氏豹鬣狗 Chasmaporthetes bielawskyi 的特征为有着类型Ⅲ的鼻骨，整体大小接近或稍小于甘氏豹鬣狗，齿冠更高，P4 后附尖较长及 m1 下跟座单根；根据上述特征的变异性，仅齿冠高度能用于区分二者。最后，月谷豹鬣狗的特征为有类型Ⅱ的鼻骨，并且比进步豹鬣狗更长，齿冠更高，附尖发育。只有齿冠高度是在定义这个物种的特征中唯一不确定的。由于牙齿磨损，没有对齿冠高度直接进行测量，用齿冠高度来界定物种划分只能被认为是一个尝试性的做法，有待更多的数据。为了评估鼻骨的类型，下面详细研究鼻骨的形状。

　　鼻骨形态几何测量：Qiu（1987）首次提出了豹鬣狗中的 3 种鼻骨形态，而邱占祥等（2004）则再次将这个特征作为区分欧亚大陆 4 种豹鬣狗的重要标准，这 4 种豹鬣狗在其他学者的研究中都被归入月谷豹鬣狗（Kurtén and Werdelin，1988；Rook et al.，2004）。各个鼻骨类型不同的特征主要体现在鼻骨的形状（细长或短宽）和鼻骨侧缘与中线的夹角。根据现生斑鬣狗 Crocuta 头骨（$n = 41$）的图片（Tseng and Wang，2011），我们利用 6 个标志点和 3 个半标志点（Zelditch et al.，2004）对鼻骨形态的几何测量学进行了分析。标志点利用 TPSDig 2.05（Rohlf，2006a）数字化，然后用最小平方和来叠加。利用 TPSRelw（Rohlf，2006b）对齐的数据来进行相对形变分析。结果显示在相对同质性的青年和成年个体中，鼻骨的形状变异较大，超过 Qiu（1987）提出的变异的 3 种类型（图 2.26A）。这个分析的一个缺陷在于选择标志点不包含鼻骨在前颌骨—上颌骨—鼻骨和额骨—上颌骨—鼻骨骨缝处的曲率变异的信息；但对现生标本的观察表明这个特征变异也较大（图 2.26C）。因此，在鬣狗中鼻骨的形态不确定性较大，不是区分物种的一个很好的特征。没有更多确定齿冠高度的定量化方法，而邱占祥等（2004）认为的 4 个物种都应该归为月谷豹鬣狗，这符合多数人的概念（Kurtén and Werdelin，1988；Sotnikova，1994）。

欧亚大陆其他豹鬣狗：Kurtén 和 Werdelin（1988）把欧洲几乎所有的标本都归为了豹鬣狗，作为月谷豹鬣狗地理亚种。只有两件鲁西尼期的标本，一件来自法国 Perpignan，一件来自摩尔多瓦 Dermedzhi，被归入鲍氏豹鬣狗 *C. borissiaki*。但是有学者认为这两件标本可能也属于 *C. l. lunensis*（Rook et al.，2004）。在亚洲的材料中，河南月谷豹鬣狗 *C. l. honanensis* 产于中国河南、榆社盆地、寿阳、蒙古 Shamar，以及中亚 Kuruksay 和 Beregovaia。欧亚大陆不同类型之间的差异主要在于亚洲标本的 p4 较短（Kurtén 和 Werdelin，1988）。这个差别虽然很小，但在同一时间段的早维拉方期和晚维拉方期的豹鬣狗中也观察到类似的差别。如果把 Qiu（1987）研究的材料也包括进去〔这些数据没有包括在 Kurtén 和 Werdelin（1988）中〕，那 p4/m1（比例值）在欧亚大陆的标本中就会明显重合（图 2.24E）。*t* 检验的 *p* 值为 0.31，显示 2 个群体之间没有显著的差别，这与 Kurtén 和 Werdelin（1988）根据较少数据得出的结果不同。因此，欧洲和亚洲种类的不同可以解释为月谷豹鬣狗的种内变异。

Tseng 等（2008）将安徽淮南大居山西裂隙的齿列归为月谷豹鬣狗，该地点根据偶蹄目的生物地层推断应该为早更新世（Dong，2006，2008）。尽管大居山的标本测量值与北美洲的碎骨豹鬣狗 *C. ossifragus* 非常接近，但是根据地理分隔其仍然被归为月谷豹鬣狗。对这件标本（V15162）重新进行研究，发现它几乎与 Cita Canyon 的 *C. ossifragus*（PPM 2343）在尺寸和形态上完全一致。因此这件标本可能代表亚洲的北美洲类型，而亚洲之前缺乏类似的标本。这件标本可以作为代表，提供北美洲类型重新迁回亚洲的证据，但还需要更多的中国化石及同时代更多的亚洲化石点来证明这种解释。

Kurtén 和 Werdelin（1988）根据甘肃庆阳晚中新世的一具颌骨化石将其物种命名为 *C. exitelus*，其鉴定特征为 P4 和 M1 较宽，腭部较窄。根据我们的分析，正型标本（F：AM 26369）P4 的尺寸落入欧洲的月谷豹鬣狗范围内。鬣狗腭部的宽度一定程度上与个体发育阶段有关，并且现代斑鬣狗 *Crocuta crocuta* 在牙齿都萌发以后也会存在明显的变化（Tanner et al.，2010）。这件标本属于晚中新世时期，依据的是师丹斯基（Otto Zdansky）在中国北方野外采集到化石的时候所做的对化石点和地质信息的记录，但该记录已经丢失（Kurtén and Werdelin，1988）。没有来自这个化石点的更多的别的材料来证明这件标本的时代，这个物种的重要性无法被进一步解析。总体来说，过去用来区分亚洲的豹鬣狗标本的头骨特征，以及牙齿的测量值分析，都无法提供物种或亚种明确的鉴定特征。这些结果支持亚洲多数的标本都可以归入月谷豹鬣狗，成为一个广布于古北界的食肉类。类型 B 的豹鬣狗牙齿测量特征的独特性可能说明它是一个独立的物种，但是这需要更多材料来证明。

系统关系：Deng 等（2011）提出了"走出西藏"的假说，认为一些更新世的植食性哺乳动物在上新世时期于札达盆地就已经出现并适应寒冷气候，包括披毛犀、藏羚羊、岩羊等。青藏高原的雪山豹鬣狗是否符合这个假说？雪山豹鬣狗的年代为早上新世，与榆社盆地马会组和高庄组的月谷豹鬣狗同期（图 2.25）。榆社盆地与雪山豹鬣狗同期的标本（V7274，V7275，V7277，V7278）都有着退化不明显的 P4 原尖，p4 前后附尖不那么对称，齿列不叠覆，这与雪山豹鬣狗近似，而榆社盆地晚期的标本（如 V7279）原尖更加退化，p4 附尖对称，齿列叠覆。这些特征在中国更新世的豹鬣狗中更加进步。考虑到一些近祖特征，榆社盆地的月谷豹鬣狗和札达盆地的雪山豹鬣狗的 m1 下跟座多尖类似，但是雪山豹鬣狗 m1 下三角座短宽，与上述其他豹鬣狗都不同。而这一特征与 *Hyaenictis* 和 *Lycyaenops* 近似，属于该支系的共近祖特征。

根据这些组合特征，我们认为雪山豹鬣狗有着和其他豹鬣狗支系中共近祖的 m1 特征，同时和中国上新世的豹鬣狗一样有着属内的近祖特征；这种解释把雪山豹鬣狗放到了中国上新世豹鬣狗中最基干的位置，与"走出西藏"假说一致。

运动功能分析：札达盆地材料的破损性，豹鬣狗不同种头骨牙齿材料的不一致性，以及豹鬣狗和相关鬣狗属种头后骨骼的稀缺性，使得支序系统学分析很难进行。因此，我们没有尝试去分析一个形态矩阵。然而，讨论现在所知道的形态学差异则是有必要的。Werdelin（1999）检查了 *Lycyaenops rhomboideae* 的标本，并认为擅长奔跑的鬣狗支系应该包括 4 个属：*Lycyaena*、*Hyaenictis*、*Lycyaenops* 和 *Chasmaporthetes*，根据鬣狗科的支序系统学分析这个支系是一个单系群（Werdelin and Solounias，1991）。de Bonis 等（2007a）在他们的讨论中似乎忽略了 *Lycyaenops*，但 *Lycyaenops* 在此处仍然被认为是一个相关的属。作为一个支系，这 4 个属都显示出不同程度的体型增大和齿列退化，同时保持着纤细的颊齿和 p3-p4 上增大的附尖。这些特征，除了最后一个以外，其他的在擅长奔跑的鬣狗与鬣狗亚科成员中是共享的，后者朝着宽大球状的前臼齿方向发展（Werdelin and Solounias，1991）。较大的体型、前侧臼齿和后侧臼齿的退化，使得这两个支系区分于它们的祖先类型：接近胡狼或狼的支系"鼬鬣狗类"，如鼬鬣狗 *Ictitherium*、滨鬣狗 *Thalassictis*、鬣形兽 *Hyaenictitherium*（Werdelin，1988a）。鬣狗亚科成员和奔跑型鬣狗的区别在它们分化初期就已经很明显。最早的鬣狗亚科成员——叠齿祖鬣狗 *Palinhyaena reperta* 还保留着 p1 和 m2，而这两颗牙齿在同时代的奔跑型鬣狗中已经消失。另外，奔跑型鬣狗内部不同属之间的界限没有那么分明。这与属的鉴定特征不清晰、缺乏直系内特征分布的信息情况有关。有可能从接近于大型鬣形兽的演化阶段开始，奔跑型鬣狗就已经朝着体型增大、齿列退化的方向发展，因此演化呈阶段式，而非不同的有着明显分别的共近裔特征的类群。为了理解什么样的特征才可能是连续变化的，建议 *Lycyaena*、*Hyaenictis*、*Lycyaenops* 和 *Chasmaporthetes* 属级特征应该依赖于一些不靠主观判断确定的存在或缺失的形态特征。

奔跑型鬣狗 4 个属的下齿列都有独特的组合特征，如果将鬣狗型鬣形兽 *Hyaenictitherium hyaenoides* 作为外群，这些特征的极性可以确定：在鬣狗型鬣形兽中，p1 和 m2 都存在，而 m1 下后尖、下跟座上的 3 个尖也都存在。狼鬣狗 *Lycyaena* 的 p1 是否存在有一定的不确定性，但 m2 是缺失的，m1 下后尖存在，下跟座存在 2～3 个尖。*Hyaenictis* 的 p1 是否存在也有一定的不确定性，但是 m2 存在，而 m1 下后尖消失，m1 下跟座有 2～3 个尖。*Lycyaenops* 的 p1 和 m2 都缺失，但 m1 下后尖存在，跟座存在 2 个尖。最后，豹鬣狗 *Chasmaporthetes* 的 p1 和 m1 下后尖在多数标本中都缺失，m2 也缺失，m1 下跟座有 1～2 个尖（表 2.14）。在文献中，用来区分 4 个属的特征很少。不幸的是，虽然一些文献给出了属内不同种之间可以作为头骨鉴定的特征（Qiu，1987），但是由于头骨较少，很难对所有的 4 个属进行观测（Werdelin et al.，1994）。此外，利用某些特征来区分豹鬣狗的种类需要用更多的工作、更多的证据来分析这个支系的头骨特征演化。

表 2.14　*Lycyaena*、*Hyaenictis*、*Lycyaenops* 和 *Chasmaporthetes* 下牙的性状分布汇总

牙齿	外类群	*Lycyaena*	*Hyaenictis*	*Lycyaenops*	*Chasmaporthetes*
p1	存在	变化	变化	缺失	缺失
m1 下后尖	存在	存在	缺失	存在	缺失
m1 跟座齿尖	3	3～2	3～2	2	2～1
m2	存在	缺失	存在	缺失	缺失

死亡年龄分析：不像在许多第四纪洞穴或裂隙中粗壮的斑鬣狗和硕鬣狗被大量发现并包含多个年龄结构（如中国和英国的化石点），豹鬣狗的化石发现大多为牙齿没怎么磨损的年轻个体。死亡原因可能区别于高度社会性的种类（如斑鬣狗），而且单独捕猎的豹鬣狗可能是导致其年轻个体较多的因素。在社会性群体中，老年个体可以根据其地位，在最终死于疾病或捕猎前存活到更大的年龄，而独居的种类可能会更多地受到资源的季节性获取程度的影响，而缺少同居群体共同猎食的优势（Kruuk，1972，1976；Mills and Mills，1978）。这种现象可以区分两种生活史的死亡率最高的年龄阶段，因此影响保存为化石的个体发育阶段。这种想法需要更多的来自单一地点的豹鬣狗标本的证实。此外，这种解释也依赖于两种生态型鬣狗牙齿磨损程度（作为年龄的代表）的差别；豹鬣狗纤细的骨架通常被解释为与快速奔跑捕猎的习性有关（图 2.27），而这也可能与吃较少的骨骼成分有关（Khomenko，1932；Galiano and Frailey，1977；Berta，1981）。Tseng 等（2011）研究比较了豹鬣狗和现生斑鬣狗的头骨模型和有限元分析，认为是体型而不是碎骨能力，是把豹鬣狗和粗壮鬣狗类区分开来的重要原因，此外与豹鬣狗的奔跑能力也有一定的关系。要解决这个问题，需要对已知的埋藏学和古生态学数据进行更加严格的分析。

结论：雪山豹鬣狗是目前仅被发现于札达盆地的物种，其相对不分化的前臼齿及短宽的 m1，还有较小的体型，使得雪山豹鬣狗区分于所有已知的豹鬣狗物种。对比亚洲现在已知豹鬣狗的化石，显示归入豹鬣狗的标本可以归为两类，第一类为月谷豹鬣狗，在欧洲和亚洲都有分布。另一类拥有相对较长的 m1 和相对较大的前臼齿，与典型的月谷豹鬣狗不同。在北美洲存在的类型 B 可能是一个新的物种，代表在全北界平行演化的种群变异，或者代表除了碎骨豹鬣狗之外的另外一个迁徙事件，碎骨豹鬣狗是在布兰肯期之初到达北美洲的。西藏的雪山豹鬣狗体现出豹鬣狗支系和豹鬣狗属的原

图 2.27　雪山豹鬣狗的生态复原

发现奔跑型鬣狗进一步证明了西喜马拉雅山麓丘陵在上新世为开阔环境，这与之前根据札达盆地马和

食草动物同位素分析的证据一致。复原图由 Julie Selan 绘制

始特征，显示它在中国上新世的豹鬣狗中是最原始的，在形态学和地层学方面支持"走出西藏"假说。

上新鬣狗属 *Pliocrocuta* Kretzoi，1938
佩里耶上新鬣狗 *Pliocrocuta perrieri* Croizet and Jobert，1828

归入材料：IVPP V20801，不完整的右下齿列，带 c1、p2 ～ m1。V20802，不完整的右 I3。V20803，左下颌碎片，带 p2 齿冠和 p3。

地点和年代：IVPP ZD1208 地点，西藏自治区札达盆地。ZD1208 地点最初由颉光普于 2012 年 7 月 7 日在黄色的砂岩透镜体中发现，可能源于附近经剥蚀的基岩。沉积物基本已经风化成沙，随后的干筛发现了丰富的哺乳动物化石（图 2.28）。这个地点的海拔 4195 m，古地磁对应 C2Ar，大约 4.1 Ma（Wang et al.，2013b）。

图 2.28　札达盆地 ZD1208 地点的全景图（包括野外队）

前侧风化的砂岩富含哺乳动物化石。化石手动发掘或干筛。照片由王晓鸣于 2012 年 7 月 8 日拍摄

　　鉴定特征：与副鬣狗 *Adcrocuta* 不同，p1 已经缺失；更早的上新鬣狗 *Pliocrocuta* 的 m1 存在下后尖，而 *Adcrocuta* 的下后尖可能存在或缺失；p3 和 p4 的前附尖内偏，而在豹鬣狗中这些附尖在牙齿中轴上；m1 下前尖膨胀，长度长于下原尖，高度与下原尖近似，而鼬鬣狗中下原尖更高；p3 和 p4 的轮廓呈菱形，不像硕鬣狗 *Pachycrocuta* 和斑鬣狗 *Crocuta* 的那样膨胀。

　　描述：V20801 是一个不完整的右下齿列，缺失 m1 之后的部分和颏孔的部分。下颌联合部的前背侧保留，其表面高度粗糙，并和下颌长轴呈 45°角（图 2.29A）。下颌保留的部分在 m1 下最高，达到 38 mm。所有保留的牙齿中度磨损，前臼齿和臼齿都展现出典型碎骨鬣狗的釉质层褶皱（Stefen and Rensberger，2002）。下犬齿有较大而长的内侧磨损面，对应上门齿。犬齿齿冠存在新鲜的破损边缘，应该是死后在风化过程中破损的。p2 和 p3 的主尖都中度磨损，后附尖磨损较轻，而前附尖没有磨损。前附尖相对于后附尖较小而贴近主尖基部。下裂齿 m1 在刃叶表面磨损严重，从齿冠顶部到基部都露出齿质。下跟座中部有一个下次尖，其长度只占牙齿全长的一小部分。一个连续尖状的齿带环绕下次尖。下后尖和下次尖大小一致，位于下原尖的后内角（图 2.29C 和图 2.29G）。

　　单独的 I3（V20802）中度磨损，在齿冠后外侧存在长的磨损面，与下犬齿内侧面咬合（图 2.29E）。磨损的模式和粗壮程度显示牙齿一定属于鬣狗类，考虑到它和 V20801 发现的位置接近，大小近似，所以把这枚牙齿归为佩里耶上新鬣狗的牙齿。

　　第三件标本 V20803 为带 p2 齿根和 p3 的下颌残段，也显示出与 *P. perrieri* 一致的尺寸和特征（图 2.29H～图 2.29J）。下颌的破损边缘坑洞和碎片较多，显示在发现前被严重风化。这件标本可能和 V20801 属于同一个体。p2 齿根的新鲜破损也显示这颗牙齿是形成化石之后才风化的。p2 后齿根下方有一个较大的颏孔（图 2.29J）。这个大颏孔的前下方还有一个较小的颏孔。下颌的粗壮程度及无 p1（p2 前侧齿根前齿隙较大）与上新鬣狗一致。

　　比较：Werdelin 和 Solounias（1991）将之前归为比利牛斯上新鬣狗 *Pliocrocuta pyrenaica* 和佩里耶上新鬣狗的材料都归为佩里耶上新鬣狗，主要是因为这些材料的变异性都是连续的。我们采纳了他们的建议，因为也没有观察到足以区分成两个物种的形态差异。事实上，变异性是由年代和地理差异造成的（Werdelin and Solounias，1991）。因此只把年代较早的、个体较小的标本与札达盆地标本进行比较（图 2.30 和图 2.31）。

　　Pliocrocuta pyrenaica（*Pliocrocuta perrieri*）的正型标本被发现于法国 Perpignan 的 Serrat d'En Vacquer，由 Deperet（1890）描述，将这件标本作为比较的标准（图 2.30）。比起 Serrat d'En Vacquer 的标本，V20801 的牙齿整体更小，只有 p2 的尺寸相近。类似的差别也存在于 V20801 和榆社盆地的 *P. perrieri* 标本之间。较大的上新鬣狗颊齿一般相对加宽，相比之下札达盆地的上新鬣狗的前臼齿和臼齿较窄而显得较为原始。除此之外，早期的上新鬣狗的前、后附尖也相对发达。较宽的牙齿和较小的附尖也可以在榆社盆地的 2 件标本中观察到（图 2.30：马岚村的标本，见 Qiu，1987）。

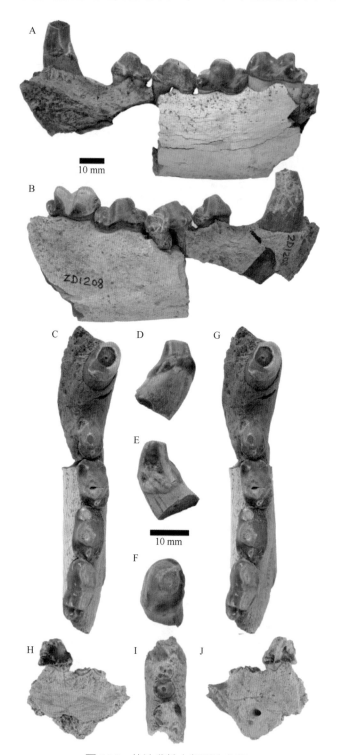

图 2.29 札达盆地上新鬣狗化石

V20801：A. 内侧视，B. 外侧视，C. 冠面视图的立体照片；V20802：D. 内侧视，E. 外侧视，F. 冠面视图；V20801：G. 冠面视图；V20803：H. 内侧视，I. 外侧视，J. 冠面视图。上部的比例尺对应图 A ～ C 和 G；下部的比例尺对应其余小图

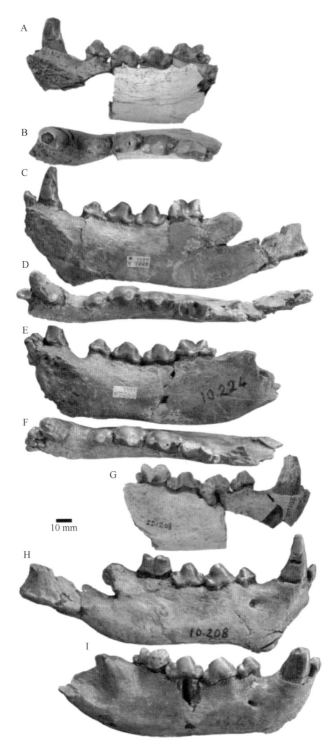

图 2.30　中国最早的佩里耶上新鬣狗的下齿列

V20801（札达盆地）：A. 内侧视，B. 外侧视，C. 冠面视；V7285（榆社盆地大马岚 / 马岚村）：D. 冠面视；V7289
（榆社盆地王家沟）：E. 内侧视，F. 冠面视；V20801：G. 侧面视；V7285：H. 侧面视；V7289：I. 侧面视

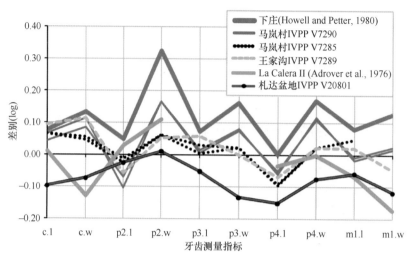

图 2.31 最早的和来自 Perpignan（Serrat d'En Vacquer）的佩里耶上新鬣狗的
对数对比 Simposon 折线图

缩写见表 2.15

表 2.15 札达盆地佩里耶上新鬣狗下牙的线性测量值及欧亚大陆其他几处
早期上新鬣狗标本的测量 （单位：mm）

项目	札达盆地	马岚村		王家沟	马岚村		下庄	张凹沟	Perpignan	La Calera Ⅱ
	IVPP V20801	IVPP V7285.rt	IVPP V7285.lt	IVPP V7289	IVPP V7290.rt	IVPP V7290.lt	F：AM (n=5)	F：AM (n=8)	Holotype	多件标本
c.l	14.7	17.3	17.3	17.8	16.9	17.3	17.5	17.16	16.2	16.4
c.w	11.62	13.1	13.2	14	13.6	14	14.3	12.1	12.5	11
p2.l	15.9	15.9	16.1	15.4	15.2	14.7	17.1	15.5	16.3	16.8
p2.w	9.5	10	10	9.9	11.1	11.1	13	10.41	9.4	10.5
p3.l	19	20.6	20.1	21.2	20.1	20.3	21.5	19.57	20	—
p3.w	11.38	13.3	13.3	13	14	14.1	15.3	13.4	13	—
p4.l	20.64	21.9	21.8	22.4	22.8	22.6	24.05	22.7	24	23.2
p4.w	12.06	13.3	13.3	13.3	14.5	14.6	15.4	13.26	13	13
m1.l	23.3	—	25.9	25.2	24.5	24.3	26.75	24.07	24.7	23.1
m1.w	11.2	12.2	—	12	12.9	12.8	14.3	12.37	12.6	10.6

讨论：鬣狗科的成员在新近纪广泛分布于非洲、欧亚大陆和北美洲（Werdelin and Solounias，1991）。最早的鬣狗为类似獴或胡狼的外形，而后期的物种展现出一系列高度食肉化和具有类似现在分布在撒哈拉以南非洲的斑鬣狗般的碎骨（bone-cracking）特征（Werdelin and Solounias，1996）。现生的碎骨型鬣狗适应各种环境，包括海滨到高山地区、开阔草原或封闭森林地区（Kruuk，1972）。Tseng 等（2016）首次说明了青藏高原新近纪晚期的碎骨型佩里耶上新鬣狗，并对比了欧亚大陆其他地点这个物种的材料。

尽管青藏高原是新近纪哺乳动物迁徙的主要障碍，如现在青藏高原就生存着很多长期存在的当地特有的牛科和食肉目动物，青藏高原的鬣狗则与欧亚大陆其他地方的鬣狗类似。攀爬型的獴形的早期鬣狗类，如上新灵猫 *Plioviverrops* 和原鼬鬣狗 *Protictitherium* 都曾经被发现于青藏高原周边的早—中中新世地层中，但在高原内部还没有被发现过（Wang，2004）。青藏高原内最早的鬣狗记录是狼形的鼬鬣狗（Wang et al.，2007）。擅长奔跑的豹鬣狗支系和更加粗壮的碎骨鬣狗支系演化出来后，也很快迁徙到了青藏高原。在柴达木盆地晚中新世早期地层中已经发现了稀有副鬣狗 *Adcrocuta eximia*（Wang et al.，2007），而在上新世的札达盆地发现了擅长奔跑的雪山豹鬣狗（Tseng et al.，2013）。札达盆地的上新鬣狗标本是青藏高原首次记录的晚新生代碎骨型鬣狗类。目前在青藏高原还没有发现过更新世的硕鬣狗或斑鬣狗，但它们的化石记录广泛分布于欧亚大陆的其他地方，远达英国和东南亚（Werdelin and Solounias，1991）。现在的青藏高原西部有 3 种犬科动物和 2 种猫科动物，而缺乏鬣狗科，虽然缟鬣狗仍然生活在喜马拉雅山西边和南边（Feng et al.，1984）。

　　Werdelin 和 Solounias（1991）根据较大的对比标本量，将地理上广泛分布的类似上新鬣狗的标本都归为佩里耶上新鬣狗（Werdelin，1988a；Werdelin and Solounias，1990）。札达盆地的标本数量较少，没有足够的新数据去反对或支持他们的解释。中国上新鬣狗的数据分析也显示不同年代的差异没有达到种一级水平，至少根据下颌牙齿是这种情况（图 2.30 和图 2.31）。然而，关于之前归为比利牛斯上新鬣狗和佩里耶上新鬣狗的不同解释依然存在（Howell and Petter，1980），尤其是那些归为硕鬣狗 *Pachycrocuta/Pliohyaena*（Qiu，1987；邱占祥等，2004）或上新鬣狗 *Pliocrocuta*（Qiu et al.，2013）的标本。因此讨论归入上新鬣狗的标本的分类位置十分重要（图 2.30），这样新标本归入的物种的形态定义才能清晰。

　　测量数据方面，札达盆地的上新鬣狗比中国其他地点的上新鬣狗的犬齿更小。札达盆地的材料在尺寸上也是中国的上新鬣狗材料中最小的。除了这些之外，札达盆地鬣狗的颊齿与榆社盆地（Qiu，1987）和张凹沟（Howell and Petter，1980；图 2.30 和图 2.31）的类似。相比之下，榆社下庄的标本（Tedford et al.，2013）比其他中国的标本更大，前臼齿更宽（图 2.31）。这些差异可以认为是种群间的差异、地质年代的差异或二者的结合。进行种群变异分析需要更多的标本，同时中国早期的化石记录缺乏明确的化石地点，使得更加精细的生物地层学分析难以进行（表 2.16）。虽然中国的标本显示年代较晚的上新鬣狗个体较大，颊齿更宽，但是这个规律在欧亚大陆的标本中并不统一。例如，西班牙年代较晚的 La Puebla de Valverde 和 Villaroya 的标本与年代最早的 La Calera 和 La Gloria 的标本尺寸接近。

　　鬣狗亚科的上新鬣狗 *Pliocrocuta*、硕鬣狗 *Pachycrocuta*、副鬣狗 *Adcrocuta*、斑鬣狗 *Crocuta*、缟鬣狗 *Hyaena* 和棕鬣狗 *Parahyaena* 都属于碎骨型鬣狗（Werdelin and Solounias，1996），在札达盆地发现的上新鬣狗代表青藏高原碎骨型鬣狗的记录。在此之前，碎骨鬣狗类的副鬣狗被发现于青藏高原北部柴达木盆地的晚中新世地层（Wang et al.，2007），中鬣狗类的巨鬣狗被发现于高原东部的布隆盆地晚中新世地层（郑绍华，1980）。上新世这类鬣狗的发现证实青藏高原在晚新生代大部分时间内都足以支持足够大的脊椎动物群，使得这些高度食肉化的动物能够存活，虽然现在青藏高原

表 2.16 佩里耶上新鬣狗的地理和地层分布

地点	国家	时代	MN13	MN14	MN15	MN16a	MN16b	MN17	MN18
Furninha	葡萄牙	晚更新世 /MN18							•
Mauer	德国	0.5 Ma/MN18							•
Mosbach	德国	中更新世 /MN17 和 MN18							•
Petralona	希腊	0.8 Ma/MN18							•
Olivola	意大利	1.8 Ma/MN18							•
Tasso	意大利	1.8 Ma/MN18							•
Seneze	法国	2.21 ～ 2.09 Ma/MN18							•
Erpfinger Höhle	德国	更新世 /MN18							•
Gerakarou	希腊	MN18							•
Hollabrunn	奥地利	中 - 晚更新世 /MN17 ～ MN18						•	•
La Puebla de Valverde	西班牙	2.14 ～ 1.95 Ma/MN17 ～ MN18						•	•
Haiyan，Yushe	中国	2.5 ～ 2.2 Ma/MN17 ～ MN18						•	•
Nihewan	中国	MN17 ～ MN18						•	•
Es-Taliens	法国	中更新世 /MN17 ～ MN18						•	•
L'Escale	法国	中更新世 /MN17 ～ MN18						•	•
Lunel-Viel	法国	中更新世 /MN17 ～ MN18						•	•
Montmaurin	法国	中更新世 /MN17 ～ MN18						•	•
Montsaunes	法国	中更新世 /MN17 ～ MN18						•	•
Greusnach	德国	中更新世 /MN17 ～ MN18						•	•
Chilhac	法国	2.375 Ma/MN17						•	
Pardines	法国	MN17						•	
St Vallier	法国	MN17						•	
Gundersheim	德国	MN17						•	
Sesklon	希腊	MN17						•	
Tegelen	荷兰	MN17						•	
Khapry	俄罗斯	MN17						•	
Kuruksai	塔吉克斯坦	MN17						•	
Red Crag	英国	早更新世 /MN17						•	
Ahl al Oughlam	摩洛哥	2.5 Ma/MN16 ～ MN17				•	•	•	
AinBrimba	突尼斯	2.5 Ma/MN16 ～ MN17				•	•	•	
Montopoli	意大利	2.588 Ma/MN16b					•		
El Rincon	西班牙	2.7 ～ 2.6 Ma/MN16a ～ b				•	•		
Etouaires	法国	2.78 Ma/MN16a				•			
Villaroya	西班牙	3.04 ～ 2.58 Ma/MN16a				•			
Niuwagou	中国	3.0 Ma/MN16				•			
Hajnacka	捷克	3.5 ～ 2.6 Ma/MN16a				•			
Zhaozhuang	中国	3.5 ～ 3.0 Ma/MN16				•			
Zhangwagou	中国	3.6 ～ 3.0 Ma/MN16				•			
Arde	法国	MN16				•	•		
Gulyazi	土耳其	MN16				•	•		
Odessa Catacombs	乌克兰	MN16				•	•		

续表

地点	国家	时代	MN13	MN14	MN15	MN16a	MN16b	MN17	MN18
Viallete	法国	3.8 Ma/MN15～MN16			•	•	•		
Layna	西班牙	3.912 Ma/MN15			•				
Perpignan	法国	MN15			•				
Xiachuang	中国	上新世—更新世/MN14～MN18		•		•	•	•	•
Yinjiao	中国	上新世/MN14～MN16		•		•			
Zanda ZD1208	中国	4.1 Ma/MN14		•					
La Calera II	西班牙	4.186 Ma/MN14		•					
La Gloria 4	西班牙	4.186 Ma/MN14		•					
Wangjiagou	中国	5.0～4.5 Ma/MN14		•					
Taoyang	中国	5.6～5.0 Ma/MN13～MN14	•	•					
Damalan	中国	不确定							

注：化石点来自 Werdelin 和 Solounias（1991）、Turner 等（2008）。地点年龄在名单中由上至下、由新到老，资料来自以下文献：Thenius，1964；Savage and Curtis，1970；Kurtén and Werdelin，1988；Mourer-Chauvire，1989；Qiu and Qiu，1995；Steininger et al.，1996；Caloi and Palombo，1997；Geraads，1997；Turner and Antón，1997；Sotnikova et al.，2002；Van Couvering，2004；Fosse and Quiles，2005；Vislobokova，2005；Antón et al.，2006；Koufos，2006；Domingo et al.，2007；Rightmire，2007；Herrera，2008；Turner et al.，2008；Baryshnikov and Tsoukala，2010；Tedford et al.，2013；Wang et al.，2013b；Nomade et al.，2014；Vinuesa et al.，2014。

已经不存在碎骨性的食肉动物。札达盆地的上新鬣狗也和擅长奔跑的豹鬣狗（Tseng et al.，2013）同期分布，它们都是地理分布广泛的物种，显示札达盆地的多样性更高，是普遍存在的食肉动物群的活动地点，而现在这一地区的食肉类多样性较低，狼和雪豹是最大的高度食肉化动物（Feng et al.，1984）。札达盆地的豹鬣狗和上新鬣狗的前臼齿都比它们在欧亚大陆其他地方的亲戚相对更大（Tseng et al.，2013），这种非特化齿列与斑鬣狗粗大的 p3～p4 及退化的 p2 的模式不同。较大的 p2 是否具有功能或者古生态意义有待进一步研究，但这可能代表碎骨食肉类中相对不特化的生态位。

札达盆地的上新鬣狗和肯尼亚早上新世赫氏棕鬣狗 Parahyaena howelli（Werdelin，2003；Werdelin and Manthi，2012）十分接近，这支持过去学者的观点，即上新鬣狗可能是现生棕鬣狗支系的祖先（Howell and Petter，1980）。相比于第四纪在整个旧大陆广泛分布的斑鬣狗支系，棕鬣狗局限于非洲，虽然它们可能的祖先上新鬣狗曾经有着和斑鬣狗近似的分布。关于这两类碎骨鬣狗类不同的动物地理演化机制有待进一步研究。

最后，上新鬣狗在欧亚大陆的生物地层分布（表 2.16），结合榆社盆地更好的地层对应关系，显示最古老的上新鬣狗可能在中国（Tedford et al.，2013）。尽管早上新世在西班牙的 La Calera II 和 La Gloria 4 已经发现有上新鬣狗，但榆社盆地的记录更早（表 2.16）。除此之外，早期的上新鬣狗大多分布在中国。结合庆阳最早的上新鬣狗化石（Kurtén and Werdelin，1988），这些证据显示中国或东亚是上新鬣狗和豹鬣狗迁徙与分化的起点，这一组合经常在欧亚大陆上新世—更新世地点共存（Turner et al.，2008）。关于这个生物地理假说，需要更好的化石记录来推断迁徙路线，还需要综合旧大陆所有上新鬣狗的化石材料来判断是否存在一些未识别出的记录及鉴定错误的记录。

猫科 **Felidae Fischer，1817**
剑齿虎亚科 **Machairodontinae Gill，1872**
锯齿虎属 *Homotherium* **Fabrini，1890**
锯齿虎未定种 *Homotherium* **sp.**

材料：IVPP V7384 为一不完整的脑化石（图 2.32）。王景文和鲍永超（1984）报道了在伦坡拉盆地南缘、色林错东南岸坡积层中发现的这件大型猫科动物的脑化石，推测其时代为上新世至更新世。当时的研究认为其可能属于豹亚科的虎（*Panthera tigris*），但根据我们的对比研究，这件猫科动物脑化石应属于剑齿虎亚科。

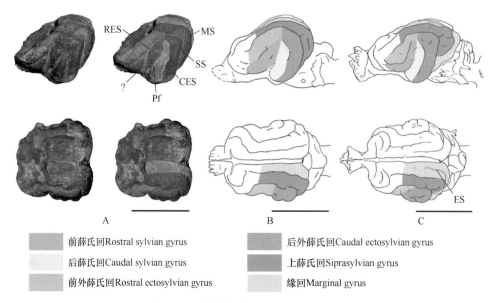

图 2.32　伦坡拉猫科脑化石（V7384）

(A) 上下分别为化石侧视图和背视图（左侧为前方，下同）与刃齿虎 *Smilodon*（B）和虎 *Panthera tigris*（C）的对比。注解：CES 为后外薛氏沟；EC 为内缘沟；MS 为缘沟；RES 为前外薛氏沟；SS 为上薛氏沟，术语参考 Evans 和 de Lahunta（2013），刃齿虎和虎修改自 Radinsky（1975）

描述与对比：标本长 6.6 cm、宽 6.8 cm、高 5.7 cm，个体相当大。这块标本并非常见的砂泥质在脑颅中填充胶结所形成的脑铸型，而是脑的软组织的有机成分由钙质置换、石化而形成，这是非常少见的现象。该标本是具有脑沟和脑回的高级脑型，左、右两大脑半球间的纵裂清晰可见，其间的隔膜（大脑镰）上缘也似乎保存可见（图 2.32）。两侧大脑半球颞叶（听区）和枕叶（视区）保存完整，但右侧颞叶上的大脑沟、回结构不清楚。在顶叶（体感区）中，侧回和上薛氏回的前端未保存，外薛氏回和上薛氏回及侧后回保存完整。大脑前端自上薛氏前沟以前部分断失，所以额叶（运动区）全部断失。嗅区前部破损。左侧嗅球破损，右侧嗅球前端和背缘破损。小脑缺失，小脑以后部分未保存。

大脑半球的外侧面下边的嗅沟很深很长，其前端是嗅径和大脑额叶的分界，后边是嗅脑区和颞叶分界。在嗅沟前面与其相通斜向脑背侧前方的前薛氏沟，色林错标本只保存了此沟下半段。在嗅沟后面与其相通斜向脑背侧、稍向后斜的薛氏沟不长，但很深。在色林错标本上，与其他猫科动物相比，薛氏沟较长。薛氏沟前方与其几乎平行的外薛氏前沟倾斜。外薛氏前沟与眶沟相通，连续不间断，所以特别长。在外薛氏前沟上部 1/3 处向下方伸出一条短沟，与薛氏沟下方相通，在其他猫科动物中似乎并无此沟存在。薛氏沟后边有一条垂直的外薛氏后沟。外薛氏前沟和外薛氏后沟在薛氏沟上方不相连，即不像犬科动物脑中，外薛氏前沟和外薛氏后沟在薛氏沟上方相连，成为一条拱形的外薛氏沟，为猫科和犬科动物脑的主要区别之一。在外薛氏前沟、薛氏沟和外薛氏后沟前方、上方和后方的上薛氏沟为一条前后相通的长沟，呈弓形将这 3 条沟包在其间。上薛氏沟折向下方的一段称为上薛氏前沟，后部折向下方的一段称为上薛氏后沟。再向上，大脑半球背侧的侧沟为一条和中央纵裂平行的沟，或许由冠侧沟的后半部分演化而来。侧沟前部在此标本上未保存，侧沟的内侧和外侧清楚地显示无内侧沟和外侧沟。大脑侧沟后部，沿枕极折向下方，成为侧后沟。

脑沟与脑沟之间称为脑回。在色林错标本上，额叶上的所有脑回全部断失无存。从断失的断面看，这块化石的额叶相当小。在顶叶上，冠状沟和上薛氏前沟之间的冠状回及侧沟和纵裂间的侧回前部断失，其余各脑回均完整无损。上薛氏沟上边，侧沟下边为宽大、显著的上薛氏回，其向后下方延伸，在上薛氏后沟后边形成上薛氏后回；上薛氏前沟与外薛氏前沟之间为外薛氏前回；外薛氏沟与薛氏沟之间为薛氏前回；外薛氏后沟与薛氏沟之间为薛氏后回；外薛氏后沟与上薛氏后沟之间为外薛氏后回。

脑化石腹面的嗅神经保存完整。在中部保存了视神经交叉，一对视神经伸出位置大致可见，三叉神经近端清晰可见。脑桥保存，脑桥以后部分断失。

标本听区的上薛氏前沟和上薛氏后沟间的宽度，上部为 33.25 mm，下部为 47.3 mm。左、右两侧颞区在薛氏后回处的宽为 69.9 mm。

讨论：伦坡拉色林错东南岸的大型动物脑化石（王景文和鲍永超，1984）的形态结构较简单，无外缘沟等结构，无疑和有蹄类区分，也比熊科和犬科更简单，而和猫科最接近（Radinsky，1969）。王景文和鲍永超（1984）根据其大小认为这件脑化石可能属于虎，但是他们提到这件标本和现代的虎豹属成员有 2 个区别：前薛氏回中部存在一条明显的深沟壑；无内缘沟。第一个特征在猫科中很少见，具体代表个体变异或种的特征还未可知，而第二个特点与剑齿虎亚科较吻合。根据 Radinsky（1975）的观察，内缘沟在刃齿虎 *Smilodon* 和锯齿虎 *Homotherium*（包括在 Randinsky 中的 *Ischyrosmilus* 和 *Dinobastis*）中都缺失，而在现生的大型猫科中存在。除此之外，在现生大型猫科中，缘回和上薛氏回通常明显向后延伸，超过外薛氏回，从侧面看前者的后缘明显在上薛氏回的后侧。而在剑齿虎亚科中，不论是刃齿虎还是锯齿虎，缘回和上薛氏回只是稍微向后扩展，从外侧视看不见缘回的后侧。伦坡拉的标本在这一点上和剑齿虎亚科完全吻合。伦坡拉的标本脑宽度为 69.12 mm，大小稍小于现生的狮、虎，但大于豹/雪豹。欧亚大陆上新世—更新世的剑齿虎类主要有锯齿虎和巨颏虎 2 个属，以及较少见的后猫 *Metailurus* 和恐猫 *Dinofelis*。其中锯齿虎和恐猫在尺寸上都符合伦坡拉标本（介于豹和狮子或老虎之间）。因此这件标本很可能属于某种剑齿虎亚科的成员，最有可能属于锯齿虎。

　　锯齿虎是一种在上新世—更新世广布于世界各地的大型猫科剑齿虎亚科成员，目前在非洲、欧亚大陆、北美洲和南美都被发现过，可以说是有史以来分布最广的猫科属（图2.33）。锯齿虎可能源于晚中新世的剑齿虎 *Machairodus*，二者及北美洲的异刃虎 *Xenosmilus* 同属于锯齿虎族 Homotherini。相比于剑齿虎和锯齿虎形态更加进步，P2 和 p2 缺失，P3 和 p3 高度特化，P4 和 m1 增大，乳突增大，副乳突减弱（Antón et al.，2014）。锯齿虎的体型一般介于美洲虎和狮子之间，犬齿前后延长而侧扁，边缘带有粗大的锯齿。除了犬齿以外，锯齿虎的门齿、前臼齿与臼齿一般也发育明显的锯齿，故而得名。西班牙学者根据对锯齿虎头骨、颈椎及头后骨骼的研究，认为锯齿虎是一种擅长奔跑、脖颈修长、身形前高后低的大型猫科动物（Antón et al.，2005，2009）。最早的锯齿虎被发现于非洲早上新世，最晚为北美洲晚更新世的 *H. serum*（Widga et al.，2012）。在欧洲也曾发现过晚更新世单一的下颌，测年为 28 ka，被归为 *H. latidens*（Reumer et al.，2003）。

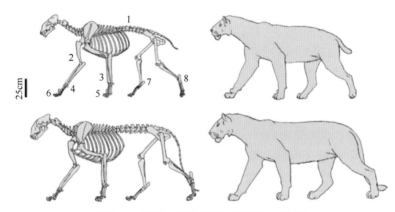

图 2.33　锯齿虎和豹亚科（洞狮）对比图

图中的数字标记代表锯齿虎区别于洞狮的特征：1. 腰椎较短；2 肱骨纤细；3. 桡骨末端变细；4. 副腕骨短粗；5. 第二指骨不对称程度较低；6. I 趾爪骨巨大，而 II ～ V 趾爪骨小；7. 跟骨较短；8. 距骨浅而距骨颈短。修改自 Antón 等（2005）

　　锯齿虎的种类有很多，各个种之间的归并关系非常复杂，不同的学者往往持有不同的观点。如 Qiu 等（2004）、Liu 和 Qiu（2009）认为锯齿虎应该被细分成很多种，而 Antón 等（2014）则认为世界各地的锯齿虎大多都可以归为单一的 *H. latidens*。目前学术界对这 2 种趋势还没有统一的意见。中国的锯齿虎化石较多，从上新世出现到中更新世灭绝。目前中国已知的种包括横断山锯齿虎 *H. hengduanshanensis*、钝齿锯齿虎 *H. crenatidens*、达氏锯齿虎 *H. darvasicum*、最后锯齿虎 *H. ultima* 和崔氏锯齿虎 *H. cuii*。其中 *H. hengduanshanensis* 主要被发现于上新世，分布于中国横断山区、山西等地。*H. crenatidens* 和 *H. darvasicum* 主要被发现于早更新世，前者的分布比较广泛，目前被发现于甘肃、安徽等地，后者目前只被发现于河北泥河湾。最后锯齿虎 *H. ultima* 为中更新世早期的锯齿虎，目前主要被发现于周口店第 1 和第 13 地点，而崔氏锯齿虎 *H. cuii* 则被发现于辽宁金牛山遗址，时代为中更新世中期。关于锯齿虎属不同种类之间的演化关系目前还没有共识，这与其较大的种内变异有关，导致难以确定很多特征是属于种内变异还是种间变异，也因此引发了不同学者对于物种划分的不同方案。

豹亚科 Pantherinae Pocock，1917

豹属 *Panthera* Oken，1816

布氏豹 *Panthera blytheae* Tseng et al.，2014

正型标本：IVPP V18788.1，一个接近完整的头骨，包含左第一门齿，以及左右犬齿、第二和第三前臼齿，属于一个成年个体（图 2.34、图 2.35 和表 2.17），由刘娟在 2010 年 8 月 7 日发现，并由 Gary T. Takeuchi 带领的野外团队发掘。

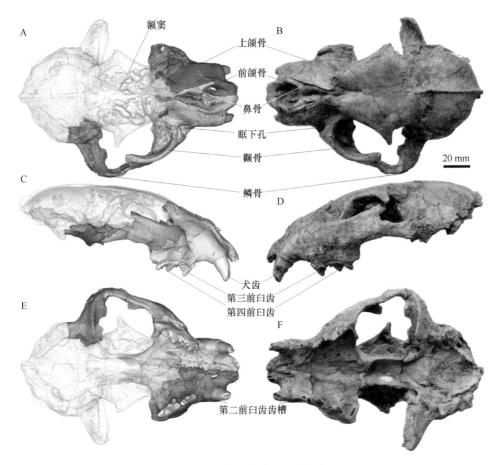

图 2.34　布氏豹头骨正型标本

A. 头骨 3D 重建背视图；B. 头骨背视图；C. 头骨 3D 重建侧视图；D. 头骨侧视图；
E. 头骨 3D 重建腹视图；F. 头骨腹视图

归入标本：V18788.2，一个带有 p3～m1 齿根的右下颌段（IVPP ZD1001 地点）。V18788.3，一件保存门齿和左侧犬齿的头骨前部（ZD1001 地点）。V18789.1～V18789.3，零散的第四下前臼齿、上颌残段及牙齿碎片（ZD1208 地点）。V18790，带 p3、p4、m1 的下颌段（ZD1223 地点）（图 2.35 和图 2.36）。

V18788.2 在 ZD1001 地点被发掘之前已出露于地表并受到风化。在该地点记录的

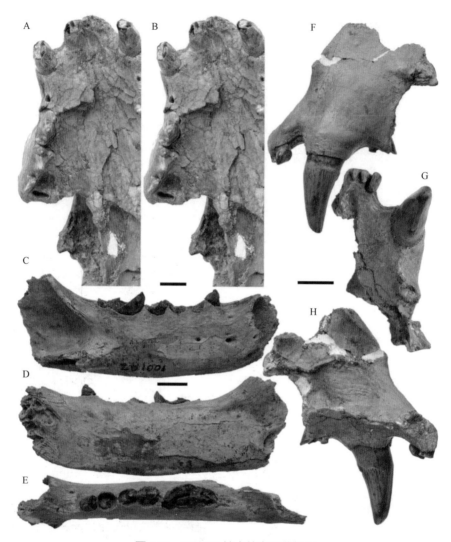

图 2.35　ZD1001 地点的布氏豹标本

V18788.1，正模头骨：A 和 B. 咬合面立体照片；V18788.2，左侧下颌段：C. 外侧面，D. 内侧面，
E. 咬合面；V18788.3，左侧前颌骨 / 上颌骨碎片：F. 外侧面，G. 咬合面，H. 内侧面。比例尺为 10mm

100 多件大化石标本中，没有证据显示在布氏豹之外还有第二种体型相仿的猫科动物存在。与现生的豹亚科牙齿相比，这件下颌的齿槽尺寸可以很好地与 V 18788.1 和 V 18788.3 的上牙尺寸相对应，因而这件下颌段也被归为布氏豹（图 2.35）。

V18788.3 在 ZD1001 地点中与几件牛科下颌保存在一起，采集时也包在同一件石膏包中，其后这件石膏包中的化石在中国科学院古脊椎动物与古人类研究所被修理取出。犬齿外侧的纵沟及细小 P2 的存在等特征与布氏豹正型标本一致（图 2.35）。

V18789.1 ～ V18789.3 是 3 件来自 ZD1208 地点的零散材料，它们位于同一个风化面，在保存状况和尺寸上也很相近，可能属于同一个体。材料中右 P4 外侧的纵沟是布氏豹的自近裔性状，因而这 3 件标本也被归入这个种之中。

表 2.17　布氏豹（*Panthera blytheae*）的牙齿测量数据　　　　（单位：mm）

项目	V18788.1		V18788.2	V18788.3	V18789.1	V18789.2	V18789.3	V18790
	l	r	r	l	r	r	r	r
I1.L	3.14			2.80				
I1.W	2.32			1.70				
I2.L				3.18				
I2.W				2.18				
I3.L				4.82				
I3.W				3.98				
C.L	10.20	10.00		9.84		8.90		
C.W	7.62	7.88		7.28		7.20		
P2.L	*2.00*	*2.50*		2.32				
P2.W	*1.74*	*2.12*		2.10				
P3.L	12.48	12.30						
P3.W	7.48	6.68						
P4.L	18.40	18.26			(17.26)			
P4.W	9.82	9.24			(7.12)			
M1.L	*2.36*	*2.50*						
M1.W	*7.48*	*6.88*						
c.L						9.90		
c.W p3.L			*12.32*			7.68		—
p3.W			*6.15*					5.04
p4.L			*14.12*					11.78
p4.W			*6.98*					7.00
m1.L			*18.41*					14.40
m1.W			*7.27*					7.00

注：斜体字表示对齿槽的测量值；括号中的值来自不完整的标本。缩写：I/i. 上 / 下门齿；C/c. 上 / 下犬齿；P/p. 上 / 下前白齿；M/m. 上 / 下白齿；L. 长度；W. 宽度；l. 左侧；r. 右侧。所有标本号均为 IVPP 标本号。

　　V18790 是一件采自 ZD1223 地点的下颌段，它与模式地点 ZD1001 的下颌段尺寸基本一致，牙齿尺寸也可与正模相对应，由于缺乏区分性特征，这件标本也被归为布氏豹。

　　地点和层位：ZD1001 地点（31°39′58″N，79°44′57″E，海拔 4114 m）位于札达县城北面 15 km 的札达沟公路附近（Wang et al.，2013b）（图 2.37）。V18788.1 ～ V18788.3 被发现于札达组中部含化石的绿色粗粒砂岩透镜体中。ZD1001 地点的化石集中在一块长 20 m、宽 5.6 m 的透镜体中，透镜体为粗粒、胶结程度很低的砂岩，最大厚度约为 1 m。这个地点暴露在一个狭窄山脊的顶部，两边均为陡崖，山脊的走向为 315° ～ 320°。化石层下有一 50 ～ 80 mm 厚的由含铁的碳酸盐胶结物形成的粗粒砂岩层。

　　该层的上下为 1.5 m 厚的砾岩层，主要由板岩、页岩和变质砂岩组成，也含有少量方解石和石英。砾岩大多呈叠瓦状排列的砾石朝向东南 140°，即古水流的方向。在陡崖的底部可以观察到基底出露的变质灰岩和棕色页岩，显示沉积物来源离基岩并不远，在古札达湖中常形成局部岛屿（Wang et al.，2013b）。

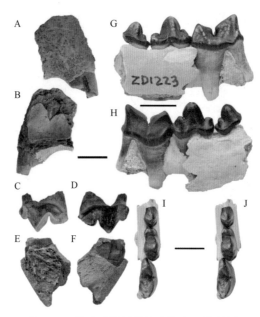

图 2.36　札达盆地其他地点的布氏豹材料

V18789.2（ZD1208 地点），上颌碎片：A. 外侧面，B. 内侧面。V18789.1（ZD1208 地点），右侧残破 P4：C. 舌侧面，D. 唇侧面。V18789.3（ZD1208 地点），带有部分犬齿的右侧下颌段碎片：E. 内侧面，F. 外侧面。V18790（ZD1223 地点），带有 p3 ～ m1 的部分右侧齿骨：G. 舌侧面，H. 外侧面，I 和 J. 咬合面立体照片。左侧的比例尺适用于 A ～ F，右上方比例尺适用于 G ～ H，右下方比例尺适用于 I ～ J，均为 10 mm

图 2.37　ZD1001 地点的野外照片

札达沟位于照片底部野外车辆停靠处。照片从沟对面拍摄，朝向东南方的发掘处（用红色箭头标出）

　　年代：模式地点 ZD1001 在层位上可以和古地磁 C3n.1r 对应，大约 4.42 Ma。其余材料的年代为 5.95（ZD1223 地点，对应 C3r）～ 4.10 Ma（ZD1208 地点，对应 C2Ar），即从晚中新世到早上新世（Wang et al.，2013b）（图 2.38）。

　　特征：布氏豹和其他豹属成员一样，额骨—顶骨缝位于眶后收缩处，无位于眶下

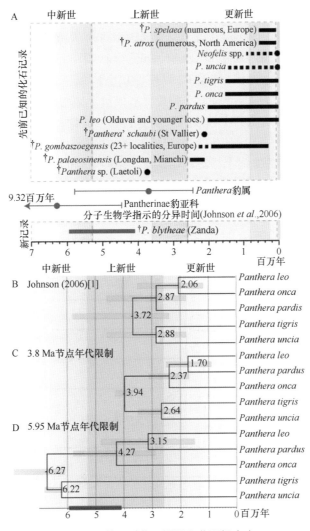

图 2.38　豹亚科化石记录和化石标定点

A. 先前已知的豹亚科（豹属＋云豹属）化石记录的地层分布方位及与布氏豹时代的对比，以及以前根据分子数据节点矫正的分化时间估计；地质数据来源于邱占祥等（2004）、Zdansky（1924）、Barnett 等（2009）、Wang 等（2013b）、Hemmer（1972）、Turner and Antón（1997）、Burger 等（2004）和 O'Regan（2002）。B. 现生豹亚科利用核 DNA 序列使用节点校正的分化时间估计，来自 Johnson 等（2006）。C. 估计 3.8 Ma 为豹亚科分化最近时间。D. 估计 5.95 Ma 为布氏豹分布时间的下限，作为豹属时间的最小值。阴影条显示 95% 置信区间，节点值代表均值。暗色的时间条显示布氏豹的地层分布范围

管前侧的前突，上颌骨背侧部分向后变窄而短，颞嵴的末端和矢状嵴垂直，在颚面后缘上颌骨和颚骨以角度相交（Christiansen，2008；Salles，1992）。布氏豹和雪豹都有几乎是圆形的犬齿截面，下颌联合倾斜较弱，下颌支和联合部过渡平滑，额骨—鼻骨处存在凹陷，关节后突和听泡前缘距离较近，前颌骨和上颌骨在犬齿处的下边缘急转，p4 的尖直而对称（图 2.35 和图 2.36）。布氏豹的独特之处在于 P3 的后侧齿带存在外侧尖，P4 外表面存在汇聚的嵴。

　　描述和比较：正型标本在成岩过程中背腹被压扁。因此，每块骨骼都用高角度的

X 射线 CT 技术重建（图 2.34）。布氏豹的头骨和云豹（*Neofelis nebulosa*）大小近似，比现生雪豹小 10%（图 2.39）。CT 重建显示眶后区域的后部发育有明显的额窦，这与现生豹亚科成员一致（Christiansen，2008；Salles，1992），门齿和犬齿都高度磨损，而前臼齿都磨损很弱。根据齿槽判断，P2 存在但较小，而 M1 还较大，这一特征最接近豹亚科的云豹。下前臼齿的尺寸接近小型猫亚科成员，如豹猫，但 m1 相对增大。相对于头骨大小，布氏豹的吻宽介于较窄的云豹和较宽的其他豹亚科成员之间。布氏豹的下颌高度、P3 的前附尖及内侧扩展、额窦的发育程度都与大型豹亚科接近，而与雪豹有一定的差别。布氏豹的颊齿上稳定地存在波浪状的 Hunter-Schreger 条带。

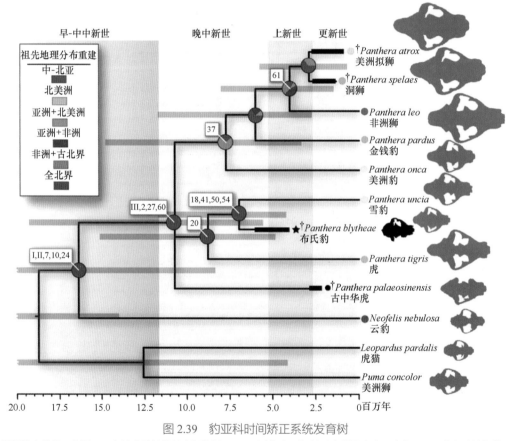

图 2.39　豹亚科时间矫正系统发育树

根据结合数据，使用 IGR 宽松分子钟的贝叶斯推断。95% 后验概率区间显示在阴影中；大约 20 Ma 的部分被修剪以方便作图（全部数据见表 2.18）。祖先状态中间使用 DEC 模型 M3（豹亚科的中亚祖先；见表 2.19）作为饼图在节点显示，指示一个地区作为祖先地区的可能性。化石物种的地层分布显示为粗黑线。白色方框显示基因和形态特征的转化：I. SRY3（+4），II. Numt insert 2，III. SRY3（−7），依据 Johnson 等（2006）；其他的数字显示形态变化，见 MorphoBank 中的数据

额顶骨缝因为成岩裂缝的存在而变得难以识别，但在背面观中其可以在眶后缢缩处附近被观察到，这是豹属中常见的特征。眶下孔的上部并未向前突出，因而与小型猫科动物不同。上颌骨与额骨的接缝平直，从下向上逐渐变窄，与其他豹属一致。矢状嵴在额骨眶上突处分为两条旁矢嵴，平缓地弯向两侧，最终与头骨长轴垂直。布氏豹

表 2.18　豹亚科支系节点分化时间估计

支系	平均年龄（Ma）	95% HPD 年龄（Ma）	Bremer	bs	jk
Pantherinae	16.40	8.37 ～ 27.68	6	94	94
Panthera	10.72	5.57 ～ 19.33	—	—	—
P. tigris—uncia—blytheae	8.78	4.86 ～ 15.13	1	72	56
P. uncia—blytheae	6.97	4.23 ～ 11.69	4	81	82
P. onca—pardus—leo—atrox—spelaea	7.74	3.34 ～ 14.79	1	—	57
P. pardus—leo—atrox—spelaea	6.00	2.73 ～ 11.70	1	—	—
P. leo—atrox—spelaea	4.01	1.48 ～ 8.04	1	—	—
P. atrox—spelaea	2.87	0.69 ～ 5.76	1	—	—

注：平均时间和 95% 置信区间通过贝叶斯全证据推断分析，根据最大简约法严格合意树，把化石作为末端节点，利用 IGR 宽松分子钟模型计算。严格合意树的支持率由 TNT 和 PAUP* 计算 1000 次自举法和折刀分析获得。

表 2.19　测试豹亚科支系地理起源的扩散—灭绝—分支生成
（dispersal-extinction-cladogenesis，DEC）可能性模型

模型	描述	−ln 似然值	豹亚科起源（%）
M0	无约束，每个节点 4 个最大区域	**39.77**	A-50，AB-20
M1	东南亚的猫科祖先（Johnson et al.，2006）	48.08	A-45，AC-22
M2	允许 C-D <2.6 Ma（Woodburne，2004）；A-C <8 ～ 7 Ma（Qiu，2003）	43.09	AC-46，A-33
M3	中亚豹亚科祖先	**40.56**	A-100
M4	东南亚豹亚科祖先	45.19	B-100
M5	北美豹亚科祖先	43.45	C-100
M6	南美豹亚科祖先	49.03	D-100
M7	欧洲豹亚科祖先	45.38	E-100
M8	非洲豹亚科祖先	46.68	F-100
M9	亚洲豹亚科祖先	41.01	AB-100

注：A. 中/北亚，B. 南亚—东南亚，C. 北美洲，D. 南美洲，E. 欧洲，F. 非洲。概率值最大的模型用粗体表示。

和雪豹的犬齿截面均接近圆形，而其他豹亚科成员的犬齿截面则呈卵形。下颌联合部与水平支之间过渡平滑，联合部长轴仅稍倾斜。鼻额骨缝处的凹陷是雪豹的典型特征，这一特征也见于布氏豹，但凹陷程度更小。这两种豹亚科成员的颅基部在前后方向的长度更短，关节后突和听泡前缘间的空间因而被压缩。另外，雪豹和布氏豹的前颌骨和上颌骨骨缝在接近犬齿处陡然向前拐去，而其他豹亚科中这个骨缝一般较为平滑或呈钝角。雪豹和布氏豹 p4 的前、后附尖与主尖呈直线排列，从上方看，3 个尖均位于牙齿中线上，而在其他豹亚科中这些尖并不都位于中线上，或者并未位于同一条直线上。

P4 唇侧面上若干趋于会合的纵沟是布氏豹的独有特征，并未在任何现生豹亚科或其他外类群中被观察到。另外，布氏豹 P3 后齿带的唇侧有一个独立的小尖，这个结构也未见于任何其他豹亚科中。考虑到豹亚科高度食肉的食性所带来的牙齿有限的磨耗，这一结构可能也很难受到牙齿磨蚀的显著影响。这个多出来的尖的功能尚不清楚，它可能是源于漂变的特征，或者与其他特征的发育有联系。布氏豹裂齿前后的两个齿刃具有互相平行的内缘，两缘之间有一个宽的间隙，而在现生豹亚科中，两缘相汇合或其之间仅有很窄的间隙。但考虑到更多的样本量，这一特征可能代表齿刃内缘从未被

磨蚀时互相紧靠，到老年个体中磨蚀严重，并以较宽的间隙相隔的一个状态变化梯度。这一性状的变异可见于分布广泛、形态多变的豹，虽然在 AMNH 的 70 多件豹标本中，并未观察到像布氏豹一样具有完全平行的裂齿齿刃内缘的个例。基于这些观察，我们并未将最后这个特征作为布氏豹的自近裔鉴定特征。

正模标本使用 GE Phoenix x|tome|x CT 扫描仪（美国 General Electric Company-Measure and Control）扫描，参数为：电压 165 kV，电流 60 μA，体素尺寸为 0.1478 mm。扫描得到的原始数据通过 GE Phoenix Datos（美国 GE-Measure and Control）和 VGStudio MAX（德国 Volume Graphics GmbH）处理后得到由 1154 张分辨率为 992 像素 ×992 像素的图像组成的图像栈。使用 Mimics（比利时 Materialise NV）进行切分和三维重建，并以 TIFF 图像的格式导出。头骨骨缝的勾画是在参考现生豹亚科头骨的基础上在计算机内完成的。

系统发育分析：我们进行了一系列包括 81 个软组织、行为学、骨骼的形态特征和 43000bp 的核 DNA 及线粒体 DNA 的系统发育分析（表 2.20 和表 2.21，以及 MorphoBank 的矩阵）。其分析包括现生的除了云豹以外的 6 种豹亚科成员、4 种化石豹亚科成员和 2 个现生的猫亚科外群。用最大简约法分析得到了 4 棵最简约树。这些树的严格合意树与之前仅根据分子证据得到的树（Johnson et al.，2006；Davis et al.，2010）大体一致，显示豹亚科内主要有 2 个支系：基部的为云豹 *Neofelis nebulosa* 和古中华虎 *Panthera palaeosinensis*，接下来分成 bya 支系，包括现生的虎 *Panthera tigris* 和雪豹 *P. uncia* 及布氏豹 *P. blytheae*。另外一个支系包括现生的美洲虎、豹、狮，以及灭绝的拟狮 *P. atrox* 和洞狮 *P. spelaea*（图 2.40）。豹亚科的单系性在所有的简约型分析中都得到了较高的支持（布雷默 Bremer 支持率为 4+，折刀 jackknife 支持率为 89%～100%，靴带 bootstrap 支持率为 85%～100%），但在支系内，只有布氏豹和雪豹的支持率

表 2.20 所有用于编码形态性状的骨骼标本

物种	标本号
Leopardus pardalis	AMNH387，91703，92835，94162，214744，248728
Puma concolor	AMNH1324，1325，1335，6677，27239，37505，90213，181997
Neofelis nebulosa	AMNH19383，22916，22919，35113，35808，238650
Panthera tigris	AMNH45519，45520，85396，85404，85405，201798
Panthera uncia	AMNH35529，100110，119662，166952，207704
Panthera onca	AMNH25009，25010，48405，78520，135929，149326
Panthera pardus	AMNH47864，54462，54854，57008，90017，113745，113749
Panthera leo	AMNH28151，52078，54995，54996，81837，81839，169464
Panthera palaeosinensis†	PMU M3654～M3656
Panthera blytheae†	IVPP V18788.1～V18788.3，V18789.1～V18789.3，V18790
Panthera atrox†	F：AM10310，LACMHC579
Panthera spelaea†	F：AM30460，30751，30752，30754，30756，30759，30760，30762，69002，69004，69005，69007，69012，69013，69025，69026，69028，69029，69031，69033，69034，69039，69040，69045，69047

注：AMNH. Department of Mammalogy，American Museum of Natural History，New York，U.S.A.；F：AM. Frick Collection，Division of Paleontology，American Museum of Natural History，New York，U.S.A.；IVPP. Institute of Vertebrate Paleontology and Paleoanthropology，Chinese Academy of Sciences，Beijing，China；PMU. Evolutionsmuseet，University of Uppsala，Sweden.† 表示化石种。

表 2.21　超矩阵中包含的基因列表

项目	基因	来源
核基因	APP	Johnson et al.，2006
	CALB1	Johnson et al.，2006
	CES7	Davis et al.，2010
	CHRNA1	Johnson et al.，2006
	CLU	Johnson et al.，2006
	CMA	Johnson et al.，2006
	DGKG2	Johnson et al.，2006
	FES	Johnson et al.，2006
	FGB	Davis et al.，2010
	GATA3	Johnson et al.，2006
	GHR	Johnson et al.，2006
	GNAZ	Johnson et al.，2006
	GNB1	Johnson et al.，2006
	HK1	Johnson et al.，2006
	IRBP	Davis et al.，2010
	NCL	Johnson et al.，2006
	PNOC	Johnson et al.，2006
	RAG2	Johnson et al.，2006
	RASA2	Johnson et al.，2006
	SIL	Johnson et al.，2006
	TCP1	Johnson et al.，2006
X 染色体	TTR	Johnson et al.，2006
	ALAS	Johnson et al.，2006
	ATP7A	Johnson et al.，2006
	IL2RG	Johnson et al.，2006
	PLP	Johnson et al.，2006
	ZFX	Johnson et al.，2006
Y 染色体	DDX3Y	Davis et al.，2010
	EIF1AY	Davis et al.，2010
	SMCY	Johnson et al.，2006
	SRY	Johnson et al.，2006
	UBE1Y	Johnson et al.，2006
	USP9Y	Davis et al.，2010
	UTY	Davis et al.，2010
	ZFY	Johnson et al.，2006
线粒体	12S	Davis et al.，2010
	16S	Davis et al.，2010
	ATP8	Barnett et al.，2009
	CYTB	Davis et al.，2010
	ND1	Johnson et al.，2006
	ND2	Davis et al.，2010
	ND4	Davis et al.，2010

注：GenBank 查询码可以在注明的来源中查到。

111

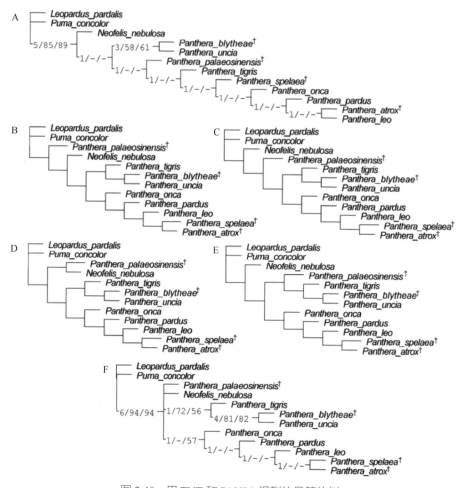

图 2.40　用 TNT 和 PAUP* 得到的最简约树

A. 利用"穷举检索"或"隐式枚举"算法从 81 个形态学性状中得出的最简约树（长度为 138，一致性指数为 0.517，稳定性指数为 0.291）；B ~ E. 对包含 81 个形态学性状和包含 42958 个碱基的 DNA 序列的联合数据集使用同样算法得到的 4 个最简约树（长度为 3150，一致性指数为 0.812，稳定性指数为 0.537）；F. 联合数据集的严格合意树。节点值依次为布雷默支持值、靴带和折刀重取样支持值（重复一千次）。† 表示化石种

较高（Bremer 支持率为 2% ~ 4%，jackknife 支持率为 61% ~ 85%，bootstrap 支持率为 58% ~ 87%）。其他豹亚科成员关系的支持率中等或低，但贝叶斯和形态结合分析及分区分析（Johnson et al.，2006；Davis et al.，2010；Christiansen，2008）中，现生物种的拓扑结构的支持率较高（表 2.22）。

　　用"全证据"方法评估新的豹亚科化石的系统发育位置。在西藏化石之外，还有至少 3 种有相对完整的头骨、牙齿材料的灭绝豹亚科成员。在仅有 7 个现生种的豹亚科支系中，灭绝的种类占已知类群的 30%。因而化石种类的形态有潜力通过未见于现生种类的形态学性状代表和性状组合来显著地影响系统发育分析。

　　形态学数据由 Christiansen（2008）的矩阵修改得来，并根据 Pocock（1916）、Haltenorth（1936，1937）、Hast（1989）、Salles（1992）、Weissengruber 等（2002）及直接

表 2.22 形态和分子数据集的分段简约约分析和贝叶斯分析

分区	物种分区	分析方法	最简约树 / 似然值	豹亚科	豹属	支系 A	支系 B	豹子 - 狮子	美洲虎 - 狮子	西藏	狮子
Morphology	MOR|ALL	MP	1	85/89/5	—	—	—	—	—	58/61/2	—
		BAY	-457.17	92	69	—	56	—	—	—	—
1 DNA partition +morphology	MOL|MOD	MP	1	100/100/100+	100/100/62	100/94/11	100/100/26	62/62/0	—	NA	NA
		BAY	-75349.59	100	100	100	100	52	—	NA	NA
	MOL+MOR|MOD	MP	1	100/100/100+	100/100/70	99/91/11	100/100/32	71/65/0	—	NA	NA
		BAY	-73972.04	100	100	100	100	100	—	NA	NA
	MOL+MOR|ALL	MP	4	94/94/6	—	72/57/1	—/—/1	—	—	81/82/4	—/—/1
		BAY	-74090.53	82	56	65	—	—	—	—	52
4 DNA partitions +morphology	MOL|MOD	BAY	-75188.18	100	100	100	100	—	95	NA	NA
	MOL+MOR|MOD	BAY	-75573.87	100	100	100	100	—	92	NA	NA
	MOL+MOR|ALL	BAY	-76045.56	99	83	68	—	99	—	—	—
29 DNA partitions +morphology	MOL|MOD	BAY	-74881.4	100	100	100	100	—	100	NA	NA
	MOL+MOR|MOD	BAY	-75079.89	100	100	100	100	—	—	NA	NA
	MOL+MOR|ALL	BAY	-76499.13	98	84	71	—	99	—	—	62
36 DNA partitions +morphology	MOL|MOD	BAY	-74764.81	100	100	100	100	—	100	NA	NA
	MOL+MOR|MOD	BAY	-74956.64	100	100	100	100	—	—	NA	NA
	MOL+MOR|ALL	BAY	-75534.03	99	85	78	—	99	—	—	—
nDNA [35 part.] +morphology	MOL|MOD	MP	1	100/100/100+	100/100/36	100/100/20	100/100/28	61/64/0	—	NA	NA
		BAY	-61475.98	100	100	100	100	100	—	NA	NA
	MOL+MOR|MOD	MP	1	100/100/100+	100/100/45	99/99/18	100/100/34	69/71/0	—	NA	NA
		BAY	-61711.75	100	100	92	100	92	—	NA	NA
	MOL+MOR|ALL	MP	1	92/94/6	—	68/67	—	—	—	78/82	NA
		BAY	-61794.86	74	—	77	53	51	—	—	—
aDNA [22 part.]+morphology	MOL|MOD	MP	1	100/100	100/100/12	97/94/8	100/99/12	69/68/0	—	NA	NA
		BAY	-30897.9	100	100	100	100	100	—	NA	NA
	MOL+MOR|MOD	MP	1	100/100/100+	100/100/21	82/82/6	100/100/18	73/73/0	—	NA	NA
		BAY	-31275.68	100	100	100	100	100	—	NA	NA
	MOL+MOR|ALL	MP	1	92/94/6	—	62/60	—	—	—	78/81	NA
		BAY	-31605.41	94	58	60	52	—	—	—	—

续表

分区	物种分区	分析方法	最简约树/似然值	豹亚科	豹属	支系A	支系B	豹子-狮子	美洲虎-狮子	西藏	狮子
xDNA [5 part.]+morphology	MOL|MOD	MP	1	100/100	100/99/8	100/61/1	—	—	100/63/0	NA	NA
		BAY	−5156.24	100	100	98	—	—	97	NA	NA
	MOL+MOR|MOD	MP	1	100/100	99/100/13	—	89/91/4	—	53/—/0	NA	NA
		BAY	−5540.92	100	100	99	—	—	97	NA	NA
	MOL+MOR|ALL	MP	4	92/94/4	—	—	—	—	—	69/73/—	NA
		BAY	−5627.46	95	84	—	—	—	52	71	—
yDNA [8 part.]+morphology	MOL|MOD	MP	1	100/100	100/100/16	100/100/11	100/100/16	—	—	NA	NA
		BAY	−25220.71	100	100	100	100	—	—	NA	NA
	MOL+MOR|MOD	MP	1	100/100	100/100/24	99/99/9	100/100/22	57/—/0	—	NA	NA
		BAY	−25603.03	100	100	100	100	—	—	NA	NA
	MOL+MOR|ALL	MP	4	96/95/6	55/—	78/67	51/39	—	—	87/82	—
		BAY	−25683.12	70	—	85	69	—	—	—	—
mtDNA [1 part.]+morphology	MOL|MOD	MP	1	100/100	100/98/13	—	—	—	100/62	NA	NA
		BAY	−13156.21	100	100	—	—	—	99	NA	NA
	MOL+MOR|MOD	MP	1	100/100	100/100/26	—	—	—	100/75/0	NA	NA
		BAY	−13537.72	100	100	—	—	—	100	NA	NA
	MOL+MOR|ALL	MP	4	91/95/6	—	—	—	—	60/—/1	80/85/4	—
		BAY	−13664.21	95	60	—	—	—	70	69	73
[y+mt] DNA+morphology	MOL|MOD	MP	1	100/100	100/100/30	—	100/94/9	—	99/69/0	NA	NA
		BAY	−38483.88	100	100	—	100	—	97	NA	NA
	MOL+MOR|MOD	MP	1	100/100	100/100/39	—	100/99/14	—	92/72/0	NA	NA
		BAY	−38851.65	100	100	—	100	—	97	NA	NA
	MOL+MOR|ALL	MP	1	93/95/4	—	100	67/55	—	97	82/83	—
		BAY	−38983.31	89	60	56	57	—	52	56	56

注：支系A和支系B同图2.41。西藏支系指雪豹和布氏豹、狮子支系指狮、拟狮、洞狮。简约分析的支持率依次为依照靴带 折刀/布雷默支持值（衰减指数）。缩写：MOR. 形态学数据集；MOL. 分子数据集；MOD. 只包括现代类群；ALL. 现代和化石类群；NA. 不可用。

观察（表 2.20）添加了一些性状。最后的矩阵包括头骨牙齿形态学、行为学、软组织特征等方面的 81 个特征。性状矩阵和性状描述保存在 MorphoBank 的在线数据库中（http://morphobank.org/permalink/?P898）。此外，根据 Johnson 等（2006）、Davis 等（2010）组建了 DNA 序列的超矩阵，并根据 Barnett 等（2009）将从洞狮和拟狮中提取到的 ATP8 序列也添加了进去。一共将 43 个 DNA 片段序列（22 个常染色体 DNA、5 个 X 染色体 DNA、8 个 Y 染色体 DNA 及 8 个线粒体 DNA 序列）整合到矩阵当中（这个超矩阵的 Mesquite NEXUS 格式文件可从 MorphoBank 中获得；表 2.21）。

系统分析涵盖了 8 个现生物种，包括 5 种现生的豹属、云豹和两个作为外群的猫亚科（虎猫 *Leopardu spardalis* 和美洲狮 *Puma concolor*），以及 4 个化石种（布氏豹、古中华虎、洞狮和拟狮）。

所有形态学性状编码都在可获得的情况下根据所有种类的多件标本进行了确认（表 2.20）。所有 DNA 序列都下载自 GenBank（登陆号同 Johnson et al.，2006；Davis et al.，2010；Barnett et al.，2009），每个基因片段都通过 ClustalX2 排列（Larkin et al.，2007）。使用 Mesquite v2.75 对排列进行手动调整，并将间断和存疑区域去除。最终组建而成的序列矩阵包括 42958 个碱基对。

在化石被加入前，进行了几个只包括现生种的系统发育分析用以评估系统发育关系的稳定性和一致性。采用 10 种分段方式进行系统分析以重复 Johnson 等（2006）和 Davis 等（2010）的树形拓扑关系：①所有 DNA 序列作为一段；②4 段，常染色体 DNA、X 染色体 DNA、Y 染色体 DNA、线粒体 DNA 序列；③ 29 段，Y 染色体 DNA、线粒体 DNA 及 27 段常染色体 DNA；④ 36 段，线粒体 DNA，以及 35 段常染色体 DNA 和性染色体；⑤只包含核 DNA（常染色体和性染色体 DNA）；⑥只包含常染色体 DNA；⑦只包含 X 染色体 DNA；⑧只包含 Y 染色体 DNA；⑨只包含线粒体 DNA；⑩"单亲"DNA，即 Y 染色体和线粒体 DNA（表 2.22）。所有的分段分析又在加入两个形态学分段（骨骼学性状和软组织、行为学性状）进行重复。接着，4 个化石种被加入，数据集被再次分析。

所有的分段通过 PAUP* version 4b10（Swofford，2003）和 TNT 1.1 Willi Hennig Society Edition（Goloboff et al.，2008）进行启发式（heuristic search function）和全符合检索方法（exact search function）分析，通过 MrBayes 3.2（Ronquist et al.，2012b）进行贝叶斯推断。启发式检索方法的简约分析在树形剖分与重接（Tree bisection and reconnection，TBR）算法下从 1000 个随机序列（addseq=1000，nreps=1000）中得到。

由于化石种并不具有序列数据带来的超矩阵的不确定性，将靴带法（bootstrap method）的有效性从非参数降为节点支持尺度（nodal support metric）（Finarelli，2008），还用布雷默支持值（Bremer support values，也称为衰减指数 decay index）对简约分析中节点的支持程度进行评估，评估分别对 PAUP* 输出数据通过 TreeRot version 3（Sorenson and Franzosa，2007）计算、在 TNT 中独立进行。此外，在 TNT 中进行了折刀重采样（jackknife resampling）对节点支持率进行第三种估测。贝叶斯分析中的 DNA 分段和单独的 DNA 片段的核苷酸替代模型（nucleotide substitution model）由

MrModeltest version 2（Miller et al.，2010）中的赤池信息量准则（Akaike Information Criterion，AIC）识别。两个形态学分段使用了 MrBayes 中的马尔可夫 K 模型（Mk model）。贝叶斯分析中，对 4 条链（3 条热链、1 条冷链）的两个同时分析进行了 1000 万代分析，每一千代进行一次取样。再利用 Tracer 软件检查敛合，最后前 25% 的树作为 burn-in 被舍弃，余下的树生成多数合意树（majority-rule consensus tree）。节点支持通过后验概率评估，模型支持通过贝叶斯因子评估。使用个人工作站或者 CIPRES（Miller et al.，2010）总共进行了 54 个独立分析（表 2.22）。

布氏豹的一个重大意义在于所有的材料都确切地指向 5.95 ～ 4.1 Ma 这一地质时期。因而我们将布氏豹的年代范围作为豹属分化的节点校正点和在以化石类群作为终端节点的分化年代测算时需要使用的年代延限区域。对于基于节点的分化时间估算，使用 BASEML（在 PAML 包中，Yang，2007）得到了核苷酸替代模型的最大似然估计，分支长度用 ESTBRANCHES 估算，分化时间的贝叶斯分析利用 MULTIDIVTIME 得到。使用由 Johnson 等（2006）和 Davis 等（2010）使用的序列所组成的核 DNA 数据集进行节点时间分析，得到了新的校正时间与之前的文献中的时间结果［Johnson 等（2006）的结果，以及我们根据之前将豹属的 3.8 Ma 限制进行的节点时间估算分析］的直接对比。使用了 3 个化石校正点：①狮 - 豹 - 美洲虎支系最小分化时间为 1.6 Ma；②虎 - 雪豹支系的最小分化时间为 5.95 Ma；③豹属的基部为 5.95 Ma。于是，与 Ronquist 等（2012a）使用的传统的、基于节点分化时间估算方法和全证据时间估算方法相异。时间估算分析中包含了 4 个化石豹亚科物种，使用了以下几个地层范围：①布氏豹为 5.95 ～ 4.1 Ma；②古中华虎为 2.55 ～ 2.15 Ma（邱占祥等，2004）；③拟狮和洞狮为 2.58 ～ 0.012 Ma，反映整个更新世的保守宽泛范围。为了提供时间估算分析的合理先验，使用了从对现生种的分子数据（36 段）的贝叶斯分析中所得到的树形拓扑结构；得到点拓扑结构与 Davis 等（2010）一样显示狮与豹互为姐妹群，这与基于联合形态和 DNA 的数据集的简约分析的结果也一致。计算了这个拓扑结构的非分子钟和严格分子钟支系长度，使用支系长度随时间在方差上的增加，并利用 Ronquist 等（2012a）提供的 R 脚本计算宽松分子钟的方差增加的超先验。使用 3 个宽松分子钟模型（IGR、TK02 和 CPP）得到分化时间估值，供节点估算方法和全证据方法使用（表 2.23）。在这两种方法中放入一个根节点时间作为偏移指数分布，最小时间为 14 Ma，即估算的现生猫科时间，平均时间为 27 Ma（Werdelin et al.，2010）。节点时间连同上面引用的最小值被设为偏移指数分布。对于全证据时间分析，上面提到化石种地层延限被作为每个种可能年代的均匀分布。所有的时间分析都使用 4 条链（3 条热链、1 条冷链）的两个同时分析，进行一千万代，每一千代进行一次取样。在使用 Tracer 和 Are We There Yet 进行敛合检查后，所保存的树的前 25% 作为 burn-in 被舍弃，余下的树联合生成一个多数合意树。

在全符合检索方法（除非另有说明，其结果和启发性检索一致）下对所有 12 个种形态学分段的简约分析强烈地支持豹亚科支系的单系性（靴带分析 =85%，折刀分析 =89%，布雷默分析 =5）涵盖云豹属和豹属各种。但结果并不支持豹属的单系性，也不支持雪豹和虎构成姐妹群的关系（图 2.40）。相反，超矩阵（形态 +DNA）的简

116

约分析得到了 4 个最简约树（MPT），长度为 3150，一致性指数为 0.812，稳健性指数为 0.537，对雪豹 + 布氏豹支系给出了中等支持（BS=81%，JK=82%，Bremer=4），以及对其他各种豹属支系的中到低的支持（表 2.23）。豹亚科的单系性得到了强烈支持（BS=94%，JK=94%，Bremer=6）。云豹和古中华虎被当作剩余豹亚科的姐妹群，接着分出了虎 - 雪豹 - 布氏豹支系（"支系 A"）和剩余种（"支系 B"）。美洲虎起源于支系 B 的基干位置，豹与狮、洞狮、拟狮三者构成的支系构成姐妹群关系。不同 DNA 分段和形态学分段的简约分析对雪豹 - 豹支系给出了中度支持：核 DNA+ 形态（BS=78%，JK=82%），常染色体 DNA+ 形态（BS=78%，JK=81%），X 染色体 + 形态（BS=69%，JK=73%），Y 染色体 + 形态（BS=87%，JK=82%），线粒体染色体 + 形态（BS=80%，JK=85%），Y 染色体与线粒体 DNA（单亲 DNA）+ 形态（BS=82%，JK=83%）（表 2.22）。

对所有 12 个种的形态分段进行的贝叶斯分析得到了豹亚科单系性的高后验概率（PP 92%），对豹属单系性和美洲虎 - 豹 - 狮分支的支持较低（PP 分别为 69% 和 56%）。Davis 等（2010）中的拓扑结构被只包括现生种的无形态分段的单一、29 和 36 替代模型分段强烈支持。另外，现生种的 4 分段模型支持美洲虎 - 狮支系。当化石种类被加入后，所有的 DNA 模型分段提供了对豹属单系性的中度支持（PP 56% ～ 85%），对雪豹 - 虎支系的低支持（PP 65% ～ 78%），美洲虎 - 狮支系或豹 - 狮支系的拓扑结构则未得到支持（表 2.22）。

形态和分子数据的贝叶斯分析一致支持所有化石种都无法以高后验概率放入树中。唯一被一致支持的支系是作为单系的豹亚科。古中华虎作为虎或雪豹 - 虎的姐妹群，或豹属基干类群的位置仍不确定。利用贝叶斯方法分析得到的不同模型都未对布氏豹在豹亚科支系内或外群中的任何系统位置给出支持。在得到的合意树中，对布氏豹放在基干猫亚科、基干豹属或雪豹的姐妹群处的分法进行了相当的可能性评估。这些结果在各类分析中都有出现。贝叶斯分析中不确定性的潜在问题可以从简约分析（靴带、折刀、布雷默方法对各大支系都给出了强支持）和贝叶斯分析（当形态和 DNA 数据被一起研究时，大体上没有对任何一个支系给出支持）的差异中体现出来。对此，在此后的全证据时间估算分析中使用基于严格合意最简约树的"宽松"脚手架（"relaxed" scaffold），强制约束了豹属、虎 - 雪豹 - 布氏豹支系、美洲虎 - 豹 - 狮 - 拟狮 - 洞狮支系和狮 - 拟狮 - 洞狮的单系性。由于分段分析没有对美洲虎 - 狮支系或豹 - 狮支系的姐妹群关系给出一致意见，美洲虎、豹及包含几种狮的狮子支系之间的关系是被允许移动的。

时间估算分析：当用 3.8 Ma 约束豹属时，使用 MUTLTIDIVTIME 中的宽松分子钟的节点时间估算分析得到了与 Johnson 等（2006）和 Davis 等（2010）相当的分化时间估值（图 2.38）。但使用 5.95 Ma 去约束虎 - 雪豹的分化及豹属的基底，得到了明显更老的分化时间估值。新的校正点得到了豹属在晚中新世的 6.72 Ma 的平均分化时间，而不是 3.94 ～ 3.72 Ma。豹属内部其他支系的分化时间也据此被提前；支系 A 分化于晚中新世，支系 B 和狮 - 豹支系都分化于上新世。在 MrBayes 对分子数据集的非校准分子钟分析中，TK02（–74 880.55）和 IGR（–74 879.43）模型比 CPP（–74 887.30）和严格分子钟（–74 885.25）模型取得了更高的概率值。在使用不带宽松脚手架的宽松分子钟全证据时间估算分析中，也有一个类似的差异，IGR（–74 987.90）和 TK02（–74 988.32）模型的概率值高于 CPP（–74 993.33）模型。根据这 3 个模型都无法将布氏豹放入任何支系中，这个化石种被置于树的基部，与外群和豹亚科支系形成多岐分支（polytomy）。在用最简约树脚手架约束的年代估算分析中，TK02 和 CPP 模型得到了比 IGR 模型更高的概率值（表 2.22）。但 CPP 模型无法得到被形态和分子数据支持的作为单系的豹亚科。TK02 和 IGR 模型在大多数支系上得到了相当的分化时间估值，虽然它们在美洲虎 - 狮或豹 - 狮的关系上存在差异（图 2.41）。接下来的历史生物地理分析选取了 IGR 端点全证据时间估算（TED）的时间校准树，因为它的拓扑结构与多分段分析，以及与基于联合数据集的简约性分析的最简约树都有比 TK02 模型更好的一致性。此外，对所有基于 IGR 树大趋势的解释对于 TK02 的全证据时间估算分析同样适用，后者也得到了除美洲虎和豹的系统位置以外，在所有的系统关系和分化时间上的大致相同的结果。所有来自全证据时间估算的分化时间估值都与 MrBayes 中通过节点估算分析得到的估值重叠。在基于节点的全证据时间估算分析中，我们的结果都比 Johnson 等（2006）和 Davis 等（2010）使用的时间约束更老：豹亚科、豹属及两个现代支系都比之前估算的分化时间大约早一倍（图 2.41 和表 2.23）。

从对带有和不带有布氏豹数据的时间估算分析的对比中可以看出，札达盆地新的豹亚科化石通过两个因素显著地影响了分化时间分析：①提供了带有详细的头骨牙齿形态学描述的确切化石分类单元，用于全证据时间估算分析，在纳入关键化石的分支分析中对豹亚科支系给出了明显更早的分化时间；②布氏豹更老的地质年代填补了之前分子分化时间估值和之前描述过的豹亚科化石记录间的时间空隙，将之前不一致的形态和分子数据联系了起来。

综上所述，将用简约法和贝叶斯推断得出的现生豹亚科的拓扑结构作为联合数据贝叶斯分异时间推断的基础，将 4 种化石作为末端节点，不同的宽松分子钟（IGR，CPP，TK02）都用于测试（Ronquist et al.，2012a）（表 2.23），分异时间和过去利用化石作为节点限制的结果（Johnson et al.，2006；Davis et al.，2010）一致（图 2.38～图 2.41、表 2.18）。在我们的估算中，6 个豹亚科成员的分异事件（总共 8 个）时间在中新世，而其他两个（①非洲狮和化石狮子；②美洲狮和欧亚狮子）的分异时间在上新世（图 2.38、图 2.39 和图 2.41）。95% 后验概率范围较大，和所有的分异时间估计重合，显示不确定性较高在一定程度上是由现生物种在中新世—上新世之交快速分化所致（Johnson et al.，2006）（表 2.18）。

历史生物地理分析：历史生物地理分析使用了从 IGR 模型的贝叶斯分析中得到的时间校准树，以及带有扩散替代统计分析（statistical divergence vicariance analysis，S-DIVA）方法的软件 RASP（Ronquist，1997）、贝叶斯双重 MCMC 法（Ronquist et al.，2012b）和基于概率的扩散 - 灭绝 - 分支生成方法（Ree et al.，2005；Ree and Smith，2008）。与基于蒙特·卡罗方法的贝叶斯双重 MCMC 法和最大似然法不同，扩散替代分析是在优化中将扩散和灭绝时间最小化的简约分析（Ronquist，1997）。因为 RASP 中

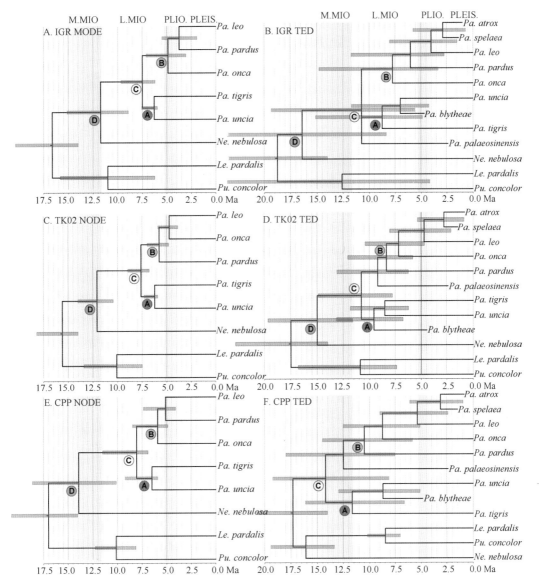

图 2.41　利用 Ronquist 等（2012a）中的贝叶斯分析对豹亚科进行节点校正方法和全证据时间估算（TED）方法的分化时间估算

A. 使用 IGR 模型的节点法估算；B. 使用 IGR 模型的 TED 法估算；C. 使用 TK02 模型的节点法估算；D. 使用 TK02 模型的 TED 法估算；E. 使用 CPP 模型的节点法估算；F. 使用 CPP 模型的 TED 法估算。节点 A（"支系 A"）：雪豹 - 虎支系；节点 B（"支系 B"）：美洲虎 - 豹 - 狮支系；节点 C：豹属；节点 D：豹亚科。分化时间算术平均值和 95% 高后验概率区间的数值见表 2.23

的 DEC 分析只能使用完全决定的树，古中华虎分支被人为地放在两个豹亚科冠群之外，使用了很小的支系长度（0.001）。使用了 6 个地理区域：中 / 北亚、南亚 - 东南亚、北美洲、南美洲、欧洲、非洲（表 2.24）。所有的被测模型都是约束的，不连续的地理区域间的扩散不被允许，如南美洲只与北美洲相连，后者除去南美洲又只和亚洲相连。

表 2.23 豹亚科的节点校正和全证据时间估算分析

模型	定年方法	豹亚科 Pantherinae (Ma)	豹属 Pantera (Ma)	支系 Clade A (Ma)	支系 Clade B (Ma)	pardus-leo (Ma)	onca-leo (Ma)	西藏† (Ma)	狮子† (Ma)
Johnson 等 (2006)	Node	6.37 [4.47, 9.32]	3.72 [2.44, 5.79]	2.88 [1.82, 4.62]	2.87 [1.81, 4.63]	—	2.06 [1.22, 3.46]	NA NA	NA NA
3.8 Ma Min.	Node	NA NA	3.94 [3.80, 4.33]	2.64 [1.96, 3.46]	2.37 [1.72, 3.09]	1.70 [0.93, 2.50]	—	NA NA	NA NA
5.95 Ma Min.	Node	NA NA	6.72 [6.09, 7.89]	6.22 [6.01, 6.81]	4.27 [2.87, 5.81]	3.15 [1.54, 4.84]	—	NA NA	NA NA
IGR	Node	11.74 [8.92, 15.14]	7.49 [6.18, 9.67]	6.28 [5.95, 7.56]	4.87 [3.05, 7.11]	3.72 [1.91, 5.48]	—	NA NA	NA NA
IGR	TED + scaffold	16.40 [8.37, 27.68]	10.72 [5.57, 19.33]	8.78 [4.86, 15.13]	7.74 [3.34, 14.79]	6.00 [2.73, 11.70]	—	6.97 [4.23, 11.69]	4.01 [1.48, 8.04]
TK02	Node	12.08 [10.43, 14.02]	7.60 [6.77, 8.93]	6.22 [5.90, 7.31]	5.75 [4.80, 6.96]	—	4.72 [3.84, 5.88]	NA NA	4.71
TK02	TED + scaffold	14.99 [11.61, 19.66]	10.77 [7.77, 14.89]	9.58 [6.74, 13.14]	8.37 [5.80, 12.05]	—	7.15 [4.68, 10.40]	—	— [2.08, 8.04]
CPP	Node	13.93 [10.12, 18.61]	8.05 [6.89, 11.52]	6.49 [5.90, 9.22]	5.91 [4.89, 8.48]	5.10 [4.07, 7.38]	—	NA NA	NA NA
CPP	TED + scaffold	— —	14.20 [8.10, 19.20]	11.63 [6.61, 16.11]	10.49 [5.83, 14.49]	—	8.74 [5.10, 12.49]	8.70 [5.11, 12.92]	5.37 [2.38, 9.00]

注：3.8Ma 和 5.95Ma 的分析像 Johnson 等（2006）一样由 MULTIDIVTIME 得出。其他所有分析在 MrBayes 3.2 中得出。脚手架包括对豹属，支系 A 和支系 B（定义见图 2.41），以及西藏支系和狮子支系的单系约束。所有数字的单位均为 Ma，括号中的数字有 95% 高后验概率（HPD）。

表 2.24　在历史生物地理分析中使用的地理分布范围

物种名	地理分布范围
Leopardus pardalis	C，D
Puma concolor	C，D
Neofelis nebulosa	B
Panthera leo	F
Panthera onca	C，D
Panthera pardus	A，B，F
Panthera tigris	A，B
Panthera uncia	A，B
Panthera blytheae†	A
Panthera atrox†	C，D
Panthera palaeosinensis†	A
Panthera spelaea†	A，C，E

† 表示化石种。
注：A. 中 / 北亚；B. 南亚 - 东南亚；C. 北美洲；D. 南美洲；E. 欧洲；F. 非洲。

　　统计性扩散替代分析允许在每个节点最多 4 个祖先区域的基础上进行，结果显示豹亚科起源于亚洲或亚洲 - 非洲；豹属起源于亚洲 - 北美洲，但也可能在非洲；虎 - 雪豹支系起源于亚洲；美洲虎 - 豹 - 狮支系及化石狮类起源于北亚 - 北美洲区域（表 2.25）。用贝叶斯双重 MCMC 法分析进行了一百万代，每一千代进行一次取样，舍弃前 25% 的样本。祖先分布最多被允许包括 4 个区域。测试了 RASP 程序中的 3 个模型：等基频率（equal base frequencies）和等可能替换（equally likely substitutions）的 Jukes-Cantor 模型（JC，nst=1）、JC+G gamma 分布率变异模型、多种基础频率（variable base frequencies）和伽马分布率变量（gamma distribute rate variation）的 Felsenstein F81+G 模型（表 2.25）。结果显示贝叶斯模型中的豹亚科和豹属起源仅限于亚洲，与统计性扩散

表 2.25　历史生物地理分析的结果

分离	S-DIVA	BBM: JC, nst=1	BBM: JC+G	BBM: F81+G	DEC
P.atrox-spelaea	AC-50%，C-50%	C-47%，AC-15%	C-31%，AC-25%	C-32%，AC-25%	ACF-68%，AC-32%
P.leo atrox/spelaea	AEF-50%，AF-50%	F-33%，A-19%，AF-17%	F-36%，AF-20%	F-36%，AF-19%	AF-41%，AEF-3
P.pardus-lions	AF/ABF/F/A/AC-20%	A-23%，AF-20%，AB-18%，ABF-16%	ABF-34%，AF-20%，AB-10%	ABF-33%，AF-19%，AB-12%	A-55%，AF-19
P.onca-pardus/leo	AC-50%，C-50%	A-30%，AB-28%，B-13%	AB-28%，A-22%，B-12%	AB-28%，A-23%，B-12%	AC-75%，ACE-14%，A-11%
P.uncia-blytheae	A-100%	AB-63%，A-37%	AB-82%，A-17%	AB-82%，A-17%	A-100%
P.tigris-uncia/blytheae	A-100%	AB-83%，A-17%	AB-94%	AB-94%	A-100%
[CladesA-B]	AF/AC/A-33%	AB-52%，A-39%	AB-65%，A-23%	AB-67%，A-23%	A-83%，AC-17%
Panthera	AF/AC/A-33%	A-65%，AB-26%	A-56%，AB-37%	A-54%，AB-40%	A-79%，AC-21%
Pantherinae	ABF-50%，AB-50%	B-65%，A-20%，AB-11%	B-69%，AB-13%，A-12%	B-71%，AB-13%，A-11%	A-51%，AB-20%，AC-15%

　　注：生物地理模型通过了 S-DIVA、贝叶斯双重分析（BBM）和 DEC 模型测试。对不同 DEC 模型的详细描述见表 2.19。支系 A 和支系 B 同图 2.41。

替代分析中可能的非洲起源相反。此外，虎 - 雪豹支系的亚洲起源、美洲虎 - 豹 - 狮支系的亚洲起源，以及豹和化石狮类的非洲扩散都被统计性扩散替代分析和贝叶斯双重MCMC分析支持。不带地理限制（M0）的默认DEC模型也得到了与统计性扩散替代分析和贝叶斯双重MCMC分析类似的结果（表2.25）。

使用对祖先地理分布的不同约束，还在DEC方法下测试了另外9个模型（表2.19）。东南亚的猫科祖先模型得到了低概率（–ln 概率为48.08，所有测试模型的概率范围是39.77 ～ 49.03），但这可能是数据集中缺乏除虎猫和山狮以外的非豹亚科猫科动物而人为导致的。在单一地区起源模型中，南美的豹亚科起源有最低的似然值（49.03），接着是非洲、欧洲和东南亚（表2.19）。祖先的北美洲分布有着比中亚分布更低的似然值，后者只比泛亚洲地理起源（即将A和B联合起来）的似然值稍高（表2.19）。

综上所述，用IGR宽松的分子钟模型，在最大似然法的框架下，用DEC（Ree and Smith，2008）来进行历史生物地理推测，并且将其结果与简约性分析法和贝叶斯双重MCMC法推断得出的祖先分布重建（Yu et al.，2010）进行比较（表2.24和表2.25）。除此之外，通过限制祖先分布只在一个地理区域，测试不同的豹亚科祖先地理分布（表2.19）。DEC模型允许多个区域的重建，显示豹亚科最有可能起源于中亚 / 北亚或全北界。此后在中新世时期，有多个向东南亚迁徙的事件，包括云豹和虎 - 雪豹支系（Johnson et al.，2006）。至中新世更晚的时候，是狮 - 豹 - 美洲虎支系的迁徙和上新世化石狮类的迁徙。根据DEC模型，这最后两个迁徙可能发生在非洲 - 古北界或全北界。在所有的单独地点起源的模型中，中亚 - 北亚起源的可能性也最高（–ln likelihood 40.56，而其他模型为41.01 ～ 49.03，图2.44，表2.19），这与仅根据分子数据得出的解释一致（Johnson et al.，2006）。

布氏豹被发现的区域是晚新生代构造活跃、动物群多样性高的区域（Deng et al.，2011，2012a），广泛分布和具有区域特色的物种显示青藏高原西南部是理解喜马拉雅山脉隆升背景下生物演化的重要区域。不像之前描述的札达盆地的哺乳动物化石都属于灭绝种（Deng et al.，2011，2012a），布氏豹和雪豹关系密切，显示现代存在于中亚的豹亚科支系最初就分布在喜马拉雅山和中亚的山区（Hemmer，1972）。结合马 *Equus*、鼠兔 *Ochotona*、邱氏狐 *Vulpes qiuzhudingi* 和喜马拉雅原羊 *Protovis himalayensis* 化石，展现出一个持续6 Ma的世界屋脊隆升背景下动物群持续演化的画面。青藏高原豹亚科（布氏豹、雪豹）和盘羊、藏羚羊祖先的猎手 - 猎物关系，以及开阔干旱的区域伴随有基岩形成的陡崖已经和现在所见的一样（Deng et al.，2012a；Wang et al.，2013b），显示现生雪豹及其猎物扎根于几百万年前的青藏高原。这表明青藏高原不只是冰期大型食草动物的"训练场"（Deng et al.，2011），还可能是中新世—上新世其他的生存在这个区域的哺乳动物支系的避难所。

结论：作为食物链顶端的现生大型猫科动物，豹亚科（包括云豹、巽他云豹、雪豹、虎、美洲虎、豹和狮）在它们生存的环境中都是顶级掠食者。尽管它们在现生生态系统中具有重要地位，以及其中好几种已经是濒危动物，但我们对它们的演化历史还知之甚少，并且几乎完全根据分子系统发育分析。新的化石记录积累得很慢，而当新的化石记录被获取时，它们经常和分子系统发育分析的结果冲突，后者显示豹亚科经历了长时间的演化，直到最近才发生爆发式的辐射（Johnson et al.，2006；Davis et al.，2010）。而化石记录反过来也对大型猫科动物的起源中心和洲际迁徙带来了困扰。

豹亚科演化具有不确定性，这一定程度上也是由于系统发育重建中没有考虑化石物种。豹亚科分异时间的推测可达 40% ～ 50% 之差，这是由于这结果是根据非洲 3.8 Ma 前的碎片化石确定的，其系统位置还不确定（Davis et al.，2010；Werdelin et al.，2010；Werdelin and Peigne，2010）。根据豹亚科的化石材料推断系统发育和分析分异时间有发展空间，但是目前还没有将二者结合起来进行研究。而亚洲的上新世化石记录或太破碎而无法用于系统发育分析，或由于产自不清楚的层位而无法给出其准确的年代信息。目前根据分子生物学信息得出豹亚科在中新世就已经出现，而化石则只有在更新世才有比较明确的记录，使得这之间存在长达 4 Myr 的缺失。随着分子数据量的增加（Johnson et al.，2006；Davis et al.，2010），这一结果也没有改变，因此这不一致性问题的解决有待新的豹亚科化石的发现。

根据来自喜马拉雅山西北札达盆地的布氏豹化石，将豹亚科的化石记录向前推进了 2 Myr。结合形态学和分子生物学数据，进行了豹亚科 6 个现生物种和 4 个化石物种的系统发育分析。该分析包括之前的猫科 DNA 序列分析（Johnson et al.，2006；Davis et al.，2010）和已经发表的灭绝洞狮和拟狮的线粒体 DNA 序列分析（Barnett et al.，2009）。将化石豹亚科物种作为末端成员，用贝叶斯推断和简约法分析了包括 2 个猫科外群、10 个豹亚科物种的时间矫正树。利用这个完整的数据集对豹亚科成员的分异时间和特征转化进行了推测。继而用最大似然法重建了豹亚科祖先的历史地理分布，并考虑了它们起源的多种情景。

札达盆地新的豹亚科化石填补了之前分子生物学分异时间估计和最早的化石之间长达 4 Myr 的缺失（图 2.38），新的标本允许我们构建一个结合形态学和分子生物学数据的联合支序分析（图 2.38 和图 2.39）。豹亚科支系的确切分化时间还有待更多的数据提供更小的置信区间，尤其是中—晚中新世的早期分支（图 2.39）。然而，根据现有的形态学和分子数据，以及新化石提供的确切的时代限制，部分地解决了传统上关于豹亚科的古生物 / 形态学和分子生物学之间的矛盾。结合多重数据推断的历史生物地理分布证据，显示分子生物学和化石都支持豹亚科的亚洲起源说，并且准确指出这一区域至今仍然被最早的豹亚科支系所占据。札达盆地相似的环境和长期存在的适应寒冷的猎手 - 猎物组合显示将来关于化石动物群的研究不仅能够揭示一些支系在当地演化的稳定性，也可以在板块、气候和生物因素下扩散出青藏高原。新的化石也支持中亚和东南亚还有许多未知的化石有待被发现的预测。另外，在中亚起源的豹亚科支系的古老性也支持青藏高原的板块活动是现生生态系统中顶级掠食者演化的重要背景，甚至是关键推动力。

2.3　奇蹄目

在青藏高原发现的奇蹄类动物化石非常丰富，并具有显著的代表性，包括马科、犀科和爪兽科。今天还生活在地球上的奇蹄类只有马科、犀科和貘科，其中马科仍然广布在青藏高原，而犀科仅局限于青藏高原南坡地区。奇蹄类中除早期类型前脚具有四趾以外，前、后脚通常是三趾，且脚的中轴通过第三趾，而包含所有现生马类的马属 *Equus* 动物演变为单趾。在所有奇蹄类中，前、后脚内侧的第一趾，以及后脚外侧的第五趾已完全退化消失。奇蹄类从较小的体型逐渐向大体型方向发展。多数奇蹄类四肢有变得细长的趋势，尺骨、腓骨退化或消失，没有锁骨，股骨具有第三转子。在奇蹄类的踝部，距骨只在上端形成一个滑车面与胫骨相关节，而下端与踝部其他骨头的结合处是一个平坦的关节面。奇蹄类早期的颊齿为低冠丘形齿，晚期发育成高冠脊形齿。奇蹄类中前臼齿常常臼齿化，这是一个突出的特征。部分种类具有角状结构。

马科的三趾马在 11.5 Ma 的晚中新世初期第一次出现在旧大陆，然后迅速地扩散到欧洲和非洲北部，稍后印度次大陆和非洲南部也被三趾马占领。在第一次青藏高原科考中就发现了三趾马化石（黄万波和计宏祥，1979；李凤麟和历大亮，1990），本次考察发现和研究了聂拉木达涕盆地晚中新世的福氏三趾马 *Hipparion forstenae*（邓涛等，2015）和阿里札达盆地上新世的札达三趾马（Deng et al.，2012a），对确定地层时代、判断生态环境和推测高原隆升起到了重要作用。通过与吉隆盆地福氏三趾马食性和海拔关系的对比，达涕盆地发现的同种化石指示该盆地自晚中新世以来快速上升了至少2000 m。形态学特征证明札达三趾马是一种生活于高山草原上善于奔跑的三趾马，这样的开阔环境在札达盆地所处的陡峭的青藏高原南缘应位于林线之上，根据与现代植被垂直带谱的对比并经古气温校正，札达盆地当时的海拔约为 4000 m，由此证明西藏南部至少在上新世中期已经达到现在的高度。在阿里门士盆地第四纪沉积中发现的真马 *Equus* sp. 化石，指示门士河右岸的河湖相砂砾层的形成年代可能不会早于 0.1 Ma，还反映了晚更新世时期西藏阿里地区的干冷环境（李强等，2011）。

早在 1839 年就有关于来自西藏的犀科化石的报道（Falconer，1868），第一次青藏高原综合科学考察中也在吉隆县沃马和比如县布隆发现了犀科化石（计宏祥等，1980；郑绍华，1980）。近年来在青藏高原发现的犀科动物包括藏北伦坡拉盆地早中新世的近无角犀 *Plesiaceratherium* sp.（Deng et al.，2012b）和阿里札达盆地上新世的西藏披毛犀 *Coelodonta thibetana*（Deng et al.，2011）化石。伦坡拉盆地丁青组的植被类型与山东省山旺动物群一致，生活于其中的近无角犀是一种亚热带或暖温带森林丰富地区的喜温暖湿润型动物。根据现代喜马拉雅高山植被垂直分带与早中新世全球气候的对比校正，丁青组时代伦坡拉盆地的最高海拔不超过 3170 m，在考虑犀类生态环境要求的条件下，经早中新世的古气温校正后，更可能的古海拔是接近 3000 m。西藏披毛犀的化石材料证明，冰期动物群的一些成员在第四纪之前已经在青藏高原上演化发展。冬季严寒的高海拔青藏高原成为冰期动物群的"训练基地"，使它们形成对冰期气候的预适应，此后成功地扩展到欧亚大陆北部的干冷草原地带。这一新发现推翻了冰期动物起源于北极圈的假说，证明青藏高原才是它们最初的演化中心，由此提出了冰期动物"走出西藏"理论（Deng et al.，2011）。

马科 Equidae Gill，1872
三趾马属 *Hipparion* de Christol，1832
垂鼻三趾马亚属 *Cremohipparion* Qiu et al.，1987
福氏（垂鼻）三趾马 *Hipparion*（*Cremohipparion*）*forstenae* Zhegallo，1971

标本：IVPP V20342，上颌骨带中度磨蚀的 P2～M1，其中左 M1 破损，产于野外地点 DT1301（GPS：28°30′03.4″N，86°08′03.6″E，海拔 4963 m）。V20343，右第三掌骨近端，产于 DT1302（GPS：28°30′04.8″N，86°07′59.5″E，海拔 4970 m）（邓涛等，2015）。2013 年 8 月采自聂拉木县达涕盆地晚中新世达涕组上部第 3 层的灰白色砂岩，为世界上已知海拔最高的三趾马化石产地。

地点和层位：达涕盆地位于西藏自治区聂拉木县城以北 45 km 的聂聂雄拉平台南侧，中尼公路以前的 63 道班，即达涕道班位于盆地内，但现在该道班已撤销。1975 年第一次青藏高原科学考察队在此测制剖面（黄赐璇等，1980）的过程中，在第 3 层的灰白色砂岩中发现一件三趾马下颌残部化石，带有乳齿列和门齿（V5196），鉴定为 *Hipparion* sp.（计宏祥等，1980），但认为其特征接近在吉隆沃马发现的三趾马（李炳元等，1983）。也有研究者指出在达涕盆地采集的这件三趾马下颌属于吉隆三趾马 *Hipparion guizhongensis*（李文漪，1983）。

为了获得达涕盆地哺乳动物化石更准确的信息，2013 年 8 月我们前往这一地区开展了新的考察和发掘，在该剖面的同一层位发现了更多的哺乳动物化石，其中包括一件三趾马的上颌和一枚第三掌骨近端，这件上颌保留了大部分颊齿，因此能够对三趾马的准确鉴定做出判断。

描述：上颌未受挤压变形（图 2.42）。左右 P2 端附尖之间的距离为 62 mm，P4/

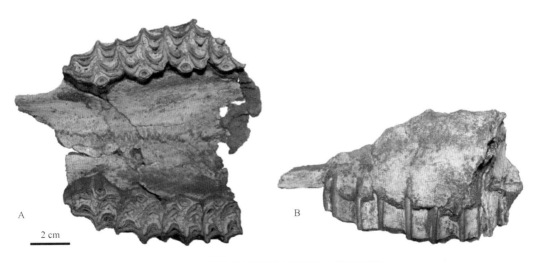

图 2.42　达涕盆地福氏三趾马的上颌及颊齿
A. 腹面视；B. 侧面视

M1 界线处的硬腭宽度为 66 mm。前臼齿列长 71.6 mm。颊齿列直，左、右颊齿列直而向前趋近，P2 ~ M1 牙齿逐渐变小，无 DP1。硬腭顶部呈强烈的弧形穹窿，腭中央骨缝呈菊石缝合线形犬牙交错。

P2：端附尖中等宽度，向唇侧倾斜。前附尖为宽而低的圆隆。中附尖高，呈平顶的丘形。后附尖处近直角。前、后尖的外壁平直，前尖内壁略向内隆突，后尖内壁仍然平直。前窝前、后角倾斜缓，而后窝前、后角陡立。原小尖内、外壁平直而略倾斜，原脊较平。次尖短而圆润，后端与牙齿后缘平齐，有微弱的次尖收缩。次尖沟窄而浅。原尖小而圆，两端略尖，舌缘弧度较小（相似于 Eisenmann et al.，1988：fig. 5C.2）。马刺 2 枚，细弱，指向舌侧。窝内褶皱长且大，但数量较少，且很少分枝。原脊褶 4 枚，其中 2 枚较弱。前窝褶 2 枚，舌侧的 1 枚更大，居于后壁中央。原小尖褶 3 枚，伸向唇侧。后窝褶 2 枚，唇侧的 1 枚较弱。无次附尖褶。

P3：前附尖宽大，顶面略凹，后棱发达。中附尖窄而高耸，末端略圆。后附尖处呈直角。前、后尖的外壁凹陷，呈弧形。前尖内壁直而后倾，后尖内壁隆突，呈弧形。前窝前、后角倾斜，后窝前、后角直立；齿窝的前、后角皆宽大。原小尖膨大，原脊倾斜。次尖小，末端不达牙齿后壁。次尖沟宽大，呈带角的 U 形，无次尖收缩。原尖与 P2 相似。马刺 3 枚，皆细弱。原脊褶和前窝褶各 4 枚，舌侧的 1 枚长且大，唇侧的 3 枚微弱。原小尖褶 3 枚，非常强壮，指向前外方。后窝褶 4 枚，舌侧的 1 枚长且大，末端分叉，唇侧 3 枚微弱。次附尖褶 1 枚，位于后壁中央，中等发育，指向前方。

P4：与 P3 大致相似，但长度略短，因此牙齿的咀嚼面更方。中附尖略窄于前附尖后棱。后附尖突起。前尖外壁强烈凹陷。后尖在前后方向上短于 P3 的后尖。前窝前、后角的倾斜度减小。次尖沟宽浅。3 枚马刺中的前 2 枚由基底部的强烈分枝形成。

M1：牙齿冠面呈方形。前附尖向唇侧强烈突伸。中附尖高耸，其宽度和高度略小于前附尖。后附尖处近直角，略微向唇侧突起。前尖外壁强烈凹陷，其长度略长于后尖外壁。后尖外壁后倾而微弱凹陷。前、后尖窄，其内壁强烈向舌侧隆突。齿窝的前、后角皆宽大而陡立，直接指向唇侧，末端圆润。原小尖比前臼齿的窄，原脊倾斜度减小。次尖小，末端达不到牙齿后壁水平，次尖沟窄而浅，无次尖收缩。原尖比前臼齿的原尖略窄，形态相似。马刺 2 枚，由末端分枝形成。原脊褶 1 枚，位于前壁中央，中等发育。前窝褶 5 枚，舌侧的第 2 枚长，其余微弱。原小尖褶 4 枚，中间的 2 枚发达，由末端分枝形成，前、后 2 枚微弱，依附于中间 2 枚的基部。后窝褶 4 枚，舌侧的 1 枚中等发育，末端分叉，唇侧的 3 枚微弱。次附尖褶 1 枚，中等发育，倾向前外方。

第三掌骨：标本仅保留其近端（图 2.43）。骨体的横截面显示为半圆形，骨干的致密层向后变薄，髓腔向近端延伸。对头状骨的关节面平滑，内侧具有宽浅而折角的切迹。对钩骨的关节面扇形，轻微凹陷并向后侧面倾斜，与外侧面对第四掌骨的关节面相连，后者陡立，上缘直，下缘弧形，前端较小，后端较大。对头状骨和对钩骨两个关节面的中间嵴上有粗糙的凹陷，内多小孔。无对小多角骨的关节面。内侧面与第二掌骨相接触的两个关节面，前面一个较大，呈圆角的三角形，后一个较小，呈方形。前面对头状骨和钩骨的关节面的前缘之间呈 130° 的尖角，后面的夹角为 150°。前面附着桡

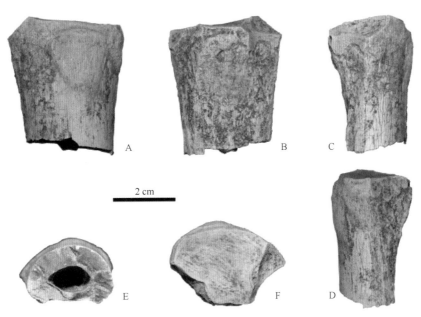

图 2.43　达涕盆地福氏三趾马的第三掌骨近端
A. 前面视；B. 后面视；C. 外面视；D. 内面视；E. 横截面；F. 近端视

腕伸肌的粗糙面相互连接，相当发达，偏向内侧。后面，附着骨间肌的结节中度发育。

　　比较与讨论：达涕盆地的三趾马从上颌骨、颊齿和第三掌骨判断属于中等体型（表 2.26 和表 2.27）。其上颊齿原尖小而圆，前、后端较尖；褶皱中等发育，前附尖和中附尖不特别加宽。这些特点与垂鼻三趾马亚属 *Cremohipparion* 的鉴定特征（邱占祥等，1987）一致。

表 2.26　达涕盆地和其他地点福氏三趾马及桑氏三趾马上颊齿的测量与对比（单位：mm）

颊齿	测量项	*Hipparion forstenae*					*H. licenti*
		达涕	保德		霍县	吉隆	榆社
		V 20342	M 267	V 8425	V 4660.1	V 5195.1	THP20764
P2	长 × 宽	29×20.8	31.5×22.5	30.7×21.5	32.7×22.6	31.5×21	28×20.5
	原尖长 × 宽	6.2×4.5	7.6×4.1	7.2×4.9	5.2×4	6.5×5.7	5.8×4.6
	原尖宽长比	72.6	54	68.1	76.9	87.7	79.3
P3	长 × 宽	23.9×22.8	26×24	21.8×23.3	26×24.8	24×26.8	20.8×21.6
	原尖长 × 宽	6.2×4.2	6.8×3.8	6.5×5.3	6×3.8	7.5×5.9	5.7×4.6
	原尖宽长比	67.7	55.9	81.5	63.3	78.7	80.7
P4	长 × 宽	22.8×22.8	24×23	21.8×22.8	24.1×24.9	23.2×25.3	20.2×20.9
	原尖长 × 宽	5.7×4.2	6.6×4.5	6.2×4.8	6.5×4.1	7.2×5.4	6.1×4.6
	原尖宽长比	73.7	68.2	77.4	63.1	75	75.4
M1	长 × 宽	20.3×22.2	23×21	19.8×21.7	22.4×22	21.9×25.1	18.5×20.6
	原尖长 × 宽	6.5×4.1	7.1×4.2	6.9×4.9	6.2×3.9	7.1×5.3	5.7×4
	原尖宽长比	63.1	59.2	71	62.9	74.6	70.2

表 2.27　达涕盆地福氏三趾马和其他马类第三掌骨近端的测量与对比　（单位：mm）

测量项	H. forstenae V20343	H. platyodus V8247	H. zandaense V18189	H. xizangense 平均值	H. primigenium 平均值	E. kiang 平均值
近端关节宽	35.5	36.8	41.3	～ 42	39.9	46.3
近端关节厚	23	26.3	27.4	29.5	27.9	30.1
对头状骨关节面最大径	29.3	33.4	34.7	32	34.6	37.4
对钩骨关节面径	12	10.1	11.9	11.8	11.7	13.8
对小多角骨关节面径	—	—	4.5	—	7.5	1.9

资料来源：邱占祥等，1987；Deng et al.，2012a；Bernor et al.，1997；郑绍华，1980。

邱占祥等（1987）建立的垂鼻三趾马亚属包括从小型至大型的三趾马，颊齿列的长度范围为 120～170mm。在颊齿方面，垂鼻三趾马的特点为上颊齿原尖小而圆，褶皱中等发育，外壁较平，前附尖和中附尖不特别加宽；下颊齿为双叶圆形，外壁为弧形。

归入垂鼻三趾马亚属的共有 4 个种（邱占祥等，1987），即中国的福氏三趾马 *Hipparion forstenae* 和桑氏三趾马 *H. licenti*，希腊萨摩斯岛的 *H. proboscideum*，格鲁吉亚的 *H. garedzicum*。邱占祥等（1987）认为，桑氏三趾马是从福氏三趾马这一类型中产生出来的，它们在颊齿上的特征很接近，如原尖小而圆，褶皱较弱，次尖收缩不发育，双叶圆形等，这些可能都是共近祖性状。

福氏三趾马由 Zhegallo（1971）建立，是对 Sefve（1927）描述的李氏三趾马 *Hipparion richthofeni* 的修订，并指定山西省保德县戴家沟的 M3837 号头骨为选型标本。M3837 属于一个老年个体，牙齿保存不好。M267 和 M268 的牙齿保存得特别好，可以与达涕盆地标本进行比较。保德的福氏三趾马上颊齿原尖圆而小且前后端略变尖，无次尖收缩，褶皱较弱，马刺在前白齿分叉强而在白齿上分叉弱，这些特点与达涕盆地标本的上颊齿完全一致，细微的差异表现在达涕盆地标本的后尖外壁更凹陷。M267 的测量项略大于达涕盆地标本，但保德的其他福氏三趾马标本与达涕盆地标本接近或略小（Sefve，1927），因此保德标本在平均水平上的大小与达涕盆地标本一致。

邱占祥等（1987）描述了保德的一件福氏三趾马头骨（V8254），为雄性个体，略大于达涕标本。虽然这件标本为中年偏老个体，颊齿已接近根部，但其特点仍然表现明显，即褶皱较弱小，前附尖和中附尖都较细窄，前尖和后尖的外壁较平，次尖无收缩，原尖小而圆，深陷在原小尖和次尖之间。这件标本与保德的其他福氏三趾马相似，除了后尖外壁比达涕盆地标本更平以外，其他特征都吻合。

山西霍县的一些三趾马化石（童永生等，1975）被改归入 *H. forstenae*（邱占祥等，1987）。其特点为原尖短小，基本在 5～6 mm（表 2.26），椭圆或半圆形，无次尖收缩，褶皱中等发育，多集中在前半部。这些特点与达涕盆地标本一致，不同点在于霍县标本的马刺较少分叉，通常一枚。

在西藏吉隆沃马发现的三趾马化石有比较丰富的材料，最初被定为一个新种吉隆三趾马 *Hipparion guizhongensis*（计宏祥等，1980）。后来吉隆三趾马被认为与福氏三趾马最接近，它们的大小一致，齿列都在 140 mm 左右，上颊齿原尖小而圆，次尖沟浅，褶皱中等强度，原小尖褶比较粗大，一般都分二枝；下颊齿双叶圆形，双叶谷浅，双叶末端向外扭转。*H. guizhongensis* 由于是福氏三趾马的后出同物异名而被废除，则吉隆的三趾马为 *H. forstenae*（邱占祥等，1987）。

　　吉隆的福氏三趾马在尺寸上与达涕盆地的三趾马相同，在性状上也相当一致：原尖小，呈饱满的椭圆形，除 P2 外其他宽长之比在 70% ～ 80%，前后端略尖，磨蚀后原尖深陷于原小尖和次尖之间；前附尖和中附尖较窄，中附尖尤其显著；釉质褶皱频率中等，在前窝更发达；马刺的数目不定，有的不分叉，有的分 2 ～ 3 叉；次尖沟宽浅，无次尖收缩（计宏祥等，1980）。

　　福氏三趾马的鉴定特征为：个体中等大小，颊齿列长 130 ～ 150 mm。上颊齿原尖小而圆，无次尖收缩，褶皱较弱；下颊齿双叶近圆形，双叶谷浅，宽 U 形，前白齿的外中谷浅（邱占祥等，1987）。达涕盆地三趾马的上颊齿特征与此定义一致。之前在达涕盆地发现的下颌骨材料经切片后显示双叶近圆形，双叶谷呈浅而宽的 U 形（计宏祥等，1980）；不同点在于外中谷较深，但由于是乳齿，其特征应与白齿接近，因此并不代表前白齿的恒齿状况。综上所述，在达涕盆地发现的上颌骨新材料与之前发现的下颌骨材料（黄赐璇等，1980；计宏祥等，1980）相结合，证明其分类地位为福氏三趾马 *H. forstenae*。

　　垂鼻三趾马亚属的另一个种是桑氏三趾马 *Hipparion licenti*，无疑与福氏三趾马最接近，共同具有原尖圆而小，褶皱中等发育，前、后尖外壁较平，前、中附尖不特别加宽，次尖收缩不发育等特点（邱占祥等，1987）。这两个种也可以根据颊齿区分：桑氏三趾马小于福氏三趾马（表 2.26）；前者的褶皱更弱，特别是原小尖褶明显不如福氏三趾马的长且大；桑氏三趾马的马刺也相当短小，且很少分叉，最多也不超过两枚；次尖沟窄而浅，与达涕盆地和保德的福氏三趾马所具有的宽而深的次尖沟完全不同。

　　在颊齿的特征方面，原尖小而圆，磨蚀后深陷于原小尖和次尖之间，附尖窄，褶皱细弱的三趾马还有意外三趾马 *Hipparion insperatum*（邱占祥等，1987）。但达涕盆地的三趾马化石与其还是很容易区分的：意外三趾马的体型特别大，在颊齿上的表现也很明显，如 P4 的尺寸为 25.5 mm×26 mm（邱占祥等，1987），这明显大于达涕的三趾马（表 2.26）；意外三趾马上颊齿的前尖外壁呈弧形凹陷，而达涕盆地材料的前尖外壁较平；意外三趾马的前、后尖的内壁在磨蚀很深的情况下呈圆形，甚至是尖形，而达涕盆地的颊齿已磨蚀较深，但前、后尖的内壁仍然近于方形；意外三趾马的上颊齿因为横向的釉质层薄，因此牙齿冠面在中央和前、后两侧形成横谷，而达涕盆地的上颊齿冠面平，仅在 P4 和 M1 上有宽浅的中央横谷。

　　平颊三趾马 *Hipparion hippidiodus* 和环齿三趾马 *H. plocodus* 的原尖也小而圆，无次尖收缩（邱占祥等，1987）。平颊三趾马的原脊褶少，在中等磨蚀时通常为一枚，但褶本身较宽大，马刺短，一般也仅有一枚，达涕盆地的福氏三趾马与其不同。环齿三趾马的褶皱非常强烈，原尖圆润，前尖外壁凹陷，呈弧形，与达涕标本细弱的褶皱，椭圆且前、后端略尖的原尖，平直的前尖外壁明显不同。

达涕盆地的三趾马第三掌骨尺寸相当小，明显小于札达盆地的 *H. zandaense*、比如布隆盆地的 *H. xizangense* 和欧洲的原始三趾马 *H. primigenium*，也远小于现代的藏野驴 *Equus kiang*，而与平齿三趾马 *H. platyodus* 接近（表 2.27）。从颊齿尺寸看，福氏三趾马与平齿三趾马也是接近的（邱占祥等，1987）。达涕盆地的三趾马第三掌骨近端面上缺乏对小多角骨的关节面，这个特征与 *H. xizangense* 和 *H. platyodus* 相似，而一些三趾马和真马，如 *H. zandaense*、*H. primigenium* 和 *E. kiang* 具有这个关节面（Deng et al.，2012a；Bernor et al.，1997）。尽管达涕盆地的三趾马第三掌骨在近端的尺寸上与平齿三趾马（V 8247）接近，但在形态上可以明显区分：平齿三趾马附着桡腕伸肌的粗糙面要弱得多；对钩骨的关节面及对第四掌骨的关节面被一个宽深的切迹分为前、后两部分，而在达涕三趾马标本中没有切迹，关节面是一个整体；对头状骨的关节面内后角有一个高高升起的尖角，而达涕盆地标本的相同位置是平坦的。

时代：垂鼻三趾马亚属 *Cremohipparion* 的地质时代在中国为晚中新世的保德期至早上新世的高庄期，在亚洲其他地区仅限于相当于保德期的层位中（邱占祥等，1987）。福氏（垂鼻）三趾马 *H. (C.). forstenae* 之前仅在山西保德、霍县和西藏吉隆被发现。此前保德和吉隆的三趾马层位已有精细的古地磁测年数据，年龄均为 7.0 Ma（Chron C3Bn）（岳乐平等 2004a，2004b），*H. forstenae* 的首现也因此被作为与海相墨西拿阶（Messinian）对应的中国陆相保德阶的底界生物标志（邓涛等，2013）。显然，达涕盆地含福氏三趾马的层位相当于保德期的地层，达涕组代表了晚中新世的沉积，而非原来认为的上新世（黄赐璇等，1980）。

实际上，原来将青藏高原上的吉隆沃马盆地、比如布隆盆地和聂拉木达涕盆地含三趾马化石的层位都确定为上新世（黄万波等，1980；黄赐璇等，1980；计宏祥等，1980；郑绍华，1980），这源于一个历史的错误。中国的含三趾马化石地层在 20 世纪 30 年代被归入上新世，可能是受到美国古生物学家观点的影响，认为在马的进化阶段中，安琪马 *Anchitherium* 生活于中新世，三趾马 *Hipparion* 生活于上新世，真马 *Equus* 生活于第四纪，这一错误观点影响了很长时间（邱占祥等，1987）。

国际地层年代表中海相的赞克勒阶（Zanclean）为上新统的第一个阶，其底界即上新统的底界。赞克勒阶的底界位于 Chron C3r 地磁极性年代带上部，Thvera 正极性年代亚带（C3n.4n）前约 0.1 Ma 处，天文年代学年龄值为 5.333 Ma，钙质超微化石接近 *Triquetrorhabdulus rugosus* 的灭绝面（CN10b 之底）和 *Ceratolithus acutus* 的最低分布层位。赞克勒阶的 GSSP 位于意大利西西里岛 Eraclea Minoa 的 Trubi 组底部（第 1 碳酸盐旋回之底），2000 年被国际地质科学联合会批准（Van Couvering et al.，2000）。显然，达涕盆地和沃马的福氏三趾马在 7 Ma 的层位是早于上新世的。

对西班牙哺乳动物化石地点的研究表明，最早的三趾马化石出现于 Montagut 地区 Can Guitart 1 剖面的 Creu de Conill-20 地点，含化石地层很短的一段古地磁正极性被对比于 Chron C5r.1n（ATNTS 2004：11.154～11.118 Ma）（Agustí et al.，1997）。对欧洲、西亚和南亚的材料进行综合分析的结果是，几乎所有的几个已知含早期三趾马的地点（Höwenegg、Sinap Tepe、Siwaliks 等）的古地磁资料都具有较长的正极性，都可以与

C5n.2n（ATNTS2004：11.04～9.987 Ma）相对比（Sen，1997）。在中国，最早的三趾马化石东乡三趾马 *Hipparion dongxiangense* 出现于甘肃临夏盆地的东乡县郭泥沟剖面，其古地磁年龄约为 11.5Ma（Deng et al.，2013）。很明显，三趾马在欧亚大陆从晚中新世（底界为 11.6 Ma）初期开始出现。对青藏高原原来以含三趾马化石为标准而定为上新世的地层，应在种级水平上根据不同三趾马的分布进行详细划分。布隆的西藏三趾马 *H. xizangense* 属于晚中新世早期的灞河期，沃马和达涕盆地的福氏三趾马 *H. forstenae* 属于晚中新世晚期的灞河期，而札达盆地的札达三趾马 *H. zandaense* 属于上新世（Deng et al.，2012a）。

古生态和古高度：印度板块和欧亚板块的碰撞汇聚是新生代大陆板块运动最重要的地质事件，同时，喜马拉雅造山带是全球最年轻的陆 - 陆碰撞造山带，较新的地质作用、独特的构造位置和海拔使之成为构造活动和气候作用最为强烈的地区。聂拉木地区由于有中尼公路纵贯南北，交通便利，成为研究青藏高原构造隆升的一个重要地点（李建忠等，2006；郑勇等，2014）。显然，新的化石材料将为青藏高原隆升的研究提供进一步的证据。

三趾马 *Hipparion* 是马科中的一个属，这是一个分异度非常高的属，已经被记述过的种达到 200 多个，其中各个种的生态环境有很大的区别。与此类似的是马属 *Equus*，仅其现生种就包括 3 种斑马、3 种野驴和 1 种野马，而其生态环境有非常大的区别，如蒙古野驴 *Equus hemionus* 与藏野驴 *E. kiang* 的形态相当接近，因此有不少研究者仅将藏野驴看作蒙古野驴的一个亚种。然而，这两种野驴的生活习性相差甚远，藏野驴生活于高海拔的青藏高原，而蒙古野驴只生活于海拔明显更低的地区。与此类似，不同三趾马的生态环境也相差甚远。

我们已经研究过在青藏高原发现的 3 种三趾马（Deng et al.，2012a）。在藏北比如布隆发现的西藏三趾马 *H. xizangense*，对其远端肢骨的运动功能分析，指示它是一种森林型三趾马。结合其产出地层中的包括棕榈在内的孢粉资料（郑绍华，1980），当时的海拔应在 2500 m 左右。而在札达盆地发现的上新世札达三趾马，根据其全身骨架的分析，显示其为一种快速奔跑的类型，它生活的环境应为高山草原，经古气温校正后的海拔为 4000 m（Deng et al.，2012a）。

对吉隆沃马的福氏三趾马 *H. forstenae* 化石进行过稳定同位素分析（Wang et al.，2006）。一方面，食草哺乳动物的组织，包括骨骼和牙齿中的稳定碳同位素组成，与其取食的草本植物的稳定碳同位素组成密切相关，$\delta^{13}C$ 将在动物的组织中富集。吉隆沃马盆地现代的马、牦牛和山羊的牙齿釉质 $\delta^{13}C$ 值在 –9.0‰～–14.2‰，平均 –12.2‰±1.5‰，指示纯粹的 C_3 食性，与这个地区现代占统治地位的 C_3 植被吻合（Deng and Li，2005）。另一方面，沃马盆地晚中新世的福氏三趾马化石的釉质 $\delta^{13}C$ 值为 –2.4‰～–8.0‰，平均值为 –6.0‰±1.1‰，指示它们具有 C_3 和 C_4 的混合食性，在其食物中含有 30%～70% 的 C_4 植物，证明当时的生态环境以疏林为特征，与根据孢粉分析得到的证据一致（Wang et al.，2006）。

C_4 植物在温度较高、光照较好、水汽充足的条件下比 C_3 植物更具有优势。现代

C_4 植物的分布受到温度、季节性降水和海拔的控制，在 2500 m 以下的低海拔热带和温带地区分布较广，而在高纬度或 3000 m 以上的高海拔地区及以冬季降水为特征的地区稀少甚至缺失。稳定碳同位素资料证明沃马盆地在晚中新世存在 C_4 植物，并且是生态系统的重要组成部分，指示这个地区在当时具有比现代温度更高、海拔更低的气候环境特点。沃马盆地福氏三趾马化石的釉质氧同位素平均 $\delta^{18}O$ 值为 –17.0‰±1.5‰，高于此地现代马的数据 –19.1‰±0.6‰，这与根据碳同位素得出的晚中新世较低海拔状态一致（Wang et al.，2006）。在现代温带环境中，C_4 植物在 1500 m 以下环境的最热月中非常茂盛，但在海拔 2500 m 以上的环境中完全缺失或只有微量存在（Deng and Li，2005）。即使在热带，3000 m 以上的草原中也没有或仅有微量 C_4 植物。假定晚中新世的大气 CO_2 浓度与今天大致相同，平均气温直减率为 6.5 ℃ /1000 m，温度比现代高 6 ℃，则 C_4 植物繁盛区域的上限在中纬度地区可达 2423 m，在热带可达 2923 m。如果晚中新世的气温最大值比现代高 9 ℃，则这两个上限分别达到 2885 m 和 3385 m。因此，碳同位素数据指示沃马盆地在晚中新世约 7 Ma 的海拔必然低于 2900 m，最有可能是在 2400～2900 m（Wang et al.，2006）。

对达涕盆地的地层剖面做过多次孢粉分析。产三趾马化石的剖面上部地层沉积时期的植被被认为是以木兰属为主、松属为其次的混交林（徐仁等，1976），而现代喜马拉雅山南坡、沿达涕盆地向下到樟木一带在海拔 3000 m 左右则进入山地针阔混交林带（钱燕文等，1974）。关于达涕组进一步的孢粉分析结果为，乔木植物占 17.1%，主要有栎属、松属和桦属花粉；灌木和草本植物花粉占 79.8%，以蒿属花粉为主，其次为莎草科、禾本科和藜科花粉，说明该阶段植被为具有栎属、松属的森林草原类型（黄赐璇等，1980）。

聂拉木达涕地点与吉隆沃马地点的直线距离仅 85 km，从马科动物的习性看，这属于同一居群的活动范围，因此，这两个地点的同一种三趾马应有相同的生活习性。这样也可以推断达涕盆地在晚中新世的 7 Ma 可能具有相同的海拔，即在 2400～2900 m。化石发现地点现代海拔接近 5000 m，因此达涕盆地自晚中新世以来快速上升了至少 2000 m。

聂拉木地区的剥蚀作用研究结果显示，中新世中期以来，喜马拉雅造山带经历了两期不同的剥蚀阶段：15～6 Ma 处于缓慢的冷却剥蚀期，剥蚀速率为 0.27 mm/a；3～1 Ma 处于快速剥蚀期，剥蚀速率为 1.32 mm/a（郑勇等，2014）。这可以解释为中新世最晚期以后喜马拉雅山高速隆升的结果，而 6 Ma 之前处于较低的海拔，可以与根据达涕盆地福氏三趾马的生态特征分析得到的古高度结果相互印证。

札达（近）三趾马 *Hipparion*（*Plesiohipparion*）*zandaense* Li et al.，1990

标本：V18189，同一个体的大部分头骨骨骼，包括相当完整的四肢骨、腰椎、荐椎、尾椎和有破损的骨盆，头骨、牙齿、颈椎、胸椎、肋骨已风化并散落于坡下（Deng et al.，2012a）。其于 2009 年 8 月采自西藏自治区阿里地区札达县。根据其破碎牙齿的特征确定其归属于近三趾马亚属 *Plesiohipparion* 的札达三趾马（李凤麟和历大亮，1990），而其头后骨骼的特征与近三趾马亚属的另一个种——贺风三趾马 *Hipparion (Plesiohipparion) houfenense* 非常相似。

地点和层位：札达盆地达巴沟东侧，地点编号 ZD0918，GPS：31°25′27.9″N，79°45′31.1″E，海拔 3937 m，全部化石被发现于 1.5m×1m 的范围内；这具三趾马骨架的头尾方向为北东—南西。在该地点未发现其他哺乳动物化石。札达组下部，为灰绿色和褐黄色湖相砂岩，年龄约 4.6 Ma。

描述和对比：札达三趾马的头后骨骼在形态上接近同一个亚属，即近三趾马亚属内的贺风三趾马，但在体型上小于后者（郑绍华，1980；Eisenmann and Beckouche，1986；邱占祥等，1987；Eisenmann et al.，1988；Dive and Eisenmann，1991；Bernor et al.，1997）。贺风三趾马在上新世时期是华北平原的典型代表性种类。札达三趾马前、后肢主要骨骼（V18189）的代表性特征描述如下。

肱骨：在三趾马典型的侧上髁嵴之下有一条显著的沟，斜向后下方。侧上髁的下部（即滑车和侧韧带窝之后的部分）形成一个狭窄的凹面，其后缘形成一条明显的凹线。冠状窝的外上侧由一条非常突出的嵴所环绕，这条嵴几乎平行于滑车关节面的上缘，使冠状窝的这个部分变得相当窄（图 2.44D）。上述特征与贺风三趾马一致（邱占祥等，1987）。这两个种之间的不同在于，札达三趾马的侧上髁嵴向下变大并形成一个疤，其边缘由断续的棱所环绕。测量见表 2.28。

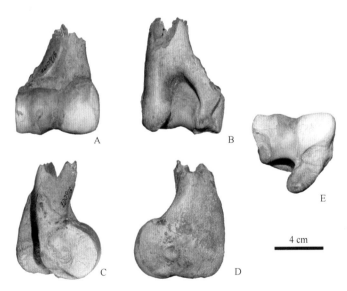

4 cm

图 2.44　西藏札达三趾马右肱骨远端
A. 前面视；B. 后面视；C. 外面视；D. 内面视；E. 远端视

桡骨：在近端关节面，外侧厚度远小于内侧，矢状脊后部的滑液窝相当大（图 2.45E）。近端前表面的桡骨结节微弱，其外侧没有明显的凹面（图 2.45A）；近端内侧结节不超过肘关节面的内缘；内侧附着韧带的粗糙面的上缘比桡-尺骨间的空隙低得多（图 2.45C）；近端关节面的后缘直，其外后角缺乏一个清晰的向后突出的尖角（图 2.45E）；远端的前表面有两条显著的脊和 3 条沟，其中的外侧脊位于远端对舟骨和月骨两个关节面的界线上（图 2.45A）。这些特点与贺风三趾马一致。测量见表 2.29。

表 2.28　札达三趾马及其他马类肱骨的测量与对比　（单位：mm）

测量项	H. zandaense V18189	H. houfenense n=3	H. sinense THP 21315	H. primigenium n=7 ~ 13	E. hemionus n=7	E. kiang MNHN 1963-363
3	28.6	35	34	32.2	28.9	30
4	~ 36	—	—	41.4	35.3	40
7	68.4	—	—	70.5	62.7	69
8	73.7	—	—	73.8	68.6	77
9	46.7	51	53	48.1	41.9	48
10	33.8	38.7	41	34.7	30.4	32
11	40.4	—	—	41.4	36.9	41

　　资料来源：*H. houfenense* 和 *H. sinense* 来源于 Qiu 等（1987）；*H. primigenium* 来源于 Bernor 等（1997）。测量项：3. 最小宽度；4. 最小宽度处的垂向径；7. 内侧结节处最大厚度；8. 远端最大厚度；9. 滑车最大高度；10. 滑车最小高度；11. 矢状脊处的滑车高度。

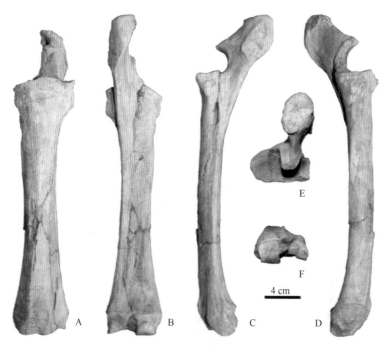

图 2.45　札达三趾马左桡尺骨

A. 前面视；B. 后面视；C. 外面视；D. 内面视；E. 近端视；F. 远端视

　　尺骨：近端对桡骨关节面的内端明显超出矢状脊的后端，尺骨体未达桡骨体的外侧；近端外结节发达，超出肘关节面的外缘（图 2.45B）；内侧附着浅指屈肌的脊状粗糙面微弱，位于掌面下 1/3 处（图 2.45D）。这些特点不同于贺风三趾马，后者的尺骨更靠近桡骨的外侧；对桡骨关节面的内端略微超出矢状崤的后缘；尺骨骨干超出桡骨骨干的外侧，以至于桡骨看起来更粗壮；近端外侧结节微弱；掌面附着浅指屈肌的脊状粗糙面更发育，其外侧有一条沟，然后是一条分隔桡骨内表面的脊。测量见表2.30。

表 2.29　札达三趾马及其他马类桡骨的测量与对比　　（单位：mm）

测量项	H. zandaense V18189	H. houfenense n=2	H. sinense n=2～3	H. primigenium n=8～14	E. hemionus n=7	E. kiang MNHN 1963-363
1	281.2	292.7	330.8	282.9	291.7	325
2	272.2	—	—	269.7	274.6	314
3	36	43.4	41.8	43.6	30.9	34
4	23.5	—	—	28.8	20.9	25
5	64.8	68	71.6	64.9	59.3	66
6	33.8	—	—	36.4	32	35
7	68	75	73.3	69.2	67.3	74
8	53.1	—	—	56.5	50.3	57
9	31	—	—	34.8	29.6	32
10	63	68.9	68.5	64.1	60.7	67
11	22.4	—	—	21.7	20.7	25
12	13.6	—	—	12.5	11.7	19

数据来源：H. houfenense 和 H. sinense 来源于 Qiu 等（1987）；H. primigenium 来源于 Bernor 等（1997）。测量项：1.最大长度；2.内侧长；3.最小宽度；4.最小宽度处的厚度；5.近端关节面宽；6.近端关节厚；7.近端最大宽度；8.远端关节面宽；9.远端关节厚；10.远端最大宽度；11.桡骨髁宽度；12.尺骨髁宽度。

表 2.30　札达三趾马及其他马类尺骨的测量与对比　　（单位：mm）

测量项	H. zandaense V18189	H. primigenium n=5～9	E. hemionus n=7	E. kiang MNHN 1963-363
1	349.5	362.2	356.1	400
2	68.6	78.4	71.7	80
3	39.9	39.2	35.6	43
4	43.5	49.2	41.3	44
5	59.5	57.1	53.6	59

数据来源：H. primigenium 来源于 Bernor 等（1997）。测量项：1.最大长度；2.鹰嘴长度；3.关节面最大宽度；4.鹰嘴最小厚度；5.跨肘肌突的厚度。

第三掌骨：在近端关节面，对头状骨关节面在后内角具有强烈上升的尖角，其后缘几乎与骨干的掌面平行；近端前缘对钩骨和头状骨关节面之间的夹角大，接近160°，与贺风三趾马一致。整个近端关节面呈扇形，但其后端不收缩成一个点，其前、后部分几乎朝向同一方向（图2.46E）。在侧韧带窝之上，附着长韧带的远端粗糙面位于前部，此处与侧指骨接触的关节面有一个明显的弯曲（图2.46D）。远端前侧的光滑面在关节面之上有一条清楚的界线，但矢状嵴的前上端未变低（图2.46A）。测量见表2.31。

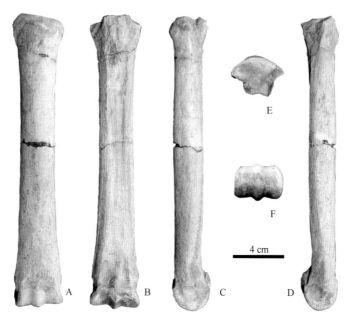

图 2.46　札达三趾马右掌骨

A. 前面视；B. 后面视；C. 内面视；D. 外面视；E. 近端视；F. 远端视

表 **2.31**　札达三趾马及其他马类第三掌骨的测量与对比　（单位：mm）

测量项	H. zan. V18189	H. hou. n=19～23	H. sin. n=15～17	H. pat. n=6～8	H. xiz. n=2	H. pri. n=10～16	H. sp. n=2	E. hem. n=14～16	E. kia. n=4
1	225.5	249.8	274.5	234.3	213	212.8	219.5	212	242
2	217.3	—	—	—	210	207.4	213.5	206	234
3	26.3	32.8	32.9	29.1	30.5	31.7	26.3	25.9	27.8
4	22.5	27.2	29.3	24.1	23.4	22.5	23	21.1	23.4
5	41.3	49.1	50.6	43.4	～42	39.9	40.6	43.2	46.3
6	27.4	34.3	34.8	30.7	29.5	27.9	26.5	27.1	30.1
7	34.7	—	—	—	32	34.6	33.5	34.2	37.4
8	11.9	—	—	—	11.8	11.7	12.7	12.3	13.8
9	4.5	—	—	—	—	7.5	—	1.9	1.9
10	37.3	43.4	44.1	39.7	38	39.5	37.3	38.7	43.3
11	38.4	43.9	42.4	38.8	38.2	37.1	35.3	38.5	41.3
12	30	36.1	36.9	32.8	28.5	28.3	30	29.4	30.9
13	25.3	30	30.6	28.5	24.3	24.8	25.2	24.1	25.8
14	27.7	33.3	34.1	30.3	28	26.4	26.2	25.9	28.5
15	82	—	—	—	110.3	—	—	—	—
16	3.8	—	—	—	3.5	—	—	—	—

物种和数据：*H. zan.* = *Hipparion zandaense*；*H.* sp. = *Hipparion* sp，来源于 Khirgiz Nur，Mongolia；*H. hou.* (*Hipparion houfenense*)、*H. sin.* (*H. sinense*) 和 *H. pat.* (*H. pater*) 来源于 Qiu et al. (1987)；*H. xiz.* (*H. xizangense*) 来源于郑绍华 (1980)；*H. pri.* (*H. primigenium*) 来源于 Bernor 等 (1997)；*E. hem.* (*Equus hemionus onager*) 和 *E. kia.* (*E. kiang*) 来源于 Eisenmann 和 Beckouche (1986)。测量项：1. 最大长；2. 内侧长；3. 最小宽度；4. 骨干在最小宽度处的厚度；5. 近端关节宽；6. 近端关节厚；7. 对头状骨关节面最大径；8. 对钩骨前关节面径；9. 对小多角骨关节面径；10. 远端结节最大宽度；11. 远端关节最大宽度；12. 远端中嵴最大厚度；13. 远端外髁最小厚度；14. 远端内髁最大厚度；15. 中嵴背 - 掌侧间角度；16. 对钩骨后关节面径。

第一中指节骨：与贺风三趾马相似，但形态上更细更扁，中部收缩（图 2.47A 和图 2.47B）。近端关节面更宽而厚。近端粗糙面略向后延伸（图 2.47E）。附着韧带的侧面凹陷浅，附着指浅屈肌的压迹大（图 2.47C 和图 2.47D）。札达三趾马的不同之处在于，近端矢状沟更深，使其前缘的中部凹陷更深（图 2.47A）；远端关节面起伏度更大（图 2.47F）。掌面的 V 形疤粗糙而宽，其基部中央有一个明显的隆突。V 形疤的底部圆，延伸至骨干的中部（图 2.47B）。测量见表 2.32。

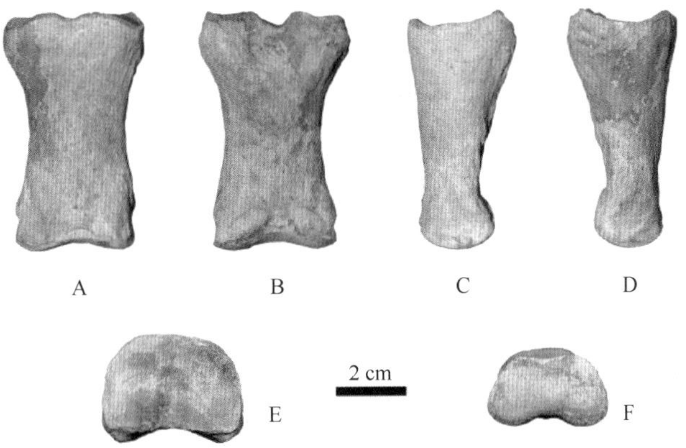

图 2.47　札达三趾马右第一中指节骨

A. 前面视；B. 后面视；C. 内面视；D. 外面视；E. 近端视；F. 远端视

表 2.32　札达三趾马及其他马类第一中指节骨的测量与对比　（单位：mm）

测量项	*H. zandaense* V18189	*H. xizangense* V 5191.7	*H. primigenium* *n*= 10 ～ 12	*E. hemionus* *n*=5 ～ 6	*E. kiang* *n*=6
1	67	60	63.8	86.1	85.5
2	61.8	50.7	60.2	78.5	78.9
3	27	28.3	29.1	25.9	26.4
4	40.8	43	40.9	41.9	44.2
5	30.5	30.5	31	32.3	33.2
6	34.4	33.7	33.8	37.6	39.6
7	34.8	34	29	36.1	36.9
8	21	21.4	22.8	—	—
9	26.8	17.1	26.5	53.6	50.1
10	53	—	—	67.6	66.2
11	55.3	—	—	68.2	66.8
12	10.8	—	—	10.8	11
13	10.9	—	—	10.5	9.9

数据来源：*H. xizangense* 来源于郑绍华（1980）；*H. primigenium* 来源于 Bernor 等（1997）；*E. hemionus* 和 *E. kiang* 来源于 Dive 和 Eisenmann（1991）。测量项：1. 最大长；2. 前长；3. 最小宽度；4. 近端宽；5. 近端厚；6. 远端结节最大宽度；7. 远端关节宽度；8. 远端关节厚度；9. V 形疤最小长度；10. 上结节内侧长度；11. 上结节外侧长度；12. 下结节内侧长度；13. 上结节外侧长度。

第二中指节骨：与贺风三趾马的共同特征是近端关节面的中矢嵴弱（图2.48E），札达三趾马的不同特点是相当大的附着肌肉的远端内侧压迹（图2.48C和图2.48D）。测量见表2.33。

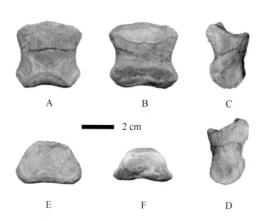

图2.48　札达三趾马右第二中指节骨

A. 前面视；B. 后面视；C. 外面视；D. 内面视；E. 近端视；F. 远端视

表2.33　札达三趾马及其他马类第二中指节骨的测量与对比　（单位：mm）

测量项	H. zandaense V18189	H. xizangense V5191.8	H. primigenium n=14 ～ 15	E. hemionus n=7	E. kiang MNHN 1963-363
1	41	39.7	41.5	37	40
2	32.7	29.6	32.9	28.1	27
3	34.6	34	31.9	35.7	40
4	42.1	41.5	42	40.4	45
5	25.9	24.7	27.4	25.7	30
6	41.6	35	36.5	38.3	41

数据来源：H. xizangense 来源于郑绍华（1980）；H. primigenium 来源于Bernor等（1997）。测量项：1. 最大长；2. 前长；3. 最小宽度；4. 近端最大宽度；5. 近端最大厚度；6. 远端关节最大宽度。

第三中指节骨（前中蹄骨）：背侧斜面角度低（34°）（图2.49E和图2.49F），而现代马的角度为45°～50°。前缘具有中沟。掌突起微弱，背沟浅（图2.49A和图2.49B）。掌面的屈肌面大而显著突起（图2.49B）。附着附属韧带的沟深（图2.49E和图2.49F）。近端关节面为梯形（图2.49C）。测量见表2.34。

股骨：内上结节呈强烈突起的嵴形。远端滑车内脊上方没有明显的嵴，远端内脊宽，附着内股肌的近端粗糙线发达（图2.50D）。从滑车到内髁窝的过渡非常陡（图2.50F）。这些特点与马属相似，而不同于大多数三趾马。例如，在原始三趾马 Hipparion primigenium 和中华长鼻三趾马 Hipparion sinense 中，内上髁没有嵴，中脊上方的嵴明显（邱占祥等，1987；Bernor et al.，1997）。小转子发达，具有宽而厚的粗糙面，没有连接股骨头的锐嵴（图2.50A、图2.50B、图2.50D）。远端髁上窝非常浅，其上界距髁的上缘只有63.5mm（图2.50B和图2.50C）。骨干向下到大转子的前部

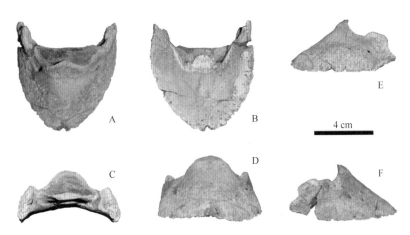

图 2.49　札达三趾马右第三中指节骨（前蹄骨）

A. 背面视；B. 腹面视；C. 后面视；D. 前面视；E. 内面视；F. 外面视

直（图 2.50A）。内髁和滑车之间的连接线低平（图 2.50D）。大转子的后部向内旋转（图 2.50B）。远端伸肌窝呈大而深的三角形（图 2.50C）。这些特点与马属完全不同，而与贺风三趾马一致（邱占祥等，1987）。内、外滑车嵴前背向分开，前者在其前背方有一个尖锐的钩（图 2.50A），这与马属相似。札达三趾马独有的特点是远端滑车的内脊上端尖锐而突出，并比骨面高出很多（图 2.50A）。测量见表 2.35。

表 2.34　札达三趾马及其他马类第三中指节骨（前蹄骨）的测量与对比　（单位：mm）

测量项	H. zandaense V18189	H. primigenium n=2～10	E. hemionus n=7	E. kiang MNHN 1963-363
1	57	57.4	39.7	48
2	57.4	72	37.7	46
3	69.7		52.7	63
4	42.7	61.3	38.6	44
5	21.9	23.3	22.3	27
6	43.2	41.1	32	37
7	34	51.8	—	—
8	180	165	—	—

数据来源：H. primigenium 来源于 Bernor 等（1997）。测量项：1. 关节面后缘至指节骨末梢的长度；2. 前长；3. 最大宽度；4. 关节宽度；5. 关节厚；6. 最大高度；7. 底面与背线间的夹角；8. 底面周长。

胫骨：札达三趾马的胫骨小于贺风三趾马的大多数标本，但与后者的小个体在尺寸上一致（邱占祥等，1987）。这两个种的胫骨在形态上非常相似，如胫骨嵴的下部因为半腱肌腱的附着而出现一个向内的倾斜（图 2.51A）；内、外结节相互分隔较远，距离为 14 mm（图 2.51B 和图 2.51E）。附着十字韧带的前部凹陷略大于后部凹陷，两个凹陷都较浅。分开两个凹陷的嵴的内端与内棘的后端相连，外端与外棘的中部相连（图 2.51E）。这两个种的区别包括：札达三趾马对中膝盖韧带的近端沟上半部粗糙，

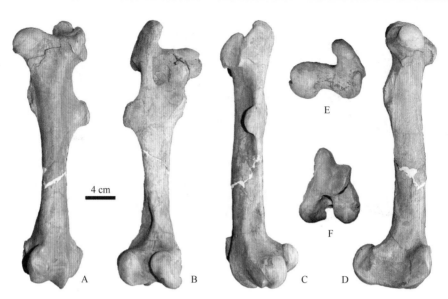

图 2.50　札达三趾马左股骨

A. 前面视；B. 后面视；C. 外面视；D. 内面视；E. 近端视；F. 远端视

下半部光滑（图 2.51A），而贺风三趾马附着韧带的粗糙面不明显；札达三趾马的肌沟深（图 2.51E），但贺风三趾马的浅（邱占祥等，1987）。腘切迹内侧附着后十字韧带的结节突起较低（图 2.51E）。在远端外髁外侧，外趾伸肌腱沟深而窄，髁后结节发达（图 2.51D）。内髁内面的后 1/3 处有宽浅的内趾屈肌腱沟（图 2.51C）。这两个特点与贺风三趾马相似。札达三趾马远端关节面向内髁延伸出一个增大的区域（图 2.51F），这一点与贺风三趾马不同。测量见表 2.36。

表 2.35　札达三趾马及其他马类股骨的测量与对比　　　　（单位：mm）

测量项	H. zandaense V18189	H. houfenense THP 13595	H. sinense THP 12614	H. primigenium $n=3 \sim 12$	E. hemionus $n=7$	E. kiang MNHN 1963-363
1	346.5	362	440	399.5	324.9	362
2	320.3	330	401	367	295.4	328
3	30.6	36	41	41.1	30.7	35
4	42.4	—	—	55.4	42.9	44
5	101.1	117	126	108.4	96.7	102
6	66.7	—	—	108.3?	68.7	68
7	80.5	92	102	91.4	76.3	82
8	104.3	—	—	106.8	97	101
9	52.3	—	—	56.6	51.4	57
10	47.3	54	59	55.5	45.1	49

　　数据来源：H. houfenense 和 H. sinense 来源于 Qiu 等（1987）；H. primigenium 来源于 Bernor 等（1997）。测量项：1. 最大长；2. 股骨头到侧髁长度；3. 最小宽度；4. 最小宽度处厚度；5. 近端最大宽度；6. 近端最大厚度；7. 远端最大宽度；8. 远端最大厚度；9. 滑车最大宽度；10. 股骨头最大厚度。

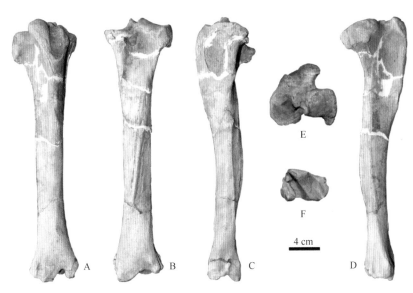

图 2.51　札达三趾马右胫骨

A. 前面视；B. 后面视；C. 内面视；D. 外面视；E. 近端视；F. 远端视

表 2.36　札达三趾马及其他马类胫骨的测量与对比　　　　　　（单位：mm）

测量项	*H. zandaense* V18189	*H. houfenense* n=3～4	*H. sinense* n=1～4	*H. primigenium* n=10～19	*E. hemionus* n=7	*E. kiang* MNHN 1963-363
1	333	331.6	415	364.6	303	342
2	323.4	—	—	342.8	288.1	325
3	34.2	41.7	44.8	42.6	32.7	37
4	33	—	—	38.7	28.4	25
5	87.2	90.9	98.3	93.2	79	87
6	79.1	78.3	76.9	85.1	72.6	81
7	62	69.4	78	70.1	58.3	65
8	41.3	49.3	51.7	45	40	44
9	47.6	—	—	53.7	39.1	45

数据来源：*H. houfenense* 和 *H. sinense* 来源于 Qiu 等（1987）；*H. primigenium* 来源于 Bernor 等（1997）。测量项：1. 最大长度；2. 内侧长度；3. 最小宽度；4. 骨干的最小厚度；5. 近端最大宽度；6. 近端最大厚度；7. 远端最大宽度；8. 远端最大厚度；9. 趾窝长度。

　　距骨：滑车不对称，外脊比内脊更宽；内脊的外壁几乎垂直，其内壁具有宽阔的翼状面并向下延伸到达远端的深窝上方；内脊的远端弱而向内弯；外脊的内壁中度倾斜，其远端与远端关节面之间有 10 mm 的距离（图 2.52A）；滑车面的上缘是中沟向后延伸最多的部分（图 2.52E）。远端关节面相对较厚，其外半部的中央具有横向的非关节压迹，并有一个圆润的后角（图 2.52F）。这些特征与贺风三趾马一致。掌面对跟骨的 4 个关节面（图 2.52B）在形态上与贺风三趾马相似。内面的近端和远端结节发达（图 2.52C），这与贺风三趾马不同，后者的远端结节发达，但近端结节微弱（邱占祥等，1987）。测量见表 2.37。

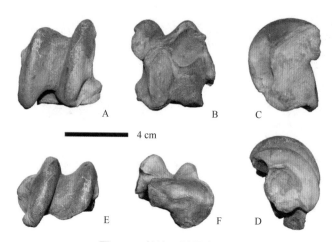

图 2.52　札达三趾马右距骨
A. 前面视；B. 后面视；C. 内面视；D. 外面视；E. 近端视；F. 远端视

表 2.37　札达三趾马及其他马类距骨的测量与对比　　　　（单位：mm）

测量项	*H. zandaense* V18189	*H. houfenense* n=2	*H. sinense* n=2	*H. primigenium* n=17～23	*E. hemionus* n=6	*E. kiang* MNHN 1963-363
1	53	62.1	70.3	58.1	49	51
2	54	60.8	68.3	58.5	50.2	52
3	25	29.7	31.8	28.8	24.3	25
4	52	63.1	64.8	59.8	47.2	53
5	42.2	50.1	52.6	44.8	40	44
6	33.5	37.6	41.9	34.4	28.3	32
7	44.3	56.8	63.2	48.9	41.7	44

数据来源：*H. houfenense* 和 *H. sinense* 来源于 Qiu 等（1987）；*H. primigenium* 来源于 Bernor 等（1997）。测量项：1. 最大长；2. 内髁的最大直径；3. 滑车宽度；4. 最大宽度；5. 远端关节宽度；6. 远端关节厚度；7. 内侧最大厚度。

　　跟骨：整体长。对距骨的关节面在形态上与距骨掌面上的对应关节面一致（图 2.53A 和图 2.53F）。前突背缘的下部向后倾斜，从侧面看与远端关节面呈直角（图 2.53D）。骨体的蹠面边缘粗壮，但在中部收缩。载距突后上方的跗沟浅（图 2.53B）。蜗突小（图 2.53C 和图 2.53D）。载距突内面的背部缺乏一条清晰的垂直沟，这一点与贺风三趾马相似；札达三趾马的内面呈宽浅的凹陷状（图 2.53C），而贺风三趾马是平的。札达三趾马的远端关节面呈窄的蘑菇形，在中部显著收缩（图 2.53F），而贺风三趾马呈直的带状（邱占祥等，1987）。测量见表 2.38。

　　第三蹠骨：内侧对第一楔骨和第二楔骨的关节面和外侧对骰骨的关节面之间的夹角分别为 160° 和 170°，在近端前缘中间的关节面对第三楔骨，分隔这 3 个关节面的两条嵴较高（图 2.54E）。在骨干的蹠面，两侧的粗糙面在骨干上半部相互靠得很近，二者之间的凹面未延伸至骨干下部 1/3 处。外侧粗糙面的下端终止于动脉沟转向内侧处（图 2.54B）。这些特点与贺风三趾马相似。对第三楔骨关节面的蹠缘向后突出，呈圆弧状，与外侧对第四蹠骨的小关节面明显区分，后者的方向几乎是垂直的（图 2.54E）。远端

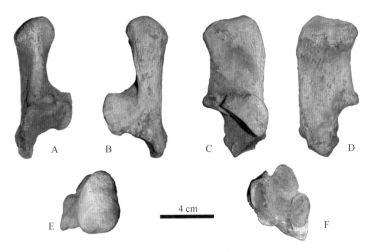

图 2.53　札达三趾马右跟骨

A. 前面视；B. 后面视；C. 内面视；D. 外面视；E. 近端视；F. 远端视

滑车中嵴在背面上缘明显突出，其上有一个大而深的凹陷（图 2.54A）。这些特点与贺风三趾马不同。贺风三趾马对第三楔骨关节面的蹄缘平，与对第四蹠骨的关节面紧密接触，后者面向外上方；背面上缘中嵴明显变低，其上只有一个微弱的凹陷（邱占祥等，1987）。测量见表 2.39。

表 2.38　札达三趾马及其他马类跟骨的测量与对比　　　（单位：mm）

测量项	H. zandaense V18189	H. primigenium n=18 ～ 24	E. hemionus n=7	E. kiang MNHN 1963-363
1	103	112.7	93.7	100
2	62	73.1	62.3	68
3	18.6	23.4	18.3	20
4	31	34.3	28.1	33
5	46	49.4	41.9	44
6	47	49.2	42.1	45
7	46.2	50.7	41.4	48

数据来源：*H. primigenium* 来源于 Bernor 等（1997）。测量项：1. 最大长；2. 近端部长度 3. 最小宽度；4. 近端最大宽度；5. 近端最大厚度；6. 远端最大宽度；7. 远端最大厚度。

第一中趾节骨：大多数特点与前第一中指节骨相似，不同点包括：后第一中趾节骨更粗短（图 2.55A 和图 2.55B）；近端附着韧带的内结节发达（图 2.55E）；蹄面粗糙的 V 形疤无基部结节，但其下端两侧各有一个明显的结节（图 2.55B）。测量见表 2.40。

后第二中趾节骨：远端宽度小于近端宽度，所以整体形状呈上宽下窄的梯形（图 2.56A 和图 2.56B）。远端韧带窝分别面向内侧和外侧，形态近圆形（图 2.56C 和图 2.56D）。近端关节面中嵴微弱（图 2.56E），与贺风三趾马相似（邱占祥等，1987）。测量见表 2.41。

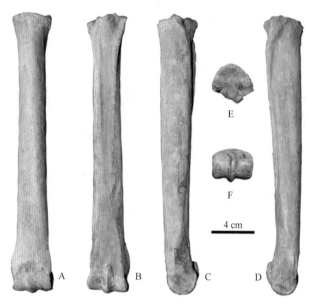

图 2.54　札达三趾马右第三蹠骨

A. 前面视；B. 后面视；C. 内面视；D. 外面视；E. 近端视；F. 远端视

表 2.39　札达三趾马及其他马类第三蹠骨的测量与对比　（单位：mm）

测量项	*H. zan.* V18189	*H. hou.* n=18～24	*H. sin.* n=14～18	*H. pat.* n=8～9	*H. xiz.* n=2～4	*H. pri.* n=16～24	*E. hem.* n=14～16	*E. kia.* n=4
1	253.2	273.8	320.3	266.1	247.7	242.5	247.5	279.3
2	248.4	—	—	—	242.6	237.2	242	274.5
3	25.6	31.7	33.8	27.3	30.4	31.4	25.1	26.6
4	28.0	31.5	34.7	28.3	29.4	28.6	25.3	27.3
5	39.0	47.8	50.7	42.1	42.1	41.8	40.5	44.1
6	36.0	37.7	40.2	34.1	37.5	34.3	35	40.4
7	37.1	—	—	—	38.7	39.5	36	39.6
8	7.9	—	—	—	9.9	9.9	8.7	10.5
9	8.6	—	—	—	7.5	6.5	6.2	5.6
10	38.1	43.8	46.7	39.2	39.3	39.7	38.2	42.5
11	38.5	42.9	42.5	37.8	37.9	37.8	37.4	40.5
12	30.0	35.0	38.5	31.7	32.6	30.7	30.1	32.4
13	24.0	28.4	30.8	25.1	26.1	25.3	23.7	26.1
14	27.2	31.7	34.9	28.7	30.1	27.3	26.2	28.9
15	90.0	—	—	—	100.0	—	—	—

　　物种和数据：*H. zan.* = *Hipparion zandaense*；*H. hou.* (*Hipparion houfenense*)、*H. sin.* (*H. sinense*) 和 *H. pat.* (*H. pater*) 来源于 Qiu 等（1987）；*H. xiz.* (*H. xizangense*) 来源于郑绍华（1980）；*H. pri.* (*H. primigenium*) 来源于 Bernor 等（1997）；*E. hem.* (*Equus hemionus onager*) 和 *E. kia.* (*E. kiang*) 来源于 Eisenmann 和 Beckouche（1986）。测量项：1. 最大长度；2. 内侧长度；3. 最小宽度；4. 最小宽度处骨干厚度；5. 近端关节宽；6. 近端关节厚；7. 对外楔骨关节面最大径；8. 对骰骨关节面径；9. 对中楔骨关节面径；10. 远端结节最大宽度；11. 远端关节最大宽度；12. 远端中嵴最厚厚度；13. 远端外髁最小厚度；14. 远端内髁最大厚度；15. 中嵴背 - 蹠侧间角度。

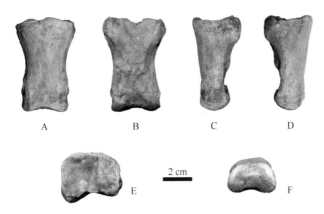

图 2.55　札达三趾马右第一中趾节骨

A. 前面视；B. 后面视；C. 内面视；D. 外面视；E. 近端视；F. 远端视

表 **2.40**　札达三趾马及其他马类第一中趾节骨的测量与对比　（单位：mm）

测量项	H. zandaense V18189	H. houfenense THP 10731	H. xizangense V5191.10	H. primigenium n=12	E. hemionus n=5～6	E. kiang n=6
1	62.8	75.2	61.3	63.6	78.2	78.6
2	59.0	71.9	54.7	58.8	70.8	72.8
3	28.0	32.6	30.4	30.9	25.1	26.0
4	41.2	46.5	42.6	43.1	42.0	45.1
5	33.0	36.5	32.8	33.2	32.2	34.0
6	34.0	40.4	34.8	34.5	35.4	38.1
7	33.0	39.5	34.3	33.3	33.0	34.6
8	21.1	—	21.4	20.9	—	—
9	24.0	—	21.4	28.0	46.8	42.8
10	49.2	—	—	—	58.7	57.8
11	48.4	—	—	—	60.4	58.3
12	13.6	—	—	—	12.9	13.3
13	12.7	—	—	—	11.2	12.7

数据来源：*H. houfenense* 来源于 Qiu 等（1987）；*H. xizangense* 来源于郑绍华（1980）；*H. primigenium* 来源于 Bernor 等（1997）；*E. hemionus* 和 *E. kiang* 来源于 Dive 和 Eisenmann（1991）。测量项：同表 2.32。

运动功能：根据札达骨架肢骨的重建，札达三趾马是一种大型三趾马，活着时的肩高为 1.45 m。这个重建的体型与现生的普氏野马（*Equus przewalskii*，1.26～1.48 m）和藏野驴（*Equus kiang*，1.53～1.59 m）相似，但大于欧亚大陆最早的三趾马（*H. primigenium*，1.36 m）(Bernor et al.，1997）。Scott（1917）很早就在他的进化研究中指出，马类中的一切都让位于其速度，使其成为一架"奔跑机器"。动物的运动功能与其骨骼肌肉系统密切相关。动物如何运动的一个清晰的图景对理解其适应性和生存策略具有实用价值（MacFadden，1992）。

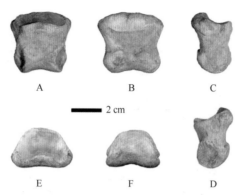

图 2.56　札达三趾马右第二中趾节骨

A. 前面视；B. 后面视；C. 外面视；D. 内面视；E. 近端视；F. 远端视

表 2.41　札达三趾马及其他马类第二中趾节骨的测量与对比　（单位：mm）

测量项	H. zandaense V18189	H. xizangense V5191.11	H. primigenium n=11	E. hemionus n=7	E. kiang MNHN 1963-363
1	40.4	39.3	42.8	37.3	40
2	30.4	32.4	32.3	27.6	28
3	33.9	33.8	31.3	33.6	38
4	42.1	42.5	43.1	38.7	45
5	25.9	27	29.8	26	26
6	36.7	38	35	34.4	37

数据来源：*H. xizangense* 来源于郑绍华（1980）；*H. primigenium* 来源于 Bernor 等（1997）。测量项：同表 2.33。

　　股骨上非常肥大的内侧滑车嵴（medial trochlear ridge，MTR，图 2.57C1～图 2.57C3 的黑箭头）形成对内侧膝盖韧带或髌骨旁软骨的钩状突起，当膝盖关节过度伸展时，形成一个被动的抑制结构或"锁扣"，以便在长时间站立时降低膝伸肌的肌肉活动性（Sack，1988）。发达的 MTR 是锁扣机制存在的一个指示（Hermanson and MacFadden，1996）。札达三趾马股骨的 MTR 相对于外侧滑车嵴来说要大得多（图 2.57C2）。现代马（图 2.57C3）一天之内超过 20h 是垂直站立的，甚至在它们睡觉时也是站着的（Boyd et al.，1988）。与其相似，札达三趾马能够保持其腿脚长时间站立而不疲劳。原始三趾马 *Hipparion primigenium* 的股骨 MTR（图 2.57C1）明显小于札达三趾马。原始三趾马的 MTR 的最大深度与股骨的最大长度之比是 0.27（Bernor et al.，1997），而札达三趾马是 0.3。

　　细长的肢骨是快速奔跑能力的一个标志，这在有蹄类的掌蹠骨上表现清楚（MacFadden，1992）。掌蹠骨骨干的纤细由相对于长度减小了的宽度代表。在图 2.58 中，0 线之上是相对更大的测量值，0 线之下是更小的测量值。最大长度与最小宽度的比值指示札达三趾马、蒙古 Kirgiz Nur 地点的三趾马和现生藏野驴具有相当细的掌蹠骨（测量项 3 小于或略大于测量项 1），但原始的原始三趾马和西藏三趾马具有非常粗壮的

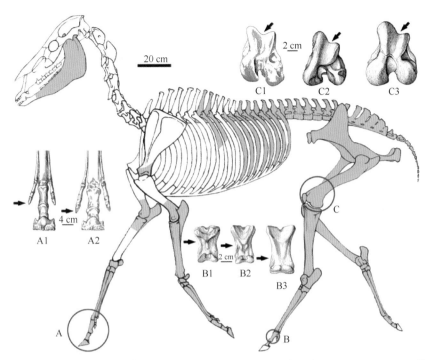

图 2.57　札达三趾马骨架（IVPP V18189）及前脚（A）、第一中趾节骨（B）和股骨（C）的对比
复原骨架的灰色部分为保存的骨骼。A1. 札达三趾马 *Hipparion zandaense*；A2. 原始三趾马 *H. primigenium*；B1. 西藏三趾马 *H. xizangense*；B2. 札达三趾马 *H. zandaense*；B3. 家马 *Equus caballus*；C1. 原始三趾马 *H. primigenium*；C2. 札达三趾马 *H. zandaense*；C3. 家马 *E. caballus*

掌蹠骨（测量项 3 显著大于测量项 1），华北平原的长鼻三趾马亚属 *Proboscidipparion* 中的中华长鼻三趾马 *Hipparion sinense* 和原始长鼻三趾马 *H. pater* 及贺风三趾马 *H. houfenense* 也显示了逐渐增大的粗壮度（图 2.58）。

对数比率曲线（图 2.58）清楚地显示了马类不同物种之间在形态和体型上的差别。原始三趾马掌蹠骨远端的中嵴微弱，因此掌蹠骨侧向运动未能完全消减，其侧向的活动性有益于在不平整的地面上运动，如树木茂盛的森林环境（Eisenmann，1995）。原始三趾马的掌蹠骨比札达三趾马更粗短（图 2.58：测量项 1 和 3 的比较关系以及表 2.31 和表 2.39 中的对应数据），前者肢骨的远端单元比后者更短（表 2.42 和表 2.43，图 2.59）。

在马类奔跑能力提高的进化过程中，侧掌蹠骨相对于第三掌蹠骨向后的位移不仅是趋向于功能性单趾的进化改变，而且是对奔跑行为更好的适应，通常伴随着整个骨体的变厚和远端关节上结节的退化。结果是，远端结节的宽度相对于关节宽度显示出减弱的趋势（Eisenmann，1995）。札达三趾马掌蹠骨远端结节的宽度显著小于远端关节的宽度，而原始三趾马掌蹠骨远端结节的宽度却大于远端关节的宽度（表 2.31 和表 2.39）。札达三趾马掌蹠骨的远端关节宽于原始三趾马和西藏三趾马的相应测量项（图 2.58：测量项 11 相对更大），但札达三趾马的远端结节宽度却窄于这两个种（图 2.58：测量项 10 相对更小）。

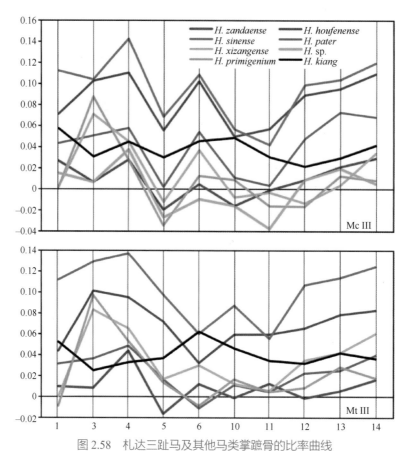

图 2.58　札达三趾马及其他马类掌蹠骨的比率曲线

H. sp.：*Hipparion* sp，来源于蒙古 Kirgiz Nur。横轴的测量项见表 2.31 和表 2.39。竖轴为各物种与参考种
（亚洲野驴，0 线）测量项比率的常用对数值

表 2.42　札达三趾马及其他马类前肢骨的测量与对比　　（单位：mm）

属种	肱骨	桡骨	第三掌骨	第一中指骨
H. zandaense	～250.4	280.8	225.5	67
H. primigenium	278	282.9	212.8	63.8
H. houfenense	277	292.7	249.8	74.1
H. sinense	～295.5	330.8	274.9	73
E. kiang	272	325	242	85.5

数据来源：*H. primigenium* 根据 Bernor 等（1997）；*H. houfenense* 和 *H. sinense* 根据邱占祥等（1987）。

表 2.43　札达三趾马及其他马类后肢骨的测量与对比　　（单位：mm）

属种	股骨	胫骨	第三蹠骨	第一中趾骨
H. zandaense	346.5	333	253.2	61.5
H. primigenium	399.5	364.6	242.5	63.6
H. houfenense	362	331.6	273.8	74.1
H. sinense	440	415	320.3	73
E. kiang	362	342	279.3	67.5

数据来源：*H. primigenium* 根据 Bernor 等（1997）；*H. houfenense* 和 *H. sinense* 根据邱占祥等（1987）。

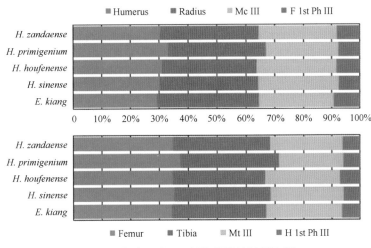

图 2.59　札达三趾马及其他马类的肢骨比例

发达的掌蹠骨远端中嵴是加强肢骨摆动来适应奔跑的另一个特点（Eisenmann and Sondaar，1989）。中嵴的发达对应远端外沟的加深，并伴随着内髁的增厚。这些变化减弱了侧向活动性，为前后方向的运动创造了更好的条件（Hussain，1975）。第一中趾骨的中沟容纳掌蹠骨远端关节的中嵴，避免骨骼间的关联产生侧向的脱臼和扭伤，特别是在快速奔跑时（Eisenmann，1995）。

札达三趾马第三掌骨远端侧沟深度和中嵴厚度之比为 0.84，而原始三趾马（H. primigenium）为 0.88。札达三趾马第一中指节骨背侧长度与全长之比为 0.92，而原始三趾马为 0.94，这反映出札达三趾马具有更发达的中嵴，所以能够更好地消除脚部关节的侧向活动性，从而有效地加强前后向的运动。

在三趾马中，近端中间趾骨斜韧带尺寸的增大可以让中趾站立时与地面夹角更接近 90°，从而使侧趾脱离地面，在运动功能上失去作用，由此通过马蹄球节的支持和反弹的增强让动物跑得更快（Camp and Smith，1942）。西藏三趾马（图 2.57B1）（郑绍华，1980）和原始三趾马（Bernor et al.，1997）的 V 形疤在前、后中趾骨上都发育较弱，而札达三趾马的则宽平得多（图 2.57B2），更接近真马（图 2.57B3）。

在三趾马中，每只脚具有三趾（第二至第四趾），无第一趾和第五趾。马类侧趾（第二趾和第四趾）的退化是取得更强奔跑能力的一个标志性的进化趋势（Evander，1989），相对地，札达三趾马的侧指骨（第二和第四指节骨）太短，在奔跑时不能接触到地面，所以它们不能分担动物的体重，完全失去了运动功能，这与更快的奔跑速度有关。原始三趾马已经进化到在奔跑时只使用唯一具有功能意义的中趾（第三趾），但在慢速步行时三趾全部着地，后一种情况是原始三趾马更从容的步态（Bernor et al.，1997）。札达三趾马的侧趾退化得更明显。例如，札达三趾马前脚第二指三段指节骨的总长为 67.4 mm，而原始三趾马为 78.8 mm。札达三趾马的第三趾也略长于原始三趾马，所以前者的侧趾的悬空程度更大（图 2.57A）。这个特征指示札达三趾马的侧趾完全失去了功能意义，是一个与更快奔跑能力相联系的性状。

如果肢骨的远端部分相对于近端部分长，整个肢骨也将变长，但仍然保持其体重中心位于近端并减小其惯性，由此产生更长、更快的步伐，而速度是步伐长度和频率的结果（Thomason，1986）。札达三趾马前、后肢远端部分（即掌蹠骨和第一中趾骨）相对于近端部分的长度显著长于原始三趾马 *H. primigenium*（图 2.59），指示前者具有更强的奔跑能力。进步的贺风三趾马和中华长鼻三趾马也具有这些特点。

古高度：青藏高原是地球上最年轻和最高的高原，其高度占对流层的 1/3，对大气环流和气候有着巨大的动力和热力效应（Burbank et al.，1993；Zhang et al.，2001）。青藏高原隆升是晚新生代全球气候变化的重要因素，强烈地影响了亚洲季风系统（Raymo and Ruddiman，1992；Guo et al.，2002）。然而，关于青藏高原的隆升历史和过程，尤其是不同地质时期的古高度，长久以来都存在激烈的争论。

在青藏高原发现的三趾马化石曾经为研究高原的隆升历史提供了坚实的证据，其中就包括在札达盆地发现并被命名为札达三趾马的头骨和下颌骨。新的三趾马骨架化石的牙齿特征指示其属于札达三趾马，古地磁测年结果显示其埋藏的地层形成于 4.6 Ma，在地质年代上属于上新世中期。由于骨骼化石的形态和附着痕迹能够反映肌肉和韧带的状态，所以可以据此分析灭绝动物在其生活时的运动方式。札达三趾马的骨架保存了全部肢骨、骨盆和部分脊椎，因此为我们提供了重建其运动功能的机会。

札达三趾马细长的第三掌蹠骨及其粗大的远端中嵴、后移的侧掌蹠骨、退化而悬空的侧趾、强壮的中趾韧带、加长的远端肢骨等，都与更快的奔跑速度相关联；其股骨上发达的滑车内嵴是形成膝关节"锁扣"机制的标志，这一机制能够保证其腿部在长时间的站立过程中不至于疲劳。更快的奔跑能力和更持久的站立时间只有在开阔地带才成为优势。一方面，茂密的森林会阻碍奔跑行为；另一方面，有蹄动物在开阔的草原上必须依赖快速的奔跑才能逃脱敌害的追击。三趾马是典型的高齿冠有蹄动物，近三趾马亚属的齿冠尤其高（邱占祥等，1987），说明它们是以草本植物为食的动物（MacFadden，1992）。从营养摄入的角度来说食草行为是低效率的，因此动物需要极大的食物量才能够保证其足够的营养（Janis，1976）。所以，食草的马类每天必须花费大量的时间在草原上进食，同时必须保持站立的姿势，以便随时观察潜在的捕食者。札达三趾马股骨发达的滑车内嵴是与这种生活环境相匹配的性状（Hermanson and MacFadden，1996）。札达三趾马的一系列形态特征正是对开阔草原而非森林的适应。与其相反，欧洲的原始三趾马的形态功能指示其明显更低的奔跑能力，这种特征则与森林环境相匹配（Bernor et al.，1997；Eisenmann，1995），其运动功能与对札达三趾马分析得出的生态环境和生活行为不匹配。在札达盆地发现的其他上新世中期的哺乳动物化石也都指示开阔的环境（Deng et al.，2011）。

自从印度板块在大约 5500 万年前与欧亚大陆碰撞之后，青藏高原开始逐渐上升。喜马拉雅山脉至少自中新世以来已经形成，由此也产生了植被的垂直分带（吴征镒，1987）。开阔环境本身并不存在与海拔的直接关系，在世界上不同地区的不同高度，从滨海到极高山都有可能出现草原地带。然而，青藏高原的南缘由于受到板块碰撞的控制，在高原隆升以后一直呈现高陡的地形，因此，开阔的草原地带只存在于其植被垂直带谱的林线之上。札达盆地位于青藏高原南缘，因此，其植被分布与喜马拉雅山的垂直带谱紧密相关。札达地区现代的林线在海拔 3600 m 位置，是茂密森林和开阔草甸的分界线（王襄平等，2004）。我们的运动功能分析指示札达三趾马更适宜生活在林线之上的开阔环境中，而不是茂密的森林中。

上新世中期全球气候明显高于全新世，而关键性的边界条件，如各大陆的位置，大致与今天相同（Sabaa et al.，2004）。因此，当上新世的全球表面温度比现代高 2～3 ℃时，温度而非经度和纬度是决定喜马拉雅山脉林线位置的主要因素（Tranquillni，1979；Dowsett，2007）。依据海洋记录（Zachos et al.，2001），札达三趾马生活的 4.6 Ma 对全球来说正处于上新世中期的温暖气候中，温度比现代高约 2.5 ℃。由此推断，按照 0.6 ℃ /100 m 的气温直减率，则札达三趾马生活时期札达地区的林线高度比现代在 3600 m 处的林线高 400 m。因此，当时应位于海拔 4000 m 处，札达三趾马骨架化石的发现地点海拔接近 4000 m，也就是说，札达盆地至少在上新世中期就已经达到其现在的海拔。

在西藏比如县发现的西藏三趾马也包括肢骨材料，特别是远端部分，其地质时代是晚中新世早期，年龄约 10 Ma（郑绍华，1980）。西藏三趾马的掌蹠骨比例与森林型的原始三趾马几乎完全一致（图 2.58），指示它们具有相同的运动功能，说明西藏三趾马应生活于林线高度之下的森林中。

吉隆盆地的福氏三趾马 *Hipparion forstenae* 化石材料包括头骨和下颌骨，但缺少肢骨，年龄为 7 Ma 的晚中新世晚期。福氏三趾马广泛分布于华北的甘肃省和山西省，海拔相对较低，这个种在吉隆应该生活在相似的环境中（Wang et al.，2006），此前的研究已指示其生活的海拔为 2900～3400 m。因此，在西藏比如、吉隆、札达发现的不同时代的三趾马代表了不同的海拔，清晰地描绘出青藏高原逐步隆升的过程。

现代生活于青藏高原的藏野驴的肢骨在比例上非常接近札达三趾马，尤其是细长的掌蹠骨，这两种马科动物不同于平原地区开阔环境中的贺风三趾马，与适应于森林环境的原始三趾马和西藏三趾马存在更显著的差异（图 2.58 和图 2.59）。显然，藏野驴和札达三趾马在形态功能上发生了趋同进化，这是适应相同高原环境的结果，由此进一步支持了根据札达三趾马化石所作出的青藏高原古环境和古高度判断。

同位素分析：哺乳动物牙齿釉质和骨骼化石的稳定碳、氧同位素组成包含了它们的食物和饮水，以及环境古温度的重要信息（Cerling et al.，1997；Kohn and Law，2006；Wang et al.，2008a；Zanazzi et al.，2007）。特别是，食草动物牙齿釉质的 $\delta^{13}C$ 反映了其食物中 C_3 和 C_4 植物的比例。C_3 植物包括所有树木、大多数灌木和寒冷气候的草本植物，其 $\delta^{13}C$ 为 –20‰～–35‰，平均 –27‰（Cerling et al.，1997；O'Leary，1988）。在密闭的树冠下，C_3 植物由于土壤"呼吸"作用的影响而具有较低的 $\delta^{13}C$ 值（Cerling et al.，1997）。C_4 植物主要是温暖气候的草本植物，$\delta^{13}C$ 为 –9‰～–17‰，平均 –13‰（Cerling et al.，1997；O'Leary，1988）。由于生物化学分馏作用，食草动物的牙齿釉质以相对于其食物约 14‰ 的稳定比例富集 ^{13}C，纯粹取食 C_3 植物的动物 $\delta^{13}C$ 值小于 –9‰，而纯粹取食 C_4 植物的动物 $\delta^{13}C$ 值大于 –2‰，混合食性动物其值介于上述两值之间（Cerling et al.，1997）。在现代青藏高原的大多数地区，以苛刻的水汽条件和低的 CO_2 大气分压（p_{CO_2}）为特点，纯 C_3 食性的釉质 $\delta^{13}C$ 保守"临界值"应该为 $-8‰$（Wang et al.，2008b）。

我们分析了采自札达盆地上新世中期各类群哺乳动物的 25 枚牙齿和 110 件碎片及 8 匹现代藏野驴 9 枚牙齿的 60 件系列和混合釉质样品碳、氧同位素组成。札达盆地现代藏野驴釉质样品的碳同位素 ^{13}C 组成为 $-8.8 ± 1.7‰$（$n = 60$，釉质样品来自 8 个个体），指示 C_3 植物食性，与这个地区以 C_3 植物为主的植被吻合。4.0 ～ 3.1 Ma 的化石马类、犀牛和牛科动物的釉质碳同位素 $\delta^{13}C$ 组成为 $-9.6 ± 0.8‰$（$n = 110$，釉质样品来自 25 枚牙齿），指示这些古代的食草动物与现代的藏野驴一样，主要取食以 C_3 植物，生活在以 C_3 植被为主的环境中（图 2.60A）。上新世中期大型食草动物的釉质样品的氧同位素 $\delta^{18}O$ 值基本上低于现代藏野驴（图 2.60B），可能指示这个盆地在上新世中期以后向更干旱条件变化。

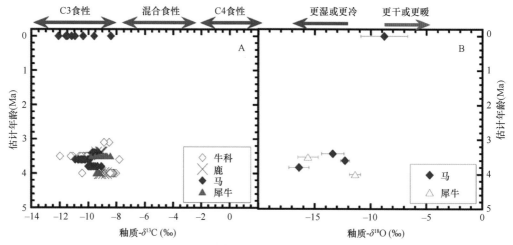

图 2.60　札达盆地食草哺乳动物牙齿化石釉质稳定碳、氧同位素组成
A. 食草哺乳动物釉质全样和系列样品的 $\delta^{13}C$ 值；B. 受迫饮水动物釉质 $\delta^{18}O$ 的平均值

尽管有研究根据植物化石的碳同位素分析认为 C_4 植物（温暖气候植物）存在于札达盆地当地的最晚中新世和上新世生态系统中（Saylor et al.，2009），但我们的釉质 $\delta^{13}C$ 数据显示上新世中期以来 C_4 植物在札达盆地的生态系统中几乎不存在，因为它们在当地食草动物的食物中微不足道。纯粹的 C_3 食性指示，被札达三趾马等动物消耗的草本植物通常生长在寒冷的高海拔系统中。

结论：我们对肢骨所进行的运动功能分析和对比显示，札达三趾马生活在开阔的高山草地环境中，花费大量的时间用于取食，所以它进化出了快速奔跑和长时间站立的能力。树线是植被垂直带中密闭森林和开阔草地这两个极其不同的生态环境之间的界线，对于全球和区域性气候变化有敏感的响应，可以反映长期气候模式的结果。高山地区独特的温度、热量、湿度环境条件限制了树木的生长，形成了森林的上限。决定林线海拔的因素有很多，包括纬度、经度和气候等，其中温度是具有决定性意义的影响树线的因素（Tranquillni，1979）。植被垂直带的分布与气温直接相关，在生长季节气温较高的地方，树线的海拔较大（王襄平等，2004）。因此，札达三趾马生活的开阔高山草地环境在札达盆地所处的陡峭的青藏高原南缘应位于林线之上，必然指示植被垂直分带上的一个确切的海拔范围。上新世中期比现代气温高 2.5 ℃（Dowsett，2007）将使植被垂直分带的界线上升约 400 m，化石地点的现代海拔接近 4000 m，根据推断，札达地区的树线当时最高已达 4000 m。由此证明，西藏南部至少在上新世中期已经达到现在的高度。

马属 *Equus* Linnaeus，1758
马（未定种）*Equus* sp.

标本：IVPP V 18033，左第三蹠骨近端，野外地点 MS0901；V 18034，右第二指节骨，野外地点 MS0902。标本均于 2009 年采自西藏阿里地区噶尔县门士乡（李强等，2011）。

产地：门士乡地处西藏西部边陲，属于阿里地区噶尔县，位于噶尔县城（狮泉河镇）东南约 160 km，紧邻札达盆地，东距札达县城约 100 km。门士乡位于郎钦藏布（象泉河）上游支流门士河左岸，西南以阿伊拉日居山与札达盆地相隔，北临冈底斯山脉。门士乡还大致处于森格藏布（狮泉河）上游支流噶尔藏布与郎钦藏布上游支流门士河之间的分水岭位置（图 2.61）。

门士地区新生代岩石地层单位已建有门士组，最初为新疆煤田地质局 156 煤田地质勘探队于 1971 年［耿国仓和陶君容（1982）文中为 1972 年］所建（梁定益等，1991；耿国仓和陶君容，1982）。门士组自下而上分为 6 段，包括上新统（E ～ F 段）和始新统地层（A ～ D 段），两者之间为断层接触。E 段（晚上新世）产温带的杨柳科植物化石，C 段（早始新世）产热带的桉树和榕树类、杨梅属“*Myrcia*”bentonensis（属名系笔误，应为 *Myrica*）等（吴一民，1983）。耿国仓和陶君容（1982）将门士组重新划分为上新统日须沟组、中新统野马沟组和始新世 - 晚白垩世门士组，日须沟组无植物化石，野马沟组第 2 层和第 3 层中产出的植物化石以杨属 *Populus*、柳属 *Salix* 及豆科的合欢属 *Albizzia* 和槐属 *Sophora* 为主，具有较简单的温带植被特征。其实野马沟组和日须沟组此后才由耿国仓（1984）正式建立，建组剖面位于门士乡东北方向约 29 km 的野马沟内（吴一民，1983），后人多沿用之（梁定益等，1991；陶君容等，2000）。这套产出植物化石的地层主要沿冈底斯山南麓分布，其最年轻的单元日须沟组与门士河右岸真马化石的产出地层之间的关系尚不清楚。

沿 G219 噶尔县城至冈仁波齐峰之间，公路南北两侧还断续出露一些较松散的晚新生代沉积物，一般笼统地认为都是第四纪覆盖物，其大致分布在门士乡西部的、夹在冈底斯山与阿伊拉日居山之间狭长的克勒策（Khalatse）盆地，以及东部的冈底斯山南麓的巴嘎（Barga）盆地（Zhang et al.，2010）。这套地层的岩性明显不同于上述日须

图 2.61　门士的地理位置

沟组、野马沟组和门士组等，其在门士乡附近，特别是郎钦藏布（象泉河）上游支流门士河西岸发育较好，李炳元等（1983）最早对其进行了描述，他们认为门士河东岸冈底斯山南麓高阶地沉积为中更新世冰水相沉积，门士公路桥（旧桥）北侧、门士河右岸的阶地为早更新世冲积相，而门士以西、公路（G219）以北、干谷上游的砂砾层可能为上新世—更新世河湖相。

真马化石出自门士乡以西、G219 南北两侧河湖相沉积中。其中第三蹠骨地点野外编号为 MS0901，地理坐标为 31°12′41.6″N，80°42′42.5″E，海拔 4555 m。产自公路南侧小山北坡上的冲沟沟口的灰白色砂岩中，其上为红色、紫色砾岩和角砾覆盖，距离门士乡约 6 km（图 2.62A）。第二指节骨地点野外编号为 MS0902，地理坐标为 31°13′26.2″N，80°44′46.6″E，海拔 4553 m。其产自公路北侧一条干谷的右岸，距离门士乡约 5 km。李炳元等（1983）曾对路北干谷右岸的这套地层进行了测量和划分，地层岩性自上而下为（本书略作修改）：

1）紫红色砾石夹粗砂层，成分以火山岩为主，来自冈底斯山，厚 5 m。

2）黄色砂砾石层，砾石成分主要为闪长岩、硅质岩，粒径以 1～3 cm 为主，分选和磨圆度差，厚 10 m。

3）浅灰、灰黄色黏土与亚黏土层，产介形类化石 *Candona subxizangensis*、*Candoniella zandaensis*、*C. meincerenesis*、*Leucocythere subsculpta*、*L. trinoda*，厚 20 m。

4）淡棕色粉砂间细砂夹亚黏土层，产腹足类化石，厚 25 m。

5）淡棕色和紫红色砂砾石层，夹砂质土透镜体，砾石主要为火山岩，分选和磨圆程度差，厚大于 25 m。

第二指节骨出自其第 1、2 层之间，我们还在其附近的第 1 层中于 2010 年找到过疑似犀类的残破的肱骨远端。

公路南侧的剖面由于紧靠阿伊拉日居山，上部沉积物颗粒相对较粗，后期坡积覆盖较严重。路北剖面位于阿伊拉日居山和冈底斯山之间山谷的中间，沉积物颗粒相对较细。尽管二者上部的岩性稍有区别，但下部的岩性公路南北完全相同，为同一套河湖相沉积物。这套沉积物向北倾斜，倾角达 10°～20°（李炳元等，1983）（图 2.62C）。考虑到倾角和海拔，含蹠骨（MS0901）的层位低于第二指节骨（MS0901）的层位。

图 2.62　门士真马化石地点

A. MS0901，G219 南；B. MS0902，G219 北；C. 门士乡以西，G219 南北两侧第四系沉积全景，镜头朝西，南为阿伊拉日居山，北为冈底斯山

描述：第二指节骨：横轴略长于高，远端后方的宽度与近端大致相等，据此判断其为前肢指节骨。椭圆形的远端韧带窝面向外前方，在前方形成显著的脊，但内外两侧韧带窝之间的凹陷面不是很显著，而且多滋养孔。后侧中部靠上的位置发育有两个大滋养孔（图 2.63B）。

第三蹠骨：仅保存了其约 60 mm 长的近端，根据其端面形态很容易判断应为左第三蹠骨。骨干前壁圆隆，后壁较平直，断面宽 36.4 mm，厚 33.7 mm，骨壁最厚处达 13.0 mm，骨腔内可见次生的方解石晶簇，单晶最大长度近 10.0 mm。近端视，关节面保存完好，端面微凹，前壁圆隆，后部增宽，后外角强烈凸起；对第三跗骨关节面较宽，非关节区压迹发育为一较圆的凹坑，但未连通内外两侧的切迹，也即未将近端关节面分为前、后两个部分；对第四跗骨关节面大，较平缓，呈外宽内窄的梯形，对第二跗骨关节面近似方形。后侧视，内外两侧各分别有 1 对小关节面分别与第二和第四蹠骨成关节，与第二和第四蹠骨的接触面有点粗糙。侧视，外侧的第三蹠骨动脉压迹不是很明显，内侧的静脉压迹更不可辨（图 2.63A）。

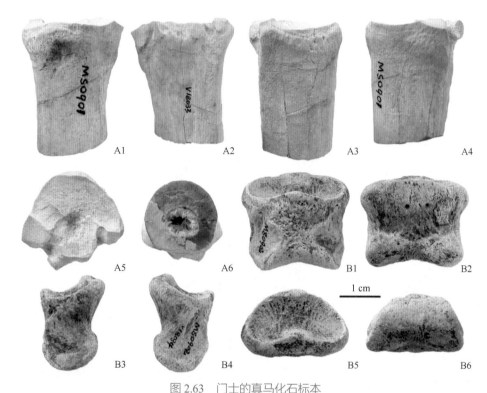

图 2.63　门士的真马化石标本

A. 第三蹠骨近端；B. 第二指节骨

1. 背面；2. 掌面；3. 内侧面；4. 外侧面；5. 近端关节面；6. 远端面

测量：见表 2.44 和表 2.45。由于第三蹠骨只保留了其近端，因此只测量了 Eisenmann 等（1988）设定第三蹠骨测量项中的 5～9 项，指节骨则测量全部的 1～6 项。

表 2.44　门士真马第三蹠骨的测量值　　　　　　　　　（单位：mm）

项目	第三蹠骨（V18033）				
测量项	5	6	7	8	9
测量值	50.7	35.4	44.8	13.2	5.0

注：5. 近端关节宽；6. 近端关节厚；7. 对第三跗骨关节面最大径；8. 对第四跗骨关节面径；9. 对第二跗骨关节面径。

表 2.45　门士真马第二指节骨的测量值　　　（单位：mm）

项目	第二指节骨 (V18034)					
测量项	1	2	3	4	5	6
测量值	46.7	35.5	44.8	52.8	32.9	48.0

注：1. 最大长度；2. 前侧长；3. 最小宽度；4. 近端最大宽度；5. 近端最大厚度；6. 远端关节最大宽度。

比较与讨论：邱占祥等（1987）曾对如何区别三趾马和真马的头后骨骼及其前后左右归属列出过鉴别性特征，其中包括对蹠骨和第二指节骨都有说明（邱占祥等，1987），邓涛和薛祥煦（1999a）也使用过其中的一些鉴定特征（邓涛和薛祥煦，1999a）。尽管门士的标本数量稀少，缺乏关键的标本，如头骨和齿列等，但仍可以做一下简单的对比。

门士的标本个体偏大，远远超过了大多数三趾马的尺寸。就蹠骨而言，长鼻三趾马亚属是三趾马属中最大的（邱占祥等，1987），门士标本大于 *Hipparion (Proboscidipparion) pater*，落入中华长鼻三趾马 *H. (Pr.) sinense* 的变异范围之内（图 2.64）。我们曾于 2009 年在临近门士的札达盆地内上新统地层中采集到一件 *H. (Plesiohipparion) zandaense* 较完整的骨架，对比此件 *H. (Pl.) zandaense* 的第三蹠骨和第二指节骨，门士标本明显粗壮得多。从图 2.64 中可以看出，门士的蹠骨个体远大于 *H. (Pl.) zandaense* 和 *H. (Hipparion) hippidiodus*，同时也稍大于 *H. (Pl.) houfenense*。

就第二指节骨大小而言，门士标本长度明显较 *H. (Pl.) zandaense* 及 *Hipparion (Pr.) sinense* 的长，落入 *H. (Pl.) houfenense* 的变异范围内，但宽度明显大于后三者（图 2.65）。同时，从形态上说，门士标本的第二指节骨骨干前面韧带窝为椭圆形，之间也没有明显的凹陷，同时第三蹠骨对第三跗骨关节面非常宽厚，对跗骨的关节面都较平缓，这些特征都排除了其属于三趾马的可能。

根据 Azzaroli（1992）、邓涛和薛祥煦（1999a）及邱占祥等（2004），目前中国的真马化石种类共有 14 种，含 2 种半驴型（hemiones，包括 *Equus hemionus* 和 *E. kiang*），4 种马型（caballoid，包括 *E. caballus*、*E. przewalskii*、*E. beijingensis* 和 *E. dalianensis*），8 种古马型（stenonid，除以上 6 种的其他类型）。从图 2.64 和图 2.65 上我们可以看到，无论是蒙古野驴 *E. hemionus*（吉林榆树：胡长康和刘后一，1959）、黑龙江阎家岗（黑龙江文化管理委员会等，1987）、甘肃环县（邓涛和薛祥煦，1999a）及现生野驴（Eisenmann，1979，1986），还是藏野驴 *E. kiang*，它们的尺寸都比门士标本明显小得多，因此后者不太可能属于半驴类。邓涛和薛祥煦（1999a）指出蒙古野驴 *E. hemionus* 和普氏野马 *E. przewalskii* 的蹠骨在形态上是有区别的，门士标本的第三蹠骨上的对第四跗骨关节面宽大，为外宽内窄的梯形，内外两侧切迹相对较深（图 2.63），这一点可以区别于四川省甘孜藏族自治州炉霍县的 *E. hemionus*（宗冠福等，1996）及现生的半驴。

其他 *Equus* 属中，模式产地为云南元谋的云南马 *Equus yunnanensis*（Colbert，1940；刘后一和尤玉柱，1974），仅被发现于山西平陆、陕西旬邑和江苏南京的黄河马 *E. huanghoensis*（邓涛和薛祥煦，1999a；周本雄和刘后一，1959；董为和房迎三，2005），仅被发现于北京周口店第 21 地点的北京马 *E. beijingensis*（刘后一，1963），被

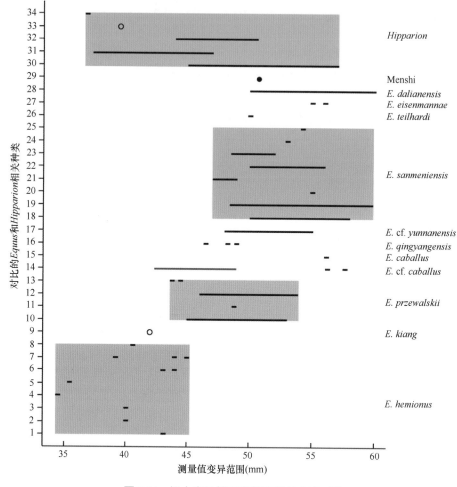

图 2.64　门士真马第三蹠骨近端关节宽对比

1～29，*Equus*：1. 黑龙江阎家岗（徐钦琦，1987）；2. 现代（Eisenmann，1979）；3. 伊朗（Eisenmann，1986）；4. 叙利亚（Eisenmann，1986）；5. 甘肃环县（邓涛和薛祥煦，1999a）；6. OV 1384；7. 四川甘孜炉霍，V7798.6，V7798.7，V7798.10（宗冠福等，1996）；8. 吉林榆树，V2149（胡长康和刘后一，1959）；9. 西藏，MNHN 1963-363；10. 现代（Gromova，1949）；11. 现代（Eisenmann，1986）；12. 吉林榆树（胡长康和刘后一，1959）；13. 甘肃环县（邓涛和薛祥煦，1999a）；14. E. cf. caballus，吉林榆树（胡长康和刘后一，1959）；15. 现生，OV 905；16. 甘肃庆阳（邓涛和薛祥煦，1999a）；17. 四川盐源（宗冠福等，1996）；18. 河北泥河湾（Teilhard et al.，1930）；19. 河北泥河湾（Forsten，1986）；20. 青海共和（Forsten，1986）；21. 河北怀来（Zdansky，1935）；22. 河南渑池（Zdansky，1935）；23. 北京周口店（刘后一，1973）；24. 陕西渭南（邓涛和薛祥煦，1999a）；25. 青海共和（郑绍华等，1985）；26. E. teilhardi，河北泥河湾（Teilhard et al.，1930）；27. 甘肃东乡龙担（邱占祥等，2004）；28. 辽宁复县（周信学等，1985）；29. 西藏门士。30～34，*Hipparion*：30. *Hipparion*（*Proboscidipparion*）*sinense*；31. *H.*（*Pr.*）*pater*；32. *H.*（*Plesiohipparion*）*houfenense*；33. *H.*（*Pl.*）*zandaense*，西藏札达；34. *H.*（*Hipparion*）*hippidiodus*

部分数据分别引自邱占祥等（1987）、宗冠福等（1996）、邓涛和薛祥煦（1999a）及邱占祥等（2004）

发现于山西太谷、祁县和天镇及河南渑池的 *E. stenonis* Cocchi，1867（Azzaroli，1982；邓涛和薛祥煦，1999a），以及仅被发现于甘肃庆阳早更新世地层中的王氏马 *E. wangi*（邓涛和薛祥煦，1999a，1999b）等种类均缺乏可对比肢骨。此外，中国科学院青藏

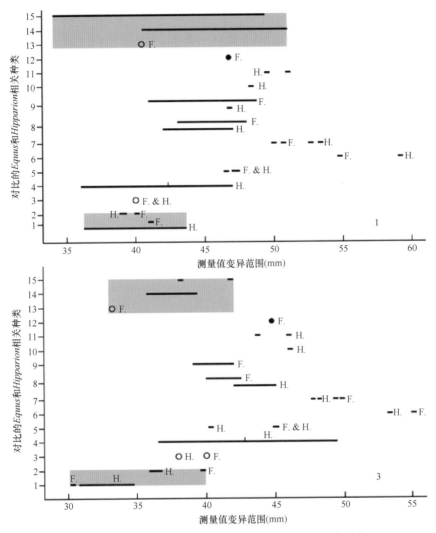

图 2.65　门士真马第二指节骨最大长度和最小宽度对比

上图为最大长度；下图为最小宽度

1. *Equus hemionus*，甘肃环县（邓涛和薛祥煦，1999a）；2. *E. hemionus*，OV 1384；3. *E. kiang*，西藏，MNHN 1963-363；4. *E. sanmeniensis*，北京周口店（刘后一，1973）；5. *E. sanmeniensis*，青海共和（郑绍华等，1985）；6. *E. "sanmeniensis"*，河北蔚县（李毅，1984）；7. *E. caballus*，现生标本，OV 905；8. *E. przewalskii*，Gromova，1949；9. *E. qingyangensis*，甘肃庆阳（邓涛和薛祥煦，1999a）；10. *E. dalianensis*，辽宁大连（周信学等，1985）；11. *E.* cf. *yunnanensis*，四川盐源（宗冠福等，1996）；12. 西藏门士；13. *Hipparion (Plesiohipparion) zandaense*，西藏札达；14. *H. (Pl.) houfenense*；15. *H. (Proboscidipparion) sinense*。F. 前指；H. 后趾。部分数据分别引自邱占祥等（1987）、宗冠福等（1996）及邓涛和薛祥煦（1999a）

高原综合科学考察队古脊椎动物组 1982 ～ 1985 年，在对横断山地区新生代化石调查过程中采集到一些马类化石（宗冠福等，1996），除了四川盐源的云南马相似种 *E.* cf. *yunnanensis* 可以对比之外，其余大部分都无法对比。

　　与其余 7 种可对比种类相比，门士标本的第三蹠骨比泥河湾的德氏马 *Equus teilhardi*（Teilhard de Chardin and Piveteau，1930）和甘肃庆阳的庆阳马 *E. qingyangensis*

（邓涛和薛祥煦，1999a，1999c）的稍微粗壮一点，明显小于甘肃东乡的埃氏马 *E. eisenmannae*（邱占祥等，2004）、辽宁复县（1985 年改为瓦房店市）的大连马 *E. dalianensis*（周信学等，1985）这两种大型真马，同时也比现生的普通马 *E. caballus*，OV 905 小，落入三门马 *E. sanmeniensis*（河北泥河湾：邓涛和薛祥煦，1999b；Forstén，1986）和怀来（Zdansky，1935）、河南渑池（Zdansky，1935）、北京周口店第一地点（刘后一，1973）、青海共和（Forstén，1986；郑绍华等，1985）、甘肃环县及陕西渭南（邓涛和薛祥煦，1999a）、普氏野马 *E. przewalskii*（吉林榆树：胡长康和刘后一，1959；甘肃环县：邓涛和薛祥煦，1999a；现生：Eisenmann，1986；Gromova，1949）及四川盐源 *E.* cf. *yunnanensis*（宗冠福等，1996）的变异范围中（图 2.64）。此外，正如邓涛和薛祥煦（1999a）指出的一样，胡长康和刘后一（1959）描述的吉林榆树的 *E.* cf. *caballus* 实际上是混杂的，观察和测量后笔者认为蹠骨中可能只有其中的 V2196 和 V2198 两件应属于 *E. caballus*，其余的大部分应属于 *E. przewalskii*，还可能掺杂了 *E. hemionus*。门士标本的蹠骨要比榆树的 V2196 和 V2198 小（图 2.64）。

门士标本的第二指节骨明显小于现生的 *E. caballus*（OV905），比 *E. dalianensis* 和四川盐源 *E.* cf. *yunnanensis* 的略微细弱一些，宽于 *E. qingyangensis* 的，落入周口店第一地点 *E. sanmeniensis* 和 *E. przewalskii* 的变异范围的上方（图 2.65）。此外，我们还发现李毅（1984）描述的河北蔚县的 *E. sanmeniensis* 远远超过了其他地点 *E. sanmeniensis* 的尺寸范围，甚至比现生的 *E. caballus* 还要大（图 2.65），很可能属于另外一种大型真马。

形态上，门士的第三蹠骨近端后外角强烈突出，对各跗骨关节面宽大，这点不同于周口店第一地点的 *E. sanmeniensis* 和四川盐源 *E.* cf. *yunnanensis*，而比较接近 *E. caballus* 和 *E. przewalskii*。不过门士的蹠骨近端轮廓呈圆隆形，非关节面压迹小而浅，内外两侧切迹未连通，这点又不同于吉林榆树和现生的 *E. caballus*，最接近 *E. przewalskii*。

意义：在探讨青藏高原隆升时间和幅度及其效应问题上，青藏高原本土的晚新生代脊椎动物化石具有重要作用。20 世纪 70 年代中后期，中国科学院开展了对青藏高原的综合科学考察，脊椎动物化石方面最为重要的是先后在吉隆、布隆、亚汝雄拉（聂聂雄拉）和札达盆地发现了三趾马动物群（黄万波和计宏祥，1979；黄万波等，1980；计宏祥等，1980；郑绍华，1980；黄赐璇等，1980；张青松等，1981；李凤麟和历大亮，1990）。青藏高原腹地三趾马动物群的出现，一度成为支持我国学者提出青藏高原第四纪剧烈隆升观点的重要证据之一（施雅风等，1998）。然而受自然、交通、人力等多方面因素影响，相对于周边地区，青藏高原晚新生代哺乳动物化石地点和种类仍稀少，化石的研究程度也不高。西藏第四纪哺乳动物化石地点和种类则更少，已知的只有亚汝雄拉、墨竹工卡、定日、朋曲、林芝、羊八井等地点产出一些零星的第四纪哺乳类化石（赵希涛等，1976；黄万波，1980）。真马在欧亚大陆的首次出现通常被认为与 2.5 Ma 的第四纪下界吻合（邓涛和薛祥煦，1997），真马化石在门士的发现，确定了其产出地层应属于第四纪。

普氏野马 *E. przewalskii* 化石广泛分布于欧亚晚更新世地层中，在中国的分布范围从新疆西部（金昌柱，1991）一直到台湾海峡（高健为，1982）。普氏野马扩散到青藏高原是有可能的，因为在高原北缘库木库里盆地第四系地层中似乎也出现过它的踪迹（张云翔等，2001）。*E. przewalskii* 在中国最早出现于丁村动物群（邓涛和薛祥煦，1999a），丁村动物群的年龄通常被认为在～0.1 Ma（尤玉柱和徐钦琦，1981；Zhou and Xiang，1982）。如果以后增加材料，如头骨和齿列等，能证实门士的真马确实属于 *E. przewalskii* 的话，那么门士的这套河湖相堆积形成的时间应不会早于晚更新世，也即小于 0.1 Ma。现生的普氏野马仅局限于新疆北部阿尔泰及蒙古科布多盆地中，一般认为它是一种严格适应干燥寒冷的气候环境、生活于冬季风盛行区的荒漠动物（邓涛和薛祥煦，1999a），门士的真马化石似乎暗示了晚更新世时期西藏阿里地区的干冷环境。

　　结论：首次在西藏阿里门士乡门士河右岸河湖相地层中发现了真马化石；根据大小和形态判断门士的真马化石，其不属于半驴类，而属于古马类或马类，很有可能为普氏野马 *Equus przewalskii*；普氏野马 *E. przewalskii* 出现的时代一般不早于晚更新世，如果门士的标本确实属于普氏野马的话，那么门士河右岸的河湖相砂砾层的形成年代可能不会早于 0.1 Ma。

犀科 Rhinocerotidae Owen，1845
无角犀亚科 Aceratheriinae Dollo，1885
近无角犀属 *Plesiaceratherium* Young，1937
近无角犀未定种 *Plesiaceratherium* sp.

　　标本：IVPP V18082，为左肱骨远端的内侧，保留内髁和内上髁残部（Deng et al.，2012b）。标本石化坚硬，表面黄褐色，带有黑色斑纹，破裂面可见化石内部为黑色。由于草根植物碱的腐蚀，局部可见白色根系印痕，与在西藏比如县布隆盆地发现的哺乳动物化石保存状况类似（郑绍华，1980）。

　　地点和层位：这件犀科化石被发现于班戈县论波日地点丁青组上部（图 2.66 和图 2.67）。

　　描述：肱骨远端滑车内髁呈自内向外逐渐收缩的锥形体，其滑车面没有二次分隔，与桡骨的关节窝和尺骨的半月切迹形成关节（图 2.68A3）。自前面看，内髁下宽上窄，即上部向骨干中线倾斜；内髁上缘的内侧部分与其上的骨面平滑过渡，未形成突起的嵴形（图 2.68A2）。自内面看，内上髁的残余部分显示其相当发达，内上髁下缘明显高出内髁内面，内上髁下缘前端插入内髁内面下部，这样，在内上髁前端与内髁后端的交接处形成一条近水平的沟；内髁内面边缘有 7 mm 宽的新月形粗糙面，两端分别尖灭于内髁的上、下端；内髁内面中下部有一些圆形小坑，最大直径为 1 mm，为滋养孔的开口；内侧副韧带窝相当浅，边界不清，与骨面逐渐过渡，窝内有一自前上方向后下方倾斜的细嵴，长 12 mm，与内髁上、下端连线重合，副韧带窝的中心位于这条连线的中间；内侧副韧带结节位于副韧带窝上方，突起程度非常微弱，中央也有一条细嵴，其方向与副韧带窝内的细嵴大致平行，长度相当；副韧带结节后方为垂向的宽浅凹陷，

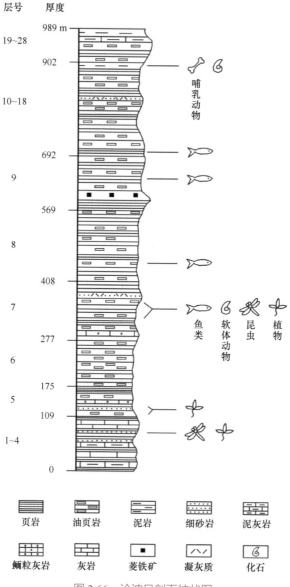

图 2.66 论波日剖面柱状图

图 2.67 论波日化石地点

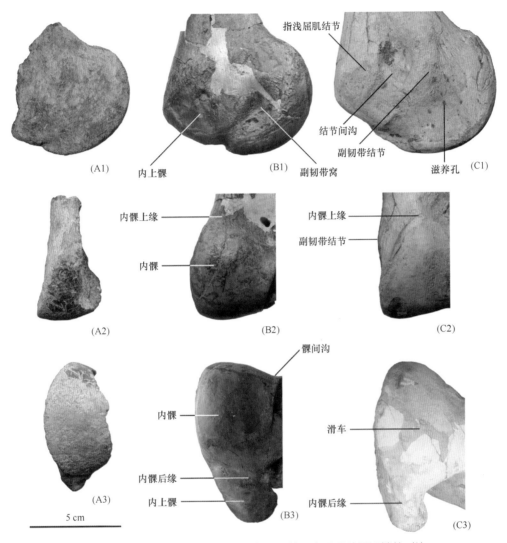

图 2.68　论波日标本与纤细近无角犀和维氏大唇犀肱骨远端的对比

A. *Plesiaceratherium* sp.，V 18082，西藏班戈论波日；B. *Plesiaceratherium gracile*，RV 37065，山东临朐山旺；

C. *Chilotherium wimani*，HMV 0449，甘肃广河后山。1. 内面视；2. 前面视；3. 远端视

它分隔副韧带结节与内上髁内面附着指浅屈肌的结节（图 2.68A1）。从远端面看，内髁不向后延伸，末端不到内上髁前后向中线（图 2.68A3）。内髁最大直径为 67.5 mm。

　　比较：论波日标本与偶蹄类不同，偶蹄类肱骨远端滑车内髁的中间部分不低于内侧，即自内向外不收缩，或收缩很弱，甚至略膨大，如牛科动物的滑车内髁中部直径就大于内缘直径（Gromova，1961）。

　　奇蹄类中，马的肱骨远端滑车内髁自内向外开始前后径保持不变，甚至略膨大，直至接近髁间沟才突然变小，内髁上还有一条中沟（Sisson and Grossman，1953）；貘的内髁内面整体为一个凸面，内上髁非常发达，其横向厚度巨大，前后向长度与内髁长度接近；爪兽的内髁自内向外的收缩不对称，其内缘前部有一个小的关节面，内上

髁横向宽，但前后向短（Coombs，1978，1979）；雷兽的内上髁底缘强烈上升，与内髁底缘之间有相当大的距离，一些种类的内髁内缘前部为显著的凹陷（Osborn，1929；王伴月，1982）。犀牛肱骨的远端滑车内髁呈自内向外逐渐收缩的较对称的锥形体，其上没有二次分隔的沟或嵴（Gromova，1961），论波日标本的形态特点与犀类一致。

犀超科是奇蹄目中物种多样性和生态分异度最高的类群，通常分为 3 个科，即跑犀科（Hyracodontidae）、两栖犀科（Amynodontidae）和犀科（Rhinocerotidae）（Prothero and Schoch，1989）。

以不等门齿犀 *Imequincisoria* sp. 为例（王景文，1976），跑犀肱骨远端滑车内髁的内侧面边缘形成突起的新月形宽嵴；内上髁向后和向下伸展弱；内侧的骨面凹凸不平，内侧韧带窝和结节显著，位于内髁上、下端连线的上方；内上髁下缘与内髁下缘连续过渡，从内侧面看无明显界线；分隔副韧带结节和指浅屈肌结节的凹陷相当宽大。曾经归入跑犀科的巨犀也表现出相同的特点，如沙拉木伦始巨犀 *Juxia sharamurenensis* 的肱骨（邱占祥和王伴月，2007）。

以原巨两栖犀 *Gigantamynodon promisus* 为例（徐余瑄，1966），两栖犀肱骨远端的内上髁不发达，并以非常陡的角度斜向后上方，从内面看，其下缘与内髁下缘逐渐过渡；小而深的副韧带窝紧靠在高耸的三角锥形副韧带结节之下，位于内髁上、下端连线之上；内髁内侧面的新月形嵴突起相当高；附着指浅屈肌的结节呈突起的嵴状延伸至内面后缘。

犀科动物肱骨的内髁内侧面边缘不突起，内上髁发达，强烈向后伸展，与内髁关节面之间以沟相隔。显然，论波日标本属于犀科。对比犀科内的各属种，论波日标本与山东临朐早中新世晚期山旺动物群中的细近无角犀 *Plesiaceratherium gracile* 的肱骨远端（图 2.68B）几乎完全相同，前述论波日肱骨远端的特征在细近无角犀的 IVPP RV 37065 标本上都能见到，如内髁上部向骨干中线倾斜，其上缘与骨面平滑过渡；内上髁下缘明显高于内髁内面，其前端插入内髁内面下部，在交接处形成一条近水平的沟；内髁内面的新月形面显著，滋养孔丰富；内侧副韧带窝边界不清，副韧带结节突起微弱；副韧带结节与指浅屈肌结节之间的凹陷宽浅；内髁不向后延伸。*P. gracile* 肱骨（IVPP RV 37065）的内髁直径为 67 mm，也与论波日标本（67.5 mm）一致。微小的差别在于细近无角犀的副韧带窝比论波日标本显著，前者的内髁内面边缘更光滑（图 2.68B1）。有鉴于此，我们将论波日标本确定为无角犀亚科（Aceratheriinae）近无角犀的未定种 *Plesiaceratherium* sp.。

在犀科内，与论波日标本在大小上相似，同为中等体型的种类还有不少，但可以根据形态进行区分。以维氏大唇犀 *Chilotherium wimani* 为例：从内面看，其肱骨远端内上髁底缘强烈向后上方倾斜，前缘未伸至滑车内髁后部，二者之间未形成切迹或沟；副韧带结节相当突出，但副韧带窝不明显（图 2.68C1）。从前面看，内髁上缘明显高出骨面，形成一条突起的嵴（图 2.68C2）。从远端面看，内髁强烈向后延伸，末端大大超过内上髁的前后向中线（图 2.68C3）（Deng，2002）。

对于可生活于高寒地带的披毛犀（*Coelodonta* 属），其肱骨远端与论波日标本差别明显。首先，它们的大小相差悬殊，较小的泥河湾披毛犀 *C. nihowanensis* 的远端滑车内髁直径就达 98 mm（Deng，2008b），晚更新世披毛犀 *C. antiquitatis* 的内髁直径更达到 119 mm（徐余瑄等，1959），远大于论波日标本的 67.5 mm。其次，在形态上，披毛犀肱骨远端内面的副韧带窝不明显，副韧带结节和指浅屈肌结节都相当发达，二者接近，甚至愈合；内上髁底缘远高于内髁底缘，之间有近 20 mm 的距离（徐余瑄等，1959；Borsuk-Bialynicka，1973）。

时代：伦坡拉盆地位于西藏北部的班戈县和双湖特区交界线南北两侧，平均海拔约 4700 m，是藏北新生代地层甚为发育的地区。伦坡拉盆地的新生界总厚度达 4000 m 以上，由下部的牛堡组和上部的丁青组组成。该套沉积属于新生代是没有争议的，但具体到"世"或"统"一级的归属却存在不同的观点（王开发等，1975；夏位国，1982，1986；夏金宝，1983）。此前判断时代的古生物依据主要是孢粉和介形虫，缺乏在新生代地层划分对比中有严格约束意义的哺乳动物化石。

近无角犀是依据在山东省临朐县山旺早中新世地层中发现的一些零星的颊齿和肢骨而确立的一个属，细近无角犀（*P. gracile*）为其属型种（Young，1937）。后来又在山旺发现了许多近无角犀的材料，包括不少保存精美的骨架，以及完整的头骨、许多颊齿和肢骨，对近无角犀有了较全面的认识（Yan and Heissig，1986）。近无角犀是中型或大型原始无角犀，肢骨细长。在中国，近无角犀此前仅被发现于 2 个地点，即山东省临朐县山旺和河北省磁县九龙口（陈冠芳和吴文裕，1976）。近无角犀的另一个分布地区为欧洲，化石地点有 5 个，分别是德国的 Sandelzhausen（MN5）和 Voggersberg（MN5）、法国的 Pont du Manne（MN4）、葡萄牙的 Charneca de Lumiar（MN4）和西班牙的 Can Julia（MN4）（Heissig，1999）。

中国含近无角犀的山旺和九龙口动物群的时代被确定为早中新世晚期的山旺期，欧洲含近无角犀的化石地点属于 MN4 ～ 5，也处于早中新世晚期的 Orleanian 期（Heissig，1999），与中国的分布时代相当。

由于山旺地区所在的临朐凹陷的中生代、新生代地层为一套火山岩 - 沉积岩系，所以历年来对其做过大量同位素年龄测定，与化石的时代相当吻合的数据显示富含化石的硅藻土的形成时代为 18.85 ～ 14.11 Ma（金隆裕，1985）或 18.05±0.55 Ma（陈道公和彭子成，1985），样品采自山旺组之下，因此山旺动物群的时代约为 18 Ma（邓涛等，2003；He et al.，2011）。九龙口动物群的产出地点不具备进行绝对年龄测定的岩石和剖面条件，但包含了几种山旺动物群的成员，如近无角犀和古鹿 *Palaeomeryx*，但也有时代略晚的中鬣狗 *Percrocuta*（陈冠芳和吴文裕，1976），因此其时代应处于山旺期末期，年龄约 16 Ma。欧洲含近无角犀的 5 个地点在时代上属于哺乳动物分期的 MN4 或 MN5 带，而 MN4 ～ MN5 的年龄为 18 ～ 15 Ma（Steininger，1999）。显然，近无角犀在欧亚大陆分布区的各地点时代都非常接近，处于早中新世晚期。

在伦坡拉盆地论波日地点发现的近无角犀化石，显示丁青组上部地层已进入中新世。丁青组的介形虫化石原来被笼统地认为具有渐新世属性（夏位国，1982；西藏自治区地质矿产局，1997；Zhang et al.，2010），但实际上不同层段所含化石的时代意义并不相同。与近无角犀化石层位接近的丁青组上段产有介形虫 *Heterocypris formalis*、*H. subsinuatus*、*Candoniella albicans*、*Ilyocypris errabundis*、*I. dunschanensis* 和 *Limnocythere cinctura* 等（夏位国，1982；侯祐堂等，2002），其中的 *L. cinctura* 被发现于江苏盐城组（侯祐堂和勾韵娴，2007），其时代与早中新世的山旺组相当（郑家坚等，1999）；*I. dunschanensis* 仅分布于新近纪；*C. albicans* 和 *I. errabundis* 从古近纪到新近纪都有分布（侯祐堂等，2002）。综合对比的结果，丁青组上段的介形虫组合具有早中新世特点。鉴于丁青组下部还有巨厚的油页岩和细碎屑沉积，与介形虫化石相结合，新证据支持整个丁青组属于渐新世—中新世的观点（夏金宝，1983）。

古高度：犀科是犀类中的一支，其典型特征是门齿中仅上第一门齿和下第二门齿构成一对剪切组合。犀科在中新世达到其地质历史的多样性高峰，曾广泛分布于欧亚大陆、北美洲和非洲（Heissig，1999）。犀科动物为草食性动物，多数生活于热带或温带地区，只有少数或个别种，如披毛犀（*Coelodonta* 属）生活于寒冷地区（Kahlke，1999）。犀科化石不仅是具有严格时代意义的新生代重要标准化石，还对于动物群的生态环境具有关键指示作用。

近无角犀化石大量出现在山东临朐的山旺动物群中，与三角原古鹿 *Palaeomeryx tricornis* 和柯氏柄杯鹿 *Lagomeryx colberti* 共同成为动物群中个体数量占优势的种类。除了丰富的哺乳动物化石，山旺地点还含有鱼类、两栖类、爬行类、鸟类、昆虫、大植物、孢粉和藻类等化石，因此可以比较准确地恢复近无角犀的生活环境。山旺的哺乳动物化石主要为森林边缘和沼泽区域生活的类型，尤其是原古鹿、柄杯鹿和多样的松鼠（*Tamiops asiaticus*、*Sciurus lii*、*Oriensciurus linquensis*、*Plesiosciurus* aff. *sinensis*）（Qiu and Yan，2005）等，而草原生活的类型十分贫乏，说明当时的生态环境是亚热带或暖温带森林型。从山旺盆地所含的植物群组合看，其中不少是亚热带常绿或落叶阔叶植物，也显示温暖而湿润的气候（阎德发，1983；陶君容等，1999）。临朐山旺所在的山东半岛中部海拔不超过 1000 m，山旺动物群的生态环境指示早中新世时期的海拔应与现代相差不大。近无角犀在欧洲的分布地区也处于低海拔地区（<1000 m），早中新世在 18～16.5 Ma 存在温暖湿润的气候（Böhme，2003）。由此可以看出，近无角犀是一种生活于亚热带或暖温带森林丰富地区的喜温暖湿润型动物。

伦坡拉盆地的丁青组已有详细的孢粉分析结果（王开发等，1975），显示下段为榆粉属 - 柳粉属组合，在近两年的野外调查中，在丁青组也发现了柳树的叶化石，与孢粉资料吻合；中段被子植物花粉超过裸子植物花粉，占总数的 55%～73%，被子植物类繁多，北温带的落叶阔叶树种占据了优势地位，其中以栎属、柳属、胡桃属为最多，是构成当时森林的主要树种，针叶树种以松属、云杉属、冷杉属较多，居次要地位，草本植物开始有了进一步的发展；上段被子植物花粉在组合中占了绝对优势，达 88%～91%，裸子植物花粉较少，柳属花粉急速增加，和栎并列为本组合的优势种，漆树花粉的数量也多，其他的木本植物包括胡桃、桦木、朴、木兰、槭、榛、山核桃和枫杨等。丁青组的孢粉组合与山东临朐山旺组的组合接近，反映了当时温暖湿润的温带气候（王开发等，1975）。从沉积特征来看，丁青组暗色沉积物发育，指示当时的气候环境偏潮湿（马立祥等，1996；杜佰伟等，2004）。因此，早中新世时期近无角犀所在的伦坡拉盆地具有与其所在的山东和西欧相似的温暖湿润生存环境。

如前所述，对伦坡拉盆地丁青组沉积时期古高度的判断也有很大差别，从 1000 m 左右（马孝达，2003）到 4500 m（Rowley and Currie，2006）。如果直接对比，近无角犀在山东和西欧分布区的海拔支持伦坡拉盆地当时的高度约 1000 m 的估计。然而，更合理的判断实际上要根据亚热带或暖温带森林环境在早中新世全球气候背景下的分布上限来确定。

青藏高原南缘的喜马拉雅山南坡动植物分布呈现明显的垂直变化，常绿阔叶林带的分布上限为海拔 2500 m，气候温暖湿润，年降雨量达 2000 mm 左右，其中生活的动物不但种类繁多，而且数量丰富（钱燕文等，1974）。从动植物的特点看，含近无角犀的山旺动物群及伦坡拉近无角犀的生存环境都类似于这样的常绿阔叶林带。

在全球气候背景上，近无角犀生活于 17.8 Ma 的 Mi-1b 和 16 Ma 的 Mi-2 两个变冷事件之间（Wang et al.，2003），但温度水平仍然高于现代（Zachos et al.，2001），根据氧同位素计算的温度约比现代高 4℃（Pekar and DeConto，2006）。植物垂直带谱的分布与气温直接相关，由于气温直减率为 0.6℃/100 m（王襄平等，2004），因此，4℃的温度升高可使带谱界线上升约 670 m，即早中新世时适合近无角犀生活的常绿阔叶林带最高可分布于 3170 m 海拔处。

现代青藏高原南侧包括尼泊尔在内的南亚地区仍然有犀科动物分布，印度犀 Rhinoceros unicornis 就生活于喜马拉雅山脚的森林和高草地带。在现生犀牛中，苏门答腊犀 Dicerorhinus sumatrensis 由于身体被毛，因此可以生活于海拔较高的热带雨林环境中，达到 1000～1500 m（Groves and Kurt，1972）。爪哇犀 Rhinoceros sondaicus 最高的分布记录是 2000 m（Foose and van Strien，1997）。这些现代犀牛的生态适宜范围可作为解释近无角犀分布空间的参考，通过早中新世比现代高 4℃（Pekar and DeConto，2006）条件下由气温直减率（王襄平等，2004）产生的 670 m 高差校正，据此推测近无角犀在伦坡拉盆地的生活环境上限接近海拔 3000 m。

结论：藏北伦坡拉盆地新生代沉积物的时代长期存在争议，主要是缺乏时代意义比较精确的化石。在班戈县论波日地点丁青组上部发现的犀科肱骨远端化石，是在伦坡拉盆地新生代沉积中发现的第一件哺乳动物化石，经详细的形态观察和对比，可知其内髁下宽上窄，内侧副韧带窝相当浅，内侧韧带结节非常微弱，内髁上缘的内缘部分与其上的骨面平滑过渡，没有明显的界线，被鉴定为犀科的近无角犀 Plesiaceratherium sp.。

近无角犀此前仅被发现于华东和西欧，两地的含化石地层皆属于早中新世晚期。山东临朐山旺盆地的同位素测年结果表明近无角犀生活于 18～16 Ma，因此含近无角犀化石的丁青组上段沉积应为早中新世晚期，整个丁青组则涵盖渐新世—中新世沉积。

丁青组的植被类型也与山旺动物群一致，生活于其中的近无角犀是一种亚热带或暖温带森林丰富地区的喜温暖湿润型动物。根据现代喜马拉雅高山植被垂直分带与早中新世全球气候的对比校正，丁青组时代伦坡拉盆地的海拔最高不超过 3170 m，在考虑犀类生态环境要求的条件下，经早中新世的古气温校正后，更可能的古海拔接近3000 m。

真犀亚科 Rhinocerotinae Owen，1845
披毛犀属 *Coelodonta* Bronn，1831
西藏披毛犀 *Coelodonta thibetana* Deng et al.，2011

正型：V15908，同一成年个体的完整头骨、下颌骨、寰椎、枢椎和第三颈椎，由王晓鸣于 2007 年 8 月 22 日发现，由 Gary Takeuchi 领导的野外技术队伍发掘（Deng et al.，2011）。

模式地点和层位：ZD0740（31°33′55.3″N，79°50′53.8″E，海拔 4207 m），西藏阿里地区札达县城东北 10.2 km 处。在地层上产自札达组上部的细粒沉积物。化石的地质年龄根据动物群对比和古地磁测定，指示为上新世中期约 3.7 Ma。

鉴定特征：西藏披毛犀具有披毛犀的一系列典型特征，包括修长的头型、骨化的鼻中隔、宽阔而侧扁并具有纵向中嵴的鼻角角座、下倾的鼻骨、抬升而后延的枕嵴、高大的齿冠、粗糙的釉质、齿冠上的白垩质、在早期磨蚀阶段已出现发达的中窝和后窝等。另外，西藏披毛犀不同于其他进步的披毛犀（*Coelodonta nihowanensis*、*C. tologoijensis*、*C. antiquitatis*），主要表现在它的鼻中隔骨化程度较弱，只占鼻切迹长度的 1/3；下颌联合部前移；颊齿表面的白垩质覆盖稀少，外脊褶曲轻微；第二上臼齿的中附尖弱，第三上臼齿的轮廓呈三角形；下颊齿下前尖的前棱钝，下次脊反曲并具有显著弯转的后端；第二、第三下臼齿的前肋微弱等。

描述和比较：西藏披毛犀的头骨长度为 771 mm，接近现生白犀（*Ceratotherium simum*，头骨平均长度为 797 mm），远长于现生的苏门犀（*Dicerorhinus sumatrensis*，头骨平均长度为 525 mm）。

头骨：顶面凹陷，顶嵴分隔宽阔（最小距离为 46.5 mm），与其他双角犀类，如 *Dihophus ringstroemi*（Ringström，1924）和 *Stephanorhinus etruscus*（Mazza，1988）相似（图 2.69A）。鼻角的尺寸大于现生和化石的真犀族成员，而与板齿犀族（陈冠芳，1977；Deng，2005，2007）或双角犀族（Guérin，1980）类似，但在形态上更为侧扁。西藏披毛犀鼻中隔下部的形态不清楚，因为前颌骨已破损（图 2.69B）。然而，我们可以观察鼻骨和前颌骨在它末梢间有 74 mm 的距离，这个距离落在基干的双角犀类（Guérin，1980）和灭绝的板齿犀类（陈冠芳，1977）的范围内，而大于泥河湾披毛犀鼻骨和前颌骨末梢间的距离（邱占祥等，2004）。相反，最进步的最后披毛犀 *C. antiquitatis* 的鼻骨和前颌骨是接触的（Borsuk-Bialynicka，1973）。鼻中隔的上部分为两支，指示其由两个骨片愈合而成。前颌骨保存下来的部分非常窄，指示前颌骨退化，缺乏上门齿。鼻骨宽阔，与其他早期的披毛犀一致（Kahlke and Lacombat，2008），其前端向下弯曲。鼻切迹深，其后缘在 P3/P4 界线之上（图 2.70B）。鼻骨伸长的程度与中新世至更新世的双角犀类类似，如 *Dihoplus ringstroemi*（Ringström，1924；Deng，

图 2.69　札达盆地的西藏披毛犀正型头骨

A. 顶面视；B. 腹面 - 侧面视

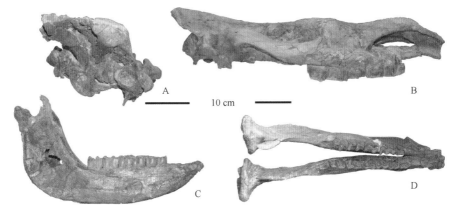

图 2.70　札达盆地的西藏披毛犀正型头骨和下颌骨

A. 头骨枕面视；B. 头骨侧面视；C. 下颌骨侧面视；D. 下颌骨嚼面视。左侧比例尺对 A，右侧比例尺对其他项

2006）或 *Stephanorhinus etruscus*（Mazza，1988），但小于具有修长鼻骨的种类，如 *Stephanorhinus hundsheimensis* 和 *S. hemitoechus*，也小于更进步的披毛犀（Kahlke and Lacombat，2008）。泥河湾披毛犀的鼻骨更长一些，鼻切迹也相对更深。西藏披毛犀的鼻中隔在鼻切迹的前 1/3 骨化，与 *S. hemitoechus* 的骨化程度相似（Loose，1975），但弱于更进步的披毛犀（邱占祥等，2004；Kahlke and Lacombat，2008；Borsuk-Bialynicka，1973）。鼻中隔与上颌骨的愈合处有一条明显的骨缝，而它与鼻骨的接触虽然紧密，但未愈合。西藏披毛犀的鼻中隔也相当薄，其最大厚度 36mm 位于前部，薄于泥河湾披毛犀（40 mm，邱占祥等，2004）和最后披毛犀 *C. antiquitatis*（56 mm，

Teilhard de Chardin，1936）。

眶下孔开口在 P4 中线之上，眼眶前缘在 M2/M3 界线之上。泪结节发达，额骨和颧弓上的眶后突皆缺失。关节后突长而粗壮，为正圆锥体，与鼓后突愈合形成一个封闭的假外耳道。

西藏披毛犀的头骨具有相当长的面部（表 2.46，头骨宽长比为 0.39），这是披毛犀属的重要特点之一。与泥河湾披毛犀 *C. nihowanensis*（邓涛，2002）和最后披毛犀 *C. antiquitatis*（Borsuk-Bialynicka，1973）一样，鼻角角座粗糙程度大、面积大，粗糙面占据了整个鼻骨背面，由此指示它在活着的时候具有一只巨大的鼻角。额骨上一个宽而低的隆起指示它还有一只较小的额角（图 2.71）。鼻角的相对大小比现生和灭绝的

表 2.46　西藏披毛犀头骨测量和对比　　　　　　　　（单位：mm）

测量项	*C. thibetana* V15908	*C. nihowanensis* HMV0980	*C. antiquitatis* 平均值 (Guérin，1980)
1. 枕髁至前颌骨前端距离	676	620	720.8
2. 鼻骨前端至枕髁距离	692.2	650	720.8
3. 鼻骨前端至枕嵴距离	771	770	781
4. 鼻骨前端至鼻切迹距离	224	200	205.2
5. 脑颅最小宽度	109	82.5	126.4
6. 枕嵴至眶后突距离	349	360	335.2
7. 枕嵴至眶上结节距离	418	390	393.8
8. 枕嵴至泪结节距离	443	435	412.5
9. 鼻切迹至眼眶距离	136	139	151.4
13. 枕髁至 M3 距离	332	317	347.3
14. 鼻骨前端至眼眶距离	369	335	373.9
15. 枕嵴宽度	190	145	206.9
16. 乳突间宽度	225.2	212.5	273.1
17. 顶嵴间最小宽度	46.5	32	90.5
18. 眶后突间宽度	222.5	195	218.1
19. 眶上结节间宽度	～ 244	—	248.6
20. 泪结节间宽度	～ 320	255	286.7
21. 颧弓间最大宽度	303.4	294	334
22. 鼻骨基部宽度	178	140	165.1
23. 枕面高度	～ 130	152	175.2
25. P2 前头骨高度	～ 153	171	196.1
26. M1 前头骨高度	～ 123	178	195.6
27. M3 前头骨高度	～ 140	190	206.8
28. P2 前硬腭宽度	～ 94	46	64.4
29. M1 前硬腭宽度	～ 90	64	87.7
30. M3 前硬腭宽度	～ 100	77	98
31. 枕大孔宽度	62.5	45	59.9
32. 枕髁间宽度	141.4	140	157.4

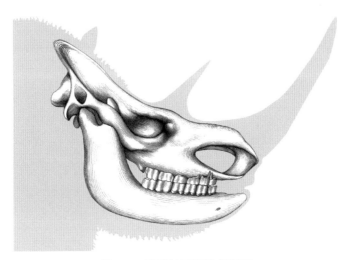

图 2.71　西藏披毛犀头部复原

大多数犀牛的鼻角都大，而与板齿犀和双角犀的鼻角相似，但在形态上更窄。作为典型的具有低垂头部以便在地面取食草本植物的犀牛（Zeuner，1934），其枕面向后倾斜，枕嵴直而向后延伸，超过枕髁水平（图 2.70A 和图 2.71），其程度与泥河湾披毛犀相似，而弱于更进步的披毛犀。

下颌骨：接近完整。无下门齿，但左侧下颌上有一个小齿槽，指示存在第二乳门齿，这个特点在泥河湾披毛犀上也能见到（邱占祥等，2004）。从侧面看，下颌联合部上翘而前伸（图 2.78C），与最后披毛犀的情况相似（Borsuk-Bialynicka，1973）。水平支下缘在 m1 之后变直。联合部的后缘位于 p2 之前的水平（图 2.78D），比第四纪披毛犀更靠前（邱占祥等，2004；Borsuk-Bialynicka，1973）。下颌角圆，上升支后倾。另一个已知的上新世双角犀 *Stephanorhinus etruscus* 有保存很好的下颌骨标本，对比结果显示，它与西藏披毛犀不同，具有更靠后的下颌联合部，其后缘达到 p2/p3 界线水平，且上升支更垂直（Mazza，1988）。在披毛犀中，向后退缩的下颌联合部是一个进化趋势（Antoine，2002）。泥河湾披毛犀的下颌联合部后缘位于 p2/p3 界线（邱占祥等，2004），而在欧亚大陆进步的最后披毛犀中位于 p3 中线水平（Guérin，1980）。西藏披毛犀的下颌联合部远比泥河湾披毛犀和最后披毛犀更靠前，代表了这个属种更原始的状态。测量见表 2.47。

颊齿：西藏披毛犀的牙齿形态符合披毛犀属的鉴定特征（邱占祥等，2004）。P1 和 p1 缺失（图 2.72）。齿冠高（表 2.48），外壁被微弱的白垩质覆盖。上前臼齿的中谷封闭。前刺和小刺发达，在磨蚀的早期阶段就已出现中窝和后窝，这不同于 *Stephanorhinus*，后者缺乏中窝和后窝（Mazza，1988）。上颊齿与泥河湾披毛犀相似（Teilhard de Chardin and Piveteau，1930），只在臼齿上有一些微小的区别：西藏披毛犀的外脊外壁起伏微弱，M1 无小刺，M2 的中附尖不太发育（图 2.72A）。最后披毛犀的上颊齿明显不同于西藏披毛犀和泥河湾披毛犀，其外壁起伏强烈，白垩质覆盖厚实，原尖强烈向后倾斜，M3 咀嚼面轮廓呈四边形（Guérin，1980；Borsuk-Bialynicka，1973）。

表 2.47　西藏披毛犀下颌骨测量和对比　　　　　　（单位：mm）

测量项	*C. thibetana* V15908	*C. nihowanensis* HMV0980	*C. antiquitatis* 平均值（Guérin，1980）
1. 长度	512	508	525.6
2. 联合部至角突距离	415	435	425.6
3. p3 前水平支高度	87.6	73.5	81.6
4. p4 前水平支高度	89.8	80	88.5
5. m1 前水平支高度	97.4	95	96.8
6. m2 前水平支高度	97.7	102	101
7. m3 前水平支高度	96.2	107	100.9
8. m3 后水平支高度	104.8	112	108.4
9. m1 前水平支间距离	—	60	61.6
10. m3 前水平支间距离	—	68	58
11. 联合部长	119	86	119.6
13. 上升支前后长	154	164	168.4
14. 髁状突横径	101.3	99.5	99.8
15. 髁状突处高	269	268	263.8
16. 冠状突处高	311	325	331.5

图 2.72　札达盆地的西藏披毛犀正型颊齿
A. 上颊齿；B. 下颊齿

表 2.48　西藏披毛犀颊齿测量　（长 × 宽 × 高，单位：mm）

上颊齿	V15908	下颊齿	V15908
P2	33.2×33.4×27.4	p2	27.5×17×22.5
P3	37.6×46.6×26.7	p3	32.9×25.1×25.5
P4	41×51.8×30.2	p4	38.2×27.1×31.3
M1	50×57.4×31.9	m1	39.7×29.8×28
M2	54.1×60.5×43.7	m2	45.9×29.7×34
M3	60.9×57.2×52.9	m3	47.3×30×35.2

　　p2 咀嚼面呈三角形轮廓，具有前尖，左 p2 病态地缺失。*C. nihowanensis*、*C. tologoijensis*、*C. antiquitatis* 和 *C. thibetana* 在 p3 ～ m3 上的区别是明显的。*C. tologoijensis* 和 *C. antiquitatis* 的下原尖具有后棱，下后尖和下内尖膨大（Borsuk-Bialynicka，1973；Vangengeim et al.，1966），这些性状比另外两个种更进步。*C. nihowanensis* 在前叶的外壁上具有发达的前、后肋（邱占祥等，2004），而 *C. thibetana* 下颊齿的前、后外角钝圆，

m2 和 m3 的前肋微弱（图 2.72B）。

颈椎：环椎脊柱沟呈蘑菇状。齿凹浅。翼窝存在。翼下孔非常小，无侧椎孔，而在最后披毛犀（*C. antiquitatis*）中存在侧椎孔。枢椎短，其棘突高而前缘尖；前侧椎间切迹宽阔，但在最后披毛犀中趋向于封闭而形成一个椎间孔。第三颈椎相当短而高，无乳状突，而最后披毛犀的乳状突非常发达（Borsuk-Bialynicka，1973）（图 2.73、表 2.49 和表 2.50）。

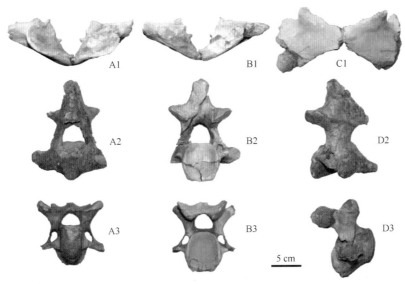

图 2.73　札达盆地的西藏披毛犀正型颈椎

1. 环椎；2. 枢椎；3. 第三颈椎；A. 前面视；B. 后面视；C. 腹面视；D. 侧面视

表 2.49　西藏披毛犀环椎测量　　　　　　　　　　（单位：mm）

测量项	V15908
横突全长（无腹结节）	>121
翼切迹间宽度	152
下翼孔间距离	149

表 2.50　西藏披毛犀枢椎和第三颈椎测量　　　　　　（单位：mm）

测量项	枢椎	第三颈椎
椎体长	115	85
后关节面宽	49.4	49.7
后关节面高	63.6	65
脊椎总高	171	—
前关节宽	154	117
后关节宽	103.3	81
椎体最小宽度	122	64.5
椎弓中轴长度	77.6	36.3
椎弓基部长度	45.5	39.2
横突间最大宽度	—	122

运动功能：尚未了解反映运动功能的完整西藏披毛犀骨架，但除最进步的最后披毛犀以外，其余所有的披毛犀都是快速奔跑型。新发现的一个最有趣的问题是，善于奔跑是否是这个属的初始状态？可以想象的是，高海拔环境中的西藏披毛犀可能具有较短的腿部，而披毛犀的系统发育结果将比我们目前分析所得到的简单过渡系列更复杂。被发现于札达盆地的一个相当短粗的掌蹠骨（孟宪刚等，2004）可能支持这样的情形，尽管这件标本未与头骨或牙齿材料联系在一起。与时代更晚的泥河湾披毛犀相比，在西藏披毛犀中见到的更强的鼻骨伸长和枕面倾斜程度可能反映了过去未认识到的复杂性。

系统发育：我们对真犀族 5 个现生种和 13 个灭绝种的系统发育分析表明西藏披毛犀是一种进步的双角犀，位于与 *Stephanorhinus* 属生存于中新世至更新世各个种所组成的支系内（图 2.74）。更大和更重的种，如 *Dihoplus ringstroemi*、*D. megarhinus*（Giaourtsakis，2009）和 "*D.*" *kirchbergensis* 都出现于由更轻的 *Stephanorhinus* 属的种（*S. etruscus*、*S. hundsheimensis* 和 *S. hemitoechus*）及披毛犀属（*Coelodonta*）所组成的这个支系之外。在所有最简约树中，披毛犀支系的姐妹群都是中更新世、晚更新世的 *S. hemitoechus*（图 2.74）。西藏披毛犀与泥河湾披毛犀相比鼻骨更长，枕面更倾斜，在披毛犀支系内，我们的系统发育分析显示各个披毛犀种按进步性状排列，从西藏披毛犀依次经过托洛戈依披毛犀 *C. tologoijensis* 和泥河湾披毛犀，终点是晚更新世的最后披毛犀 *C. antiquitatis*。

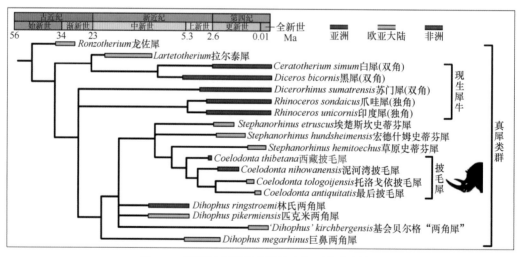

图 2.74　西藏披毛犀在真犀族内的系统发育位置

为了评价西藏披毛犀在犀亚科内的系统发育位置，对包含 17 个犀牛属种的类群进行了分析，其中有 5 种现生犀牛和 12 个灭绝的犀牛属种，包括已知的全部 4 种披毛犀。

以下分类单元形成内类群：*Lartetotherium*、*Ceratotherium simum*、*Diceros bicornis*、*Dicerorhinus sumatrensis*、*Rhinoceros sondaicus*、*R. unicornis*、*Stephanorhinus etruscus*、

S. hundsheimensis、*S. hemitoechus*、"*Dihoplus*" *kirchbergensis*、*D. megarhinus*、
D. pikermiensis、*D. ringstroemi*、*Coelodotnta nihowanensis*、*C. tologoijensis*、*C. antiquitatis*、
C. thibetana。*Ronzotherium* 作为外类群。采用了 46 个性状，主要来自 Antoine（2002）
先前的分析，但有几个性状经过修正，新加入 7 个性状（完整性状清单和矩阵见
表 2.51 和表 2.52）。性状根据已发表的文献和对标本的直接观察确定和编码。数据利
用 PAUP* 4.0b10 具有 ACCTRAN 优化的分支定界算法（Swofford，2003）进行分析。
所有性状未加权且不排序。空白状态按无数据对待。靴带分析（重复 1000 次）也用
PAUP* 4.0b10 运行，衰减分析同时用 PAUP* 4.0b10 和 TreeRot 2.0（Sorenson，1999）
运行。

表 2.51　真犀族系统发育分析性状表

头骨：

1 (2) 上颌骨：眶下孔 = 0，前臼齿上方；1，臼齿上方

2 (3) 鼻切迹 = 0，P1 ～ P3 上方；1，P4 ～ M1 上方

3 (4) 鼻中隔 = 0，从不骨化；1，有时骨化

4 (5*) 鼻中隔：骨化 = 0，微弱；1，强烈

5 (7) 眼眶：前缘 = 0，P4 ～ M2 之上；1，M3 之上

6 (9) 前颌骨：眶后突 = 0，存在；1，缺失

7 (10) 上颌骨：上颌颧突前端基部 = 0，高；1，低

8 (11) 颧弓 = 0，低；1，高

9 (15) 头骨：背缘 = 0，平坦；1，凹陷；2，非常凹陷

10 (18) 假外耳道 = 0，开放；1，封闭

11 (19) 枕面 = 0，前倾；1，垂直；2，后倾

12 (20) 枕面项结节 = 0，不发育；1，发育；2，非常发育

13 (21) 头骨：齿列后端 = 0，头骨后半部；1，头骨前半部

14 (24) 鼻骨：末梢 = 0，窄；1，宽；2，非常宽

15 (31) 额角 = 0，无；1，= 有

16 (33) 眼眶向侧面突出 = 0，无；1，有

17 (35*) 额骨 - 顶骨 = 0，接近而形成额顶嵴；1，嵴间宽阔

下颌骨：

18 (53) 联合部 = 0，非常上翘；1，上翘；2，接近水平

19 (59) 水平支：下缘 = 0，直；1，突出；2，非常突出

20 (60) 上升支 = 0，垂直；1，前倾；2，后倾

牙齿：

21 (63) 前臼齿 / 臼齿长度比较 = 0，100×P3-4 长 /M1-3 长 > 50；1，42 < 100×P3-4 长 /M1-3 长 < 50

22 (66*) 颊齿：白垩质 = 0，无；1，微弱或不稳定；2，丰富

续表

牙齿：

23（68）颊齿：齿冠 = 0，低；1，高

24（69）颊齿：齿冠 = 0，高；1，局部高冠；2，次高冠；3，高冠

25（71）I1 = 0，有；1，无

26（78）i2 = 0，有；1，无

27（91*）P1 成年时 = 0，总是存在；1，缺失

28（94）P2：原尖和次尖 = 0，融合；1，齿桥；2，分离；3，内墙

29（97）P2：原尖 = 0，相同或强于次尖；1，不强于次尖

30（113*）上白齿：中窝 = 0，无；1，有

31（119）M1 ～ M2：后尖褶 = 0，有；1，无

32（122）M1 ～ M2：外脊后部 = 0，平直；1，凹陷

33（134）M3：形状 = 0，四边形；1，三角形

34（137）M3：原脊 = 0，横向；1，纵向

35（138）M3：外后嵴后沟 = 0，有；1，无

36（142）下颊齿：前叶 = 0，角状；1，圆滑

37（144*）下颊齿：下后尖 = 0，不延长；1，延长

38（161）下白齿：下次脊 = 0，横向；1，倾斜；2，几乎纵向

头后骨骼：

39（279*）肢骨 = 0，细长；1，短粗

增加的新性状

40 头骨：鼻骨前端至眶前 / 眶前至枕髁 = 0，< 75；1，75 ～ 90；2，> 90

41 鼻骨 = 0，平坦甚至弯曲；1，折角或具有突起的结节；2，发达的喙状

42 鼻骨：前端 = 0，水平；1，轻微下弯；2，强烈下弯

43 鼻角：角座 = 0，圆；1，扁

44 鼻角：角座的矢状嵴 = 0，无；1，有

45 上白齿：舌侧齿尖基部 = 0，不成球状（膨大、肿胀）；1，球状

46 上白齿：咀嚼面形态 = 0，外脊型；1，斜脊型

注：性状 1 ～ 39 根据 Antoine（2002），性状 40 ～ 46 为本研究新增加的性状。Antoine（2002）的原性状编号列于本研究编号后的括号中，* 表示该性状在 Antoine（2002）原来的定义上有修改。

　　分支定界搜索发现 9 棵最简约树（树长 = 139，一致性系数 = 0.439，保留系数 = 0.569，趋同系数 = 0.561，调节系数 = 0.250）。这 9 棵最简约树（MPTs），与一棵严格合意树（显示衰减 decay 和靴带 bootstrap 值）和这些树的 50% 的多数合意树显示在图 2.75 ～图 2.78 中。

　　在严格合意树中（图 2.77）可以看到，在所有树中只发现有两组得到超过 50% 的 bootstrap 支持（*C. simum-D. bicornis* 支系为 50%，*C. tologoijensis-C. antiquitatis* 支

表 **2.52**　真犀族系统发育分析的性状数据矩阵

性状编号	1	2	3	4	
	1234567890	1234567890	1234567890	1234567890	123456
Ronzotherium	100-000010	0000000000	0-0-000100	1000000000	010000
Lartetotherium	000-010021	1100111200	0-0-101110	1110100100	010000
D. sumatrensis	0010000010	0101101100	000-001210	1010110101	000000
R. sondaicus	0010000011	0101001201	000-001210	1010110100	000000
R. unicornis	0010000021	0101001201	0011001211	1011111100	110000
C. simum	000-110020	2202111022	0213111311	1001001200	210001
D. bicornis	000-011020	1212111021	0010111210	1010110100	200000
S. etruscus	0010001001	1001101101	0010111110	1110110101	110000
S. hundsheimensis	0010001001	1001101100	0010111110	1110110102	110000
S. hemitoechus	1110001111	2011101112	1112111110	1110110102	020000
D. ringstroemi	000-001011	1001101110	0010011100	1110110102	110010
D. pikermiensis	000-001011	1001101100	0010001110	0110110101	110010
D. megarhinus	000-101011	1001101100	0010001210	1110110100	010010
"D". kirchbergensis	0010101011	1001101100	0011111210	1110110100	110010
C. thibetana	0110111101	2011101112	0111111311	01100101?0	111001
C. nihowanensis	0011000101	1011101122	0112111301	0111010100	111101
C. tologoijensis	00111?1001	2012101112	1112111?1	0101000201	011101
C. antiquitatis	1111111011	2012101122	1213111101	0001001211	021101

注：根据 Antoine（2002）修改，包括 18 个类群（一个为外类群）和 46 个性状（表 2.51 的描述）。无数据为"?"，不适用的性状为"-"。

系为 67%)，这反映了不同分支间高度的趋同。但是，包括 *Coelodonta-Stephanorhinus-Dihoplus* 支系和 *Coelodonta* 支系的多数支系从衰减分析中得到了相当好的支持（衰减指数为 3）。只有两个支系得到的衰减值为 1。这两个支系都形成于 *Stephanorhinus-Dihoplus* 支系内，揭示这些种的相互关系在各棵树中将发生更进一步的变化。

　　对于现生的犀牛（白犀、黑犀、苏门答腊犀、爪哇犀、印度犀），我们分析得到的系统发育树中（图 2.75 ～图 2.78），现生犀牛的位置与分子生物学家基于线粒体基因组序列（Tougard et al.，2001；Willerslev et al.，2009）和古生物学家基于形态特征的分析结果（Antoine，2002）一致。但在披毛犀与现生哪一种犀牛最接近的问题上，我们的分析与前人的上述结果（Antoine，2002；Willerslev et al.，2009）不同，Tougard 等（2001）的分析中不包括化石。我们发现苏门犀 *Dicerorhinus sumatrensis* 既是两种现生独角犀（印度犀 *Rhinoceros unicornis* 和爪哇犀 *R. sondaicus*）的姐妹群，也是 *Coelodonta-Stephanorhinus-Dihoplus* 支系的姐妹群（图 2.75D ～图 2.75F）。或者两种独角犀先与 *Coelodonta-Stephanorhinus-Dihoplus* 支系形成姐妹群关系，而苏门犀则是这个更大支系的姐妹群（图 2.75A ～图 2.75C，图 2.76A ～图 2.76C）。相反，Antoine（2002）的形态分析认为披毛犀是非洲犀（黑犀 *Diceros bicornis* 和白犀 *Ceratotherium*

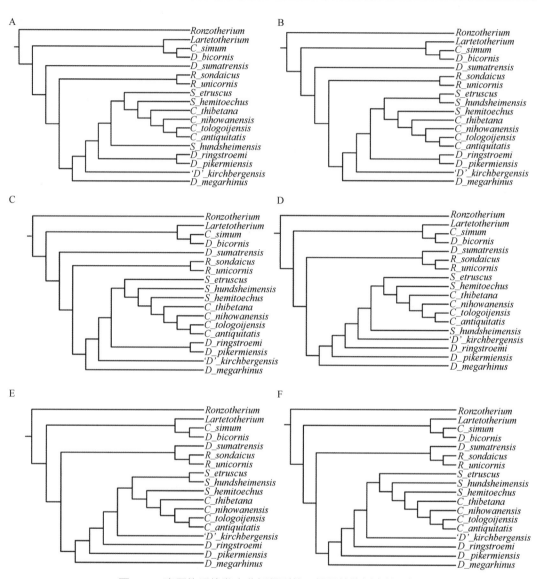

图 2.75 真犀族系统发育分析得到的 9 棵最简约树中的 6 棵

simum）的姐妹群，而分子生物学的结果是披毛犀与爪哇犀成姐妹群关系（Willerslev et al.，2009）。但是，其他人的分析中披毛犀是唯一的灭绝类型。因此，随着在系统发育分析中增加灭绝犀牛的种类，必然对披毛犀与现生犀牛在形态学上的关系产生冲击。如果更多化石类群的分子数据加入了 Willerslev 等（2009）的系统发育分析中，显然其结果也将会发生变化，特别是在现生犀牛支系内部的相互关系尚未彻底解决的情况下。在最近较好的其他分析中，Groves（1983）、Prothero 等（1986）和 Cerdeño（1995）包括了 *Coelodonta* 和 *Stephanorhinus*。按照我们的结果，*Coelodonta* 和 *Stephanorhinus* 形成姐妹群关系，尽管在 Groves（1983）和 Prothero 等（1986）的系统树中，*Coelodonta-Stephanorhinus* 支系的姐妹群是 *Rhinoceros*、*Gaindatherium* 和 *Punjabitherium*，后面

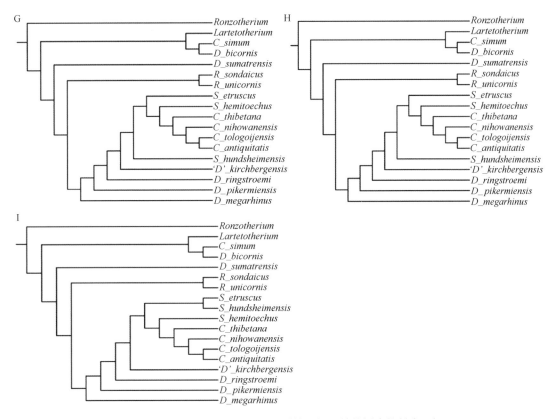

图 2.76　真犀族系统发育分析得到的 9 棵最简约树中的其余 3 棵

两个属未包含在我们的分析中。在 Cerdeño（1995）的分支图中，披毛犀支系的姐妹群是 *Elasmotherium-Ningxiatherium* 支系。我们的分析中未包含任何板齿犀，因为它们很清楚地构成一个独立的单系，具有非常多的自近裔性状，在进化上与 *Coelodonta* 和 *Stephanorhinus* 相距较远（Antoine，2002；Deng，2008b）。

　　生态环境：基于覆盖白垩质的高冠齿、长大的鼻角、骨化的鼻中隔和后倾的枕面，除了系统发育上令人迷惑的额鼻角犀（苏门犀就是一种额鼻角犀）以外，双角犀类群都以草本植物为食（Kahlke，1999；Fortelius et al.，1993；Jernvall and Fortelius，2002）。根据西藏披毛犀头骨尺寸，估计其体重可达 1.8 t（Janis，1990）。哺乳动物的体型对决定其代谢水平至关重要，每单位体重的保温需求随着体型的增大而降低。在食草动物中，这意味着身体的绝对大小对决定动物所能承受的食物纤维 / 蛋白质摄入比例至关重要，越大的动物对蛋白质的要求在比例上越低，越能承受更大比例的纤维质（Janis，1976）。西藏披毛犀与泥河湾披毛犀的体型相似，但小于晚更新世披毛犀，后者在更加寒冷的气候中达到更大的体重（图 2.61 和图 2.62）。

　　一些具有祖征的原始犀牛，如 *Stephanorhinus* 的臼齿已经开始随着自然环境的变化而逐步变化，到晚更新世披毛犀演化成为一种完全以草本植物为食的动物（Kahlke and Lacombat，2008）：臼齿高度增加，白垩质发育，齿窝釉质加厚，这些都是对粗糙

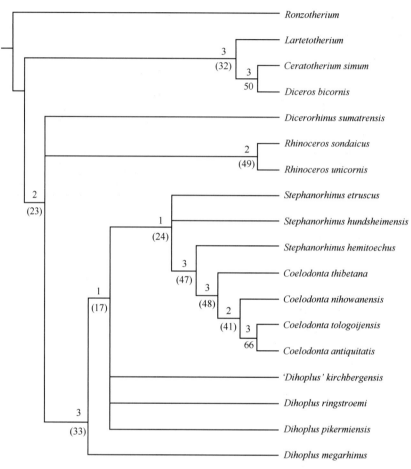

图 2.77　真犀族系统发育分析 9 棵最简约树的严格合意树

节点之上为衰减值，节点之下为靴带频率

食物的适应性状（Fortelius，1985）。西藏披毛犀的上臼齿齿尖已经显著被磨蚀成圆形，既不像以树叶为食的犀牛那样尖锐，也不像纯粹以草本植物为食的犀牛那样平钝，显示其以草本植物为主但混合有灌木的食物结构（Fortelius and Solounias，2000），与泥河湾披毛犀和托洛戈依披毛犀相似（Kahlke and Lacombat，2008）。

　　巨大而前倾的鼻角所具有的刮雪能力可能是西藏披毛犀能够生活于青藏高原严酷冬季环境的最关键适应，这代表披毛犀谱系独特的进化优势。如此一个简单却重大的"创新"形成于北极永久性冰盖肇始之前，为开启披毛犀在晚更新世冰期动物群中成功的繁盛之路奠定了关键的预适应基础。

　　札达盆地的披毛犀头骨显示其具有刮雪的功能形态。一个巨大的鼻角角座指示着一个区别于额角的巨大鼻角。鼻角的附着区域具有一个微弱的中央隆突，一条微弱发育的纵向中嵴与更新世披毛犀的解剖特征一致，指示其鼻角已经至少发育到一定程度的侧扁状态。此外，向下弯曲的鼻骨末梢指示鼻角强烈向前倾斜，而后倾的枕面指示习惯性低垂的头部姿态，以便于其在地面取食。总体来说，这些头骨性状适应于对刮

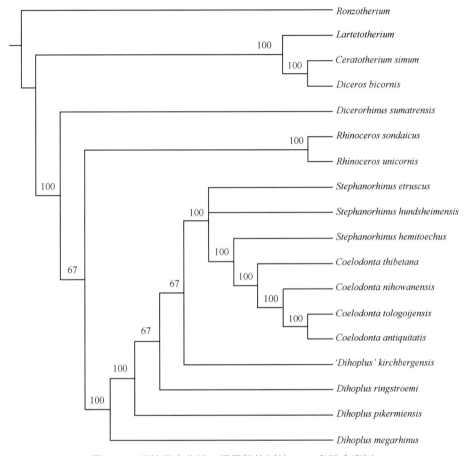

图 2.78　系统发育分析 9 棵最简约树的 50% 多数合意树

雪行为的支持，这成为其晚更新世后代的一个关键性的预适应。

　　与身披长毛的猛犸象和现代牦牛一样，作为西藏披毛犀后代的晚更新世披毛犀也具有厚重的毛发，可以起到保温的作用，由此强烈地表明它适应寒冷的苔原和干草原生活。非常宽阔的鼻骨和骨化的鼻中隔指示西藏披毛犀有两个相当大的鼻腔，增加了其在寒冷空气中的热量交换。除了用厚重的毛发和庞大的体型来保存热量，披毛犀的头骨和鼻角组合也与寒冷的条件相适应。披毛犀长而侧扁的角呈前倾状态，用以在冬季刮开冰雪，从而找到取食的干草（Haase，1914）。几个形态特点支持上述观点（Fortelius，1983；Kahlke and Lacombat，2008）：①冰期古人类的洞穴壁画可以证明披毛犀的角前倾程度大，鼻角的上部位于鼻尖之前；②角的前缘通常都存在磨蚀面；③这个磨蚀面被一条垂直的中棱分为左右两部分，显然由摆动头部刮雪而形成；④侧扁的角明显不同于现生犀牛圆锥形的角，使披毛犀能有效地增加刮雪的面积；⑤向后倾斜的头骨枕面能使犀牛自如地放低其头部。这些头骨特征与细长浓密的毛发相结合，清楚地显示披毛犀能够在寒冷的雪原中生存。西藏披毛犀的头骨形态不仅证明其已经具备了刮雪的能力，还指示其已产生与晚更新世后代一致的预适应性状。

披毛犀的存在说明札达盆地在上新世时的高度达到甚至高于现在的海拔，因此形成了冬季漫长的零下温度环境，这一判断也与利用腹足动物（螺类）化石稳定氧同位素进行的古高度分析结果（Saylor et al.，2009）一致。

起源扩散：尽管旧大陆有丰富的上新世犀牛化石记录，但此前没有任何早于更新世的披毛犀化石被发现。例如，根据 NOW 数据库（Fortelius，2018），在旧大陆的 173 个上新世犀科化石地点中都没有披毛犀的记录。

晚更新世的披毛犀 Coelodonta antiquitatis 是已灭绝的最著名的冰期动物之一。披毛犀具有非常粗壮的骨架、厚重的皮毛和巨大的鼻角，毫无疑问也是最知名的犀牛和被了解得最多的更新世动物之一。然而，化石记录的缺乏使披毛犀的早期历史模糊不清，在札达盆地发现西藏披毛犀之前，只有少量披毛犀材料来自几个约 2 Ma 的中国地点。20 世纪初期，Teilhard de Chardin 和 Piveteau（1930）在河北泥河湾发现了一个外壁上具有披毛犀特殊褶曲的乳齿列，因而将这件标本归入披毛犀中。它清楚地显示了一些原始的性状，比普通的披毛犀更小，表明披毛犀应该起源于亚洲，但由于材料太少，当时并没有建立新种。后来，尽管没有发现更多的材料，Kahlke（1969）还是以这件标本为正型创立了一个新种泥河湾披毛犀 Coelodonta nihowanensis。根据少量材料，泥河湾披毛犀也被认为出现于青海共和（郑绍华等，1985）及山西临猗（周明镇和周本雄，1965）。

邓涛（2002）报道了在甘肃临夏盆地最早的黄土沉积中发现的一具完整的泥河湾披毛犀头骨及其下颌骨，地质年龄为 2.5 Ma，邱占祥等（2004）对其进行了更详细的描述和对比。虽然在甘肃临夏和河北阳原发现的披毛犀是同一个种，但前者的地质年代更早，因此是当时世界上已知最早的披毛犀化石。在临夏盆地的发现对了解披毛犀的早期进化具有重要意义，因为其特征显示披毛犀至少在上新世就应该从真犀类中分离出来，而这一推断现在已经被在札达盆地发现的上新世的西藏披毛犀所证实。临夏盆地的材料显示泥河湾披毛犀的鼻骨非常强壮，一个巨大而粗糙的穹状角座几乎占据了整个鼻骨背面，额骨上还有一个小型的中央角。临夏盆地的披毛犀化石被发现于典型的早更新世午城黄土中，古地磁测定和生物地层学分析都显示这是中国最老的第四纪黄土。与中国东部古土壤层密集的黄土不同，临夏盆地早更新世的黄土中古土壤层稀少和微弱，表明临夏盆地的气候条件更严酷。黄土沉积时期的气候条件比古土壤时期干燥和寒冷，黄土是冬季风的产物，受到大冰期出现和青藏高原隆升的影响。临夏盆地的披毛犀化石出现于第四纪初期，正是在这一时期，极地冰盖迅速增长，全球气候发生强烈变化。全球冰量的变化通过陆地干旱度和冬季风强度极大地影响黄土的沉积。因此，临夏盆地的披毛犀是大冰期开始的一个重要指示。

普通的披毛犀与最进步的双角犀具有一致的头骨性状，只是更加发达。披毛犀的牙齿齿冠相当高，肢骨骨架显得非常沉重。在临夏盆地的发现已经证明披毛犀在早更新世存在于华北，然后向北向西迁徙，在中更新世到达欧洲。在晚更新世，披毛犀比任何已知的现生和灭绝犀牛都具有更大的分布范围，遍及整个欧亚大陆北部，从东面的朝鲜半岛一直到西面的苏格兰。披毛犀是干冷草原上的食草者，非常适应寒冷的气候，具有宽阔的前唇和侧向扁平的鼻角，适合刮开积雪来寻找干草。临夏盆地的披毛犀具有宽阔的鼻角角座，其强烈骨化的鼻中隔也是为了支持巨大的鼻角。这一特征显示，临夏盆地的披毛犀与其晚更新世的同类一样生活在冰期的严酷气候中。

古生物学家对披毛犀的肉体解剖结构知之甚详，因为有一些冻土地带或沥青沉积中的干尸被发现，也保存了它们像毯子一样覆盖全身的厚重毛发。披毛犀曾经与人类的祖先共同生活在一起，原始人类把披毛犀的图像绘制在洞穴壁画上，使我们能够看到披毛犀生活时候的样子。披毛犀的许多解剖特征趋同于非洲白犀，尽管它们完全属于不同的谱系。由于一些尚未明了的因素，披毛犀没有穿越白令陆桥，而它的同伴，如猛犸象、野牛、赛加羚羊及人类都到达了北美洲。

披毛犀特殊的皮毛可以抵御北极圈的寒冷，所以它在古气候学中扮演了重要的角色，欧亚大陆北部晚更新世的哺乳动物组合通常被称为猛犸象 - 披毛犀动物群。犀牛的角是哺乳动物中唯一的全部由毛发胶结而成的无骨质角心的角，因此在动物死亡后，角因为腐烂而不能保存为化石。只有最晚期的披毛犀的角是个例外，有少量在西伯利亚的冻土地带和波兰的沥青湖中幸运地保存下来。此外，大多数早期的犀牛都是无角的，而具有角的犀牛在头骨上与角基接触的地方形成明显的粗糙面，可以据此在化石中判断犀牛是否有角，以及角的形状和大小。在所有已发现的披毛犀鼻角标本上都具有横向的条带，代表了年生长带，显示披毛犀生活的干冷草原具有强烈的季节性气候环境。

披毛犀的最后代表在 10ka 的更新世末消失（Thew et al.，2000）。除了西藏披毛犀，还有另外 3 种披毛犀（Kahlke，1999），即早更新世约 2.5Ma 中国北方的泥河湾披毛犀（邱占祥等，2004）、中更新世约 0.75Ma 东西伯利亚贝加尔湖地区和西欧的托洛戈依披毛犀（Kahlke and Lacombat，2008；Vangengeim et al.，1966），以及晚更新世欧亚大陆北部广布的最后披毛犀（Kahlke and Lacombat，2008；Borsuk-Bialynicka，1973）。披毛犀的所有已知种都生活在欧亚大陆的寒冷环境中，尤其是西伯利亚（Kahlke，1999；Vangengeim et al.，1966），有限的几个分布靠南的地点都是高海拔地区，位于青藏高原内部或靠近其东缘，如四川阿坝（宗冠福等，1985）、青海共和（郑绍华等，1985）、甘肃临夏（邱占祥等，2004）。另外，尽管旧大陆有非常丰富的上新世犀牛化石记录，但此前却没有任何更新世之前的披毛犀化石被发现。如此突出的动物地理分布模式依系统发育位置和地质年代顺序从青藏高原逐渐扩散开来，证明随着全球气候变冷，严寒环境扩展，披毛犀的祖先从高海拔的青藏高原向高纬度的西伯利亚迁移（图 2.79），最后在晚更新世演化为最成功的冰期动物之一（Kahlke and Lacombat，2008）。

走出西藏：现代青藏高原以海拔高、多样性低、适应寒冷环境的哺乳动物群为特点，其中一半种类是该地区特有的，这主要是由于周边山地（如喜马拉雅山）和高原严酷环境的强烈阻隔作用（Hoffmann，1989，1991）。常见的青藏高原现生大型动物包括牦牛 *Bos mutus*、藏野驴 *Equus kiang*、盘羊 *Ovis ammon*、岩羊 *Pseudois nayaur*、藏羚羊 *Pantholops hodgsonii*、藏原羚 *Procapra picticaudata*、白唇鹿 *Cervus albirostris*、猞猁 *Lynx lynx* 和雪豹 *Panthera uncia* 等。其中的 6 种动物有化石或分子证据证明其起源于青藏高原。

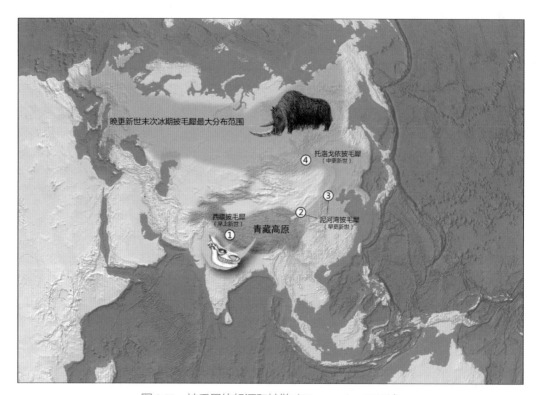

图 2.79　披毛犀的起源和扩散（Wang et al.，2015b）

披毛犀并非是唯一一种起源于青藏高原的冰期动物。札达动物群的其他成员及在青藏高原其他地点发现的哺乳动物化石（Wang et al.，2007）已经显示，独特的青藏动物群可以追溯到晚中新世时期。岩羊的祖先也出现在札达盆地，在随后的冰期里扩散到亚洲北部，与披毛犀的演化历史非常相似。此外，分子生物学家已经建立起牦牛和盘羊在青藏高原或周边山地的祖先类型与其北美洲的冰期动物亲戚，如美洲野牛 *Bison bison* 和加拿大盘羊 *Ovis canadensis* 之间在系统发育上的联系（Rezaei et al.，2010；Hassanin and Ropiquet，2004）。与披毛犀一样具有巨大体型和厚重长毛的牦牛也被发现在更新世时期向北分布，远至西伯利亚的贝加尔湖地区（Verestchagin，1954）。在青藏高原现生动物群的典型种类中，藏野驴在北美洲阿拉斯加州的更新世沉积物中也有发现，藏羚羊的起源可以追溯到青藏高原北部柴达木盆地晚中新世时期的库羊 *Qurliqnoria*，雪豹的原始类型被发现于札达盆地的上新世，并在更新世扩散到周边地区。适应寒冷气候的第四纪冰期动物群的起源，原来一直在上新世和早更新世的极地苔原和干冷草原上寻找（Kahlke，1999，2010）。现在，我们通过研究发现，实际上高高隆升的青藏高原上的严酷冬季已经为全北界，即欧亚大陆和北美洲晚更新世猛犸象动物群的一些成功种类提供了寒冷适应进化的最初阶段。

有点类似山羊的岩羊现在是青藏高原的地方性种类，喜欢生活在林线之上的山地，海拔在 4000 ~ 6000 m。先前的岩羊记录已知在中更新世、晚更新世分布于华北，最远到达东北的辽宁，位于青藏高原东北方向超过 1800 km。然而，它的更新世记录都来自山区或洞穴，对岩石地带如此喜爱是岩羊不能像披毛犀一样向更北方向扩展的主要原因。

　　牦牛是最不同寻常和最有代表性的青藏高原大型动物，具有庞大的体型和像披毛犀一样的厚重长毛，在对寒冷开阔环境的特殊适应上可能最接近披毛犀。尽管迄今为止牦牛化石稀少，但它在更新世时期已向北分布到西伯利亚的贝加尔湖地区（Olsen，1990；Verestchagin，1954），在全新世时分布到巴基斯坦北部（Thewissen et al.，1997）。最近的分子生物学证据也一致地将牦牛与欧洲 / 美洲野牛确定为姐妹群关系（Hassanin and Ropiquet，2004；Hassanin and Douzery，1999；Pitra et al.，1997；Miyamoto et al.，1989），据此构建的系统发育超级树中（Fernández and Vrba，2005），大多数人同意牦牛和野牛有一个起源于亚洲中部的共同祖先，在晚更新世跨越白令陆桥侵入了北美洲（Groves，1981；Leslie and Schaller，2009）。这样，还需要对适应寒冷环境的牦牛与生活在全北界北部荒漠之间的更新世野牛之间的联系进一步展开研究。

　　类似的联系也发生在藏野驴和阿拉斯加晚更新世的马属化石之间（Harington and Clulow，1973；Harington，1980），尽管其假说有一些疑问（Eisenmann，1986）。藏野驴与印巴次大陆更新世已灭绝的西瓦马 Equus sivalensis 之间的形态相似性也已被发现（Forstén，1986），尽管后者的正型标本缺乏精确的地点和层位（Forstén，1999）。虽然尚未从这些研究中得到完全成熟的结论，但驴类的进化中心可能确实与西瓦立克种类相关（Forstén，1992）。

　　藏羚羊的起源提供了青藏高原地方性物种的另一个有趣例子，其祖先可以向上追溯到晚中新世。在青藏高原北部的柴达木盆地，库羊 Qurliqnoria 是一种灭绝的牛科动物，具有直而向上的角心（Bohlin，1937；Wang et al.，2007a，2011），一直被认为是藏羚羊的祖先（Gentry，1968）。在札达盆地的早上新世地层中也发现了一件库羊的破碎角心（ZD0745，约 4.2 Ma）。重要的是，柴达木盆地晚中新世的哺乳动物已开始显示出一定的地方化水平（Wang et al.，2007a）。一些特别的牛科动物，如柴达木兽 Tsaidamotherium、敖羚 Olonbulukia、库羊、托苏羊 Tossunnoria，还有一种叉角鹿，几乎只分布在柴达木地区。一个藏羚羊的更新世灭绝种 Pantholops hundesiensis 被发现于靠近中印边境尼提山口的高海拔地区（Lydekker，1901）。来自青藏高原北部中段昆仑山口盆地（海拔 4700 ～ 5000 m）上新世—更新世地层的 Qurliqnoria 的角心也暗示其在青藏高原的长期历史（Li et al.，2014）。假定库羊与藏羚羊如其角心形态所指示的那样密切相关，则藏羚羊的青藏高原起源相当可信（Fernández and Vrba，2005）。

　　总之，在青藏高原现生的地方性或高海拔寒冷适应性动物中，盘羊、藏羚羊和雪豹可以追溯到晚中新世或早上新世的青藏高原化石记录；其他 3 种大型有蹄类，即牦牛、藏野驴和岩羊强有力的分子生物学证据或详细的化石证据显示其青藏高原的祖先种群产生了能够在晚更新世扩散到欧亚大陆北部"猛犸象草原"的后代，其中盘羊及牦牛的亲戚野牛跨过白令陆桥迁徙到北美洲。所以，至少有一些高纬度全北界的冰期动物具有相当确切的青藏高原起源。

　　现代青藏高原哺乳动物群的多样性水平非常低，其中多数在高原上具有悠久的生活历史，至少可以追溯到上新世，因此，证明它们在高海拔的高原范围内具有长期的适应过程，或者在更新世扩大了它们的分布范围，成为高纬度全北界动物群的重要成员。在极端的寒冷气候和稀薄空气中，青藏高原在上新世时期可能成为这些动物的适应基地。当冰期来临时，北极和北方的生态环境开始扩展，青藏高原动物群在与其他欧亚大陆北部甚至北美洲动物群的竞争中占据了优势地位。

结论：冰期动物群长期以来与更新世的全球变冷事件密切相关，其中的动物也表现出对寒冷环境的适应，如体型巨大，身披长毛，并具有能刮雪的身体构造，以猛犸象和披毛犀最具代表性。这些令人感兴趣的灭绝动物一直受到广泛的关注，它们的上述特点曾经被假定是随着第四纪冰盖扩张而进化出来的，即这些动物被推断可能起源于高纬度的北极圈地区，但一直没有可信的证据。来自西藏的新化石材料证明，冰期动物群的一些成员在第四纪之前已经在青藏高原上演化发展。冬季严寒的高海拔青藏高原成为冰期动物群的"训练基地"，使它们形成对冰期气候的预适应，此后成功地扩展到欧亚大陆北部的干冷草原地带。这一新的发现推翻了冰期动物起源于北极圈的假说，证明青藏高原才是它们最初的演化中心。

在最有代表性的冰期动物中，披毛犀在晚更新世广泛分布于欧亚大陆北部被称为"猛犸象草原"的生态环境中，适应严寒的气候。此前的化石记录已显示披毛犀起源于亚洲，但其早期的祖先遗存仍然模糊不清。在札达盆地发现的新种西藏披毛犀，其生存时代为约 3.7 Ma 的上新世中期，它在系统发育上处于披毛犀谱系的最基干位置，是目前已知最早的披毛犀记录。随着冰期在 2.8 Ma 开始显现，西藏披毛犀离开高原地带，经过一些中间阶段，最后来到欧亚大陆北部的低海拔高纬度地区，与牦牛、盘羊和北极狐一起成为中、晚更新世繁盛的猛犸象 - 披毛犀动物群的重要成员。

2.4　偶蹄目

在青藏高原的现代哺乳动物区系中，偶蹄类种类繁多，包括野猪、林麝、黑麝、高山麝、喜马拉雅麝、毛冠鹿、林麂、赤麂、水鹿、梅花鹿、白唇鹿、马鹿、狍、印度野牛、野牦牛、野水牛、藏原羚、普氏原羚、鹅喉羚、藏羚羊、羚牛、斑羚、赤斑羚、鬣羚、喜马拉雅塔尔羊、岩羊、盘羊27种，但奇蹄类却仅有藏野驴1种。对比现代动物群可以发现，在青藏高原曾经生活过的雷兽科、爪兽科和犀科动物均已消失，仅有马科动物留存。为什么偶蹄类会在与奇蹄类的竞争中取得成功呢？这在很大程度上得益于大多数偶蹄动物所具有的特别的复杂消化系统，即可进行"反刍"的、由4个胃室组成的胃和相关的肠道系统。复杂的反刍消化过程正是偶蹄类的优势所在：它们可以在强敌到来之前的很短时间内匆忙吞下大量食物，然后迅速逃离险境，直到一个安全的地方，这时它们再将食物反刍出来进行细致的咀嚼和彻底的消化。这种能快速大量吞食植物，然后进行反刍和消化的特点，使偶蹄类在逃避大型食肉动物的追捕过程中仍然能够得到足够的食物，并进行充分的消化。偶蹄类的这一策略和适应性状在开阔的草原不断扩大的新生代晚期，尤其是在森林完全消失的青藏高原高海拔环境中具有明显的优势，从而为偶蹄类在与奇蹄类的生态竞争中取得绝对的胜利奠定了基础。

　　偶蹄类之所以被称为偶蹄类，是因为它们是具有二趾或四趾的偶数趾的有蹄类。唯一的例外是已经灭绝的偶蹄动物无防兽，它非常特别地具有 3 个脚趾。也就是说，偶蹄类的每只脚上要么有两个脚趾，相当于人的第三和第四趾；要么有四个脚趾，相当于人的第二到第五趾。不管是有两个脚趾还是有四个脚趾的偶蹄类，其脚的中轴，或者说重心都通过第三和第四趾之间。

　　在江河湖源地区，在第一次青藏高原科考中发现了晚中新世早期的比如县布隆动物群（郑绍华，1980）和晚中新世晚期的吉隆县沃马动物群（计宏祥等，1980），其年龄分别为 10 Ma（Deng，2006）和 7 Ma（Yue et al.，2004）。布隆动物群中的偶蹄类包括萨摩麟 *Samotherium* sp.、瞪羚 *Gazella* sp. 和牛科 Bovidae，当时森林密布，河湖发育，雨量充沛。沃马动物群中的偶蹄动物包括狍后麂 *Metacervulus capreolinus*、小齿古麟 *Palaeotragus microdon* 和高氏羚羊 *Gazella gaudryi*，它们属于低冠、食嫩叶、通常居住在森林中的动物。至上新世，偶蹄动物的数量进一步增加，在阿里的札达动物群中发现了古麟 *Palaeotragus*、祖鹿 *Cervavitus*、后麂 *Metacervulus*、岩羊、旋角羚 *Antilospira* 和库羊等（Wang et al.，2013b）。

　　现生野生羊 *Ovis* 在高加索、喜马拉雅、青藏高原、天山 - 阿尔泰、东西伯利亚及北美洲的落基山等山脉和高原都有广泛的分布。化石记录中的羊则见于中国北方、东西伯利亚及西欧的少数几个第四纪化石点，但之前在青藏高原还没有化石证据。喜马拉雅原羊 *Protovis himalayensis* 被发现于喜马拉雅山脉西部的札达盆地，时代是上新世。这一新的羊类小于现生的盘羊且与 *Ovis* 属共有向后侧方弯曲的角心及初步发展的角心窦，同时拥有几个向 *Ovis* 方向的过渡特征。*Protovis* 可能以 C$_3$ 植物为食，这是札达地区上新世的主要植物。

　　喜马拉雅原羊的发现可以把羊类的化石记录延伸到青藏高原的上新世，这与“走出西藏”假说一致。假设羊类的祖先在上新世适应了高海拔与寒冷的环境，然后在第四纪冰期期间羊类的形态开始变得与现代羊接近，并开始向青藏高原以外迁移。新的化石记录及分子演化关系都显示包括天山 - 阿尔泰在内的泛第三极地区可能是羊类的祖先栖居地，然后从这个基干类群中演化出所有现今的种类。羊的很多种类沿着它们在第四纪迁徙的路线存活到现今，它们提供了一个生物地理分布状况的很好解释。

牛科 Family Bovidae Gray，1821

羚羊亚科 Subfamily Antilopinae Gray，1821

山羊族 Tribe Caprini Gray，1821

原羊属 *Protovis* Wang et al.，2016

　　属型种：*Protovis himalayensis* Wang et al.，2016

　　词源：prôtos，希腊语“原始”或“祖先”的前缀，与现代羊属 *Ovis* 组合。

　　鉴定特征：*Protovis* 与山羊族基干种类（如 *Rupicapra*、*Oreamnos*、*Nemorhaedus*

及 *Pantholops*）的区别在于其原始的角心形态，包括拉长并变厚的角心，向后侧方弯曲，左角在其末端稍有顺时针旋转，基部略为发育的角心窦距角基不超过 10 cm。*Protovis* 与 *Ovis* 的区别在于其角心加厚程度低、相对更向两侧分离的角心不像 *Ovis* 那样向后弯曲并盘旋、角心基部的长与宽相似且角心窦发育不如后者。*Protovis* 与岩羊的区别在于其角心长轴相对于纵向面的旋转较弱，但向上与向后的弯曲较强，角心远端收缩得较慢，角心表面比较平滑。*Protovis* 与 *Tossunnoria* 的区别在于其角心拉长且侧向压扁。

喜马拉雅原羊 *Protovis himalayensis* Wang et al.，2016

正模：IVPP V18928，接近于完整的雄性左右角心（图 2.80 和图 2.81），李强于 2007 年 8 月 19 日采集。

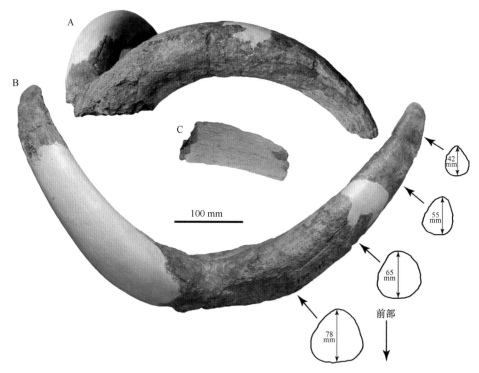

图 2.80　喜马拉雅原羊 *Protovis himalayensis* 正模（V18928）
A. 前侧视；B. 角心背视及四个截面；C. 角心侧视，产自 ZD0604 地点

正型地点：IVPP ZD0712 地点，31°33′55.6″N，79°51′53.4″E，西藏自治区札达县观景台（图 2.82）。

归属标本：一段未编号的角心，ZD0604 地点：31°27′27.2″N，79°43′59.2″E，竹内哲二于 2006 年 9 月 2 日采集。

词源：种名来自喜马拉雅山。

鉴定特征：与属同。

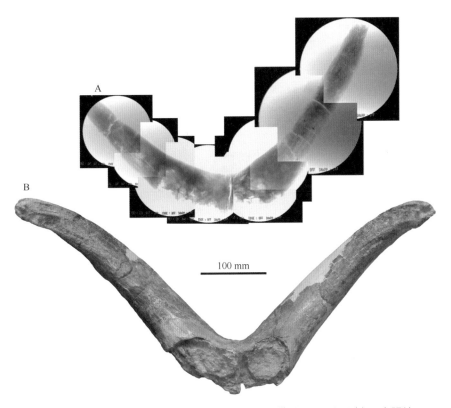

图 2.81　喜马拉雅原羊 *Protovis himalayensis* 正模（V18928）及其 X 光照片

A. 角心数字 X 光照片，背面视；B. 角心后视

图 2.82　ZD0712 地点的出露，向西看

基岩（图中深色中景右面，白线内）在切割的深谷中暴露，札达组湖相地层则覆盖其上。远景中是喜马拉雅山。右下插图：
Protovis 正模在野外暴露，背面朝上，保存在绿色及锈黄色的细砂岩中，近岸相。照片由李强于 2007 年 8 月 19 日拍摄

年代与同生的动物群：ZD0712 地点在海拔 4295 m（图 2.82）。Saylor 等（2010a，2010b）将该点与南札达剖面的 568 m 处进行对比。该层位对比到 2An.1r 磁性带（Wang et al.，2013b），其绝对年龄是 3.10±0.2 Ma（Hilgen et al.，2012）。ZD0604 地点则层位更低（海拔 3803 m）并与 C3r 磁性带进行对比，其绝对年龄为 5.46±0.2 Ma（Wang et al.，2013b）。因此 *Protovis himalayensis* 几乎跨越了札达剖面底到顶，包括晚中新世到上新世的大部分。不过 ZD0604 地点出产的角心破碎（图 2.80C），其鉴定不如正型标本那么肯定。如果假设 *P. himalayensis* 在札达的时段是 5.46～3.10 Ma，那么它与札达所产的几乎所有动物都是同时期的。唯一例外的是顶部第四纪剖面出产的少量几个分子。因此共生动物群包括西藏披毛犀 *Coelodonta thibetana*（Deng et al.，2011）、札达三趾马 *Hipparion zandaense*（Deng et al.，2012a）、雪山豹鬣狗 *Chasmaporthetes gangsriensis*（Tseng et al.，2013）、佩里耶上新鬣狗 *Pliocrocuta perrieri*（Tseng et al.，2016）、布氏豹 *Panthera blytheae*（Tseng et al.，2014）、邱氏狐 *Vulpes qiuzhudingi*（Wang et al.，2014）、拟震旦貉 *Sinicuon* cf. *dubius*（Wang et al.，2015a）、艾氏原鼢鼠 *Prosiphneus eriksoni*（Li and Wang，2015）、邱氏微仓鼠 *Nannocricetus qiui* 和刘氏高冠仓鼠（Li et al.，2018），以及未发表的獾 *Meles* sp.、丁氏貉 *Nyctereutes* cf. *tingi*、库羊 *Qurliqnoria* sp.、转角羚 *Antilospira* sp.、高冠松鼠 *Aepyosciurus* sp.、比例克模鼠 *Mimomys*（*Aratomys*）*bilikeensis*、姬鼠 *Apodemus* sp.、奇异三裂齿兔 *Trischizolagus mirificus*、鼠兔 *Ochotona* sp. 等（Wang et al.，2013b）。

描述：正型标本的角心（V18928）是描述该种的主要依据。而 ZD0604 地点的归属标本则在大小上与正型标本的远端大概一致，但似乎更弯曲一点。V18928 代表一个雄性个体（见比较部分），它的角心全长（沿顶面的弧线）443 mm，其大小与现代 *Ovis* 一些种相似。正型标本的右角心背面受到较大的损坏（图 2.82 中的小图），因此部分用石膏恢复。

角心的表面比较光滑且没有现生羊角心上的细沟（尤其在近端部分）。角心远端，尤其是腹面，细沟存在（图 2.81B）。这些沟也显示左角顺时针方向的旋转（Kostopoulos，2014），但如同现生岩羊一样，扭曲不到半圈。

角心从颅顶向上延伸，初始向两侧并向上分开，然后缓缓向后弯曲。在达到最高点之后，开始向下并向后弯曲。角心向两侧分开的角度是 84°（前面视）。额骨在两角心之间的宽度是 27 mm。这个初始向两侧分开的角心在背视上明显地向两边延伸（图 2.81 和图 2.83），有些像现代的 *Pseudois*，但其远端向后转弯这一特征与后者不同。

角心的横截面较圆，但其后下方有微弱的脊。结合内外侧略微扁平的表面，其截面稍呈三角状（图 2.80）。角心基部截面前后长 78 mm、内外宽 75 mm，与现生 *Pseudois* 雄性个体相似，但比多数 *Ovis* 的种小得多（表 2.53）。相对于 *Ovis* 和 *Pseudois*，角心向远端变细的过程较缓慢。

角心近端基部断开，显示角心前壁（10～20 mm）是后壁的一倍（5～10 mm），可能是雄性争斗时顶撞的结果。X 光显示中等发育的角心窦，主要局限在基部（图 2.81A）。部分第四纪的岩羊（许治军，2009）与几乎所有的 *Ovis*（Wang，1984，

190

图 2.83 喜马拉雅原羊 *Protovis himalayensis* 与一些雄性牛科标本比较

Rupicapra（基干羊类），*Pseudois*（岩羊）及 *Ovis*（绵羊）。A. 侧视与 B. 背视，*Ovis canadensis mexicana*（KUMA 54861，Hidalgo County，美国新墨西哥州）；C. 侧视与 D. 背视，*Protovis himalayensis*（V18928）；E. 侧视与 F. 背视，*Pseudois nayaur* 一雄性（NIPB KX1，青海省可可西里）；G. 侧视与 H. 背视，*Rupicapra rupicapra* 一雄性（LACM 85984，美国圣迭戈动物园）。为辅助比较，所有标本都放大到相似大小，比例尺均为 10 cm

1988）的角心窦都有很大的发育。从 X 光照片看，单个角窦由支杆分开并可以向角心延伸 10 cm 左右。

表 2.53 角心测量 （单位：mm）

测量项	*Tossunnoria pseudibex*		*Protovis himalayensis*		*Ovis shantungensis*		*Ovis zdanskyi*	*Ovis ammon*
	No.481	No.449	左	右	左	右		
角心基部长度	77	70	78	82	115	118		101
角心基部宽度	43	37	75	82	93	84		73
角心基部周长			240	251	320	313	318	274
角心顶面弧线长度			438	443	210	340	310	285

测量值：*Ovis shantungensis* 根据 Matsumoto（1926），*O. zdanskyi* 和 *O. ammon* 根据 Bohlin（1938），*Tossunnoria pseudibex* 根据 Bohlin（1937）。

与现生种类比较：青藏高原上有 6 个牛科的属——岩羊（*Pseudois*）、盘羊（*Ovis*）、藏羚羊（*Pantholops*）、藏原羚（*Procapra*）、扭角羚（*Budorcas*）及牦牛（*Bos*）。后 4 个属由于其差距大的角心形态，比较容易地与札达标本区分开。因此，下面只与 *Pseudois* 和 *Ovis* 比较。

Pseudois 和 Ovis 在整个青藏高原的分布都大面积重叠。它们的角心形态与 Protovis 相似。Ovis 主要向后盘旋，具有三角形横切面及侧向压扁的角心，与 Pseudois 的侧向分支且横切面较圆的角心形成鲜明对比（表 2.53）。Protovis 与二者都有些差距，但在其他几个方面似乎与 Ovis 更接近（图 2.83）。Protovis 的角心基部更自后及上方生长，这点与 Ovis 相似，但与 Pseudois 的向上和侧方弯曲不同，尤其是侧视与背视更加明显（图 2.83）。Protovis 的角心横截面相对在前面扁平，也更像 Ovis，而 Pseudois 则具有更圆的截面。Protovis 的角心窦具有支柱，这与 Ovis 相似，而与原始山羊类的空角心不同。但 Protovis 的角窦都局限在腹部（图 2.81A），而不像 Ovis 那样全面发展，并出现在整个角心的内部（Wang，1984，1988），这或许与后者的雄性在发情期用角猛烈碰撞的行为有关（Farke，2010）。许治军（2009）记录了北京西山晚更新世化石 Pseudois 具有发育的角心窦系统。Protovis 与 Pseudois 和 Ovis 的不同之处在于其角心收缩非常慢以至其变窄非常慢，这一点与 Pseudois 角心基部与末端宽度的反差大，而 Ovis 则更是如此。

Protovis 也与适应陡岩的北非野羊（aoudad）Ammotragus 相似。北非野羊的角形态与岩羊类似，也有向上和向外的弯曲（Gray and Simpson，1980），而且形态与分子的演化关系都倾向于把 Ammotragus 和 Pseudois 放在附近但不是姐妹群（Fernández and Vrba，2005；Ropiquet and Hassanin，2005；Cantalapiedra et al.，2006；Hassanin et al.，2009，2012），即它们的角心相似性或许是独立演化出来的。

如同许多现代牛科的角一样，由于强烈的种内性选择，Ovis 和 Pseudois 的体型大小与角形态都有很明显的性双型（图 2.83）。雄性 Pseudois 通常比雌性 Pseudois 在单维上大 15% 左右，而在体重上大 35% 左右（Wang and Hoffmann，1987）。Ovis 则在体重上大 23%～38%（Schaller，1977）。角心的性双型就更显著了，雄性角心不但巨大且向侧向与后方盘旋程度更大。这种显著的性双型曾导致晚更新世 Pseudois 的角被命名为不同的羊种甚至属。鉴于现代岩羊与盘羊这种巨大的性双型，基于其角心的大小（表 2.53）与其明显的侧向弯曲，判断 V18928 为雄性无疑。

与化石 Ovis 的比较：我们假设 Protovis 与 Ovis 更接近，下面的比较主要集中在化石盘羊的记录上。Ovis 在中国北方、法国、西伯利亚和北美洲的上新世到更新世有一些化石记录。Matsumoto（1926）首次描述了山东青州"晚更新世"盘羊的一个亚种 Ovis ammon shantungensis。不久后 Teilhard de Chardin 和 Piveteau（1930）把它提升到种并把泥河湾盆地的一些材料也放入其中。杨钟健（Young，1932）说明了中更新世周口店 Ovis cf. ammon 的角心和牙齿材料。这个种在周口店似乎一直延续到晚更新世的山顶洞地点（Dong et al.，2009）。另外，在榆社盆地也有关于 O. cf. shantungensis 的发现（Teilhard de Chardin and Trassaert，1938），但后者是根据牙齿和头后骨骼。Teilhard de Chardin 和 Trassaert（1938）提到泥河湾的材料或许与 O. shantungensis 非同一种。邱占祥（2000）觉得泥河湾的 Ovis 应该比法国 Senèze 出产的种类更进步（Delson et al.，2006；Cregut-Bonnoure，2007）。

Bohlin（1938）根据从河南省渑池县仰韶村出产的一个比较完整的头骨和颈椎命名了 Ovis zdanskyi。与其同时出产的动物群还包括 Bos sp.，因此可能是晚更新世。他还在河北宣化和赤城及内蒙古哈龙乌苏提到 *Ovis* cf. *ammon* 的几件标本。另外，陕西榆林的考古记录中也曾有 *Ovis* 的记录（Hu et al.，2008）。

泥河湾（下沙沟动物群）的材料曾经被认为是 *Ovis* 的最早记录（Qiu and Qiu，1995；Cai et al.，2013），但贝加尔湖早上新世的 Udunga 地点则更早（Vislobokova et al.，1995；Erbajeva and Alexeeva，2013；Kalmykov，2013）。可是，只有 Kalmykov 描述的一段角心具有足够证据是 *Ovis*，而 Vislobokova 等描述的材料（枕骨部分及角心碎块）则还不太像 *Ovis*（Vislobokova et al.，1995）。另外贝加尔湖地区也出产了一些晚更新世的 *Ovis* 材料（Shchetnikov et al.，2015）。另见 *Ovis* 的一些零星说明（Fedosenko and Blank，2005）。

Mead 和 Taylor（2005）描述了一个美国内华达州的早上新世新种 *Sinocapra willdownsi*。他们觉得这一最初由陈冠芳（1991）在山西榆社命名为 *Sinocapra* 的物种具有较直的小角心，应该是雌性绵羊。如果他们是正确的话，北美洲的新记录在时代与地理方面的解释都会有所不同。北美洲，而不是亚洲，倒成了羊的最早记录。

在欧洲，最早记录的 *Ovis* 出现于法国早更新世的 Senèze（约 2 Ma）（Delson et al.，2006；Cregut-Bonnoure，2007）。到中更新世，*Ovis ammon antiqua* 的丰富材料出现于法国南部的 Caune de l'Arago（Rivals and Deniaux，2003；Rivals et al.，2006）。欧洲 *Ovis* 似乎是中亚羊的后期扩展。

除榆社和北美洲的 *Sinocapra* 之外，上面提到的中国北方上新世和更新世 *Ovis* 的化石记录在角心形态上都很进步，因此把它们归入 *Ovis* 没什么疑问。这些材料与 *Protovis* 的区别跟现代 *Ovis* 的区别大致相当。这似乎表明绵羊这一支是从青藏高原的上新世发展而来的，更新世时基本达到了现代的形态。假设这是对的，那么当它们在更新世扩张到青藏高原以外后，其形态已经与现代羊差不多，但个体稍大。Udunga 的记录（Vislobokova et al.，1995；Erbajeva and Alexeeva，2013；Kalmykov，2013）太破碎，它的真正性质恐怕有待未来的新发现了。

系统关系：近年来的分子系统关系都把 *Ovis* 归入山羊族（Hassanin et al.，1998；Fernández and Vrba，2005；Cantalapiedra et al.，2006；Bibi，2013）。基于完整的线粒体 DNA 测序，Hassanin 等（2009）将 *Ovis* + *Oreamnos* 这一姐妹群放在山羊族的基部，但这个姐妹群的关系在更大规模（所有鲸偶蹄类 Cetartiodactyla）的分析中却消失了（Hassanin et al.，2012）。相对于 *Pantholops* 和 *Rupicapra*，*Ovis* 比 *Pseudois* 更倾向于基干的位置，*Ovis* 角心形态却是相当进步的。这似乎与它发情期激烈碰撞角的行为一致。因此，也许我们可以比较保险地假设山羊式的简单、纤细、短且向上并向后略弯曲的角心是本支系基干类群的原始特征，其代表包括 *Rupicapra*（小羚羊 chamois）、*Oreamnos*（北美山羊 mountain goat）及 *Naemorhedus*（羚羊 goral）（Ropiquet and Hassanin，2005；Shafer and Hall，2010）。由这个原始形态我们也许可以想象在向 *Ovis* 的形态演化中，*Protovis* 占据了一个过渡形态（图 2.83）。但是，如果我们换一个演化模式，也可以想象 *Protovis* 可能与 *Pseudois* 有关系。

Sokolov（1959）曾提出 *Capra* 与 *Ovis* 的祖先或许与晚中新世青藏高原北面柴达木

盆地出产的 *Tossunnoria*（Bohlin，1937）有关。这个想法后来被 Kalmykov（2013）采纳。Bohlin（1937）在他描述 *T. pseudibex* 时曾经与西伯利亚的山羊 *Capra sibirica* 做了广泛的比较，并得出 *Tossunnoria* 与山羊 caprin 更接近的结论。但他没能将该属放入一个具体的门类中。*Tossunnoria* 与 *Protovis* 的相似性包括都具有角心向两侧分支及粗壮的角心等特征。可是 *Tossunnoria* 和 *Protovis* 之间有不少细节的差别，而不一定是祖先与后裔的关系。*Tossunnoria* 的角心背面的脊、更加压扁的横截面，以及短而突然收缩的角心等特征都显示自己单独的支系。有关 *Tossunnoria* 还知之甚少，其粗壮的角心及向后侧方向弯曲似乎都显示与绵羊支系有些关系。如果这是对的话，由于 *Tossunnoria* 出自托素湖动物群，那么绵羊支系的最初分支时代大约是 10 Ma（Fang et al.，2007；Wang et al.，2007a；Wang et al.，2011；Wang et al.，2013b）。

在 *Ovis* 属内 Rezaei 等（2010）将 *Ovis* 划分为 6 个种，并包括两大类：一个包括盘羊 *O. ammon*、赤盘羊 *O. vignei* 及欧洲盘羊 *O. orientalis* 的中亚 - 西亚支系，一个包括雪盘羊 *O. nivicola*、白大角羊 *O. dalli* 及美洲大角羊 *O. canadensis* 的东亚 - 北美支系。这两个支系的分化时间大概在 2.42 Ma。Bibi 等（2012）结合线粒体 DNA 及形态特征的分析得出相似结论。

在分支分析过程中我们把 *Protovis* 的角心形状加入 Bibi 等（2012）发表的形态矩阵中。在他们的 52 个性状中，只有 9 个角心性状可以应用，包括 30（2）、31（2）、32（0）、33（0）、36（0）、37（2）、39（2）、40（0）、45（0）（基于 Bibi 等的矩阵中性状号码）。我们用了 MrBayes 3.2.0（Ronquist et al.，2012b）的系统预置：mcmc ngen=2 500 000，samplefreq=500，printfreq=500，diagnfreq=1000。算出来的树系与 Bibi 等的结果非常接近。*Protovis* 落入 *Ovis* 支系内（图 2.84A）。然后以 Bibi 等（2012）得出的树系为基础，在 Mesquite 软件（Maddison and Maddison，2015）中手动探索其他组合，也同样得出相似的结果（195 steps），不过 *Protovis* 与 *Ovis* 作为姐妹群具有相同长度（图 2.84B）。

我们希望强调 Bibi 等（2012）的数据矩阵的目的是探讨一个非洲的新山羊（*Capra wodaramoya*）的系统关系。在没能观察所有类群的情况下 *Ovis* 支系附近的过渡性状不容易直接对比。*Ovis* 支系底部未能完全找到准确关系的部分或许是由札达化石保存不完整所致（在 52 个形态特征中只有 9 个是可以观察到的）。另外，我们无法加进一些过渡特征也可能是原因之一（见鉴定特征）。在没有一个全面的系统关系分析以前，我们的分析应该看作一个大致的结果，有待进一步工作。考虑到我们对 *Protovis* 的特征的鉴定（个体小、角心细、向两侧伸展的角心、角心窦较弱及角心截面的长与宽相同），这些证据似乎都指向 *Protovis* 具有比较原始的特征，并处在 *Ovis* 支系以外。因此我们觉得选择图 2.84B 中同样短的树系之一是有依据的，并将其作为我们接受的演化过程（图 2.85）。

上述系统关系与绵羊的祖先从青藏高原（或中亚）向东西两侧迁移一致（图 2.85），这些祖先羊有可能占据了与现代盘羊相似的青藏高原与阿尔泰地区。

动物地理与古生态：虽然目前还没有 *Protovis* 的牙齿化石，对札达食草类碳同位素的研究表明 C_3 植物是上新世的主要成分（Wang et al.，2013b，2015b）。因此 *Protovis*

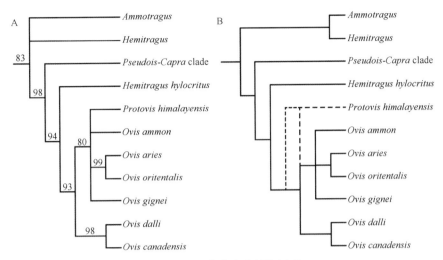

图 2.84　系统发育分析的树系

A. 对细胞色素 b 与 52 个形状的混合矩阵贝叶斯分析得出的部分树系（*Capra-Ovis* 支系），矩阵基于 Bibi 等（2012）并加入
Protovis 性状；支系可信值标在树的节点上。B. 在 Mesquite（Maddison and Maddison, 2015）中手动得出的 195 步部分树系
（*Capra-Ovis* 支系），矩阵基于 52 个形状矩阵形成的贝叶斯树系

也很可能以食 C_3 植物为主，与现生青藏高原上的牛羊类相似。

札达盆地位于喜马拉雅山与阿依拉日居山之间，构造活动频繁（Saylor et al.，2007，2010b）。盆地发展过程中基底岩石的古地形在盆地中大量出露，在古札达湖岸边为原羊提供了很多崎岖地貌（Wang et al.，2013b）。*Protovis* 的正模地点本身就离一个古湖岛不远，有大量基底变质岩（图 2.82）。这些陡峭的山崖很可能在大型食肉类动物攻击原羊时为其提供了保护（图 2.86）。

在喜马拉雅发现的原始盘羊为我们提供了另一个"走出西藏"假说的例子（Deng et al.，2011；Wang et al.，2014）：盘羊的祖先对上新世高海拔寒冷环境逐渐适应，而这些适应使得它能够在第四纪冰期向高原以外扩散，最终达到华北、西伯利亚、西亚等地区。因此，盘羊加入其他几个走出西藏的例子，如大型猫科（Tseng et al.，2014）、北极狐（Wang et al.，2014）、高度食肉化的鬣狗（Wang et al.，2015a）及披毛犀（Deng et al.，2011），并因此发展出第四纪冰期中的一些巨型动物群。

现生盘羊喜欢在陡壁或接近高坡部分的山脉活动（Schaller，1998）。盘羊的细长腿容许其在相对平缓的山坡迅速逃脱捕猎食肉类动物的追击，这点与依靠陡壁逃脱追捕的岩羊不同。这种适应性使盘羊更善于长距离迁徙，并翻越山脉之间的大面积平原，因此野生盘羊分布于欧亚大陆与北美洲的大多山区就不奇怪了。在冰期巨型动物群中，*Ovis* 的出色迁徙能力仅次于猛犸象（*Mammuthus*）和野牛（*Bison*）（图 2.85）。

Geist（1971）曾谈论到原始或孑遗种类（如 *Rupicapra*、*Capricornis* 和南喜马拉雅山的 *Hemitragus*）在进化过程中，它们的进化速度相对于北方的一些形态变化迅速的种类较慢。更广泛一点，Fortelius 等（2014）提出恶劣环境下的外界驱动因子是欧亚大陆新近纪哺乳动物演化的动力。这也与我们的"走出西藏"假说一致（Deng et al.，

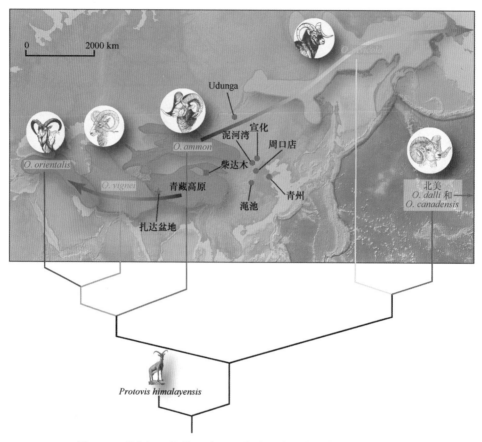

图 2.85　现生与灭绝的几种 *Ovis* 在欧亚大陆的分布及其演化关系

地形图通过 GeoMapApp(version 3.5.1) 软件形成 (Ryan et al.，2009)。*Ovis* 现代种的分布基于 Fedosenko 和 Blank(2005)、Rezaei 等 (2010)。系统关系与现生 *Ovis* 的分类基于 Rezaei 等 (2010)、Bibi 等 (2012)，以及我们自己对札达 *Protovis* 的分析（图 2.84）。这里采用了图 2.84B 中的关系。羊头根据 Geist(1971) 和 Schaller(1977) 改绘。Udunga 是地名，是 *Ovis* 属化石种在俄罗斯境内的一个分布地点

2011；Wang et al.，2015b），盘羊或许代表了这个过程的一个很好的例子。青藏高原上的羊类祖先占据与现生盘羊相似的地理区域并逐渐适应上新世高海拔的严寒环境，而这时欧亚大陆的其他地区（包括高纬度的北极地区）都更加温暖（Ballantyne et al.，2010）。这些祖先类群快速演化出与现代 *Ovis* 相似的形态。冰期开始时（2.6 Ma），*Ovis* 已经拥有了一些在寒冷环境中生存的竞争优势，从而迅速向高原周边及更远处散布，最终在晚更新世达到了北美洲（Wang，1988）。如 Rezaei 等 (2010) 所述，盘羊的系统关系与其分布明显反映了它们的迁徙路线：盘羊成功地扩散到新的地区后就在那里建立新种，即使在像东西伯利亚与阿拉斯加山区那样极端恶劣的环境下，雪盘羊与白大角羊也稳固地建立了家园。这种对其祖先活动地区的高度一致的现生记录提供了一个非常好的研究第四纪迁徙的模式。幸运的是，盘羊可以在山区中找到避难所（图 2.86），这也可能是野生羊能够躲过早期人类捕猎而一直生存下来的重要原因，它们同时代的很多冰期末期巨型动物群成员就没有这么幸运。

图 2.86　札达的原羊 *Protovis* 生态复原
背景是现代札达盆地中的一个基岩露头，Julie Selan 复原，王晓鸣拍摄

第 3 章

鱼类化石

新生代印度板块 - 亚洲板块碰撞引起青藏高原的快速隆升，将高原转变为与周边较低地域相隔离的"生态岛"。当鱼类伴随其栖息地被迅速抬升到更高的高度时，环境也相应发生了巨大的变化。留存在已抬升地区的鱼类积累了适应环境变化的基因和形态特征，并演变为新的物种。从某种意义上说，正如加拉帕戈斯群岛之于达尔文，青藏高原为我们提供了一个巨大的"研究正在进行中的演化的实验室"(Laboratory for Studying Evolution in Action)（张弥曼和苗德岁，2016）。

目前西藏已发现的新生代鱼类化石非常丰富，保存精美。西藏广大地区的许多新生代河、湖相沉积还人迹罕至，或未经研究，其中一定不乏很有研究前景的鱼类化石。虽然我们现在只在为数不多的（十几个）地点发现了鱼类化石，但这些鱼化石已经不同程度地对当时当地的古环境提出了比较可靠的依据。通过对更广阔地区新生代更多鱼类化石的研究，加上确切的时代及化石地点今高度的信息，我们便能对更多地点不同时代的古高度做出比较可靠的估算，同时也能对引起抬升的构造运动的时间和规模做出判断。另外，东亚、南亚和东南亚的许多大江、大河均发源于青藏高原，如东流的黄河、长江；南去的澜沧江 - 湄公河、怒江 - 萨尔温江、伊洛瓦底江、雅鲁藏布江 - 恒河、印度河等。水系的分隔与河流袭夺也都会反映在游弋在这些水系中的鱼类的历史中（张弥曼和苗德岁，2016）。除了重建青藏高原古环境的重要价值，这些鱼类化石多数是各自类群迄今为止最早的记录或生物学信息最为丰富的代表，因此对这些类群演化历史的研究至关重要。

3.1　鲤形目

3.1.1　高原东北部昆仑山口盆地的上新世鲤科鱼类

青藏高原东北部昆仑山口盆地上新世下羌塘组的鲤科鱼类化石（Wang and Chang，2010），采集自现在海拔 4769 m 的地点。化石材料包括大量零散和不完整的骨骼，以及数以千计的咽喉齿、鳍条和脊椎。化石分别归属于鲤科 Cyprinidae 裂腹鱼亚科 Schizothoracini 裸鲤属 *Gymnocypris*、裂腹鱼亚科及鲤科。裂腹鱼亚科是一类青藏高原及其边缘地区的本土淡水鱼类。研究现生裂腹鱼亚科的学者曾将裸鲤属 *Gymnocypris* 归入该亚科的高度特化等级，它们主要聚集在比其他裂腹鱼同类海拔更高的生存环境中。目前有两个种被确认归入裸鲤属：青海湖裸鲤（*G. przewalskii*）和花斑裸鲤（*G. eckloni*），它们分别栖息于青海湖及东昆仑山脉南（黄河上游）北（格尔木河）两侧的水体中。在东昆仑山脉南坡昆仑山口盆地（海拔 4769 m）发现的大量化石裂腹鱼亚科鱼类，其产地靠近今天的格尔木河，说明上新世时期该地区水流比较充沛，且东昆仑山脉南北两侧水体可能相连。发育的水系也说明该地区上新世时期气候相对于今天更为湿润。高度特化等级裂腹鱼亚科化石的出现也说明该地区从上新世至今海拔升高的幅度小于此前的推测。

昆仑山脉沿青藏高原东北部柴达木盆地南缘延伸，昆仑山口盆地则位于东昆仑山脉中段南坡（图3.1）。昆仑山口盆地是一个断陷盆地，形成于晚新生代初期（Kidd and Molnar，1988；Wu et al.，2001）。盆地内有较厚的晚新生代沉积（约700 m，Cui et al.，1998），记录了该地区的地质历史，并与青藏高原隆升及全球气候环境变化有密切的关系（Cui et al.，1998；Song et al.，2005）。该地区的地质演变历史长期以来一直吸引着世界各地地质学家和古生物学家。然而这一地区的古生物学研究主要集中在上新世以来的孢粉、介形纲及软体动物（Kong et al.，1981；Pang，1982；庞其清等，2007；Yin et al.，2006）。20世纪末，在王晓鸣带领中国科学院古脊椎动物与古人类研究所和美国洛杉矶自然历史博物馆联合考察队（简称联合考察队）对柴达木盆地进行考察之前，青藏高原上仅有一个已知的鱼类化石点，即伦坡拉盆地（武云飞和陈宜瑜，1980）。联合考察队在柴达木盆地发现了几个含鱼类的脊椎动物化石点（Wang et al.，2007a；陈耿娇和刘娟，2007；Chang et al.，2008）。在2006年和2007年的野外考察中，这支队伍在昆仑山口盆地开展工作时发现了大量零散的鱼类骨骼、咽喉齿，以及一些哺乳动物化石（Wang et al.，2006a）。鱼类化石采自玉珠峰附近距离青藏铁路东部约2 km，青海省格尔木市西北116 km处的化石点KL0607（35°38′9.0″N，94°5′5.6″E）（图3.1）。化石点海拔为4769 m。这是青藏高原产出大量鱼类化石的几个化石点之一，也是世界上海拔最高的脊椎动物化石点之一。昆仑山口盆地的鱼类化石主要采自羌塘组下段（Song et al.，2005）。羌塘组下段的年代为2.58～1.77 Ma，Song等（2005）的磁性地层学研究认为包含晚上新世到早更新世的地层，Wang等（2006）对哺乳动物化石的研究则认为应定为晚上新世。Li等（2014）重新厘定了昆仑山口盆地化石层的时代，将其确定为早-中上新世（4.2～3.6Ma）。本节采用后者的观点。含有鱼化石的河湖相沉积为深灰色泥岩夹黄褐色泥质砂岩或粉砂岩沉积。

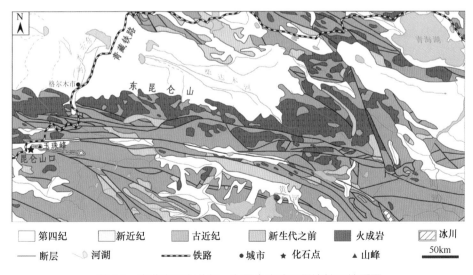

图3.1　青藏高原东北部、东昆仑山脉及周边地区地质图

按照青海省地质图（吴向农等，2002）

青藏高原的新生代鱼类化石很少，之前已经描述的鱼类化石包括大头近裂腹鱼化石（*Plesioschizothorax macrocephalus*）（武云飞和陈宜瑜，1980），一种鲤科化石属种；伍氏献文鱼（*Hsianwenia wui*）化石（Chang et al.，2008），为另一种鲤科裂腹鱼亚科的化石属种；以及一些鲤科鲃亚科（Barbinae）的零散咽喉骨和咽喉齿化石（陈耿娇和刘娟，2007）等；最新的发现包括鲤科鲃类张氏春霖鱼和鲈形鱼类西藏始攀鲈化石。Chang 等（2008）认为大头近裂腹鱼和伍氏献文鱼都属于裂腹鱼亚科。

鲤科是淡水鱼类中最大的一个科。在过去 20 年中，形态学和分子生物学领域对该类群的系统发育关系做了大量研究（陈湘粦等，1984；Howes，1991；Cavender and Coburn，1992；Zardoya and Doadrio，1999；Gilles et al.，2001；Durand et al.，2002；Liu and Chen，2003；Saitoh et al.，2006；He et al.，2008；Mayden et al.，2009），然而鱼类学家对鲤科的分类及各类群的相互关系仍众说纷纭。裂腹鱼由于具有独特的"臀鳞"，被认为是鲤科的一个单系亚科（裂腹鱼亚科 Schizothoracinae）（Berg，1912；Wu，1991；曹文宣等，1981；武云飞，1984；陈毅峰和陈宜瑜，1998）或作为鲤亚科下的一个分类单元（Schizothoracini）（Howes，1991；Kullander et al.，1999）。由于分布的局限性，鲤形目或鲤科鱼类的分子学系统发育研究中，很少包含裂腹鱼，即使纳入分析也往往只选 1 种（Cavender and Coburn，1992；Zardoya and Doadrio，1999；Gilles et al.，2001；Liu and Chen，2003；Saitoh et al.，2006；He et al.，2008；Mayden et al.，2009）。由于研究程度不够，裂腹鱼亚科的系统位置很少被论及。以往诸多包含较多这一类群种类的系统学研究，无论将该类群置于哪个位置，都将其视为单系群（陈湘粦等，1984；Howes，1991；武云飞，1984；陈毅峰，1998；Kullander et al.，1999；Cunha et al.，2002；He et al.，2004；Kong et al.，2007）。而近几年关于鲤科的系统发育关系的研究却出现了不支持裂腹鱼亚科单系性的结果（Kong et al.，2007；Wang et al.，2007a；Li et al.，2008；Mayden et al.，2008）。大多数鲤形目和鲤科的形态和分子生物学研究都支持鲤亚科（Howes，1991；Cavender and Coburn，1992；He et al.，2008；Mayden et al.，2009）或鲃系（Series Barbini）的单系性（Chen et al.，1984），并认为裂腹鱼是其中的一个亚群（Howes，1991；Kullander et al.，1999）。本节沿用 Howes（1991）和 Kullander 等（1999）的观点。我们认为当前材料应该归属于鲤亚科裂腹鱼系，即 Tribe Oreinini（Kullander et al.，1999）裂腹鱼亚科（Berg，1912）裸鲤属（*Gymnocypris*）。

在昆仑山口盆地的化石点 KL0607 收集的大量鱼类骨骼中，我们辨识出鲤形目两个科——鲤科和条鳅科（Nemacheilidae）的材料。本节我们对其中的鲤科鱼类骨骼进行描述，并讨论与其分布和生存环境相关的问题。我们认为其中的一些属于裸鲤属未定种，另一些属于鲤亚科裂腹鱼系未定类型。剩余的骨骼，我们只能判断其属于鲤科，但不能做更细的分类。现生裂腹鱼的生物地理学方面已有一些研究，并对该类群的演化过程提出了推测（曹文宣等，1981；陈毅峰和陈宜瑜，1998）。现生裂腹鱼被认为是随着青藏高原的隆升而不断演化的，并被分为 3 个等级：原始等级、特化等级、高度特化等级。这 3 个级别的划分依据主要包括鳞片、触须的数目和咽喉齿的行数，以及它们在 3 个连续海拔区间的分布（3 个海拔区间内水温、降水量递减，太阳辐射和蒸发量递增）（曹文宣等，1981）。当前材料所属的裸鲤属是高度特化等级裂腹鱼类。

材料和方法：所有昆仑山口盆地的鱼类化石均为零散、不完整的骨骼。材料皆为较厚的骨骼和骨骼的较厚部分，据此推测化石不是原地埋藏，而是经历了流水的分选、搬运后再沉积过程。一般较大而厚的骨骼呈黑色至深棕色，而小而薄的骨骼颜色较浅，骨片与浅色的围岩反差明显。裸鲤属、裂腹鱼类和鲤科化石标本分别被编号为 IVPP V16925 ～ 16932，IVPP V16908 ～ 16910 和 IVPP V16933 ～ 16940。用于对比研究的材料包括 15 种裂腹鱼和 5 种其他鲤科鱼类的干制骨骼和零散骨骼标本。分别是青海湖裸鲤 *Gymnocypris przewalskii*，IVPP OP 343（完整骨架），OP 344（零散骨骼）；花斑裸鲤 *G. eckloni*，OP 345（零散骨骼）；尖裸鲤 *Oxygymnocypris stewartii*，OP 346（零散骨骼）；黄河裸裂尻鱼 *Schizopygopsis pylzovi*，OP 347，OP 348（零散骨骼）；高原裸裂尻鱼 *S. stoliczkai*，OP 349，OP 350（零散骨骼）；拉萨裸裂尻鱼 *S. younghusbandi*，OP 351（零散骨骼）；扁咽齿鱼 *Platypharodon extremus*，OP 352（零散骨骼）；厚唇裸重唇鱼 *Gymnodiptychus pachycheilus*，OP 353（零散骨骼）；双须叶须鱼 *Ptychobarbus dipogon*，OP 354（零散骨骼）；巨须裂腹鱼 *Schizothorax macropogon*，OP 355（零散骨骼）；异齿裂腹鱼 *S. o'connori*，OP 356（零散骨骼）；拉萨裂腹鱼 *S. waltoni*，OP 357（零散骨骼）；少鳞裂腹鱼 *S. oligolepis*，OP 358（零散骨骼）；齐口裂腹鱼 *S. prenanti*，OP 359（零散骨骼）；细鳞裂腹鱼 *S. chongi*，OP 360（零散骨骼），施瓦氏四须鲃 *Barbodes schwanenfeldi*，OP 361（零散骨骼）；中华倒刺鲃 *Spinibarbus sinensis*，OP 362（零散骨骼）；黑鳍袋唇鱼 *Balantiocheilus melanopterus*，OP 363（零散骨骼）；鲤 *Cyprinus carpio*，OP 364，（零散骨骼）；鲫 *Carassius auratus*，OP 365（零散骨骼）。所有标本均保存于中国科学院古脊椎动物与古人类研究所。化石很容易从相对较软的围岩中挑选或筛洗出来，然后在 WILD-M7A 双目立体显微镜下用细针清理干净。照片用 CANON 1Ds 数码单反相机及相连的 OLYMPUS SZX12 立体显微镜拍摄。咽骨的测量和描述依据 Chu（1935），描述咽喉齿的术语依据 Vasnetsov（1939），描述使用的骨骼学术语依据 Conway 等（2008）。

骨鳔总目 Ostariophysi Sagemehl，1885
鲤形目 Cypriniformes Bleeker，1859/1960
鲤科 Cyprinidae Bonaparte，1840
鲤亚科 Cyprininae *sensu* Howes，1991
裂腹鱼系 Lineage Schizothoracini *sensu* Howes，1991（Tribe Oreinini，Kullander et al.，1999）
裸鲤属 *Gymnocypris* Günther，1868
裸鲤属未定种 *Gymnocypris* sp.

标本：IVPP V16925.1 ～ 32，齿骨前部；V16926.1 ～ 55，关节骨后部；V16927.1 ～ 14，方骨腹部；V16928.1 ～ 40，上颌骨后部；V16929.1 ～ 42，动筛骨；V16930.1，1 枚有咽喉齿和齿根的左侧咽骨，后突缺失；V16931.1，左侧悬器；V16932.1 ～ 7，上匙骨。

齿骨：共鉴别出 17 枚左侧齿骨和 15 枚右侧齿骨，但其中没有完整的标本。标本

V16925.1 保存了左侧齿骨的大部分，仅缺失后部和冠状突的后背部。其前支向内侧弯曲，前端与对侧齿骨相接的关节面窄而高。齿骨前支背面宽而平，背面见三叉神经（V）下颌支的通孔，位于前端关节面和冠状突起点之间的中点位置。通孔另一端开口位于齿骨外侧面，并靠近第一个感觉管开口上缘不远处（图 3.2A）。齿骨内面有容纳关节骨和麦氏软骨的凹槽（图 3.2B）。这枚齿骨最显著的特征是下颌感觉管非常粗，其在齿骨表面的开口非常大。标本保存了两个椭圆形的感觉管开口及一个感觉管开口的上半部分，开口的纵向直径与齿骨外侧面感觉管开口上方部分高度大致相等（图 3.2A）。齿骨冠状突的起点与第 2 个感觉管开口后缘相对。在现生裂腹鱼类中，这种大且呈窦腔状的下颌感觉管开口仅见于裸鲤属（图 3.2C 和图 3.2D）和尖裸鲤（图 3.2E 和图 3.2F）（武云飞，1984）。这枚齿骨化石形态更接近裸鲤属。与裸鲤属相比，尖裸鲤的齿骨细长，前支背面更窄，冠状突的起点更靠后（位于第 3 个感觉管开口之后）。此外，其三叉神经下颌支在齿骨外侧面的通孔位置距离感觉管开口上缘较远，而距离齿骨侧面背缘较近。

隅 - 关节骨：共鉴别出 26 枚左侧和 29 枚右侧的隅 - 关节骨，标本 IVPP V16926.1 是一枚保存较好的右侧隅 - 关节骨，仅前端小部分缺失。骨片狭长，向前变窄插入齿骨内侧面的凹槽中（图 3.3A ～图 3.3D）。隅 - 关节骨后端加厚，其背部有容纳方骨关节头的关节窝（图 3.3A），腹面内侧有一个与后关节骨相接的小关节面（图 3.3B）。内侧面后部不平，分布小坑、短沟槽和棱脊，麦氏软骨的起点清晰可见（图 3.3C）。在与方骨相接的关节窝前略向内侧弯曲，外侧面较光滑（图 3.3A、图 3.3B、图 3.3D）。宽阔的下颌感觉管似乎从关节窝正下方穿过，但是这枚标本的感觉管边缘已经破损，只

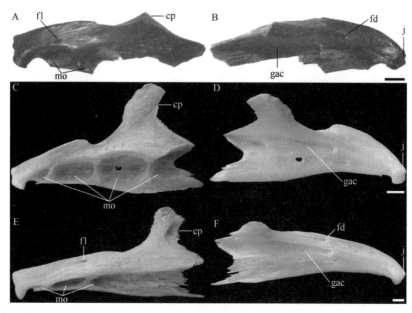

图 3.2　齿骨化石 IVPP V16925.1（A 和 B）；现生裸鲤属 IVPP OP 345（C 和 D）；现生尖裸鲤属 IVPP OP 346（E，F）

A、C、E 为腹外侧视；B、D、F 为背内侧视。cp. 冠状突；fd. 三叉神经（V）下颌支通路开口背侧视；fl. 三叉神经（V）下颌支通路开口外侧视；gac. 容纳关节骨和麦氏软骨的凹槽；j. 与对侧下颌关节的面；mo. 下颌感觉管开孔。比例尺：2 mm

能看见感觉管的沟槽（图 3.3A、图 3.3B、图 3.3D）。这种关节骨感觉管宽阔并延续到齿骨上的情况，在现代裂腹鱼中只见于裸鲤属（图 3.3E）。尖裸鲤的关节骨也有比较发达的下颌感觉管，但明显比裸鲤的细（图 3.3F）。

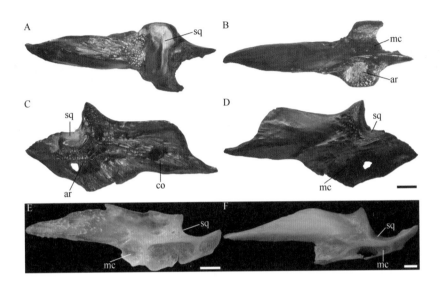

图 3.3　关节骨化石 V16926.1（A ～ D）；现生裸鲤属 OP 345（E）；现生尖裸鲤属 OP 346（F）
A. 背侧视；B. 腹侧视；C. 内侧视；D ～ F. 外侧视。ar. 与后关节骨相连的关节面；co. 麦氏软骨起始处；mc. 下颌感觉管；
sq. 与方骨相接的关节窝。比例尺：2 mm

方骨：共鉴别出 8 枚左侧和 6 枚右侧方骨的腹部，所有方骨背侧片缺失，其中仅标本 V16927.1 腹部保存相对较完整（图 3.4A 和图 3.4B）。方骨腹部呈杆状，前部宽厚，后部窄而薄，并向后端逐渐变窄成尖。前端宽阔的关节面与关节骨后背部的关节窝相接。方骨内侧面明显可见一条容纳续骨的凹槽，凹槽向前延伸，接近前端的关节面。方骨的外侧缘呈刃状，背面外侧的前部散布小坑和由这些小坑向后发出的短沟，内腹面则较光滑。尽管方骨化石只保存了腹部，可见部分和裸鲤属方骨的对应部分相似（图 3.4C 和图 3.4D）。

上颌骨：共鉴别出 21 枚左侧和 19 枚右侧上颌骨的后部。从保存的部分来看，上颌骨较长，腹缘成"S"形弯曲，后端向腹方弯曲，并扩大形成一圆形结节。上颌骨前部破损，由保存的基部可以看出，其背突较宽阔，与上颌骨后部几成直角（图 3.5A 和图 3.5B）。上颌骨"S"形弯曲的腹缘和膨大成结节状的后端主要见于广义的鲤亚科鱼类（Cavender and Coburn，1992）。再加上后端向腹方弯曲且具有宽阔的背突等特征，化石与裸鲤属相似度最高（图 3.5C 和图 3.5D）。

动筛骨：动筛骨为左右对称的短棒状小骨，背端和腹端扩大而前后方向平扁，中部较窄（图 3.6A ～ 图 3.6C）。动筛骨背端前面有一个浅凹，活体中通过韧带与前上颌骨的背突相连；腹端两侧各有一个小突起，原本可能通过结缔组织与中筛骨（邓之真，1959）和犁骨（孟庆闻和苏锦祥，1960）相连。中部侧面内凹，活体中应容纳与前筛

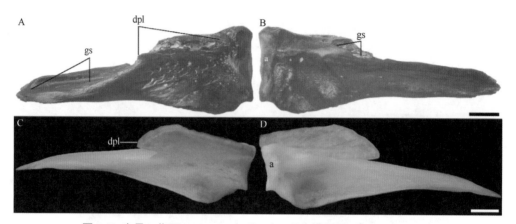

图 3.4　方骨，化石 V16927.1（A 和 B）；现生裸鲤属 OP 345（C 和 D）

A 和 C. 背侧视；B 和 D. 腹侧视。a. 与关节骨相连的关节面；dpl. 背部骨片；gs. 容纳续骨的凹槽。比例尺：2 mm

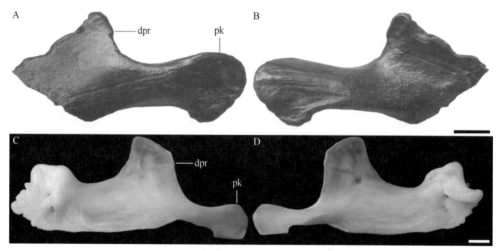

图 3.5　上颌骨化石 V16928.1（A 和 B）；现生裸鲤属 OP 345（C 和 D）

A 和 C. 外侧视；B 和 D. 内侧视。dpr. 背突；pk. 后侧关节突。比例尺：2 mm

骨和鼻骨相连的软骨（Deng，1959；Ping，1960）。侧面前缘呈拱形，背部与腹部几乎等宽，而远宽于中部。以往关于鲤科鱼类动筛骨的形态研究较少，通过观察已有标本，当前化石与裸鲤属的动筛骨相似度最高（图 3.6D～图 3.6F）。

　　咽骨：只发现了一枚很小的咽骨。保存的部分呈新月形，较狭长。咽骨的前突向前背方渐窄成尖突，与齿面近等长。根据 Chu（1935）的测量方法，咽骨的长度基本不受后突后部缺失的影响。测得咽骨长约为 5.5 mm。宽度约为 1.9 mm，长宽比约为 2.9。咽骨背缘窄，内腹面较宽（图 3.7A）。有凹坑的面中部变宽，向前延伸至与内行第 1 枚咽齿（A1）相对的位置（图 3.7B）。前角破损，后角没有保存。从保存的 3 枚咽齿和 4 个齿基判断，咽齿 2 行，齿式为 3，4，内行（A 行）4 枚，较外行 3 枚（B 行）粗壮。保存下来的内行第 1 枚、外行第 1 枚和第 2 枚咽齿（A1、B1、B2）都呈椭圆柱形，尖端略弯曲。咀嚼面为勺状，长大于宽，侧缘呈脊状。B1 较 B2 略粗壮，B1 和 B2 的

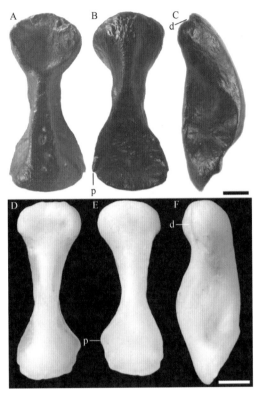

图 3.6 动筛骨化石 V16929.1 （A ～ C）；现生裸鲤属 OP 345 （D ～ F）

A 和 D. 前侧视；B 和 E. 后侧视；C 和 F. 外侧视。d. 容纳连接前上颌骨背突韧带的凹陷；p. 连接中筛骨和犁骨的结缔组织

附着的突起。比例尺：1 mm

咀嚼面比 A1 的更加倾斜（图 3.7A）。咽骨化石的齿式和咀嚼面形状与一些现生特化和高度特化等级的裂腹鱼亚科鱼类的咽骨相似（曹文宣等，1981），如重唇鱼属、叶须鱼属、裸重唇鱼属、裸裂尻鱼属、黄河鱼属、裸鲤属、尖裸鲤属（武云飞和吴翠珍，1992；陈毅峰和曹文宣，2000）。其中，尖裸鲤的咽骨（图 3.7G 和图 3.7H）比裸鲤属（图 3.7C 和图 3.7D）和化石（图 3.7A 和图 3.7B）的咽骨狭长，其长宽比超过 3.6（武云飞和吴翠珍，1992；陈毅峰和曹文宣，2000）。我们的观察显示裸重唇鱼和叶须鱼的咽骨（图 3.7I ～ 图 3.7L）比裸鲤（图 3.7C 和图 3.7D）和化石咽骨（图 3.7A 和图 3.7B）有凹坑的面狭窄。此外，重唇鱼的咽骨前突较短，约相当于咽骨齿面长度的 2/3（Cunha et al.，2002）。裸裂尻鱼的咽骨前端的缺刻朝向后背方（图 3.7E 和图 3.7F），而这枚化石咽骨前端的缺刻朝向前腹方，与裸鲤属的咽骨（图 3.7C 和图 3.7D）更相似。原始等级的裂腹鱼和所有鲃亚科成员均有三行咽喉齿（曹文宣等，1981），与化石咽骨明显不同。

悬器（第 4 脊椎椎体横突）：在标本 V 16931.1 中，仅保存有一左侧悬器（第 4 脊椎椎体横突）外支。内支破损，仅余三角锥形顶端下一个与外支相连的基部。外支整体光滑，呈狭长片状，仅背端增厚为一个三角锥形关节突，嵌入第 4 脊椎椎体侧面的关节窝中（图 3.8A）。背后部紧接关节突处有若干凹坑（图 3.8B），向下加宽，应在内支

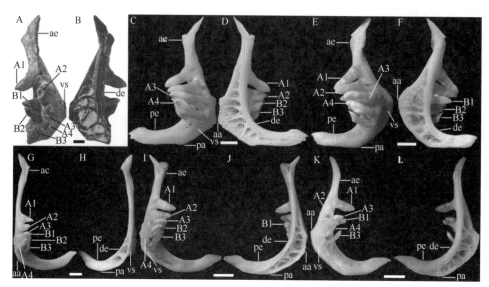

图 3.7 咽骨化石 V16930.1（A 和 B）；现生裸鲤属 OP 345（C 和 D）；现生裸裂尻鱼属 OP 351（E 和 F）；现生尖裸鲤属 OP 346（G 和 H）；现生叶须鱼属 OP 354（I 和 J）；现生裸重唇鱼属 OP 353（K 和 L）

A、C、E、G、I 和 K. 齿侧视；B、D、F、H、J 和 L. 坑面视。aa. 前角；ae. 前突；de. 背缘；pa. 后角；pe. 后突；vs. 腹内侧面。

比例尺：A 和 B. 0.5 mm；C ～ L. 3 mm

伸出处达到最宽，不过在化石标本中缺失不可见。从分支处向下外支（椎体横突）变窄，并略向前内侧弯曲，至接近腹端处再次加宽，末端略膨大圆钝。现代裂腹鱼的第 4 脊椎椎体横突末端（即悬器外支）常扩大（图 3.8C ～ 图 3.8J），而其他鲤亚科鱼类的第 4 脊椎椎体横突末端狭窄（图 3.8K ～ 图 3.8N）（武云飞和陈宜瑜，1980）。在我们观察到的现生裂腹鱼中，第 4 脊椎椎体横突的形态在不同属之间有明显的差异（图 3.8C ～ 图 3.8J），而化石与裸鲤的第 4 脊椎椎体横突相似度最大（图 3.8C 和图 3.8D）。

上匙骨：共鉴别出 4 枚左侧和 3 枚右侧上匙骨。上匙骨为狭长而直的片状骨，背部略向内弯曲。背端近似三角形，尖端向上，三角形的 2 个底角在内侧面分别形成 2 个明显突起。背端外侧面光滑，应为活体中后颞骨所覆盖之处。此处靠近后缘有一条纵向凹槽，凹槽底部有一个孔，此凹槽为破损的感觉管，与躯体的侧线相连。上匙骨大致在中部最宽，中部以上略向内侧弯曲，中部外侧面散布一些小坑。上匙骨下部变窄，呈杆状，外侧面有几条纵向的细沟槽（图 3.9A），内侧面光滑（图 3.9B）。根据化石骨骼形状、外侧面纹饰及背部内侧的两个小尖突推断，与裸鲤上匙骨最为相似（图 3.9C 和图 3.9D）。

裂腹鱼系属、种未定 Schizothoracini gen. et sp. indet.

标本：IVPP V16908.1 ～ 1392，零散的咽喉齿；V16909.1 ～ 18，鳃盖骨的前背部；V16910.1 ～ 1568，后缘具有锯齿的不分枝鳍条。

咽喉齿：共从昆仑山口盆地收集到超过千枚此类零散的咽喉齿。零散咽喉齿的形态

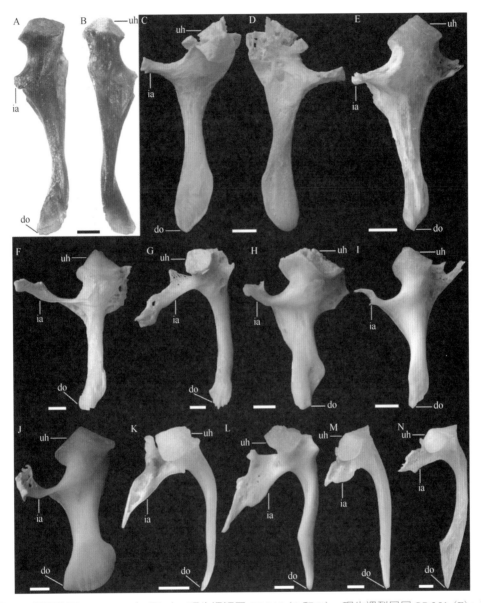

图 3.8　悬器化石 V 16931.1（A 和 B）；现生裸鲤属 OP 345（C 和 D）；现生裸裂尻属 OP 351（E）；现生尖裸鲤属 OP 346（F）；现生扁咽齿鱼属 OP 352（G）；现生叶须鱼属 OP 354（H）；现生裸重唇鱼属 OP 353（I）；现生裂腹鱼属 OP 357（J）；现生四须鲃属 OP 361（K）；现生倒刺鲃属 OP 362（L）；现生鲤属 OP 364（M）；现生鲫属 OP 365（N）

A、C 和 E～N. 前侧视；B 和 D. 后侧视。do. 外支远端；ia. 内支；uh. 与椎体相接的关节突。比例尺：A 和 B. 0.5 mm；C～N. 2 mm

与上述咽骨上的咽喉齿的形态相似，齿冠直立或略微向前倾斜，齿尖不同程度地向后弯曲。咀嚼面为勺状，宽度不一，咀嚼面有细的纵纹（图 3.10A ～图 3.10C）。这种形态的咽喉齿在现代裂腹鱼中普遍存在（武云飞和吴翠珍，1992；陈毅峰和曹文宣，2000；Chu，1935），虽然咀嚼面呈勺状的咽喉齿在另外几个和裂腹鱼亲缘关系较近的鲤亚科属种

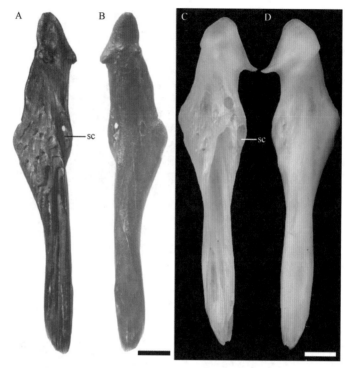

图 3.9　上匙骨化石 IVPP V16932.1（A 和 B）；现生裸鲤属 IVPP OP 345（C 和 D）

A 和 C. 外侧视；B 和 D. 内侧视。sc. 感觉管。比例尺：2 mm

（如 *Barbodes* 和 *Spinibarbus*）中也有出现，但其咽喉齿更侧扁，且咀嚼面比裂腹鱼更窄。

　　鳃盖骨：根据独特的前背突和与舌颌骨后缘关节突相连的关节窝，共鉴别出 7 枚左侧和 11 枚右侧鳃盖骨前背部碎片。鳃盖骨前背突发达，与背缘相接处成钝角。鳃盖骨与舌颌骨相接的关节窝靠近前背突基部（图 3.10D）。鳃盖骨外侧面整体平滑，但从前背突的基部向后，呈放射状排列着一些小坑，并从每个小坑向后发出 1 条短的凹沟（图 3.10E）。

　　不分枝鳍条：共收集到超过千枚保存完好的不分枝棘状鳍条，大部分都只保存了左半部分或右半部分，并且多数鳍条的末端缺失。鳍条粗壮，后缘具锯齿。锯齿出现于靠近基部的位置，越趋近顶端锯齿越发达。保存较好的标本 IVPP V 16910.1 后缘有 20 枚锯齿，垂直于鳍条或尖端，略指向鳍条末端（图 3.10F 和图 3.10G）。这些鳍条与现生裂腹鱼背鳍最后的不分枝鳍条相似。类似的棘状鳍条还见于在鸭湖发现的伍氏献文鱼化石（也属于裂腹鱼类）（Chang et al.，2008），以及在柴达木盆地路乐河地区发现的鲤科属种未定化石（陈耿娇和刘娟，2007）中。在如鲤和鲫及其他许多鲤亚科鱼类中，这样的棘状鳍条锯齿尖端通常向侧下方指向鳍条的基部。

鲤科属、种未定 Cyprinidae gen. et sp. indet.

　　标本：IVPP V16933.1 ～ 29，尾舌骨前部；V16934.1 ～ 11，前下舌骨；V16935.1 ～

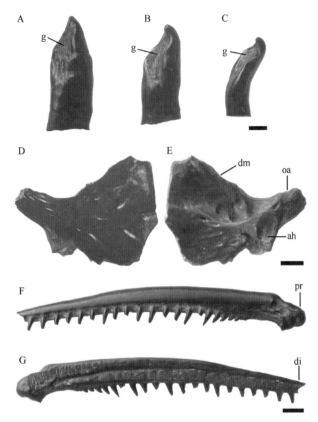

图 3.10　咽喉齿化石 IVPP V16908.1～3（A～C）；鳃盖骨化石 V16909.1（D 和 E）；带锯齿的不分
枝鳍条化石 V 16910.1（F 和 G）

D 和 F. 外侧视；E 和 G. 内侧视。ah. 与舌颌骨相连的关节窝；di. 远端；dm. 背缘；g. 咀嚼面；oa. 鳃盖骨前背突；pr. 近端。
比例尺：A～E. 1 mm；F 和 G. 2 mm

30，角舌骨；V16936.1～23，上舌骨；V16937.1～4，间舌骨；V16938.1～26，舌颌骨
后背部；V16939.1～4，第 1（最外侧）胸鳍基骨；IVPP V16940.1～11，腹鳍基骨。

尾舌骨：前部狭窄，前端有两个长且近乎平行的突起与前下舌骨相接（图 3.11A）。
标本后部腹面的水平骨板和腹面中间纵向的垂直骨板都只有靠前方的一小部分保存
（图 3.11B）。

前下舌骨：共鉴别出 3 枚左侧和 8 枚右侧前下舌骨。前下舌骨三射状，有一个向
前腹方伸出的突起（图 3.11C 和图 3.11D），后部有上下 2 个关节面，下关节面较宽阔，
与角舌骨相接，背侧较狭窄的 1 个关节面与后下舌骨相接。前下舌骨的外侧面和背面
散布凹坑；内侧面则较光滑。

角舌骨：共鉴别出 15 枚左侧和 15 枚右侧角舌骨。角舌骨较厚，近似梯形，后端
比前端更高，中部略微收缩（图 3.11E 和图 3.11F）。角舌骨前端较厚，有 2 个关节面，
朝向前方的关节面与前下舌骨相接，朝向内侧面的关节面与后下舌骨相接。后端较薄，
与上舌骨相接。角舌骨背缘略凹，有 1 条纵向沟槽，其底部有开孔；腹缘较薄，向背

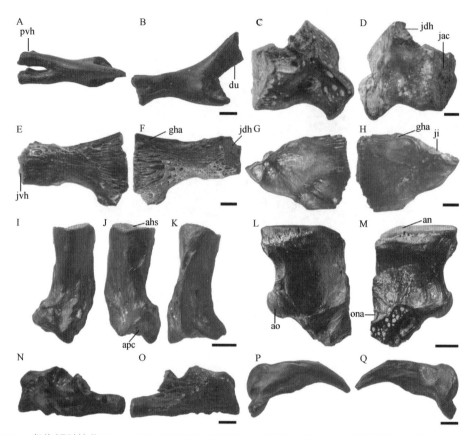

图 3.11　归为鲤科的化石，A 和 B. V16933.1 尾舌骨；C 和 D. V16934.1 前下舌骨；E 和 F. V16935.1 角舌骨；G 和 H. V16936.1 上舌骨；I ～ K. V16937.1 间舌骨；L 和 M. V16938.1 舌颌骨；N 和 O. V16939.1 第 1 胸鳍基骨；P 和 Q. V16940.1 最内侧的胸鳍基骨

A、C、N 和 P. 背侧视；D、O 和 Q. 腹侧视；B、E、G、I 和 L. 外侧视；F、H、J 和 M. 侧视；K. 后侧视。ahs. 连接舌颌骨和续骨的关节面；an. 连接脑颅的前部；apc. 与上舌骨相连的关节面；ao. 连接鳃盖骨的关节突；du. 尾舌骨背部骨片；gha. 容纳舌骨动脉的凹槽；jac. 连接角舌骨的关节面；jdh. 连接后下舌骨的关节面；ji. 连接间舌骨的关节面；jvh. 连接前下舌骨的关节面；ona. 面神经舌颌支和出舌动脉穿行的开孔；pvh. 连接前下舌骨的突起。比例尺：A ～ D、I ～ K、N ～ Q. 1 mm；E ～ H、L 和 M. 2 mm

方深凹，中部近刃状。角舌骨的内侧面和外侧面均散布许多凹坑，并由这些坑向后方发出浅沟。

上舌骨：共鉴别出 12 枚左侧和 11 枚右侧的上舌骨。上舌骨呈三角形，前缘较厚、较高，与角舌骨相接（图 3.11G 和图 3.11H）。后端有 1 个指向背后方的小尖角，上舌骨背缘近后端处有 1 个与间舌骨相接的关节面，位于该尖角之前。上舌骨背缘前部约 2/3 处有 1 条纵向窄沟，其底部有开孔，应与角舌骨背缘的沟槽相接，供舌动脉穿过（Conway et al.，2008）。上舌骨腹缘呈刀刃状，外侧面较粗糙，后角附近有几个浅窝。内侧面光滑，仅后角附近有一些小坑。

间舌骨：共鉴别出 3 枚左侧和 1 枚右侧的间舌骨。间舌骨呈短棒状，腹端略向前弯曲，并有一个向背方凹进的关节面，与上舌骨相接；背端相对较平，与舌颌骨和续骨相接

（图 3.11I 和图 3.11J）。后缘近腹呈棱嵴状（图 3.11K）。外侧面不平整，贴于前鳃盖骨内侧面，内侧面则相对光滑。

舌颌骨：根据顶端与脑颅关节区域及后缘连接鳃盖骨的圆形关节突，鉴别出 7 枚左侧和 19 枚右侧的舌颌骨（仅保存后背部）。外侧面从关节突腹侧向后发出一条横脊（图 3.11L）。内侧面尤其与鳃盖骨相连的关节突前腹侧的凸起区域聚集有许多小坑（图 3.11M）。该区域的前背方可见一个残缺的通孔，穿行面神经（VII）舌颌支和出舌动脉。

胸鳍基骨：共鉴别出 1 枚左侧和 3 枚右侧的第 1（最外侧）胸鳍基骨。前端较宽，活体中应与肩胛骨后腹侧相接；向后变窄，末端呈棒状。背面粗糙不平而腹面相对光滑（图 3.11N 和图 3.11O）。内侧面与第 2 胸鳍基骨相接，外侧面与胸鳍鳍条相接。

腹鳍基骨：共鉴别出 6 枚左侧的和 5 枚右侧的腹鳍基骨。腹鳍基骨呈回旋镖形，外缘向内凹进，内缘弧形凸出（图 3.11P 和图 3.11Q）。腹鳍基骨背面略凸出，腹面略凹进。前端相对较宽，向后变窄，后端尖。前端有一小凹口，应与腹鳍骨后缘中部的小突起相接。

化石材料的鉴定：依据以下特征，将在昆仑山口盆地发现的部分化石归为裸鲤属：齿骨和关节骨上的下颌感觉管宽阔且开口很大。在裂腹鱼中这是裸鲤和尖裸鲤属的典型特征。然而裸鲤和化石的齿骨和隅 - 关节骨比尖裸鲤的更高。化石的上匙骨和裸鲤属一样狭长，有一个三角形的顶部和长杆状的下部，且三角形底边有两个小突起。咽骨相对较宽，齿式为 3，4。尽管齿式相同，但叶须鱼属、裸裂尻鱼属和尖裸鲤属的咽骨比化石和裸鲤属的狭长。细长的动筛骨是裸鲤属的一个重要标志，化石材料中杆状的方骨腹部和略膨大圆钝的悬器外支（第 4 脊椎椎体横突）末端也与裸鲤属极其相似。

大量零散的勺状咽喉齿有着长大于宽的咀嚼面，且有许多细致的纵向条纹；鳃盖骨外表面光滑且分布有零散的开口和沟槽；此外，不分枝鳍条后缘上还分布有指向远端的锯齿。依据这些特征可以将化石归入裂腹鱼类中，再细的分类归属不明确。随着对更多裂腹鱼种形态学的深入了解，我们也许可以将这些材料归入某个具体的属中，也有可能是裸鲤属。剩下的一些被归入鲤科的材料同样具备与裂腹鱼，甚至与裸鲤属的相似点。但由于材料保存不完整，以及现生鲤科鱼类（2420 种）和裂腹鱼（约 100 个种和亚种）骨骼学知识不完善，我们不能将它们归入科以下的具体类群中。本节暂将这些材料定为裂腹鱼系属种未定和鲤科属种未定，但并不排除它们可能属于裂腹鱼，甚至属于裸鲤属的可能性。

基于形态学特征，前人对裂腹鱼的 3 个等级：原始等级、特化等级和高度特化等级进行了系统关系研究。有结果显示这 3 个等级均为单系群（武云飞，1984；陈宜瑜，1998）。然而，最近一些基于分子生物学证据的针对裂腹鱼系统发育关系的研究却认为这 3 个等级并不都是单系群。何德奎等（2004）认为原始等级和高度特化等级类群是单系群，但是特化等级则不是。这项研究没有包含高度特化等级的尖裸鲤。而何德奎和陈毅锋（2007）包含尖裸鲤在内的高度特化等级的研究（何德奎和陈毅峰，2007）结果为，除尖裸鲤以外，其他该等级的裂腹鱼共同构成一个单系群。长期以来，关于裂腹鱼中许多属是否为单系群一直存在很大的争议。裸鲤属被认为是高度特化等级裂腹鱼的成员之一，由 10 个现生的种和亚种组成，占据了青藏高原上大多数主要水系（武云飞和吴翠珍，1992；陈毅峰和曹文宣，2000）。何德奎等（2004）针对完整线粒体细胞色素 b 序列进行分析，结果为不支持裸鲤属是一个单系群，但该研究中仅包含了裸鲤属的 4 个种。何德奎和陈毅峰（2007）包含 8 个种和亚种的针对线粒体细胞色素 b 序列的研究得出类似的结论，认为裸鲤属包含的种并不构成一个单系群。在这些种中，只有青海湖裸鲤 *Gymnocypris przewalskii* 和花斑裸鲤 *Gymnocypris eckloni* 组成一对姐妹群，而被认为属于这个属的其他多数种和亚种则属于裸裂尻属，还有一个种属于黄河鱼属。化石材料中的一部分，如有宽阔下颌感觉管和大开口的齿骨、两行咽喉齿的咽骨等，因此被认为属于裸鲤属，也就是属于高度特化等级。换句话说，在上新世时，至少已有一种高度特化等级的裂腹鱼出现在昆仑山口地区了。

关于昆仑山口盆地的水系和环境变迁：现生裂腹鱼是青藏高原及周边地区水系特有的鱼类，包含 11 ～ 12 个属、约 100 个种和亚种。裂腹鱼是鲤科鱼类中适应中亚高海拔环境的一个特殊的类群（Berg，1912；Hora，1953；武云飞和吴翠珍，1992；陈毅峰和曹文宣，2000）。3 个等级的现生裂腹鱼分布在 3 个连续的海拔区间内：原始等级聚集于海拔 1250 ～ 2500 m 的水系中，特化等级聚集于海拔 2750 ～ 3750m 的水系中，高度特化等级则聚集于海拔 3750 ～ 4750 m 的水系中（曹文宣等，1981）。裸鲤属被认为是高度特化等级内的一个属。虽然裂腹鱼的系统发育关系仍有待进一步研究，但是对于花斑裸鲤和青海湖裸鲤组成姐妹群的结论基本上不存在疑义（He et al.，2004；何德奎和陈毅峰，2007）。这两个种分布在青藏高原东北部，在东昆仑山脉南北两侧的水系中都有发现。青海湖裸鲤生活在东昆仑山脉北边，青海湖及周围区域；而花斑裸鲤则生活在东昆仑山口北边的格尔木河和东昆仑山脉南边，昆仑山口东边的黄河上游河段中（何德奎和陈毅峰，2007；Zhao et al.，2005，2007，2009）。

化石发现于昆仑山口盆地，恰好位于昆仑断层系统的南部，东昆仑山脉南坡，这个区域主峰——玉珠峰的西南边（海拔 6179 m，图 3.1）。鱼类化石点（KL 0607）位于柴达木盆地和黄河上游河道的水系之间，海拔为 4769 m，昆仑山口盆地今天已经是荒漠环境。采集的化石几乎都是零散的，均采自羌塘组下段露头表面。采集到的化石全都是较厚的骨骼或骨骼中较厚的部分，而且围岩中包含较粗糙的泥质砂岩、粉砂岩和泥岩。我们据此推测，化石生存时期，昆仑山口盆地的水系并不是静止的，且鱼化石在埋藏过程中很可能经历了搬运和分选过程。另外，今天的昆仑山口地区处于永久冻土地带，地表被强烈的冻融作用扰动（Wu et al.，2001；Song et al.，2005），可能也有助于较厚实的化石聚集。现代裸鲤属鱼类主要生活在湖泊和宽谷河流中（武云飞和吴翠珍，1992），昆仑山口盆地大量的鱼类化石说明这一地区在上新世存在一定的水系分布。这与 Wu 等（2001）对昆仑山口盆地进行的地质地貌学研究和 Wang 等（2008）对昆仑山口盆地羌塘组下段中的脊椎动物和无脊椎动物化石进行的稳定同位素研究提出的观点一致。相比于现在干旱荒漠化的气候环境，上新世时期昆仑山口盆地地区的气候可能更加湿润（Wu et al.，2001；Wang et al.，2008）。此外，东昆仑山脉北边柴达木盆地的水系（格尔木河和青海湖周边地区）和东昆仑山脉南边的黄河上游河段在上新世可能比今天连接得更为紧密。也就是说，这 3 个区域的水系在当时可能是以某种形式彼此相连的。这个结论也得到了生物地理学证据的支持：东昆仑山脉南北两侧的水系——格尔木河和黄河上游河段中的裂腹鱼都属于同一个种——花斑裸鲤，并且这个种与青海湖中的青海湖裸鲤亲缘关系很近。这表明，花斑裸鲤和青海湖裸鲤的分化必定出现在花斑裸鲤在格尔木河和黄河上游河段水系的分化之前。也就是说，当青海湖不再与其他水系相连时，成为今天黄河上游河段的水系和格尔木水系仍然是相连的。栖息环境隔离所致的花斑裸鲤的种内差异也一定受到了上新世东昆仑山脉进一步抬升的影响。

关于东昆仑山脉的抬升：裸鲤属有超过 80% 的种聚居于 3750 ~ 4750 m 的海拔范围之内（曹文宣等，1981）。花斑裸鲤的栖息环境海拔可达 4200 m，青海湖裸鲤的栖息环境（青海湖）海拔则相对较低，为 3200 m（武云飞和吴翠珍，1992）。而上新世昆仑山口盆地出现了大量裸鲤属的化石，据此推测，昆仑山口盆地水系的海拔在上新世可能已经达到 3200 ~ 4200 m（根据后文的高原鳅化石，可能更高），这比化石点今天的海拔（4769 m）低，但与现生裸鲤属生存环境的海拔差距不大。所以认为昆仑山口盆地自上新世至今海拔抬升量不超 1000 m 的观点显然是合理的。这个观点海拔抬升的幅度小于 Wang 等（2008）认为的 2700±1600 m。同样也与化石无脊椎动物（Pang，1982；Pang et al.，2007）和孢粉（孔昭辰等，1981）的研究结果不同，这些研究认为昆仑山口在 7.0 ~ 1.1 Ma 海拔为 1000 ~ 1500 m，在 1.1 Ma 后剧烈抬升（Wu et al.，2001）。最近在柴达木盆地发现裂腹鱼化石的化石点 [渐新世的路乐河地区乌兰乎森图地区海拔为 3022 m（陈耿娇和刘娟，2007），上新世的鸭湖背斜海拔为 2772 ~ 2863 m（Chang et al.，2008）] 都不在现生裂腹鱼的分布范围内。而在青藏高原中部，伦坡拉盆地班戈县新近纪化石点（武云飞和陈宜瑜，1980）现在的海拔为 4540 ~ 4550 m，属于现生高度特化等级裂腹鱼的分布范围。以上提到的所有鱼类化石点的化石材料都有三行咽喉齿，与原始等级裂腹鱼相同。原始等级裂腹鱼现在主要分布在海拔 1250 ~ 2500 m（曹文宣等，1981）。所有发现原始等级裂腹鱼的化石点海拔都远超现生原始等级裂腹鱼聚居地的海拔。据此，我们推测，柴达木盆地和青藏高原其他地区在渐新世到上新世这段时期内的海拔，应该明显低于今天这些地区的海拔。

3.1.2　青藏高原昆仑山口的条鳅科化石

本节描述采自青藏高原东北部，海拔 4769 m 的昆仑山口盆地上新世羌塘组下段的鲤形目条鳅科化石（Wang and Chang，2012）。与上文裸鲤化石为同一产地。材料包括大量零散和不完整的骨骼。依据化石中愈合的第 2、3 节椎体，以及第 2 节脊椎具有发达的分叉侧突的特征，将化石归为条鳅科。化石包含上颌骨、齿骨、关节骨、方骨、舌颌骨、鳃盖骨、基舌骨、尾舌骨、角舌骨、上舌骨、间舌骨和上匙骨。这些骨骼与广泛分布在青藏高原上的现生条鳅类高原鳅属 *Triplophysa* 的对应骨骼相似。同一化石地点的同一层位埋藏的条鳅化石远多于裂腹鱼化石，这可能说明当时该地区的高原鳅属个体数量远多于裂腹鱼。现在青藏高原的鱼类区系中，在高海拔和小型水体中，高原鳅属在数量上超过裂腹鱼。依据化石中高原鳅占主导地位的情况及化石的埋藏情况推断，上新世昆仑山口地区的水系可能不是开阔的湖泊和宽谷河流，而可能以相对湍急的山区河流为主，并有许多小而浅的溪流沟通东昆仑山脉南北两侧的水系。上新世昆仑山口盆地的环境应该相当严酷，该地区海拔可能已经高于我们此前的推测。上新世以来，这里的海拔抬升幅度应该小于 1000 m。

3.1.1 节记述了一批采自青藏高原东北部昆仑山口盆地羌塘组下段的上新世鲤科化石。化石被归为裸鲤属，属于裂腹鱼亚科中的高度特化等级（曹文宣等，1981）。裸鲤属的现生代表仍然生活在昆仑山口盆地附近黄河上游河段和格尔木河的高海拔寒冷水体中。本节描述的是另一种同样保存在化石点 KL0607，几乎相同层位中的另一种鱼类化石。这些化石属于鲤形目的另一个科——条鳅科（Nemacheilidae）。这些零散的骨骼与现生条鳅科的高原鳅属 *Triplophysa* 中的对应骨骼成分非常相似。高原鳅属主要分布在青藏高原地区。条鳅科的系统位置仍然存在争议：传统观点认为，这是一个亚科，即条鳅亚科 Nemacheilinae，与鳅亚科 Cobitinae 和沙鳅亚科 Botinae 同属鳅科 Cobitida 范畴（Berg，1912；Ramaswami，1953；陈景星和朱松泉，1984）。根据一些条鳅亚科和平鳍鳅亚科共有的骨骼学特征，Sawada 等认为条鳅亚科不应属于鳅科，而应属于平鳍鳅科（Homalopteridae，即爬鳅科 Balitoridae）（Sawada，1982）。但是，进一步的形态学研究（Nalbant and Bianco，1998）认为这种形态学上的相似是一种趋同的结果，并将条鳅亚科升格为鳅超科（Cobitoidea）下的一个科。最近的分子生物学研究也支持类似的结论（Tang et al.，2006；Slechtova et al.，2007）。尽管条鳅类的分类学位置仍有争议，但是仍被认为是一个单系类群。在本节中，我们采用当前的形态学和分子生物学共同支持的结论。条鳅科是鳅超科中分化程度最高的一个类群，条鳅科的属级分类也仍然存在争议。Sawada（1982）认为大多数来自欧亚大陆的条鳅科成员都属于一个大属——条鳅属（广义的 *Nemacheilus*），但还有一种观点认为应将该属分为多个不同的属（朱松泉，1989；Prokofiev，2009，2010）。本书中，我们采用朱松泉（1989）的结论，认为青藏高原上的现生条鳅科成员大多属于高原鳅属，而生活在欧亚大陆北部的成员则属于须鳅属 *Barbatula*。

材料和方法：化石采自昆仑山口盆地的化石点 KL0607（与鲤科鱼类化石发现地点相同），所有材料均为零散、不完整的骨骼。保存下来的化石仅为较粗厚的骨骼或骨骼中较粗厚的部分，据此推断化石可能并不是原地保存，而是经历了水流搬运和再沉积作用。这些条鳅科鱼类的化石通常为棕色，比鲤科鱼类黑色的化石颜色更浅，但均与浅色的围岩反差明显。化石很容易从相对较软的围岩中被挑选或筛洗出来，然后在 WILD-M7A 双目立体显微镜下用细针清理干净。标本编号为 IVPP V18019 ～ 18031。用于与化石进行对比研究的材料包括 10 种现生条鳅科的零散骨骼，分别是：北方须鳅 *Barbatula barbatula* IVPP OP 369，采自河北省；拟鲶高原鳅 *Triplophysa siluroides* OP 367，采自四川省，黄河上游河段；斯氏高原鳅 *T. stoliczkae* OP 368，东方高原鳅 *T. orientalis* OP 385，异尾高原鳅 *T. stewarti* OP 386，均采自西藏自治区，雅鲁藏布江；细尾高原鳅 *T. stenura* OP 387，采自青海省，长江上游河段；达里湖高原鳅 *T. dalaica* OP

388，采自内蒙古；修长高原鳅 *T. leptosoma* OP 389，采自青海省，柴达木河上游段；硬刺高原鳅 *T. scleroptera* OP 390 和拟硬刺高原鳅 *T. pseudoscleroptera* OP 391，均采自甘肃，黄河上游河段。现生标本的辨别主要参考朱松泉（1989），材料均被保存在中国科学院古脊椎动物与古人类研究所。照片用 Canon 1Ds 数码单反相机及相连的 Olympus SZX12 立体显微镜拍摄。部分标本采用茜素红 S 染色。总体描述使用的骨骼学术语依据 Sawada（1982）和 Prokofiev（2010）。

骨鳔总目 Ostariophysi Sagemehl，1885
鲤形目 Cypriniformes Bleeker，1859/1860
条鳅科 Nemacheilidae Nalbant and Bianco，1998
高原鳅属 *Triplophysa* Rendahl，1933
高原鳅属未定种 *Triplophysa* sp.

标本：IVPP V18019.1 ~ 6，第 2 脊椎和第 3 脊椎的椎体愈合；V18020.1 ~ 7，上颌骨；V18021.1 ~ 62，齿骨；V18022.1 ~ 303，关节骨；V18023.1 ~ 73，方骨；V18024.1 ~ 140，舌颌骨；V18025.1 ~ 519，鳃盖骨的前背部；V18026.1 ~ 4，基舌骨；V18027.1，尾舌骨的前腹部；V18028.1 ~ 1288，角舌骨；V18029.1 ~ 845，上舌骨；V18030.1 ~ 8，间舌骨；V18031.1 ~ 13，上匙骨。

地点和层位：青海省昆仑山口盆地，KL0607（35°38′09.0″N，94°05′05.6″E）；早上新世（Li et al.，2014），羌塘组下段。

第 2 脊椎和第 3 脊椎的愈合椎体：共鉴别出 6 件部分保存的第 2 脊椎和第 3 脊椎的愈合椎体（IVPP V18019.1 ~ 6）。椎体为双凹型，中部收缩，前部比后部宽（图 3.12A ~ 图 3.12D）。背侧中部有一个"X"形嵴，后侧分叉明显，向后延伸形成后背部的关节突。嵴外侧面各有一个大孔，可能与第 3 脊椎的椎弓相关节。椎体腹侧中部内凹，并分布有零散的小孔，有两个突起从椎体前腹缘向前突出。第 2 脊椎的两个侧突破损，仅保存近端宽阔并向后扩展的部分。侧突的水平支和下降支由多孔疏松的骨骼连接。这两个分支可能组成鱼鳔的骨囊部分，就像现生的拟硬刺高原鳅（图 3.12E 和图 3.12F）中的一样。现生的条鳅科鱼类中，骨囊的前部由第 2 脊椎侧突的水平支和下降支共同组成（Wu et al.，1981；Sawada，1982；陈景星和朱松泉，1984）。

上颌骨：共鉴别出 1 枚左侧上颌骨前部，4 枚左侧上颌骨后部，以及 2 枚右侧上颌骨后部（V18020.1 ~ 7）。V18020.1（图 3.13A 和图 3.13B）是左侧上颌骨的前部，V18020.2（图 3.13D 和图 3.13E）是右侧上颌骨的后部。这两枚化石显示，上颌骨相对宽阔，整体呈片状，仅有两个狭窄的区域，分别位于前端的后侧和骨骼柄状后端前面（图 3.13C）。骨骼前背端的突起较发达，可能用于连接前腭骨和第 2 前筛骨。前腹侧突位于骨骼的前腹部末端，指向腹侧。该突起的尖端在化石 V18020.1 中破损。如同多数现生条鳅科鱼类一样，前腹侧突的基部有一个小侧突（Prokofiev，2010）。上颌骨的背侧内缘较薄，腹侧外缘则较厚。腹缘有一个明显的突起，位于前腹侧突的后外侧。

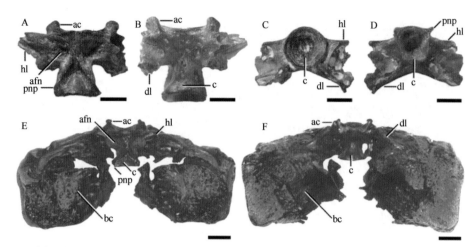

图 3.12　条鳅科化石的第 2 脊椎和第 3 脊椎的愈合体 V18019.1（A 和 B），V18019.2（C 和 D）；现生拟硬刺高原鳅中带鱼鳔骨囊的对应部位 OP 391（E 和 F），茜素红 S 染色

A 和 E. 背侧视；B 和 F. 腹侧视；C. 前侧视；D. 后侧视；A、B、E、F. 前侧朝上；C 和 D. 背侧朝上。ac. 椎体前腹缘突起；afn. 连接第 3 椎弓的关节窝；bc. 骨囊；c. 椎体；dl. 侧突下降支；hl. 侧突水平支；pnp. 后背侧神经后关节突。比例尺：A ～ D，0.5 mm；E 和 F，1 mm

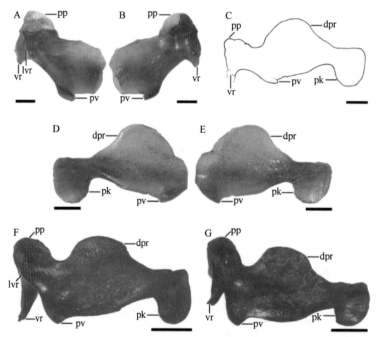

图 3.13　条鳅科上颌骨化石 IVPP V18020.1（A 和 B）和 IVPP V18020.2（D 和 E）；依据 IVPP V18020.1 ～ 2 复原的图 C；现生拟硬刺高原鳅 IVPP OP 391（F 和 G），茜素红 S 染色

A、B、F. 左侧视；D、E、G. 右侧；A、D、F. 外侧视；B、E、G. 内侧视；A、C、E、G. 前侧朝左；B、D. 前侧朝右。dpr. 背突；lvr. 腹前突基部的侧突；pk. 后关节突；pp. 连接前腭骨和第 2 前筛骨的突起；pv. 腹缘突起；vr. 腹前突。比例尺：A ～ E，0.5 mm；F 和 G，1 mm

这个突起同样存在于现生条鳅科的拟硬刺高原鳅中（图 3.13F 和图 3.13G），在同层位的鲤科鱼类上颌骨化石中则不存在。腹缘该突起后侧部分呈"S"形弯曲，向下弯曲并渐宽形成球形突起。V 18020.2 的背缘突出，形成一宽阔的突起。

　　齿骨：共鉴别出 23 枚左侧和 39 枚右侧近完整或部分保存的齿骨（V18021.1 ～ 62）。V18021.1 是一枚几乎完整的右侧齿骨，由两个部分组成：细长的前支［齿支（Prokofiev，2010）］和后部高而宽阔的冠状突（图 3.14A 和图 3.14B）。前支略向内侧弯曲，前端相对较厚，有一个与对侧齿骨相连的关节面。齿骨内侧面，接近关节面后部的位置有一小突起。前支的背侧面狭长，外侧缘呈崤状。冠状突与圆滑的背缘几乎呈直角，其前缘内凹。齿骨外侧面光滑，无感觉管开孔。齿骨内侧面容纳麦氏软骨和关节骨的凹槽起始于前支的后部，并向后逐渐变宽。齿骨腹缘在前部略向内弯。化石齿骨与现生的拟硬刺高原鳅非常相似（图 3.14C 和图 3.14D），并且由于外侧面没有感觉管开孔，与相同地点、层位发现的鲤科化石的齿骨区别明显（Wang and Chang，2010）。

　　隅 - 关节骨：共鉴别出 159 枚左侧和 144 枚右侧近完整或部分保存的关节骨（V18022.1 ～ 303）。V18022.1 是一枚保存完好的左侧关节骨（图 3.15A 和图 3.15B）。该骨短而宽，前部渐窄形成一个插入齿骨内侧面凹槽的尖突。后部变厚，后端有一关节窝与方骨相连。连接后关节骨的面位于这个部分的腹侧面。外侧面在关节窝附近分布有一些小坑，它们前面有一些纵向延伸的凹槽。外侧面无感觉管开孔，内侧面不平整，有一个小的突起，应附着于麦氏软骨的后端。背缘外凸，后背侧有一夹角。腹缘整体外凸，前部和后部略凹陷。化石隅 - 关节骨接近现生的拟硬刺高原鳅（图 3.15C 和图 3.15D），并且由于外侧面没有感觉管开孔，与相同地点、层位发现的鲤科化石

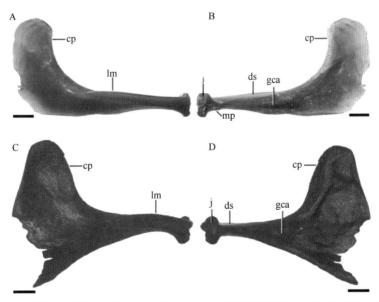

图 3.14　条鳅科右侧齿骨化石 V 18021.1（A 和 B）；现生拟硬刺高原鳅 OP 391（C 和 D），茜素红 S 染色
A 和 C 外侧视，前端朝右；B 和 D 内侧视，前端朝左。cp. 冠状突；ds. 前支背面；gca. 容纳麦氏软骨和关节骨的凹槽；
j. 连接对侧的关节面；lm. 前支背面侧缘；mp. 靠近关节面的内侧突。比例尺：A 和 B. 1 mm；C 和 D. 0.5 mm

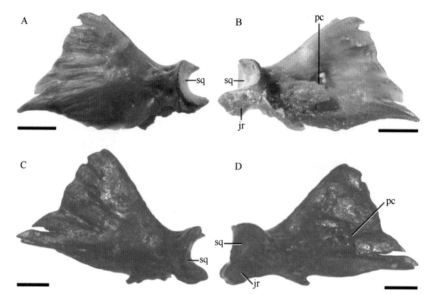

图 3.15 左侧隅 - 关节骨化石 V 18022.1（A 和 B）；现生拟硬刺高原鳅 OP 391（C 和 D），茜素红 S 染色
A 和 C，外侧视，前端朝左；B 和 D，内侧视，前端朝右。jr，连接后关节骨的关节面；pc，附着于麦氏软骨后端的突起；
sq，连接方骨的关节窝。比例尺：A 和 B. 1 mm；C 和 D. 0.5 mm

的隅 - 关节骨区别明显（Wang and Chang，2010）。

方骨：共鉴别出 36 枚左侧和 37 枚右侧部分保存的方骨（V18023.1 ～ 73）。V18023.1 是一枚左侧方骨的前部（图 3.16A 和图 3.16B），V18023.2 是一枚右侧方骨的腹部（图 3.16C 和图 3.16D）。这两件化石显示该骨由片状的前背部和杆状的后腹部组成。片状的前背部近似三角形，在内侧面前腹角周围分布有几个小坑。与现生的拟硬刺高原鳅一样，前腹角向前突出，超出关节下颌的关节头，在关节头和方骨的片状结构之间形成一个深槽（图 3.16E 和图 3.16F）。在鲤科鱼类中，方骨的背部片状部分不存在这样的前腹角。同现生的条鳅科一样，前部连接下颌的关节面宽，中部略低。而同一地点层位的鲤科鱼类化石方骨前部的关节面则相对较平（Wang and Chang，2010）。方骨杆状后腹部向后逐渐变尖，外侧面光滑。

舌颌骨：共鉴别出 67 枚左侧和 73 枚右侧接近完整或部分保存的舌颌骨（V18024.1 ～ 140）。V18024.1 是一枚保存接近完整的左侧舌颌骨（图 3.17A 和图 3.17B）。舌颌骨近似三角形，背部较宽，向腹侧渐窄。背缘有两个独立的瘤状突起区域，连接脑颅。前部的突起圆而外凸，后部的突起相对较长且平。在现生的拟硬刺高原鳅中（图 3.17C 和图 3.17D）这两个区域都没有延伸到背缘的前后端，且舌颌骨背缘后端逐渐变窄，形成一个尖突。这两个连接脑颅的区域在化石中比现生的拟硬刺高原鳅间隔更远。与鳃盖骨连接的关节突在内侧面自后缘突出。舌颌骨的内侧面分布有许多小坑和短槽，面神经（VII）的舌颌支和出舌动脉通道在背面的开孔位于舌颌骨关节突的前面。该通道在腹面的开口则靠近外侧面腹缘。靠近外侧面背缘的位置分布有几个小坑。舌颌骨的后缘靠近关节突的位置内凹。V18024.1 的前缘破损。

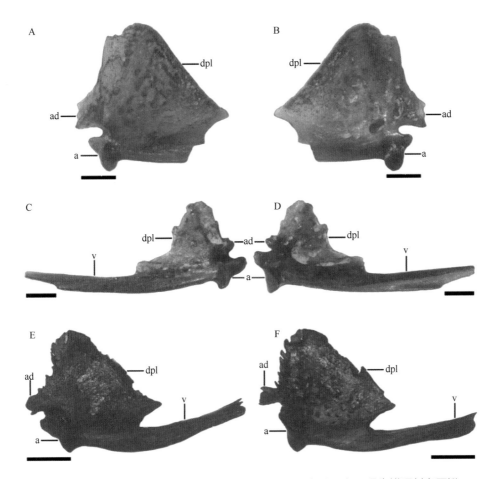

图 3.16　方骨化石 IVPP V18023.1（A 和 B），IVPP V18023.2（C 和 D）；现生拟硬刺高原鳅 IVPP OP
　　　　391（E 和 F），茜素红 S 染色

A、B、E. 左侧；C、D、F. 右侧；A、C、E. 外侧视；B、D、F. 内侧视；A、D ～ F. 前端朝左；B 和 C 前端朝右。a. 连接
　关节骨的关节面；ad. 片状背部的前腹角；dpl. 片状背部；v. 杆状后腹部。比例尺：A ～ D. 0.5 mm；E 和 F. 1 mm

　　鳃盖骨：共鉴别出 255 枚左侧和 264 枚右侧鳃盖骨（V18025.1 ～ 519），如同
V18025.1 一样，都仅保存了前背部（图 3.18A 和图 3.18B）。前背突向前上方突出，
末端略增厚，与背缘构成钝角。内侧面与舌颌骨相连的关节窝位于前背突基部。在我
们的化石材料中，关节窝比在同一地点层位发现的鲤科鱼类化石更靠近背缘。如同现
生的拟硬刺高原鳅一样，化石中也有一水平嵴从关节窝向后沿着背缘在内侧面延伸
（图 3.18C 和图 3.18D）。内外两面均从关节窝向外呈放射状排列着一些小坑。

　　基舌骨：V18026.1 是一枚接近完整的基舌骨（图 3.19A 和图 3.19B）。基舌骨化
石整体较平，由片状的前部和短棒状的后部组成。前部略向背侧弯曲。两侧在后部靠
近后端的位置各有一个小的侧突，腹侧在两个侧突之间有一个小窝。基舌骨背面较
平，前部中间有一个小凹陷，腹面光滑。基舌骨化石与现生的似鲶高原鳅（图 3.19C
和 3.19D）相似。虽然在昆仑山口盆地尚未发现鲤科鱼类的基舌骨化石，但现生鲤科鱼

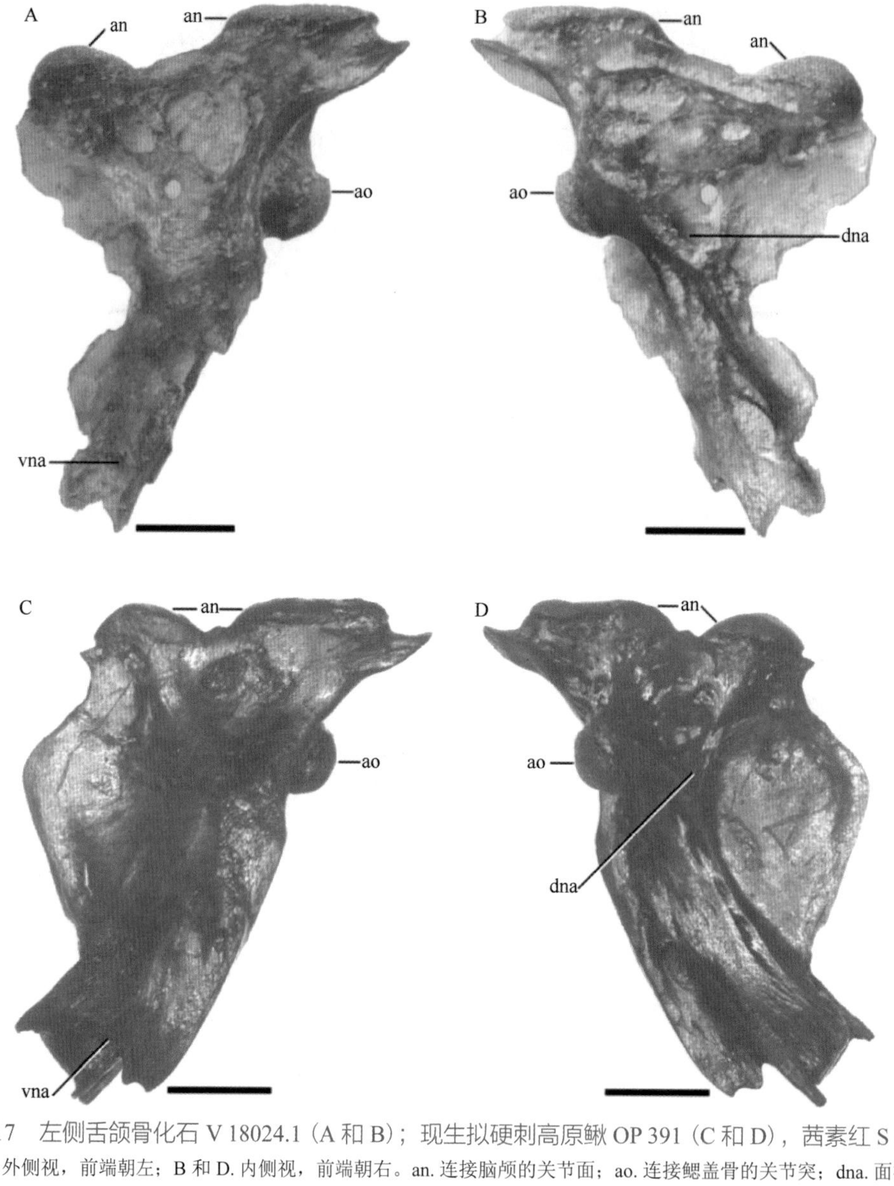

图 3.17　左侧舌颌骨化石 V 18024.1（A 和 B）；现生拟硬刺高原鳅 OP 391（C 和 D），茜素红 S 染色
A 和 C. 外侧视，前端朝左；B 和 D. 内侧视，前端朝右。an. 连接脑颅的关节面；ao. 连接鳃盖骨的关节突；dna. 面神经舌
颌支和出舌动脉的背侧开孔；vna. 面神经舌颌支和出舌骨动脉的腹侧开孔。比例尺：A 和 B. 0.5 mm；C 和 D. 1 mm

类的基舌骨短棒状，前部没有向两侧延展的片状部分。

　　尾舌骨：V 18027.1 是一枚尾舌骨的前腹部（图 3.20A 和图 3.20B），后背部已缺失。
该部分短而宽，呈五边形。前缘接近直线，侧缘前部内凹，但其后向外凸，形成一个
明显的角。后缘突出，形成两个短钉状结构。前腹缘有一对略凹的关节面，在活体中
可能与前下舌骨通过韧带相连。尾舌骨的腹面相对光滑，仅有几个分散的小坑纹饰。
该化石与现生的似鲇高原鳅的尾舌骨的前腹部相似（图 3.20C 和图 3.20D）。同一地点
层位的鲤科鱼类尾舌骨化石形状不同（Wang and Chang，2010）。

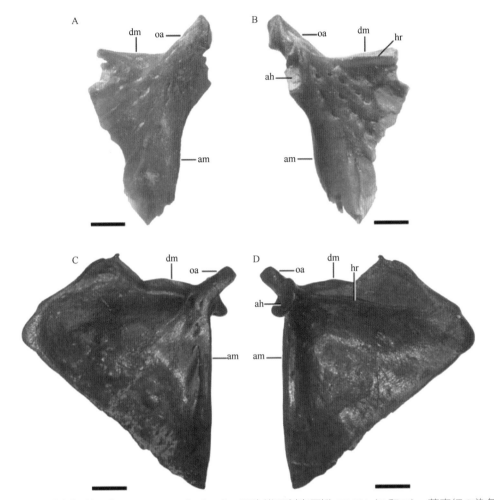

图 3.18　右侧鳃盖骨化石 V 18025.1（A 和 B）；现生拟硬刺高原鳅 OP 391（C 和 D），茜素红 S 染色
A 和 C. 外侧视，前端朝右；B 和 D. 内侧视，前端朝左。ah. 连接舌颌骨的关节窝；am. 前缘；dm. 背缘；hr. 水平嵴；
oa. 前背突。比例尺：A 和 B. 0.5 mm；C 和 D. 1 mm

角舌骨：共鉴别出 653 枚左侧和 635 枚右侧近完整或部分保存的角舌骨［依据 Sawada（1982）和 Prokofiev（2010），相当于 Conway 等（2008）提到的前角舌骨］（V18028.1 ～ 1288）。V18028.1 是一枚接近完整的右侧角舌骨（图 3.21A 和图 3.21B），呈四边形，后端比前端更低更薄，中部内收。前端较厚的部分有两个关节面，分别连接两枚下舌骨。角舌骨的后缘连接上舌骨的前缘，背缘和腹缘均内凹，且腹缘的后部相对较薄。外侧面和内侧面均覆盖有许多小坑，外侧面靠近后腹角的位置有一个凹陷，连接第 2 鳃条骨。内侧面中部靠近腹缘的位置有一个较深的凹窝，连接第 1 鳃条骨。这种明显的凹窝同样出现在现生拟硬刺高原鳅的角舌骨上（图 3.21C 和图 3.21D），但在同一地点层位发现的鲤科鱼类的角舌骨化石中则未见。

上舌骨：共鉴别出 379 枚左侧和 466 枚右侧接近完整或部分保存的上舌骨［依据 Sawada（1982）和 Prokofiev（2010），相当于 Conway 等（2008）提到的后角舌骨］

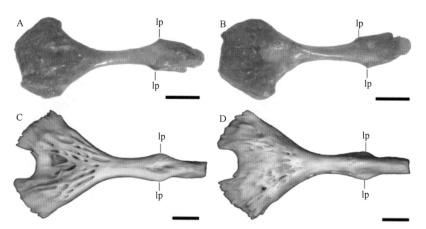

图 3.19　基舌骨化石 V18026.1（A 和 B）；现生似鲶高原鳅 OP 367（C 和 D）
A 和 C.背侧视；B 和 D.腹侧视；lp.前端朝左。侧突比例尺：A 和 B.0.5 mm；C 和 D.2 mm

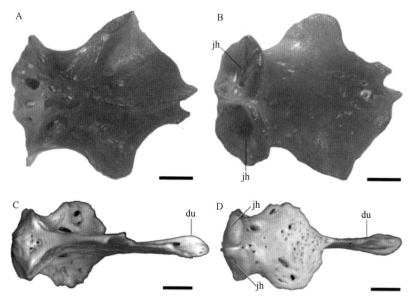

图 3.20　尾舌骨条鳅科化石 V18027.1（A B）；现生似鲶高原鳅 OP 367（C D）
A 和 C.背侧视；B 和 D.腹侧视；前端朝左。du.片状背部；jh.连接前下舌骨的关节面。比例尺：A 和 B.0.5 mm；
C 和 D.2 mm

（V18029.1 ～ 845）。V18029.1 是一枚接近完整的左侧上舌骨（图 3.22A 和图 3.22B），呈三角形，前缘较低，连接角舌骨，后角上有一个后背突。上舌骨的后背缘有一个连接间舌骨的关节面，位于后背突前。背缘前 2/3 处有一条窄槽，底部有一开孔，可能供舌动脉穿行；腹缘呈刃状。内外两侧均有几条短沟在前缘附近沿前后向延伸。上舌骨外侧面在腹缘附近凹陷，其上以一条水平向的嵴为界。这条狭长的凹陷连接第 3 鳃条骨。外侧面明显的凹陷和后角上明显的后背突与现生的拟硬刺高原鳅相似（图 3.22C 和图 3.22D），而在同一地点层位发现的鲤科鱼类化石的上舌骨的后背突较短，前外侧面连接第 3 鳃条骨的凹陷局限于外侧面的前腹角部分。

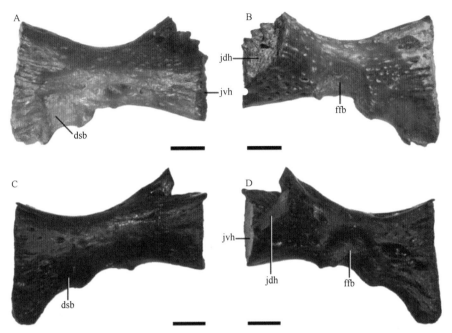

图 3.21　右侧角舌骨化石 V18028.1（A 和 B）；现生拟硬刺高原鳅 OP 391（C 和 D），茜素红 S 染色
A 和 C. 外侧视，前端朝右；B 和 D. 内侧视，前端朝左。dsb. 连接第 2 鳃条骨的凹陷；ffb. 连接第 1 鳃条骨的凹窝；
jdh. 连接后下舌骨的关节面；jvh. 连接前下舌骨的关节面。比例尺：A 和 B. 1 mm；C 和 D. 0.5 mm

间舌骨：共鉴别出 3 枚左侧和 5 枚右侧间舌骨（V18030.1～8）。V18030.1 是一枚右侧间舌骨（图 3.23A 和图 3.23B），呈短棒状，背端为和舌颌骨、续骨连接的平坦关节面。腹端膨大，有一个略向内凹的面与上舌骨相关节，腹端后突较尖。外侧面凸起，连接前鳃盖骨内侧面；内侧面较平整，在靠近背端的位置略微凹进。化石与现生的似鲶高原鳅相似（图 3.23C 和图 3.23D），与同一地点层位发现的鲤科鱼类的间舌骨化石形状明显不同（Wang and Chang，2010）。

上匙骨：共鉴别出 6 枚左侧和 7 枚右侧上匙骨（V18031.1～13）。V18031.1 是一枚右侧的上匙骨（图 3.24A 和图 3.24B），狭长略弯曲，呈薄板状，背端钝并略向前弯，背缘两侧各有一缺口。背部外侧面被后颞骨覆盖的部分略凹，而内侧面对应部分略凸。背部的后腹缘增厚，活体中它与第 1 椎体横突末端通过韧带相连（Zhu，1986）。上匙骨的腹部弯曲，前缘凸而后缘凹，腹部末端尖。腹部外侧面光滑，感觉管开孔位于一个纵向的窄槽腹端，接近外侧面后缘。腹部内侧面有一纵向沿前缘分布的宽槽，底部有一开孔。化石与现生的拟硬刺高原鳅的上匙骨（图 3.24C 和图 3.24D）相似，而与同一地点层位的鲤科鱼类上匙骨（整体更直，感觉管开孔更靠背侧，内侧面没有纵向沟槽）不同（Wang and Chang，2010）。此外，条鳅亚科上匙骨的结构比鳅科更复杂，鳅属（*Cobitis*）和泥鳅属（*Misgurnus*）的上匙骨表面平整，内侧面也没有纵向延伸的沟槽。

化石材料的鉴定：以上描述的化石材料被归入条鳅科，基于第 2 脊椎和第 3 脊椎的愈合体中，第 2 脊椎发达，有分叉侧突。因为两者在许多骨骼特征上的相似性，我们

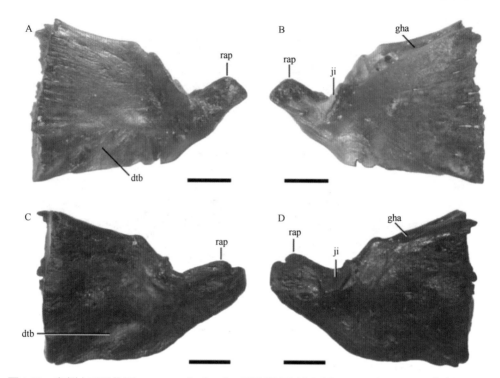

图 3.22　左侧上舌骨化石 V18029.1（A 和 B）；现生拟硬刺高原鳅 OP 391（C 和 D），茜素红 S 染色
A 和 C. 外侧视，前端朝左；B 和 D. 内侧视，前端朝右。dtb. 连接第 3 鳃条骨的凹陷；gha. 容纳舌动脉的凹槽；ji. 连接间
舌骨的关节面；rap. 后背突。比例尺：A 和 B. 1 mm；C 和 D. 0.5 mm

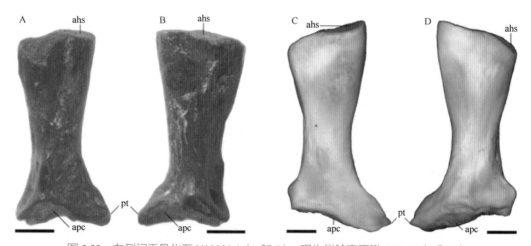

图 3.23　右侧间舌骨化石 V18030.1（A 和 B）；现生似鲇高原鳅 OP 367（C 和 D）
A 和 C. 内侧视，前端朝左；B 和 D. 外侧视，前端朝右。ahs. 连接舌颌骨和续骨的关节面；apc. 连接上舌骨的关节面；pt.
腹端后尖。比例尺：A 和 B 1 mm；C 和 D，0.5 mm

暂时将化石归入条鳅科中的高原鳅属（通过与昆仑山口盆地附近，如格尔木河、柴达木
河、黄河上游段、长江上游段的高原鳅种类对比）。这些特征包括：上颌骨腹缘具有明

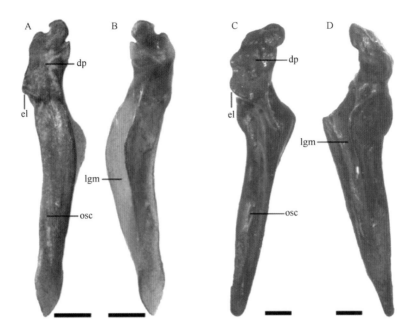

图 3.24　右侧上匙骨化石 V18031.1（A 和 B）；现生拟硬刺高原鳅 OP 391（C 和 D），茜素红 S 染色

A 和 C. 外侧视，前端朝右；B 和 D. 内侧视，前端朝左。dp. 背部被后颞骨覆盖部分；el. 背部后腹缘与第 1 脊椎椎体侧突远端以韧带相连部分；lgm. 内侧面纵向凹槽；osc. 感觉管开孔。比例尺：A ～ D. 0.5 mm

显突起，齿骨和关节骨外侧面没有感觉管开孔，方骨有突出的前腹角，舌颌骨的背缘后端渐窄，形成一个尖突，鳃盖骨的内侧面有一水平延伸的嵴，基舌骨呈片状，尾舌骨呈五边形，角舌骨内侧面有一个明显的凹窝，上舌骨的后角上有一个发达的后背突，上匙骨弯曲，内尔侧面有一纵向的沟槽。条鳅科是鳅超科中种类最多、分类最复杂的一个类群［包括超过 40 个属和亚属，200 多个种和亚种（朱松泉，1989）］，其系统发育关系仍有待进一步研究，其科属内部细分方案仍存在很大争议（Tang et al.，2006；Slechtova et al.，2007；Prokofiev，2010）。由于种数量庞大，分布广泛，以及样本采集上的困难，条鳅科的形态学和解剖学综合研究很少，更不用说细致的骨骼学研究（Sawada，1982；Prokofiev，2009，2010），所以至今仍没有关于中国条鳅科的完整骨骼学研究资料，中国条鳅科的系统学研究主要还是依据外部和软组织形态学资料（朱松泉，1989），仅包括少量的骨骼学特征（Wu et al.，1981；陈景星和朱松泉，1984；朱松泉，1986）。高原鳅属是条鳅科多样性最高的属［约 100 个种和亚种（何德奎等，2006）］，也是唯一生存在青藏高原地区的条鳅科类群。大部分中国高原鳅属的系统发生研究是依据外部和软组织形态学特征（Wu and Wu，1992）及 DNA 序列（何德奎等，2006）进行的，只有少量关于高原鳅属的研究（仅几个种）包括骨骼学特征（Prokofiev，2006，2007）。

条鳅科的化石记录和分布：条鳅科的化石记录非常少，仅在欧洲、中亚和蒙古发现了少量晚新生代材料（Prokofiev，2007）。在吉尔吉斯发现了中中新世到晚中新世的化石材料，根据其体现的雄性第二特征（变宽的第 5 和第 6 胸鳍鳍条被聚合的与生殖有关的结节覆盖）而将其归为高原鳅属（Prokofiev，2007）。昆仑山口盆地的上

新世条鳅科化石是在青藏高原上首次发现的条鳅科化石。此前，中国还没有条鳅科化石的记录。Prokofiev（2007）和 Conway 等（2010）有关西藏中新世高原鳅属存在的记述是对武云飞和吴翠珍（1992）的错误引用。我们针对这个问题咨询了武云飞和吴翠珍，他们确认没有在关于青藏高原和中国其他地区鱼类的著作中提到过任何化石高原鳅属（或条鳅科）的发现[①]。在现在的青藏高原鱼类区系分布中，条鳅科唯一的代表——高原鳅属通常和鲤科的裂腹鱼类共同生活在当地的寒冷水体中。一些高原鳅属的种甚至适应了裂腹鱼所不能生存的更为严酷的生活环境（如一些小而浅的咸水水体）（武云飞和吴翠珍，1992）。虽然高原鳅属是现生条鳅科在青藏高原地区唯一的代表，但它们的分布并不像裂腹鱼一样仅局限于高原和周边地区。一些种类向东分布于中国中部地区海拔低于 1000 m 的水体里（朱松泉，1989）。与裂腹鱼化石广泛现于青藏高原多个化石点（Chang et al.，2010）不同，目前仅在昆仑山口盆地发现了条鳅科的化石。

水系发育和古海拔：几种高原鳅属鱼类，如斯氏高原鳅、小眼高原鳅、东方高原鳅等，在现在昆仑山口盆地周边的分散水系，即柴达木内陆水系、黄河上游段和长江上游段都有分布（朱松泉，1989；武云飞和吴翠珍，1992；武云飞和陈燕琴，1994）。这种分布模式说明，高原鳅属的这些种起源于这些水系分隔开之前。此外，昆仑山口盆地周边的每一个水系都有其独有的高原鳅种。例如，柴达木内陆水系特有的茶卡高原鳅，黄河上游段特有的似鲶高原鳅和黄河高原鳅，以及长江上游段特有的异尾高原鳅和细尾高原鳅（朱松泉，1989；武云飞和吴翠珍，1992；武云飞和陈燕琴，1994）。这些特有种可能暗示这 3 个接近的水系彼此分离之后高原鳅属鱼类的分化。

有趣的是，昆仑山口盆地同一地点和层位中，发现的高原鳅属鱼类骨骼化石远多于裸鲤属（或裂腹鱼）。例如，化石点 KL0607 采集到的高原鳅属化石包括：653 枚左侧和 635 枚右侧角舌骨，379 枚左侧和 466 枚右侧上舌骨，255 枚左侧和 264 枚右侧鳃盖骨碎片，159 枚左侧和 144 枚右侧关节骨，67 枚左侧和 73 枚右侧舌颌骨碎片，36 枚左侧和 37 枚右侧方骨；而采集到的裂腹鱼化石仅包括：15 枚左侧和 15 枚右侧角舌骨，12 枚左侧和 11 枚右侧上舌骨，7 枚左侧和 11 枚右侧鳃盖骨的碎片，26 枚左侧和 29 枚右侧关节骨，7 枚左侧和 19 枚右侧舌颌骨，8 枚左侧和 6 枚右侧方骨（Wang and Chang，2010）。这些零散的高原鳅和裂腹鱼化石都采集自同样随机收集的岩石样本，因而排除了采样上可能出现的偏差。化石数量仅取决于骨骼，以及骨骼部分的厚度和硬度，也就是说，越厚的骨骼越容易保存下来。裂腹鱼的体型整体上大于高原鳅，前者的骨骼也相应地比后者更粗壮。因此，化石点的高原鳅化石数量占优势最可能说明，在它们生存的年代，其种群个体数量多于裂腹鱼。反过来，这也暗示，相对于裂腹鱼，当时的环境可能更适合高原鳅生存。也就是说，除了裂腹鱼适合生存的河流水系之外，当时周围还存在着很多仅适合高原鳅生存的小而浅的溪流环境。从化石点发现了大量裂腹鱼的带锯齿背鳍棘和咽喉齿（至少超过 1000 件）（Wang and Chang，2010）。这可能是因为裂腹鱼的这些骨质部分更粗壮，经得起随后的水流和风力搬运作用；而条鳅

[①] 王宁与武云飞和吴翠珍的通信，2010 年。

科的这些部分则薄而易碎，难以保存形成化石。在我们获得的材料里，我们没有发现单独保存的高原鳅的鳍条或咽喉齿。这同样说明，实际的高原鳅种群数量应远大于现在化石材料保存的数量。

现在青藏高原鱼类区系中，裂腹鱼分布最广，数量最多，高原鳅次之（武云飞和吴翠珍，1992；张春光和贺大为，1997）。但相比于裂腹鱼，一些高原鳅的种对浅水的寒冷环境具有更高的适应性，因此在更高海拔上比裂腹鱼有更广泛的分布（如小眼高原鳅分布海拔可达 5600 m）（张春光和贺大为，1997）。在青藏高原一些特定地区的小水体中，高原鳅的个体数量超过裂腹鱼[①]。根据昆仑山口盆地发现的高原鳅和裂腹鱼化石数量，以及经历了"分选、水流搬运、再沉积"的埋藏情况（Wang and Chang，2010）来判断，我们认为上新世时当地的水系环境存在相对湍急的山间河流连接东昆仑山脉南北两侧的水系（如柴达木盆地和黄河上游水系），也可能存在网状交织的小溪，适合高原鳅的生存。

我们此前关于昆仑山口盆地裸鲤的文章（Wang and Chang，2010）中，对比化石点当前的海拔和裸鲤属现生类群栖息地分布海拔范围后认为，这个地区自上新世以来抬升了大约 1000 m。而化石点的高原鳅化石数量多于裂腹鱼，说明上新世时期昆仑山口盆地的环境可能比我们此前认为的更加恶劣，水系也比我们此前仅依据裸鲤属推断的更不发达。总体来看，上新世昆仑山口盆地地区的海拔可能已经高于我们此前推测的高度（Wang and Chang，2010）。也就是说，自上新世以来，该地区的海拔抬升幅度要小于 1000 m。

3.1.3　青藏高原中部尼玛盆地鲤科化石

本节描述一个采自青藏高原中部尼玛盆地渐新统地层的鲤科化石属种——张氏春霖鱼。根据以下特征：勺状咽喉齿，背鳍起点位于腹鳍起点前，背鳍有 4 根不分枝鳍条，臀鳍 3 根不分枝鳍条，将其归入鲤亚科（Cyprininae）。该属因头部较大且躯干低矮及头长大于头高而显著区别于鲤亚科其他属。其他区别还包括：背鳍和臀鳍最后一根不分枝鳍条后缘无锯齿且分节，背鳍 8 根分枝鳍条，臀鳍 5 根分枝鳍条，有 5 枚上神经骨、5 枚尾下骨和 33 个脊椎。张氏春霖鱼体型较小，与现生南亚和非洲小型鲤亚科鱼类，如小鲃属 *Puntius* 亲缘关系较近。这类化石的出现反映了青藏高原隆升之前，该地区在古近纪曾有热带-亚热带鱼类存在。

青藏高原独特的环境条件孕育了高海拔生物地理区系。如今高原上生存着众多当地特有的动植物。鲤科的裂腹鱼类 schizothoracins 是今天高原鱼类最重要的组成部分，涵盖了高原鱼类区系的绝大部分成员（武云飞和谭齐佳，1991；武云飞和吴翠珍，1992）。裂腹鱼类的分布局限在青藏高原和周围的高海拔地区（曹云飞等，1981；武云飞，1984）。依据其形态学特征，有理论认为单系的裂腹鱼类是在新近纪青藏高原隆升过程中，由

---

① 王宁与曹文宣的通信，2011 年。

一种原始的类鲃鲤科鱼类演化而来的（曹云飞等，1981；武云飞，1984）。这种类鲃的鲤科鱼类属于鲤亚科，该亚科的绝大多数现代种类都生存在亚洲南部地区（Banarescu and Coad，1991；Howes，1991；Rainboth，1991；Skelton et al.，1991）。基于以上观点，青藏高原地区古近纪时期的鱼类主要组分应为类鲃的鲤科鱼类。此外，在从古近纪到新近纪的某个特定时间段内，应该存在一个从类鲃鱼类到裂腹鱼类的显著变化。

在青藏高原上已经发现的几个新近纪的鱼类化石点，所得化石材料时代从早中新世到晚上新世不等（Chang et al.，2010）。化石大头近裂腹鱼（*Plesioschizothorax macrocephalus*）发现于高原中部的伦坡拉盆地，是高原上最早被系统研究的新生代鱼类化石（武云飞和陈宜瑜，1980）。它曾被认为是一种与现生裂腹鱼属（*Schizothorax* Heckel，1838）关系较近的类鲃鲤科鱼类。它的存在说明当时青藏高原中部已经开始隆升，气候也已变凉（武云飞和陈宜瑜，1980）。关于近裂腹鱼属的时代，早期研究认为是晚中新世到早上新世（武云飞和陈宜瑜，1980）。而对同一地点发现的哺乳动物化石的研究显示，近裂腹鱼的时代应是早中新世晚期（Deng et al.，2012b）。这说明，青藏高原中部可能在早中新世已开始隆升，同时，类鲃鲤科鱼类也已开始向裂腹鱼类方向演化。早上新世的裂腹鱼类伍氏献文鱼（*Hsianwenia wui*）发现于高原东北部的柴达木盆地，记录了这种原始的裂腹鱼类当时的干旱化过程中发展直至消失的过程（Chang et al.，2008，2010）。发现于青藏高原东北部昆仑山口盆地的晚上新世裂腹鱼类化石被归为现生的裸鲤属（*Gymnocypris* Günther，1868），而条鳅科鱼类化石被归为现生的高原鳅属（*Triplophysa* Rendahl 1933）。这些化石的发现显示，当时昆仑山口盆地海拔已较高（约4000m），且当时的鱼类群落已与现在当地的鱼类组成近似（Wang and Chang，2010，2012）。在柴达木盆地上中新统和札达盆地上新统地层中发现的大量裂腹鱼类化石仍有待研究（Chang et al.，2010）。青藏高原的新近纪鱼类化石说明，在早中新世晚期以后，青藏高原的鱼类动物群主要由裂腹鱼类组成，高原环境也已形成。

与新近纪不同，青藏高原古近纪的鱼类化石材料稀少。2010年之前报道的古近纪化石点仅有柴达木盆地东北部一处（陈耿娇和刘娟，2007；Wang et al.，2007a；Chang et al.，2010），时代为早渐新世晚期到晚渐新世早期，化石材料仅为一些零散不完整的咽喉齿、匙骨、腹鳍骨及一些后缘有锯齿的鳍棘。基于形态特征，目前这些骨骼被鉴定为类鲃的鲤科鱼类，但还没有对其进行更具体的分类学研究。化石记录的不足阻碍了对青藏高原地区古近纪鱼类的进一步认识。

2010年，保存更好的古近纪鱼化石被发现于青藏高原中部的尼玛盆地。这些化石材料属于鲤科一新属，为高原古环境研究提供了更丰富的信息。

产地和时代：化石点位于西藏自治区尼玛县城东南50 km，措则罗玛镇西南17 km处，301省道南侧。含鱼地层出露于达则湖南部朝北的山坡上，属于南尼玛地区古近纪—新近纪陆相沉积（DeCelles et al.，2007；Kapp et al.，2007）。含鱼地层为青灰色到紫红色的湖相页岩和泥岩。这组湖相沉积的 $^{40}Ar/^{39}Ar$ 法测年结果为26.0～23.5 Ma（DeCelles et al.，2007；Kapp et al.，2007）。据此判断，发现的鱼化石时代应为渐新世晚期。

标本：本书所涉及的化石材料包括两件近完整的骨骼（图3.25），编号为IVPP

V18495 和 IVPP V18496。V18495 比 V18946 保存更完好，但在 V18946 中咽喉齿出露更多。所有材料均藏于中国科学院古脊椎动物与古人类研究所。化石骨骼呈黑棕色，与浅色的围岩对比明显。化石通过细针修理清除围岩。测量和计数方法遵循 Chen 等（2005）、Chen 和 Chang（2011）文献中的方法。使用的骨骼学术语依据 Conway 等（2008）。

骨鳔总目 Ostariophysi Sagemehl 1885
鲤形目 Cypriniformes Bleeker 1859/1860
鲤科 Cyprinidae Bonaparte 1840
鲤亚科 Cyprininae sensu lato Hows 1991
春霖鱼属 *Tchunglinius* Wang and Wu，2015
模式种：张氏春霖鱼 *Tchunglinius tchangii* Wang and Wu，2015

鉴定特征：小型鲤科鱼类，躯干短而低矮；头长大于头高；嘴端位突出；背鳍起点位于腹鳍基部之前，臀鳍起点在背鳍末端之后；背鳍有 4 根不分枝鳍条，臀鳍有 3 根不分枝鳍条，最后一根不分枝鳍条后缘无锯齿且分节；背鳍有 8 根分枝鳍条，臀鳍有 5 根分枝鳍条；尾鳍分叉浅；具有勺状咽喉齿；前鳃盖骨上的感觉管开孔较大；脊柱有 33 节脊椎；有 5 枚不相连的上神经骨；尾下骨 5 枚；腹鳍骨前部分叉较深。

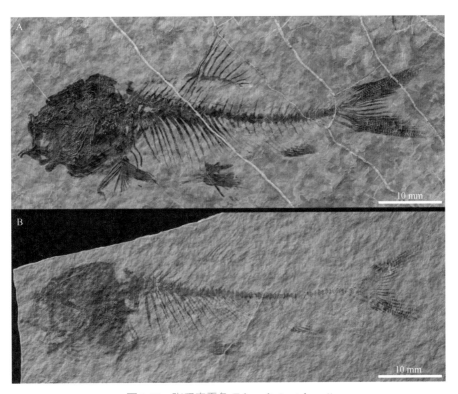

图 3.25　张氏春霖鱼 *Tchunglinius tchangii*
A. 正型标本，IVPP V18945；B. 副模标本，IVPP V18946

张氏春霖鱼 *Tchunglinius tchangii* Wang and Wu，2015

正型标本：IVPP V18945，完整骨骼（图 3.25A）。

产地和时代：西藏自治区，尼玛县，NM1001（31°47′42″N，87°45′38″E，海拔4806m）。南尼玛区古近系陆相沉积中、上段，晚渐新世。

副模标本：IVPP V18946，接近完整的全身骨骼，咽喉齿较正模出露更多（图 3.25B）。

产地和时代：同正型标本。

命名词源：属名和种名向已故的张春霖教授致敬，纪念他为中国鱼类研究做出的伟大贡献。

描述：化石体型较小（表 3.1），整体短而低矮，身体背腹轴最长处位于背鳍起点前。头部较大，头长大于体高。背鳍起点在腹鳍起点之前，相对于吻尖更靠近尾鳍基部。臀鳍起点在背鳍末端之后，相比于腹鳍起点更靠近尾鳍基部。臀鳍基部短于背鳍基。胸鳍长度短于胸鳍起点到腹鳍起点间距的一半。相对于胸鳍，腹鳍更靠近臀鳍。尾鳍分叉，分叉长度（内侧最短鳍条到外侧最长鳍条之间的水平距离）小于尾鳍长度的一半。V18946 比 V18945 的躯干更细，且腹鳍较短。

头骨：一些骨骼位置有移动，有些骨骼的轮廓较难辨认（图 3.26）。中筛骨位于颅顶最前端，额骨是颅顶最长的骨骼，前窄后宽。额骨的侧缘后部连接蝶耳骨和翼耳骨，额骨后缘和顶骨前缘接触。顶骨长度约为额骨的 1/3。顶骨侧缘连接翼耳骨，后缘内侧接上枕骨，外侧接上耳骨。上耳骨侧缘连接翼耳骨和外枕骨。上枕骨呈三角形，前缘宽阔，与顶骨后缘缝合，并向后逐渐变窄成尖。外枕骨基本能够根据侧面的枕骨大孔而辨别。基枕骨出露于外枕骨腹侧，脊柱起点前部。咽突的一部分从基枕骨向后腹侧突出。侧筛骨位于中筛骨后外侧。眶蝶骨位于中筛骨后，额骨腹侧。翼蝶骨前缘与眶蝶骨后缘缝合，腹缘有一凹痕，腹缘后段凹痕后部连接副蝶骨。副蝶骨直且长，仅在眶蝶骨和翼蝶骨下出露。副蝶骨和眶蝶骨之间有一裂隙。

嘴端位，边缘没有牙齿（图 3.26）。前上颌骨细长，上颌骨长，上颌骨背突发达。齿骨前窄后宽，前端向腹侧弯曲，冠状突较高，位于中点偏后位置。隅-关节骨前端被齿骨覆盖。后关节骨附在隅-关节骨的后腹端。隅-关节骨后背端与方骨前腹端关节踝相关节。方骨呈三角形，背突明显而后突较短。续骨薄，插入方骨后背缘的凹槽中。外翼骨薄，附在方骨前缘。内翼骨宽阔，腹缘连接外翼骨和方骨的背缘。后翼骨比内翼骨更宽，后翼骨的前缘连接内翼骨的后缘。舌颌骨背侧关节头与脑颅的翼蝶骨、蝶耳骨和翼耳骨相连接。前鳃盖骨可以通过中部 4 个大的感觉管开孔很容易被识别出来。每个感觉管开孔的直径大于相邻两个感觉管开孔之间的距离。间鳃盖骨位于前鳃盖骨的后腹方。鳃盖骨前缘比后缘长，腹缘向上倾斜。下鳃盖骨位于鳃盖骨腹侧。三块细长的鳃条骨在间鳃盖骨和下鳃盖骨的腹侧排成一列。鳃条骨在中部向腹侧弯曲，并向后腹侧渐窄，末端尖。基舌骨呈棒状，位于前鳃盖骨的前腹方。基舌骨的后腹侧有一

表 3.1 张氏春霖鱼标本 IVPP V18945 和 IVPP V18946 的测量数据和比例

标本编号	IVPP V18945	IVPP V18946
全长	66.6	64.3
体长	51.0	52.1
体高	15.9	13.4
头长	16.9	15.9
头高	16.4	15.5
吻尖到背鳍起点距离	28.6	29.2
背鳍起点到尾鳍基部距离	22.4	22.9
臀鳍起点到尾鳍基部距离	8.2	9.2
臀鳍起点到腹鳍起点距离	12.4	12.5
胸鳍起点到腹鳍起点距离	13.4	13.9
背鳍基部长度	7.3	6.9
背鳍长度	8.9	6.4
臀鳍基部长度	3.9	2.6
臀鳍长度	6.5	3.6
尾柄长度	4.3	6.6
尾柄高度	3.1	2.2
尾鳍长度	15.6	12.2
尾鳍分叉长度	7.2	4.8
胸鳍长度	6.3	5.4
腹鳍长度	7.0	5.1
体长 / 体高	3.2	3.9
体长 / 头长	3.0	3.3
尾柄长 / 尾柄高	1.4	3

注：除了后三行，前边 20 行单位都为毫米。

块小的四边形骨骼，可能是一块围眶骨在埋藏过程中移动到了头骨的前腹缘。

咽骨和咽喉齿：正型标本 V18945 中仅有一枚咽喉齿暴露出来（图 3.27A）。咽喉齿呈圆锥形，尖端向后弯曲。咽喉齿的咀嚼面呈勺状，中央低凹，并有嵴状边缘。在副模标本 V18496 中左右两侧的咽喉齿均能观察到（图 3.27B）。左侧可观察到 8 枚咽喉齿。咽喉齿大致分 2 列排列，内侧一列较大，编号为 A1 ～ A5；而外侧一列较小，编号为 B1 ～ B4。内侧列咽喉齿与 V18495 中的咽喉齿一样，呈短而钝的圆锥形，且大小基本一致。齿尖向后弯曲，咀嚼面呈勺状。外侧列咽喉齿相对于内侧更细更小。在右侧只能观察到 5 枚咽喉齿，都属于内侧列（A1 ～ A5），形状与对侧相应部分类似。

脊柱和尾鳍：所有脊椎均暴露在外，总数 33，可分为 19 节躯椎和 14 节尾椎（图 3.27 ～ 图 3.29）。第 1 脊椎的椎体连在基枕骨后。第 2 上神经棘和第 3 上神经棘游离于第 2 脊椎和第 3 脊椎的愈合椎体之外。第 2 上神经棘小而圆；第 3 上神经棘呈片状，远端比近端狭窄。三角骨附于第 2 脊椎和第 3 脊椎愈合椎体外腹侧。第 4 脊椎的

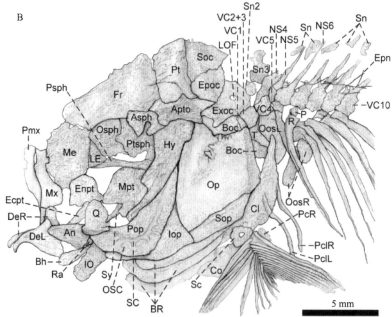

图 3.26　张氏春霖鱼正型标本 V18945 的头骨、肩带和脊柱前部

A. 照片；B. 线描图。解剖结构缩写：An. 隅 - 关节骨；Apto. 翼耳骨；Asph. 蝶耳骨；Bh. 基舌骨；Boc. 基枕骨；BR. 鳃条骨；Cl. 匙骨；Co. 乌喙骨；DeL. 左侧齿骨；DeR. 右侧齿骨；Ecpt. 外翼骨；Enpt. 内翼骨；Epn. 上髓弓小骨；Epoc. 上耳骨；Exoc. 外枕骨；Fr. 额骨；Hy. 舌颌骨；IO. 眶下骨；Iop. 间鳃盖骨；LE. 侧筛骨；LOF. 侧枕骨孔；Me. 中筛骨；Mpt. 后翼骨；Mx. 上颌骨；NS. 髓棘；OosL. 左侧悬器外支；OosR. 右侧悬器外支；Op. 鳃盖骨；OSC. 感觉管开孔；Osph. 眶蝶骨；P. 椎体横突；Pcl. 后匙骨；Pmx. 前上颌骨；Pop. 前鳃盖骨；PcR. 胸鳍基骨；Psph. 副蝶骨；Pt. 顶骨；Ptsph. 翼蝶骨；Q. 方骨；R. 肋骨；Ra. 后关节骨；SC. 感觉管；Sc. 肩胛骨；Sn. 上神经棘；Soc. 上枕骨；Sop. 下鳃盖骨；Sy. 续骨；T. 三角骨；VC. 椎体

图 3.27　张氏春霖鱼咽喉齿

A. 正型标本 V 18945；B. 副模标本 V 18946

髓弓关节于椎体的背侧，且髓弓较短。悬器外支关节于第 4 椎体外腹侧，远端钝，并且远端指向前腹方。右侧悬器的外支已与第 4 椎体分离，并发生向后腹方的位移。第 5 脊椎的髓弓与椎体关节，且比第 4 椎体的髓弓长。从第 6 脊椎开始，髓弓与椎体愈合，前关节突位于髓弓前缘上。从第 6 脊椎到第 30 脊椎，背侧后关节突都在椎体上。第 5～9 脊椎的神经棘前背侧均分布有单独的上神经棘，因此上神经棘总数为 5。第 5～20 脊椎上有肋骨。第 5～16 脊椎上，肋骨通过椎体横突连在椎体上。第 17～20 脊椎上，椎体横突在近端与椎体融合，远端与肋骨相关节。第 21～33 脊椎的椎体横突与脉弓融合，无肋骨与之相关节。第 17～30 脊椎上，椎体上还有腹侧后关节突。上髓弓小骨（epineural）成行排列在第 15～32 脊椎的椎体上方，髓棘外侧。上肋小骨（epipleural）成行排列在第 17～30 脊椎的椎体下方，肋骨或脉弓的外侧。尾部骨骼主要由最后三节尾椎组成：倒数第 3 尾椎、倒数第 2 尾椎、愈合椎体及附属骨骼（图 3.28）。愈合椎体的背侧有一短髓突，位于尾杆骨前。尾杆骨自愈合椎体向后上方延伸，支持尾鳍背叶的 1 根分枝鳍条。尾上骨位于尾杆骨前背方，前腹端渐尖而后背端宽。有一小的尾神经骨附于尾杆骨的后腹方。5 块尾下骨的远端变宽，支持分枝鳍条。第 5、第 4 和第 3 尾下骨向腹方依次变大，通过前腹侧的尖端与尾杆骨的后腹侧相连，它们的后背端末尾分别支持尾鳍背叶的 3 根、3 根和 4 根分枝鳍条。第 2 尾下骨与第 3 尾下骨大小近似，其前背端在尾杆骨基部前腹侧与愈合椎体融合，后背端支持尾鳍腹叶的 2 根分枝鳍条。第 1 尾下骨的前背侧尖端和副尾下骨彼此融合，并附在愈合椎体的后腹侧。第 1 尾下骨是 5 块尾下骨中的最大者，支持尾鳍腹叶的 4 根分枝鳍条。副尾下骨略比第 1 尾下骨长，支持尾鳍腹叶的 2 根分枝鳍条。倒数第 3 和倒数第 2 尾椎的脉棘变长变宽。倒数第 2 尾椎的脉棘支持尾鳍腹叶的 1 根分枝鳍条和 3 根不分枝鳍条，倒数第 3 尾椎的脉棘支持尾鳍腹叶的 5 根最前边的不分枝鳍条。倒数第 2 和第 3 脊椎的髓棘长而薄。尾鳍背

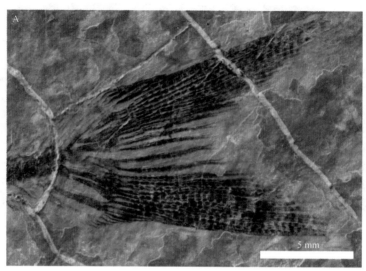

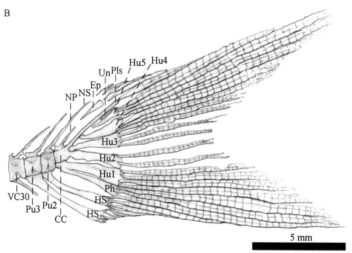

图 3.28　张氏春霖鱼正型标本 V 18945 尾部骨骼

A. 照片；B. 线描图。CC. 愈合椎体；Ep. 尾上骨；HS. 脉棘；Hu. 尾下骨；NP. 髓突；NS. 髓棘；Ph. 副尾下骨；Pls. 尾杆骨；
Pu. 尾椎；Un. 尾神经骨；VC. 椎体

叶有 15 根（4 根不分枝和 11 根分枝）鳍条，腹叶有 17 根（8 根不分枝和 9 根分枝）鳍条。

　　背鳍和臀鳍：背鳍共有 4 根不分枝鳍条和 8 根分枝鳍条（图 3.25、图 3.29A、图 3.30）。前侧的 2 根不分枝鳍条不分节，第 1 根不分枝鳍条长约 0.5 mm，第 2 根长约 1.1 mm，第 3 根长度陡然增至 4.9 mm，且远端分节。第 4 根不分枝鳍条最长，达到 8.9 mm，后缘光滑无锯齿，远端分节。第 1 根分枝鳍条长 7.8 mm，之后鳍条长度递减。背鳍共有 10 块鳍基骨（图 3.25、图 3.29A、图 3.30）。第 1 块鳍基骨支持第 1～3 根不分枝鳍条，第 2 块鳍基骨支持第 4 根不分枝鳍条，第 3～10 块鳍基骨则分别支持一根分枝鳍条。第 1 块鳍基骨背侧末端有一明显的前突。

　　臀鳍共有 3 根不分枝鳍条和 5 根分枝鳍条（图 3.26、图 3.29B、图 3.30）。第 1 根

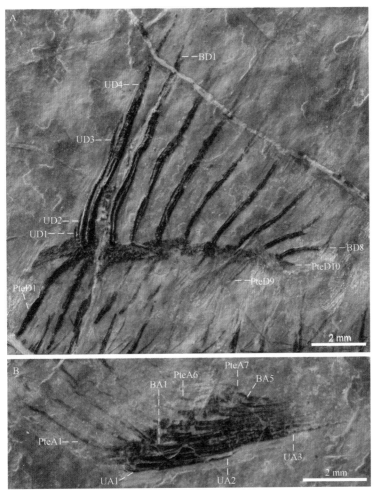

图 3.29　张氏春霖鱼正型标本 V18945 背鳍（A）和臀鳍（B）及其支持骨骼
BA. 臀鳍分枝鳍条；BD. 背鳍分枝鳍条；PteA. 臀鳍鳍基骨；PteD. 背鳍鳍基骨；UA. 臀鳍不分枝鳍条；
UD. 背鳍不分枝鳍条

不分枝鳍条长 1.1 mm，不分节。第 2 根不分枝鳍条长 3.5 mm，远端分节。第 3 根不分枝鳍条最长，达 6.5 mm，后缘光滑，远端分节。第 1 根分枝鳍条长 5.7 mm，之后长度递减。臀鳍共有 7 块鳍基骨（图 3.26、图 3.29B、图 3.30）。第 1 块和第 2 块鳍基骨支持 3 根不分枝鳍条。第 3 ~ 7 块鳍基骨分别支持一根分枝鳍条。

　　胸鳍和腹鳍：匙骨呈弧形，垂直支背侧渐尖，形成一个尖端（图 3.31）。左右两侧的"S"形后匙骨保存于匙骨的后侧。乌喙骨部分出露于匙骨和肩胛骨的前腹方。棒状的胸鳍支鳍骨位于胸鳍基部的后背方。胸鳍共有 1 根不分枝鳍条和 14 根分枝鳍条。腹鳍骨前部分叉，分叉长度大于骨骼前部长度的一半（图 3.31）。分叉的两个分支长度和宽度基本一致，内侧分支向前渐窄，形成一个窄尖，外侧分支尖端分叉。腹鳍骨的坐骨突呈棒状，部分被鳍条遮盖。最内侧的腹鳍基骨呈回旋镖形，位于坐骨突的外侧。腹鳍有 1 根不分枝鳍条，但不分枝鳍条数目由于保存情况限制，无法确切计数。腹鳍

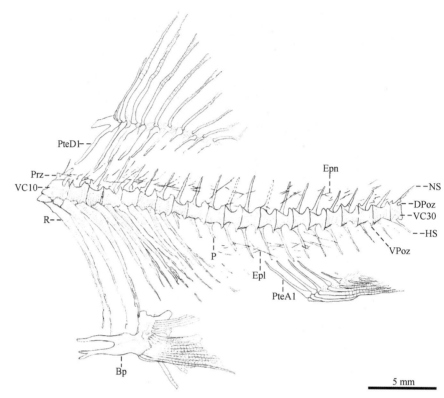

图 3.30　张氏春霖鱼正型标本 V18945 脊柱中段线描图

Bp. 腹鳍骨；Dpoz. 背侧后关节突；Epl. 上肋小骨；Epn. 上髓弓小骨；HS. 脉棘；NS. 髓棘；P. 椎体横突；Prz. 前关节突；
PteA. 臀鳍鳍基骨；PteD. 背鳍鳍基骨；R. 肋骨；VC. 椎体；VPoz. 腹侧后关节突

夹板骨短，附于不分枝鳍条外侧。腹鳍起点位于背鳍第 1 根和第 2 根分枝鳍条中点对应的位置。

分类关系：基于以下特征，将以上描述的化石鱼类归为鲤科：口缘无齿；上颌边缘仅由前上颌骨构成；每行咽喉齿数目不超过 8（Wu，1964；Howes，1991；Talwar and Jhingran，1991；Chen，1998；Jayaram，1999）。根据以下特征可进一步将上述化石归为鲤亚科：嘴外突；咽喉齿呈勺状；背鳍起点在腹鳍起点之前；背鳍有 4 根不分枝鳍条，臀鳍有 3 根不分枝鳍条（Howes，1991；Talwar and Jhingran，1991；Jayaram，1999）。鲤亚科是鲤科中种类最多的一个亚科，包含约 100 个属，分布在欧洲、亚洲和非洲（Banarescu and Coad，1991；Rainboth，1991；Skelton et al.，1991）。进一步细化上述化石的分类，首先根据化石的背鳍最后一根不分枝鳍条光滑分节，可以排除鲤亚科中背鳍最后一根不分枝鳍条后缘有锯齿的属（如四须𩾌属 Barbodes Bleeker，1859；方口𩾌属 Cosmochilus Sauvage，1878；以及猪嘴𩾌属 Systomus McClelland，1838）和最后一根不分枝鳍条变成一根粗壮棘刺的属（如新光唇鱼属 Neolissochilus Rainboth，1985；原𩾌属 Probarbus Sauvage，1880；以及结鱼属 Tor Gray，1834）。同样，根据化石背鳍有 8 根分枝鳍条和 33 节脊椎，可排除鲤亚科中背鳍分枝鳍条数目超过 9 的属

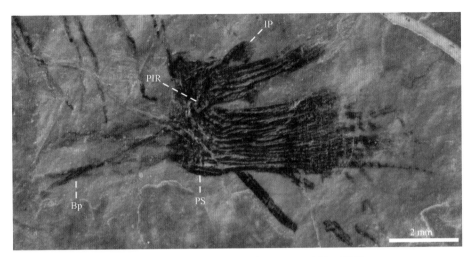

图 3.31　张氏春霖鱼正型标本 V18945 腹鳍及腰带

Bp. 腹鳍骨；IP. 坐骨突；PIR. 腹鳍基骨；PS. 腹鳍夹板骨

（如鲮属 *Cirrhinus* Oken，1817；野鲮属 *Labeo* Cuvier 1816；以及纹唇鱼属 *Osteochilus* Günther 1868）和脊椎数目超过 40 的属（如似鳡属 *Luciocyprinus* Vaillant，1904；叶须鱼属 *Ptychobarbus* Steindachner，1866；以及裸重唇鱼属 *Gymnodiptychus* Herzenstein，1892）。化石鱼类与现在分布在南亚的热带—亚热带鲤亚科的一类体型短小的小鲃属（*Puntius* Hamilton，1822，狭义）鱼类相似，两者背鳍和臀鳍数目相同，均没有鳍棘。Pethiyagoda 等（2012）定义以下特征为狭义的小鲃属鉴别特征：成体标准体长小于 120 mm；上颌触须有或无，下颌有触须；背鳍有 3 或 4 根不分枝鳍条和 8 根分枝鳍条；最后一根不分枝鳍条粗壮或瘦弱，向顶分节但无锯齿；臀鳍有 3 根不分枝鳍条和 5 根分枝鳍条；侧线完整，体外可见 22 ～ 28 枚有开孔的鳞片；有游离的尾神经骨；尾下骨 6 块；鳃耙尖形，结构简单（不分支或成片）；髗后有囟门；上神经骨 4 块；有 3 块纤细的眶下骨；第 5 角鳃骨狭窄；咽喉齿齿式 5/3/2；躯椎 12 ～ 14 块，尾椎 14 ～ 16 块；尾柄上有一黑点或黑斑。以上所列的特征中，有一部分在化石中无法观察，但仍可发现两者之间有所不同：化石中上神经骨数量更多（5 块而不是 4 块），脊椎数量更多（33 节而不是 26 ～ 30 节），尾下骨数量更少（5 块而不是 6 块）。另外，化石鱼类头大而躯干低矮，头长大于头高，而小鲃属鱼类则头小而体高（Rainboth，1996；Pethiyagoda et al.，2012），所以很难把尼玛盆地发现的这种化石鲤科鱼类归入一个已有的属中，而应为其另建立一个属。

　　讨论：鲤亚科最早的属（*Parabarbus* Franz，1910）时代为早始新世到中始新世，发现于哈萨克斯坦东部的斋桑盆地，化石材料仅为一些零散的咽喉齿（Sychevskaya，1986）。被发现于中国河南省的早始新世到中始新世鱼类（骨骼）*Palaeogobio zhongyuanensis* Zhou，1990 被归入鮈亚科 Gobioninae（Zhou，1990）。晚始新世亚洲的鲤科鱼类化石多样性增强，并出现地域差异，如在中国东南部的广东发现的鲤系 *Cyprinus maomingensis* Liu，1957，背鳍和臀鳍的最后一根不分枝鳍条后缘均有锯齿（Liu，

1957；Chang and Chen，2008），在中国西北部的新疆发现的雅罗鱼系 *Tianshanicus liui* Su，2011（苏德造，2011），以及在俄罗斯远东地区发现的鮈系 *Rostrogobio maritima* Sychevskaya，1986（Sychevskaya，1986）。始新世的鲤科化石记录均发现于亚洲，在渐新世的欧洲和北美洲发现了一些鲤科化石（Cavender，1991）。在青藏高原东北部的柴达木盆地发现的渐新世（29～27Ma）零散鲤科咽喉齿化石中（Chen and Liu，2007），咽喉齿呈勺状，与张氏春霖鱼相似。但是与咽喉齿同时发现的不分枝鳍条后缘有锯齿（Chen and Liu，2007），区别于张氏春霖鱼背鳍和臀鳍光滑的不分枝鳍条。

由于张氏春霖鱼的时代不晚于 26.0～23.5 Ma，因此，早于 18～16 Ma 的大头近裂腹鱼 *Plesioschizothorax macrocephalus*（Deng et al.，2012b）。产出张氏春霖鱼的化石点位于尼玛盆地，大致在发现大头近裂腹鱼的伦坡拉盆地化石点西侧 200 km 处。张氏春霖鱼与大头近裂腹鱼在许多方面相同，如躯干背腹轴较矮，头长大于头高和体高，口端位，咽喉齿形状，背鳍和臀鳍不分枝鳍条无锯齿且分节，腹鳍骨分叉深。相较于大头近裂腹鱼，张氏春霖鱼的齿骨和方骨更短，悬器外支更钝，腹鳍位置更靠前，体型更短小且脊椎骨数量更少。此前有观察发现，生活在冷水中的鲤科鱼类脊椎骨数目多于它们生活在温暖水体中的同类（武云飞和陈宜瑜，1980）。具体到青藏高原和周边地区的现生鱼类，可以发现生存在更高海拔的鲤科鱼类脊椎骨数目多于低海拔的同类。例如，生活在南亚热带 - 亚热带低地的小鲃属、*Systomus* 和方口鲃属鱼类脊椎骨数量为 26～34，生存在中海拔地区的光唇鱼属、新光唇鱼属、白甲鱼属（*Onychostoma* Günther，1896）和鲈鲤属（*Percocypris* Chu，1935）脊椎骨数量为 38～48 块，而生活在高海拔的青藏高原特有：裂腹鱼属、叶须鱼属、裸重唇鱼属、裸鲤属、裸裂尻鱼属（*Schizothorax*，*Ptychobarbus*，*Gymnodiptychus*，*Gymnocypris*，*Schizopygopsis* Steindachner，1866）和扁咽齿鱼属鱼类脊椎骨数量则达 44～53 块（Wu and Wu，1992；Yue，2000）。据此观察化石，张氏春霖鱼有 33 块脊椎骨，代表着在青藏高原开始隆升之前的古近纪鱼类，生活在与今天南亚类似的热带 - 亚热带低地暖水中；而大头近裂腹鱼则有 46～48 节脊椎，代表着青藏高原隆升开始之后的早新近纪鱼类，生活在至少中等海拔的凉水中。

3.2 攀鲈目

本节记述高原首例鲈形鱼类化石的发现，目前高原地区没有鲈形总目鱼类的分布。该发现是采自西藏腹地恰特阶（上渐新统）的一种化石攀鲈［西藏始攀鲈（*Eoanabas thibetana* Wu et al.，2017）（攀鲈科，Anabantidae）。西藏始攀鲈与生活在南亚和撒哈拉以南非洲的现生攀鲈有着密切的亲缘关系。它具有与迷鳃相关的骨骼结构，这种器官为现生攀鲈提供了直接呼吸空气的能力，使它们可以在温暖缺氧的滞留水体中生存，并且在潮湿的环境下进行短途的陆上"行走"。这些信息，加之棕榈、栾树、似浮萍类等伴生植物组合的证据，说明始攀鲈很可能也生活在一个温暖潮湿的环境中。通过与近缘生物的比较及共存分析，推测这个化石生物群指示其生活的海拔在 1000 m 左右。

这与近期发表的一系列影响力较大的研究结果不同，他们认为当时的西藏已经具有接近今天的海拔和气候环境。

绪论：青藏高原隆升素来被认为是新生代气候变冷和东亚季风兴起的重要原因（Li and Fang，1998；Molnar et al.，2010；Licht and Cappelle，2014），然而高原隆升的过程却一直备受争议，学界提出了很多不同的高原隆升模型（Deng and Ding，2015；Ding et al.，2017）。新近一些重要的高原古高度重建研究，包括基于同位素古高度计的研究，认为高原腹地接近今天的海拔和气候环境早在始新世或晚渐新世（50～26 Ma）就已成型，或认为接近今天规模的巨大的东西向延伸的山系自古新世以来就矗立于高原南北两侧（Ding et al.，2014，2017）。其他研究认为青藏高原自晚始新世循着由南到北的阶梯状次序隆升（Tapponnier et al.，2001），或认为高原隆升是新近事件（Deng and Ding，2015）。相比于构造学、地球物理学，地球化学等方面的可用于青藏高原古高度重建的古生物学资料却不多，尤其是在广阔的高原内部，化石记录很少。在各种生物指标中，植物、鱼类和其他脊椎动物因为对环境的敏感性而成为约束高原隆升历史的较为理想的指示物（Spicer et al.，2003；Sun et al.，2015；Wang et al.，2015；Chang et al.，2010；Chang and Miao，2016）。青藏高原内部脊椎动物化石记录除了早中新世的一块残缺的犀牛类前肢骨骼，仅有两例晚渐新世和早中新世的化石鲤科鱼类骨骼。其一为一原始的裂腹鱼——大头近裂腹鱼（*Plesioschizothorax macrocephalus* Wu et Chen，1980）（武云飞和陈宜瑜，1980；Chang et al.，2008），其后裔是今天青藏高原及其周缘地区鱼类区系的主体。另一例是一化石鲃类，张氏春霖鱼（*Tchunglinius tchangii* Wang et Wu，2015），它与南亚和非洲的小鲃存在近缘关系（Wang and Wu，2015）。据分析，这两例化石鱼类很可能栖息于海拔较低的地区（Chang et al.，2010；Wang and Wu，2015；Chang and Miao，2016）。青藏高原内部大植物的化石记录比鱼类化石更少见。

攀鲈与同属攀鲈亚目（Anabantoidei，俗称迷鳃鱼类）（Rüber et al.，2006）的吻鲈和斗鱼有着较近的亲缘关系（Norris，1994；Rüber et al.，2006；Tim，2007）。攀鲈是亚洲和撒哈拉以南非洲热带平原地区的常见鱼类（Norris，1994；Rüber et al.，2006；Tim，2007）。它们具有独特的辅助其呼吸的迷鳃（labyrinth organ），且这一器官结构复杂，占据了鳃腔的大部分空间以致司水中呼吸的"正常的"鳃明显退化。正因为如此，水下呼吸不足以满足其生理活动所需的氧量，它们必须依赖足够的空气呼吸方可存活，是必须在空气中呼吸的鱼类（obligatory air-breathers）（Norris，1994）。如此独特的呼吸空气的习性和能力可以让一些攀鲈在湿润的环境下，如大雨之后，爬出水体登陆"行走"，据传它们甚至可以爬树，故而得名"攀鲈"（Tim，2007）。

本节记述的化石材料采自西藏腹地恰特阶（上渐新统）一种化石攀鲈——西藏始攀鲈（*Eoanabas thibetana* Wu et al.，2017）（攀鲈科，Anabantidae）。始攀鲈也是目前发现的最古老的攀鲈科鱼类（anabantid），它的发现将这一类鱼类的地质历史前推了 2000 多万年，并且使其曾经的地理分布范围扩展至西藏腹地。这为将来研究攀鲈类的动物地理学历史提供了条件。作为较好的古环境指示生物，攀鲈化石，连同共存的大植物化石，为讨论高原腹地古近纪末古环境提供了材料。

鲈形总目 Percomorpha Patterson，1975
攀鲈目 Anabantiformes *sensu* Wiley and Johnson，2010
攀鲈亚目 Anabantoidei *sensu* Lauder and Liem，1983
攀鲈科 Anabantidae Bonaparte，1839
始攀鲈属 *Eoanabas* Wu et al.，2017
西藏始攀鲈 *Eoanabas thibetana* Wu et al.，2017

词源：属名由"*Eo-*"（希腊语，早期的 / 原始的）和"*Anabas*"（代表生活在亚洲热带地区的攀鲈科模式属）组成。种名意为中国西藏。

产地和层位：西藏北部尼玛盆地南部的江弄塘嘎（模式标本产地）（图 3.32A 和图 3.32B）和宋我日剖面，以及伦坡拉盆地的达玉剖面。丁青组中上段，晚渐新统（恰特阶）（ca. 26 ～ 23.5 Ma）。

正模：IVPP V22782，一具完整的骨骼，包括正副模（图 3.33A 和图 3.33B）。

副模：14 件标本被指定为副模。

鉴定特征：具有迷鳃，鳃盖后缘凹缺存在棘刺，鳃盖内侧具有 V 形的嵴及 6 ～ 9 根臀鳍鳍棘。其与亚洲攀鲈的共有衍征包括：第 3 ～ 5 下眶骨宽大而完全覆盖颊部，蝶耳骨和翼耳骨交界处后侧具有感觉管开口，腰带骨呈水平排列。其与非洲攀鲈的共有特征包括眶下感觉管开口于下眶骨之间，颅顶额骨上无眶上感觉管联合支（supraorbital commissure），雄性具有触器（contact organ）。

图 3.32　尼玛盆地江弄塘嘎剖面（模式标本产地）的露头，在这里发现了西藏始攀鲈的模式标本
（V22782）

A. 含化石地层的照片，红色箭头指向正模标本出土的层位，摄影师朝向东方，照片右侧为本科考队队员，可作为比例尺参考。
B. 含鱼化石层位特写，地质锤长度约为 30 cm

评注：从尼玛盆地中江弄塘嘎出产的古近纪鱼类化石最早由王波明等（2009）报道。虽然文献中列印两件鱼化石的照片，但是文献中它们却被当作水甲科 Hygrobiidae 的昆虫（王波明等，2009）。此外照片中的鱼类显然不是攀鲈，很可能是鲤科鱼类。自 2010 年以来，中国科学院古脊椎动物与古人类研究所组织了尼玛盆地化石层的发掘，获得了大量的化石材料，包括鱼类、昆虫和植物等。

研究材料：研究涉及 17 件标本。其中，IVPP V22782 是正模标本，包含正、副模。V18412 ～ 18417，V18581，V18582，V20275，V20276 和 V22596 ～ 22600 被指定为副模标本。IVPP V18412 ～ 18417 完整程度各异；V18418 包括数块分散骨骼和未知鲤科鱼类的咽喉齿，它们保存在同一块岩板上；V18581 为一具完整的骨架；V18582 保存了处于关节分离的头部和躯干前部骨骼；V20275 和 V20276 为完整的骨架；V20277 为被风化的骨架；V22596 和 V22597 为完整骨架；V22598 是部分保存的骨架，头后部骨骼保存良好；V22599 是一具尾部残缺的骨架；V22600 是一具完整的骨架。标本 V18413 ～ 18418，V22597，V22598 和 V22782（正模）来自江弄塘嘎，V18581，V18582，V20275 ～ 20277 和 V22596 来自尼玛盆地东侧宋我日剖面，V22599 和 V22600 来自伦坡拉盆地的达玉剖面。用于比较的材料包括龟壳攀鲈 Anabas testudineus 的五具透明骨骼染色标本（OP 432 ～ 436），一具保存在 95% 酒精中的浸制标本；斑点非洲攀鲈 Ctenopoma acutirostre 的两具透明骨骼染色标本（OP 438 ～ 439）；一具保存在 95% 酒精中的浸制标本（OP 440）；以及一具吻鲈 Helostoma temminkii 的透明骨骼染色标本。本书涉及的 50 件植物大化石标本（IVPP B 2505 ～ B 2554，其中 B 2529 和 B 2535 来自尼玛盆地，其余的来自伦坡拉盆地）均与始攀鲈来自同一层位。所有标本都被保存在中国科学院古脊椎动物与古人类研究所（IVPP）。

形态描述：已研究的始攀鲈标本全长为 20 ～ 120 mm（表 3.2）。除了一些典型特征，始攀鲈还兼具亚洲和非洲攀鲈的某些特征。

头部：颅顶光滑，没有任何凸缘或脊，颅骨的基本排布与现生攀鲈相似（Norris，1994）。额骨的眶上感觉管具有成对的冠孔（图 3.33A、图 3.33B、图 3.34A、图 3.34B），与非洲的细梳攀鲈属（Microctenopoma）类似，无眶上感觉管联合支。在更靠后的位置，具有一个与现生攀鲈相似的鳃盖提肌附着面。这一部分相较于周边骨片明显凹陷，且粗糙不平。鳃上腔位于这一凹陷结构下侧（图 3.33C、图 3.33D）。副蝶骨主枝平直，其上不发育口突或眼突（图 3.34A、图 3.34B、图 3.34G、图 3.35J ～ 图 3.35M）。根据相关牙齿的排布特点推测，副蝶骨横突可能存在（图 3.34H）。

鼻区：鼻骨具有明显呈弧形的侧面弯曲（图 3.33）。侧筛骨呈新月形，在鼻骨和额骨结合处几乎呈垂直架构（图 3.33C 和图 3.33D）。侧筛骨下腹部有一片粗糙区域，可能是与泪骨的关节处。与此不同，现生攀鲈侧筛骨相应的位置有一个眶前突，与泪骨相接（Norris，1994）。

眼区：围眶骨系包括一块腹侧具齿的泪骨、一块较小的第二下眶骨和几块宽大的第 3 ～ 5 下眶骨，完全覆盖了颊部（图 3.33 和图 3.36A 和图 3.36B）。泪骨缺少现生攀鲈中常见的显著的腹前棘突（Norris，1994）。泪骨后部与第二下眶骨相关节

表 3.2　西藏始攀鲈的测量特征

	TL (mm)	SL (mm)	HL (mm)	HL/SL (%)	DF	AF	CF	AMV (mm)	CV (mm)
V18412	～117	94	37	45.1	XIII-XIV/8	>V/9	I-7/7-I	?	?
V18413	～40	?	?	?	XIII/8	VII/8	I-7/7-I	?	?
V18414*	65	53	22	41.5	XIV/>5	IX/>8	?	?	?
V18415	?	?	?	?	XIV/?	?/8	?	?	?
V18416	?	?	?	?	>XI/7	?/≥7	I-7/7-I	?	?
V18417	?	?	?	?	XIV/?	IX/?	?	?	?
V18581	22	18.5	8.5	45.94	XIV/7	?VII/8	?	10	15
V18582*	?	?	?	?	>XI/8	VIII/8	I-7/7-I	?	15
V20275	～50	?	?	?	XII/7	VI/7	I-7/7-I	10	14
V20276	23	19	8	42.11	XIV/8	VII/9	I-7/7-I	10	14
V22596	28	23.5	?	?	XIII/7	VI/?	?	?	?
V22597*	～70	?	?	?	?	IX/?	?	?	?
V22599	?	?	14	?	XIV/8～9	VIII/6～8	?	?	?
V22600	90	75	34	45.33	XIV/9	VII/9	I-7/7-I	?	?
V22782	55	46	19	41.3	XIII/8	VII/8	I-7/7-I	10	14

注：AF. 臀鳍鳍式；AMV. 躯椎数量；CF. 尾鳍鳍式；CV. 尾区椎体数量；DF. 背鳍鳍式；HL. 包括鳃盖的头长；SL. 标准体长（从吻部尖端到尾鳍基部）；TL. 全长。标记"*"的标本可能是雄性。长度单位：毫米。

（图 3.33 和图 3.37A），且关节部相对较小并在侧面凹陷。第 3 ～ 5 下眶骨扩大至完全覆盖颊部（图 3.33 和图 3.37A）。大小近似的第 2 ～ 4 下眶骨只在攀鲈属中可见（Norris，1994）；然而感觉管开孔在这些骨片之间，这个特征只在非洲攀鲈中可见（Norris，1994）。第 3 ～ 5 下眶骨的眶下托（suborbital shelf）发育。膜质蝶耳骨较小且大体上呈三角形，位于蝶耳骨前部（图 3.33）。

悬器、颌及相关结构：舌颌骨在标本 IVPP V18412（图 3.33C 和图 3.33D）中保存了前缘突起部及纵轴的背侧部分。与多数现生的攀鲈相比（Norris，1994），其前缘突起部较狭小且迅速收缩至纵轴位置，使其前腹侧缘既不与舌颌骨柄突基部相连，也未向前扩展以至与后翼骨相接触。舌颌骨上位于前鳃盖骨下的尖状突起可能没有发育。方骨腹侧关节突发育，但是它的前鳃盖突是否发育不能确定。前鳃盖骨呈"L"形，其水平支较竖直支短，后腹部角不具有锯齿（图 3.33C、图 3.34A、图 3.34B、图 3.36A、图 3.36B）。

齿骨后缘呈 V 形，隅骨 - 关节骨嵌于其中（图 3.33A、图 3.33B、图 3.35J、图 3.35K）。齿骨前部口缘着生一些粗壮且略微后弯的牙齿（图 3.33A、图 3.33B、图 3.34F），而其

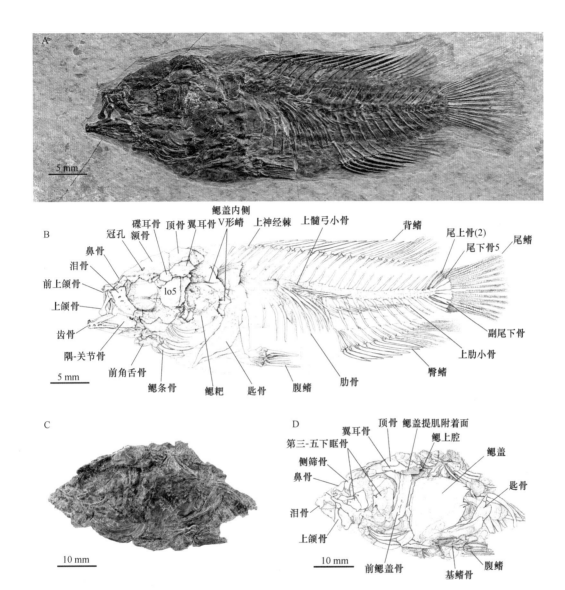

图 3.33　西藏始攀鲈（*Eoanabas thibetana*）正模标本（V22782a）的照片（A）及素描图（B），图片水平翻转。标本 V18412a 头部的照片（C）和素描图（D）。（D）中的红色区域代表肌肉附着面

后腹角与现生攀鲈相似，为一高且钝的斜向上的突起（图 3.33A、图 3.33B、图 3.35J、图 3.35K）。在齿骨的外侧面可见 3 个下颌感觉管的开口（图 3.33A 和图 3.33B）。关节骨具有一个宽且矮的冠状突。上颌各骨骼中，前上颌骨具有向背侧延伸的突起，且与具齿的一侧几乎呈直角，且二者长度相近（图 3.37B）。前上颌骨关节突发育，不存在后上颌突。上颌骨相对短而粗壮，后端圆钝呈杵状（图 3.33、图 3.35K、图 3.37A）。这与除 *Ctenopoma petherici* 等之外的非洲攀鲈相似（Norris，1994）。

鳃盖系骨骼：鳃盖骨的内侧面的一个"V"形嵴起始于与舌颌骨关节的凹窝（图 3.33A、图 3.33B、图 3.34A、图 3.34B、图 3.35K、图 3.36A、图 3.36B），止于鳃盖后缘凹缺上下两侧的尖刺。下鳃盖骨和前鳃盖骨的后、腹侧缘均不具有锯齿。六块鳃条骨，只有最靠后的一块与后角舌骨相接（图 3.35L、图 3.35M）。尾舌骨的后背缘不具有水平突（图 3.35L、图 3.35M）。

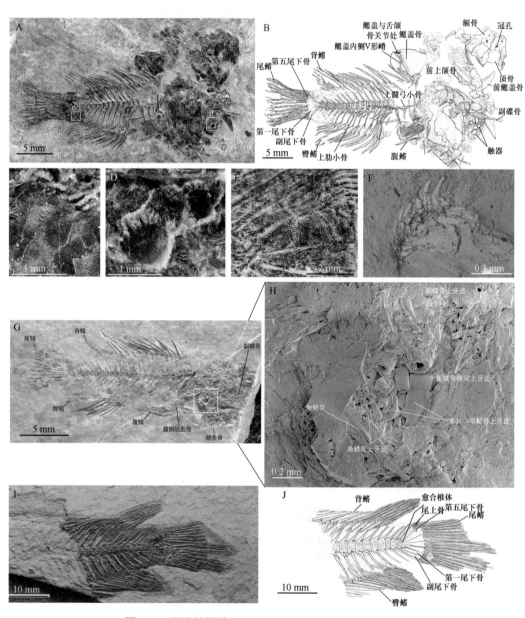

图 3.34　西藏始攀鲈 *Eoanabas thibetana* Wu et al.，2017

A 和 B. 标本 IVPP V18582 的照片和素描图；C. 标本 IVPP V 18582 尾柄处栉鳞照片；D. 标本 IVPP V18582 眶后触器的照片；E. 标本 IVPP V18412 尾柄栉鳞照片；F. 标本 IVPP V18581b 齿骨上的牙齿；G. 标本 IVPP V18581a 的照片；H. 标本 IVPP V18581a 鳃区通过扫描电镜得到的图像；I 和 J. 标本 IVPP V18414a 躯干和尾部的照片和素描图

鳃骨：标本 V19581a（图 3.37C 和图 3.37D）中保存了部分迷鳃结构。所保存的部分与现生攀鲈迷鳃伸展的薄片状结构几乎一致（迷鳃，高度特化的第一上鳃骨）（Norris，1994）（图 3.37E 和图 3.37F），这说明始攀鲈也具有这一器官（图 3.37H）。虽然这个化石个体 (V19581a) 体长相对较小（约 2 cm），但是鉴于现生迷鳃鱼的迷鳃发育早在鱼体长达 1.5cm 时就已开始（Das，1928），其相应器官应该已经成型。第五角鳃骨上着生大量大小不一的牙齿（图 3.34H），这些牙齿与第三和 / 或第四咽鳃骨上的牙齿对应（图 3.34H）。正模标本中保存了第一角鳃骨的鳃耙或鳃的印痕（图 3.33A 和图 3.33B），但是在当前材料中无法观察到其他鳃弓的鳃耙。

肩带和腰带：后颞骨腹侧的突起较长且窄。匙骨具有一个尖锐的背侧突起（图 3.33C、图 3.33D、图 3.35L、图 3.36A、图 3.36B）。背侧的后匙骨呈长卵圆形（图 3.35L、图 3.35M）。腹侧的后匙骨发育有粗壮的突起，并向下延伸，与基鳍骨相接（图 3.34G、图 3.35L、图 3.35M）。与现生亚洲攀鲈类似，始攀鲈的基鳍骨大致呈尖直的三角形且几乎与腹缘平行，所以与此骨向背部弯曲的非洲攀鲈种类存在差别（图 3.33、图 3.34G、图 3.35L 和图 3.35M）（Norris，1994）。腹鳍具有 1 根鳍刺，其后有 5 根分节分叉鳍条（图 3.33A、图 3.33B、图 3.34G、图 3.35A、图 3.35B、图 3.35L、图 3.35L、图 3.35M）。

中轴骨骼：除了前部出现稍向背侧的偏转，脊柱基本上平直（图 3.33A、图 3.33B、图 3.34A、图 3.34B、图 3.35J ～图 3.35M）。脊柱包含 24 ～ 25 节椎骨（包括最末复合椎骨）（表 3.1）。对于除 *C. multispine* 支系外的非洲攀鲈，躯椎前段的神经棘贴近背鳍支鳍骨后缘。根据 Patterson 和 Johnson (1995)、Gemballa 和 Britz (1998) 的定义，肌间骨被分为两类：上髓弓小骨和上肋小骨（图 3.33A、图 3.33B、图 3.34A、图 3.34B）。

奇鳍及其支鳍骨：尾鳍较短，后缘圆凸，由 16 根主鳍条构成，鳍式 I-7/7-I。支持尾鳍的骨骼包括 3 节椎骨、1 块尾神经骨、2 块尾上骨、1 块副尾下骨和 5 块尾下骨。副尾下骨与尾下骨大小相当或稍窄，明显较现生攀鲈的副尾下骨窄（Norris，1994）。第四尾和第五尾下骨可能与复合椎骨愈合，且第五尾下骨远较第四尾下骨窄。尾神经骨较长，其远端达到了第五尾下骨的远端。

背鳍和臀鳍较长，鳍式分别为 D. XIII-XIV/7-8 和 A. VI-IX/7-9（表 3.2）。除了细梳攀鲈属 *Microctenopoma* 的部分种，如 *M. milleri*（鳍式为 D. XIV/9-10，A. VI-VII/10-11）（Norris and Douglas，1991），始攀鲈臀鳍鳍棘的数量较现生攀鲈更少。最末背鳍支鳍骨和非洲攀鲈一样呈愈合状态，与亚洲的攀鲈属 *Anabas* 中分离状态不同（Norris，1994）。臀鳍的第一块支鳍骨支持两根鳍刺（图 3.33A、图 3.33B、图 3.34A、图 3.34B、图 3.34J、图 3.34K、图 3.35K ～图 3.35M）。最后的背鳍和臀鳍支鳍骨都是单体。始攀鲈发育三块上神经棘 (supraneural)（图 3.33A、图 3.33B、图 3.34H、图 3.35J、图 3.35L、图 3.35M）。背鳍和臀鳍鳍条没有特化。

鳞片：颅顶和颊部被圆鳞覆盖，雄性个体颊部有由刺鳞组成的触器（图 3.34A、图 3.34B、图 3.36C、图 3.37A），刺明显大于躯干栉鳞后缘的锯齿（图 3.34A、

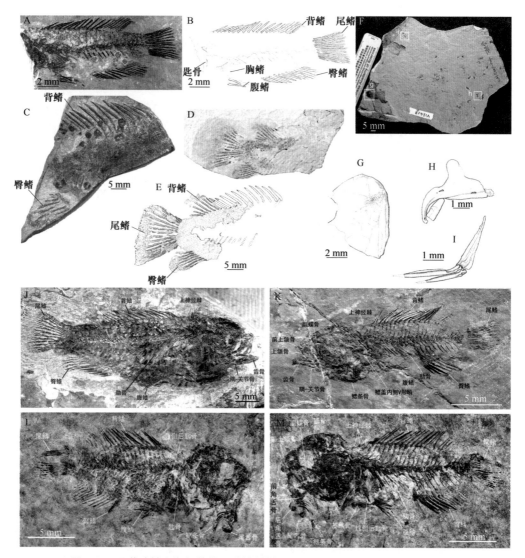

图 3.35　西藏腹地上渐新统的西藏始攀鲈 *Eoanabas thibetana* Wu et al.，2017

A. 标本 IVPP V18413a 的照片；B. 标本 IVPP V18413a 的骨骼素描图；C. 标本 IVPP V18415 的照片；D. 标本 IVPP V18416 的照片；E. 标本 IVPP V18416 的骨骼素描图；F. 保存了西藏始攀鲈及其他共生鱼类化石的岩板的照片（IVPP V18418.1）；G. 标本 F 中西藏始攀鲈鳃盖骨的素描图；H. 标本 F 中鲤科未定种齿骨素描图；I. 臀鳍第一支鳍骨及与其相连的鳍棘的素描图；J. 标本 IVPP V20275a 的照片；K. 标本 V18581b 照片；L. 标本 V20276a 的照片

M. 标本 IVPP V20276b 的照片

图 3.34C、图 3.34E）。躯干部被栉鳞覆盖，雄性个体尾部未见触器（图 3.34C 和图 3.34E）。这一器官在鲈形目的鱼类中不多见，但是在除细梳攀鲈属 *Microctenopoma* 和圆鳞攀鲈属 *Sandelia* 的非洲攀鲈中都可以见到，亚洲攀鲈 *Anabas* 种类未发育此器官。

以下进行系统发育关系分析。

科级分类单元归属：始攀鲈具有迷鳃，且其头部可见与之相应的特殊的肌肉痕迹。这些特征指示了其与攀鲈科之间具有密切的亲缘关系。

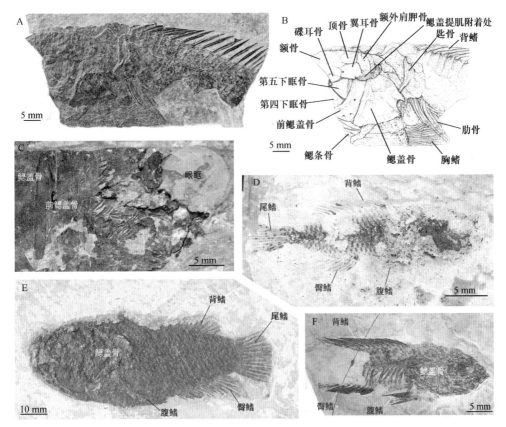

图 3.36 西藏腹地上渐新统的西藏始攀鲈 *Eoanabas thibetana* Wu et al.，2017

A. 标本 IVPP V22598 的照片；B. 标本 IVPP V22598 的素描图；C. 标本 IVPP V22597a 的眶后触器放大照片；D. 标本 IVPP V22596a 的照片；E. 标本 IVPP V22600 的照片；F. 标本 IVPP V22599a 的照片

  之前用于评估攀鲈类系统发育关系时所用的外类群中，*Badis* 和南鲈属 *Nandus* 的第二尾前椎上具有独特的远端分叉的脉棘（Norris，1994），这与始攀鲈属的单体脉棘具有显著的差别；它们的三角形鳃盖与始攀鲈后缘具圆缺且多刺的结构明显不同（Norris，1994）；此外，这两个类群的臀鳍鳍刺只有三根，比始攀鲈少很多。由 Norris（1994）归入南鲈科 Nandidae 的其他属，如 *Monocirrhus* 和 *Polycentrus*，具有和始攀鲈属明显不同的鳃盖和上下颌（jaw apparatus）。最近的系统发育分析显示，这些支系与迷鳃鱼类亲缘关系较疏远（Collins et al.，2015）。尽管 *Pristolepis*（Pristolepidae）的鳃盖与始攀鲈有一定的相似性，但是它的三根臀刺由一块融合的鳍基骨支持（Norris，1994）这一特征，与始攀鲈完全不同。

  乌鳢科（蛇头鱼科）被认为与迷鳃鱼类具有较近的亲缘关系（Collins et al.，2015；Murray et al.，2015）。但是该科鱼类背鳍和臀鳍没有鳍刺，且鳃盖后部为全缘（Murray，2008）。这些特征排除了始攀鲈归于鳢科的可能。

  在迷鳃鱼类中，Helostomatidae（*Helostoma*）具有独特的无齿颌及其他适应滤食的颌部特化结构（Liem，1963；Norris，1994），这排除了将始攀鲈归属为这个科的可能。

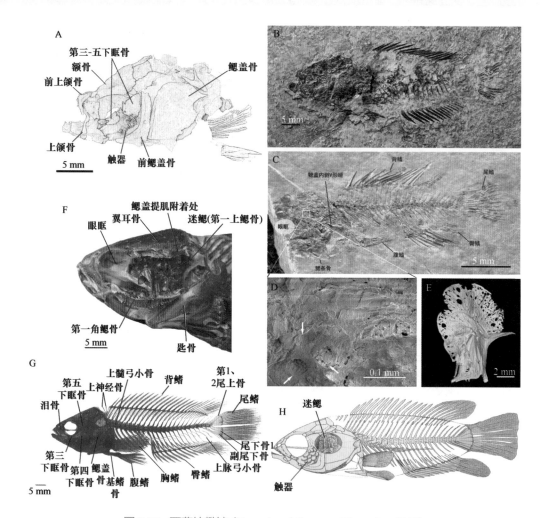

图 3.37　西藏始攀鲈（*Eoanabas thibetana*，Wu et al.，2017）

A. 标本 IVPP V18414a 头部的素描图；B. 标本 IVPP V18414a 的照片；C. 标本 IVPP V18581a 的照片；D. 标本 IVPP V18581a 迷鳃遗迹的扫描电镜图像，箭头指向迷鳃骨片上的孔；E. 龟壳攀鲈（OP 435）迷鳃的 CT 重建图像（侧视图）；F. 龟壳攀鲈透明骨骼染色标本的头部（OP 432），显示了迷鳃及其相关结构；G. 龟壳攀鲈的透明骨骼染色标本（OP 433）；H. 始攀鲈的骨骼复原图（雄性），无比例尺。C 和 D 经过水平翻转

丝足鲈科 Osphronemidae 的成员具有椭圆形或者三角形的鳃盖，其后缘没有缺口或者刺状物，这与始攀鲈根本不同。此外，与始攀鲈相比，包含丝足鲈在内的 osphronemids 或背鳍更短或第一根脉棘前有更多的臀鳍支鳍骨（如 *Osphronemus* 和 *Belontia*）。梭头鲈属 *Luciocephalus* 显示出与始攀鲈完全不同的形态，它的背鳍和臀鳍均没有鳍刺。*Ombilincihthys* 是近期发表的来自苏门答腊群岛的化石迷鳃类，它被归为 Osphronemidae 科，且具有与始攀鲈完全不同的鳃盖和腹鳍结构（Murray et al.，2015）。综上所述，我们将始攀鲈归入攀鲈科中。

系统分支分析及结果如下。

始攀鲈显示出了攀鲈科鉴定特征，并兼有亚洲攀鲈和非洲攀鲈的部分特征。为了确认始攀鲈在群内的系统发育位置，我们进行了基于形态学的系统发育分析（特征描述和矩阵见 Wu et al.，2017）。结果显示，始攀鲈属为攀鲈科 Anabantidae 的基干类群，包括所有现生亚洲和非洲的攀鲈属的单系群为其姐妹类群。其中非洲的支系构成单系，且与亚洲的攀鲈属 *Anabas* 组成姐妹群（图 3.38）。始攀鲈也是目前发现的最古老的攀鲈科鱼类，这将其地质记录前推了至少 2000 万年（之前只有在爪哇岛更新统中发现的 3 个鳃盖骨化石），并且使其曾经的地理分布范围扩展至西藏。

相较于先前基于形态学数据的分析，纳入化石类群分析的现生攀鲈类群内部分类关系具有更高的解析度（Norris，1994）。此外，我们的分析结果与分子生物学的研究结果基本一致，只是非洲类群内部关系的拓扑结构有些许不同。要厘清攀鲈类的系统发育关系需要更多的形态学或者分子学研究，包括化石种类形态学数据的补充。

本书的系统分类方案和有关现生攀鲈的术语参考 Norris（1994，1995）和 Tim（2007）等的工作。

讨论：现生攀鲈的栖息地主要为受热带季风影响的亚洲南部和非洲撒哈拉以南地区（图 3.39），且在非洲中西部的热带雨林地区拥有最丰富的多样性（Norris，1994）。它们生活在热带亚洲和撒哈拉以南非洲低地的小型水体中，海拔极少超过 1000 m。除了西非雨林地区河流中的少数种类以外，其他的更偏好温暖的且周期性缺氧的滞留水体，最适宜温度为 18 ~ 30 ℃（表 3.3）。攀鲈对这类环境的关键适应性特征在于其迷鳃（图 3.37F），这是一个由富含血管的上皮覆盖的花状复杂结构，经过这个器官的血液回流心脏，由此攀鲈具备直接呼吸空气的能力。这一呼吸空气的行为由一组特殊的肌肉支持，包括鳃盖提肌（Liem，1987）。这一肌肉在现生攀鲈的翼耳骨上留下了一个明显凹陷的附着面（Norris，1994）。有趣的是，通过电镜扫描观察到始攀鲈也具有迷鳃（图 3.37D），迷鳃骨片上穿孔的结构与亚洲攀鲈 *Anabas* 类似，并且始攀鲈翼耳骨对应的位置也有类似的与呼吸相关的肌肉的附着面结构（图 3.33C、图 3.33D、图 3.35A、图 3.35B）。这些相似性说明始攀鲈与现生攀鲈具有类似的生态习性和栖息环境。

雄性始攀鲈具有一个由后缘具齿的鳞片构成的眶后触器（见上文描述部分），这是某些非洲攀鲈所特有的。这个结构指示了典型的攀鲈科鱼类的产卵习性。当雄鱼环抱雌鱼时，它会用这个器官刺雌鱼腹部以刺激其排卵，确保受精率（Cambray，1997）。相似的繁殖行为也进一步说明始攀鲈和现生攀鲈在生态学上的相似性。

约 2600 万年前，西藏始攀鲈生活在西藏腹地温暖、潮湿且植被丰富的环境中。像今天的攀鲈一样，它们很有可能也能登岸"行走"，呼吸空气。

与始攀鲈同时发现的植物大化石组合中的一些类群（如棕榈和浮萍）（Wu et al.，2017）现今仍常见于现生攀鲈生活环境中，这也强化了以上的古环境推论。尽管目前的材料尚不足以进行一个定量的古气候重建，但木本双子叶植物中全缘叶类群相对较高的比例（>60%）（Wu et al.，2017）指示温暖湿润的环境。

综合来看，化石攀鲈和共生的植物大化石，以及伴生的化石鲃类暗示青藏高原内部在 26 Ma 是一个温暖湿润的栖息地，海拔约 1000 m，应该与现生攀鲈的生活环境相似（图 3.40）。以鲈形鱼类、鲃类鲤科鱼类和多样化的热带、亚热带植被为代表的生态

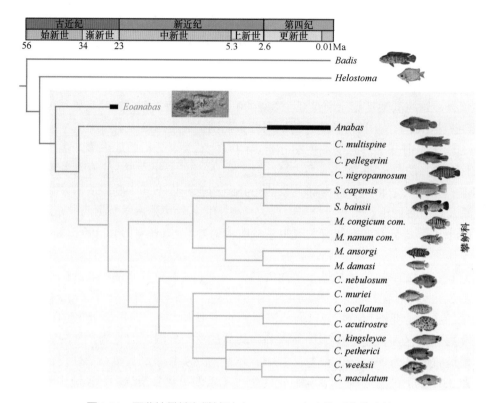

图 3.38　西藏始攀鲈在攀鲈科（Anabantidae）内的系统发育位置

两棵最简约树的严格一致树图（strict consensus tree）。系统树总步长：315；一致性指数：0.641；保留指数：0.733。绿色的为非洲支系，紫色的为亚洲支系（除化石类型 Eoanabas 以外，均为南亚和东南亚种类）。*C.* 非洲攀鲈属 *Ctenopoma*；*com.* 种群组合；*M.* 细梳攀鲈属 *Microctenopoma*；*S.* 圆鳞攀鲈属 *Sandelia*

系统与现今青藏高原中部的生态面貌形成鲜明对比。当然，总体上的低地环境，其局部可能具有一些地形变化，同期其附近地区可能存在一个针叶阔叶混交林生长的环境。

　　这一古环境推测将帮助我们重新评估目前对于高原隆升历史及其可能的环境和气候效应的认识。温暖湿润的生境在藏北地区的存在必然对应着一个允许足够暖湿气流输送至高原内部的古地理格局，且这一格局至少持续至晚渐新世。因此今天横贯西藏南部的高海拔地形在当时可能还没到发育到接近今天的规模，因为它们会阻挡自热带海洋南来的暖湿水汽的输送。这与从古新世起冈底斯山脉就已经具有今天的高度，或者青藏高原从始新世开始逐步向北抬升的观点不一致。而与喜马拉雅山至新近纪才明显抬升的预测，以及有学者最近提出的大印度海盆（the oceanic Greater Indian Basin）假说（Lippert et al.，2014）兼容。后者认为古近纪时期，亚洲大陆和印度之间曾有一个热带洋盆。根据化石攀鲈和具有高度多样性的喜温喜湿植物提供的环境信息，我们认为从始新世或者从晚渐新世开始，西藏腹地就具有接近现代的海拔和气候环境的观点是不合理的。当然，根据目前的数据无法评估西风是否是从西边过来的或者带来多少来自中纬度副特提斯洋的水汽，在今天的青藏高原范围内古近纪时期的水系格局与今天完全不同，柴达木盆地、可可西里盆地和藏北伦坡拉、尼玛盆地都曾有广阔的水体，

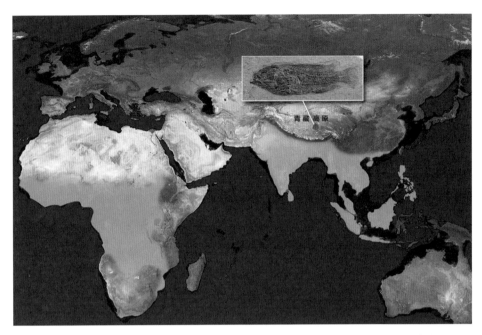

图 3.39　现生攀鲈类的分布（浅蓝色区域），西藏始攀鲈的产出点位置用红点标明

分布范围的数据主要参考 Berra（2007）和 Skelton（1988）。根据 Shen（1993）与康斌教授的讨论，我们调整了部分攀鲈类在
中国的分布数据（攀鲈类在台湾、福建未见分布，在广东北部有分布）

表 3.3　系统发育关系分析中的现生攀鲈及其外群的分布范围、栖息地气候类型和温度

属种		分布	分布区气候及温度
Nandidae 南鲈科	*Badis*	巴基斯坦，印度，尼泊尔，孟加拉国，缅甸	热带，14 ~ 30℃
Helsotomatidae 吻鲈科	*Helostoma temmincki*	泰国中部，马来半岛，苏门答腊，爪哇，婆罗洲	热带，22 ~ 28℃
Anabantidae 攀鲈科	*Anabas*	巴基斯坦，印度，孟加拉国，缅甸，泰国，印度尼西亚，菲律宾，中国海南、广东南部、云南南部	热带，22 ~ 30℃
	Ctenopoma	非洲西部和中部，主要在刚果河系和赞比西河流域，尼罗河上游	热带，20 ~ 30℃
	Microctenopoma	主要在西非刚果河流域	热带，18 ~ 30℃
	Sandelia	南非开普敦以东和以南沿海河流	亚热带，18 ~ 22℃

数据来源：www.fishbase.org 及参考文献（Skelton，2001）。

这些对当时高原地区的大气环流和水汽输送与降水产生何种影响尚不知道，这些因素对青藏高原古环境和古高度的推测有影响。

因此，我们认为当前新生代早期高原隆升和全球气候变化之间的关联性可能比想象中复杂。以古生物证据来说，古近纪与新近纪之交高原腹地海拔较低，甚至那时西藏南部可能还没有足以切断丰富的暖湿气流进入高原腹地的地理阻隔，这为检验现有高原隆升模型提供了新的思考。

图 3.40 西藏始攀鲈生态复原图（本章作者吴飞翔作）

第4章

昆虫化石

  鼋蝽是一类常见的半水生昆虫，在分类上隶属于半翅目、鼋蝽次目、鼋蝽科。鼋蝽能够在水体表面上行走、跳跃和捕食，因而备受研究者关注。现生鼋蝽科中较为常见且广布的 3 个属，*Aquarius*、*Gerris* 和 *Limnoporus*，是研究鼋蝽生物地理学、进化趋势和生态适应性的关键生物。关于鼋蝽化石的报道较少，因此对现生大鼋蝽属（*Aquarius*）的早期演化和生物地理学等知之甚少。通过对在我国西藏中部新生代伦坡拉盆地和邻近的尼玛盆地中新采集的同时代大鼋蝽化石进行重新形态学和分类系统学研究（Cai et al., 2019），确认其分类归属，并讨论其与现生类型的亲缘关系，进而揭示了这类鼋蝽的生物地理学意义。新发现的鼋蝽标本均可归为灭绝种伦坡拉大鼋蝽 *Aquarius lunpolaensis*（林启彬，1981）。依据其较大的体型、触角第 1 小节长于第 2 和第 3 小节之和，以及腹部末端具有发达的臀后刺等特征，可确认其属于现生大水鼋属。此外，还在同地层中发现了不同发育阶段的伦坡拉大鼋蝽标本，证明了前人在伦坡拉盆地报道的另一种水鼋化石"*Halobates bagonensis*（班戈海鼋）"其实是伦坡拉大鼋蝽若虫的蜕壳标本；同时还证明了现代西古北区的 *A. najas* 种组在渐新世晚期的分布范围更广。此外，大鼋蝽化石的发现还支持了西藏中部 25 Ma 古海拔相对较低的假说。

  绪论：鼋蝽次目 Gerromorpha 是一类全球广布的半水生半翅目昆虫，目前已描述 2000 种左右，分布于温带、亚热带和热带地区（Polhemus and Polhemus, 2008）。鼋蝽次目是一个单系类群，主要鉴定特征包括：具有三对头部感受毛，具有四角的下颚杆，前跗节具有背、腹爪中垫，以及雌性生殖道具有储精囊（Andersen, 1982）。鼋蝽次目昆虫均具有在水体表面行走的能力，可出现于各种水体中，如静水或流水（Andersen, 1982）。目前鼋蝽次目包括 8 个现生科，即鼋蝽科 Gerridae、膜蝽科 Hebridae、海蝽科 Hermatobatidae、尺蝽科 Hydrometridae、大宽鼋蝽科 Macroveliidae、水蝽科 Mesoveliidae、近水蝽科 Paraphrynoveliidae 和宽肩蝽科 Veliidae。鼋蝽科是鼋蝽次目种类繁多且相当常见的一个科，包含 8 个亚科，已描述超过 70 个属和 700 种以上，是半水生蝽类中的第二大科（Polhemus and Polhemus, 2008）。鼋蝽（或水鼋）是典型的半水生昆虫，主要生活在陆地生态系统中的池塘、湖泊、河流等水域内，少数种类还可生活于沼泽中。水鼋对水面的轻微震动特别敏感，这是由于它的足关节之间发育有一层特殊的薄膜，膜上富有感震细胞，即便是小水滴溅到水面上，它也能准确感知，并迅速逃离，它们可以通过敏锐的震动感受能力有效地避开潜在的捕食者。水鼋均为捕食性动物，主要取食对象为小型无脊椎动物，如捕食落到水面的昆虫（蚊虫等）或水中生活的蚊虫幼虫，也可吸取小型脊椎动物（如鱼和青蛙尸体）的体液。因此，水鼋对消灭血吸性蚊虫及水面的清洁具有积极作用。水鼋也是在水中和水域附近生活的高等脊椎动物（如蛙类）的饵料来源。此外，鼋蝽科少数（约 10 属）类群仅生活于海洋环境中（Andersen, 1982）。目前来看，水鼋的相关研究主要集中在全北区常见的 3 个属，即 *Aquarius* Schellenberg, 1800（大鼋蝽属）、*Gerris* Fabricius, 1794（鼋蝽属）和 *Limnoporus* Stål, 1868（褐鼋蝽属）（Andersen, 1990, 1995；Damgaard et al., 2000, 2010, 2014；Damgaard and Cognato, 2006；Damgaard and Sperling, 2001）。大鼋蝽属和鼋蝽属昆虫常由多数或较少量个体组成群体构成，而褐鼋蝽属的个别种类以少数个体甚至营单个个体生活。对这 3 个属的研究有助于理解黾蝽科的演化趋势、生态适应性和生物地理学等问题。

相较于完全营水生生活的蝎蝽次目 Nepomorpha，关于黾蝽次目的化石记录非常少。蝎蝽次目在中生代地层中较为常见，最早的记录可追溯到三叠纪中晚期（Popov，1971；Grimaldi and Engel，2005），而黾蝽次目化石则出现在时代稍晚的地层中（Grimaldi and Engel，2005；Damgaard，2008）。目前已知最早的黾蝽次目昆虫，即 *Karanabis kiritschenkoi* Bekker-Migdisova，1962（克氏卡拉黾蝽），被报道于哈萨克斯坦卡拉套的上侏罗统卡拉巴斯套组的地层中（Damgaard，2008）。Damgaard（2008）统计了目前已报道的所有黾蝽次目昆虫，其中黾蝽科已描述 11 属 15 种。黾蝽的中生代化石十分罕见，目前仅有一个化石记录，即报道于早白垩世法国琥珀（距今约 1 亿年）中的阿尔必白垩黾蝽 *Cretogerris albianus* Perrichot，Nel and Neraudeau，2005（Perrichot et al.，2005）。其他化石黾蝽则来自新生代地层中，如加拿大、丹麦、德国、意大利和美国的始新世印痕化石（Andersen et al.，1994；Andersen，1998），始新世波罗的海的琥珀（Andersen，2000），中新世多米尼加的琥珀（Andersen and Poinar，1992；Andersen，2001），以及我国西藏古近纪地层（林启彬，1981；Andersen，1998）。

林启彬（1981）首次记述了我国西藏班戈县伦坡拉盆地新近系丁青组地层中发现的两枚黾蝽类化石，确定了两新种（"伦坡拉黾蝽 *Gerris lunpolaensis*" 和 "班戈海黾 *Halobates bagonensis*"），均归入了现生广布属当中。然而，随着现生黾蝽类分类系统学研究的深入，现生黾蝽属 *Gerris* 的定义更为细化。之前曾被认为是黾蝽属中一亚属的 *Aquarius* 后来被提升成了属一级别。因此，也应对相关的化石种的分类位置进行相应的调整。Andersen（1998）正式将 "伦坡拉黾蝽 *Gerris lunpolaensis*" 更名为伦坡拉大黾蝽 *Aquarius lunpolaensis*（Lin）。此外，他还推测班戈海黾可能应该是伦坡拉大黾蝽的蜕壳标本；*Halobatesbagonensis* 其实是 *Aquarius lunpolaensis* 的晚出同物异名（Andersen，1998）。人们对西藏第三纪伦坡拉大黾蝽的认知来自保存不完整的正模标本，而许多重要鉴定特征仍不清楚，导致其分类位置和亲缘关系一直悬而未定。近些年，中国科学院古脊椎动物与古人类研究所的同行在藏北伦坡拉盆地和尼玛盆地陆续采集到了许多保存精美的昆虫化石标本，这些化石对重新认识早期描述的物种具有重要的意义。这些昆虫化石主要以半水生昆虫的黾蝽（黾蝽科）为代表，还有少数甲虫（鞘翅目：步甲科和叶甲科）和直翅目昆虫等。本书通过对伦坡拉盆地和尼玛盆地新采集的黾蝽化石，以及对伦坡拉大黾蝽和 "班戈海黾" 模式标本的重新研究，描述了伦坡拉大黾蝽的形态特征，讨论其与现生类群的亲缘关系，并揭示其生物地理学意义。

材料与方法：本书研究的化石材料均来自西藏中部渐新世晚期（距今 26 ～ 23.5 Ma），共计 21 枚（标本号 IVPP I 4635 ～ 4653、NIGP 47600 和 NIGP 47601）。其中 15 枚来自伦坡拉盆地（达玉，丁青组），包括 7 枚成虫新标本和 6 枚若虫新标本，以及前人报道的两枚伦坡拉大黾蝽和 "班戈海黾" 的模式标本；另外 6 枚标本采自尼玛盆地（江弄淌嘎，丁青组，详见 Wang et al.，2011），均为新产地新发现的标本，有 2 枚成虫标本和 4 枚若虫标本。除了伦坡拉大黾蝽和 "班戈海黾" 的模式标本保存在中国科学院南京地质古生物研究所之外，其他所有标本均馆藏于中国科学院古脊椎动物与古人类研究所。

所有新采集的化石标本均经过轻微手动修理，以揭露更多的细节特征。在环形光、低光和酒精浸润（70% 乙醇）的情况下对标本进行了多方位检视；并通过蔡司Zeiss Discovery V20 体式显微镜连接的成像系统对其进行显微照相。水黾体型较大，整体照是通过佳能 Canon EOS 5D Mark III 连接佳能 Canon MP-E 65 mm 的微距镜头，并辅以佳能 Canon MT-24EX 闪光灯进行成像。通过图片处理软件 Adobe Photoshop CS5 Extended 对所有图片进行拼合等处理。

半翅目 Hemiptera Linnaeus，1758

黾蝽次目 Gerromorpha Popov，1971

黾蝽科 Gerridae Leach，1815

黾蝽亚科 Gerrinae Leach，1815

大水黾属 *Aquarius* Schellenberg，1800

（模式种：*Cimex najas* De Geer，1773）

伦坡拉大黾蝽 *Aquarius lunpolaensis* (Lin，1981) Anderson，1998

种征（修订）：体型大（体长 15.5 ～ 17.4 mm），长形；雄性个体稍短于雌性个体；触角第 1 小节明显长于第 2 和第 3 小节之和；前足跗节的第 1 小节明显长于第 2 小节；后足腿节稍长于中足腿节；后足胫节约为后足第 1 跗小节的 4.6 倍（雌性）或 3.5 倍（雄性）。

描述（修订）：无翅的雌、雄性个体，其他形态未知。

无翅雄性：虫体为长形，体长约为体宽的 3.8 倍；触角第 1 ～ 4 小节的比例分别为 3.4 : 1.7 : 1 : 1；触角第 1 小节明显长于第 2 和第 3 小节之和；喙粗壮、较短，约近前胸腹板的后缘；前胸背板长而窄，前足短；前足腿节长，近直，稍长于前足胫节；前足胫节直，窄于前足腿节，约为前足腿节的 0.7 倍；前足跗节短，约为前足胫节的 0.73 倍；前足第 1 跗小节约为第 2 跗小节的 1.8 倍、中足细长，中足腿节近直，约为体长的 0.8 倍；中足胫节稍弯，约为中足腿节的 0.95 倍；中足跗节稍长但窄于前足跗节，后足约与中足等长；后足腿节稍长于中足腿节；后足跗节稍长于中足跗节，约为后足胫节的 0.38 倍；后足第 1 跗小节约为后足第 2 跗小节的 2.7 倍。腹部修长，侧边近平行，往端部稍变窄；腹部第 2 ～ 6 背板近等长；第 7 背板很长；侧背板窄。臀后刺短，比雌性的臀后刺更为尖锐。第 7 腹板后缘呈凹形；腹部第 8 节较大。

测量（单位：mm）：体长 15.50，体宽 4.10，头宽 1.84；触角第 1 ～ 4 小节长：3.55、1.76、1.03、1.03；中足腿节长 12.8；中足胫节长 11.21；后足腿节长 16.90；后足胫节长 10.95；后足第 1 和第 2 跗小节长：3.09、1.12。

无翅雌性（依据正模标本和新材料）：体型长，稍长于雄性个体；总体长约为体宽的 4.8 倍。其他主要虫体构造和特征与雄性类似。触角第 1 ～ 4 小节的各节比例大致为：3.09 ∶ 1.79 ∶ 1 ∶ 1，前足第 1 跗小节约为第 2 跗小节的 1.6 倍。腹部修长，侧边前部近平行，而后部稍尖削；腹部第 1 背板短，第 2 ～ 5 背板近等长；第 6 和第 7 背板稍长。腹部膨腹型，与现生常见种 *Aquarius najas* 尤为相似（Anderson，1998），腹部背面具有膜质结构连接中背板和侧背板。侧背板狭窄；臀后刺短，外侧突出。载肛突长，端部尖。

测量（单位 mm，基于正模标本 NIGP 47600）：体长 17.4，体宽 3.61；头宽 2.38；触角第 1 ～ 4 小节分别长约 2.75、1.59、0.89、0.89。前足第 1 跗小节长 1.16；中足腿节长 9.84；后足腿节长 10.40；后足胫节长 8.08。

备注：本书对正模标本 NIGP 47600 进行了重新度量，各个度量值十分接近原始资料（林启彬，1981）。然而 Anderson（1998）对 NIGP 47600 的标本的重新描述仅基于发表的黑白图片，而不是实体化石，他们所给出的度量值并不准确。模式标本的具体测量值应以本书为准。

产地和地层：西藏中部尼玛盆地的江弄淌嘎和伦坡拉盆地的达玉地区。渐新统上部，丁青组中上部（距今 25 ～ 26Ma，DeCelles et al.，2007；Sun et al.，2014）。

讨论：本书研究了许多保存更为完整的伦坡拉大鼋蝽标本，还发现了成年个体、若虫及若虫的蜕壳等一系列化石标本，这对深入理解该灭绝类群的分类位置和系统关系具有重要的意义。依据以下特征可以确切地将这些水鼋化石归入现生广布且显眼的大鼋蝽属 *Aquarius* 中：虫体狭长，大型，体长符合现生大水鼋属物种的变化范围（体长 8.0 ～ 26.5 mm）；触角第 1 小节显著长于头长的 1.3 倍；触角的第 1 小节明显长于第 2 和第 3 小节之和；腹部末节的端部具有臀后刺（Anderson，1998）。本次发现证实了之前所认为的"*Gerris lunpolaensis*（伦坡拉水鼋）"实际为现生大鼋蝽属 *Aquarius* 的成员，而不属于现生体型较小的鼋蝽属 *Gerris*。

半翅目昆虫均为渐变态昆虫，所以鼋蝽的一生经历卵、若虫和成虫 3 个生长发育阶段。一些种类一年发生一代，还有些种类多年发生一代，大部分为两年一代。水鼋一般在春天至初夏交配、产卵、孵化，当水鼋为五龄若虫时，经过蜕皮就变成成虫。水鼋科昆虫绝大部分种类具有 5 个龄期的幼虫，然而有些海生种类（如海鼋属 *Halobates*）的某些代表则有 6 个龄期的幼虫（Harada et al.，2016）。除了在体型大小、虫体结构的比例和生殖器等特征上的区别，水鼋若虫在其他形态特征上与成虫相似（Stonedahl and Lattin，1982）。本书所收集的标本较多，至少根据从达玉地区这个化石点采集的标本识别出了伦坡拉大鼋蝽的 3 个不同发育阶段的幼虫本。一龄若虫（图 4.1B）体型小，呈卵圆形，腿短而粗壮。三龄若虫（图 4.1C）的体型呈长卵圆形，其腹部向端部强烈变尖，各个足较细长。第四或第五龄若虫（图 4.1D）的体型较三龄若虫更大且长，而其他特征类似。成年个体（图 4.1E）的体型大小很可能达到了该物种体长的峰值，最大体长可达 16 mm；成年个体的身体部分更细长而近平行，各个足也更修长。综上所述，不同龄期若虫的发现验证了"*Halobates bagonensis*（班戈海鼋）"其实为伦坡拉大鼋蝽的蜕壳标本的说法（Andersen，1998）。"班戈海鼋"的模式标本其实是该古湖泊中常见的伦坡拉大鼋蝽的五龄幼虫的蜕壳。另外，古地理和古环境重建的证据也支持这一推断。现生的海黾属 *Halobates* 是一类特殊的黾蝽，现生所有的海黾均生活在热带和亚热带远岸的大洋表面，是一种无翅的海面漂浮无脊椎动物（Cheng et al.，2012）。海黾大多生活于远离陆地的宽阔海洋中，所以属于远洋昆虫，一般发现于 40°S ～ 40°N 的洋面上。然而，有证据表明伦坡拉盆地是一个典型的陆相沉积盆地（Deng et al.，2012；Wu et al.，2017），附近没有大洋。同产地的淡水鱼的发现和植物化石的发现也证明了这一推断。

所有现生的黾蝽均具有水面快速划行甚至跳跃的能力。其腿部定向排列有微米级刚毛，刚毛上的螺旋状纳米尺度沟槽形成独特的阶层结构，将空气吸附在微米刚毛和螺旋纳米沟槽缝隙中，形成一层稳定的气膜，防止腿部被水润湿，因而具有超疏水的特性（Andersen，1976；Hu et al.，2003）。水黾通过跗节上独特的纳米级的复合阶层结构来实现超疏水和高表面支撑力（Gao and Jiang，2004），水黾在水面上行走是利用其多毛的长足，在水表面造成螺旋状的漩涡，借助这一漩涡的推动力而快速向前行走。通过对化石标本的细致观察，发现伦坡拉大黾蝽和现生类型一样，体表完全覆盖密密麻麻的小毛，腿部尤甚（图 4.2I）。尽管因为化石需要保存，不能根据这些印痕化石确认腿毛上的纳米级阶层结构是否存在，但可以推测在腿部上发现的小毛与现代的一样，很可能具有疏水功能。结合伦坡拉大黾蝽和现生代表极其相近的体型和腿部特征，证明了这类远古水黾曾生活于西藏中部古湖泊的水体表面，也有可能是湖中某些鱼类的捕食对象（Wu et al.，2017）。

从分类系统上讲，大黾蝽属 *Aquarius* 曾被 Andersen（1990）和 Damgaard 等（2000）系统修订过。基于分子数据和形态特征的支序分析研究表明大黾蝽属可能并不是一个单系类群；但是大黾蝽属中某些重要的种组被证明是单系类群，如 *A. najas*、*remigis*、*conformis* 和 *paludum* 种组（Damgaard et al.，2000）。Andersen（1990）建立了 *A. najas* 种组，包括古北区分布的 *A. najas*（DeGeer）、*A. ventralis*（Fieber）及 *A. cinereus*（Puton），并试探性地将一个南美种类 *A. chilensis*（Berg）归入这个类群中。然而，后来发现有力的证据表明 *A. chilensis* 从本组中移除才能保证 *A. najas* 种组的单系性（Damgaard et al.，2000；Damgaard，2005）。伦坡拉大黾蝽与现生 *A. najas* 种组的代表在外部形态特征上是十分接近的。更为重要的是，它的雌性个体具有较为特化的膨腹特征，这一特征在现生 *A. naja* 的成熟雌性个体中是用来容纳成熟卵的（Andersen，1998）。伦坡拉大黾蝽代表现生大黾蝽属的唯一化石记录。基于极其相似的形态特征，它可以较为可信地归入现生 *A. najas* 种组中（Andersen，1998）。然而，本书还发现了一些前人未报道的关键形体特征，这些特征与现生 *A. najas* 种组中的代表有区别。首先，伦坡拉大黾蝽的前足各个跗小节的长短比例与现生类型有较大差别：伦坡拉大黾蝽的第 1 跗小节显著长于第 2 跗小节，比较接近现生的 *Limnometra* 属和 *Gigantometra* 属，但是现生黾蝽亚科大部分属，包括黾蝽属的第 1 跗小节，明显短于或等于第 2 跗小节。其次，伦坡拉大黾蝽的后足跗节相对较长（约为后足胫节长的 0.3 倍）。然而现生所有大黾蝽属代表的后足跗节均小于后足胫节的 0.3 倍。上述两个特征均有可能代表黾蝽亚科的原始祖先特征。因此，伦坡拉大黾蝽可能是 *A. najas* 种组的一个基干类群，可能与现生 3 个物种构

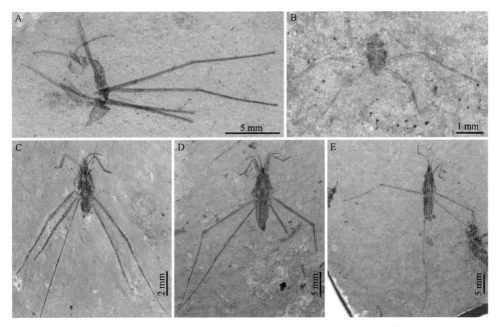

图 4.1　不同生长发育阶段的伦坡拉大黾蝽 *Aquarius lunpolaensis*（Lin，1981）Anderson，1998，
采自西藏中部伦坡拉盆地达玉地区上渐新统丁青组

A. "班戈海黾（*Halobates bagonensis*）" 的 "正模" 标本，重新解释为伦坡拉大黾蝽五龄幼虫的蜕壳；B. 一龄若虫；
C. 三龄若虫；D. 第四或第五龄若虫；E. 成年雄性个体

成姐妹群的关系。

　　现生 *A. najas* 种组目前仅分布于古北区西部地带（Damgaard，2005），其中，*Aquarius najas* 是一个乌拉尔山脉以西广布且常见的古北区水黾（Andersen，1990）；*A. ventralis* 分布于巴尔干山脉（Balkans）和黎凡特（Levant）地区，如保加利亚、希腊、土耳其、塞浦路斯、黎巴嫩和以色列等国；而 *A. cinereus* 则分布于地中海以西，如法国、意大利、葡萄牙、西班牙、摩洛哥等国（Andersen，1990；Damgaard，2005）。化石大黾蝽的发现证明了该种组在渐新世晚期的分布范围比当今更为广阔。与伦坡拉大黾蝽最为接近的 *A. najas* 的海拔分布为理解西藏中部在渐新世晚期的古海拔提供了一些重要线索。尽管没有文献资料表明 *A. najas* 的确切的分布范围，但是文献记载表明该物种几乎都采集自海拔较低的地域，如不列颠群岛、丹麦、挪威南部、瑞典、芬兰、希腊等国（Damgaard，2005）。由此可以推测，伦坡拉大黾蝽在当时可能也是生活于与现代 *A. najas* 的生活环境相似的环境中，即可能生活在海拔较低的湖泊表面。最近，Wu 等（2017）在青藏高原中部伦坡拉和尼玛盆地也发现了攀鲈 *Eoanabas thibetana* 及其伴生植物化石，为重建高原的地质历史新添了间接证据，推测在渐新世晚期的西藏腹地曾经存在温暖湿润的低地，孕育着与如今西藏截然不同的陆地生态系统。根据鱼类和植物重建的古环境与伦坡拉大黾蝽可能生存的自然环境较为吻合，证明了西藏中部在渐新世晚期海拔较低的观点。

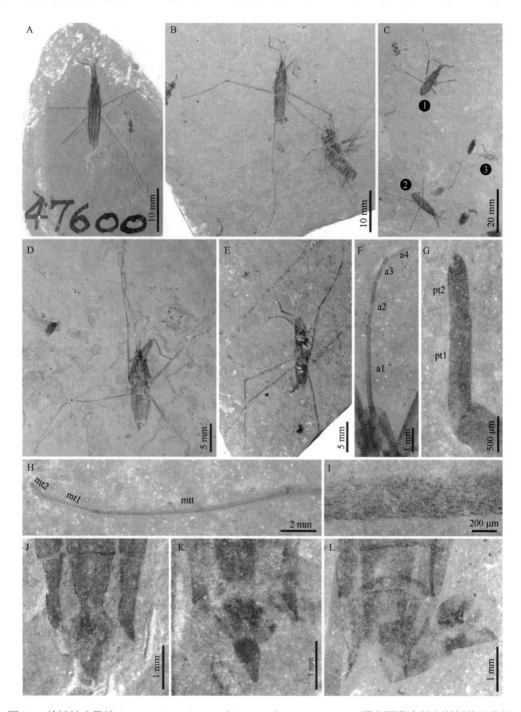

图4.2 伦坡拉大黾蝽 *Aquarius lunpolaensis*（Lin，1981）Anderson，1998，采自西藏中部上渐新统丁青组，
图 E 标本来自尼玛盆地江弄淌嘎，其他来自伦坡拉盆地达玉地区
A. 正模，雌性；B. 雄性；C. 保存在一起的两个个体和蜕壳；D. 第四或第五龄若虫；E. 五龄若虫；F. B 图放大图，右触角；
G. B 图放大图，左前跗节；H. B 图放大图，后胫节和后跗节；I. 中足腿节的详细特征，示密布的细毛；J. A 图放大图，
雌性生殖器；K. 雌性生殖器；L. B 图放大图，雄性生殖器 . a. 触角小节；mt. 后足跗节小节；mtt. 后足胫节；pt. 前足跗节小节

第 5 章

植 物 化 石

5.1 芒康县卡均村植物群

青藏高原新生代植物群对于认识高原植物多样性演变历史与地质环境变化过程尤为重要。拉屋拉组位于青藏高原东南部芒康县境内，前人曾在这套沉积地层中发现了一些植物化石，并进行了初步的报道。此次考察中，我们在芒康县卡均村海拔近4000 m的拉屋拉组中发现了有别于前人描述的植物群，不同层位植物形态特征和物种组成有所不同，尤以其中两层植物化石保存最佳，种类也最丰富。经过逐层采集，目前共计获得植物化石标本2000余件。其中，下层以常绿类壳斗科青冈亚属占优势，兼有落叶类桦木科植物，体现了常绿落叶阔叶混交林的植被类型；上层为以柳属为主的小叶型植物群，代表了高山矮灌丛植被类型。我们在考察中还发现了紧邻植物化石层位的数层火山岩，$^{40}Ar/^{39}Ar$ 法测年得到下层和上层植物群的绝对地质年龄分别是 34.6±0.8 Ma 和 33.4 ± 0.5 Ma，代表了晚始新世到早渐新世之交的这段重要时期。本书对不同层位的重要化石植物类群进行了详细的描述，并讨论了其生物地理学与古环境意义。卡均植物群化石的发现为揭示青藏高原东南部古近纪的植被特征与植物多样性面貌提供了新的证据，也为探讨该地区古环境背景提供了重要的基础资料。

绪论：青藏高原的抬升是新生代最为重要的地质事件之一，极大地改变了亚洲的地貌特征，对北半球乃至全球的气候格局产生了深远的影响（郑度和姚檀栋，2005；Royden et al.，2008；Zhu et al.，2013；Spicer，2017）。植物大化石作为地质时期的产物，能够反映该地区当时的环境面貌（Greenwood，2005；Jordan，2011），是认识青藏高原古环境变化的重要材料。西藏位于青藏高原核心地带，深入研究这一地区的化石植物群，不但有助于揭示新生代以来青藏高原的植物区系演变与植被变化过程，还能够为古高程的重建和古气候变迁提供重要的证据。频繁而剧烈的地质活动使得西藏地区的新生代植物群大多保存状况欠佳；加之交通不便利，野外工作难度较大，目前关于西藏新生代植物群及古环境重建的研究还极为匮乏（徐仁等，1973；中国新生代植物编写组，1978；李星学，1995；Spicer et al.，2003；Ding et al.，2017）。

尽管目前在青藏高原核心地区被研究和报道的新生代植物化石并不多见，这些数量不多的材料对于揭示高原的古环境变化过程发挥了重要作用。例如，施雅风、徐仁等依据发现于希夏邦马峰海拔近6000 m的高山栎叶片化石推测，该地区自上新世以来抬升了约3000 m，开创了利用植物化石推测青藏高原及喜马拉雅地区古环境的先河。Spicer 等采用热力学原理重建了西藏南木林县化石植物群的古海拔，表明西藏南部至少在中中新世就已经达到甚至超过现在的高度（Spicer et al.，2003；Khan et al.，2014）。最近，Ding 等（2017）利用藏南不同地质时期的化石植物群，推测出喜马拉雅造山带与青藏高原南部的抬升序列。

芒康盆地位于青藏高原东南部，地处横断山脉地区，隶属于羌塘地块东南缘。在青藏高原综合野外考察中，我们在芒康盆地拉屋拉组发现一套富含植物化石的地层，物种组合有别于前人报道的植物群。通过火山岩测年，获得了植物群的绝对地质年龄，并对若干重要类群进行了深入的古植物学研究,探讨了其植物生物地理与古环境意义。

地质背景:芒康盆地位于金沙江—红河构造带的北段,为一中生代基底在长期隆升-剥蚀基础上形成的窄条形拉分盆地,其盆缘两侧边界受近北北西向逆冲断裂控制(云南省地质矿产局第三地质大队,1991)。芒康盆地最早发育于白垩纪,为一套砖红色钙质石英砂岩、岩屑砂岩、钙质粉砂岩和泥岩夹石膏沉积;在早古近纪沉积一套厚约 400 m、由砾岩和含砾砂岩构成的紫红色碎屑岩系,轻微变形,属于白垩纪南新组。在此之上沉积一套砂砾岩、粉砂岩,并兼有火山岩。根据已有的地质资料,这套地层被命名为拉屋拉组(云南省地质矿产局第三地质大队,1991)。该组与下伏白垩纪南新组之间呈角度不整合,顶部被断层切割而缺失。本书的植物化石采自距离芒康县嘎托镇西北方向 16 km 处的卡均村拉屋拉组(29°45′10″N,98°25′58″E;3910 m a.s.l.),本书将其命名为卡均植物群(图 5.1)。

拉屋拉组广泛分布于青藏高原东南部的昌都地区,是一套富含火山岩的地层。已有的地层对比将拉屋拉组的沉积时代定为晚中新世(云南省地质矿产局第三地质大队,1991)。陶君容和杜乃秋(1987)在芒康县西边拉屋拉乡拉屋拉组的砂岩和粉砂岩夹层中采集到以桦木科桦木属为主要类群的植物群。通过和青藏高原不同时代不同区域的植物群相比,陶君容和杜乃秋(1987)将拉屋拉组的时代定为晚中新世。

卡均村拉屋拉组数层泥岩和粉砂岩中都产植物化石(图 5.1),在本书的植物群中,其中一层的青冈亚属叶化石最常见,其次为桦木科的化石。本书的植物群尽管与陶君容和杜乃秋(1987)发表的植物群在物种组成和植被面貌上有所差别,却和青藏高原东南部及其附近地区早渐新世和中新世的植物群有一定的相似之处,这些植物群都以青冈亚属叶化石为主,偶有高山栎组植物伴生,如云南开远小龙潭植物群(周浙昆,1985),但是卡均植物群中包含了一些灭绝的形态类型,如半菱角属 *Hemitrapa*,这在云南新近纪沉积地层中尚未发现。另外,卡均植物群的物种组成与青藏高原早古近纪植物群的物种组成存在很大的差异。四川西部理塘早始新世热鲁植物群以桃金娘科为主要类群(郭双兴,1986)。西藏拉孜柳区组晚古新世植物群以木兰科、樟科、桑科为代表(陶君容等,2000;方爱民等,2005)。

Zhang 等(2005)通过 ^{40}Ar/^{39}Ar 法测得西藏芒康盆地内高钾火山岩的形成年代为早渐新世 33.5 ± 0.2 Ma。此次考察在植物化石层位采集到火山岩,挑选岩石中的黑云母进行 ^{40}Ar/^{39}Ar 法测年,其结果与前人测年数据吻合,下层和上层植物化石层位的绝对地质年代分别是 34.6 ± 0.8 Ma 和 33.4 ± 0.5 Ma(图 5.1)。测年工作由英国开放大学地质系同位素年代学实验室完成。

化石点现代气候及植被情况:芒康县位于青藏高原东南部,三江流域地区。横断山南北向穿过芒康地区,澜沧江、金沙江自芒康两边穿过。芒康东有达拉涅峰 5630 m;南有达马压山 6434 m;西有卡孜西卡冲山 5720 m;北有秋占堆山 5470 m;芒康地区平均海拔 4317 m。芒康位于高原温带半湿润性季风气候区,全年干湿季节分明,夏季温暖湿润,冬季寒冷干燥。年均温为 3.5 ℃,年均降雨量为 485 mm。芒康地区林地主要集中在海拔 2440 ～ 4270 m 的阴坡和半阴坡(周启刚等,2005)。

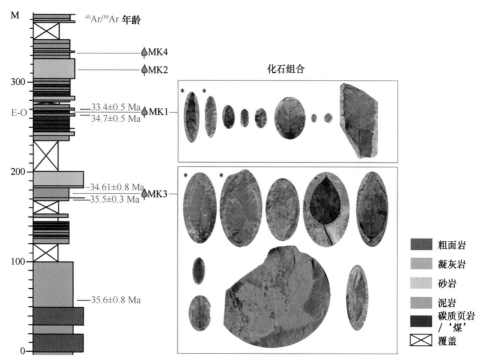

图 5.1　卡均村拉屋拉组地层剖面图

MK1 ~ MK4 为化石层位编号，地层绝对地质年龄采用 ^{40}Ar/^{39}Ar 法测定

芒康地区地形复杂，植被的垂直分异明显。化石点附近的现生植被类型主要为硬叶常绿阔叶林及针阔混交林（图 5.2）。主要组成成分为帽斗栎、杨属某种，小檗属某种、栒子属两种、忍冬属某种、丽江云杉、金露梅、樱草杜鹃、扁刺蔷薇、白刺花和绣线菊属某种（图 5.2）。其中，帽斗栎为硬叶常绿阔叶林的优势种；杨属及丽江云杉为针阔混交林的优势种。在卡均村地区的现生植被物种组成中，帽斗栎、杨属、栒子属、丽江云杉、蔷薇属在晚始新世至早渐新世时已经出现。

材料及方法：对卡均植物群不同层位的植物化石进行独立编号，依据发现的先后顺序，下层和上层植物组合分别以 MK3 和 MK1 开头依次编号。用解剖针小心清理覆盖在化石表面的基岩，然后使用数码相机 Nikon D700 进行室内拍照，拍摄台使用 Kaiser 5510。对于一些表面特征不清晰的标本，在拍摄的时候将标本浸入航空煤油中，并辅以低角度的灯光，以提高化石和基岩之间的对比度。拍照的化石照片编号与标本编号一一对应，建立数据库进行管理。

由于卡均植物群的所有化石仅为印痕，没有保存角质层，使用超景深体式解剖镜（Zeiss Smart Zoom 5）观察化石的微观形态特征。叶片形态及叶脉结构的定义依据 Ellis 等（2009）。采用 Traverse（2007）提出的方法开展孢粉学研究。首先将岩石研磨细，然后依次用 10% 的盐酸、5% 的氢氧化钠和 39% 的氢氟酸处理，去除岩石的矿物成分。之后用超细筛去除直径小于 5 μm 的物体，将悬浮液滴于玻片上，在 10 倍目镜和 60 倍物镜下，用显微镜 Leica DM750 观察并拍照。采用单孢粉技术（Ferguson et al.，2007）

图 5.2 卡均植物群采集地现生植被及物种组成

A. 卡均植物群采集地现生植被；B. 帽斗栎 *Quercus guyavaefolia*；C. 杨属某种 *Populus* sp.；D. 丽江云杉 *Picea likiangensis*；
E. 小檗属某种 *Berberis* sp.；F、G. 栒子属 *Cotoneaster* 两种；H. 忍冬属某种 *Lonicera* sp.；I. 金露梅 *Potentilla fruticosa*；
J. 樱草杜鹃 *Rhododendron primuliflorum*；K. 扁刺蔷薇 *Rosa sweginzowii*；L. 白刺花 *Sophora davidii*；M. 绣线菊属某种
Spiraea sp.

挑选孢粉置于台座，使用扫描电镜（Zeiss EVO LS10）观察孢粉形态。

系统古植物学：科考队在卡均村拉屋拉组不同层位采集到的植物化石标本形态类型丰富，保存精美。但是由于研究时间较短，本书主要介绍其中一些重要类群，包括蕨类植物中的木贼属，以及被子植物中的栎属青冈亚属、胡颓子属和半菱角属4个类群。

木贼目 **Equisetales Equisetales DC. ex Bercht. and J. Presl，1820**

木贼科 **Equisetaceae Michx. ex DC.，1804**

木贼属 ***Equisetum* L.，1753**

对茎木贼 ***Equisetum oppositum* Ma et al.，2012**

标本号：MK1-0001（图 5.3；MK1-0004（图 5.3B）；MK1-0006（图 5.3C）；MK1-

0016（图5.3F）；MK1-0022（图5.3D）；MK1-0023（图5.3E）.

存放地点：中国科学院西双版纳热带植物园热带森林生态学重点实验室古植物标本室。

鉴定特征：地下茎由节、节间、块茎和须根组成。节略膨大或与节间等大；节间具肋状凸起。块茎和须根着生在节上。串珠状块茎对生于节上。块茎呈纺锤形，表面肋状凸起。末端块茎的顶端渐尖。节上的须根细长。

形态描述：地下茎由节、节间、块茎和须根组成（图5.3）。节间长30～85 mm，宽4～5 mm，每面具2～4条肋状突起。节与节间等大，或稍收缩，或略膨大（图5.3A、图5.3C、图5.3E、图5.3H），节宽3～7 mm（图5.3C）。块茎和须根着生在节上（图5.3E和图5.3H）。两枝呈串珠状的块茎对生于节上（图5.3A、图5.3C、图5.3E）。每串块茎的数目多达6个（图5.3D）。块茎呈纺锤形，长11～22 mm，宽7～11 mm，每面具有3～4条肋状突起（图5.3B）。末端块茎的顶端渐尖，长约2 mm（图5.3G）。每个节上着生少数须根，宽度为0.5～1 mm（图5.3H）。

以下进行相关讨论。

与现生种及化石种的比较：对于木贼属植物，植物分类学专著大多详细描述了地上部分的形态特征，而对地下部分的形态特征描述较少（Zhang et al.，2007），且绝大部分标本为植株的地上部分，地下部分鲜有采集，这使本书中的化石种和现代种对比产生了一定的难度。目前已有资料表明，当前标本与草问荆（*E. pratense* Ehrhart）较为相似。当前标本和 *E. pratense* 均具有膨大的块茎，但是当前标本的串珠状块茎在节上为对生，而 *E. pratense* 的串珠状块茎在节上是单生或簇生（Thomé，1885）（表5.1）。另外，其他任何现生种的每串块茎数目均不超过4个（Zhang et al.，2007），而当前标本中，每串块茎的数目多达6个。

木贼属地下茎化石曾被广泛发现于北半球白垩纪以来的地层（Lamotte，1952；Becker，1969；Zhou et al.，2003）。在目前已发表的木贼属化石种中，仅有4个化石种具有串珠状块茎（Zhang et al.，2007）（图5.4和表5.1），分别为美国怀俄明州始新世的 *E. haydenii*（Lesquereux，1878），吉林省珲春市晚白垩世的 *E. hunchunense*（Guo et al.，2000），美国蒙大拿州渐新世至中新世的 *E.* cf. *arcticum*（Becker，1969），云南省南华县晚中新世的 *E.* cf. *pratense*（Zhang et al.，2007）。*E. oppositum* 和 *E. haydenii* 的区别在于串珠状块茎的分支情况：当前标本的串珠状块茎不分支，而 *E. haydenii* 的串珠状块茎常具有二叉分支。当前标本和其他3个化石种的区别是块茎在节上的着生方式：当前标本的两枝串珠状块茎对生于一个节上，*E.* cf. *arcticum* 和 *E. hunchunense* 的块茎轮生于节上，而 *E.* cf. *pratense* 的块茎簇生在节上（图5.4）。Zhang 等（2007）曾经比较了产自芒康县拉屋拉组的木贼属化石和云南省南华县晚中新世的 *E.* cf. *pratense*，认为芒康县拉屋拉组的木贼属化石可能也应该归于 *E.* cf. *pratense*。但是，我们通过研究在该化石产地重新采集到的大量保存完好的材料后发现，尽管芒康县和南华县两个化石产地的块茎均为纺锤形，但是还是存在明显的区别。主要区别有两点：首先，如上所述，两者的块茎在节上的着生方式不同；其次，对于每串块茎的数量而言，当前标本可达6

图 5.3　对茎木贼 *Equisetum oppositum* Ma et al.，2012

A. MK1-0001；B. MK1-0004；C. MK1-0006；D. MK1-0022；E. MK1-0023；F. MK1-0016；G. 末端块茎放大（MK1-0016）；
H. 地下茎节点放大（MK1-0023）。比例尺：A～F 为 10 mm；G 为 2 mm；H 为 5 mm

个，而 *E.* cf. *pratense* 最多为 4 个（Zhang et al.，2007）。

综上所述，产于藏东芒康县拉屋拉组的木贼属化石明显区别于现生种和以往报道的化石种（图 5.3），将其定为对茎木贼 *E. oppositum* Ma et al.，2012。

古生态学意义：含对茎木贼的化石层位，以杨柳科 Saliaceae 植物为主，兼有少量高山栎组 *Quercus* sect. *Heterobalanus* 植物（根据本科考队野外采集略作补充）。从化石植物群的物种组成来看，属于亚高山落叶阔叶林植被类型。这种植物类型在我国现今的西南亚高山地区较常见（Lesquereux，1878）。另外，根据初步统计，该植物群中的木本双子叶被子植物以具齿叶物种占多数，占木本双子叶被子植物总物种数的 80% 以

表 5.1　对茎木贼和现生种及已发表化石种的地下茎形态比较

种名	时代	化石产地	块茎在节上的着生方式	块茎分支与否	每串块茎的数量	参考文献
E. oppositum	早中新世	西藏自治区芒康县拉屋拉乡	对生	不分支	多达 6 个	本书
E. pratense	现生	—	单生至簇生	不分支	2～3 个	Thomé，1885
E. hunchunense	晚白垩世	吉林省珲春市	轮生	不分支	2～3 个	Guo et al.，2000
E. haydenii	始新世	Carbon Station, Wyoming，USA	对生	分支	≥2 个	Lesquereux，1878
E. cf. *arcticum*	渐新世至中新世	Beaverhead Basins, Montana，USA	轮生	不分支	2～3 个	Zhou et al.，2003
E. cf. *pratense*	晚上新世	云南省南华县吕合镇	单生至簇生	不分支	2～4 个	Zhang et al.，2007

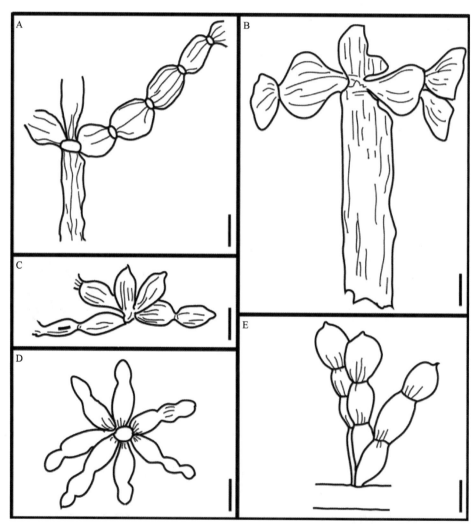

图 5.4　对茎木贼 *E. oppositum* 和已发表的木贼属化石种形态比较素描图

A. *E. oppositum*；B. *E. haydenii*；C. *E. hunchunense*；D. *E.* cf. *arcticum*；E. *E.* cf. *pratense*。比例尺均为 1cm

上（陶君容和杜乃秋，1987）。由于植物群中具齿叶类群的百分比通常与年均温呈反比（Wolfe，1993；Su et al.，2010），据此估计早渐新世时期藏东地区气候比较寒冷。综上所述，*E. oppositum* 很可能生长在寒冷的亚高山地区。现生木贼属植物通常生长在潮湿的环境中，由此推测早渐新世时期，*E. oppositum* 可能生长在靠近湖泊或河流的地方。另外，在芒康植物群中，发现有大量 *E. oppositum* 地下块茎化石，表明当时 *E. oppositum* 在该地区植被的草本植物层中较为繁盛。

此外，*E. oppositum* 的地下块茎较大，而且每串块茎的数目达到了 6 个，这比以往报道的任何化石种和现生种的块茎数目都要多。地下块茎常常富含淀粉，可以用来抵御不良环境因素，如寒冷和干旱（Taiz and Zeiger，2010）。古气候研究结果表明，中国西南地区在晚中新世时期就存在明显的季风性气候，并伴随冬季的寒冷干旱（Xia et al.，2009；Jacques et al.，2011；Xing et al.，2012）。芒康地处青藏高原的核心地带，在新近纪同样经历了剧烈的环境变化，块茎结构可以让 *E. oppositum* 更好地应对环境变化，如块茎储存的淀粉能提供能量以更好地抵御冬季的严寒和干旱，同时，也为春末夏初雨季到来时的迅速生长提供养分。可能正是这种特殊的形态结构，同时受到青藏高原复杂多样的气候类型的影响，使得该地区成了木贼属的现代分布和分化中心。

山毛榉目 Fagales Engl，1892
壳斗科 Fagaceae Dumort，1829
栎属 *Quercus* L.，1753
青冈亚属 *Cyclobalanopsis*（Oerst.）Benth. & Hook. f.，1882
西藏古青冈 *Quercus tibetensis* Xu et al.，2016

研究标本：KUN PC2015008（图 5.5A），KUN PC2015009（图 5.5B），KUN PC2015010（图 5.5C），KUN PC2015011（图 5.5D），KUN PC2015012（图 5.5E）KUN PC2014013（图 5.5F）。"PC"指古植物采集。

描述：叶单生，对称或微不对称。叶为椭圆形或倒卵形。小型叶，3.4～7.5 cm 长，1.2～3.2 cm 宽（图 5.5A～图 5.5E）。叶片长宽比为 2～3.9。叶尖渐尖，叶基呈楔形或圆形。叶柄 0.5～0.8 cm 长，0.1～0.2 cm 宽（图 5.5A～图 5.5E）。叶缘上半部或 2/3 处有排列规则的锐锯齿。齿上侧边内凹，下侧边内凹或笔直，齿与齿间有圆形的缺刻（图 5.5F）。中脉直。二级脉平直或微向上弯曲，为非典型半达缘脉序（Hickey，1973；Leng，1999）（图 5.5F）。叶片具齿部分的二级脉在近叶缘处分支，较粗的一支入齿，另一支和上端相邻的二级脉相连。叶片全缘部分的二级脉为真曲脉序，二级脉通过三级脉与上端相邻的粗二级脉相连，但没有形成由二级脉围成的边缘环状结构（图 5.5G～图 5.5I）。9～13 对二级脉均匀排列。二级脉与中脉的夹角一致或自顶端向基部逐渐增大（35°～80°）。具有间二级脉。三级脉对生贯穿，平行穿越于相邻的两条二级脉之间，且不分支。二级脉的延伸方向垂直于伸出二级脉的贯穿三级脉方向。离中脉越远，三级脉与中脉形成的角度越小（图 5.5F）。

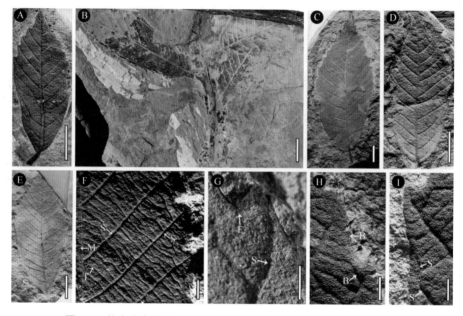

图 5.5　芒康晚中新世西藏古青冈 *Quercus tibetensis* Xu et al.，2016

叶片（A 和 C ～ E）及枝条（B），比例尺为 1 cm；各级脉序（F ～ I），比例尺为 2 mm；B = 二级脉的分支；F = 流苏脉；
M = 中脉；S = 二级脉；T = 三级脉

形态学比较：叶化石具备与其他壳斗科共有的特征，如椭圆形叶，单锯齿，二级脉均匀排列且与中脉夹角为锐角，三级脉平行贯穿（Jones，1986；Tanai，1995；Luo and Zhou，2002）。另外，叶化石具备的一些特征，如平直的中脉、半达缘脉序、单齿及流苏脉等常见于壳斗科栲属、石栎属和栎属的叶片中。而栲属具齿的种的叶片的二级脉多为浅波状或 Z 形，少数几个种具有平直或微向上弯曲的二级脉，如 *Castanopsis cerebrina*、*C. choboensis*、*C. clarkei*、*C. fissa* 及 *C. indica*。但 *C. choboensis*、*C. clarkei* 及 *C. indica* 的叶基偏斜，*C. fissa* 具有 20 对以上二级脉。而本书的叶化石的二级脉平直或微向上弯，叶基对称，二级脉对数小于 15 对。石栎属叶片大多全缘，中国有 4 种石栎叶缘具锯齿：*Lithocarpus carolinae*、*L. corneus*、*L. konishii* 和 *L. pachylepis*（Huang and Bruce，1999）。但 *L. corneus* 叶片凹凸不平，*L. corneus* 及 *L. pachylepis* 叶片二级脉对数多于 15 对，*L. konishii* 叶片具有钝齿，*L. carolinae* 及 *L. corneus* 的二级脉在近叶缘处向上急弯，而化石的叶片二级脉在近叶缘处向上弧曲。栎属栎亚属的叶片中脉多呈 Z 形弯曲，少数具有直的中脉的种的叶片二级脉多为浅波状或 Z 形（*Quercus lanata*、*Q. franchetii*、*Q. oblongata* 及 *Q. lodicosa*），并具备刺状齿尖 [subsection Campylolepides（Leng，1999），*Q. engleriana*，*Q. setulosa* 及 *Q. tarokoensis*]，修饰荨麻 III 形齿（齿尖矩形且延长）（subsection Diversipilosae）及截形基部（*Q. oxyphylla*）和本书的叶化石不同。在栎亚属中，*Q. engleriana* 和 *Q. lanata* 的叶形态结构（如直的二级脉，二级脉在中部分支且入齿）和本书的叶化石最接近。但 *Q. engleriana* 具刺状齿尖和本书的叶化石不同。因此，化石（平直并平行的二级脉，叶片对称）归属于栎属青冈亚属。

聚 类 分 析 显 示 ，西 藏 古 青 冈 与 *Quercus ciliaris*、*Q. delavayi*、*Q. gilva*、*Q. myrsinifolia*、*Q. schottkyana* 及 *Q. stewardiana* 最接近。由于化石保存状况的限制，不能提取更多的形态学信息（如角质层）用于比较，因此上述 6 个现生种都被认为是化石种的最近亲缘类群（图 5.6）。

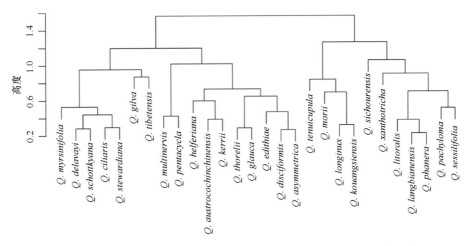

图 5.6　*Quercus tibetensis* Xu et al.，2016 和青冈亚属 27 个现生种聚类分析结果

在已报道的青冈亚属叶化石记录里，*Quercus* aff. *delavayi*（贾慧等，2009）和 *Q. praegilva*（周浙昆，2000）叶片比较细长，和本书的椭圆形叶化石不同。*Quercus* cf. *patelliformis*（温雯雯，2011）、*Q. praedelavayi*（Xing et al.，2012）、*Q. praegilva*（周浙昆，2000）和 *Q. tenuipilosa*（Hu et al.，2013）的二级脉沿中脉下延，而本书的叶化石的二级脉直接与中脉连接。*Quercus ezoana* 拥有小的细尖的齿，与本书的叶化石的锯齿不同（Tanai，1995）。因此，本书将化石种命名为 *Quercus tibetensis* Xu et al.，2016。

古环境意义：青冈亚属植物隶属于壳斗科栎属，生活在东亚热带及亚热带地区，是常绿阔叶林的重要组成部分（罗艳和周浙昆，2001）。青冈亚属现在分布区间的年均温在 7.4 ～ 23.8℃，年均降雨量在 627.0 ～ 2536.8 mm（表 5.2）。根据聚类分析确定西藏古青冈 *Quercus tibetensis* 的最近亲缘种分布区间的年均温在 7.9（*Quercus ciliaris*）～ 21.7℃（*Quercus myrsinifolia*），最暖月最高温在 18.2（*Quercus schottkyana*）～ 34℃（*Quercus gilva*），最冷月最低温在 –7.5（*Q. ciliaris*）～ 11.9℃（*Q. myrsinifolia*），年均降雨量在 733.0（*Q. ciliaris*）～ 2536.8 mm（*Quercus gilva*）。

西藏古青冈是青冈亚属在西藏高海拔地区的首个化石记录（表 5.3）。西藏古青冈的大量出现意味着青冈亚属在晚始新世时就已经在青藏高原东南部出现。西藏古青冈是卡均植物群中的优势种，是该植物群常绿阔叶植物的代表。

青冈亚属因其主要分布在热带、亚热带地区而成为良好的气候指示物种。发现西藏古青冈的地区没有现生青冈亚属植物的分布。青冈亚属大多数物种适应热带、亚热带气候。只有少数种，如 *Quercus glauca*、*Q. ciliaris*、*Q. myrsinifolia* 和 *Q.stewardiana*

表5.2 壳斗科各个属叶片形态特征比较

类群	齿形	单个二级脉对应齿的数目	叶对称情况	叶基性状	中脉类型	脉序类型	二级脉形状	流苏脉
Fagus	水青冈型齿①	全缘或单齿	对称	楔形或圆形	平直、波状弯曲或Z状弯曲	达缘或半达缘脉序	平直或波状弯曲	缺失
Quercus subgenus *Quercus*	腺齿、刺状齿修饰等麻 I 型齿②或单齿	单齿或重锯齿	对称	楔形、心形、圆形或截形	平直或Z状弯曲	达缘或半达缘脉序	平直或Z状弯曲	具备
Quercus subgenus *Cyclobalanopsis*	单齿	单齿偶尔双齿	对称	楔形、宽楔形	平直	半达缘、弧曲或弱环结脉序	平直偶尔Z状弯曲	具备
Castanea	修饰等麻 III 型齿 (U3)③	单齿偶尔双齿	对称	圆形、宽楔形或截形	平直	达缘脉序	平直	缺失
Castanopsis	单齿	单齿偶尔双齿	对称或不对称	楔形、圆形	平直或微曲	半达缘、环结脉序或花环状弧曲脉序	Z状弯曲偶尔平直	具备
Lithocarpus	全缘、粗锯齿或单齿	全缘或单齿	对称	楔形或楔尖形	平直或微曲	达缘或半达缘脉序	平直	具备

① 齿不对称，齿的中脉被高级脉环绕，且齿的中脉很少超出叶缘。近轴端的齿脉附近的叶脉明显 (Leng, 1999)。② 齿的中脉伸出齿尖，形成的锐突结构往往向叶尖弯曲 (Leng, 1999)。③ 齿尖薄且延长，有时向叶尖弯曲，齿尖内有叶脉 (Leng, 1999)。

表 5.3　西藏古青冈最近亲缘种的气候套封区间（物种分布数据来自 GBIF，www.gbif.org；使用 ArcGIS 软件获得气候数据）

项目	年均温（℃）	最暖月最高温（℃）	最冷月最低温（℃）	最暖季度均温（℃）	最冷季度均温（℃）	气温年均较差（℃）	年均降雨量（mm）	最暖季度降雨量（mm）	最冷季度降雨量（mm）
青冈亚属	7.4 ~ 23.8	16.3 ~ 40.7	(−7.8) ~ 12.8	10.8 ~ 31.7	(−2) ~ 17.2	8.8 ~ 36.7	627 ~ 2536.8	304.4 ~ 1664.3	12 ~ 555.8
西藏古青冈最近亲缘类群	7.9 ~ 21.7	18.2 ~ 34	(−7.5) ~ 11.9	14.1 ~ 28.4	(−2) ~ 15.3	18.1 ~ 34.3	733 ~ 2536.8	403.3 ~ 1157.5	12 ~ 454.8
Q. delavayi	10.8 ~ 16.7	21.3 ~ 31	(−3.8) ~ 2.8	16.5 ~ 25.3	4.2 ~ 9.6	22.5 ~ 28.2	892.5 ~ 1203.6	472.2 ~ 650.8	14 ~ 68.2
Q. gilva	13.7 ~ 17.9	29.2 ~ 34	(−2.5) ~ 3.7	23.6 ~ 28.4	4.2 ~ 8.7	26.6 ~ 33.1	1328.3 ~ 2536.8	435 ~ 939.8	107.5 ~ 454.8
Q. schottkyana	9 ~ 18.9	18.2 ~ 30.7	(−4.8) ~ 4.4	14.1 ~ 25.4	2.4 ~ 12	22.4 ~ 27.8	794.3 ~ 1333	417.5 ~ 716	12 ~ 62.8
Q. ciliaris	7.9 ~ 18.5	21.4 ~ 33.1	(−7.5) ~ 4.1	16.4 ~ 27.2	(−1.9) ~ 9.7	25.4 ~ 33.6	733 ~ 1980	410 ~ 732.8	13 ~ 234
Q. myrsinifolia	9.4 ~ 21.7	27.2 ~ 30.1	(−7.1) ~ 11.9	20.7 ~ 27.1	(−2) ~ 15.3	18.1 ~ 34.3	814 ~ 2247.3	403.3 ~ 1157.5	19 ~ 230.3
Q. stewardiana	7.9 ~ 17.5	19.8 ~ 29.3	(−5.5) ~ −2.4	15.8 ~ 26.5	(−1.3) ~ 7.8	22.2 ~ 30.5	1272.3 ~ 1960.3	534.3 ~ 744.8	48.3 ~ 224.5
芒康县卡均村	4.4	17.6	−11.8	11.5	−3.25	29.3	516.5	312.5	9.5

适应亚热带季风气候，分布在常绿落叶混交林中，但其分布区大多接近亚热带气候带南部边界。卡均村现在的年均温为 4.4 ℃，比西藏古青冈最近亲缘类群分布区间的年均温下限值还要低 3.5 ℃。对于最冷月均温而言，最近亲缘类群分布区间的下限值也要高出卡均村 4.3 ℃。此外，西藏古青冈最近亲缘类群分布区间的年均降雨量的下限值比化石点现今值还要高 216.5 mm。因此，青藏高原东南部的气候在晚始新世时应该比现在更加温暖、湿润，而且其海拔没有达到现在的高度。

蔷薇目 Rosales Bercht. and J. Presl，1820
胡颓子科 Elaeagnaceae Juss.，1789
胡颓子属 *Elaeagnus* L.，1753
西藏胡颓子 *Elaeagnus tibetensis* Su and Zhou，2014

标本号：KUN PC 2014001（图 5.7A 和图 5.7B），KUN PC 2014002（图 5.7C），KUN PC 2014003（图 5.7D）。

描述：叶矩圆至椭圆形，3.1～4.0 cm 长，0.9～1.2 cm 宽，长宽比为 3.4～4.4（图 5.7）。叶尖锐角形，叶基楔形、对称。全缘叶。叶柄短，4.5～6.5 mm 长，0.4～0.6 mm 宽（图 5.7）。中脉直，二级脉为弧曲脉序，与中脉之间呈 35°～45° 夹角（图 5.8A 和图 5.8B）。具有间二级脉且与二级脉平行。三级脉与二级脉垂直，交互贯穿。四级脉形成不规则的网眼（图 5.8C）。游离末端单次分支。放射状的鳞片随机且密布于叶片上（图 5.8D）。放射状的鳞片直径为 200 μm，鳞片中部的圆形结构的直径为

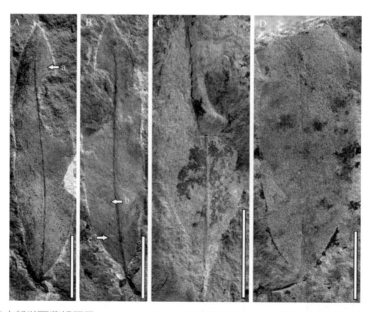

图 5.7　芒康晚中新世西藏胡颓子 *Elaeagnus tibetensis* 叶化石。叶（A～D），比例尺为 1 cm。A 区为图 5.8 D；B 区为图 5.8A ～图 5.8C；C 区为图 5.8E 和图 5.8F

100 ～ 130 μm。100 μm 长的线状的脊自鳞片中部发出，到达鳞片的边缘（图 5.8E 和图 5.8F）。

形态学比较：卡均植物群中的这些化石叶片表面随机密布着明显且大小不等的星状鳞片（图 5.7 和图 5.8）。这些鳞片为准确将化石鉴定为胡颓子科提供了重要的形态学依据（Qin and Michael，2007）。尽管超过 20 个双子叶植物科的叶片表面都具有鳞片结构，基于狭长至椭圆形的全缘叶、叶尖和叶基尖，卡均植物群的化石叶片有别于大多数科（Metcalfe and Chalk，1957）。

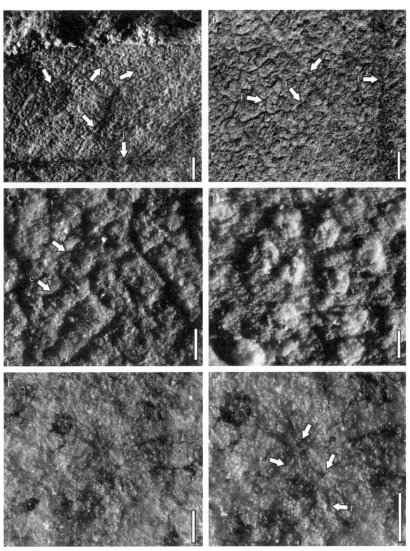

图 5.8　西藏胡颓子形态特征放大

比例尺：A 和 B = 1 mm；C ～ F = 100 μm。

A 和 B. 叶脉结构；C. 网孔和末端盲脉；D. 鳞片中央；E 和 F. 辐射状鳞片印痕。

1= 中脉；2= 二级脉；3= 三级脉；4= 四级脉；c= 鳞片中央；e= 末端盲脉；r= 鳞片上的脊

在叶片表面具有鳞片的科中，胡颓子科及杜鹃花属在叶形、叶片大小和叶脉结构上与卡均植物群的叶片化石相似度最大。尽管胡颓子科和杜鹃花属的叶片鳞片都具有凸起的放射状细胞，杜鹃花属的鳞片中心膨大，放射状细胞始于中心边缘（Wang et al.，2007）。胡颓子科胡颓子属叶片鳞片的脊始于鳞片中央，这一特征也能在卡均植物群的叶片化石中观察到；此外，也并不具有杜鹃花属中鳞片中央加厚这一特征（图5.9）。除了上述特征，卡均植物群的叶片化石鳞片密集、具有细长或椭圆的叶形、羽状脉，以及环节型二级脉表明，这些化石与胡颓子科的叶片形态特征完全吻合。

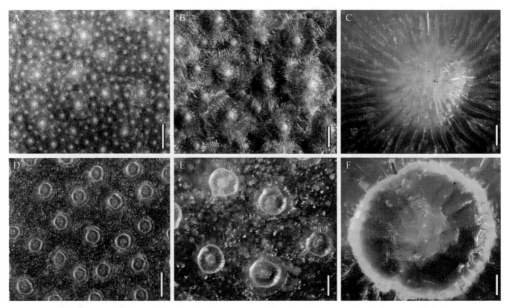

图 5.9　荧光显微镜下的现生种 *Elaeagnus umbellata* 和杜鹃花属 *Rhododendron* "PJM"
（*R. carolinianum* × *R. dauricum* var. *sempervirens*）叶片鳞片形态
比例尺：A 和 D = 200 μm；B 和 E = 100 μm；C 和 F = 20 μm

胡颓子科的 3 个属（胡颓子属 *Elaeagnus*、沙棘属 *Hippophae* 和水牛果属 *Shepherdia*）的叶片均具有鳞片，这些鳞片由两部分组成：星状中心和流苏状边缘。脊由中央辐射状延伸形成流苏状边缘。鳞片边缘通常透明、较薄（图 5.10）。在不放大的情况下，通常只能观察到这些鳞片的中央位置。

依据叶形特征，本书的化石有别于沙棘属和水牛果属，而与胡颓子属的形态更接近。沙棘属的所有现生种具有线性叶（Qin and Michael，2007），因此，其叶形长宽比明显大于卡均植物群的化石。对于水牛果属的 3 个现生种而言，其叶形为明显的卵形或椭圆形，这与我们的化石和胡颓子属现生种叶形存在区别。因此，我们的化石具有与胡颓子属现生种相同的叶片形态、叶脉结构和类似的鳞片。

通过比较胡颓子属 31 个现生种的叶片表面特征，我们发现星状鳞片普遍存在，直径为 100 ~ 400 μm。大多数物种，如 *E. bockii*、*E. loureiroi*、*E. luxiensis*、*E. tonkinensis*、*E. umbellata* 和 *E. sarmentosa*，不具有表皮毛。而其他一些现生种，如 *E.*

coutoisii，其星状鳞片的中心具有一束直立而长的毛（图 5.10）。

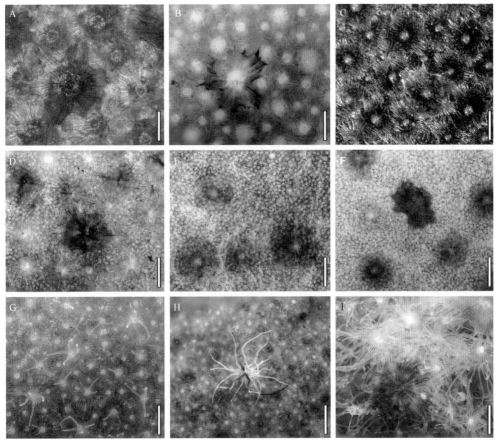

图 5.10 胡颓子科现生种鳞片形态

A～G. 胡颓子属鳞片形态：I 型，鳞片无毛（A～F），A. *E. bockii*；B. *E. lanceolata*；C. *E. tonkinensis*；D. *E. luxiensis*；
E. *E. loureiroi*；F. *E. sarmentosa*。II 型，鳞片具有直立的表皮毛，G. *E. courtoisii*.
沙棘属（H）和水牛果属（I）鳞片。H. *H. rhamnoides*；I. *S. canadensis*。比例尺 = 200 μm

  胡颓子属同一种的叶片表面（特别是叶片正面）鳞片密度变异较大，这主要是因为叶片成熟后，鳞片在叶片正面易于脱落。胡颓子属大多数为现生物种，如 *E. angustifolia*、*E. conferta*、*E. heryi* 和 *E. umbellata*，叶背密被鳞片，而其他一些种，如 *E. loureiroi* 和 *E. sarmentosa*，叶片背面的鳞片相对稀疏。

  与所有调查的现生种比较后发现，我们发现的化石与 *E. conferta*、*E. difficilis*、*E. luxiensis* 和 *E. umbellata* 相似度最高。除 *E. umbellata* 以外，剩余化石叶片明显小于其他现生种。*E. umbellata* 广泛分布于东亚亚热带和温带地区，在北美洲逸生。化石与 *E. umbellata* 无论是叶片形态还是鳞片大小都极为相似，不同之处在于 *E. umbellata* 的鳞片具有更多的脊（图 5.11）。另一个区别在于，叶片化石的鳞片比 *E. umbellata* 大 20～50 μm。由于我们发现的化石缺少其他植物器官保存，因此不能和现生种进行更进一步

图 5.11　胡颓子属现生种牛奶子 *Elaeagnus umbellata*

比例尺：C 为 1 cm；D 为 1 mm；E 为 100 μm，F 为 200 μm。F 为鳞片在生石灰上的印痕，示脊的数量明显减少

的比较，将其定为西藏胡颓子 *E.tibetensis* Su and Zhou，2014。

　　胡颓子科大化石记录很少，目前仅另一个化石种 *Shepherdia weaveri* 被报道于美国蒙大拿州下渐新统（Becker，1960）和阿拉斯加中新统（Hollick，1936）。Becker（1960）提到了化石具有二级环节脉，他同时提到叶片表面具有很多细小的圆点。本研究发现这些所谓的小圆点正是鳞片印痕。这一形态结构及卵圆形叶片在现生水牛果属中也存在，如 *S. canadensis*。

生物地理学意义：尽管胡颓子科的化石记录稀少，我们仍然可以基于已有记录大致推测其分布历史。蔷薇目被认为起源于晚白垩世（Friis et al.，2011；Soltis et al.，2011），而发现于芒康县卡均村的晚始新世西藏胡颓子成了胡颓子科最早的化石记录。现有的化石证据表明，胡颓子科不晚于晚始新世在劳亚大陆起源，这明显要早于分子生物学推测的该科起源时间为 30 ～ 10 Ma（Bell et al.，2010）。

产自青藏高原的西藏胡颓子是目前已知的最早的胡颓子科化石记录，同时青藏高原东南缘也是胡颓子科的现代多样性分布中心。这意味着青藏高原可能是一些植物类群的早期起源与分化中心。对于北美洲而言，水牛果属是其唯一分布区，胡颓子属只有一个现生种自然分布在北美洲，即 *E. commutata*。从化石和现代分布区来看，胡颓子科可能通过白令陆桥得以在亚洲和北美洲之间迁移。

青藏高原东南缘是包括胡颓子科在内的众多植物类群的现代多样性中心，这与青藏高原剧烈的地质运动有直接联系。青藏高原的地质运动塑造了复杂的地形地貌和多样的气候类型（王宇，2006），为物种分化创造了多样的环境（Favre et al.，2014）。另外，由于胡颓子属和沙棘属生长在不同的环境中，具有截然不同的生态位，这也可能促进了类群的进一步分化。大多数沙棘属植物在青藏高原的海拔分布范围为 3000 ～ 5000 m，而胡颓子属在青藏高原分布的海拔低于 3200 m（Qin and Michael，2007）。Jia 等（2011，2012）研究了 *H. tibetana* 和 *H. rhamnoides* 的系统发育过程，得出青藏高原可能是这两个种的起源地。胡颓子属可能也经历了类似的演化过程，进而扩散到了其他地区。同时，由于胡颓子属果实鲜艳可食用，鸟类可能成为其扩散的重要载体（Shafroth et al.，1995）。

由于喜马拉雅山脉在中新世的强烈抬升，亚洲的季风气候增强，主要体现在干湿季节降雨量的差异增大（An et al.，2001；Liu and Yin，2002；Sun and Wang，2005；Su et al.，2013a）。许多胡颓子科植物耐寒，这可能与叶片表面的鳞片阻挡水分蒸腾有关（Bosabalidis and Kofidis，2002）。有趣的是，大多数胡颓子科植物的嫩叶两面密被鳞片，而叶片正面的鳞片在叶片成熟后易于脱落。这种现象或许能够减少幼叶在初春时期的水分散失，从而得以在冬春季的干旱环境中存活。这与其他一些植物类群的经历截然相反，如雪松属，因为不适应季节性干旱而在青藏高原东南部消失（Su et al.，2013b）。

桃金娘目 Myrtales Juss. ex Bercht. and J. Presl，1820
千屈菜科 Lythraceae J. St.-Hil.，1805
半菱角属 *Hemitrapa* Miki，1941
高山半菱角 *Hemitrapa alpina* Su and Zhou，2018

标本号：KUNPC XZKJ4-0001-0007（图 5.12）。

存放地点：中国科学院昆明植物研究所标本馆（KUN）。

描述：果实形态为细长形或纺锤形，长 17 ～ 25 mm，宽 7 ～ 11 mm（图 5.12）。

果实最宽处位于基部端 1/4 ～ 3/4 处。果实两端渐窄（图 5.12）。果实顶端分界不明显，果实顶端和颈部沿着纵轴方向具有平行排列的脊（图 5.12D 和图 5.12E）。在一些果实化石顶端可见延长的毛状结构。果实表面具有一些径向均匀排列的脊。果实基部为圆形，无柄（图 5.12）。两对细长的刺角长 8 ～ 15 cm，在果实基部相连，朝向果实顶端（图 5.12B）。一对刺角通常短于另一对。刺角与果实之间的夹角为 30° ～ 55°，向顶端逐渐变小（图 5.12B）。在大多数标本中，仅有一对刺角可见，可能是因为刺角在埋藏的过程中极易折断。与果实化石同层位的花粉形态描述：*Sporotrapoides* 这一以前命名为菱角型花粉的类型被发现于果实化石同层（图 5.13A ～图 5.13D）。花粉具有 3 个明显的花粉端，花粉外形钝尖。花粉粒长约 28 μm，宽约 25 μm，赤道面观为斜方形，三角形钝尖；极面观为凹凸形。花粉粒具有 3 个凸出的花粉孔（图 5.13A）。花粉表面略有瘤状凸起。总体上讲，这些花粉粒和菱角属的形态极为相似，但是其大小明显要小于菱角属花粉（图 5.13E ～图 5.13H）。

形态学比较：产自青藏高原东南部芒康县的这批果实化石形态比较特殊，如着生在果实基部的两对刺角着生于果实基部，果实表面具有纵向的脊（图 5.12）。所有这些特征都表明其与菱角属具有相似的形态（Graham and Graham，2014）。

许多半菱角属果实化石在北半球中纬度地区的始新统至中新统地层中被发现（Graham，2013）。总体来讲，半菱角属具有两种形态的刺角：一种为具有一对刺角，如 *H. borealis* 和 *H. praeconocarpa*；另一种为具有两对刺角，如 *H. heissigi* 和 *H.*

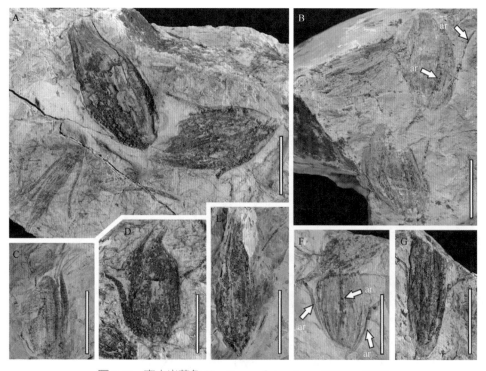

图 5.12　高山半菱角 *Hemitrapa alpina* Su and Zhou，2018
标本号：A ～ G. KUNPC XZKJ4-0001-0007；ar= 刺角臂；比例尺 =1 cm

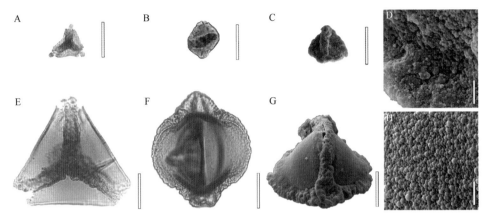

图 5.13 与高山半菱角同层位的 *Sporotrapoides* sp.

其孢粉（A ～ D）和现生种 *Trapa bicornis* var. *cochinchinensis* 孢粉形态比较（E ～ H）。

比例尺：A ～ C 和 E ～ G = 25 μm；D 和 H = 2 μm

shanwangensis（Wang，2012a）。与此同时，也可将刺角的着生位置分为两类，包括中部型，如 *H. trapelloidea*，以及基部型，如 *H. pomelii*（Wang，2012a）。产于芒康县的果实化石具有两对刺角，其中一对明显长于另一对（图 5.12）。同时，一些保存状况较好的果实化石形态表明，刺角着生于果实的基部，一个尚未成熟的果实化石清晰地展示了这一特征（图 5.12A）。因此，芒康县的果实化石刺角着生的位置相对稳定。细长形和纺锤形果实同时存在于芒康县的果实化石中，一个幼体化石和一些其他化石具有细长的形态，明显小于其他纺锤形果实。因此可以推测，细长形果实通常尚未成熟，而纺锤形果实一般已成熟（图 5.12A）。

产自芒康县的果实化石明显有别于以前发表的半菱角属果实化石。例如，芒康县的果实化石刺角顶端不具有倒钩，半菱角属其他一些化石种则具有倒钩，如 *H. heissigii*、*H. teumeri* 和 *H. trapelloidea*。芒康县的果实化石中，刺角着生于果实基部（图 5.12），这一形态也存在于 *H. pomeli* 和 *H.* cf. *pomelii* 中。但是芒康县的成熟果实化石为纺锤形，上述两种果实为卵圆形。除此之外，芒康的果实化石不具有果柄，而之前发表的化石种或多或少具有果柄（Wang，2012a）。这可能是因为在埋藏过程中，果实从果柄处脱落。根据芒康化石和其他已发表的化石种的明显形态差异，将其定为高山半菱角 *H. alpina* Su and Zhou，2018。

在高山半菱角同层位的基岩中，我们发现了大量和 *Sporotrapoides erdtmanii* 形态相近的花粉。这些花粉具有菱角属特有的一些花粉形态，如 3 个明显的花粉端和薄的花粉囊壁（Mohr and Gee，1990）。但是产于芒康的花粉大小明显小于菱角属（图 5.13）。在世界其他一些产半菱角属果实的化石点，*Sporotrapoides* 属花粉通常也同时被发现（Mohr and Gee，1990；Wang，2012a；Graham，2013）。因此，进一步支持了产于芒康县的果实和花粉属于同一个物种（Mohr and Gee，1990）。

形态性状演化：半菱角属的果实从晚古新世到早上新世呈现了丰富的形态类型。化石记录表明，一些形态特征早在晚古新世就已经出现并持续到了晚中新世，如两个刺角，刺角始于果实中部，刺角顶部没有倒钩。而一些形态特征出现的时间更晚，如多数刺角，刺角顶部具有倒钩。在所有形态特征中，仅长果柄（> 2 mm）在整个半菱角属出现的地质时期存在。但是就目前而言，仅有的这些可观察的形态特征还不足以探讨该属的性状演变过程。

半菱角属和菱角属具有一定的形态相似性，但是两属间形态差异的进化学意义尚不清楚。就花粉形态而言，半菱角属的花粉明显更小，可能有利于风媒传粉。与此同时，半菱角属果实顶部的附属毛比菱角属更长，如果这一结构在它们的花中存在，则更有利于捕捉空气中的花粉。因此，半菱角属可能属于风媒传粉，而菱角属的传粉方式更多样（Wang and Chen，1996）。

生物地理学意义：产自青藏高原东南部的高山半菱角 *H. alpina* 是该属化石在亚洲最早的化石记录。这一发现表明半菱角属在青藏高原的分布时间远远早于其在北半球许多其他地区。同时，高山半菱角是目前世界已知该属最南端的化石记录，为该属在古近纪的分布状况提供了重要的化石证据。已有化石记录说明半菱角属已经在渐新世广泛分布于欧亚大陆。

千屈菜科具有很长的化石记录历史，最早的该科化石可以追溯到晚白垩世（Taylor et al.，2008）。对于半菱角属而言，其最早的化石记录产自加拿大 Alberta 和 Saskatchewan 地区的上古新统（Graham，2013）。而菱角属直到早中新世才在北半球首次出现（Graham，2013）。尽管菱角属与半菱角属在果实形态上存在差异，但是一些化石兼有两个属的形态特征，因此很难划分为其中一个属（Budantsev，1960；Graham，2013）。这种形态特征的相似性说明了它们具有明显的亲缘关系，菱角属极有可能起源于半菱角属（Miki，1959；Mohr and Gee，1990）。

在卡均植物群同一套地层中也发现了一些其他植物类群，如西藏胡颓子、西藏古青冈等，说明在古近纪青藏高原东南部的植物多样性远远高于现代。与西藏相邻的云南具有众多新生代化石植物群（陶君容等，2000；Huang et al.，2016b），但是目前仅发现了菱角属化石（Huang et al.，2016b）。今后有可能在云南古近纪地层中发现半菱角属化石，因为青藏高原羌塘地块和拉萨地块的水系早在始新世就与云南西北部相连（Yan et al.，2012），作为水生植物的半菱角属极有可能通过这些水系扩散到其他邻近的地区。

结论：通过此次综合科学考察，对青藏高原东南部芒康县拉屋拉组卡均植物群开展了深入的采集和研究，取得的阶段性成果主要如下。

1）利用 $^{40}Ar/^{39}Ar$ 法测年，确定植物群可靠的绝对地质年龄为：下层和上层植物化石层位分别是 34.6± 0.8 Ma 和 33.4 ± 0.5 Ma，据此确定拉屋拉组时代为晚始新世到早渐新世，更正了以往认为这套地层的地质时代为晚中新世的观点；

2）通过逐层采集获得了 2000 余件保存精美的植物化石标本，对若干重要类群进行了深入的形态学研究并与现生植物进行对比，确定了其分类学位置；

3）卡均植物群的基本面貌表明，青藏高原东南部植物多样性的现代化至少在晚始新世就已经出现；

4）卡均植物群下层组合（MK3）大多数类群在现在的化石产地已不复存在，其现代分布海拔明显低于化石产地，意味着晚始新世以来，青藏高原东南部经历了明显的抬升过程。

5.2　毛蕨类

　　青藏高原的抬升极大地改变了该地区的地形地貌和气候，相应地影响了很多植物在该地区的分布。那些对环境因子的需求与青藏高原现在的生态环境不一样的植物类群，它们的分布变化对青藏高原环境变化的响应尤其显著。其中，金星蕨科（Thelypteridaceae）小毛蕨属（*Christella*）就是一个典型的例子，现代小毛蕨属主要分布在泛热带的低海拔地区，温暖湿润的环境中。所以，小毛蕨属化石无疑是认识和探讨青藏高原古环境演化的一个直接证据。在江河湖源区新生代古生物考察中，我们从中国西南地区的西藏南部柳乡上古新统地层中采集到了保存完好的蕨类化石。通过化石形态对比，发现其符合小毛蕨属的关键特征。陶君容首次报道了采自同一地层的毛蕨属化石记录，并将其命名为显脉毛蕨（*Cyclosorus nervosus*），基于形态对比并依据最新的金星蕨科毛蕨属和小毛蕨属的界定，本书将此次发现的化石和显脉毛蕨归属为同一个化石种，并命名为显脉小毛蕨（*Christella nervosa* (Tao) Xu et al.）。在此基础上，本书还在小毛蕨属内选取 14 个种，做了进一步的形态比较，将蝶状小毛蕨（*Christella papilio*）定为现代最近相似种，蝶状小毛蕨主要分布在海拔 600 ～ 1300 m 的温暖湿润的阔叶林林中。因此，该化石的发现表明：藏南地区柳区地块在晚古新世（约 56 Ma）的时候还没有到达现在的海拔，当时的柳区地区处于温暖湿润的环境中，这也为柳区地区已有的古海拔重建的结果（约 56 Ma，约 1000 m）提供了化石证据。显然，随着青藏高原的抬升，柳区地区变冷变干的气候演化趋势是造成小毛蕨属从藏南地区灭绝的主要驱动因子。此外，小毛蕨属化石的发现还为理解中国西南地区蕨类分布范围对古环境古气候演化的响应提供了直接的例证。

　　绪论：青藏高原被称为"世界的第三极"，在地质历史时期经历了复杂的大规模的环境变化（An et al.，2001；Wang et al.，2008a；Spicer，2017），这一系列地质运动和地貌演化引发并形成了青藏高原及周边地区的气候格局，如以季节性降雨为典型特征的中国西南地区的季风气候的演化（Jacques et al.，2011；Xing et al.，2012；Su et al.，2013）。这些地貌和气候的变化无疑影响着植物的分布和演化，可能促进植物多样性演化，也可能引起植物在该地区的灭绝（Huang et al.，2016b）。例如，受古海拔和古气候变化的影响，西藏东面的西藏栎 *Quercus tibetensis* 灭绝了（Xu et al.，2016），而青藏高原东南缘高山栎组 *Quercus* sect. *Heterobalanus* 却发生了多样性分化（Meng et al.，2017）。然而，很多非种子植物，如蕨类植物，在青藏高原地区的演化历史尚不清楚。与此同时，由于蕨类植物普遍生长在温暖潮湿的环境中，因此被看作反映与水分相关的环境因子演化的指示植物类群（Hoffmann，1998；Thuiller et al.，2008；Kolk et al.，2017）。因此，我们将基于青藏高原蕨类化石证据，通过蕨类分布对古环境演化的响应，揭示青藏高原的环境变化和古生态学意义。

蕨类植物是维管植物中的第二大支系，地球上现存约 10 000 个种。金星蕨科（Thelypteridaceae）下属 2 个亚科，30 个属，约 1034 个种（PPGI，2016），广泛分布在全世界的亚热带和热带地区。其中，约有 18 个属，365 个种的分布中心在中国（Lin et al.，2013）。现代蕨类多样性很高，金星蕨科在属级分类上一直存在争议（Holttum，1976；Pichi Sermolli，1977；Ching，1978；Smith，1990；Smith et al.，2006；He and Zhang，2012；Christenhusz and Chase，2014；Almeida et al.，2016）。其中，小毛蕨属（*Christella*）被认为是金星蕨科属级分类较为复杂的一个属（He and Zhang，2012）。小毛蕨属最初由 Holttum（1976）定义，之后基于分子生物学的证据被多次修订（He and Zhang，2012；Almeida et al.，2016；PPGI，2016）。PPGI（2016）对蕨类分类进行了全面的修订，本书也将基于这一最新的分类系统展开讨论。小毛蕨属包含 70 个种，它的鉴定性特征主要是：anastomosing goniopteroid 型叶脉特征（Holttum，1976）。小毛蕨属主要分布在热带和亚热带地区，生境类型主要是温暖湿润的密林 - 半开放森林（Mabberley，1997；He and Zhang，2012；Lin et al.，2013）。

中国西南地区不仅是现代小毛蕨属的分布中心，也是新生代蕨类化石的热点区域。例如，槲蕨属 *Drynaria*（Su et al.，2011；Huang et al.，2016a）、毛蕨属 *Cyclosorus*（Naugolnykh et al.，2016）、盾蕨属 *Neolepisorus*（Xie et al.，2016）和棱脉蕨属 *Goniophlebium*（Xu et al.，2017）。但是，相比于现代蕨类的多样性，蕨类化石记录还远远不够，需要不断地发现和补充，因为化石记录能够帮助我们更好地了解蕨类多样性演化历史，以及蕨类分布对古环境演化的响应。

基于上述背景，本次研究的科学目的有 3 个：①描述并报道采自藏南柳乡柳区组的小毛蕨属化石，并通过属内形态比较进一步确定化石种的最近相似种；②基于最近相似种的现代海拔分布范围，为前人对西藏柳区在晚古新世的古海拔重建结果（约 1100m）提供了化石证据；③探讨小毛蕨属化石的古生态学意义和蕨类分布变化对青藏高原古环境演化的响应。

地质背景与地层：化石标本采自西藏柳乡的一套厚砾岩沉积，位于雅鲁藏布缝合带南侧（29°9′N，88°6′E，4160 m a.s.l.）。化石层位属于柳区组，与来自印度—雅鲁藏布缝合线的蛇绿岩层位和来自特提斯—喜马拉雅序列的沉积岩不整合相嵌（Yin et al.，2006）。该化石点地层主要由磨拉石、红色砂岩混灰绿色泥岩、偏红色砂质第四纪沉积组成（Li et al.，2015）。小毛蕨化石标本采自柳区组上部，灰黑色硬质泥岩的层位。已有研究把大化石证据和 U-Pb 法定年相结合，将柳区组的地质年代定为晚古新世（约 56 Ma；Fang et al.，2006；Ding et al.，2017）。再从化石群的整体面貌分析，柳区组的化石成分主要是热带和亚热带森林植被（Tao et al.，1988；Fang et al.，2006）。

化石形态观察：使用尼康 D700 相机拍摄化石叶片形态。用 Leica S8APO 立体显微镜（Leica Corporation，Wetzlar，德国）和智能数码显微镜（ZEISS Smart Zoom 5，德国）观察并详细拍摄细节形态特征。使用游标卡尺和 ImageJ 软件（版本 1.44p）进行数量性状的测量。此次的化石标本没有可采集的角质层和原位孢子保存下来。

我们主要依托中国科学院西双版纳热带植物园（HITBC）的植物标本馆及两个数

据库——JSTOR 的全球植物（http：//plants.jstor.org/）和中国数字植物标本馆（CVH；http://www.cvh.ac.cn/），与现存的蕨类植物标本进行形态比较和描述。通过全球生物多样性信息网站（GBIF，www.gbif.org）获取小毛蕨属现生种的空间分布数据。

水龙骨目 Polypodiales Link，1833
金星蕨科 Thelypteridaceae Ching ex Pic. Serm.，1970
小毛蕨属 *Christella* H.Lév.，1915
显脉小毛蕨 *Christella nervosa*（Tao）Xu et al.，2018

1988 *Cyclosorus nervosus* J. R. Tao，p. 228；pl. I：1 ～ 2。

化石标本：KUNPC XZLZLX3-0001（图 5.14A 和图 5.14C），KUNPC XZLZLX3-0002（图 5.14B 和图 5.14D），KUNPC XZLZLX3-0003（图 5.14E），KUNPC XZLZLX3-0004，KUNPC XZLZLX3-0005，KUNPC XZLZLX3-0006，KUNPC XZLZLX3-0007。

化石保存地：中国科学院昆明植物研究所标本馆（KUN）。

化石特征描述：保存的叶片为一回羽状复叶，羽片互生（图 5.15A 和图 5.15C），至少三对以上羽片沿着叶轴着生，侧生羽片和叶轴之间的夹角为 60°～ 90°。羽片披针形，长 8.0 ～ 15.0 cm，宽约 2.0 cm，每个羽片至少有 20 对侧生裂片交互着生（图 5.14A 和图 5.14C），侧生羽片 1/2 或少于 1/2 羽裂。裂片呈卵圆形、长圆形或者披针形，裂片顶部渐狭或钝尖，近全缘（图 5.14 和图 5.16），裂片中脉较粗，直达裂片顶部。裂片的叶脉形态：裂片的每一条侧脉都不分叉。上部 4 ～ 7 对侧脉向上弯曲至裂片顶端；下部 6 ～ 8 对相邻裂片的侧脉两两相向相交在裂片的交联处；相邻裂片基部的一对侧脉顶端彼此交结，和羽片中脉形成三角形网眼，并自交结点延伸出一条外行小脉到达缺刻，偶有下沿至三角形网眼（图 5.14E）。两列近圆形中等大小的孢子囊着生于裂片侧脉的中部，每个裂片大约有 9 对孢子囊（图 5.14F 和图 5.16B）。

属一级的界定——化石标本鉴定为小毛蕨属：化石为一回羽状复叶，羽片为披针形，顶端渐尖，无柄或有极短柄；侧生羽片 1/2 或少于 1/2 羽裂；裂片多数呈篦齿状排列，呈卵圆形、长圆形或者披针形，裂片顶部渐狭或钝尖，近全缘。裂片中脉较粗，直达裂片顶部，裂片的叶脉形态：上部裂片的每一条侧脉单一，斜上或微向上弯；下部相邻裂片的侧脉两两相向相交在裂片的交联处，偶形成近似斜方形网眼；以羽轴为底边，相邻裂片基部的一对侧脉顶端彼此交结，形成三角形网眼，并自交结点延伸出一条外行小脉到达缺刻，偶有下沿至三角形网眼（图 5.14 和图 5.16A）。这些特征符合金星蕨科的形态特征（Ching，1978；Lin et al.，2013）。

金星蕨科 Thelypteridaceae 分为 2 个亚科：卵果蕨亚科 Phegopteridoideae 金星蕨亚科 Thelypteridoideae。卵果蕨亚科包括 3 个属：针毛蕨属 *Macrothelypteris*、卵果蕨属 *Phegopteris*、紫柄蕨属 *Pseudophegopteris*，单一的侧脉不到达裂片边缘，这一特征出现在卵果蕨亚科口，这和化石叶脉特征明显不符。结合形态特征及 He 和 Zhang（2012）的分子系统学的研究结果，选取金星蕨亚科中的 6 个属进行对比，包括小毛蕨属

图 5.14 显脉小毛蕨化石图版（*Christella nervosa*（Tao）Xu et al.，2018）

A：KUNPC XZLZLX3-0001，比例尺 = 50 mm；B：KUNPC XZLZLX3-0002，比例尺 = 50 mm；C：羽片互生的细节图，
来自标本 KUNPC XZLZLX3-0001，比例尺 = 10 mm；D：裂片排列规律的细节图，来自标本 KUNPC XZLZLX3-0002，比
例尺 = 10 mm；E：侧脉形态及三角形网眼，来自标本 KUNPC XZLZLX3-0003，比例尺 = 2 mm；F：原位孢子囊着生在
侧脉的中部，来自标本 KUNPC XZLZLX3-0002，比例尺 = 2 mm。

alt = alternate pinnae 羽片互生；sori = *in situ* sori 原位孢子；tri = triangle areolae 三角形网眼

Christella、钩毛蕨属 *Cyclogramma*、毛蕨属 *Cyclosorus*、假鳞毛蕨属 *Oreopteris*、溪边
蕨属 *Stegnogramma* 和沼泽蕨属 *Thelypteris*。假鳞毛蕨属和沼泽蕨属符合仅单一自由
的侧脉延伸到裂片边缘的叶脉模式。在剩余的 4 个属中，我们依据孢子囊的形态和裂

图 5.15　小毛蕨属现生种的叶片形态和生境

A. 以华南小毛蕨 *Christella parasiticus* 为例，展示叶片整体形态（标本号：BR0000013072322），比例尺 = 100 mm；B. 以华南小毛蕨为例，展示孢子叶孢子囊的排列着生方式，比例尺 = 10 mm；C. 以渐尖小毛蕨 *Christella acuminatus* 标本营养叶为例，展示叶脉形态及三角形网眼，比例尺 = 10 mm；D. 以华南毛蕨 *Cyclosorus parasiticus* 为例，展示毛蕨属的生境特征，照片拍自云南西双版纳

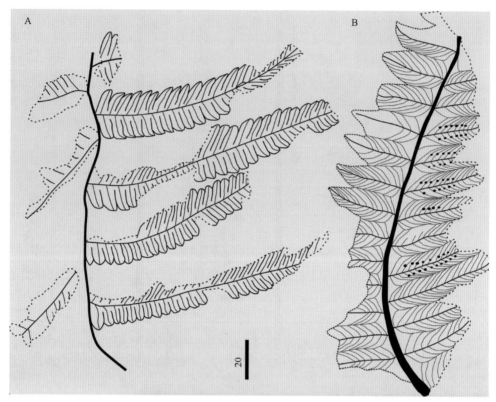

图 5.16　显脉小毛蕨 *Christella nervosa*（Tao）Xu et al.，2018 化石标本的线条图

A. 羽片线条图展示羽片的基本形态，来自标本 KUNPC XZLZLX3-0001，比例尺 = 20 mm；B. 展示裂片中侧脉形态和孢子囊着生方式的细节图，来自标本 KUNPC XZLZLX3-0002，比例尺 = 20 mm

片形态进一步鉴定。化石中的孢子囊是中等大小的近圆形，着生于侧脉中部的位置，而溪边蕨属的孢子囊形态呈线形着生于侧脉上，与当前化石差异较大，不能将化石归为溪边蕨属；化石种的裂片为 1/2 或少于 1/2 羽裂，裂片顶端渐圆或钝尖，但是钩毛蕨属 *Cyclogramma* 的裂片深裂，裂片顶端平截，也不能将化石归入钩毛蕨属（Lin et al.，2013；He and Zhang，2012）。而原来归属于毛蕨属的很多种在最新的分类系统中已经划归小毛蕨属，毛蕨属仅包含 2 个种：*Cyclosorus gongylodes* 和 *Cyclosorus interruptus*，它们的叶脉形态均属于 meniscioid venation，即单一叶脉直达裂片边缘，羽片深裂。根据上述对比，综合化石标本上的叶脉分布模式、羽裂程度、裂片形态、孢子囊形态及着生位置，我们将当前化石归为小毛蕨属。

　　化石与小毛蕨属内的形态比较：基于羽片形态、羽片的长 / 宽、裂片形态、裂片的数量、羽裂深浅、叶脉形态及孢子囊形态等可从化石上观察到性状，在小毛蕨属内，有 5 个种和化石具有相近的形态特征，它们是秦氏小毛蕨 *Christella Chingii*、溪边小毛蕨 *Christella ciliata*、异果小毛蕨 *Christella heterocarpa*、毛囊小毛蕨 *Christella hirtisora*、蝶状小毛蕨 *Christella papilio*。

　　经过详细对比发现，秦氏小毛蕨裂片的中脉顶端发生分叉，孢子囊虽然是中等大小圆形，但着生在基部侧脉的顶端和羽裂的缺刻处。溪边小毛蕨裂片为披针或者镰刀状，裂片顶端为平截，但是化石裂片呈近椭圆形，裂片顶端为钝形或渐尖。异果小毛蕨的孢子囊着生、羽片形态、裂片顶端形态、叶脉模式和化石形态都非常接近，但是异果毛蕨裂片数量较多，约 30 对，且裂片深裂至 2/3，当前化石的裂片数量约 20 对，裂片浅裂。毛囊小毛蕨有近 45 对裂片，裂片中脉顶端分叉，裂片近三角形。蝶状小毛蕨孢子囊着生方式和形态、裂片羽裂程度、羽片的大小和数量与化石相近，但是蝶状毛蕨中，羽片基部的裂片伸长，向上逐渐缩短呈蝶形，由于化石的保存程度不佳，我们未能观察化石种中羽片的这一形态特征（Lin et al.，2013；图 5.14 和图 5.16）。综上所述，本书将蝶状小毛蕨定为化石的最近相似种。

Tao（1988）首次报道了采自柳区组的毛蕨化石 *Cyclosorus nervosus*，虽然未对其做详细的形态描述，但是与本研究中的化石出自同一地层，且形态相似。所以将本研究中的化石与其归为同一化石种，并依据 PPGI 最新的分类系统将二者组合，将化石命名为显脉小毛蕨 *Christella nervosa* (Tao) Xu et al.，2018。

古环境意义：小毛蕨属主要分布在低海拔的热带和亚热带地区的密林或半开放温暖湿润的森林中。所以，小毛蕨属化石的发现表明晚古新世的藏南地区很可能是温暖湿润的环境。在小毛蕨属化石保存的层位中，还有很多阔叶成分，如野桐属 *Mallotus*、榕属 *Ficus*、蒲葵属 *Livistona* 和木兰属 *Magnolia*。这样的植物群面貌进一步揭示了藏南地区在晚古新世时期是热带 - 亚热带的植被面貌（Tao，1988；Fang et al.，2006）。研究表明当前化石的最近相似种蝶状小毛蕨的海拔分布范围为 600 ~ 1300 m（Lin et al.，2013），这与前人重建的藏南柳区晚古新世古海拔约 1100 m 的结果基本一致（Ding et al.，2017）。

印度板块和欧亚板块碰撞引发了青藏高原不同阶段和不同区域的构造演化和喜马拉雅山脉的形成，这样的地貌极大地驱动了气候的演化（An et al.，2001；Jacques et al.，2011；Xing et al.，2012；Su et al.，2013，2018；Li et al.，2015；Zhou et al.，2018）。例如，柳区从晚古新世约 1000 m 海拔（Ding et al.，2017）抬升到今天约 4000 m 的高度，对应地，藏南地区的气候也逐渐变干变冷，推测这正是小毛蕨属从该地区消失的原因。藏南地区小毛蕨属化石的发现无疑是一个很好的例证，来帮助我们更直观地理解植物分布对新生代以来青藏高原地质构造的剧烈变化和相应的气候演化的响应。

5.3 椿榆

椿榆属 *Cedrelospermum* 是榆科的一个灭绝属，其化石记录广泛见于北美洲和欧洲新生界，但亚洲的化石记录较少。最近，我们在西藏伦坡拉和尼玛盆地晚渐新统发现了保存精美的椿榆属果实和叶片化石。基于形态学研究将其中的果实化石定为椿榆属一新种，即西藏椿榆 *Cedrelospermum tibeticum*；叶片化石由于标本数量有限，被处理为未定种 *Cedrelospermum* sp.。这是椿榆属化石在青藏高原的首次发现，表明椿榆属植物至少在渐新世时生存于青藏高原。西藏椿榆果实具有双翅，形态与被发现于北美洲的该属果实相似，支持该属经由白令陆桥从北美洲迁移到亚洲的假说。由于椿榆属是北半球植物区系的常见成分，该属化石在青藏高原的发现可能表明晚渐新世时青藏高原植物区系与北半球植物区系具有紧密的联系。对西藏椿榆果实化石及椿榆属其他双翅类型化石形态学的研究表明，椿榆属双翅类型主翅尖端具有从钝圆到尖锐的演化趋势。总体来说，椿榆属植物生存于温暖、湿润的气候环境中，该属化石在西藏伦坡拉和尼玛盆地的发现，表明伦坡拉和尼玛盆地在晚渐新世时具有温暖、湿润的气候环境。

绪论：从形态上看，椿榆属与榆科现生的刺榆属 *Hemiptelea* Planch. 和 *Phyllostylon* Capan. ex Benth. and Hook. f. 亲缘关系最近（Manchester，1987，1989；Manchester and Tiffney，2001）。椿榆属化石广泛见于北美洲始新统至渐新统、欧洲始新统至中新统（Manchester，1987，1989；Magallón-Puebla and Cevallos-Ferriz，1994；Hably and Thiébaut，2002；Wilde and Manchester，2003；Kovar-Eder et al.，2004；Paraschiv，2008；Kvaček，2011），但该属在亚洲的化石记录较少，仅见于中国云南马关中新统（Jia et al.，2015）。

在植物化石中，同时带有花、果实和叶片的枝条化石罕见，但椿榆属中曾有多件这类枝条化石被发现（Manchester，1989）。美国古植物学家 Steven R. Manchester 据此重建了椿榆属枝条的整体形态（Manchester，1989）。这使得鉴定椿榆属分散的叶片和果实化石成了可能。椿榆属果实化石的鉴定特征非常明显，由椭圆形的主体部分和单翅或双翅构成（Manchester，1987，1989）。根据翅的数目，椿榆属的果实被分为两类：单翅类型和双翅类型（Manchester and Tiffney，2001）。单翅类型具有单翅，齿尖端具有"V"字形花柱残余结构；双翅类型具有双翅，主翅尖端钝圆或尖锐（Tiffney and Manchester，2001）。按照这一划分标准，所有被发现于欧洲的椿榆属果实化石都属于单翅类型，所有被发现于亚洲的椿榆属果实化石都属于双翅类型，被发现于北美洲的椿榆属果实化石既有属于单翅类型的又有属于双翅类型的（Manchester and Tiffney，2001；Jia et al.，2015）。由于椿榆属果实形态的特殊性和化石记录的丰富性，对于认识椿榆属果实化石的果实形态演化和生物地理历史具有重要意义。

目前，椿榆属果实化石的两个形态演化趋势已经被认识到。从果实的大小来说，随着地层由老至新，该属果实由小变大（Manchester and Tiffney，2001）。从果实翅的数目来说，椿榆属最早的化石记录见于美国怀俄明州下始新统，都为单翅类型（Jia et al.，2015）；到了早中始新世，双翅类型物种开始在北美洲出现，但仍然以单翅类型占优势。再到晚中始新世，双翅类型开始在地层中占优势，单翅类型仅偶尔被发现。到了晚始新世和早渐新世，仅双翅类型在北美洲发现（Manchester and Tiffney，2001）。这一情况表明果实具有单翅为祖先性状，而后才演化出了双翅，双翅类型物种最终在北美洲繁盛（Jia et al.，2015）。生物地理上，双翅类型物种在北美洲从首次出现到繁盛，表现出了完整的演化序列，表明椿榆属双翅类型物种起源于北美洲（Jia et al.，2015）。椿榆属在亚洲仅有的一个化石记录，见中国云南省马关县中新统，其中的果实化石都为双翅类型物种，形态与北美洲的双翅类型相似，但明显不同于欧洲的椿榆属果实化石，支持椿榆属从北美洲经由白令陆桥后迁移传播到了亚洲（Jia et al.，2015）。然而，以上假说尚需要更多椿榆属果实化石的发现来检验。

最近，第二次青藏高原综合科学考察队古生物团队在西藏伦坡拉盆地和尼玛盆地上渐新统发现了椿榆属大量果实化石及少量叶片化石（伦坡拉盆地 32°02′N，89°46′E；4655 m。尼玛盆地 31°48′N，87°46′E；4615 m）。这些化石的发现对于揭示椿榆属的果实形态演化及生物地理历史有重要意义。

研究材料和方法：本节研究在伦坡拉盆地采集到果实化石 9 件，叶片化石 1 件；在尼玛盆地采集到果实化石 1 件。首先利用单镜头反光相机（Nikon D700）+105 μm 微距镜头对这些标本进行拍照，再用体视显微镜（Leica S8APO）观察其细节特征并拍照。化石整体和局部的形态测量使用 Image J（v. 1.47，http：//rsb.info.nih.gov.ig/）软件。椿榆属化石记录分布图使用 ArcGIS（v.10.2，ESRI）软件绘制。果实化石的形态描述参照 Manchester（1987，1989），叶片化石的描述参照 Ellis 等（2009）。

蔷薇目 Rosales Bercht. and J.Presl，1820

榆科 Ulmaceae Mirb.，1815

椿榆属 *Cedrelospermum* Saporta，1889

西藏椿榆 *Cedrelospermum tibeticum* Jia et al.，2018

标本号：XZDY2-101B，XZDY2-101A，XZDY2-0102，XZDY2-0105（图 5.17 和图 5.18）。

标本存放地点：中国科学院昆明植物研究所标本馆（KUN）。

产地：中国西藏自治区双湖县上渐新统丁青组和尼玛县上渐新统丁青组。

特征纪要：果实为非对称性翅果（图 5.17）。果实主体部分为卵形至长椭圆形（图 5.17、图 5.18F 和 5.18G）。主翅侧向连接果实的主体部分（图 5.17）。主翅下侧边缘为弓形，上侧边缘直或者稍呈弓形（图 5.17）。主翅表面密布近平行的脉（图 5.17）。脉起源于果实主体部分一侧，向花柱残余延伸并最终汇聚于花柱残余（图 5.17、图 5.18A 和图 5.18B）。副翅退化，呈近三角形或钩状（图 5.17、图 5.18C ～图 5.18E）。

描述：果实为非对称性翅果（图 5.17），长 15.2 ～ 20.2 mm，宽 4.7 ～ 8.1 mm。果实主体部分长 5.6 ～ 6.9 mm，宽 3.1 ～ 4.1 mm，呈卵形至长椭圆形（图 5.17、图 5.18F 和图 5.18G）。主翅，长 10.5 ～ 14.3 mm，宽 3.1 ～ 4.1 mm，侧向连接果实的主体部分（图 5.17）。主翅下侧边缘呈弓形，上侧边缘直或者稍呈弓形（图 5.17）。主翅表面密布 8 ～ 13 条近平行的脉（图 5.17）。脉起源于果实主体部分一侧，向花柱残余延伸并最终汇聚于花柱残余（图 5.17、图 5.18A 和图 5.18B）。副翅退化，长 1.2 ～ 2.7 mm，呈近三角形或钩状（图 5.17、图 5.18C ～图 5.18E）。副翅长轴与果实主体部分长轴在一条直线上（图 5.17C ～图 5.17E、图 5.17G），有时弯曲向主翅（图 5.17A、图 5.18B、图 5.18F）。

未定种：*Cedrelospermum* sp.

凭证标本：XZDY2-0060A，XZDY2-0060B（图5.19）。
标本存放地点：中国科学院昆明植物研究所标本馆（KUN）。
产地：中国西藏自治区双湖县丁青组上渐新统。

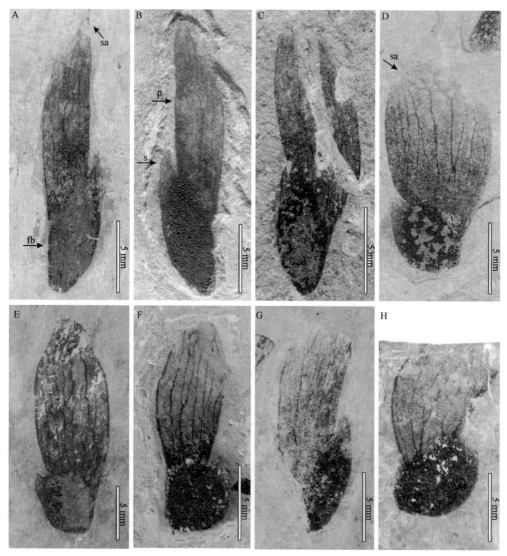

图5.17　西藏椿榆果实化石

fb.果实主体部分；sa.花柱残余；p.主翅；s.副翅。A～F.产地为伦坡拉盆地；H.产地为尼玛盆地。A.示主体部分呈椭圆形，主翅和副翅夹角较小，主翅尖端尖锐，XZDY2-0101B；B.果实一般形态，图A负膜，XZDY2-0101A；C.示主翅和副翅夹角较小，XZDY2-0102；D.示副翅呈三角形，主翅尖端钝圆，花柱残位于靠近副翅一侧，XZDY2-0105；E.示主翅尖端较钝，主翅和副翅夹角较大，XZDY2-0107；F.示主体部分呈长椭圆形，XZDY2-0103；G.XZDY2-0112；H.示翅果一般形态，KUNPC-XZNM3-0001

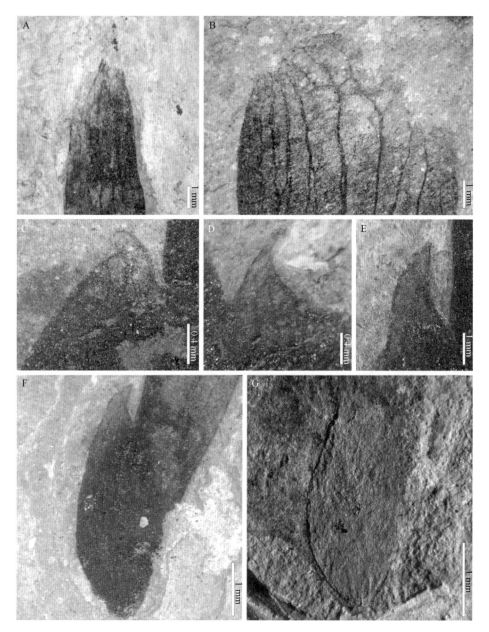

图 5.18　西藏椿榆果实细节图

A. XZDY2-0101B，示主翅尖端急尖；B. XZDY2-0105，示主翅上所有的脉汇集于钝圆的主翅尖端；C. XZDY2-0105，示钝圆的副翅；D. XZDY2-0077，示尖锐的副翅；E. XZDY2-0101A，示钩状副翅；F. XZDY2-0101A，示椭圆形的果实主体部分；G. XZDY2-0077B，示椭圆形的果实主体部分

　　描述：叶片呈狭椭圆形，叶基及叶尖未保存（图 5.19A），宽 6.4 mm。羽状脉（图 5.19）。二级脉达缘或半达缘，规则排列（图 5.19B ～图 5.19D）。二级脉有时分叉，形成的两条脉直达齿尖，或与邻近的二级脉形成环状结构（图 5.19D）。二级脉与主脉夹角为 27.8° ～ 35.5°。二级脉直伸与中脉连接（图 5.19D）。三级脉贯穿或呈

网状（图 5.19B）。四级脉形成多边形网眼（图 5.19B）。叶缘具有单锯齿，规则排列（图 5.19）。每厘米锯齿数为 6～7。锯齿凹缺具有角（图 5.19）。锯齿离基侧外凸或之字形（图 5.19）。锯齿近基侧外凸（图 5.19D）。齿主脉存在，终止于锯齿尖端（图 5.19B～图 5.19D）。齿尖呈短尖状（图 5.19B、图 5.19C）。

形态比较：采自西藏的果实化石（*Cedrelospermum tibeticum*）具有以下特征组合：①果实由一个椭圆形的主体部分和两个翅（主翅和副翅）构成；②主翅尖端具有花柱残余；③主翅上所有的脉汇聚于花柱残余。因此，其归为椿榆属。在椿榆属中，基于果实化石建立的种有 7 个（Jia et al.，2015）（图 5.20），其中 3 个种被发现于欧洲，分别是 *C. leptospermum*（Ettingshausen）Manchester、*C. aquense*（Saporta）Saporta、

图 5.19　椿榆属（*Cedrelospermum* sp.）叶片化石

A. XZDY1-0060B，示叶片整体；B. XZDY1-0060B 局部放大图，示二级脉入齿；C. XZDY1-0060B，示顶部二级脉向叶尖端弯曲；D. XZDY1-0060B，示二级脉在叶缘分叉或者成环；E. XZDY1-0060A，XZDY1-0060B 化石的负模

C. stiriacum（Ettingshausen）Kovar-Eder 和 Kvaček（Manchester，1987，1989；Wilde and Manchester，2003）；另有 3 个种被发现于北美洲，分别是 *C. nervosum*（New.）Manchester、*C. lineatum*（Lesq.）Manchester、*C. manchesteri* Magallón-Puebla & Cevallos-Ferriz（Manchester，1987，1989；Magallón-Puebla and Cevallos-Ferriz，1994）；被发现于亚洲的仅有 1 种，即 *C. asiaticum* Jia et al.（Jia et al.，2015）。被发现于欧洲的 3 个种 *C. leptospermum*、*C. aquense* 和 *C. stiriacum* 仅具有一个翅，明显不同于具有两个翅的 *C. tibeticum* 果实（图 5.20E ～图 5.20G）。被发现于北美洲的 2 个种 *C. nervosum* 和 *C. lineatum* 的果实明显较 *C.tibeticum* 小（图 5.20C、图 5.20D、图 5.20I、图 5.20J）。被发现于北美洲的 *C. manchesteri* 的主翅尖端向副翅弯曲，不同于 *C. tibeticum* 主翅尖端平直（图 5.20H）。*C. asiaticum* 的果实形态与 *C. tibeticum* 相似（图 5.20K 和图 5.20L）。然而，*C. asiaticum* 主翅和副翅的夹角为 36.9° ～ 85.2°，明显大于 *C. tibeticum* 主翅和副翅的夹角（图 5.20K 和图 5.20L）。此外，*C. asiaticum* 的果实主翅尖端都较为尖锐（图 5.20K 和图 5.20L），但 *C. tibeticum* 的果实主翅尖端既有尖锐的类型又有钝圆的类型（图 5.20A 和图 5.20B）。值得一提的是，其中一件 *C. tibeticum* 的果实化石标本主翅上部缢缩，但尖端稍钝，属于主翅尖端钝圆至尖锐的过渡类型（图 5.17E）。可见，*C.tibeticum* 在形态上不同于该属已被报道的其他种。

叶片化石具有羽状脉、单锯齿、三级脉贯穿等特征（图 5.19，与榆科榉属（*Zelkova* Spach）和椿榆属叶结构特征一致。然而，榉属叶片多为卵形至椭圆形（Denk and Grimm，2005），而采集于西藏的叶片化石为狭椭圆形；狭椭圆形叶片常见于椿榆属（Manchester，1989），由此可知采集自西藏的叶片化石应归为椿榆属。上述提到的 7 种椿榆属植物中，*C. nervosum*、*C. lineatum* 和 *C. leptospermum* 是基于枝条化石建立的，因此具有叶片特征的描述（Manchester，1989），可与当前叶片化石进行形态比较。此外，另有 4 种椿榆属植物是基于叶片化石建立的，分别是 *C. flichei*（Saporta）、*C. ulmifolium*（Unger）Kovar-Eder and Kvaček 及 *Magdalenophyllum aequilaterum* Magallón-Puebla and Cevallos-Ferriz（Magallón-Puebla and Cevallos-Ferriz，1994；Hably and Thiébaut，2002；Kovar-Eder et al.，2004）。*Magdalenophyllum aequilaterum* 和 *C. manchesteri* 被发现于同一化石点，且具有椿榆属叶片的形态特征，被认为代表 *C. manchesteri* 的叶片（Magallón-Puebla and Cevallos-Ferriz，1994）。西藏椿榆属叶片化石为狭椭圆形，不同于具有卵圆形、狭卵圆形或者披针形叶片的 2 个种，即 *C. flichei* 和 *C. ulmifolium*，但其形态与 *C. nervosum*、*C. lineatum* 和 *C. leptospermum* 的叶片相近。由于当前叶片化石未保存叶尖和叶基且仅有一件标本，因此，不能进一步与后 3 个种进行进一步的比较。

演化意义：从形态上说，西藏椿榆的果实比被发现于北美洲始新世的 *Cedrelospermum nervosum* 和早渐新世的 *C. lineatum*，以及欧洲始新世的 *C. leptospermum* 和渐新世的 *C. aquense* 大，但比被发现于欧洲中新世的 *C. stiriacum* 小，与被发现于亚洲的 *C. asiaticum* 的大小相当。总体来说，西藏椿榆的果实形态与该属果实在地层中由老至新逐渐增大的演化趋势一致（图 5.21）。

随着更多椿榆属双翅类型果实被发现，尤其是伦坡拉和尼玛盆地该属双翅类型果

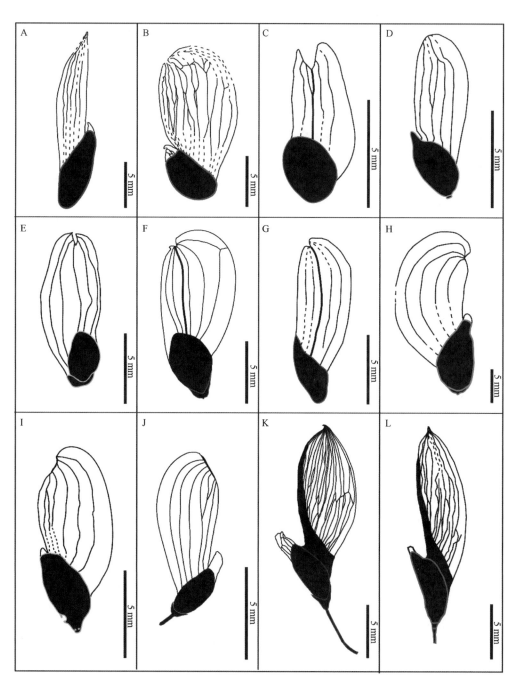

图 5.20　基于果实化石建立的椿榆属 7 个化石种线描图

A 和 B. *C. tibeticum*；C 和 D. *C. nervosum*；E. *C. leptospermum*；F. *C. aquence*；G. *C. stiriacum*；H. *C. manchesteri*；I 和 J. *C. lineatum*；K 和 L. *C. asiaticum*

实化石的发现，可以观察到椿榆属双翅类型演化的另一个趋势。在北美洲，椿榆属双翅类型果实见于早中始新统至早渐新世。这些果实主翅的尖端为钝圆形，花柱残余位于主翅靠近副翅的一侧。伦坡拉晚渐新统椿榆属果实主翅尖端可分为两类：第一类，主翅尖端钝圆，花柱残余位于主翅靠近副翅的一侧，形态与北美洲椿榆属果实化石形态较为相似；第二类，主翅尖端尖锐，花柱残余位于主翅中央。在云南省马关县中中新世发现的椿榆属果实，主翅尖端尖锐，花柱残余位于主翅中央，形态与伦坡拉椿榆属第二类化石相似。这表明椿榆属双翅类型主翅尖端可能有由钝圆至尖锐演化的趋势（图 5.21）。

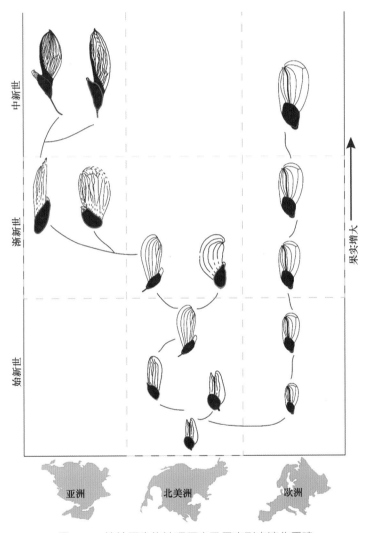

图 5.21　椿榆属生物地理历史及果实形态演化重建

生物地理学意义：椿榆属果实和叶片化石在伦坡拉和尼玛盆地的发现是该属化石在青藏高原的首次发现，表明该属在晚渐新世时曾存在于青藏高原中部地区。椿榆属是北半球植物区系的常见成分，该属化石在青藏高原的发现可能表明晚渐新世时期青藏高原植物区系与北半球植物区系具有紧密的联系。尽管伦坡拉和尼玛盆地距离欧洲很近，但被发现于伦坡拉和尼玛盆地的椿榆属果实化石与被发现于欧洲的该属果实化石在形态上具有非常明显的区别：伦坡拉和尼玛盆地的椿榆属果实为双翅类型，而欧洲的椿榆属果实全为单翅类型。这可能表明欧洲和北美洲之间没有椿榆属植物种群的联系。古近纪的图尔盖海峡（Tiffney and Manchester，2001）可能导致了椿榆属在亚洲和欧洲之间的地理隔离。椿榆属总体上生活于温暖而潮湿的环境中（Jia et al.，2015）。椿榆属化石在伦坡拉盆地的发现表明伦坡拉和尼玛盆地在晚渐新世时期可能具有温暖、湿润的环境。这与伦坡拉盆地基于孢粉、鱼类和哺乳动物化石的古气候重建结果一致（Deng et al.，2012；Sun et al.，2014；Wu et al.，2017），也与尼玛盆地基于鱼类化石的古气候重建结果一致（Wu et al.，2017）。

5.4 似浮萍叶

天南星科灭绝属 *Limnobiophyllum* 长期以来被认为可能是真天南星亚科 Aroideae 和浮萍亚科 Lemnoideae 在进化过程中的过渡类群。但是由于之前报道的 *Limnobiophyllum* 缺失某些关键器官，如花序、种子等，所以对于天南星科内部的性状演化过程并不清楚。

本节描述采自西藏中部上渐新统地层中的 *Limnobiophyllum* 新种类 *L. pedunculatum* Low et al.，2019（图 5.22）。

该化石新种具有保存完好的果序及种子（图 5.23C、图 5.23D 和图 5.24），是该属在西藏乃至东亚的首次报道。我们利用天南星科 42 个代表种的 57 个分类性状及分子序列推断了该种的系统位置。基于联合矩阵的系统发育分析表明 *Limnobiophyllum* 与 *Cobbania* 是姐妹类群，这两属与浮萍亚科其他的灭绝及现生类群构成单系（图 5.25）。性状演化的重建确定了 *Limnobiophyllum* 具有真天南星亚科及浮萍亚科的过渡性状，尤其是果序性状。在浮萍亚科内部，从灭绝类群到现生类群植物的营养及生殖器官都有明显的简化趋势，这对于了解天南星科的性状演化历史有重要的意义。另外，该化石种的发现暗示，在晚渐新世青藏高原中部可能是温暖湿润的低地环境，这与之前普遍认为的青藏高原在早古近纪就接近或达到现在高度的观点不一致。该属植物的灭绝可能是新近纪的气候变冷及造山运动的共同作用所致。

绪论：广义天南星科（泽泻目）包括 125 属，约 3800 种，是单子叶植物早期分化的一个大分支（Boyce and Croat，2011）。天南星科植物的生境多样化，常见于潮湿的热带及温带森林中，虽然其栖息地有水生环境，也有干旱环境，但是 95% 以上的物种都属于生长于湿润环境中的热带植物。根据目前的分类，天南星科被分为：原天南星亚科（Gymnostachydoideae 和 Orontioideae）、浮萍亚科和真天南星亚科 3 个亚科。天南星科物种均具有独特且多样化的形态特征，原天南星亚科物种具有中等大小的花粉、缩合的地下茎、子房 1 室及 1～2 胚珠。具有平行脉叶状是亚科 Gymnostachydoideae 的特征；而亚科 Orontioideae 的叶脉则为非线形；浮萍亚科植株特征为叶片和茎都较小，有些没有叶脉和根，生殖器官被侧囊包裹；天南星亚科则具有显著的旗状佛焰苞、

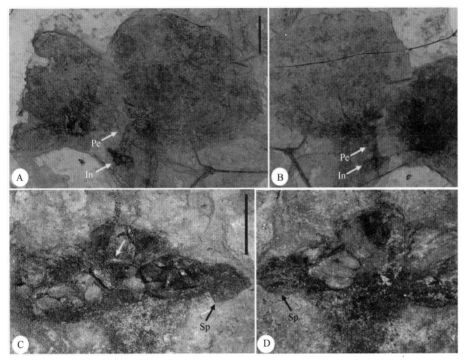

图 5.22　采自西藏中部达玉化石点的 *Limnobiophyllum pedunculatum* Low et al.，2019，
主模式标本 XZDY2-0124

A 和 B. 化石整体，比例尺 =1 cm；C 和 D. 化石果序，比例尺 =1 mm；In= 果序，Pe= 果柄，Sp= 佛焰苞

非线形扩展的叶片和基底胎座 (Mayo et al.，1997)。目前对于天南星科的形态进化史仍知之甚少。浮萍亚科在系统发育上是单系及近基部的分化谱系，是原天南星亚科外的一个分支 (Chase，2004；Cabrera et al.，2008；Cusimano et al.，2011；Nauheimer et al.，2012；Henriquez et al.，2014)。有别于原天南星和天南星亚科，浮萍亚科是世界上分布最广泛且是自由漂浮的天南星科植物 (Landolt，1986)，由于它们的整体形态小、简化，亚科内各个分类群都是独特的，被认为是世界上最小的被子植物 (Simpson，1941)。由于它们的形态特殊，与另两个亚科并不相似，所以浮萍亚科在系统发育中被置于原天南星及天南星亚科之间，得到了植物学家的广泛关注 (Mayo et al.，1997)。支持这 3 个进化支之间系统发育关系的形态学证据缺乏，可能是因为遗传谱系中具有关键作用的物种灭绝。因此，化石对理解这 3 个亚科之间的进化过程至关重要。

　　Kvaček (1995) 认为已灭绝的 *Limnobiophyllum* 属可能是连接天南星亚科 [与大漂 (*Pistia*) 有关] 和浮萍亚科之间的桥梁，此观点基于它们之间共有的形态性状，如类似于 *Spirodela* (紫萍) 的色素细胞、弧状脉序和气室，以及类似于大漂（天南星亚科一属）的高级叶脉和根系。另一个灭绝属 *Cobbania* 也与天南星亚科有某些相同特征，如其螺旋排列的种子与天南星亚科中的果实形态极为相似，其叶片中央的通气组织由一条位于中间、两条位于侧面的背轴主脉围绕，这与浮萍亚科可以自由漂浮的叶

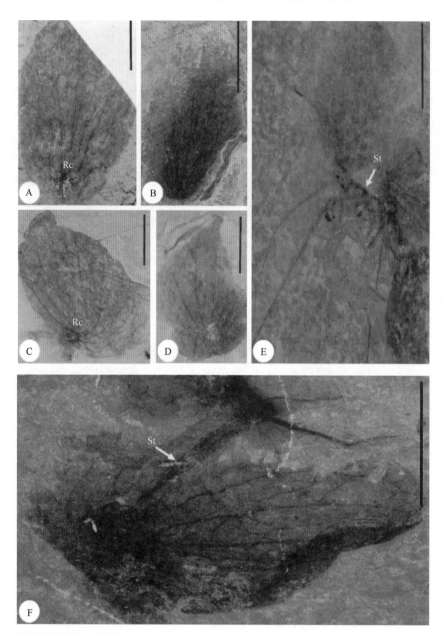

图 5.23　采自青藏高原中部达玉化石点的 *Limnobiophyllum pedunculatum* Low et al.，2019 副模式标本
A. XZDY2-0130，比例尺 =1 cm；B. XZDY2-0117，比例尺 = 2 cm；C. XZDY2-0132，比例尺 =1 cm；D. XZDY2-0114，比
例尺 =1 cm；E. XZDY2-0131，比例尺 =2.5 cm；F. XZDY2-0122，比例尺 =1.5 cm；Rc= 可育腔，St= 匍匐茎

子类似（Krassilov and Kodrul，2009；Stockey et al.，2016）。在化石研究中，我们经常
会遇到化石保存不完整的问题。目前已从 *L. scutatum* 化石中发现一个花药，并且从发
现 *L. expansum* 化石的同层区域发现了类似于紫萍和天南星亚科的种子（Stockey et al.，
1997），但关键结构，如果序，并未被发现。这间接造成了化石在系统分类学应用上的
困难，进而也限制了我们对浮萍亚科性状演化的理解。

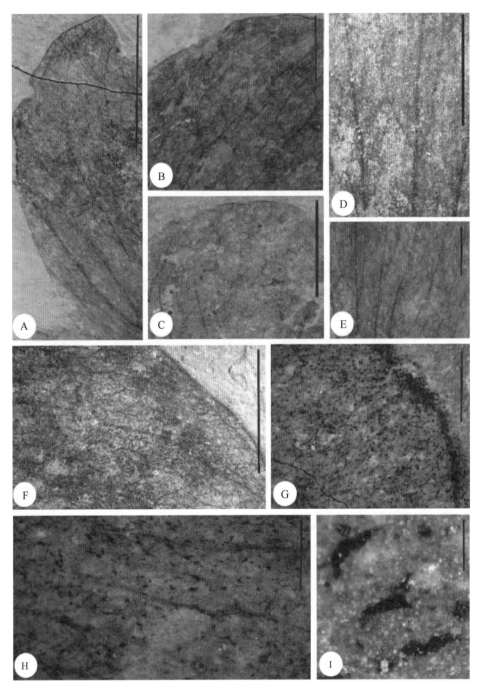

图 5.24 *Limnobiophyllum pedunculatum* Low et al.，2019 的叶性状

A. 主脉，比例尺 =1 cm；B. 二级脉，比例尺 =1 cm；C. 主脉弯曲在叶顶端交汇，比例尺 =1 cm；D 和 E. 二级脉与主脉的角度，比例尺 =2 mm (D)，1 cm (E)；F 和 G. 叶表面的毛，比例尺 =2 mm (F)，0.5 mm (G)；H. 主脉间的表皮毛，比例尺 = 0.5 mm；I. 表皮毛的放大，比例尺 =50 μm

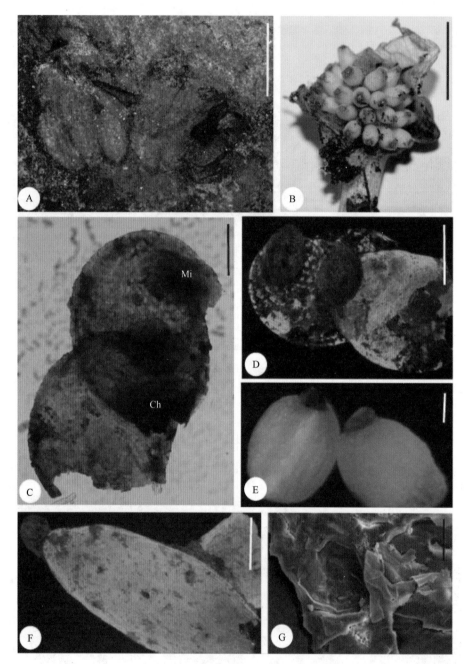

图 5.25　*Limnobiophyllum pedunculatum* Low et al.，2019 与天南星科现生种的果序比较
Mi 为珠孔；Ch 为种脐端

　　亚科之间也可能发生趋同进化。例如，根据分子证据，大漂已被确认为是天南星亚科中的一属（Rothwell et al.，2004；Cusimano et al.，2011；Nauheimer et al.，2012）。然而如果仅基于其形态特征的研究，大漂则是浮萍亚科基部的分支（Stockey et al.，1997，2016；Gallego et al.，2014），这可能因为它们具有适应水生环境的几种特征。

但是当这些形态与分子证据结合时，它们的系统发育位置则被重新排列。例如，通过结合形态特征和基因序列对灭绝属 Cobbania 的研究，Stockey 等（2016）不仅解决了浮萍亚科和大漂之间的系统发育关系，还认为 Aquaephyllum auriculatum 应为第 3 个独立分支。

本节报道了青藏高原中部上渐新世丁青组保存完好的似浮萍叶属植物化石（具有保存完好的果序），我们也利用其形态特征，结合基因序列来推断其系统发育位置。该化石的发现可以使我们全面地了解浮萍亚科的性状演化过程。现生浮萍属植物是典型的热带和温带低海拔物种，因此，这批从现今 4683 m 海拔处采集的化石材料对认识渐新世晚期青藏高原中部的古环境也具有启示意义。

地质背景：化石标本采自青藏高原中部伦坡拉盆地的达玉地区（靠近塘奴村）（32°1′29″N，89°46′19″E；海拔 4683 m）。印痕化石产自青灰色、红色泥岩夹灰岩和页岩层位。基于以往的地质年代研究（Sun et al.，2014），判断其地质年代为晚渐新世。同样的材料还产自青藏高原中部的尼玛盆地火山岩中，通过 Ar^{40}/Ar^{39} 法测得其年龄在 26 ～ 23.5 Ma，通过地层及生物组合对比，可以进一步确定伦坡拉盆地植物化石层位的地质年代为晚渐新世（Wu et al.，2017）。

形态学研究：化石拍摄使用尼康 D700 数码相机（尼康公司，日本东京），形态分析使用配备有 DFC295 数码相机的 Leica S8APO 立体显微镜。为详细地进行形态学观察，我们从模式标本（KUNPC XZDY2-0124）中分离出种子，并根据 Kerp（1990）的方法用 10% HCl 和 39% HF 洗涤。之后使用数码显微镜（ZEISS Smart Zoom 5，德国），以及配有 Zeiss AxioCam MRc 的直立荧光显微镜（ZEISS Axio Imager A2；德国）拍摄图像，图像处理采用 ZEN2012 软件。我们将种子解剖为上下表皮层，然后将其粘连在电镜桩上，并用 Quarum Q150R S 喷涂仪镀金。最后在 Zeiss EVO LS10 扫描电镜（德国）上拍摄电镜图像（工作状态：10 kV，工作距离：15 mm，放大倍数为 70 ～ 3600 倍）。

我们沿用 Den Hartog 和 Van der Plas（1970）在描述浮萍亚科时采用的术语；对于化石的描述，我们参考了多位研究者的术语（Kvaček，1995；Stockey et al.，1997，2007，2016；Krassilov and Kodrul，2009；Gallego et al.，2014）。同时，我们还将化石中的果序与 Daubs（1965）描述的现生物种的果序做了比较。

分支和系统发育分析：为探索化石植物的系统位置，以及其在浮萍亚科中的系统发育关系，我们对两组数据集进行了分析。第一组数据只包括形态特征，而第二组数据包括基因序列和形态特征。在 TNT 软件里使用最大简约法（maximum parsimony）推断其系统发育关系（Goloboff et al.，2008）。根据 Nauheimer 等（2012），我们筛选出天南星科 42 个分类群（其中 3 个为化石类群），并且将天南星科的姐妹类群 Acorus（Acoraceae）作为外类群（Grayum，1987；Chase et al.，1993；Cabrera et al.，2008）。

形态分析包括 57 个特征，其中 49 个采用已发表的研究数据（Les et al.，1997；Stockey et al.，1997，2016；Cusimano et al.，2011；Gallego et al.，2014），而此研究中则添加了 8 个新特征。在这些新特征中，有 4 个（特征 52 ～ 53 以及 55 ～ 56）用于种子，而另外 4 个特征是匍匐茎、根茎、脉序结构和最高脉序结构。第二组数据包括基因序列（*trn*L，*trn*L-F，*trn*k 和 *rbc*L）和形态特征，在 Mesquite ver. 3.2 里进行拼接（Maddison and Maddison，2015），再把浮萍亚科的形态特征绘制到最大一致共有树（majority rules consensus tree，MRCT）上，以进一步研究浮萍亚科的形态特征演化过程。

泽泻目 Alismatales R.Br. ex Bercht. and J.Presl，1820
天南星科 Araceae Juss.，1789
浮萍亚科 Lemnoideae Engl.，1879
似浮萍叶族 Limnobiophylleae（Kvaček）Bogner，2009
似浮萍叶属 *Limnobiophyllum* Krassilov emend. Kvaček，1995
长梗似浮萍叶 *Limnobiophyllum pedunculatum* Low et al.，2018

字源：种加词 *pedunculatum* 是指具有长而明显的花梗 / 果梗。
凭证标本：KUNPC XZDY2-0124（图 5.22），KUNPC XZDY1-0017，KUNPC XZDY2-0095，KUNPC XZDY2-0108，KUNPC XZDY2-0114（图 5.23D），KUNPC XZDY2-0115，KUNPC XZDY2-0117（图 5.23B），KUNPC XZDY2-0122（图 5.23F），KUNPC XZDY2-0123，KUNPC XZDY2-0130（图 5.23A），KUNPC XZDY2-0131（图 5.23E），KUNPC XZDY2-0132（图 5.23C）。
标本存放地点：中国科学院昆明植物研究所标本馆。
标本产地：青藏高原中部伦坡拉盆地达玉地区。
层位：丁青组中上部，晚渐新世，26 ～ 23.5 Ma。
描述：此水生植物是漂浮性植物，并通过葡匐茎相互连接。葡匐茎约 0.1 cm 宽，1.0 ～ 2.3 cm 长（图 5.23E 和图 5.23F）。根多，无须根，可长至 8 cm（图 5.23E）。无主干。叶子单一，无叶柄。叶片为卵形、圆形或长椭圆形。叶片宽度为 2 ～ 6 cm（图 5.23）。叶缘全缘，顶端有一小缺口（图 5.24C）。叶片基部呈圆形（图 5.24），其表面多毛，由极短（长 25 ～ 100 μm）、浓密的毛状体所覆盖（图 5.24F ～图 5.24I）。叶脉呈弧状，成熟叶片有 6 ～ 12 条主脉（图 5.23）。主脉沿着边缘平行排列，并且在顶端缺口下方连接。二级脉呈网状（图 5.23、图 5.24A ～图 5.24E）。花梗长约 1.2 cm（为叶长的 1/3），宽 0.2 cm，在邻近叶缘处嵌入（图 5.22A 和图 5.22B）。花序和花粉未见。果序呈球形，紧密排列着约 40 枚光滑且自由附着于果序轴上的种子（图 5.22C 和图 5.22D）。佛焰苞（印在岩石基质上黑色部分）环绕着果实。在果实中央可以看到似乎是柄的残缺结构（图 5.22C 和图 5.22D）。种子为椭圆形，长 770 ～ 900 μm，宽 450 ～ 650 μm（图 5.22C、图 5.22D、图 5.24A、图 5.24C、图 5.24D、图 5.24F）。每个种子的基部都有一个合点和一个顶端珠孔（图 5.24C），尾端则有种盖。珠孔上有一个独特的珠孔口（图 5.24D 和图 5.24G）。
系统发育分析：第一个仅基于 57 个形态特征的分支系统分析生成了 79 个 263 步骤的简约树（一致性指数 =36，保留指数 =63；图 5.26A）。在严格一致树中，37 个节点折叠，形成原天南星亚科、浮萍亚科和天南星亚科的多歧分枝结构。而自由飘浮的属，包括大漂、*Limnobiophyllum*、*Aquaephyllum* 和 *Cobbania* 都为多歧分枝结构，只有现生的浮萍属组成一个组（MP=92%）。

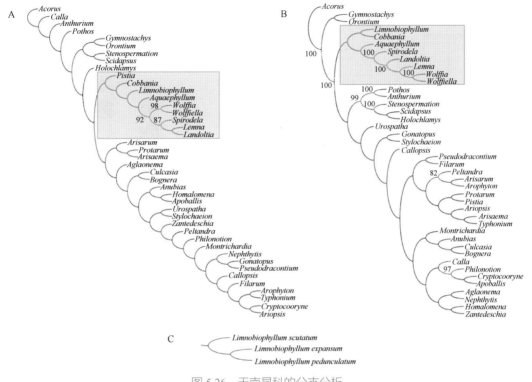

图 5.26 天南星科的分支分析

第二个同时结合基因和形态特征的系统发育分析揭示了各属的系统位置。所有已发表的灭绝漂浮物种都是位于浮萍亚科早期分歧的类群。我们的分析结果形成了 3 个最简约的 4201 步骤树（一致性指数 =61，保留指数 =58；图 5.26）。在天南星亚科的进化支中，共有 15 个节点折叠为多歧分枝结构，而在 SCT 中的浮萍亚科里，*Limnobiophyllum*、*Cobbania* 和 *Aquaephyllum* 这 3 个节点折叠。

我们发现的化石显然应归入 *Limnobiophyllum* 属中，而 *L. scutatum* 则作为 *L. expansum* 和 *L. pedunculatum* 基部分支的物种（图 5.26C）。*Limnobiophyllum* 是 *Cobbania*（*C. corrugata* 和 *C. hickeyi*）的姐妹属，这两个属皆是浮萍亚科位于基部的分支。单一形态及形态结合基因序列分析都表明这些化石应归入同一个进化支中。

性状演化：TNT 软件分析显示 *Limnobiophyllum* 与浮萍亚科其他物种共有 9 个特征，即生长栖息地、无性繁殖 / 分裂、叶型种类、茎类型习性、叶序类型、葡萄茎、叶片形状、主脉最高数量和花粉外壁特征；而 *Limnobiophyllum* 和 *Cobbania* 则共有两个特征，即每个花室的胚珠数量和种子数量（图 5.27）。

Limnobiophyllum 拥有较大叶片（约 4 cm），以及发育完整的主脉和根系，但是相比于无主脉和根系的 *Wolffiella* 和 *Wolffia*，其叶片尺寸较小。*Limnobiophyllum* 的花

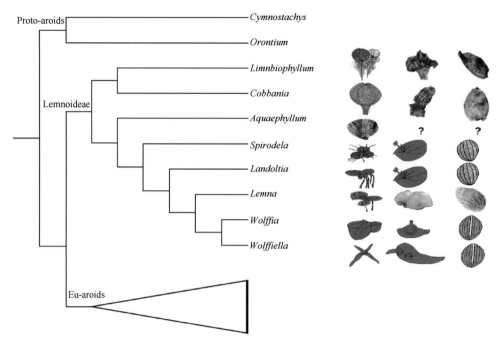

图 5.27　浮萍亚科生殖与营养器官的演化趋势

梗为叶长的 1/3（图 5.22A 和图 5.22B），然而这一特征在现生浮萍物种中就只是一个节点。*Limnobiophyllum* 的果实由佛焰苞包围（图 5.24），然而这个特征并未在现生浮萍物种中被发现，现生浮萍物种的繁殖器官被茎基的侧囊包围。光滑的外皮存在于 *Limnobiophyllum* 和 *Cobbania* 中，但是肋突的种子是现生浮萍物种的一个特征。*Cobbania* 和 *Limnobiophyllum* 的特征都是种子数量多，并且是螺旋排列，然而现生浮萍属的种子数量已减少至 1～4 枚。

　　系统位置：这些新的被发现于上渐新统丁青组的植物化石保存完好，包括果实和种子。果序呈球形，紧密排列的种子自由附着于果序轴上。根据这些特征的组合，无疑将这些化石植物归入天南星科中（图 5.22C 和图 5.22D；Mayo et al.，1997）。由于植物是通过匍匐茎相互连接的，并且根系是从退化后的茎节点延伸出来的（图 5.23E 和图 5.23F），因此化石标本属于自由飘浮的水生植物，也只出现于浮萍亚科中。浮萍亚科有 5 个现生属（包括 *Lemna*、*Spirodela*、*Landoltia*、*Wolffia* 和 *Wolffiella*），以及三个已灭绝的属（*Cobbania*、*Limnobiophyllum* 和 *Aquaephyllum*）。*Limnobiophyllum* 属的特征包括：主要拥有 1～4 个呈螺旋状排列且具有短柔毛的叶序；叶端具有一缺口的全缘叶，以及从叶基伸展的叉状的主脉（Kvaček，1995），这些形态与我们的化石相符。我们的数据分析显示，*Limnobiophyllum* 从叶基伸展出的叉状一级叶脉是该属有别于其他属的特征。因此，将研究中的化石归入 *Limnobiophyllum* 属中是合适的。目前 *Limnobiophyllum* 属只有两个已发表的物种（Kvaček，1995；Stockey et al.，1997）。与这两个物种不同的是，我们的化石拥有一个圆形的叶基（图 5.23），这个叶基在 *L. scutatum* 中几乎是心形的（Stockey et al.，1997），而半心形却常见于 *L. expansum* 中（Kvaček，1995）。

我们在化石中并没有观察到明显且普遍存在于 *L. expansum* 和 *L. scutatum* 中的侧脉（主脉间的脉序）。另外，我们发现化石上有一长而向下弯曲的果梗从茎节点上生长出来。果序上承载着椭圆形且平滑的种子，同时由佛焰苞包围，以及由果梗支撑（图 5.22A 和图 5.22B）。鉴于这些特征，我们将化石命名为有别于已被报道的物种，即 *L. pedunculatum*。

Limnobiophyllum 属的发育系统位置：在 57 个形态特征的最大一致共有树分析里，大漂被归类为浮萍亚科现生，以及已灭绝属的姐妹类群（图 5.26A）。严格一致树的树状结构支持了 Stockey 等（1997，2016）及 Gallego 等（2014）的研究结果。虽然如此，趋同进化极可能发生在浮萍亚科和大漂之间，为此，我们基于形态学和核苷酸序列（图 5.26B）数据进行联合分析，讨论 *Limnobiophyllum* 的系统发育位置；所得结果也与天南星科的整体系统发育关系一致。根据所得到的系统发育树，*Limnobiophyllum* 和 *Cobbania* 这两个属是浮萍亚科内最早的分化谱系（图 5.26B）。这谱系之后是 *Aquaephyllum* 属和现代浮萍属。我们的分析结果与 Gallego 等（2014）的形态特征的树状结构基本一致。然而在 Stockey 等（2016）的研究中，*Aquaephyllum* 并不属于浮萍亚科，而是代表第 3 个独立谱系。我们的分析结果基于一个新修订的模型，也证实了 Gallego 等（2014）所提出的 *A. auriculatum* 是现生浮萍属的姐妹属。

浮萍亚科物种的性状演化：根据化石和分子数据整合的天南星科系统发育树，Nauheimer 等（2012）提出原天南星亚科在早期进化阶段的原始生境很可能是沼泽，并且逐渐转变为浮萍亚科的水生栖息地。在从潮湿陆地转为水生环境的过渡阶段中（Nauheimer et al，2012；Kvaček and Smith，2015），*Limnobiophyllum* 和 *Cobbania* 的形态整体上发生了变化，以更好地适应水生环境。例如，它们的叶子缩小到约 4 cm 大小（图 5.22 和图 5.23），而茎干则缩小成极短的茎或节点。此外，这种简化的形态极有可能发生在浮萍亚科内（图 5.27）。为适应水生环境，它们在形态上的适应性简化包括：仅具有主脉和简单根系的简化叶（Lemnoideae 族）或者无根系的退化叶（Wolffieae 族）（Sculthorpe，1967；Vaughan and Baker，1994）。根系存在于 *Cobbania* 和 *Limnobiophyllum* 中，尚不清楚 *Aquaephyllum* 是否具有根系。花梗只存在于 *Cobbania* 和 *Limnobiophyllum* 中，且都具有较大的叶片。然而现生的浮萍亚科，如 *Wolffia* 和 *Wolffiella* 的叶片极小，花梗也是简化为节点。现生浮萍物种的繁殖结构和茎节点都被包围在茎基的侧囊中这一特点与天南星科植物类似（Bogner，2009），而现今佛焰苞并不存在于现生的浮萍中。

我们的研究结果首次证明了 *Limnobiophyllum* 具有和 *Cobbania* 一样的光滑的种子，而现生的浮萍亚科种子则具有肋突的外皮。Kvaček（2003）在与发现 *Limnobiophyllum* 化石相同的地层中发现了一些有肋突的种子。这些种子显然属于其他植物。在 *Cobbania* 和 *Limnobiophyllum* 中，种子（> 20 个）都是螺旋排列的，然而这种排列在 Lemnoideae 和 Wolffieae 族中无法定义，因为它们只有 1 ～ 4 个种子（Daubs，1965）。种子数量及螺旋排列可能都是天南星科的衍生性状。由于浮萍物种具有营养繁殖的趋势，因此种子数量的减少可能属于衍生性状。

Limnobiophyllum 属的发现是连接浮萍亚科和天南星亚科的桥梁（Kvaček，1995）。我们发现的 *L. pedunculatum* 化石中的球形果实具有螺旋状排列的椭圆形且光滑的种子，以及被类似于天南星亚科的佛焰苞包围。然而连接各个个体的匍匐茎及叶片上的弧状脉序与浮萍亚科更接近。因此，它提供了更多的形态学证据将浮萍亚科和天南星亚科联系起来。

Limnobiophyllum 的生物地理历史：迄今为止，关于 *Limnobiophyllum* 属，只报道了 3 个化石种。在新近纪之前，*Limnobiophyllum* 广泛分布于北半球，包括北美洲、远东、欧洲及东亚。最早的物种 *L. scutatum* 是在北美洲晚白垩世发现的。在古新世和渐新世，该种在俄罗斯和北美洲中西部中心也曾出现过（Stockey et al.，1997）。青藏高原中部渐新世晚期的 *L. pedunculatum* 是东亚这一属的首次化石记录，其发现增加了青藏高原植物化石记录，也使我们对北半球植物地理历史有了更多的了解，它进一步支持了亚洲和北半球其他地区植物区系的亲缘关系。另一个物种 *L. expansum* 被发现于欧洲新近纪，即分布于捷克的早中新世、德国的中新世及波兰的晚中新世（Kvaček，1995；Collinson et al.，2001）。*Limnobiophyllum* 属在中新世之后尚未有报道。从化石分布来看，*Limnobiophyllum* 可能起源于北美洲，并在古新世时期通过白令陆桥迁移到远东，*Cobbania* 属也可能有此迁移路线（Krassilov et al.，2010）。欧洲的 *Limnobiophyllum* 极可能是从东亚迁移的，因为 *L. pedunculatum* 和 *L. expansum* 属于近缘物种。*Limnobiophyllum* 灭绝于中新世之后，这可能是全球降温（Zachos et al.，2008）和造山运动（Potter and Szatmari，2009；Molnar et al.，2010）等因素造成的。

天南星科植物通常被认为是环境的良好指示植物（Wong，2013）。目前，现生浮萍近缘物种生活在热带和温带低海拔地区静水或缓慢流动的淡水中（Mkandawire and Dudel，2005a，2005b）。因此，我们发现的化石表明青藏高原中部腹地在渐新世晚期仍然较为温暖、湿润。这与之前认为古近纪以来就已存在青藏高原明显不同（参见 Deng et al.，2017）。与该化石具有相似古环境条件的动物类群包括同层的攀鲈 *Eonabas thibetana*（Wu et al.，2017）和半翅目 *Aquarius lunpolaensis*（Cai et al.，2019）。因此，生物化石将在认识青藏高原古环境变化中发挥越来越重要的作用。

5.5 栾树

根据 Jiang 等（2019）的研究成果，本节记述栾树属的两个化石种，即伦坡拉栾树 *Koelreuteria lunpolaensis* 和古全缘栾树 *K. miointegrifoliola*。这两种栾树化石为保存精美的蒴果果瓣，被发现于西藏中部伦坡拉盆地的渐新世地层中。伦坡拉栾树与栾树属所有现生种和化石种均不同，区别在于它的果瓣形状极不对称，顶端微凹或浅裂，"Z"字形侧脉朝向果瓣边缘逐渐变细，同时该种被认为代表栾树属一个灭绝的支系。古全缘栾树与现生栾树属中的复羽叶栾树型类群相似度最高。栾树的现代分布和多样化的栾树化石表明，晚渐新世西藏中部环境温暖湿润，海拔较低。化石证据还表明，青藏高原是栾树属在渐新世和中新世的多样性和分化中心，这个结论与该属起源于欧亚大陆南部这一假说一致。化石记录还暗示西藏在渐新世晚期可能是复羽叶栾树型类群的子遗保护区。

绪论：栾树在欧美俗称黄金雨树，是无患子科 Sapindaceae 中一个小属，包括广布于我国安徽、甘肃、河北、河南、辽宁、陕西、山东、四川和云南，以及韩国和日本的栾树 *K. paniculata* Laxmann；分布于我国南方和西南的复羽叶栾树 *K. bipinnata* Franchet；原产于我国台湾的台湾栾树 *K. henryi* Dümmer，以及原产于斐济瓦努阿莱武岛和维提岛的纤细栾树 *K. elegans* (Seemann) A.C. Smith (Acevedo-Rodríguez et al.，2011；Wang et al.，2013a)。栾树属在无患子科中的分类位置存在争议。传统观点认为，根据栾树属果实室背开裂，膨胀蒴果的每一小腔具有两枚胚珠等特征，栾树属应被归为车桑子亚科 Dodonaeoideae (Radlkofer，1931) 中。但是栾树属果实每一房室中两枚胚珠仅有一枚最终完全成熟，这似乎表明栾树属可能是车桑子亚科和无患子亚科 Sapindoideae 之间的过渡类型 (Ronse Decraene et al.，2000)。分子谱系研究认为栾树属是无患子亚科较早分化的支系，并将栾树属排除在车桑子亚科之外 (Harrington et al.，2005)，同时还显示栾树属干群最早分化时间为 37.2 Ma (晚始新世)(Buerki et al.，2011)。相比于大多其他的无患子亚科的属，栾树属化石在北半球地层中相对常见，常保存为花粉、叶、木材和蒴果 / 果瓣等 (Wang et al.，2013a)。栾树属可靠的化石记录显示该属在古新世广布于欧洲、东亚和北美洲西部，最早的化石被发现于北美洲西部的早始新世地层 (大约 52Ma) 中，为产自美国怀俄明州的果瓣化石 *K. allenii* (Wang et al.，2013a)。然而，人们在西藏晚白垩世地层中发现并报道了和现生栾树花粉形态相似的花粉化石 (Li et al.，2008)，这似乎表明栾树属可能起源于欧亚大陆南部 (Wang et al.，2013a)。科考队古植物团队基于产自西藏中部伦坡拉盆地渐新世地层中保存完好的蒴果果瓣化石描述了栾树属的两个种。多样化的栾树在西藏中部渐新世地层中的发现似乎与分子谱系地理学研究所提出的该属起源于欧亚大陆南部的假说一致。这个发现也为认识古近纪西藏中部古环境提供了新的依据。

地质背景：本书涉及的栾树蒴果果瓣化石采自我国西藏中部伦坡拉盆地达玉剖面的丁青组 (Wu et al.，2018)。伦坡拉盆地新生代沉积厚达 4000 m，由下至上主要由牛堡组和丁青组组成。丁青组厚约 1000 m，主要由湖相沉积物组成，包括细粒浅灰色泥岩、细粉砂岩和灰岩 (Deng et al.，2012；Sun et al.，2014)。丁青组的年龄至今仍存在争议；最近的铀 - 铅同位素测年分析表明丁青组的年龄为晚渐新世至早中新世 (He et al.，2012)。伦坡拉盆地达玉剖面的化石层位于丁青组的中部至上部，主要由与灰岩和页岩互层的灰绿色和红色泥岩组成。生物地层学分析显示化石层的年龄最有可能为 26 ～ 23.5 Ma，为晚渐新世夏特阶 (Wu et al.，2017)。伦坡拉盆地达玉剖面的丁青组产出了保存精美的昆虫化石、鱼化石、哺乳动物化石和类型丰富的植物化石。植物化石包括 16 种双子叶植物与 7 种单子叶植物的叶化石和 5 种果实种子化石，类群有无患子科栾树属、榆科椿榆属、七叶树科掌叶木属、漆树科黄连木属、金缕梅科马蹄荷属、天南星科似浮萍叶属、香蒲科香蒲属、五加科、紫葳科和樟科等。植物化石组合和鱼化石始攀鲈都显示晚渐新世西藏中部气候温暖湿润，海拔为 1000 m 左右 (Wu et al.，2017)。

无患子目 Sapindales Jussieu ex Berchtold and J.Presl，1820

无患子科 Sapindaceae Jussieu，1789

栾树属 *Koelreuteria* Laxmann，1772

伦坡拉栾树 *Koelreuteria lunpolaensis* Jiang et al.，2018

古全缘栾树 *Koelreuteria miointegrifoliola* Hu & R.W. Chaney，1938

模式标本：XZDY2-0128（图 5.28A 和图 5.28B）。

副模标本：XZDY2-0127（图 5.29A 和图 5.29B）。

存放处：中国科学院西双版纳热带植物园，中国云南省勐腊县。

模式标本产地：西藏中部达玉地区，伦坡拉盆地。

地层：丁青组中下部，晚渐新世（夏特阶）。

词源：种名"*lunpolaensis*"是化石采集地中国西藏伦坡拉盆地。

种征：蒴果果瓣形状极不对称，轮廓呈椭圆形或圆形，基部呈圆形，极不对称，顶部微凹或浅裂，顶部两个裂瓣之间具有一个尖突。每一果瓣中部具有纵向的心皮缝合线和一个沿着缝合线中部分布的隔膜。隔膜几乎延伸至两裂瓣间果瓣顶部的末端。果瓣侧脉呈不规则"Z"字形，朝向果瓣边缘逐渐变细。侧脉间的间脉形成面积与形状相对一致的网孔，这些网孔通常具有 3～6 边。

描述：伦坡拉栾树的研究材料包括两个形态和脉序保存完好的蒴果果瓣化石。蒴果果瓣形状极不对称，外形呈椭圆形至圆形，大小分别为 4.66 cm × 3.48 cm（图 5.28A～图 5.28D）和 4.34 cm × 4.20 cm（图 5.29A～图 5.29D）。果瓣基部呈圆形，极不对称（图 5.28F），模式标本果瓣边缘为全缘，但副模标本边缘似乎呈轻微波状弯曲状（图 5.29A 和图 5.29B），但这可能是膜质果瓣在埋藏前发生了皱缩。果瓣顶部微凹或浅裂，浅裂长度占整个果瓣长度的 20%～30%（图 5.28E）。顶部裂瓣呈圆形，果瓣顶部的两个裂瓣间有一个代表柱头一部分的突尖（图 5.28E）。果瓣中脉粗，为纵向的心皮缝合线，并且缝合线中部具有突出的隔膜。两枚化石果瓣的隔膜长度分别为 3.34 mm 和 3.14 mm，几乎延伸至顶部裂瓣之间的末端。隔膜大约占整个果瓣长度的 2/3。种子没有保存。侧脉对生，从缝合线处以 30°～120° 向两侧伸出。侧脉呈不规则的"Z"字形，朝向果瓣侧缘逐渐变细，终结于加粗的边脉处。侧脉间的间脉和靠近缝合线处的侧脉粗细相似，比近果瓣边缘的侧脉更细。间脉与其他间脉或侧脉相连，形成网格，网孔的面积和形状比较一致，通常具有 3～6 条侧边。

比较伦坡拉栾树和现生及化石栾树种：本节所描述的青藏高原栾树蒴果果瓣与栾树属现生种的形态和大小相似，在形态细节方面也具有可比性，相似的特征包括果瓣中部具有纵向的缝合线，具有与缝合线重合的隔膜，羽状侧脉在较粗的边脉处终结等。西藏渐新世的蒴果果瓣化石没有保存种子，但这并不意外，因为现生栾树的种子常在果瓣成熟后脱落。锦葵科滇桐属和芸香科榆桔属的蒴果果瓣大形态和脉序类似于我们所研究的化石，但这两个属果瓣较小，且中央具有一个明显的小室区域（Kvaček et

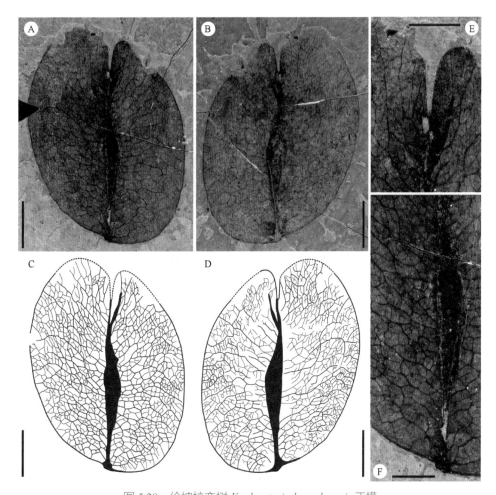

图 5.28　伦坡拉栾树 *Koelreuteria lunpolaensis* 正模

A. 单个蒴果果瓣，形状极不对称，顶端微凹；B. A 的对板；C. A 的线条素描图；D. B 的线条素描图；E. 蒴果果瓣顶部细节，
示顶端微凹，具有一个小突尖；F. 蒴果果瓣中部细节，示脉序。比例尺：A ～ D 为 1 cm；E 和 F 为 5 mm

al.，2002，2005；Manchester and O'Leary，2010），与西藏的化石明显不同。无患子科
的其他属也具有膨胀蒴果和膜质果瓣，类似于在西藏渐新世地层发现的栾树化石和栾
树属现生种。具有类似果瓣的无患子科的属包括 *Arfeuillea*、黄梨木属 *Boniodendron*、
倒 地 铃 属 *Cardiospermum*、*Conchopetalum*、*Erythrophysa* 和 *Stocksia*（Manchester and
O'Leary，2010；Wang et al.，2013a）。 然而，黄梨木属、倒地铃属和 *Stocksia* 的蒴
果果瓣比西藏的化石小。*Erythrophysa* 和 *Conchopetalum* 的蒴果具有明显伸长的花柱
（Acevedo-Rodríguez et al.，2011）。而西藏蒴果果瓣化石仅顶部有一个小突尖，表明花
柱很短。*Arfeuillea* 的果瓣与本节所研究的化石在形态、大小和脉序上较为相似，但
Arfeuillea 的果瓣上具有束状的毛状体（Bůzek et al.，1989），这点我们没有在所研究的
化石上观察到。

　　基于蒴果果瓣的形态和隔膜的发育状况，栾树属现生种被分为两个类群（Wang

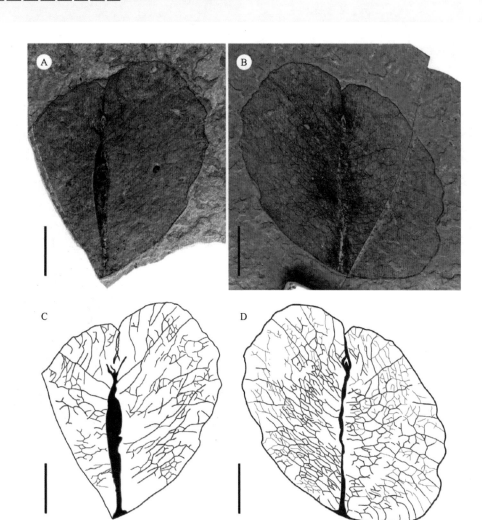

图 5.29 伦坡拉栾树 *Koelreuteria lunpolaensis* Jiang et al.，副模
A. 单个蒴果果瓣，注意隔膜几乎延伸到瓣片的顶端；B. A 的对板；C. A 的线条素描图；D. B 的线条素描图。
比例尺：A ～ D 为 1 cm

et al.，2013a)。栾树型 *K. paniculata*-type 包括一个种栾树，具有卵形蒴果果瓣，锐尖或略呈渐尖的果瓣顶部，隔膜不完整，自果瓣基部起约占整个果瓣长度的 1/3。复羽叶栾树型 *K. bipinnata*-type 包括复羽叶栾树、台湾栾树和纤细栾树，具有椭圆形、卵圆—椭圆形至近圆形的蒴果果瓣，果瓣顶部呈圆形或钝，隔膜较长，自果瓣基部延伸，超过整个果瓣长度的 1/3。西藏渐新世的标本材料明显不同于现生栾树属的两种类型，其蒴果果瓣形状极不对称，顶端微凹或浅裂，裂瓣长度占整个果瓣长度的 20% ～ 30%，"Z" 字形侧脉向果瓣边缘延伸，逐渐变细。而现生栾树的蒴果果瓣侧脉轻微弯曲，粗细均一。我们认为伦坡拉栾树的形状极不对称的果瓣不是埋藏造成的结果。因为两枚标本都具有这个特征。伦坡拉栾树隔膜占整个果瓣长度的 2/3，但是它几乎延伸至两个顶部裂瓣之间的果瓣顶部末梢，这表明隔膜几乎是完整的。在大多数情况下，栾树的隔膜是不完整的，这点不同于无患子科的其他属。然而，在少数情况下，复羽叶栾树具有近乎完整的隔膜（图 5.30），与伦坡拉栾树相似度极高。通过对已发表栾树属化石的重新进行厘定，5 个蒴果或蒴果果瓣化石种被认为是该属可靠的化石记录。最近，科学家报道并描述了来自青海市泽库县早中新世尕让层的另一个栾树化石种 *Koelreuteria quasipaniculata*（Li et al.，2016）。栾树属的 6 个化石种中，*K. macroptera* 和 *K. quasipaniculata* 属于现生栾树。它们与伦坡拉栾树明显不同，区别在于它们的蒴果果瓣顶部锐尖，形状对称或轻微不对称，隔膜长度占果瓣长度约 1/3。*Koelreutera allenii*、*K. dilcheri*、*K. taoana* 和 *K. miointegrifoliola* 被认为属于复羽叶栾树，它们很容易被与伦坡拉栾树区分。因为这些化石种具有以下特征：蒴果果瓣顶部呈圆形，不分裂或几乎不分裂，形状对称或近似对称，隔膜长度占果瓣长度的一半左右。

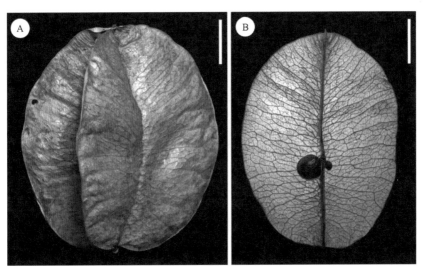

图 5.30　复羽叶栾树，现代种比较用

A. 气囊状蒴果，具有三个卵形的膜状果瓣；B. 单个蒴果果瓣示脉序。比例尺 =1 cm

古全缘栾树 *Koelreuteria miointegrifoliola* Hu & R.W. Chaney

材料：IVPP B 2505（图 5.31），XZDY2-0125（图 5.31K），XZDY2-0126（图 5.31F 和 5.32G）。

描述：研究材料包括一个完整的、保存精美的蒴果果瓣和两个不完整的果瓣。蒴果果瓣近左右对称，椭圆形。完整果瓣长 2.92 cm，宽 2.31 cm；两个不完整的果瓣宽度分别为 2.22 cm 和 3.30 cm。果瓣基部呈圆形，对称或近对称，边缘全缘，顶部微凹，具有代表部分柱头的突尖。代表纵向心皮缝合线的果瓣中脉较粗，果瓣中部具有明显的隔膜。隔膜在远端处不完整，自果瓣基部向上延伸，约占果瓣长度的 50%。种子没有保存。侧脉羽状，互生至对生，从中脉以 50° ～ 140° 向两侧分离。侧脉轻微弯曲至近平直，向果瓣边缘延伸，粗细均匀，终结于较粗的边脉处。侧脉之间的间脉在大多数情况下比侧脉细。间脉与间脉及侧脉形成网格，网孔面积和形状相对一致，通常具有

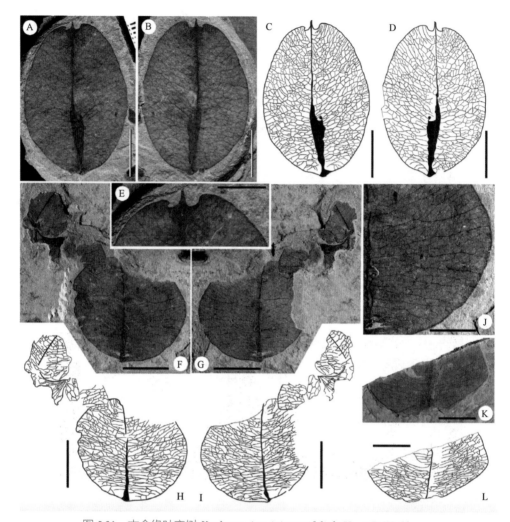

图 5.31   古全缘叶栾树 *Koelreuteria miointegrifoliola* Hu et R.W. Chaney

A. 单个蒴果果瓣，注意隔膜延伸至瓣片，几乎占一半；B. A 的对板；C. a 的线条素描图；D. B 的线条素描图；E. 蒴果果瓣顶部细节，示顶端微凹，具有小突尖；F. 单个蒴果果瓣；G. F 的对板；H. F 的线条素描图；I. G 的线条素描图；J. 蒴果果瓣中部细节，示脉序细节；K. 不完整保存的蒴果果瓣；L. K 的线条素描图。比例尺：A～D、F～I、K、L 为 1 cm；

E 和 J 为 5 mm

3～6 条侧边。

讨论：西藏渐新世的化石材料与化石种古全缘栾树相似度极高。古全缘栾树最初被发现于中国山东临朐中新世山旺组地层中，包括蒴果果瓣和小叶的印痕化石（Hu and Chaney，1938）。根据最近对古全缘栾树的厘定，该种的特征包括果瓣基部呈圆形，近平截或心形；顶部呈圆形，微凹或具有短尖，隔膜不完整，延伸至整个果瓣长度的一半左右（Wang et al.，2013a）。古全缘栾树属于复羽叶栾树型栾树，与现今分布于中国南部和西南的复羽叶栾树相似度最高。该种还被发现于日本本州的中新世地层。我们的发现将古全缘栾树化石的分布范围扩展至西藏中部，也将其地质时代分布扩展至渐新世。

　　青藏高原渐新世—中新世栾树属的多样性和多样化：近些年，越来越多化石的发现为认识青藏高原的生物多样性历史提供了重要证据。被发现于西藏中部伦坡拉盆地晚渐新世地层的两种栾树蒴果果瓣化石和近来报道于青海早中新世地层的栾树化石（图 5.32），表明栾树属渐新世和中新世在青藏高原具有一定的多样性。发现于伦坡拉盆地的古全缘栾树属于现生复羽叶栾树型，而被发现于青海的栾树化石属于现生栾树型，这表明渐新世—中新世现生栾树属的两个类群在青藏高原都已经出现。伦坡拉栾树的蒴果果瓣形状明显不同于现生栾树属的两个类群和其他已被报道的栾树属化石种。它可能代表栾树属的一个灭绝类群。因此，目前的化石证据表明渐新世—中新世青藏高原是栾树属最重要的多样性和多样化中心之一。这个属在世界其他地区的新生代植物群中几乎不具有多样性。除了在青海发现的栾树化石以外，栾树型栾树化石仅在欧洲有报道，而复羽叶栾树型栾树化石只出现在亚洲和北美洲（Wang et al., 2013a）。值得注意的是，与现生栾树花粉形态十分类似的花粉化石出现在西藏日喀则地区桑托阶—马斯特里赫特阶（晚白垩世晚期）的地层中（Song et al., 2004；Li et al., 2008）。它们可能是栾树属最早的化石记录，这似乎表明该属起源于欧亚大陆南部。渐新世—中新世青藏高原栾树属较高的多样性与这一假说相符。现今青藏高原地区没有栾树属植物分布，但邻近地区（四川、云南）的栾树具有一定的多样性，包括栾树和复羽叶栾树（Xia et al., 2007）。伦坡拉栾树与现今四川和云南的复羽叶栾树的蒴果果瓣形态非常相似，表明这两个种可能存在亲缘关系。伦坡拉栾树的灭绝可能与青藏高原在渐新世之后的持续抬升和随后气候急剧变化有关。

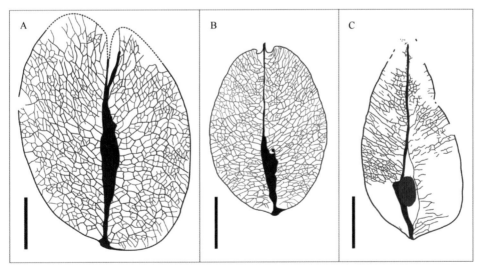

图 5.32　青藏高原渐新世—中新世时期栾树蒴果果瓣形态多样性

A. 伦坡拉栾树（新种）；B. 古全缘栾树；C. *K. quasipaniculata* Li et al. 比例尺：A ～ C 为 1 cm

　　生物地理学意义：古植物学证据显示与现生复羽叶栾树型栾树蒴果/果瓣相似的栾树化石在始新世广泛分布于俄罗斯远东地区、中国东北和美国西北部等中纬度地区。然而，除了在中国西藏发现的古全缘栾树，复羽叶栾树型蒴果或果瓣化石在全球渐新世地层中并未被发现，尽管栾树型栾树的化石在欧洲渐新世地层中已被发现（Wang et al.，2013a）。这似乎表明晚渐新世伦坡拉盆地不仅是栾树属的多样性和多样化中心，同时也是复羽叶栾树型类群的孑遗保护区。中国的渐新世植物化石群非常少，迄今为止，栾树属并未在华南广西渐新世宁明植物群和广西晚渐新世三塘植物群中被发现。对这两个植物群均已进行过较为全面的化石采集工作，植物化石多样性较高（Shi et al.，2012，2014；Quan et al.，2016）。因此，被发现于华东地区山东山旺中中新世地层和浙江宁海晚中新世地层的复羽叶栾树型栾树化石所代表的类群可能是渐新世之后由西藏迁徙而来的。

古环境意义：产自西藏中部晚渐新统的古全缘栾树与复羽叶栾树型栾树的现生种相似度极高。复羽叶栾树型栾树为高达 20 m 的落叶乔木，生长在亚热带森林至热带雨林，分布海拔可达 2500 m（Xia et al.，2007）。晚渐新世西藏中部古全缘栾树的生存环境和它现生亲缘种的生存环境很可能是相似的。其他包含古全缘栾树的中国化石植物群，如华东的中中新世山旺植物群和晚中新世下南山植物群也代表着亚热带低海拔植被。与栾树化石共同发现于丁青组同一层位的始攀鲈化石和包括棕榈在内的化石植物群表明晚渐新世伦坡拉盆地气候温暖湿润，海拔在 1000 m 左右（Wu et al.，2017）。而现今伦坡拉盆地海拔约为 4500 m，植被类型为高山草甸。这一古海拔结论与最近的旋回地层学研究一致（Ma et al.，2017），该研究表明伦坡拉盆地在渐新世末发生了区域性的抬升。伦坡拉盆地晚渐新世植物群的叶相特征与中国东部浙江的现代低地亚热带植被相似。然而，孢粉学证据表明伦坡拉盆地的晚渐新世植被为针叶阔叶混交林，存在着亚热带、温带和山地针叶林植物分子（Sun et al.，2014）。鉴于某些松柏类植物，特别是分布于高山的冷杉属和云杉属的花粉具有双气囊，可以在空气中飘浮很远的距离，上述情况的出现并不意外，这同时也表明重建青藏高原抬升历史非常复杂，尽管伦坡拉盆地晚渐新世的植物大化石和鱼化石表明该处存在一个区域性的低海拔植被。对长时期尺度下青藏高原植被演化的了解仍要依赖于在此地区更多化石材料的发现。

第 6 章

结 语

在距今 2 亿多年前的三叠纪时期，青藏高原今天所处的地区还是一片汪洋大海。喜马拉雅山脉分布着三叠纪的海相灰岩，20 世纪 70 年代青藏高原第一次综合科学考察中，古生物学家在此发现了喜马拉雅鱼龙 *Himalayasaurus tibetensis*（董枝明，1972）和珠峰中国旋齿鲨 *Sinohelicoprion qomolangma*（张弥曼，1976）的化石。至侏罗纪—白垩纪时期，我国西藏东南部的部分地区逐渐脱离海洋环境，在昌都盆地形成了与当时四川盆地相似的淡水湖泊，恐龙等动物生活在湖岸边，如在芒康发现的拉乌拉芒康龙 *Monkangosaurus lawulacus* 和酋龙 *Datousaurus* sp. 等（Dong and Milner，1988）。

中生代泛大陆解体之后，分离出来的印度板块以较快的速度向北漂移，终于在新生代初期与欧亚大陆发生碰撞，成为近 5 亿年来地球历史上发生的最重要造山事件，青藏高原开始逐渐形成。青藏高原的隆升过程不是匀速运动，也非一次性猛增，而是经历了不同的阶段（Deng and Ding，2015）。每次隆升都使高原地貌得以演进，而生物对气候环境的变化极其敏感，青藏高原隆升对气候环境所造成的巨大影响必定会反映在该地区生物群的演替上。近年来，我们在青藏高原的考察和研究中获得了一系列重要的发现，从生物演化的角度清晰地描绘出青藏高原的隆升过程和影响效应。

6.1 热带动植物的乐土

最初的证据来自藏北高原的尼玛盆地，2010 年我们在其南缘的陆相灰色粉砂质泥岩沉积中发现了丰富的鱼类化石，在其中创建了一个鲤科鲃类化石的新属新种，并将其命名为张氏春霖鱼 *Tchunglinius tchangii*（Wang and Wu，2015）。结合该段地层情况，用 $^{40}Ar/^{39}Ar$ 法测得其地质年龄为 26 ~ 23.5 Ma（DeCelles et al.，2007a），推测张氏春霖鱼生活于晚渐新世时期。鲤科鲃类的分布限于东半球的亚洲和欧洲中南部及非洲，其中生活于低海拔温暖地区的种类脊椎骨数较少，如现代亚洲热带属种的脊椎骨数量只有 30 枚左右；而生活在寒冷的高海拔地区的种类脊椎骨数量较多，如同属于鲃类的现代青藏高原特有的裂腹鱼类有接近 50 枚脊椎骨。张氏春霖鱼的脊椎骨数为 33 枚，远少于现代青藏高原的裂腹鱼类，而接近亚洲热带的鲃类，因此张氏春霖鱼应该是生活在低海拔温暖地区的鱼类。由此推断，尼玛盆地一带在晚渐新世还处于低海拔的温暖环境之中。

由于得到了如此重要的线索，随后我们在青藏高原的野外考察中加强了力度，在尼玛盆地及其以东的伦坡拉盆地发现了更丰富和多样的化石。其中，攀鲈及其伴生植物等指示低地暖湿环境的化石将为重建青藏高原的隆升历史增添强有力的证据。

今天主要分布在南亚、东南亚和非洲中西部热带地区的攀鲈在分类上属于攀鲈亚目攀鲈科，其生活环境的海拔大多在 500 m 以下，最高不到 1200 m，气温在 18 ~ 30 ℃。攀鲈栖息于河湖边缘或沼泽水洼，偏好浅而安静且缺氧的水体，溶氧量可低至 1 mg/L 以下，而大多数鱼类的正常生命活动要求在 4 mg/L 以上。攀鲈的特别之处在于其鳃腔内长有由鳃骨特化而成的迷鳃，这个结构的形态如花朵一般。攀鲈凭借这一器官可以直接呼吸空气中的氧气，因为迷鳃表面覆盖着呼吸上皮，有丰富的毛细血管，而且不同于其他正常的鳃，通过迷鳃的血液经由静脉回流到心脏。迷鳃结构复杂，在鳃腔内占有很大的空间，这使得用于在水中呼吸的鳃大大萎缩，以致满足鱼体存活所需要的氧气量不能被充足吸入，因而攀鲈必须经常将头伸出水面在空气中进行呼吸，甚至在雨后爬出水面登岸"行走"。在藏北发现的攀鲈化石是攀鲈科迄今最早且最原始的化石代表，被命名为一个新属新种，即西藏始攀鲈 *Eoanabas thibetana*，它将攀鲈科的化石记录前推了约 20 Myr（Wu et al.，2017）。在始攀鲈的标本中也通过扫描电镜观察到了迷鳃，其迷鳃骨片上的穿孔构造显示其迷鳃的发育程度更接近在空气中呼吸能力最强的亚洲攀鲈。研究结果显示，西藏始攀鲈具有类似于现代攀鲈的生理特征与生态习性，通过对比可知其指示着温暖湿润的环境，其栖息地也可能是较为局限的水体（图 6.1）。然而，化石产地现代的海拔近 5000 m，紫外线辐射强，水体年均温低至约 −1.0 ℃、流动性强而溶氧量高，与攀鲈 26 Ma 前的生活环境截然不同。由此可见，自西藏始攀鲈的时代至今，青藏高原腹地的地理特征与自然环境显然经历了巨大的变化。

图 6.1　晚渐新世藏北伦坡拉—尼玛盆地生态环境复原（本书作者之一吴飞翔作）

与攀鲈同层的植物群落包括典型的喜暖湿环境的叶型硕大的棕榈、菖蒲及与浮萍类关系很密切的天南星科水生植物，这些化石进一步支持了上述推断，证明群落生长地当时的海拔不超过 2000 m，在同一层位发现的一些昆虫也指示类似的古海拔。藏北渐新世晚期的这个生物群间接地说明当时自印度洋而来的暖湿气流可以深入到藏北地区，也就是说，现代青藏高原南缘横亘东西的巨大山脉在当时远没有隆起到今天的高度，因此还不足以阻挡南来的暖湿气流。

由此可见，根据古生物学证据，尤其是通过化石所反推的高原隆升历史，与目前基于地质学、地球物理和地球化学等数据而得出的青藏高原在渐新世甚至始新世就已达到现代高度的推断明显不同。因此，多种证据互相参照可以让已有的高原隆升模式得到不断完善和修正。

6.2　青藏高原逐渐隆升的历史

进入中新世，青藏高原持续隆升。藏北地区以春霖鱼和始攀鲈为代表的热带鱼类已消失，开始出现现代青藏高原特有的裂腹鱼类。根据裂腹鱼类不同的特征和不同的分布高度将其分为原始、特化和高度特化3个等级：原始等级每个下咽骨上载有3行咽齿，一般分布在海拔1250～2500 m的范围内；特化等级具有2行咽齿，分布的海拔为2500～3750 m；高度特化等级具有2行甚至只有1行咽齿，分布在海拔3750～4750 m处（曹文宣等，1981）。在伦坡拉盆地现今海拔为4540～4550 m的丁青组早中新世段地层中发现的大头近裂腹鱼 *Plesioschizothorax macrocephalus*（武云飞和陈宜瑜，1980）属于具有3行咽齿的原始等级，因此当时的古海拔不会超过3000 m（张弥曼和苗德岁，2016）。

在伦坡拉盆地现今海拔4624 m的丁青组早中新世段地层中还发现了犀科化石，材料为肱骨远端，其特征与山东临朐早中新世晚期山旺动物群中的细近无角犀 *Plesiaceratherium gracile* 几乎完全相同。山旺的哺乳动物化石主要为在森林边缘和沼泽区域生活的类型，尤其是原古鹿、柄杯鹿和多样的松鼠等，而草原生活的类型十分贫乏，说明当时的生态环境是亚热带或暖温带森林型。从山旺盆地所含的植物群组合看，其中不少是亚热带常绿或落叶阔叶植物，显示温暖而湿润的气候。丁青组的孢粉组合特征与山旺组的组合接近，反映了当时温暖湿润的温带气候，伦坡拉近无角犀的生存环境也为常绿阔叶林带。在全球气候背景上，近无角犀生活于距今17.8 Ma的Mi-1b和16 Ma的Mi-2两个变冷事件之间，但温度水平仍然高于现代，根据氧同位素计算的温度比现代约高4℃（Pekar and DeConto，2006）。植物垂直带谱的分布与气温直接相关，根据在早中新世比现代高4℃条件下由气温直减率产生的670 m高差校正，推测近无角犀在伦坡拉盆地的生活环境上限接近海拔3000 m（Deng et al.，2012b）。

在可可西里盆地中新世的五道梁组湖相泥灰岩中发现了阔叶植物化石，其中包括小檗 *Berberis*，该化石地点的现今海拔为4600 m。五道梁小檗化石类似于现代的亚洲小檗 *B. asiatica*，后者的垂直分布范围限制在海拔914～2286 m。依据五道梁组湖相沉积的碳、氧同位素古气候旋回记录，通过气候地层学的方法与深海氧同位素曲线进行对比，其年龄在24.1～14.5 Ma，小檗化石约在17 Ma的对应层位。由于化石及其现生的最近亲缘种可能占据相似或一致的生态位，五道梁小檗化石地点的古高度经中新世全球气温的校正后，应位于海拔1395～2931 m，这显示可可西里盆地及青藏高原北部的古海拔在早中新世末期不超过3000 m（Sun et al.，2015）。

喜马拉雅山地区吉隆盆地沃马地点的现代海拔为4384 m，其三趾马动物群的时代为晚中新世晚期，经古地磁测定其年龄为7 Ma（Yue et al.，2004）。吉隆三趾马动物群的生态特征显示森林和草原动物各占有一定比例，与南亚的西瓦立克三趾马动物群产生了分异，表明这一时期的喜马拉雅山已对动物群的迁徙起到了显著的阻碍作用。通过稳定碳同位素分析，吉隆盆地三趾马化石的釉质 $\delta^{13}C$ 值为 −2.4‰ ~ −8.0‰，平均值为 −6.0‰ ±1.1‰，指示其具有 C_3 和 C_4 的混合食性，其食物中含有 30% ~ 70% 的 C_4 植物，显示生态环境以疏林为特征。C_4 植物在温度较高、光照较好、水汽充足的条件下比 C_3 植物更具有优势，而在高纬度或 3000 m 以上的高海拔地区及以冬季降水为特征的地区稀少，甚至缺失（Deng and Li，2005）。通过古气温校正，碳同位素数据指示吉隆盆地在晚中新世约 7 Ma 的海拔最有可能为 2400 ~ 2900 m（Wang et al.，2006b）。

在阿里地区札达盆地的上新世地层中发现了札达三趾马 *Hipparion zandaense* 的骨架化石，重建的运动功能显示其具有快速的奔跑能力和持久的站立时间，而这样的特点只有在开阔地带才成为优势。喜马拉雅山脉至少自中新世以来就已经形成并产生植被的垂直分带，此地的开阔草原地带只存在于植被垂直带谱的林线之上。札达地区现代的林线在海拔 3600 m 处，而札达三趾马生活的距今 4.6 Ma 对全球来说正处于上新世中期的温暖气候中，温度比现代高约 2.5℃（Zachos et al.，2001）。按照气温直减率，则札达三趾马生活时期札达地区的林线高度应位于海拔 4000 m 处。发现札达三趾马骨架化石的地点海拔接近 4000 m，也就是说，札达盆地至少在上新世中期就已经达到其现在的海拔（Deng et al.，2012a）（图 6.2）。

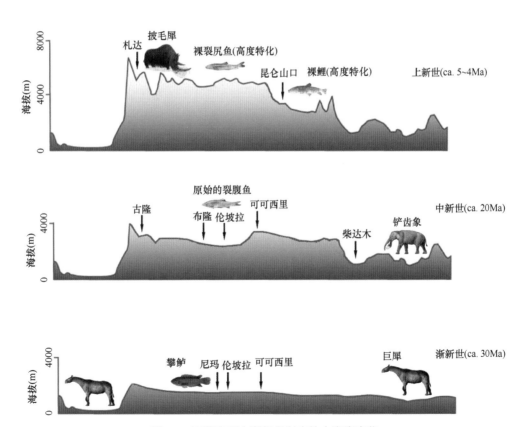

图 6.2　青藏高原自渐新世以来的古高度变化

青藏高原南部札达盆地的上新世地层中还产有只具有一列咽齿的高度特化的裂腹鱼类化石，青藏高原北部昆仑山口盆地上新世的裸鲤 *Gymnocypris* 也属于高度特化等级，这两个地点的现代海拔分别为 3900～4400 m 和 4769 m。换句话说，高度特化的裂腹鱼亚科鱼类在上新世时就已存在于这两个盆地，从南北两侧证明青藏高原已经接近现代的高度（张弥曼和苗德岁，2016）。

6.3 冰期动物群的摇篮

青藏高原在上新世达到现代高度后，其气候环境已具有冰冻圈的特点，必然导致生物群发生相应变化。长期以来，第四纪的冰期动物群已被认识到与更新世的全球变冷事件密切相关，它们体型巨大、身披长毛的特点是对于寒冷环境的适应性状，尤其是具有能刮雪的身体构造，其中以猛犸象和披毛犀最具有代表性。这些令人感兴趣的灭绝动物一直受到广泛的关注，它们的上述特点曾经被假定是随着第四纪冰盖扩张进化而来的，即这些动物被推断可能起源于高纬度的北极圈地区（Darwin，1859），但该假说一直没有可信的证据。

在札达盆地上新世哺乳动物化石组合中发现的、已知最原始的披毛犀，被证明在第四纪之前冰期动物群的一些成员已经在青藏高原上演化发展，而当时包括北极圈在内的广大地区正处于比今天还要温暖的环境中。冰期动物的祖先在青藏高原高海拔环境下的严寒冬季中得到"训练"，其形成了对后来第四纪冰期气候的预适应，因此最终成功地扩展到欧亚大陆北部的干冷草原地带。这一新的发现推翻了冰期动物起源于北极圈的假说，证明青藏高原才是它们最初的演化中心，并由此提出了冰期动物"走出西藏"假说（Deng et al.，2011）。

西藏披毛犀生存的时代为距今约 3.7 Ma 的上新世中期，它在系统发育上处于披毛犀谱系的最基干位置，是目前已知最早的披毛犀记录。随着第四纪冰期在距今 2.6 Ma 开始显现，西藏披毛犀离开高原地带，经过一些中间阶段，最后来到欧亚大陆北部的低海拔高纬度地区，成为中—晚更新世繁盛的猛犸象 - 披毛犀动物群的重要成员（图 6.3）。占据整个鼻骨背面的角座粗糙面指示西藏披毛犀在活着的时候具有一只巨大而侧扁的鼻角，一只较小的额角也可以由额骨上的宽而低的隆起得到推断。前倾的鼻角用以在冬季刮开冰雪，从而找到取食的干草。非常宽阔的鼻骨和骨化的鼻中隔指示它的 2 个鼻腔不仅相当大，更重要的是可以增加其在寒冷空气中的热量交换。

对在札达盆地发现的猫科动物化石进行形态学研究，结合现生大型猫科动物，即豹亚科的 DNA 基因数据，用全证据系统发育学的分析方法，证明其代表了一个与现生雪豹互为姐妹群的豹属新种布氏豹。布氏豹是目前已知的全球最古老的豹类，它在札达盆地地层中分布的古地磁年龄范围在 5.95～4.10 Ma，这一时段也代表了猫科动物的豹类在全世界的最早出现时间，表明豹类动物在晚中新世到上新世就已经存在于中亚。之前分子生物学研究所提出的豹类支系种类在上新世晚期的最早分化时间被否定，此项研究结果证明在现生猫科动物最早分化的中新世时期豹类已经产

图 6.3 札达盆地上新世高山动物群生态复原（Julie Selan 绘，引自 Wang et al., 2015b）

生。因此，豹类应该起源于青藏高原及其邻近地区，古地理学的分析结果指示这一支
系的多元演化与青藏高原在晚新生代的隆升及其环境效应必然存在密切联系（Tseng
et al., 2014）。

由于青藏高原拥有在北极和南极之外地球上最大面积的冻土和冰川，喜马拉雅山
脉和青藏高原不但享有"世界屋脊"的美誉，同时也被称为"世界第三极"。生活在
青藏高原高寒地带的哺乳动物与南北极动物同样拥有适应低温的厚重皮毛，而且其中
的食肉类动物也较其他地区具有更强的猎食性。来自札达盆地上新世 5 ～ 3 Ma 沉积中
的犬科化石被命名为一个新种邱氏狐，其下裂齿与现生北极狐同样有发达的切割功能，
且与其他杂食性更高的现生狐狸种类不同（Wang et al., 2014）。邱氏狐的体型甚至比北
极狐还大，根据贝格曼法则，这是一个减少热量流失的生存策略，说明邱氏狐更加适
应寒冷气候。邱氏狐的发现表明，青藏高原化石群所包含的邱氏狐是北极狐的早期类型，
而其现生代表生活的北极圈与喜马拉雅山的距离超过 2000 km。这一发现不仅使我们深
入认识了上新世青藏高原的冰期动物面貌，还揭示了它们与现代北极动物群的亲缘关
系，证明青藏高原的隆升一方面对全球气候有重大影响，另一方面高原上的古老动物
群也是现代动物多样性和地理区系分布的基础。

现代盘羊广泛分布于高加索、喜马拉雅、青藏高原、天山 - 阿尔泰山、东西伯利亚，
以及北美洲的落基山等一系列山地范围内。在欧亚大陆，只是在华北、东西伯利亚和
西欧的几个更新世地点发现了少量盘羊化石的牙齿材料，而之前在青藏高原没有记录。
在西藏札达盆地发现的新属种喜马拉雅原羊不仅将羊类的化石记录扩展到青藏高原的
上新世，并且显示青藏高原，可能还包括天山 - 阿尔泰山，代表了盘羊的祖先生活地区，

这一基干类群是所有盘羊现生种的最近共同祖先，并与冰期动物"走出西藏"的起源理论一致。原羊小于现生的亚洲盘羊，但与盘羊一样具有向后外侧弯曲的角心和部分发育的额窦，以及一些趋向于盘羊的过渡性状。原羊化石地点距一个由变质岩基底形成的古岛不远，在面临食肉动物捕猎者的威胁时，这些悬崖峭壁可以为原羊提供保护条件（Wang et al.，2016）。

札达盆地食草哺乳动物的化石碳同位素分析结果指示上新世时期 C_3 植物在植被中占有统治地位（Wang et al.，2013d），说明原羊与青藏高原的现代牛科动物一样，也以 C_3 植物为食。青藏高原的盘羊祖先与现代的盘羊占据相同的分布范围，在上新世已适应高海拔的寒冷环境，而当时的其他地区，包括高纬度的北极圈都处于更温暖的气候条件下。这一祖先类群快速进化到具有类似于现生盘羊的形态，在距今约 2.6 Ma 的第四纪冰期到来时，它们拥有了在冰冻环境下生存的竞争优势，因而迅速扩散到青藏高原周边及更遥远的地区（图 6.4）。

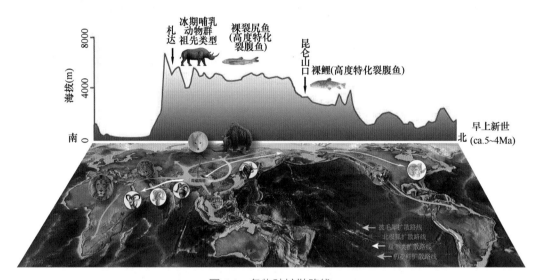

图 6.4   各物种扩散路线

我们的研究结果表明，渐新世时期尼玛和伦坡拉等盆地的海拔不超过 2000 m，整个青藏高原的地势还不足以阻碍大型动物的交流，巨犀 *Paraceratherium* 等哺乳动物仍然能够在高原南北之间穿行；到中新世，吉隆、伦坡拉和可可西里等盆地的数据反映高原上升至海拔 3000 m 左右，已成为当时铲齿象 *Platybelodon* 等哺乳动物交流的屏障；直至上新世，札达和昆仑山口等盆地达到了 4000 m 以上的现代海拔，由此形成了冰冻圈环境，导致冰期动物群的出现（图 6.3）。长期以来，科学家一直在上新世和早更新世的极地苔原和干冷草原上寻找适应寒冷气候的第四纪冰期动物群的始祖，但并未获得成功。现在，通过对在青藏高原上以札达盆地为代表的新生代晚期沉积物中所发现的哺乳动物化石的研究，我们认识到，在上新世就达到现代高度的青藏高原的严寒气候已经使第四纪冰期动物群的祖先度过了适应寒冷进化的最初阶段。

参考文献

艾华国, 兰林英, 朱宏权, 等. 1998. 伦坡拉第三纪盆地的形成机理和石油地质特征. 石油学报, 19(2): 21-27.

蔡保全. 1987. 河北阳原——蔚县晚上新世小哺乳动物化石. 古脊椎动物学报, 25(2): 124-136.

曹文宣, 陈宜瑜, 武云飞, 等. 1981. 裂腹鱼类的起源和演化及其与青藏高原隆起的关系. 见: 中国科学院青藏高原综合科学考察队. 青藏高原隆起的时代、幅度和形式问题. 北京: 科学出版社.

陈道公, 彭子成. 1985. 山东新生代火山岩K-Ar年龄和Pb-Sr同位素特征. 地球化学, (4): 293-303.

陈冠芳. 1977. 宁夏中宁一板齿犀化石. 古脊椎动物与古人类, 15(2): 143-147.

陈冠芳. 1991. 山西榆社上新世山羊类一新属. 古脊椎动物学报, 29(3): 230-239.

陈冠芳, 吴文裕. 1976. 河北磁县九龙口中新世哺乳动物. 古脊椎动物学报, 14(1): 6-15.

戴福德, 邱占祥. 1996. 山西榆社上新世犬类一新属. 古脊椎动物学报, 34(1): 27-40.

邓涛. 2002a. 临夏盆地晚中新世维氏大唇犀(奇蹄目, 犀科)肢骨化石. 古脊椎动物学报, 40(4): 305-316.

邓涛. 2002b. 甘肃临夏盆地发现已知最早的披毛犀化石. 地质通报, 21(10): 604-608.

邓涛, 侯素宽, 颉光普, 等. 2013. 临夏盆地上中新统的年代地层划分与对比. 地层学杂志, 37(4): 417-427.

邓涛, 侯素宽, 王宁, 等. 2015. 西藏聂拉木达涕盆地晚中新世的三趾马化石及其古生态和古高度意义. 第四纪研究, 35(3): 493-501.

邓涛, 王伟铭, 岳乐平. 2003. 中国新近系山旺阶建阶研究新进展. 古脊椎动物学报, 41(4): 314-323.

邓涛, 薛祥煦. 1997. 重论真马(Equus属)首次出现可作为第四纪下限标志. 地层学杂志, 21(2): 109-116.

邓涛, 薛祥煦. 1999a. 中国的真马化石及其生活环境. 北京: 海洋出版社.

邓涛, 薛祥煦. 1999b. 中国早期古马型真马化石的新发现. 见: 王元青, 邓涛. 第七届中国古脊椎动物学学术年会论文集. 北京: 海洋出版社.

邓涛, 薛祥煦. 1999c. 甘肃庆阳早更新世马属(奇蹄目, 马科)一新种. 古脊椎动物学报, 37(1): 62-74.

丁林, Maksatbe S, 蔡福龙, 等. 2017. 印度与欧亚大陆初始碰撞时限、封闭方式和过程. 中国科学: 地球科学, 47(3): 293-309.

董为. 2006. 安徽淮南大居山的早更新世反刍类. 古脊椎动物学报, 44(4): 332-346.

董为. 2008. 安徽淮南大居山早更新世猪化石. 古脊椎动物学报, 46(3): 233-246.

董为, 房迎三. 2005. 南京汤山驼子洞的马科化石及其意义. 古脊椎动物学报, 43(1): 36-48.

董枝明. 1972. 珠穆朗玛峰地区的鱼龙化石. 中国科学院古脊椎动物与古人类研究所甲种专刊, 9: 7-10.

杜佰伟, 谭富文, 陈明. 2004. 西藏伦坡拉盆地沉积特征分析及油气地质分析. 沉积与特提斯地质, 24(4): 46-54.

方爱民, 阎臻, 刘小汉, 等. 2005. 藏南柳区砾岩中植物化石组合及其特征. 古生物学报, (3): 435-445.

冯祚建, 蔡桂全, 郑昌琳. 1986. 西藏哺乳类. 北京: 科学出版社.

高健为. 1982. 澎湖动物群. 海洋汇刊, (27): 123-131.

耿国仓. 1984. 第十五章, 上第三系. 见: 文世宣, 章炳高, 王义刚, 等. 青藏高原科学考察丛书, 西藏地层. 北京: 科学出版社.

耿国仓, 陶君容. 1982. 西藏第三纪植物的研究. 见: 中国科学院青藏高原综合科学考察队. 西藏古生物(第五分册). 北京: 科学出版社.

郭双兴. 1986. 四川理塘始新统热鲁组化石植物群特征及桉属的历史. 见: 中国科学院青藏高原综合科学考察队. 横断山专集(二). 北京: 北京科学技术出版社.

黑龙江文物管理委员会, 哈尔滨市文化局, 中国科学院古脊椎动物与古人类研究所东北考察队.1987.阎家岗·旧石器时代晚期古营地遗址. 北京: 文物出版社.

侯祐堂, 勾韵娴. 2007. 中国的介形类化石, 第二卷, Cytheracea和Cytherellidae. 北京: 科学出版社.

侯祐堂, 勾韵娴, 陈德琼. 2002. 中国的介形类化石, 第一卷, Cypridacea和Darwinulidacea. 北京: 科学出版社.

胡长康, 刘后一. 1959. 东北第四纪哺乳动物化石志. 北京: 科学出版社.

胡锦矗, 王酉之. 1984. 四川资源动物志第二卷兽类. 成都: 四川科学技术出版社.

胡松梅, 张鹏程, 袁明. 2008. 榆林火石梁遗址动物遗存研究. 人类学学报, 27(3): 232-248.

黄赐璇, 李炳元, 张青松, 等.1980. 西藏亚汝雄拉达涕拉湖盆湖相沉积的时代和孢粉分析. 见: 中国科学院青藏高原综合科学考察队. 西藏古生物(第一分册). 北京: 科学出版社.

黄万波. 1980. 西藏第四纪哺乳动物化石地点. 见: 中国科学院青藏高原综合科学考察队. 西藏古生物(第一分册). 北京: 科学出版社.

黄万波, 计宏祥, 陈万勇, 等.1980. 西藏吉隆、布隆盆地的上新世地层. 见: 中国科学院青藏高原综合科学考察队. 西藏古生物(第一分册). 北京: 科学出版社.

黄万波, 计宏祥. 1979. 西藏三趾马动物群的首次发现及其对高原隆起的意义. 科学通报, 24(19): 885-888.

计宏祥, 徐钦琦, 黄万波. 1980. 西藏吉隆沃马公社三趾马动物群. 见: 中国科学院青藏高原综合科学考察队. 西藏古生物(第一分册). 北京: 科学出版社.

贾慧, 孙柏年, 李相传, 等. 2009. 浙东新近纪一种栎属植物化石微细特征及其古环境指示. 地学前缘, 16: 79-90.

金昌柱. 1991. 新疆更新世晚期哺乳动物群及其生态环境. 见: 国际第四纪大会. 中国科学院古脊椎动物与古人类研究所参加第十三届国际第四纪大会论文选. 北京: 北京科学技术出版社.

金隆裕. 1985. 郯庐断裂中段新生代火山岩的K-Ar年龄值和分期. 地质论评, 31(4): 309-315.

雷清亮, 付孝悦, 卢亚平. 1996. 伦坡拉第三纪陆相盆地油气地质特征分析. 地球科学: 中国地质大学学报, 21(2): 168-173.

李炳元, 王富葆, 张青松, 等. 1983. 西藏第四纪地质. 北京: 科学出版社.

李传夔, 计宏祥. 1981. 西藏吉隆上新世啮齿类化石. 古脊椎动物学报, 19(3): 246-255.

李德浩, 王祖祥, 王玉学, 等. 1989. 青海经济动物志. 西宁: 青海人民出版社.

李凤麟, 历大亮. 1990. 札达盆地最晚中新世的三趾马化石. 见: 杨遵义, 聂泽同, 等. 西藏阿里古生物. 武汉: 中国地质大学出版社.

李建忠, 潘忠习, 冯心涛, 等. 2006. 聂拉木地区高喜马拉雅岩石磁组构及其构造含义. 地球物理学报, 49(2): 496-503.

李强. 2010. 内蒙古上新世高特格地点的仓鼠化石. 古脊椎动物学报, 48(3): 247-261.

李强, 王世骐, 颉光普. 2011. 西藏阿里门士的真马化石. 第四纪研究, 31(4): 689-698.

李文漪. 1983. 青藏高原南部几个地点上新世孢粉组合及古地理问题的探讨. 见: 李炳元, 王富葆, 张青松,等. 西藏第四纪地质. 北京: 科学出版社.

李星学. 1995. 中国地质时期植物群. 广东: 广东科技出版社.

李毅. 1984. 河北蔚县大南沟哺乳动物化石及其地层时代. 古脊椎动物学报, 22(1): 60-68.

梁定益, 张宜智, 聂泽同, 等. 1991. 第一章, 阿里地区地层, 第九节, 新生界. 见: 郭铁鹰, 张宜智, 梁定益. 西藏阿里地质. 武汉: 中国地质大学出版社.

林启彬. 1981. 藏北第三纪的几种昆虫化石. 见: 中国科学院青藏高原综合科学考察队. 西藏古生物(第三分册). 北京: 科学出版社.

刘后一. 1963. 周口店第21地点马属一新种. 古脊椎动物与古人类, 7(4): 318-322.

刘后一. 1973. 北京人地点的马化石. 古脊椎动物与古人类, 11(1): 86-97.

刘后一, 尤玉柱. 1974. 云南元谋云南马化石新材料. 古脊椎动物与古人类, 12(2): 126-136.

刘金毅, 邱占祥. 2009. 食肉目. 见: 金昌柱, 刘金毅. 安徽繁昌人字洞—早期人类活动遗址. 北京: 科学出版社.

刘丽萍, 郑绍华, 崔宁, 等. 2013. 甘肃秦安晚中新世-早上新世的化石鼢鼠(Myospalacinae, Cricetidae, Rodentia)兼论鼢鼠亚科的分类. 古脊椎动物学报, 51(3): 211-241.

卢书炜, 杜凤军, 任建德, 等. 2010. 中华人民共和国区域地质调查报告尼玛区幅(1∶250000). 武汉: 中国地质大学出版社.

罗艳, 周浙昆. 2001. 青冈亚属植物的地理分布. 云南植物研究, 23: 1-16.

罗泽珣, 陈卫, 高武. 2000. 中国动物志兽纲第六卷啮齿目下册仓鼠科. 北京: 科学出版社.

马立祥, 张二华, 鞠俊成, 等. 1996. 西藏伦坡拉盆地下第三系沉积体系域基本特征. 地球科学: 中国地质大学学报, 21(2): 174-178.

马鹏飞, 王立成, 冉波. 2013. 青藏高原中部新生代伦坡拉盆地沉降史分析. 岩石学报, 29(3): 990-1002.

马孝达. 2003. 西藏中部若干地层问题讨论. 地质通报, 22(9): 695-698.

孟宪刚, 朱大岗, 邵兆刚, 等. 2004. 西藏阿里札达盆地上新统中犀类化石的发现及意义. 地质通报, 23(5/6): 609-612.

孟宪刚, 朱大岗, 邵兆刚, 等. 2006. 西藏阿里札达盆地地质构造的基本特征及其演化. 地学前缘, 13(4): 160-167.

潘清华, 王应祥, 岩崑. 2007. 中国哺乳动物彩色图鉴. 北京: 中国林业出版社.

钱方. 1990. 用古地磁方法对西藏阿里地区上新世以来水平运动的初步研究. 见: 中国地质科学院. 西藏地球物理文集. 北京: 地质出版社.

钱燕文, 冯祚建, 马莱龄. 1974. 珠穆朗玛峰地区鸟类和哺乳类的区系调查. 见: 中国科学院西藏科学考察队. 珠穆朗玛峰地区科学考察报告, 1966-1968年生物与高山生理. 北京: 科学出版社.

邱占祥. 2000. 泥河湾哺乳动物群与中国第四系下限. 第四纪研究, 20(2): 142-154.

邱占祥, 戴福德. 1990. 山西榆社狐化石一新种. 古脊椎动物学报, 28(4): 245-258.

邱占祥, 邓涛, 王伴月. 2004. 甘肃东乡龙担早更新世哺乳动物群. 中国古生物志, 新丙种, (27): 1-198.

邱占祥, 黄为龙, 郭志慧. 1987. 中国的三趾马化石. 中国古生物志, 新丙种, 25: 1-250.

邱占祥, 王伴月. 2007. 中国的巨犀化石. 中国古生物志, 新丙种, 29: 1-396.

邱铸鼎. 1995. 云南禄丰晚中新世古猿地点的仓鼠类化石. 古脊椎动物学报, 33(1): 61-73.

邱铸鼎. 1996. 内蒙古通古尔中中新世小哺乳动物群. 北京: 科学出版社.

邱铸鼎, 李强. 2016. 内蒙古中部新近纪啮齿类动物. 北京: 科学出版社.

邱铸鼎, 李强. 2008. 青海柴达木盆地晚中新世深沟小哺乳动物群. 古脊椎动物学报, 46(4): 284-306.

邱铸鼎, 王晓鸣, 李强. 2006. 内蒙古中部新近纪动物群的演替与生物年代. 古脊椎动物学报, 44(2): 164-181.

邱铸鼎, 阎翠玲. 2005. 山东山旺新发现的中新世松鼠类化石. 古脊椎动物学报, 43(3): 194-207.

曲永贵, 王永胜, 段建祥, 等. 2011. 中华人民共和国区域地质调查报告, 多巴区幅. 武汉: 中国地质大学出版社.

施雅风, 李吉均, 李炳元. 1998. 青藏高原研究丛书-3-青藏高原晚新生代隆升与环境变化. 广州: 广东科技出版社.

陶君容, 杜乃秋. 1987. 芒康中新世植物及桦木科植物的分布历史. 植物学报, 29: 649-655.

陶君容, 周浙昆, 刘裕生. 2000. 中国晚白垩世至新生代植物区系发展演变. 北京: 科学出版社.

陶君蓉, 孙博, 杨洪. 1999. 山旺组的植物大化石. 见: 孙博. 山旺植物化石. 济南: 山东科学技术出版社.

同号文, 胡楠, 王晓鸣. 2012. 河北阳原山神庙咀早更新世直隶狼(Canis chihliensis)新材料. 古脊椎动物学报, 50(4): 335-360.

童永生, 黄万波, 邱铸鼎. 1975. 山西霍县安乐三趾马动物群. 古脊椎动物学报, 13(1): 35-47.

王伴月. 1982. 内蒙古蒙古鼻雷兽的骨骼形态和系统分类. 中国科学院古脊椎动物与古人类研究所甲种专刊, 16: 1-75.

王波明, 周家声, 闻涛, 等. 2009. 西藏尼玛盆地陆相地层归属及其油气意义. 天然气技术, 3(4): 21-24.

王伯荪. 1987. 植物群落学. 北京: 高等教育出版社.

王景文. 1976. 河南桐柏地区柯氏犀类新材料. 古脊椎动物学报, 14(2): 104-111.

王景文, 鲍永超. 1984. 藏北发现的大型猫科动物脑化石. 古脊椎动物学报, 22(2): 56-93.

王开发, 杨蕉文, 李哲, 等. 1975. 根据孢粉组合推论西藏伦坡拉盆地第三纪地层时代及其古地理. 地质科学, (4): 366-374.

王襄平, 张玲, 方精云. 2004. 中国高山林线的分布高度与气候的关系. 地理学报, 59(6): 871-879.

王晓鸣. 2004. 内蒙古中新世通古尔组 *Tungurictis* (Carnivora: Hyaenidae) 的新材料. 古脊椎动物学报, 42(2): 144-153.

王应祥. 2003. 中国哺乳动物种和亚种分类名录与分布大全. 北京: 中国林业出版社.

王永胜, 张树岐, 谢元和, 等. 2012. 中华人民共和国区域地质调查报告昂达尔错区幅(1∶250000). 武汉: 中国地质大学出版社.

王宇. 2006. 云南山地气候. 昆明: 云南科技出版社.

温雯雯. 2011. 云南保山羊邑上新世壳斗科九种植物化石与古环境分析. 兰州: 兰州大学博士学位论文.

吴旌, 徐亚东, 陈奋宁, 等. 2012. 西藏西南部札达盆地新近纪沉积序列研究. 沉积学报, 30(3): 431-442.

吴向农, 温贤弼, 李德发, 等. 2002. 青海省地质图. 见: 马丽芳. 中国地质图集. 北京: 地质出版社.

吴一民. 1983. 西藏的第三系. 见: 地质矿产部. 青藏高原地质文集(3)—地层·古生物—青藏高原地质科学讨论会论文集. 北京: 地质出版社.

吴征镒. 1987. 西藏植物区系的起源及其演化. 见: 吴征镒. 西藏植物志. 北京: 科学出版社.

武云飞, 陈宜瑜. 1980. 西藏北部新第三纪的鲤科鱼类化石. 古脊椎动物学报, 18(1): 15-20.

西藏自治区地质矿产局. 1993. 西藏自治区区域地质志. 北京: 地质出版社.

西藏自治区地质矿产局. 1997. 西藏自治区岩石地层. 武汉: 中国地质大学出版社.

夏金宝. 1983. 藏北班戈县及其邻近地区的新生界. 青藏高原地质文集, 6: 243-254.

夏位国. 1982. 西藏班戈县伦坡拉盆地伦坡拉群时代及其介形类组合. 青藏高原地质文集, 4: 149-159.

夏位国. 1986. 西藏班戈县伦坡拉盆地伦坡拉群的轮藻化石. 中国地质科学院成都地质矿产研究所所刊,
    7: 61-67.

徐钦琦. 1987. 阎家岗·旧石器时代晚期古营地遗址. 北京: 文物出版社.

徐仁, 孔昭宸, 孙湘君, 等. 1976. 珠穆朗玛峰地区第四纪古植物学的研究. 见: 中国科学院青藏高原综合
    科学考察队. 珠穆朗玛峰地区科学考察报告 (1966-1968), 第四纪地质. 北京: 科学出版社.

徐仁, 陶君容, 孙湘君. 1973. 希夏邦马峰高山栎化石层的发现及其在植物学和地质学上的意义. 植物学
    报, (1): 103-114.

徐彦龙, 仝亚博, 李强, 等. 2007. 内蒙古高特格含上新世哺乳动物化石地层的磁性年代学研究. 地质论评,
    53(2): 250-261.

徐余瑄. 1966. 内蒙的两栖犀科化石. 古脊椎动物学报, 10(2): 123-190.

徐余瑄, 周本雄, 李玉清. 1959. 东北第四纪哺乳动物化石志, 犀科. 中国科学院古脊椎动物与古人类研究
    所甲种专刊, 3: 45-49.

许治军. 2009. 北京房山十渡及霞云岭晚更新世岩羊(*Pseudois nayaur*)化石. 北京: 中国科学院研究生院
    硕士学位论文.

阎德发. 1983. 关于近无角犀 (*Plesiaceratherium*) 的形态和分类. 古脊椎动物学报, 21(2): 134-143.

尤玉柱, 徐钦琦. 1981. 中国北方晚更新世哺乳动物群与深海沉积物的对比. 古脊椎动物与古人类,
    19(1): 77-86.

于振江, 梁晓红, 张于平, 等. 2006. 南京地区新近纪地层排序及其时代. 地层学杂志, 30(3): 223-230.

岳乐平, 邓涛, 张睿, 等. 2004a. 西藏吉隆—沃马盆地龙骨沟剖面古地磁年代学及喜马拉雅山抬升记录.
    地球物理学报, 47(6): 1009-1016.

岳乐平, 邓涛, 张云翔, 等. 2004b. 保德阶层型剖面磁性地层学研究. 地层学杂志, 28(1): 48-51.

云南省地质矿产局第三地质大队. 1991. 1∶20万芒康幅、盐井幅区域地质调查报告. 大理: 云南省地质
    矿产局第三地质大队.

张弥曼. 1976. 西藏发现的旋齿鲨一新种. 地质科学, (4): 332-336.

张弥曼, 苗德岁. 2016. 青藏高原的新生代鱼化石及其古环境意义. 科学通报, 61(9): 981-995.

张青松, 王富葆, 计宏祥, 等. 1981. 西藏札达盆地的上新世地层. 地层学杂志, 5(3): 216-220.

张荣祖, 金善科, 全国强, 等. 1997. 中国哺乳动物分布. 北京: 中国林业出版社.

张兴永, 胡绍锦, 郑良. 1978. 云南昆明晚更新世人类牙齿化石. 古脊椎动物学报, 16(4): 288-289.

张云翔, 车自成, 刘良. 2001. 新疆库木库里盆地新生代沉积序列与青藏高原第四纪晚期隆起的新证据.
    地质论评, 47(2): 218-222.

张兆群, 王李花, 刘艳等. 2011. 内蒙古大庙晚中新世仓鼠科一新种. 古脊椎动物学报, 49(2): 201-209.

张兆群, 郑绍华, 刘丽萍. 2008. 陕西蓝田晚中新世灞河组的仓鼠化石. 古脊椎动物学报, 46(4): 307-316.

赵希涛, 郭旭东, 高福清. 1976. 珠穆朗玛峰地区第四纪地层. 见: 中国科学院西藏科学考察队. 珠穆朗玛峰地区科学考察报告(1966-1968), 第四纪地质. 北京: 科学出版社.

郑昌琳. 1979. 西藏阿里兽类区系的研究及其关于青藏高原兽类区系演变的初步探讨. 见: 青海省生物研究所.西藏阿里地区动植物考察报告. 北京: 科学出版社.

郑度, 姚檀栋. 2005. 青藏高原隆升与环境效应. 北京: 科学出版社.

郑家坚, 何希贤, 刘淑文, 等. 1999. 中国地层典, 第三系. 北京: 地质出版社.

郑绍华. 1980. 西藏比如布隆盆地三趾马动物群. 见: 中国科学院青藏高原综合科学考察队. 西藏古生物(第一分册). 北京: 科学出版社.

郑绍华. 1984. 科氏仓鼠(*Kowalskia*)一新种.古脊椎动物学报, 22(4): 251-260.

郑绍华. 1985. 第四章黄土中的生物遗存及其生态环境. 见: 刘东生等. 黄土与环境. 北京: 科学出版社.

郑绍华. 1993. 川黔地区第四纪啮齿类. 北京: 科学出版社.

郑绍华. 1997. 凹枕型鼢鼠(*Mesosiphneinae*)的进化历史及环境变迁. 见: 童永生等.演化的实证——纪念杨钟健教授百年诞辰论文集.北京: 海洋出版社.

郑绍华, 蔡保全. 1991. 河北蔚县东窑子头大南沟剖面中的小哺乳动物化石. 见: 中国科学院古脊椎动物与古人类研究所. 中国科学院古脊椎动物与古人类研究所参加第十三届国际第四纪大会论文选. 北京: 北京科学技术出版社.

郑绍华, 李毅. 1982. 甘肃天祝松山第一地点上新世兔形类和啮齿类. 古脊椎动物学报, 20(1): 35-44.

郑绍华, 吴文裕, 李毅, 等. 1985. 青海贵德、共和两盆地晚新生代哺乳动物. 古脊椎动物学报, 23(2): 89-134.

郑绍华, 张兆群. 2001. 甘肃灵台晚中新世——早更新世生物地层划分及其意义. 古脊椎动物学报, 39(3): 215-228.

郑绍华, 张兆群, 崔宁. 2004. 记几种原鼢鼠(啮齿目, 鼢鼠科)及鼢鼠科的起源讨论. 古脊椎动物学报, 42(4): 297-315.

郑勇, 张进江, 王佳敏, 等. 2014. 聂拉木地区喜马拉雅造山带上新世以来快速剥蚀事件及其构造-气候耦合意义. 科学通报, 59(11): 987-998.

中国新生代植物编写组. 1978. 中国植物化石——中国新生代植物(第三卷). 北京: 科学出版社.

周本雄, 刘后一. 1959. 青海共和更新世的哺乳动物化石. 古脊椎动物与古人类, 1(4): 217-223.

周明镇, 李传夔. 1965. 陕西蓝田陈家窝中更新世哺乳类化石补记.古脊椎动物学报, 9(4): 377-393.

周明镇, 周本雄. 1965. 山西临猗维拉方期哺乳类化石补记. 古脊椎动物与古人类, 9(2): 223-234.

周启刚, 江晓波, 张叶. 2005. 基于RS和GIS的西藏芒康县景观空间格局. 资源开发与市场, 21: 235-238.

周信学, 孙玉峰, 徐钦琦, 等. 1985. 记大连晚更新世马属一新种. 古脊椎动物学报, 23(1): 69-76.

周勇, 丁林, 邓万明, 等. 2000. 札达盆地构造旋回层及其地质意义. 地质科学, 35(3): 305-315.

周浙昆. 1985. 云南开远小龙潭中新世植物群. 南京: 中国科学院南京地质古生物研究所硕士学位论文.

周浙昆. 2000. 四川米易第三纪植物区系. 见: 陶君容. 中国晚白垩世至新生代植物区系发展演变. 北京: 科学出版社.

宗冠福, 陈万勇, 黄学诗, 等. 1996. 横断山地区新生代哺乳动物及其生活环境. 北京: 海洋出版社.

宗冠福, 徐钦琦, 陈万勇. 1985. 阿坝藏族自治州若尔盖晚更新世地层及哺乳类化石. 古脊椎动物学报,

23（2）：161-166.

Acevedo-Rodríguez P, van Welzen P C, Adema F, et al. 2011. Sapindaceae. In: Kubitzki K.The families and genera of vascular plants, vol. 10, Flowering plants, Eudicots: Sapindales, Cucurbitales, Myrtaceae. Berlin: Springer.

Agustí J, Cabrera L, Garcés M, et al. 1997. The Vallesian mammal succession in the Vallès-Penedès Basin （northeast Spain）: Paleomagnetic calibration and correlation with global events. Palaeogeography, Palaeoclimatology, Palaeoecology, 133: 149-180.

Allen G B. 1928. A new Cricetinae genus from China. Journal of Mammalogy, 9: 244-246.

Almeida T E, Hennequin S, Schneider H, et al. 2016. Towards a phylogenetic generic classification of thelypteridaceae: Additional sampling suggests alterations of neotropical taxa and further study of paleotropical genera. Molecular Phylogenetics and Evolution, 94: 688-700.

An Z S, Kutzbach J E, Prell W L, et al. 2001. Evolution of Asian monsoons and phased uplift of the Himalaya-Tibetan plateau since late miocene times. Nature, 411: 62-66.

Andersen N M. 1976. A comparative study of locomotion on the water surface in semiaquatic bugs （Insecta, Hemiptera, Gerromorpha）. Videnskabelige Meddelelser fra Dansk Naturhistorisk Forening, 139: 337-396.

Andersen N M. 1982. The semiaquatic bugs （Hemiptera, Gerromorpha）. Phylogeny, adaptations, biogeography, and classification. Entomonograph, vol. 3. Klampenborg: Scandinavian Science Press.

Andersen N M. 1990. Phylogeny and taxonomy of water striders, genus *Aquarius* Schellenberg （Insecta, Hemiptera, Gerridae）, with a new species from Australia. Steenstrupia, 16: 37-81.

Andersen N M. 1995. Cladistics, historical biogeography, and a check list of gerrine water striders （Hemiptera, Gerridae） of the World. Steenstrupia, 21: 93-123.

Andersen N M. 1998. Water striders from the Paleogene of Denmark with a review of the fossil record and evolution of semiaquatic bugs （Hemiptera: Gerromorpha）. Det Kongelige Danske Videnskabernes Selskab, Biologiske Skrifter, 50: 1-152.

Andersen N M. 2000a. Fossil water striders in the Eocene Baltic amber （Hemiptera: Gerromorpha）. Insect Systematics and Evolution, 31: 257-284.

Andersen N M. 2000b. Fossil water striders in the Oligocene/Miocene Dominican amber （Hemiptera, Gerromorpha）. Insect Systematics and Evolution, 31（2000）: 411-431.

Andersen N M, Farma A, Minelli A, et al. 1994. A fossil Halobates from the Mediterranean and the origin of sea skaters （Hemiptera, Gerridae）. Zoological Journal of the Linnean Society, 112: 479-489.

Andersen N M, Poinar G O. 1992. Phylogeny and classification of an extinct water strider genus （Hemiptera, Gerridae） from Dominican amber, with evidence of mate guarding in a fossil insect. Zeitschrift für Zoologische Systematik und Evolutionsforschung, 30: 256-267.

Antoine P O. 2002. Phylogénie et évolution des Elasmtheriina （Mammalia, Rhinocerotidae）. Mémoires du Muséum National d'histoire Naturelle, 188: 1.

Antón M, Galobart A, Turner A. 2005. Co-existence of scimitar-toothed cats, lions and hominins in the European Pleistocene. Implications of the post-cranial anatomy of *Homotherium latidens* （Owen） for comparative palaeoecology. Quaternary Science Reviews, 24: 1287-1301.

Antón M, Salesa M J, Galobart A, et al. 2014. The Plio-Pleistocene scimitar-toothed felid genus *Homotherium* Fabrini, 1890 (Machairodontinae, Homotherini): Diversity, palaeogeography and taxonomic implications. Quaternary Science Reviews, 96: 259-268.

Antón M, Salesa M J, Turner A, et al. 2009. Soft tissue reconstruction of *Homotherium latidens* (Mammalia, Carnivora, Felidae). Implications for the possibility of representations in Palaeolithic art. Geobios, 42: 541-551.

Antón M, Turner A, Salesa M J, et al. 2006. A complete skull of *Chasmaporthetes lunensis* (Carnivora, Hyaenidae) from the Spanish Pliocene site of La Puebla de Valverde (Teruel). Estudios Geológicos (Madrid), 62: 375-388.

Argyropulo A I. 1933. Die gattungen und arten der Hamster (Cricetinae Murray, 1866) der Palaarktik. Zeitschrift für Saugetierkunde, 8: 129-149.

Audet A M, Robbins C B, Larivière S. 2002. *Alopex lagopus*. Mammalian Species, 713: 1-10.

Azzaroli A. 1982. On Villafranchian Palaearctic equids and their allies. Paleontographica Italia, 72: 74-97.

Azzaroli A. 1992. Ascent and decline of monodactyl equids: A case for prehistoric overkill. Annales Zoologici Fennici, 28: 151-163.

Bai F. 2012. The method to make cleared and stained fish skeleton. Technology Information, 2: 128.

Ballantyne A P, Greenwood D R, Sinninghe Damsté J S, et al. 2010. Significantly warmer Arctic surface temperatures during the Pliocene indicated by multiple independent proxies. Geology, 38: 603-606.

Banarescu P, Coad B W. 1991. Cyprinids of Eurasia. In: Winfield I J, Nelson J S. Cyprinid Fishes, Systematics, Biology and Exploitation. New York: Chapman and Hall.

Barlow G, Liem K F, Ickler W. 1968. Badidae, a new fish family-behavioural, osteological, and developmental evidence. Proceedings of the Zoological Society of London, 156: 415-447.

Barnett R, Shapiro B, Barnes I, et al. 2009. Phylogeography of lions (*Panthera leo* ssp.) reveals three distinct taxa and a late Pleistocene reduction in genetic diversity. Molecular Ecology, 18(8): 1668-1677.

Baryshnikov G F. 1995. Pleistocene dhole, *Cuon alpinus* (Carnivora, Canidae) from Paleolithic sites of the Greater Caucasus. Proceedings of the Zoological Institute, St.-Petersburg, 263: 92-120.

Baryshnikov G F. 1996. The dhole, *Cuon alpinus* (Carnivora, Canidae), from the Upper Pleistocene of the Caucasus. Acta Zoologica Cracoviensia, 39 (1): 67-73.

Baryshnikov G, Tsoukala E. 2010. New analysis of the Pleistocene carnivores from petralona cave (Macedonia, Greece) based on the collection of the Thessaloniki Aristotle University. Geobios, 43(4): 389-402.

Becker H F. 1960. The Tertiary Mormon Creek flora from the upper Ruby River basin in southwestern Montana. Palaeontographica B, 107: 83-126.

Becker H F. 1969. Fossil plants of the Tertiary Beaverhead basins in southwestern Montana. Palaeontographica Abteilung B-Palaophytologie, 127: 1-142.

Bell C D, Soltis D E, Soltis P S. 2010. The age and diversification of the angiosperms re-revisited. American

Journal of Botany, 97: 1296-1303.

Berg L S. 1912. Fauna of Russia and Adjacent Countries, Volume 3. St. Petersburg: Imperial Academy of Sciences.

Berger L R, Lacruz R, de Ruiter D J. 2002. Revised age estimates of Australopithecusbearing deposits at Sterkfontein, South Africa. American Journal of Physical Anthropology, 119: 192-197.

Bernor R L, Solounias, Swisher C C, III et al. 1996. The correlation of three classical "Pikermian" mammal faunas-Maragheh, Samos, and Pikermi-with the European MN unit system. In: Bernor R L, Fahlbusch V, Mittmann H W. The Evolution of Western Eurasian Neogene Mammal Faunas. New York: Columbia University Press.

Bernor R L, Tobien H, Hayek L A C, et al. 1997. *Hippotherium primigenium* (Equidae, Mammalia) from the late Miocene of Höwenegg (Hegao, Germany). Andrias, 10: 1-230.

Berta A. 1981. The Plio-Pleistocene hyaena *Chasmaporthetes* ossifragus from Florida. Journal of Vertebrate Paleontology, 1: 341-356.

Bibi F. 2013. A multi-calibrated mitochondrial phylogeny of extant Bovidae (Artiodactyla, Ruminantia) and the importance of the fossil record to systematics. BMC Evolutionary Biology, 13: 166.

Bibi F, Vrba E, Fack F. 2012. A new African fossil caprin and a combined molecular and morphological bayesian phylogenetic analysis of caprini (Mammalia: Bovidae). Journal of Evolutionary Biology, 25: 1843-1854.

Bininda-Emonds O R P, Gittleman J L, Purvis A. 1999. Building large trees by combining phylogenetic information: a complete phylogeny of the extant Carnivora (Mammalia). Biology Review, 74: 143-175.

Bleeker P. 1859. Negende bijdrage tot de kennis der vischfauna van Banka. Natuurkundig Tijdschrift voor Nederlandsch Indie, 18: 359-378.

Bleeker P. 1860. Conspectus systematis Cyprinorum. Natuurkundig Tijdschrift Voor Nederlandsch-Indie, 20: 421-441.

Bogner J. 2009. The free-floating Aroids (Araceae) – living and fossil. Zitteliana, A48/49: 113-128.

Bohlin B. 1937. Eine Tertiäre säugetier-fauna aus Tsaidam. Sino-Swedish Expedition Publication (Palaeontologia Sinica Series C, Volume 14), 1: 3-111.

Bohlin B. 1938. Einige Jungtertiäre und Pleistozäne cavicconier aus Nord-China. Nova Acta Regiae Societatis Scientiarum Upsaliensis, Series IV, 11: 1-54.

Böhme M. 2003. The Miocene Climatic Optimum: evidence from ectothermic vertebrates of Central Europe. Palaeogeography, Palaeoclimatology, Palaeoecology, 195: 389-401.

Bonaparte C L. 1840. Prodromus systematis ichthyologiae. Nuovi Annali delle Scienze Naturali, Bologna, 4: 181-196, 272-277.

Bonifay M F. 1971. Carnivores Quaternaires du Sud-Est de la France. Mémoires du Muséum National d'Historie Naturelle Nouvelle Série C, 21: 43-377.

Borsuk-Bialynicka M. 1973. Studies on the Pleistocene rhinoceros *Coelodonta antiquitatis* (Blumenbach). Palaeontologica Polonica, 29: 1-94.

Bosabalidis A M, Kofidis G. 2002. Comparative effects of drought stress on leaf anatomy of two olive cultivars. Plant Science, 163: 375-379.

Botsyun S, Sepulchre P, Donnadieu Y, et al. 2019. Revised paleoaltimetry data show low Tibetan Plateau elevation during the Eocene. Science 363, eaaq1436.

Bowdich T E. 1821. An Analysis of the Natural Classifications of Mammalia, for the Use of Students and Travellers. Paris : J. Smith.

Boyce P C, Croat T B. 2011. Theüberlist of Araceae, totals for published and estimated number of species in aroid genera. Updated at: http://www.aroid.org/genera/ 160330uberlist.pdf.[2015-6-15].

Boyd L E, Carbonaro D A, Houpt K A. 1988. The 24-hour time budget of Przewalski horses. Applied Animal Behaviour Science, 21: 5-17.

Brigham-Grette J, Melles M, Minyuk P, et al. 2013. Pliocene warmth, polar amplification, and stepped Pleistocene cooling recorded in NE Arctic Russia. Science, 340: 1421-1427.

Britz R. 1994. Ontogenetic features of *Luciocephalus* (Perciformes, Anabantoidei) with a revised hypothesis of anabantoid intrarelationships. Zoological Journal of the Linnean Society, 112: 491-508.

Brugal J P, Boudadi-Maligne M. 2011. Quaternary small to large canids in Europe: Taxonomic status and biochronological contribution. Quaternary International, 243: 171-182.

Budantsev L V. 1960. The water chestnuts (Trapa and Hemitrapa) from the Tertiary deposits of the southeastern Baikal coast. Botanical Journal, 45: 139-144.

Buerki S, Forest F, Alvarez N, et al. 2011. An evaluation of new parsimony-based versus parametric inference methods in biogeography: A case study using the globally distributed plant family Sapindaceae. Journal of Biogeography, 38: 531-550.

Burbank D W, Derry L A, France-Lanord C. 1993. Reduced Himalayan sediment production 8 Myr ago despite an intensified monsoon. Nature, 364: 48-50.

Burger J, Rosendahl W, Loreille O, et al. 2004. Molecular phylogeny of the extinct cave lion Panthera leo spelaea. Mol. Phylogenet. Evol., 30: 841-849.

Bůzek Č, Kvaček Z, Manchester S R.1989. Sapindaceous affinities of the Pteleaecarpum fruits from the Tertiary of Eurasia and North America. Botanical Gazette, 150: 477-489.

Cabrera L I, Salazar G A, Chase M W, et al. 2008. Phylogenetic relationship of aroids and duckweeds (Aracceae) inferred from coding and noncoding plastid DNA. American Journal of Botany, 95: 1153-1165.

Cai B Q, Zheng S H, Liddicoat J C. 2013. Review of the litho-, bio- and chronostratigraphy in the Nihewan Basin, Hebei, China. In: Wang X, Flynn L J, Fortelius M. Fossil Mammals of Asia: Neogene Biostratigraphy and Chronology. New York : Columbia University Press.

Cai C, Huang D, Wu F, et al. 2019. Tertiary water striders (Hemiptera, Gerromorpha, Gerridae) from the central Tibetan Plateau and their palaeobiogeographic implications. Journal of Asian Earth Sciences, 175: 121-127.

Caleros J A C, Montoya P, Mancheño M A, et al. 2006. Presencia de *Vulpes praeglacialis* (Kormos, 1932) en el yacimiento pleistoceno de la Sierra de Quibas（Abanilla, Murcia）. Estudios Geológicos. 62（1）: 395-400.

Caloi L, Palombo M. 1997. Biochronology of large mammals in the early and middle Pleistocene of the Italian Peninsula. Hystrix, 9: 3-12.

Cambray J A. 1997. The spawning behaviour of the endangered Eastern Cape rocky, *Sandelia bainsii* （Anabantidae）, in South Africa. Environmental Biology of Fishes, 49: 293-306.

Camp C L, Smith N. 1942. Phylogeny and functions of the digital ligaments of the horse. Memoirs of the University of California at Berkeley, 13: 69-124.

Cantalapiedra J L, Fernández M H, Morales J. 2006. Linajes fantasma y correlación con variables ecológicas: el caso de la Subfamilia Caprinae. Estudios Geológicos, 62: 167-176.

Cao W X, Chen Y Y, Wu Y F, et al. 1981. In The comprehensive scientific expedition to the Qinghai-Xizang Plateau, Studies on the Period, Amplitude and Type of Uplift of the Qinghai-Xizang Plateau. Beijing: Science Press.

Carleton M D, Musser G G. 1984. Muroid rodents. In: Anderson S, Jr Jones J K. Orders and Families of Recent Mammals of the World. New York : John Wiley and Sons.

Cavender M T, Coburn M M. 1992. Phylogenetic relationships of North American Cyprinidae. In: Mayden L R. Systematics, Historical Ecology and North American Freshwater Fishes. Stanford: Stanford University Press.

Cavender T M. 1991. The fossil record of the Cyprinidae. In: Winfield I J, Nelson J S . Cyprinid Fishes, Systematics, Biology and Exploitation. New York: Chapman and Hall.

Cerdeño E. 1995. Cladistic analysis of the Family Rhinocerotidae（Perissodactyla）. American Museum Novitates: 3143.

Cerling T E, Harris J M, MacFadden B J, et al. 1997. Global vegetation change through the Miocene/Pliocene boundary. Nature, 389.

Chang M, Chen G. 2008. Fossil Cypriniformes from China and its adjacent areas and their palaeobiogeographical implications. In: Cavin L, Longbottom A, Richter M . Geological Society Special Publication 295: Fishes and the break-up of Pangea. London: Geological Society of London.

Chang M M, Miao D S. 2016. Review of the Cenozoic fossil fishes from the Tibetan Plateau and their bearings on paleoenvironment (in Chinese with English abstract). Chin. Sci. Bull., 61: 981-995.

Chang M M, Miao D S, Wang N. 2010. Ascent with modification: Fossil fishes witnessed their own group's adaptation to the uplift of the Tibetan Plateau during the late Cenozoic. In: Long M, Gu H, Zhou Z. Darwin's heritage today: Proceedings of the Darwin 200 Beijing International Conference. Beijing: Higher Education Press.

Chang M M, Miao D S, Wang N. 2010. In: Long M Y, Gu H Y, Zhou Z H. Darwin's heritage today: Proceedings of the Darwin 200 Beijing International Conference. Higher Education.

Chang M M, Wang X M, Liu H Z, et al. 2008. Extraordinarily thick-boned fish linked to the aridification of the Qaidam Basin (northern Tibetan Plateau). Proc. Natl. Acad. Sci. USA, 105: 13246-13251.

Chase M W. 2004. Monocot relationships: An overview. American Journal of Botany, 91: 1645-1655.

Chase M W, Soltis D E, Olmstead R G, et al. 1993. Phylogenetics of seed plants: An analysis of nucleotide sequences from the plastid gene rbcL. Annals of the Missouri Botanical Garden, 80: 528-580.

Chen G, Fang F, Chang M. 2005. A new cyprinid closely related to cultrins + xenocyprinins from the mid-Tertiary of Southern China. J Vertebr Paleontol, 25: 492-501.

Chen G J, Chang M M. 2011. A new early cyprinin from Oligocene of South China. Sci. China Earth Sci., 54: 481-492.

Chen G J, Liu J. 2007. First fossil barbin (Cyprinidae, Teleostei) from Oligocene of Qaidam Basin in northern Tibetan Plateau (in Chinese with English abstract). Vert PalAsiat, 45: 330-341.

Chen J, Zhu S. 1984. Phylogenetic relationships of the subfamilies in the loach family Cobitidae (in Chinese with English abstract). Acta Zootaxonomica Sinica, 9: 201-208.

Chen X L, Yue P Q, Lin R D. 1984. Major groups within the family Cypri-nidae and their phylogenetic relationships (in Chinese with English abstract). Acta Zootaxonomica Sinica, 9: 424-440.

Chen Y. 1998. Fauna Sinica, Osteichthyes. Beijing: Cypriniformes IL Science Press.

Chen Y F. 1998. Phylogenetic and distributional patterns of subfamily Schizothoracinae (Pisces: Cyprinidae) I, the phylogenetic patterns (in Chinese with English abstract). Acta Zootaxonomica Sinica, 23: 17-25.

Chen Y F, Cao W X.2000. Schizothoracinae. In: Yue P Q. Fauna Sinica, Osteichthyes, Cypriniformes III (in Chinese with English abstract). Beijing: Science Press.

Chen Y F, Chen Y Y. 1998. Phylogenetic and distributional patterns of sub-family Schizothoracinae (Pisces: Cyprinidae) II, Distributional patterns and problems of tracing to the source of Huanghe River (in Chinese with English abstract). Acta Zootaxonomica Sinica, 23: 26-34.

Cheng L, Damgaard J, Garrouste R. 2012. The sea-skater *Halobates* (Heteroptera: Gerridae) - probable cause for extinction in the Mediterranean and potential for re-colonisation following climate change. Aquatic Insects, 34 (supl): 45-55.

Ching R C. 1978. The chinese fern families and genera: Systematic arrangement and historical origin (cont.). Acta Phytotaxonomica Sinica, 16: 16-37.

Christenhusz M J, Chase M W. 2014. Trends and concepts in fern classification. Annals of Botany, 113: 571-594.

Christiansen P. 2008. Phylogeny of the great cats (Felidae: Pantherinae), and the influence of fossil taxa and missing characters. Cladistics, 24: 977-992.

Chu Y T. 1935. Comparative studies on the scales and on the pharyngeals and their teeth in Chinese cyprinids, with particular reference to taxonomy and evolution. Biol Bull St. John's Univ Shanghai, (2): i-x + 1-225, pls 1-30.

Clark H O, Newman D P, Murdoch J D, et al. 2008. *Vulpes ferrilata* Mammalian. Species, 821: 1-6.

Clutton-Brock J, Corbet G B, Hills M. 1976. A review of the family Canidae, with a classification by numerical methods. Bulletin of the British Museum (Natural History). Historical series, 29: 117-199.

Colbert E H.1940. Pleistocene mammals from the MaKai valley of Northern Yunnan, China. American

Museum Novitates, 1099: 1-10.

Collins R A, Britz R, Rüber L. 2015. Phylogenetic systematics of leaffishes（Teleostei: Polycentridae, Nandidae）. Journal of Zoological Systematics and Evolutionary Research, 53: 259-272.

Collinson M, Kvacek Z, Zastawniak E. 2001. The aquatic plants Salvinia (Salviniales) and Limnobiophyllum (Arales) from the late Miocene flora of Sośnica (Poland). Acta Palaeobotanica, 41: 253-282.

Conway K W, Hirt M V, Yang L, et al. 2010. Cypriniformes: Systematics and paleontology. In: Nelson J S, Schultze H P, Wilson M V H. Origin and Phylogenetic Interrelationships of Teleosts. Munchen: Verlag Dr Friedrich Pfeil.

Conway W K, Chen W J, Mayden L R. 2008. The "Celestial Pearl danio" is a miniature Danio (s.s) (Ostariophysi: Cyprinidae): Evidence from morphology and molecules. Zootaxa, 1686: 1-28.

Coombs M C. 1978. Reevaluation of Early Miocene North American *Moropus*（Perissodactyla, Chalicotheriidae, Schizotheriinae）. Bull. Carnegie Mus. Nat. Hist., 4: 1-62.

Coombs M C. 1979. *Tylocephalonyx*, a new genus of North American dome-skulled chalicotheres （Mammalia, Perissodactyla）. Bull. Amer. Mus. Nat. Hist., 164: 1-64.

Cregut-Bonnoure É. 2007. Apport des Caprinae et Antilopinae（Mammalia, Bovidae）à la biostratigraphie du Pliocène terminal et du Pléistocène d'Europe. Quaternaire, 18: 73-97.

Croitor R, Brugal J P. 2010. Ecological and evolutionary dynamics of the carnivore community in Europe during the last 3 million years. Quat. Int., 212（2）: 98-108.

Csank A Z, Tripati A K, Patterson W P, et al. 2011. Estimates of Arctic land surface temperatures during the early Pliocene from two novel proxies. Earth and Planetary Science Letters, 304: 291-299.

Cui Z J, Wu Y Q, Liu G N. 1998. Discovery and character of the Kunlun-Yellow River Movement. Chin Sci Bull, 43: 833-836.

Cui Z J, Wu Y Q, Liu G N, et al. 1998. On Kunlun-Yellow River tectonic movement. Sci China Ser D-Earth Sci, 41: 592-600.

Cunha C, Mesquita N, Dowling E T, et al. 2002. Phylogenetic relationships of Eurasian and American cyprinids using cytochrome b sequences. J Fish Biol, 61: 929-944.

Cusimano N, Bogner J, Mayo S J, et al. 2011. Relationships within the Araceae: Comparison of morphological patterns with molecular phylogenies. American Journal of Botany, 98: 654-668.

Cuvier G.1816. Le Regne Animal distribue d'apres son organisation pour servir de base a l'histoire naturelle des animaux et d'introduction a l'anatomie comparee, 2nd ed. Les reptiles, les poissons, les mollusques et les annelides, 1: i-xxxviii, 1-584.

Dai J G, Zhao X, Wang C, et al. 2012. The vast pro to-Tibetan Plateau: New constraints from Paleogene Hoh Xil Basin. Gondwana Research, 22: 434-446.

Damgaard J. 2005. Genetic diversity, taxonomy, and phylogeography of the western Palaearctic water strider *Aquarius najas*（DeGeer）（Heteroptera: Gerridae）. Insect Systematics and Evolution, 36（4）: 395-406.

Damgaard J, Andersen N M, Sperling F A H. 2000. Phylogeny of the water strider genus *Aquarius* Schellenberg（Heteroptera: Gerridae）based on mitochondrial and nuclear DNA and morphology. Insect

Systematics and Evolution, 31: 71-90.

Damgaard J, Buzzetti F M, Mazzucconi S A, et al. 2010. A molecular phylogeny of the pan-tropical pond skater genus *Limnogonus* Stål 1868 (Hemiptera-Heteroptera: Gerromorpha-Gerridae). Molecular Phylogenetics and Evolution, 57(2): 669-677.

Damgaard J, Cognato A I. 2006. Phylogeny and reclassification of species groups in *Aquarius* Schellenberg, *Limnoporus* Stål and *Gerris* Fabricius (Insecta: Hemiptera-Heteroptera, Gerridae). Systematic Entomology, 31(1): 93-112.

Damgaard J, Moreira F F F, Weir T A, et al. 2014. Molecular phylogeny of the pond skaters (Gerrinae), discussion of the fossil record and a checklist of species assigned to the subfamily (Hemiptera: Heteroptera: Gerridae). Insect Systematics and Evolution, 45(3): 251-281.

Damgaard J, Sperling F A H. 2001. Phylogeny of the water strider genus *Gerris* Fabricius (Heteroptera: Gerridae) based on COI mtDNA, EF-1a nuclear DNA and morphology. Systematic Entomology, 26: 241-254.

Damgaard J. 2008. Evolution of the semi-aquatic bugs (Hemiptera: Heteroptera: Gerromorpha) with a re-interpretation of the fossil record. Acta Entomologica Musei Nationalis Pragae, 48(2): 251-268.

Darwin C. 1859. On the Origin of Species by Means of Natural Selection, or the Preservation of Favored Races in the Struggle for Life. London: John Murray.

Das B K. 1928. The bionomics of certain air-breathing fishes of India, together with an account of the development of their air-breathing organs. Philosophical Transactions of the Royal Society B: Biological Sciences, 216: 183-219.

Daubs E H. 1965. A Monograph of Lemnaceae. Illinois Biological Monographs. Volume 34. Urbana: The University of Illinois Press.

Davis B W, Li G, Murphy W J. 2010. Supermatrix and species tree methods resolve phylogenetic relationships within the big cats, *Panthera* (Carnivora: Felidae). Molecular Phylogenetics and Evolution, 56: 64-76.

Daxner-Höck G. 1972. Cricetinae aus dem Alt-Pliozän vom Eichkogl bei Mödling (Niederösterreich) und von Vösendorf bei Wien. Palaontologische Zeitschrift, 46: 133-150.

Daxner-Höck G. 2004. *Pseudocollimys steiningeri* nov. gen. nov. spec. (Cricetidae, Rodentia, Mammalia) aus dem Ober-Miozän der Molassezone Oberösterreichs. Courier Forschungsinstitut Senchenberg, 246: 1-13.

Dayan T, Wool D, Simberloff D. 2002. Variation and covariation of skulls and teeth: Modern carnivores and the interpretation of fossil mammals. Paleobiology, 28: 508-526.

de Bonis L, Koufos G D. 1994. Some Hyaenidae from the Late Miocene of Macedonia (Greece) and a contribution to the phylogeny of the hunting hyaenas.Münchner Geowissenschaftliche Abhandlungen, 26: 81-96.

de Bonis L, Peigné S, Likius A, et al. 2007a. First occurrence of the 'hunting hyena' *Chasmaporthetes* in the Late Miocene fossil bearing localities of Toros Menalla, Chad (Africa). Bulletin de la Société Géologique de France, 178: 317-326.

de Bonis L, Peigné S, Likius A, et al. 2007b. The oldest African fox (*Vulpes riffautae* n. sp., Canidae,

Carnivora) recovered in late Miocene deposits of the Djurab desert, Chad. Naturwissenschaften, 94(7): 575-580.

De Bruijn H, Hussain S T. 1984. The succession of rodent faunas from the lower Manchar Formation, southern Pakistan and its relevance for the biostratigraphy of the Mediterranean Miocene. Paleobiologie Continentale, 14: 191-204.

De Bruijn H, Hussain S T, Leinders J J M. 1981. Fossil rodents from the Murree Formation near Banda Daud Shah, Kohat, Pakistan. Proceedings of the Koninklijke Nederlandse Akademie van Wetenschappen Series B Physical Sciences, 84: 71-99.

DeCelles P G, Kapp P, Ding L, et al. 2007a. Late Cretaceous to mid-Tertiary basin evolution in the central Tibetan Plateau: Changing environments in response to tectonic partitioning, aridification, and regional elevation gain. Geological Society of America Bulletin, 119(5-6): 654-680.

DeCelles P G, Quade J, Kapp P, et al. 2007b. High and dry in central Tibet during the Late Oligocene. Earth and Planetary Science Letters, 253(3): 389-401.

Del Campana D. 1914. La *Lycyaena lunensis* n. sp. dell'ossario pliocenico di Olivola (Val di Magra). Paleontographica Italica, 20: 87-104.

Delson E, Faure M, Guérin C, et al. 2006. Franco-American renewed research at the Late Villafranchian locality of Senèze (Haute-Loire, France). Courier Forschungsinstitut Senckenberg, 256: 275-290.

DeMaster D P, Stirling I. 1981. *Ursus maritimus*. Mammalian Species, 145: 1-7.

Den Hartog C, Van der Plas F. 1970. A synopsis of the Lemnaceae, Volume XVIII. Blumea, 2: 255-368.

Deng T. 2005. New discovery of *Iranotherium morgani* (Perissodactyla, Rhinocerotidae) from the late Miocene of the Linxia Basin in Gansu, China, and its sexual dimorphism. Journal of Vertebrata Paleontology, 25: 442-450.

Deng T. 2006. Neogene rhinoceroses of the Linxia Basin (Gansu, China). Cfs Courier Forschungsinstitut Senckenberg, 256(256): 43-56.

Deng T. 2007. Skull of *Parelasmotherium* (Perissodactyla, Rhinocerotidae) from the upper Miocene in the Linxia Basin (Gansu, China). Journal of Vertebrate Paleontology, 27: 467.

Deng T. 2008a. A new elasmothere (Perissodactyla, Rhinocerotidae) from the late Miocene of the Linxia Basin in Gansu, China. Geobios, 41(6): 719-728.

Deng T. 2008b. Comparison between the woolly rhino's forelimbs from Longdan, northwestern China and Tologoi, Transbaikalian region. Quaternary International, 179: 196-207.

Deng T, Ding L. 2015. Paleoaltimetry reconstructions of the Tibetan Plateau: Progress and contradictions. National Science Review, 2: 417-437.

Deng T, Li Q, Tseng Z J, et al. 2012a. Locomotive implication of a Pliocene three-toed horse skeleton from Tibet and its paleo-altimetry significance. Proceedings of the National Academy of Sciences of the United States of America, 109: 7374-7378.

Deng T, Li Y M. 2005. Vegetational ecotype of the Gyirong Basin in Tibet, China and its response in stable carbon isotopes of mammal tooth enamel. Chinese Science Bulletin, 50(12): 1225-1229.

Deng T, Qiu Z X, Wang B Y, et al. 2013.Late Cenozoic biostratigraphy of the Linxia Basin, northwestern China. In: Wang X M, Flynn L J, Fortelius M. Fossil Mammals of Asia: Neogene Biostratigraphy and Chronology. New York: Columbia University Press.

Deng T, Wang S Q, Xie G P, et al. 2012b. A mammalian fossil from the Dingqing Formation in the Lunpola Basin, northern Tibet and its relevance to age and paleo-altimetry. Chinese Science Bulletin, 57(2/3): 261-269.

Deng T, Wang X M, Fortelius M, et al. 2011. Out of Tibet: Pliocene woolly rhino suggests high-plateau origin of Ice Age megaherbivores. Science, 333: 1285-1288.

Deng T, Wang X M, Wu F X, et al. 2019. Review: Implications of vertebrate fossils for paleo-elevations of the Tibetan Plateau. Global and Planetary Change, 174: 58-69.

Deng Z Z. 1959. On the study of the skeleton of *Carassius auratus* L (in Chinese with English abstract). Acta Zool Sin, 11: 236-252.

Denk T, Grimm G W. 2005. Phylogeny and biogeography of Zelkova (Ulmaceae sensu stricto) as inferred from leaf morphology, ITS sequence data and the fossil record. Botanical Journal of the Linnean Society, 147: 129-157.

Deperet C J. 1890. Les animaux Pliocenes de Roussilon [The Pliocene animals of Roussilon]. Mémoires de La Société Géologique de France, 3: 1-164.

Ding L, Spicer R A, Yang J, et al. 2017. Quantifying the rise of the Himalaya orogen and implications for the South Asian monsoon. Geology, 45: 215-222.

Ding L, Xu Q, Yue Y, et al. 2014. The Andean-type Gangdese Mountains: Paleoelevation record from the Paleocene-Eocene Linzhou Basin. Earth and Planetary Science Letters, 392: 250-264.

Dive J, Eisenmann V. 1991. Identification and discrimination of first phalanges from Pleistocene and modern *Equus*, wild and domestic. In: Meadow R H, Uerpmann H–P. Equids in the Ancient World, Volume II. Wiesbaden: Dr. Ludwig Reichert Verlag.

Domingo M S, Alberdi M T, Azanza B. 2007. A new quantitative biochronological ordination for the Upper Neogene mammalian localities of Spain. Palaeogeography, Palaeoclimatology, Palaeoecology, 255(3-4): 361-376.

Dong W. 2008. Early Pleistocene suid (mammal) from the Dajushan, Huainan, Anhui Province (China). Vertebrata PalAsiatica, 46: 233-246.

Dong Z M, Milner A C. 1988. Dinosaurs from China. London: British Museum (Natural History).

Downing K F, Lindsay E H, Downs W R, et al. 1993. Lithostratigraphy and vertebrate biostratigraphy of the early Miocene Himalayan Foreland, Zinda Pir Dome, Pakistan. Sedimentary Geology, 87: 25-37.

Dowsett H J. 2007. The PRISM paleoclimate reconstruction and Pliocene sea-surface temperature. Micropaleont Soc Spec Pub, 2: 459-480.

Durand J D, Tsigenopoulos S C, Unlu E, et al. 2002. Phylogeny and biogeography of the family Cyprinidae in the Middle East inferred from cytochrome b DNA—Evolutionary significance of this region. Mol Phylogenet Evol, 22: 91-100.

Dyhrenfurth G O. 1955. To the third pole: the history of the high Himalaya. London: Werner Laurie.

Echassoux A, Moigne A M, Moullé P É, et al.2008. Les faunes de grands mammifères du site de l'Homme de Yunxian, Quyuanhekou, Quingqu, Yunxian, Province du Hubei, République Populaire de Chine. In: Lumley H D, Li T Y. Le Site de L'Homme de Yunxian. Paris: CNRS Édition.

Eisenmann V. 1979. Les metapodes d'*Equus* sensu lato（Mammalia, Perissodactyla）. Geobios, 12: 863-886.

Eisenmann V. 1986. Comparative osteology of modern and fossil horses, half-asses, and asses. In: Meadow R H, et al. Equids in the Ancient world. Wiesbaden: Dr. L. R. Verlag.

Eisenmann V.1995. What metapodial morphometry has to say about some Miocene Hipparions. In: Vrba E S, Denton G H, Partridge T C, et al. Paleoclimate and Evolution, with Emphasis on Human Origins. New Haven: Yale Univ Press.

Eisenmann V, Alberdi M T, de Giuli C, et al.1988. Volume I, Methodology. In: Woodburne M, et al. Studying Fossil Horses. Leiden: E. J. Brill.

Eisenmann V, Beckouche S. 1986. Identification and discrimination of metapodials from Pleistocene and modern Equus, wild and domestic. In: Meadow R H, Uerpmann H P. Equids in the Ancient World. Wiesbaden: Dr. Ludwig Reichert Verlag.

Eisenmann V, Sondaar P Y. 1989. Hipparions and the Mio-Pliocene boundary. Boll Soc Paleont Ital, 28: 217-226.

Ellis B, Daly D, Hickey L J, et al. 2009. Manual of Leaf Architecture. Cornell University Press.

Erbajeva M A, Alexeeva N V. 2013. Chapter 21. Late Cenozoic mammal faunas of the Baikalian region: composition, biochronology, dispersal and correlation with Central Asia. In: Wang X, Flynn L J, Fortelius M. Fossil Mammals of Asia: Neogene Biostratigraphy and Chronology. New York: Columbia University Press.

Erbajeva M, Alexeeva N, Khenzykhenova F. 2003. Pliocene small mammals from the Udunga site of the Transbaikal area. Coloquios de Paleontologia Volumen Extraordinario, 1: 133-145.

Evander R L. 1989. Phylogeny of the family Equidae. In: Prothero D R, Schoch R M. The Evolution of Perissodactyls. New York: Oxford University Press.

Evans H E, de Lahunta A. 2013. Miller's anatomy of the dog Fourth edition. Elsevier, St. Louis, 676-679.

Fahlbusch V. 1964. Die Cricetiden（Mamm.）der Oberen Süßwasser-Molasse Bayerns. Bayerische Akademie der Wissenschaften, Mathematisch-naturwissenschaftliche Klasse, Abhandlungen, Neue Folge, 118: 1-136.

Fahlbusch V. 1969. Pliozane und Pleistozane Cricetinae（Rodentia, Mammalia）aus Polen. Acta Zoologica Cracoviensia, 14: 99-138.

Fahlbusch V, Mayr H. 1975. *Microtoide cricetiden*（Mammalia, Rodentia）aus der Oberen SüßwasserMolasse Bayerns. Pälaontologische Zeitschrift, 49: 78-93.

Fahlbusch V, Qiu Z, Storch G. 1983. Neogene mammalian faunas of Ertemte and Harr Obo in Nei Monggol, China. 1 Report on Field Work in 1980 and Preliminary Results. Scientia Sinica（Series B）, 26: 205-224.

Falconer H. 1868. On the fossil rhinoceros of central Tibet and its relation to the Recent upheaval of the

Himalayahs. In: Murchison C. Paleontological Memoirs and Notes of the Late Hugh Falconer, Vol. I. London: R Hardwicke.

Fang A M, Yan Z, Pan Y S, et al. 2006. The age of the plan fossil assemblage in the liuqu conglomerate of southern tibet and its tectonic significance. Progress in Natural Science, 16: 55-64.

Fang X, Zhang W, Meng Q, et al. 2007. High-resolution magnetostratigraphy of the Neogene Huaitoutala section in the eastern Qaidam Basin on the NE Tibetan Plateau, Qinghai Province, China and its implication on tectonic uplift of the NE Tibetan Plateau. Earth and Planetary Science Letters, 258: 293-306.

Farke A A. 2010. Evolution and functional morphology of the frontal sinuses in Bovidae (Mammalia: Artiodactyla), and implications for the evolution of cranial pneumaticity. Zoological Journal of the Linnean Society, 159: 988-1014.

Fedosenko A K, Blank D A. 2005. *Ovis ammon*. Mammalian Species, 773: 1-15.

Fejfar O. 1999. Microtoid cricetids. In: Rössner G E, Heissig K. The Miocene Land Mammals of Europe. München: Verlag Dr. Friedrich Pfeil.

Fejfar O, Heinrich W D, Kordos L, et al. 2011. Microtoid cricetids and the early history of arvicolids (Mammalia, Rodentia). Palaeontologia Electronica, 14.3.27A: 1-38.

Feng Z, Cai G, Zheng C. 1984. A checklist of the mammals of Xizang (Tibet). Acta Theriologica Sinica, 4: 341-358.

Ferguson D K, Zetter R, Paudayal K N. 2007. The need for the SEM in palaeopalynology. Comptes Rendus Palevol, 6: 423-430.

Fernández M H, Vrba E S. 2005. A complete estimate of the phylogenetic relationships in Ruminantia: A dated species-level supertree of the extant ruminants.Biological Reviews Cambridge Philosophical Society, 80(2): 269-302.

Finarelli J A. 2008. A total evidence phylogeny of the Arctoidea (Carnivora: Mammalia): Relationships among basal taxa. Journal of Mammalian Evolution, 15: 231-259.

Fischer von Waldheim G. 1817. Adversaria zoologica, vol. 5. Mémoires de la Société Imperiale des Naturalistes de Moscou, 357-472.

Flynn L J, Qiu Z X. 2013. Biostratigraphy of the Yushe Basin. In: Tedford R H, Qiu Z X, Flynn L J. Late Cenozoic Yushe Basin, Shanxi Province, China: Geology and Fossil Mammals Volume I: History, Geology, and Magnetostratigraphy. New York: Springer.

Flynn L J, Tedford R H, Qiu Z. 1991. Enrichment and stability in the Pliocene mammalian fauna of North China. Paleobiology, 17: 246-265.

Foose T J, Strien N J V. 1997. Asian Rhinos: Status Survey and Conservation Action Plan, new edition. Journal of Asian Studies, (1): 167-170.

Forselius S. 1957. Studies of anabantid fishes. Zool. Bidrag. Uppsala, 32: 93-597.

Forstén A. 1986. Chinese fossil horses of the genus *Equus*. Acta Zoologica Fennica, 181: 1-40.

Forstén A. 1992. Mitochondrial-DNA time-table and the evolution of *Equus*: Comparison of molecular and paleontological evidence. Annales Zoologici Fennici, 28 (3/4) : 301-309.

Forstén A. 1999. A review of *Equus stenonis* Cocchi (Perissodactyla, Equidae) and related forms. Quat. Quaternary Science Reviews, 18 (12) : 1373-1408.

Fortelius M. 1983. The morphology and paleobiological significance of the horns of *Coelodonta antiquitatis* (Mammalia: Rhinocerotidae). Journal of Vertebrate Paleontology, 3 (2) : 125-135.

Fortelius M. 1985. Ungulate cheek teeth: Developmental, functional and evolutionary interrelations. Acta Zool. Fenn., 180: 1.

Fortelius M. 2018. New and Old Worlds Database of Fossil Mammals (NOW). Helsinki: University of Helsinki.

Fortelius M, Eronen J, Liu L, et al. 2006. Late Miocene and Pliocene large land mammals and climatic changes in Eurasia. Palaeogeography, Palaeoclimatology, Palaeoecology, 238: 219-227.

Fortelius M, Kappelman J, Sen S, et al. 2003. Geology and paleontology of the Miocene Sinap Formation, Turkey. New York: Columbia University Press.

Fortelius M, Mazza P, Sala B. 1993. *Stephanorhinus* (Mammalia: Rhinocerotidae) of the Western European Pleistocene, with a Revision of *S. etruscus* (Falconer 1868). Palaeontographia Italica, 80: 63.

Fortelius M, Solounias N. 2000. Functional characterization of ungulate molars using the abrasion-attrition wear gradient: A new method for reconstructing paleodiets. American Museum Novitates, 3301: 1-36.

Fortelius M, Zhang Z Q. 2006. An oasis in the desert? History of endemism and climate in the late Neogene of North China. Palaeontographica Abteilung A, 277: 131-141.

Fosse P, Quiles J. 2005. Tafonomía y arqueozoología comparadas de algunos yacimientos de los Pirineos franceses y de Cantabria [Comparisons of taphonomy and archaeozoology of some deposits of the French Pyrenees and Cantabria]. Munibe (Antropologia-Arkeologia), 57: 163-181.

Franz V.1910. Die japanischen Knochenfische der Sammlungen Haberer und Doflein. (Beitrage zur Naturgeschichte Ostasiens). Abhandlungen der math-phys. Klasse K. Bayer Akad Wissens- chaften, 4(Suppl) (1): 1-135, pls. 1-11.

Freudenthal M. 1985. Circetidae (Rodentia) from the Neogene of Gargano (Prov. of Foggia, Italy). Scripta Geologica, 77: 29-76.

Friis E M, Crane P R, Pedersen K R. 2011. Early Flowers and Angiosperm Evolution. New York: Cambridge University Press.

Fuentes-González J A, Muñoz-Durán J. 2012. Filogenia de los cánidos actuales (Carnivora: Canidae) mediante análisis de congruencia de characteres bajo parsimonia. Actual Biol., 34: 85-102.

Galiano H, Frailey D. 1977. *Chasmaporthetes kani*, new species form China, with remarks on phylogenetic relationships of genera within the Hyaenidae (Mammalia, Carnivora). American Museum Novitates, 2632: 1-16.

Gallego J, Gondolfo M A, Cúneo N R, et al. 2014. Fossil Araceae from the Upper Cretaceous of Patagonia, Argentina, with implications on the origin of free-floating aquatic aroids. Review of Palaeobotany and Palynology, 211: 78-86.

Gao X, Jiang L. 2004. Biophysics: Water-repellent legs of water striders. Nature, 432(7013): 36.

Geetakumari K, Kadu K. 2011. *Badis singenensis*, a new fish species (Teleostei: Badidae) from Singen River, Arunachal Pradesh, northeastern India. Journal of Threatened Taxa, 3(9): 2085-2089.

Geffen E, Mercure A, Girman D J, et al. 2009. Phylogenetic relationships of the fox-like canids: mitochondrial DNA restriction fragment, site and cytochrome b sequence analyses. Journal of Zoology, 228: 27-39.

Geist V. 1971. Mountain Sheep, A Study in Behavior and Evolution. Chicago: The University of Chicago Press.

Gemballa S, Britz R. 1998. Homology of intermuscular bones in Acanthomorph fishes. American Museum Novitates, 3241: 1-25.

Gentry A W. 1968. The extinct bovid genus *Qurliqnoria* Bohlin. Journal of Mammalogy, 49(4): 769.

Geraads D. 1997. Carnivores du Pliocène Terminalde Ahl al Oughlam (Casablanca, Maroc). Geobios, 30(1): 127-164.

Geraads D. 2011. A revision of the fossil Canidae (Mammalia) of north-western Africa. Palaeontology, 54(2): 429-446.

Germonpre M, Sablin M V. 2004. Systematics and osteometry of Late Glacial foxes from Belgium. Bull. Inst. R. Sci. Nat. Beig. Sci. Terre, 74: 175-188.

Giaourtsakis I X. 2009. The late Miocene mammal faunas of the Mytilinii Basin, Samos Island, Greece: New collection. 9. Rhinocerotidae. Beitr. Paläont., 31: 157.

Gibbard P L, Head M J, Walker M J C, et al. 2010. Formal ratification of the Quaternary System/Period and the Pleistocene Series/Epoch with a base at 2.58 Ma. Journal of Quaternary Science, 25: 96-102.

Gilles A, Lecointre G, Miquelis A, et al. 2001.Partial combination applied to phylogeny of European cyprinids using the mitochondrial control region. Molecular Phylogenetics and Evolution, 19: 22-33.

Gingerich P D, Winkler D A. 1979. Patterns of variation and correlation in the dentition of the red fox, *Vulpes vuples*. J. Mammal., 60: 691-704.

Goloboff P A, Farris J S, Nixon K C. 2008. TNT, a free program for phylogenetic analysis. Cladistics, 24(5): 774-786.

Graham S A. 2013. Fossil records in the Lythraceae. Botanical Review, 79: 48-145.

Graham S A, Graham A. 2014. Ovary, fruit, and seed morphology of the Lythraceae. International Journal of Plant Sciences, 175: 202-240.

Gray G G, Simpson C D. 1980. *Ammotragus lervia*. Mammalian Species, 144: 1-7.

Gray J E. 1821. On the natural arrangement of vertebrose animals. London Medical Repository, 15: 296-310.

Gray J E. 1869. Catalogue of Carnivorous, Pachydermatous, and Edentate Mammalia in the British Museum, London.

Gray J E.1834. llustrations of Indian zoology; chiefly selected from the collection of Major-General Hardwicke, F.R.S. Vol. 2. London: Adolphus Richter, Soho square, Parbury, and Allen.

Grayum M H. 1987. A summary of evidence and arguments supporting the removal of Acorus from the Araceae. Taxon, 36: 723-729.

Greenwood D R. 2005. Leaf form and the reconstruction of past climates. New Phytologist, 166: 355-357.

Grimaldi D, Engel M S. 2005. Evolution of the Insects. Cambridge: Cambridge University Press.

Gromova B. 1961. 哺乳动物大型管状骨检索表. 刘后一, 等译. 北京: 科学出版社.

Gromova V I. 1949. Istorija loshadej（roda *Equus*）v Starom Svete. Chast'1～2. Trudy Paleontogoicheskogo Instituta Akademii Nauk SSSR, 17（1-2）: 1-374, 1-162.

Groves C P. 1983. Phylogeny of the living species of Rhinoceros. Sond. Journal of Zoological Systematics and Evolutionary Research, 21（4）: 293-313.

Groves C P. 2009. Systematic relationships in the Bovini（Artiodactyla, Bovidae）. Journal of Zoological Systematics and Evolutionary Research, 19（4）: 264-278.

Groves C P, Kurt F. 1972. *Dicerorhinus sumatrensis.* Mammalian Species, 21: 1-6

Guérin C. 1980. Les rhinocéros（Mammalia, Perissodactyla）du Miocène terminal au Pléistocène supérieur en Europe occidentale: Comparaison avec les espèces actuelles. Doc. Lab. Géol. Lyon, 79: 1.

Guo Z T, Guo Z T, Ruddiman W F, et al. 2002. Onset of Asian desertification by 22 Myr ago inferred from loess deposits in China. Nature, 416: 159-163.

Gunther A.1868. Catalogue of the Physostomi, Containing the Families Heteropygii, Cyprinidae, Gonorhynchidae, Hyodonti- dae, Osteoglossidae, Clupeidae, Chirocentridae, Alepocephali- dae, Notopteridae, Halosauridae, in the Collection of the British Museum. Catalogue of the fishes in the British Museum, 7: 1-512.

Gunther A.1896. Report on the collections of reptiles, batrachians and fishes made by Messrs. Potanin and Berezowski in the Chinese provinces Kansu and Sze-chuen, Ezhegodnik. Zool Muzeya Imper Akad Nauk, 1: 199-219, pls 1-2.

Haas S K, Hayssen V, Krausman P R. 2005. *Panthera leo.* Mamm. Species, 762: 1-11.

Haase E. 1914. Tiere der Verzeit（Verlag von Quelle & Meyer, Leipzig, Germany）.

Hably L, Thiébaut M. 2002. Revision of Cedrelospermum (Ulmaceae) fruits and leaves from the Tertiary of Hungary and France. Palaeontographica Abteilung B, 262: 71-90.

Haltenorth V T. 1936. Die verwandtschaftliche Stellung der Großkatzen zueinander [Phylogenetic Relationships Among Big Cats]. Zeitschrift für Säugetierkunde, 11: 32-105.

Haltenorth V T. 1937. Die verwandtschaftliche Stellung der Großkatzen zueinander VII [Phylogenetic Relationships Among Big Cats VII]. Zeitschrift für Säugetierkunde, 12: 97-240.

Hamilton F.1822. An account of the fishes found in the river Ganges and its branches. London: Edinburgh.

Harada T, Furuki T, Ohoka W, et al. 2016. The first finding of six instars of larvae in Heteroptera and the negative correlation between precipitation and number of individuals collected in sea skaters of *Halobates*（Heteroptera: Gerridae）. Insects, 7（4）: 73.

Harington C R. 1980. Pleistocene mammals from Lost Chicken Creek, Alaska. Canadian Journal of Earth Sciences, 17（2）: 168-198.

Harington C R, Clulow F V. 1973. Pleistocene mammals from Gold Run Creek, Yukon Territory. Canadian Journal of Earth Sciences, 10（5）: 697-759.

Harrington M G, Edwards K J, Johnson S A , et al. 2005. Phylogenetic inference in Sapindaceae sensu lato using plastid matK and rbcL DNA sequences. Systematic Botany, 30: 366-382.

Harrison T M, Copeland P, Kidd W S, et al. 1992. Raising tibet. Science, 255: 1663-1670.

Hartstone-Rose A, Werdelin L, De Ruiter D J, et al. 2010. The Plio-Pleistocene ancestor of wild dogs, *Lycaon sekowei* n. sp. Journal of Paleontology, 84: 299-308.

Hassanin A, Delsuc F, Ropiquet A, et al. 2012. Pattern and timing of diversification of Cetartiodactyla （Mammalia, Laurasiatheria）, as revealed by a comprehensive analysis of mitochondrial genomes. Comptes Rendus Biologies, 335: 32-50.

Hassanin A, Douzery E J P. 1999. Evolutionary affinities of the enigmatic saola （*Pseudoryx nghetinhensis*） in the context of the molecular phylogeny of Bovidae. Proceedings of the Royal Society B: Biological Sciences, 266（1422）: 893-900.

Hassanin A, Pasquet E, Vigne J D. 1998. Molecular systematics of the subfamily Caprinae （Artiodactyla, Bovidae） as determined from cytochrome b sequences. Journal of Mammalian Evolution, 5: 217-236.

Hassanin A, Ropiquet A. 2004. Molecular phylogeny of the tribe Bovini （Bovidae, Bovinae） and the taxonomic status of the Kouprey, *Bos sauveli* Urbain 1937. Molecular Phylogenetics and Evolution, 33（3）: 896-907.

Hassanin A, Ropiquet A, Couloux A, et al. 2009. Evolution of the mitochondrial genome in mammals living at high altitude: New insights from a study of the tribe Caprini （Bovidae, Antilopinae）. Journal of Molecular Evolution, 68: 293-310.

Hast M. 1989. The larynx of roaring and non-roaring cats. Journal of Anatomy, 163: 117-121.

Hay O P. 1921. Descriptions of species of Pleistocene vertebrata, types or specimens most of which are preserved in the United States National Museum. Proceedings of the United States National Museum, 59: 599-642.

He D K, Chen Y F. 2007. Molecular phylogeny and biogeography of the highly specialized grade schizothoracine fishes (Teleostei: Cyprinidae) inferred from cytochrome b sequences. Chinese Science Bulletin, 52: 777-788.

He D K, Chen Y F, Chen Y Y, et al. 2004. Molecular phylogeny of the spe-cialized schizothoracine fishes (Teleostei: Cyprinidae), with their im-plications for the uplift of the Qinghai-Tibetan Plateau. Chinese Science Bulletin, 49: 39-48.

He H Y, Deng C L, Pan Y X, et al. 2011. New ^{40}Ar/^{39}Ar dating results from the Shanwang Basin, eastern China: Constraint on the age of the Shanwang Formation and associated biota. Physics of the Earth and Planetary Interiors, 187（1/2）: 66-75.

He H, Sun J, Li Q, et al. 2012. New age determination of the Cenozoic Lunpola basin, central Tibet. Geological Magazine, 149: 141-145.

He L J, Zhang X C. 2012. Exploring generic delimitation within the fern family thelypteridaceae. Molecular Phylogenetics and Evolution, 65: 757-764.

He S P, Liu H Z, Chen Y Y, et al. 2004. Molecular phylogenetic relation-ships of Eastern Asian Cyprinidae

(Pisces: Cypriniformes) inferred from cytochrome b sequences. Science China: Life Science, 47: 130-138.

He S P, Mayden L R, Wang X Z, et al. 2008. Molecular phylogenetics of the family Cyprinidae (Actinopterygii: Cypriniformes) as evidenced by sequence variation in the first intron of S7 ribosomal protein- coding gene: Further evidence from a nuclear gene of the systematic chaos in the family. Molecular Phylogenetics and Evolution, 46: 818-829.

Heer O. 1876. Beträge zur fossilen Flora Spitzbergens. Zurich: J. Wurster and Co.

Heissig K. 1999. Family Rhinocerotidae. In: Rössner G E, Heissig K. The Miocene Land Mammals of Europe. München: Verlag Dr. Friedrich Pfeil.

Hemmer H. 1972. *Uncia uncia*. Mamm. Species, 20: 1-5.

Hendey Q B. 1978. Late Tertiary Hyaenidae from Langebaanweg, Souther Africa, and their relevance to the phylogeny of the family. Annals of the South African Museum, 76: 265-297.

Henriquez C L, Arias T, Chris Pires J D, et al. 2014. Phylogenomics of the plant family Araceae. Molecular Phylogenetics and Evolution, 75: 91-102.

Hermanson J, MacFadden B J. 1996. Evolutionary and functional morphology of the knee in fossil and extant horses（Equidae）. Journal of Vertebrate Paleontology, 16（2）: 349-357.

Herrera A A. 2008. Vertebrados del Plioceno superior terminal en el suroeste de Europa: Fonelas P-1 y el Proyecto Fonelas. Vol. 10. Madrid: Instituto Geológico y Minero de Espana.

Herzenstein S M.1891. Fische. In: Kaiserlichen Akademie der Wissenschaften. Wissenschaftliche Resultate der von N. M. Przewalski nach Central-Asien unternommenen Reisen. Zoologischer Theil vol 3. St. Petersburg: Imperatorskaia Akademiia Nauk.

Herzenstein S M. 1892. Ichthyologische Bemerkungen aus dem Zoologischen Museum der Kaiserlichen Akademie Wissenschaften. III. Melanges Biol tires Bull physico-mathema-tique Acad Imper Sci St. Petersbourg, 13: 219-235.

Heywood V H, Brummitt R, Culham A. 2007. Flowering Plant Families of the World, 2nd ed. Royal Botanic Gardens, Kew.

Hickey L J. 1973. Classification of the architecture of dicotyledonous leaves. American Journal of Botany, 60: 17-33.

Hilgen F J, Lourens L J, van Dam J A, et al. 2012. The Neogene Period. In: Gradstein F M, Ogg J G, Schmitz M D, et al. The Geologic Time Scale 2012, vol. 2. Amsterdam: Elsevier.

Hoffmann R S. 1989. In Fifth International Theriological Congress. Rome: International Theriological Congress.

Hoffmann J. 1998. Assessing the effects of environmental changes in a landscape by means of ecological characteristics of plant species. Landscape and Urban Planning, 41: 239-248.

Hoffmann R S. 1991. In Mammals of the Palaearctic Desert: Status and Trends in the Sahara-Gobi Region, J. A. McNeely, V. Neronov, Eds. Moscow: Russian Academy of Sciences.

Hollick A. 1936. The Tertiary floras of Alaska. U.S. Geological Survey Professional Paper, 182: 1-185.

Holttum R E. 1976. Studies in the family Thelypteridaceae. III. A new system of genera in the old world.

Blumea, 19: 17-52.

Hora S L. 1953. Fish distribution and Central Asian orography. Current Science, 22: 93-97.

Howell F C, Petter G. 1980. The pachycrocuta and hyaena lineages (pliopleistocene and extant species of the hyaenidae). Their relationships with miocene ictitheres: palhyaena and hyaenictitherium. Geobios, 13 (4): 579-623.

Howes J G. 1991. Systematics and biogeography: An overview. In: Winfield I J, Nelson J S. Cyprinid Fishes, Systematics, Biology and Exploitation. Fish and Fisheries Series 3. New York: Chapman and Hall.

Hu D, Chan B, Bush J W. 2003. The hydrodynamics of water strider locomotion. Nature, 424 (6949): 663-666.

Hu H H, Chaney R W. 1938. A Miocene flora from Shantung Province, China, Part1. Introduction and systematic considerations. Carnegie Institution of Washington Publication, 507: 1-82.

Huang C, Chang Y, Bartholomew B. 1999. Fagaceae. In: Wu C Y, Raven P H. Flora of China. Beijing: Science Press.

Huang Y, Jia L, Wang Q, et al. 2016a. Cenozoic plant diversity of Yunnan: A review. Plant Diversity, 38: 271-282.

Huang Y, Su T, Zhou Z. 2016b. Late Pliocene diversity and distribution of *Drynaria* (Polypodiaceae) in western Yunnan explained by forest vegetation and humid climates. Plant Diversity, 38: 194-200.

Hussain S T. 1975. Evolutionary and functional anatomy of the pelvic limb in fossil and recent Equidae (Perissodactyla, Mammalia). Anatomia Histologia Embryologia, 4: 179-192.

Hussain S T, Munthe J, Shah S M I, et al. 1979. Neogene stratigraphy and fossil vertebrates of the Daud Khel area, Mianwali District, Pakistan. Memoirs Geological Survey Pakistan, 13: 1-27.

Jacobs L L, Lindsay E H. 1984. Holarctic radiation of Neogene muroid rodents and the origin of South American cricetids. Journal of Vertebrate Paleontology, 4: 265-272.

Jacques F M, Guo S X, Su T, et al. 2011. Quantitative reconstruction of the late miocene monsoon climates of southwest china: A case study of the lincang flora from yunnan province. Palaeogeography, Palaeoclimatology, Palaeoecology, 304: 318-327.

Janis C M. 1976. The evolutionary strategy of the Equidae and the origins of rumen and cecal digestion. Evolution, 30: 757-774.

Janis C M. 1990. Correlation of cranial and dental variables with body size in ungulates and macropodoids. In: Damuth J, Macfadden B J. Body Size in Mammalian Paleobiology: Estimation and Biological Implication. Cambridge: Cambridge University Press.

Jansa S A, Weksler M. 2004. Phylogeny of muroid rodents: relationship within and among major lineages as determined by IRBP gene sequence. Molecular Phylogenetics and Evolution, 31: 256-276.

Jernvall J, Fortelius M. 2002. Common mammals drive the evolutionary increase of hypsodonty in the Neogene. Nature, 417 (6888): 538-540.

Jia D, Abbott R J, Liu T, et al. 2012. Out of the Qinghai–Tibet Plateau: Evidence for the origin and dispersal of Eurasian temperate plants from a phylogeographic study of Hippophaë rhamnoides (Elaeagnaceae).

New Phytologist, 194: 1123-1133.

Jia D, Liu T, Wang L, et al. 2011. Evolutionary history of an alpine shrub *Hippophae tibetana* (Elaeagnaceae): allopatric divergence and regional expansion. Biological Journal of the Linnean Society, 102: 37-50.

Jia L B, Manchester S R, Su T, et al. 2015. First occurrence of *Cedrelospermum* (Ulmaceae) in Asia and its biogeographic implications. Journal of Plant Research, 128(5): 747-761.

Jia L B, Su T, Huang Y J, et al. 2018. First fossil record of *Cedrelospermum* (Ulmaceae) from the Qinghai-Tibetan Plateau and its phytogeographic implications. Journal of Systematics and Evolution, 57(2): 94-104.

Jiang H, Su T, Wong W O, et al. 2019. Oligocene *Koelreuteria* (Sapindaceae) from the Lunpola Basin in central Tibet and its implication for early diversification of the genus. Journal of Asian Earth Sciences, 175: 99-108.

Johnson W E. 2006. The Late Miocene radiation of modern felidae: A genetic assessment. Science, 311: 73-77.

Johnson W E, Eizirik E, Pecon-slattery J, et al. 2006. The Late Miocene radiation of modern Felidae: A genetic assessment. Science, 311: 73-77.

Jones J H. 1986. Evolution of the Fagaceae: the implications of foliar features. Annals of the Missouri Botanical Garden, 73: 228-275.

Jordan G J. 2011. A critical framework for the assessment of biological palaeoproxies: Predicting past climate and levels of atmospheric CO_2 from fossil leaves. New Phytologist, 192: 29-44.

Kahlke H D. 1969. Die Rhinocerotiden-Reste aus den Kiesen von Süssenborn bei Weimar. Paläontologische Abhandlungen, A, 3: 567-709.

Kahlke R D. 1999. The History of the Origin, Evolution and Dispersal of the Late Pleistocene *Mammuthus-Coelodonta* Faunal Complex in Eurasia (Large Mammals). Rapid City: Fenske Companies.

Kahlke R D. 2010. The origin of Eurasian mammoth faunas. Quarternaire, Horse-Série, 3: 21.

Kahlke R D, Lacombat F. 2008. The earliest immigration of woolly rhinoceros (*Coelodonta tologoijensis*, Rhinocerotidae, Mammalia) into Europe and its adaptive evolution in Palaearctic cold stage mammal faunas. Quaternary Science Reviews, 27(21): 1951-1961.

Kalmykov N P. 2013. The most ancient finding of mountain sheep (Mammalia, Artiodactyla: *Ovis*) in the Holarctic (western Transbaikalia). Doklady Biological Sciences, 448: 25-27.

Kapp P, DeCelles P, Gehrels G, et al. 2007. Geological records of the Lhasa-Qiangtang and Indo-Asian collisions in the Nima area of central Tibet. Geological Society of America Bulletin, 119(7-8): 917-932.

Kerp H. 1990. The study of fossil gymnosperms by means of cuticular analysis. Palaios, 5: 548-569.

Khan M A, Spicer R A, Bera S, et al. 2014. Miocene to Pleistocene floras and climate of the Eastern Himalayan Siwaliks, and new palaeoelevation estimates for the Namling-Oiyug Basin. Tibet: Global and Planetary Change, 113: S1-10.

Khomenko I P. 1932. *Hyaena borissiaki* n. sp. iz russil'onskoj fauny Bessarabii. Travaux de l'Institut Paléozoologique de l'Academie des Sciences de l'U.R.S.S., 1: 81-134.

Kidd S F M, Molnar P. 1988. Quaternary and active faulting observed on the 1985 academia Sinica-Royal Society geotraverse of Tibet. Philosophical Transactions of the Royal Society A, 327: 337-363.

Kitchener A C, Beaumont M A, Richardson D. 2006. Geographical variation in the clouded leopard, *Neofelis nebulosa*, reveals two species. Current Biology, 16: 2377-2383.

Kohn M J, Law J. 2006. Stable isotope chemistry of fossil bone as a new paleoclimate indicator. Geochimica Et Cosmochimica Acta, 70: 931.

Kolk J, Naaf T, Wulf M. 2017. Paying the colonization credit: Converging plant species richness in ancient and post-agricultural forests in NE Germany over five decades. Biodiversity and Conservation, 26: 735-755.

Kong X H, Wang X Z, Gan X N, et al. 2007. Phylogenetic relationships of Cyprinidae (Teleostei: Cypriniformes) inferred from the partial S6K1 gene sequences and implication of indel sites in intron 1. Science China: Life Science, 50: 780-788.

Kong X H, Wang X Z, Gan X N, et al. 2007. The c-myc coding DNA se-quences of cyprinids (Teleostei: Cypriniformes): Implications for phylogeny. Chinese Science Bulletin, 52: 1491-1500.

Kong Z C, Liu L S, Du N Q. 1981. Neogene-Quaternary palynoflora from the Kunlun to the Tanggula Ranges and the uplift of the Qing-hai-Xizang Plateau. In: Comprehensive Scientific Expedition to the Qinghai-Xizang Plateau, Chinese Academy of Sciences. Studies on the Period, Amplitude and Type of Uplift of the Qinghai-Xizang Plateau (in Chinese with English Abstract). Beijing: Science Press.

Kormos T. 1911. *Canis* (*Cerdocyon*) *petényii* n. sp. und andere interessante Funde aus dem Komitat Baranya. Mitt Jahr Königl Ungar Geol Reich Budapest, 19(4): 165-196.

Kormos T. 1932. Die Füchse des ungarischen Uberpliozäns. Folia Zool Hydrobiol, 4: 167-188.

Kostopoulos D S. 2014. Taxonomic re-assessment and phylogenetic relationships of Miocene homonymously spiral-horned antelopes. Acta Palaeontologica Polonica, 59: 9-29.

Koufos G D. 1987. *Chasmaporthetes bonisi*, a new hyaenid (Carnivora, Mammalia) from the late Miocene of Macedonia (Greece). Bulletin de la SociétéGéologique de France, 8: 913-920.

Koufos G D. 2006. The Neogene mammal localities of Greece: Faunas, chronology and biostratigraphy. Hellenic J Geosci., 41: 183-214.

Koumans F P. 1949. On some fossil fish remains from Java. Zool. Med., 5: 77-82.

Kovar-Eder J, Kvaček Z, Ströbitzer-Hermann M. 2004. The Miocene flora of Parschlug (Styria, Austria)–revision and synthesis. Annalen des Naturhistorischen Museums in Wien, 105A: 45-159.

Krassilov V, Kodrul T. 2009. Reproductive structures associated with Cobbania, a floating monocot from the Late Cretaceous of the Amur Region, Russian Far East. Acta Palaeobotanica, 49: 233-251.

Krassilov V, Kodrul T M, Maslova N P. 2010. Plant systematics and differentiation of species over trans-Beringian land connections including a newly recognized cupressaceous conifer Ditaxocladus Guo and Sun. Bulletin of Geosciences, 85: 95-110.

Kretzoi M. 1938. Die Raubtiere von Gombaszög nebst einer übersicht der Gesamtfauna (Ein beitrag zur stratigraphie des Altquartaers). Annales Musei Nationalis Hungarici, Mineralogie, Geologie u. Palaeontologie, 38: 88-157.

Kretzoi M. 1941. Weitere Beiträge zur Kenntnis der Fauna von Gombaszög. Annales Musei Nationalis Hungarici Pars Mineralogica, Geologica et Palaeontologica, 34: 105-139.

Kretzoi M. 1955. *Dolomys* and *Ondatra*. Acta Geologica Academiae Scientiarum Hungaricae, 3: 347-355.

Kretzoi M. 1956. Die altpleistozänen Wirbeltierfaunen des Villányer Gebirges. Gologica Hungarica, Ser. Plaeontologica, 27: 125-264.

Kretzoi M. 1961. Zwei Myospalaxi den aus dem Nord China. Vertebrata Hungarica, 3: 123-136.

Kretzoi M. 1965. *Pannonicola brevidens* n. g. n. sp., ein echter Arvicolide aus dem ungarischen Unterpliozän. Vertebrata Hungarica Musei historico-naturalis Hungarici, 7: 131-139.

Kretzoi M. 1969. Skizze einer Arvicoliden-Phylogenie-Stand 1969. Vertebrata Hungarica Musei historico-naturalis Hungarici, 11: 155-193.

Kruuk H. 1972. The spotted hyena: A study of predation and social behavior. In: Shaller G B. Wildlife behavior and ecology series. Chicago, IL: The University of Chicago Press.

Kruuk H. 1976. Feeding and social behaviour of the striped hyaena (*Hyaena vulgaris* Desmarest). East African Wildlife Journal, 14: 91-111.

Kullander O S, Fang F, Bo D, et al. 1999. The fishes of the Kashmir Valley. In: Lennart N. River Jhelum, Kashmir Valley: Impacts on the Aquatic Environment. SWEDMAR: the International Consultancy Group of the National Board of Fisheries.

Kurtén B. 1968. Pleistocene Mammals of Europe. Chicago: Aldine Publishing Company.

Kurtén B, Werdelin L. 1988. A review of the genus *Chasmaporthetes* Hay, 1921 (Carnivora, Hyaenidae). Journal of Vertebrate Paleontology, 8(1): 46-66.

Kvaček J, Smith S Y. 2015. Orontiophyllum, a new genus for foliage of fossil Orontioideae (Araceae) from the Cretaceous of central Europe. Botanical Journal of the Linnean Society, 178: 489-500.

Kvaček Z. 1995. *Limnobiophyllum* Krasssilov — a fossil link between the Araceae and the Lemnaceae. Aquatic Botany, 50: 49-61.

Kvaček Z. 2003. Aquatic angiosperms of the early Miocene Most Formation of North Bohemia (Central Europa). Courier Forschungsinstitut Senckenberg, 241: 255-279.

Kvaček Z. 2011. The late Eocene flora of Kučlín near Bílina in North Bohemia revisited. Acta Musel Nationalis Pragae, 67: 83-144.

Kvaček Z, Manchester S R, Akhmetiev M. 2005. Review of the fossil history of Craigia (Malvaceae s.l.) in the Northern Hemisphere based on fruits and co-occurring foliage. In: Akhmetiev M A, Herman A B. Modern Problems of Palaeofloristics, Palaeophytogeography and Phytostratigraphy. Moscow: GEOS.

Kvaček Z, Manchester S R, Zetter R, et al. 2002. Fruits and seeds of Craigia bronnii (Malvaceae–Tilioideae) and associated flower buds from the late Miocene Inden Formation, Lower Rhine Basin, Germany. Review of Palaeobotany and Palynology, 119: 311-324.

Lamotte R S. 1952. Catalogue of the Cenozoic Plants of North America through 1950. Geological Society of

America Memoirs, 51: 1-378.

Landolt E. 1986. The Family of Lemnaceae — A Monographic Study. Volume 1. Zurich: Veroffentlichungen des Geobotanischen Institutes der ETH, Stiftung Rubel.

Larkin M A, Blackshields G, Brown N P, et al. 2007. Clustal W and Clustal X version 2.0. Bioinformatics, 23: 2947-2948.

Lauder G E, Liem K F. 1983. The evolution and interrelationships of the actinopterygian fishes. Bull. Mus. Comp. Zool., 150: 95-197.

Leng Q. 1999. Analysis on the classification of deciduous Fagaceae from China based on leaf architecture. Palaeoworld, 12: 65-84.

Leroy P. 1941. Observations on living Chinese mole-rats. Bulletin of the Fan Memorial Institute of Biology, Zoology, 10: 167-193.

Les D H, Landolt E, Crawford D J. 1997. Systematics of the Lemnaceae (duckweeds): Inferences from micromolecular and morphological data. Plant Systematics and Evolution, 204: 161-177.

Leslie D M, Schaller G B. 2009. *Bos grunniens* and *Bos mutus*（Artiodactyla: Bovidae）. Mammalian Species, 836: 1.

Lesquereux L. 1878. Contributions to the fossil flora of the westernterritories. II. The Tertiary flora. In: Hayden F V. Report of the US Geological Survey. Washington, DC : Government Printing Office.

Li G, Kohn B, Sandiford M, et al. 2015. Constraining the age of Liuqu conglomerate, southern Tibet: Implications for evolution of the India-Asia collision zone. Earth and Planetary Science Letters, 426: 259-266.

Li J B, Wang X Z, Kong X H, et al. 2008. Variation patterns of the mitochondrial 16S rRNA gene with secondary structure constraints and their application to phylogeny of cyprinine fishes (Teleostei: Cypriniformes). Molecular Phylogenetics and Evolution, 47: 472-487.

Li J, Batten D J, Zhang Y, et al. 2008. Late Cretaceous palynofloras from the southern Laurasian margin in the Xigaze region, Xizang (Tibet). Cretaceous Research, 29: 294-300.

Li J, Fang X. 2014. Research on the uplift of the Qinghai-Xizang Plateau and environmental changes. Chinese Science Bulletin, 43: 1569-1574.

Li Q, Wang X M. 2015. Into Tibet: An early Pliocene dispersal of fossil zokor（Rodentia: Spalacidae）from Mongolian Plateau to the hinterland of Tibetan Plateau. PLoS ONE, 10（12）: e0144993.

Li Q, Xie G, Takeuchi G T, et al. 2014. Vertebrate fossils on the roof of the world: Biostratigraphy and geochronology of high-elevation Kunlun Pass Basin, northern Tibetan Plateau, and basin history as related to the Kunlun strike-slip fault. Palaeogeography, Palaeoclimatology, Palaeoecology, 411（1）: 46-55.

Li X, Xiao L, Lin Z, et al. 2016. Fossil fruits of Koelreuteria (Sapindaceae) from the Miocene of northeastern Tibetan Plateau and their palaeoenvironmental, phytogeographic and phylogenetic implications. Review of Palaeobotany and Palynology, 234: 125-135.

Licht A, Cappelle M. 2014. Asian monsoons in a late Eocene greenhouse world. Nature, 513: 501-506.

Liem K F. 1963. The comparative osteology and phylogeny of the Anabantoidei（Teleostei, Pisces）. Urbana

University of Illinois Press, 24(1): 104-107.

Liem K F. 1987. Functional design of the air ventilation apparatus and overland excursions by teleosts. Fieldiana (Zoology), 37: 1-29.

Lin Y, Li Z, Iwatsuki K, et al. 2013. Thelypteridaceae. In: Wu Z, Raven P H, Hong D. Flora of China. Beijing: Science Press.

Lindblad-Toh K, Wade C M, Mikkelsen T S, et al. 2005. Genome sequence, comparative analysis and haplotype structure of the domestic dog. Nature, 438: 803-819.

Lindsay E H. 1987. Cricetid rodents of lower Siwalik deposits, Potwar Plateau, Pakistan, and Miocene mammal dispersal events. Annales Instituti Geologici Publici Hungarici, 70: 438-488.

Lindsay E H. 1988. Cricetid rodents from Siwalik deposits near Chinji village, part I. Megacricetodontinae, Myocricetodontinae and Dendromurinae. Paleoovertebrata, 18: 95-154.

Lindsay E H. 1994. The fossil record of Asian Cricetidae with emphasis on Siwalik cricetids. In: Tomida Y, Li C K, Setoguchi T. Rodent and Lagomorph Families of Asian Origins and Diversification. National Science Museum Monographs, 8: 131-147.

Linnaeus C. 1758. Systema naturae per regna tria naturae, secundum classes, ordines, genera, species, cum characteribus, differentiis, synonymis, locis. Regnum animale. Editio decima, 1758, Volume 1. Stockholm: Societatis Zoologicae Germanicae.

Lippert P C, van Hinsbergen D J J, Dupont-Nivet G. 2014. Early Cretaceous to present latitude of the central proto-Tibetan Plateau: a paleomagnetic synthesis with implications for Cenozoic tectonics, paleogeography, and climate of Asia. Geol. Soc. Am. Spec. Pap., 507: 1-21.

Liu H Z, Chen Y Y. 2003. Phylogeny of the East Asian cyprinids inferred from sequences of the mitochondrial DNA control region. Canadian Journal of Zoology, 81: 1938-1946.

Liu J, Su T, Spicer R, et al. 2019. Biotic interchange through lowlands of Tibetan Plateau suture zones during Paleogene. Palaeogeogr, Palaeoclimatol, Palaeoecol, 524: 33-40.

Liu X, Yin Z Y. 2002. Sensitivity of East Asian monsoon climate to the uplift of the Tibetan Plateau. Palaeogeography, Palaeoclimatology, Palaeoecology, 183: 223-245.

Long M Y, Cu H Y, Zhou Z H. 2010. Darwin's heritage today: Proceedings of the Darwin 200 Beijing International Conference. Beijing: Higher Education Press.

Loose H. 1975. Pleistocene Rhinocerotidae of W. Europe with reference to the recent two-horned species of Africa and S.E. Asia. Scripta Geologica, 33(6): 410-413.

Low S, Su T, Wu F X, et al. 2019. Fossils of *Limnobiophyllum* (Araceae) from central Tibetan Plateau and its evolutionary and paleoenvironmental implications. Jour Syst Paleont, https://doi.org/10.1080/14772019.2019.1611673[2019-5-30].

Lydekker R. 1901. On the skull of a chiru-like antelope from the ossiferous deposits of Hundes (Tibet). Q. J. Geol. Soc., 57: 289.

Ma P, Wang C, Meng J, et al. 2017. Late Oligocene-early Miocene evolution of the Lunpola Basin, central Tibetan Plateau, evidences from successive lacustrine records. Gondwana Research, 48: 224-236.

Mabberley D J. 1997. The plant-book: A portable dictionary of the vascular plants. Cambridge: Cambridge University Press.

MacFadden B J. 1992. Fossil Horses: Systematics, Paleobiology, and Evolution of the Family Equidae. Cambridge: Cambridge University Press.

Maddison W P, Maddison DR. 2015. Mesquite: a modular system for evolutionary analysis. Version 3.02 （build 681）. Available: http: //mesquiteprojectorg. [2015-7-20]

Madurell-Malapeira J, Rook L, Martínez-Navarro B, et al. 2013. The latest European painted dog. Journal of Vertebrate Paleontology, 33: 1244-1249.

Magallón-Puebla S, Cevallos-Ferriz S R S. 1994. Latest occurrence of the extinct genus Cedrelospermum (Ulmaceae) in North America: Cedrelospermum manchesteri from Mexico. Review of Palaeobotany and Palynology, 81: 115-128.

Manchester S R. 1987. Extinct ulmaceous fruits from the Tertiary of Europe and western North America. Review of Palaeobotany and Palynology, 52: 119-129.

Manchester S R. 1989. Attached reproductive and vegetative remains of the extinct American-European genus Cedrelospermum (Ulmaceae) from the early Tertiary of Utah and Colorado. American Journal of Botany, 76: 256-276.

Manchester S R, O'Leary E L. 2010. Phylogenetic distribution and identification of fin-winged fruits. The Botanical Review, 76: 1-82.

Manchester S R, Tiffney B H. 2001. Integration of paleobotanical and neobotanical data in the assessment of phytogeographic history of holarctic angiosperm clades. International Journal of Plant Sciences, 162: S19-S27.

Maridet O, Daxner-Höck G, Badamgarav D, et al. 2014. Cricetidae （Rodentia, Mammalia） from the Valley of Lakes （Central Mongolia）: Focus on the Miocene record. Annalen des Naturhistorischen Museums in Wien, Serie A, 116: 247-269.

Martínez-Navarro B, Belmaker M, Bar-Yosef O. 2009. The large carnivores from 'Ubeidiya （early Pleistocene, Israel）: Biochronological and biogeographical implications. Journal of Human Evolution, 56: 514-524.

Martínez-Navarro B, Rook L. 2003. Gradual evolution in the African hunting dog lineage systematic implications. Comptes Rendus Palevol, 2 （8）: 695-702.

Matsumoto H. 1926. On a new fossil race of bighorn sheep from Shantung, China. Science Reports of the Tohoku Imperial University, Sendai, Series, 10（2）: 39-42.

Mayden L R, Chen W J, Bart L H, et al. 2009. Reconstructing the phylogenetic relationships of the earth's most diverse clade of freshwater fishes-order Cypriniformes (Actinopterygii: Ostariophysi): A case study using multiple nuclear loci and the mitochondrial genome. Molecular Phylogenetics and Evolution, 51: 500-514.

Mayden L R, Tang L K, Wood M R, et al. 2008. Inferring the Tree of Life of the order Cypriniformes, the earth's most diverse clade of freshwater fishes: Implications of varied taxon and character sampling.

Journal of Systematics and Evolution, 46: 424-438.

Mayo S J, Bogner J, Boyce P C. 1997. The Genera of Araceae. Kew: Royal Botanic Gardens.

Mazak V. 1981. *Panthera tigris*. Mammalian Species, 152: 1-8.

Mazza P. 1988. The Tuscan early Pleistocene rhinoceros *Dicerorhinus etruscus*. Palaeontographia Italica, Pisa, 75: 1-87.

McCarthy T M, Chapron G. 2003. Snow Leopard Survival Strategy. Seattle, WA: ISLT and SLN.

McClelland J. 1838. Observations on six new species of Cyprinidae, with an outline of a new classification of the family. Journal of the Asiatic Society of Bengal, 7: 941-948, pls 55-56.

McKenna M C, Bell S K. 1997. Classification of Mammals Above the Species Level. New York: Columbia University Press.

McNab B K. 1971. On the ecological significance of Bergmann's Rule. Ecology, 52: 845-854.

Mead J I, Taylor L H. 2005. New species of Sinocapra（Bovidae, Caprinae）from the lower Pliocene Panaca Formation, Nevada, USA. Palaeontologia Electronica, 8: 11A: 20p.

Mech L D. 1974. *Canis lupus*. Mamm. Species, 37: 1-6.

Mein P. 1966. *Rotundomys*, nouveau genre de Cricetidae（Mammalia, Rodentia）de la faune Neogène de Montredon（Herault）. Bulletin de la Société Géologique de France 7 Sér, 8: 421-425.

Mein P, Freudenthal M. 1971. Une nouvelle classification des Cricetidae（Mammalia, Rodentia）du Tertiaire de l'Europe. Scripta Geologica, 2: 1-36.

Men Q W, Su J X.1960. Systematic Anatomy of the Silver Carp (Hy-pophthalmichthys molitrix) (in Chinese). Beijing: Science Press.

Meng H H, Su T, Gao X Y, et al. 2017. Warm-cold colonization: Response of oaks to uplift of the himalaya–hengduan mountains. Molecular Ecology, 26: 3276-3294.

Mercure A, Ralls K, Koepfli K P, et al. 1993. Genetic subdivisions among small canids: mitochondrial DNA differentiation of swift, kit, and arctic foxes. Evolution, 47: 1313-1328.

Metcalfe C R, Chalk L. 1957. Anatomy of the Dicotyledons（Volume II）. London: Oxford University Press.

Michaux J, Catzeflis F. 2000. The bushlike radiation of muroid rodents is exemplified by the molecular phylogeny of the LCAT nuclear gene. Molecular Phylogenetics and Evolution, 17: 280-293.

Michaux J, Reyes A, Catzeflis F. 2001. Evolutionary history of the most speciose mammals: Molecular phylogeny of muroid rodents. Molecular Biology and Evolution, 18: 2017-2031.

Miki S. 1959. Evolution of Trapa from ancestral *Lythrum* through Hemitrapa. Proceeding of Japanese Academy, 35: 289-294.

Miller G S. 1910. Two new genera of murine rodents. Smithsonian Miscellaneous Collection, 52: 497-498.

Miller M A, Pfeiffer W, Schwartz T. 2010. Creating the CIPRES Science Gateway for inference of large phylogenetic trees. New Orleans: Proceedings of the Gateway Computing Environments Workshop.

Miller M E. 1979. Miller's Anatomy of the Dog. Philadelphia: W.B. Saunders, 1181.

Mills M G L, Mills M E J. 1978. The diet of the brown hyaena Hyaena brunnea in the southern Kalahari. Koedoe, 21: 125-149.

Milne-Edwards M A. 1867. Observations sur quelgues mammaiferes du Nord de la China. Annales des Sciences Naturelles-Zoologie et Biologie Animale, 5: 374-376.

Miyamoto M M, Tanhauser S M, Laipis P J .1989. Systematic relationships in the artiodactyl tribe Bovini (Family Bovidae), as determined from mitochondrial DNA sequences. Syst. Biol., 38: 342.

Mkandawire M, Dudel E G. 2005a. Accumulation of arsenic in Lemma gibba L. (duckweed) in tailing waters of two abandoned uranium mines in Saxony, Germany. Science of the Total Environment, 336: 81-89.

Mkandawire M, Dudel E G. 2005b. Assignment of Lemna gibba L. (duckweed) bioassay for in situ ecotoxicity assessment. Aquatic Ecology, 39: 151-165.

Mohr B A R, Gee C T. 1990. *Sporotrapoidites erdtmanii* (Nagy) Nagy, a trapaceous pollen species pertaining to the Oligocene to Pliocene genus *Hemitrapa* Miki. Grana, 29: 285-293.

Molnar P, Boos W R, Battisti D S. 2010. Orographic controls on climate and paleoclimate of Asia: Thermal and mechanical roles forthe Tibetan Plateau. Annu. Rev. Earth Planet. Sci., 38: 77-102.

Molnar P, England P, Martinod J. 1993. Mantle dynamics, uplift of the Tibetan Plateau and the Indian monsoon. Reviews of Geophysics, 31: 357-396.

Morgan G S, White R S. 2005. Miocene and Pliocene vertebrates from Arizona. New Mexico Museum of Natural History and Science Bulletin, 29: 115-136.

Moulle P E, Echassoux A, Lacombat F. 2006. Taxonomie du grand canidé de la grotte du Vallonnet (Roquebrune-Cap-Martin, Alpes-Maritimes, France). L'Anthropologie, 110: 832-836.

Mourer-Chauvire C. 1989. A peafowl from the Pliocene of Perpignan, France. Palaeontology, 32: 439-446.

Murphy M A, Yin A. 2003. Structural evolution and sequence of thrusting in the Tethyan fold-thrust belt and Indus-Yalu suture zone, southwest Tibet. Geological Society of America Bulletin, 115: 21-34.

Murray A M. 2008. Relationships and biogeography of the fossil and living African snakehead fishes (Percomorpha, Channidae, Parachanna). J. Vert. Paleol., 32: 820-835.

Murray A M, Zaim Y, Rizal Y, et al. 2015. A fossil gourami (Teleostei, Anabantoidei) from probable Eocene deposits of the Ombilin Basin, Sumatra, Indonesia. J. Vert. Paleol. 35(2): e906444 .

Musil R. 1972. Die Caniden der Stránská Skála. In: Musil R. Stránská Skála 1, 1910-1945, vol. 20. Brno: Studia Musei Moraviae.

Musser G G, Carleton M D. 2005. Superfamily Muroidea; pp. 894–1531 in D. E. Wilson, and D. A. M. Reeder (eds.), Mammal Species of the World. A Taxonomic and Geographic Reference. Third Edition Volume 2. Baltimore: The Johns Hopkins University Press.

Nalbant T T, Bianco P G. 1998. The loaches of Iran and adjacent region with description of six new species (Cobitoidea). Ital J Zoolog, 65: 109-123.

Naugolnykh S V, Wang L, Han M, et al. 2016. A new find of the fossil cyclosorus from the eocene of south china and its paleoclimatic implication. Journal of plant research, 129: 3-12.

Nauheimer L, Metzler D, Renner S S. 2012. Global history of the ancient monocot family Araceae inferred with models accounting for past continental positions and previous ranges based on fossils. New Phytologist, 195: 938-950.

Nehring A. 1898. Über *Cricetus*, *Cricetulus* und *Mesocricetus* n. subg. Zoologischer Anzeiger, 21: 493-495.

Nehring C W A.1883. Eine fossile *Siphneus*-Art （*Siphneus arvicolinus* n. sp.） aus lacustrinen Ablagerungen am oberen Hoangho. Sitzungsberichte der Gesellschaft Naturforschender Freunde zu Berlin, 19-24.

Nixon K C. 2002. WinClada. ver. 1.00.08. Cladistics, 24: 774-786.

Nomade S, Pastre J F, Guillou H, et al. 2014. ^{40}Ar/^{39}Ar constraints on some French landmark Late Pliocene to Early Pleistocene large mammalian paleofaunas: Paleoenvironmental and paleoecological implications. Quaternary Geochronology, 21: 2-15.

Norris R W, Zhou K, Zhou C, et al. 2004. The phylogenetic position of the zokors （Myospalacinae） and comments on the families of Murioids （Rodentia）. Molecular Phylogenetics and Evolution, 31: 972-978.

Norris S M. 1994. The osteology and phylogenetics of the Anabantidae （Osteichthyes, Perciformes）. Ph. D. Dissertation （Arizona State Univ., Tempe, 1994）.

Norris S M. 1995. *Microctenopoma uelense* and *M. nigricans*, a new genus and two new species of anabantid fishes from Africa. Ichthyological Exploration of Freshwaters, 6: 357-376.

Norris S M, Douglas M E. 1991. A new species of nest building *Ctenopoma* （Teleostei, Anabantidae） from Zaïre, with a redescription of *Ctenopoma lineatum* （Nichols）. Copeia, 1: 166-178.

Norris S M, Teugels G G. 1990. A new species of *Ctenopoma* （Teleostei: Anabantidae） from Southeastern Nigeria. Copeia, 2: 492-499.

Nowak R M, Paradiso J L. 1983. Walker's Mammals of the World. 4th Edition. Baltimore and London: The Johns Hopkins Unvierstiy Press.

O'Connor J, Prothero D R, Wang X, et al. 2008. Magnetic stratigraphy of the lower Pliocene Gaotege beds, Inner Mongolia. New Mexico Museum of Natural History and Science Bulletin, 44: 431-436.

Odintzov I A. 1965. *Vulpes praecorsac* Kormos from Pliocene deposits of Odessa. Paleontologichesky Sbornik, 2（2）: 57-64.

Ognev S I. 1914. Die Saugetiere aus dem Sudlichen Ussurigebiete. Journal de la Section Zoologique de la Societe des Amis des Sciences Naturelles, d'Anthropologie et d'Ethnographie, 2: 101-128.

Oken L. 1817. V. KI. Fische. Isis (Oken) , 8(148): 1779-1782.

O'Leary M H. 1988. Carbon isotopes in photosynthesis. Bioscience, 38: 328.

Olsen S J. 1990. Fossil ancestry of the yak, its cultural significance and domestication in Tibet. Proceedings of the Academy of Natural Sciences of Philadelphia, 142（4）: 73-100.

Opdyke N D, Huang K, Tedford R H. 2013. The paleomagnetism and magnetic stratigraphy of the late Cenozoic sediments of the Yushe Basin, Shanxi Province, China. In: Tedford R H, Qiu Z X, Flynn L J. Late Cenozoic Yushe Basin, Shanxi Province, China: Geology and Fossil Mammals Volume I: History, Geology, and Magnetostratigraphy. New York: Springer.

O'Regan H J. 2002. A phylogenetic and palaeoecological review of the Pleistocene felid Panthera gombaszoegensis. Doctoral dissertation, 1-349. Liverpool: Liverpool John Moores University.

O'Regan H J, Menter C G. 2009. Carnivora from the Plio–Pleistocene hominin site of Drimolen, Gauteng, South Africa. Geobios, 42: 329-350.

Osborn H F. 1929. The titanotheres of ancient Wyoming, Dakota, and Nebraska. US Geology Survey Monograph, 55: 1-894

Oshima M. 1919. Contributions to the study of the fresh water fishes of the island of Formosa. Annal Carnegie Mus, 12: 169-328, pls 48-53.

Owen R. 1848. Description of teeth and portions of jaws of two extinct anthracotherioid quadrupeds (*Hyopotamus vectianus* and *Hyopotamus bovinus*) discovered by the Marchioness of Hastings in the Eocene deposits on the N.W. coast of the Isle of Wight: with an attempt to develope Cuvier's idea of the classification of pachyderms by the number of their toes. Contributions to the History of British Fossil Mammals (First Series) Part VII, 30-71.

Pang Q Q. 1982. The geological significance of the ostracoda from the Quaternary Qiangtang Formation at the mouth of Kunlun Mts. on the Qinghai-Xizang Plateau. In: CGQXP Editorial Committee, Ministry of Geology and Mineral Resources. Contribution to the Geology of the Qinghai-Xizang (Tibet) Plateau (in Chinese). Beijing: Geological Publishing House.

Pang Q Q, Liu J Y, Zheng M P, et al. 2007. Quaternary ostracoda in the pass area of the Kunlun Mountains, northern Qinghai-Tibet Plateau, with a discussion on the environmental change (in Chinese with English abstract). Acta Geol Sin, 81: 1672-1691.

Paraschiv V. 2008. New Sarmatian plant macroremains from Oltenia region (Romania). Acta Palaeontologica Romaniae, 6: 279-286.

Patnaik R. 2016. Neogene-Quaternary Mammalian Paleobiogeography of the Indian Subcontinent: An appraisal. Comptes Rendus Palevol, 15: 889-902.

Patterson C, Johnson G D. 1995. The intermuscular bones and ligaments of teleostean fishes. Smithson. Contribution to Zoology, 559: 1-85.

Pavlinov J Y, Rossolimo O L. 1987. Systematic of the mammals of the USSR. In: Sokolov V Y. Study of the Faunas of the Soviet Union. Moscow: Moscow State University Press.

Pei S, Chen S, Guo L, et al. 2010. Flora of China Vol. 23. Beijing: Science Press and St. Louis: Missouri Botanical Garden Press.

Pei W. 1939. New fossil material and artifacts collected from the Choukoutien region during the years 1937 to 1939. Bulletin of the Geological Society of China, 19 (3): 207-232.

Pei W. 1987. Carnivora, Proboscidea and Rodentia from the Liucheng *Gigantopithecus* Cave and other caves in Guangxi. Chinese Academy of Sciences: Memoirs of Institute of Vertebrate Paleontology and Paleoanthropology, vol. 18.

Pekar S F, Deconto R M. 2006. High-resolution ice-volume estimates for the Early Miocene: evidence for a dynamic ice sheet in Antarctica. Palaeogeography, Palaeoclimatology, Palaeoecology, 231: 101-109.

Perrichot V, Nel A, Neraudeau D. 2005. Gerromorphan bugs in Early Cretaceous French amber (Insecta: Heteroptera): First representatives of Gerridae and their phylogenetic and palaeoecological implications. Cretaceous Research, 26(5): 793-800.

Pethiyagoda R, Meegaskumbura M, Maduwage K. 2012. A synopsis of the South Asian fishes referred to

Puntius (Pisces: Cyprinidae). Ichthyol Explor Freshw, 23: 69-95.

Petrucci M, Romiti S, Sardella R. 2012. The Middle-Late Pleistocene *Cuon* Hodgson, 1838（Carnivora, Canidae）from Italy. Bollettino della Società Paleontologica Italiana, 51（2）: 137-148.

Pichi Sermolli R E. 1977. Tentamen pteridophytorum genera in taxonomicum ordinem redigendi. Webbia, 31: 313-512.

Ping C. 1960. On the Gross Anatomy of the Carp (Cyprinus carpio L.) (in Chinese with English abstract). Beijing: Science Press.

Pitra C, Fürbass R, Seyfert H M. 1997. Molecular phylogeny of the tribe Bovini（Mammalia: Artiodactyla）: Alternative placement of the Anoa. J. Evol. Biol., 10: 589.

Pocock R I. 1916. On the tooth-change, cranial characters, and classification of the snowleopard or ounce （Felis uncia）. The Annals and Magazine of Natural History, 18: 306-316.

Pocock R I. 1937. The foxes of British India. J. Bombay Nat. Hist. Soc., 39: 36-57.

Polhemus J T, Polhemus D A. 2008. Global diversity of true bugs（Heteroptera；Insecta）in freshwater. Hydrobiologia, 595: 379-391.

Polissar P J, Freeman K H, Rowley D B, et al. 2009. Paleoaltimetry of the Tibetan Plateau from D/H ratios of lipid biomarkers. Earth Planet. Sci. Lett., 287: 64-76.

Polly P D, Cardini A, Davis E B, et al. 2015. Marmot evolution and global change in the past 10 million years. In: Cox P G, Hautier L. Evolution of the Rodents: Advances in Phylogeny, Palaeontology and Functional Morphology. Cambridge: Cambridge University Press.

Popov Yu A. 1971. Istoricheskoe razvitie poluzhestkokrylykh infraotryada Nepomorpha（Heteroptera）. [The historical development of bugs of the infraorder Nepomorpha（Heteroptera）]. Trudy Paleontologicheskogo Instituta, Akademiya Nauk SSSR, 129: 1-228（in Russian）.

Potter P E, Szatmari P. 2009. Global Miocene tectonics and the modern world. Earth-Science Reviews, 96: 279-295.

PPGI. 2016. A community-derived classification for extant lycophytes and ferns. Journal of Systematics and Evolution, 54: 563-603.

Prestrud P. 1991. Adaptations by the arctic fox（*Alopex lagopus*）to the polar winter. Arctic, 44: 132-138.

Prokofiev A M.2006. Redescription of Triplophysa alticeps (Herzenstein, 1888), the type species of the subgenus Qinghaichthys Zhu, 1981, with notes on its taxonomic position. J Ichthyol, 46: 570-581.

Prokofiev A M.2007. The morphology and relationships of the loach Triplophysa coniptera (Teleostei, Balitoridae, Nemacheilinae). Zool Zhurnal, 86: 1102-1112.

Prokofiev A M. 2007. Redescription of a fossil loach Triplophysa opinata (Yakowlew, 1959) from the Miocene of Kirgizia (Balitoridae: Nemacheilinae). J Ichthyol, 47: 26-31.

Prokofiev A M. 2009. Problems of the classification and phylogeny of Nemacheiline loaches of the group lacking the preethmoid I (Cypriniformes: Balitoridae: Nemacheilinae). J Ichthyol, 49: 874-898.

Prokofiev A M. 2010. Morphological classification of loaches (Nemacheilinae). J Ichthyol, 50: 827-913.

Prothero D R, Manning E, Hanson C B. 1986. The phylogeny of the Rhinocerotoidea（Mammalia,

Perissodactyla). Zool. J. Linn. Soc., 87: 341.

Prothero D R, Schoch R M. 1989. Classification of the Perissodactyla. In: Prothero D R, Schoch R M. The Evolution of Perissodactyls. New York: Oxford University Press.

Qian F. 1999. Study on magnetostratigraphy in Qinghai-Tibetan plateau in late Cenozoic. J. Geomech., 5: 22.

Qin H, Michael G G. 2007. Flora of China (English version, Vol. 13). Beijing and Missouri: Science Press and Missouri Botanical Garden.

Qiu Z. 1987. Die Hyaeniden aus dem Ruscinium und Villafranchium Chinas. Münchner Geowissenschaftliche Abhandlungen, Reihe A: Geologie und Palaontologie, 9: 1-110.

Qiu Z X. 2003. Dispersals of Neogene carnivorans between Asia and North America. Bulletin of the American Museum of Natural History, 279: 18-31.

Qiu Z, Li C K. 2003. Chapter 22. Rodents from the Chinese Neogene: Biogeographic relationships with Europe and North America. In: Flynn L J. Vertebrate Fossils and their Context. Contributions in Honor of Richard H. Tedford. Bulletin of the American Museum of Natural History, 279: 586-602.

Qiu Z, Li Q. 2008. Late Miocene micromammals from the Qaidam Basin in the Qinghai-Xizang Plateau. Vertebrata PalAsiatica, 46: 284-306.

Qiu Z, Qiu Z D. 1995. Chronological sequence and subdivision of Chinese Neogene mammalian faunas. Palaeogeography, Palaeoclimatology, Palaeoecology, 116: 41-70.

Qiu Z, Qiu Z, Deng T, et al. 2013. Neogene land mammal stages/ages of China-toward the goal to establish an Asian land mammal stage/age scheme. In: Wang X, Flynn L J, Fortelius M. Fossil Mammals of Asia: Neogene Biostratigraphy and Chronology. New York: Columbia University Press.

Qiu Z, Storch G. 2000. The early Pliocene micromammalian fauna of Bilike, Inner Mongolia, China (Mammalia: Lipotyphla, Chiroptera, Rodentia, Lagomorpha). Senckenbergiana lethaea, 80: 173-229.

Qiu Z, Tedford R H. 1990. A Pliocene species of Vulpes from Yushe, Shanxi. Vertebrata PalAsiatica, 28(4): 245-258.

Qiu Z, Wang X, Li Q. 2006. Faunal succession and biochronology of the Miocene through Pliocene in Nei Mongol (Inner Mongolia). Vertebrata PalAsiatica, 44: 164-181.

Qiu Z, Wu W Y, Qiu Z D. 1999. Miocene mammal faunal sequences of China: Palaeozoogeography and Eurasian relationships. In: Rössner G E, Heissig K. The Miocene Land Mammals of Europe. München: Dr. Driedrich Pfeil.

Quan C, Fu Q, Shi G, et al. 2016. First Oligocene mummified plant Lagerstätte at the low latitudes of East Asia. Science China Earth Science, 59: 445-448.

Rabeder G. 1976. Die Carnivoren (Mammalia) aus dem Altpleistozän von Deutsch-Altenburg 2, mit Beiträgen zur Systematik einiger Musteliden und Caniden. Beitr Paläont Österr, 1: 5-119.

Radinsky L B. 1969. Outlines of canid and felid brain evolution. Annals of the New York Academy of Sciences, 167: 277-288.

Radinsky L B. 1975. Evolution of the felid brain. Brain, Behavior and Evolution, 11: 214-254.

Radlkofer L. 1931. Sapindaceae 1 (Bogen 1-20). In: Engler A. Das Pflanzenreich, vol. IV, 165, Heft 98a.

Leipzig: Verlag von Wilhelm Engelmann.

Rainboth W J. 1985. Neolissochilus, a new genus of South Asian cyprinid fishes. Beaufortia, 35: 25-35.

Rainboth W J. 1991. Cyprinids of South East Asia. In: Winfield I J, Nelson J S. Cyprinid Fishes, Systematics, Biology and Exploitation. New York: Chapman and Hall.

Rainboth W J. 1996. Fishes of the Cambodian Mekong. FAO, Rome.

Ramaswami L S.1953. Skeleton of cyprinoid fishes in relation to phylogenetic studies. V. The skull and the gasbladder capsule of the Cobi-tidae. Proc Natl Inst Sci India, 19: 323-347.

Ramírez J L, Cevallos-Ferriz S R S. 2002. A diverse assemblage of Anacardiaceae from Oligocene sediments, Tepexi de Rodriguez, Puebla, Mexico. Am. J. Bot., 89: 535-545.

Raymo M E, Ruddiman W F. 1992. Tectonic forcing of late Cenozoic climate change. Nature, 359: 117-122.

Read R W, Hickey L J. 1972. A revised classification of fossil palm and palm-like leaves. Taxon, 21: 129-137.

Ree R H, Moore B R, Webb C O, et al. 2005. A likelihood framework for inferring the evolution of geographic range on phylogenetic trees. Evolution, 59(11): 2299-2311.

Ree R H, Smith S A. 2008. Maximum likelihood inference of geographic range evolution by dispersal, local extinction, and cladogenesis. Systematic Biology, 57(1): 4-14.

Rendahl H.1933.Studien fiber innerasiatische Fische. Arkiv Zool, 25A 2(11): 1-51

Reumer J W F, Rook L, Borg K V D, et al. 2003. Late Pleistocene survival of the saber-toothed cat Homotherium in northwestern Europe. Journal of Vertebrate Paleontology, 23: 260-262.

Rezaei H R, Naderi S, Chintauan-Marquier I C, et al. 2010. Evolution and taxonomy of the wild species of the genus Ovis (Mammalia, Artiodactyla, Bovidae). Molecular Phylogenetics and Evolution, 54: 315-326.

Rightmire G P. 2007. Later Middle Pleistocene Homo. In: Henke W, Tattersall I. Handbook of Paleoanthropology. New York: Springer.

Ringström T. 1924. Nashörner der Hipparion-Fauna Nord-Chinas. Palaeontologia Sinica, 1 (4): 1-156.

Rivals F, Deniaux B. 2003. Dental microwear analysis for investigating the diet of an argali population (Ovis ammon antiqua) of mid-Pleistocene age, Caune de l'Arago cave, eastern Pyrenees, France. Palaeogeography, Palaeoclimatology, Palaeoecology, 193: 443-455.

Rivals F, Testu A, Moigne A M, et al. 2006. The Middle Pleistocene argali (Ovis ammon antiqua) assemblages at the Caune de l'Arago (Tautavel, Pyrénées-Orientales, France): were prehistoric hunters or carnivores responsible for their accumulation. International Journal of Osteoarchaeology, 16: 249-268.

Rohlf F J. 2006a. tpsDig, Digitize Landmarks and Outlines 2.05. New York: State University of New York, Stony Brook.

Rohlf F J. 2006b. tpsRelw 1.44. New York: State University of New York, Stony Brook.

Ronquist F. 1997. Dispersal-vicariance analysis: a new approach to the quantification of historical biogeography. Systematic Biology, 46(1): 195-203.

Ronquist F, Klopfstein S, Vilhelmsen L, et al. 2012a. A total-evidence approach to dating with fossils, applied to the early radiation of the Hymenoptera. Systematic Biology, 61: 973-999.

Ronquist F, Teslenko M, van der Mark P, et al. 2012b. MrBayes 3.2: Efficient bayesian phylogenetic inference and model choice across a large model space. Systematic Biology, 61: 539-542.

Ronse Decraene L R, Smets E, Clinckemaillie D. 2000. Floral ontogeny and anatomy in Koelreuteria with special emphasis on monosymmetry and septal cavities. Plant Systematics and Evolution, 223: 91-107.

Rook L. 1994. The Plio-Pleistocene Old World *Canis* (*Xenocyon*) ex gr. *falconeri*. Bollettino della Società Paleontologica Italiana, 33 (1): 71-82.

Rook L, Ferretti M P, Arca M, et al. 2004. *Chasmaporthetes melei* n. sp. an endemic hyaenid (Carnivora, Mammalia) from the Monte Tuttavista fissure fillings (Late Pliocene to Early Pleistocene; Sardinia, Italy). Rivista Italiana di Paleontologia e Stratigrafia, 110: 707-714.

Rook L, Martínez-Navarro B. 2010. Villafranchian: the long story of a Plio-Pleistocene European large mammal biochronologic unit. Quaternary International, 219: 134-144.

Ropiquet A, Hassanin A. 2005. Molecular phylogeny of caprines (Bovidae, Antilopinae): the question of their origin and diversification during the Miocene. Journal of Zoological Systematics and Evolutionary Research, 43: 49-60.

Rossolimo O L, Pavlinov J Y. 1997. Diversity of Mammals. Moscow: Moscow State University Press.

Rowley D B, Currie B C. 2006. Palaeo-altimetry of the Late Eocene to Miocene Lunpola Basin, central Tibet. Nature, 439: 677-681.

Royden L H, Burchfiel B C, van der Hilst R D. 2008. The geological evolution of the Tibetan plateau. Science, 5892: 1054-1058.

Rüber L, Britz R, Zardoya R. 2006. Molecular phylogenetics and evolutionary diversification of labyrinth fishes (Perciformes: Anabantoidei). Systematic Biology, 55: 374-397.

Rummel M. 1999. Tribe Cricetodontini. In: Rössner G E, Heissig K. The Miocene Land Mammals of Europe. München: Verlag Dr. Friedrich Pfeil.

Ryan W B F, Carbotte S M, Coplan J O, et al. 2009. Global Multi-Resolution Topography synthesis. Geochemistry, Geophysics, Geosystems, 10 (3): 395-397.

Sabaa A T, Sikes E L, Hayward B W, et al. 2004. Pliocene sea surface temperature changes in ODP Site 1125, Chatham Rise, east of New Zealand. Marine Geology, 205: 113-125.

Sack W O. 1988. The stay-apparatus of the horse's hindlimb, explained. Equine Pract, 11: 31-35.

Salles L O. 1992. Felid Phylogenetics: Extant Taxa and Skull Morphology (Felidae, Aeluroidea). American Museum Novitates, 3047: 1-67.

Sardella R, Palombo M R. 2007. The Pliocenee-Pleistocene boundary: which significance for the so called "Wolf Event"? Evidences from Western Europe. Quaternaire, 18: 65-71.

Sauvage H E. 1878. Note sur quelques poissons d'espèces nouvelles provenant des eaux douces de rindo-Chine. Bull Soc philomathique Paris (Ser 7), 2: 233-242.

Sauvage H E. 1880. Notice sur quelques poissons de l'île Campbell et de rindo-Chine. Bull Soc philomathique Paris (Ser 7), 4: 228-233.

Savage D E, Curtis G H. 1970. The Villafranchian Stage-Age and its radiometric dating. Geological Society of America Special Papers, 124: 207-231.

Sawada Y. 1982. Phylogeny and zoogeography of the superfamily Cobitoidea (Cyprinoidei, Cypriniformes). Mem Fac Fish Hokkaido Univ, 28: 65-223.

Saylor J, DeCelles P, Gehrels G E, et al. 2010b. Basin formation in the High Himalaya by arc-parallel extension and tectonic damming: Zhada Basin, southwestern Tibet. Tectonics, 29: 1-24.

Saylor J, DeCelles P, Quade J. 2010a. Climate-driven environmental change in the Zhada Basin, southwesterern Tibetan Plateau. Geosphere, 6: 74-92.

Saylor J E. 2008. The late Miocene through modern evolution of the Zhada Basin, south-western Tibet. Ph.D. Dissertation, University of Arizona.

Saylor J E, DeCelles P G, Gehrels G E. 2007. Origin of the Zhada Basin, SW Tibet: A tectonically dammed paleo-river valley. Geological Society of America Abstracts with Programs, 39: 437.

Saylor J E , Quade J , Dettman D L, et al. 2009. The late Miocene through present paleoelevation history of southwestern Tibet. Am. J. Sci., 309: 1-42.

Schaller G B. 1977. Mountain Monarchs, Wild Sheep and Goats of the Himalaya. Chicago: The University of Chicago Press.

Schaller G B. 1998. Wildlife of the Tibetan Steppe. Chicago: The University of Chicago.

Schaub S. 1925. Die hamsterartigen Nagetiere des Tertiärs und ihre lebenden Verwandten. Abhandlungen der Schweizerischen Palaeontologischen Gesellschaft, 45: 1-114.

Schaub S. 1930. Quartäre und jungtertiäre Hamster. Abhandlungen der Schweizerischen Palaeontologischen Gesellschaft, 49: 1-49.

Schaub S. 1934. Über einige fossile Simplicidentaten aus China und der Mongolei. Abhandlungen der Schweizerischen Palaeontologischen Gesellschaft, 54: 1-40.

Schlosser M. 1924. Tertiary vertebrates from Mongolia. Palaeontologia Sinica, Series C, 1: 1-132.

Schütt G. 1973. Revision der *Cuon*-und *Xenocyon*-funde（Canidae, Mammalia）aus den AltPleistozänen Mosbacher Sanden（Wiesbaden, Hessen）. Mainzer Naturwissenschaftliches Archiv, 12: 49-77.

Scott W B. 1917. The Theory of Evolution. New York: Macmillan.

Sculthorpe C D. 1967. The biology of aquatic vascular plants. London: Edward Arnold.

Sefve I. 1927. Die Hipparionen Nord-Chinas. Palaeontologia Sinica, Series C, 4（2）: 1-93.

Sen S. 1997. Magnetostratigraphic calibration of the European Neogene mammal chronology. Palaeogeography, Palaeoclimatology, Palaeoecology, 133: 181-204.

Seymour K L. 1989. *Panthera onca*. Mamm. Species, 340: 1-9.

Shafer A B A, Hall J C. 2010. Placing the mountain goat: A total evidence approach to testing alternative hypotheses. Molecular Phylogenetics and Evolution, 55: 18-25.

Shafroth P B, Auble G T, Scott M L. 1995. Germination and establishment of the native Plains Cottonwood（*Populus deltoides* Marshall subsp. *monilifera*）and the exotic Russian-Olive（Elaeagnus angustifolia L.）. Conservation Biology, 9: 1169-1175.

Shchetnikov A A, Klementiev A M, Filinov I A, et al. 2015. Large mammals from the Upper Neopleistocene reference sections in the Tunka rift valley, southwestern Baikal Region. Stratigraphy and Geological

Correlation, 23: 214-236.

Shen G, Ku T L, Cheng H, et al. 2001. High-precision Useries dating of Locality 1 at Zhoukoudian, China. J. Human Evol., 41 (6): 679-688.

Shen S C. 1993. Fishes of Taiwan. National Taiwan University Press.

Shi G, Xie Z, Li H. 2014. High diversity of Lauraceae from the Oligocene of Ningming, South China. Palaeoworld, 23: 336-356.

Shi G, Zhou Z, Xie Z. 2012. A new Oligocene Calocedrus from South China and its implications for transpacific floristic exchanges. American Journal of Botany, 99: 108-120.

Simpson G G. 1941. Large Pleistocene felines of North America. American Museum Novitates, 1136: 1-27.

Sisson S, Grossman J D. 1953. The Anatomy of the Domestic Animals, Fourth Edition. Philadelphia: W. B. Saunders Company.

Skelton P H. 1988. Biology and ecology of African freshwater fishes. Paris: Institut Francais de Recherche Scientifique pour le Developpement en Cooperation.

Skelton P H, Tweddle D, Jackson P B N. 1991. Cyprinids of Africa. In: Winfield I J, Nelson J S. Cyprinid fishes, systematics, biology and exploitation. New York: Chapman and Hall.

Slechtova V, Bohlen J, Tan H H.2007. Families of Cobitoidea (Teleostei; Cypriniformes) as revealed from nuclear genetic data and the position of the mysterious genera Barbucca, Psilorhynchus, Serpenticobitis and Vaillantella. Mol Phylogenet Evol, 44: 1358-1365.

Smith A R. 1990. Thelypteridaceae. In: Kubitzki K. The families and genera of vascular plants. Berlin: Springer-Verlag.

Smith A R, Pryer K M, Schuettpelz E, et al. 2006. A classification for extant ferns. Taxon, 55: 705-731.

Sokolov I I. 1959. Fauna of the USSR, Mammals 1 (3), Ungulata (Orders Perissodactyla and Artiodactyla). Moscow and Leningrad: USSR Academy Sciences Press.

Soltis D E, Smith S A, Cellinese N, et al. 2011. Angiosperm phylogeny: 17 genes, 640 taxa. American Journal of Botany, 98: 704-730.

Song C H, Gao D L, Fang X M, et al.2005. Late Cenozoic high-resolution magnetostratigraphy in the Kunlun Pass Basin and its implications for the uplift of the northern Tibetan Plateau. Chin Sci Bull, 50: 1912-1922.

Song Z, Wang W, Huang F. 2004. Fossil pollen records of extant angiosperms in China. The Botanical Review, 70: 425-458.

Sorenson M D. 1999. TreeRot, version 2. Boston: Boston University.

Sorenson M D, Franzosa E A. 2007. TreeRot, version 3. Boston: Boston University.

Sotnikova M V. 1994. The genus *Chasmaporthetes* Hay, 1921 from the Pliocene of Russia, Ukraine, Mongolia and Tadzhikistan. In: Tatarinov L P. Palaeotheriology. Moscow: Nauka.

Sotnikova M V. 2001. Remains of Canidae from the lower Pleistocene site of Untermassfeld. In: Kahlke R D. Das Pleistozäne von Untermassfeld bei Meiningen (Thüringgen) Teil 2, vol. 40. Mainz: Römisch-Germanischen Zentralmuseums.

Sotnikova M V, Baigusheva V S, Titov V V. 2002. Carnivores of the Khapry faunal assemblage and their stratigraphic implications. Stratigraphy and Geological Correlation, 10: 375-390.

Sotnikova M V, Rook L. 2010. Dispersal of the Canini（Mammalia, Canidae: Caninae）across Eurasia during the Late Miocene to Early Pleistocene. Quaternary International, 212: 86-97.

Spicer R A. 2017. Tibet, the himalaya, asian monsoons and biodiversity-in what ways are they related. Plant Diversity, 39: 233-244.

Spicer R A, Harris N B W, Widdowson M, et al. 2003. Constant elevation of southern Tibet over the past 15 million years. Nature, 421: 622-624.

Stefen C, Rensberger J M. 2002. The specialized enamel structure of hyaenids（Mammalia, Hyaenidae）: description and development within the lineage-including percrocutids. Zoologische Abhandlungen, 52: 127-147.

Steindachner F. 1866. Ichthyologische Mittheilungen (IX). Verhandlungen der K.-K. Zoologisch-Botanischen Gesellschaft in Wien, 16: 761-796, pls 13-18.

Steininger F F. 1999. Chronostratigraphy, geochronology and biochronology of the Miocene "European Land Mammal Mega-Zones"（ELMMZ）and the Miocene "Mammal-Zones（MN-Zones）". In: Rössner G E, Heissig K. The Miocene Land Mammals of Europe. München: Verlag Dr. Friedrich Pfeil.

Steininger F, Berggren W A, Kent D V, et al. 1996. Circum-Mediterranean Neogene（Miocene and Pliocene）marinecontinental chronologic correlations of European mammal units. In: Bernor R L, Fahlbusch V, Mittmann H W. The evolution of western Eurasian Neogene mammal faunas. New York: Columbia University Press.

Stirton R A, Christian W G. 1940. A member of the Hyaenidae from the Upper Pliocene of Texas. Journal of Mammalogy, 21: 445-448.

Stockey R A, Hoffman G L, Rothwell G W. 1997. The fossil monocot Limnobiophyllum scutatum: Resolving the phylogeny of Lemnaceae. American Journal of Botany, 84: 355-368.

Stockey R A, Rothwell G W, Johnson K R. 2007. Cobbania corrugata gen. et comb. nov. (Araceae): a floating aquatic monocot from the upper Cretaceous of western north America. American Journal of Botany, 94: 609-624.

Stockey R A, Rothwell G W, Johnson K R. 2016. Evaluating relationships among floating aquatic monocots: A new species of Cobbania (Araceae) from the upper Maastrichtian of South Dakota. International Journal of Plant Sciences, 177: 706-725.

Stonedahl G M, Lattin J D. 1982. The Gerridae or water striders of Oregon and Washington（Hemiptera: Heteroptera）, Technical Bulletin 144. Corvallis: Oregon State University.

Su D. 2011. A new cyprinid fish from Paleogene of northern Xinjiang, China. Vertebrata PalAsiatica, 49: 141-154.

Su T, Farnsworth A, Spicer A, et al. 2019. No high Tibetan Plateau until the Neogene. Sci. Adv., 5: eaav2189.

Su T, Jacques F M, Liu Y S C, et al. 2011. A new drynaria（polypodiaceae）from the upper pliocene of southwest china. Review of Palaeobotany and Palynology, 164: 132-142.

Su T, Jacques F M, Spicer R A, et al. 2013a. Post-Pliocene establishment of the present monsoonal climate in sw china: Evidence from the late pliocene longmen megaflora. Climate of the Past, 9: 1911.

Su T, Liu Y S, Jacques F M B, et al. 2013b. The intensification of the East Asian winter monsoon contributed to the disappearance of *Cedrus*（Pinaceae）in southwestern China. Quaternary Research, 80: 316-325.

Su T, Spicer R A, Li S H, et al. 2019. Uplift, climate and biotic changes at the Eocene-Oligocene transition in south-eastern Tibet. National Science Review, 6(3): 495-504.

Su T, Xing Y W, Liu Y S, et al. 2010. Leaf margin analysis: A new equation from humid to mesic forests in China. Palaios, 25: 234-238.

Sun B, Wang Y F, Li C S, et al. 2015. Early Miocene elevation in northern Tibet estimated by palaeobotanical evidence. Sci. Rep., 5: 10379.

Sun J M, Xu Q H, Liu W M, et al. 2014. Palynological evidence for the latest Oligocene-early Miocene paleoelevation estimate in the Lunpola Basin, central Tibet. Palaeogeography, Palaeoclimatology, Palaeoecology, 399: 21-30.

Sun X J, Wang P X. 2005. How old is the Asian monsoon system? Palaeobotanical records from China. Palaeogeography, Palaeoclimatology, Palaeoecology, 222: 181-222.

Swofford D L. 2003. PAUP*: Phylogenetic Analysis Using Parsimony（*and other methods）. Version 4.0b10. Sunderland: Sinauer.

Sychevskaya E K. 1986. Proceedings of the Joint Soviet-Mongolian Paleontological Expedition 29: Freshwater Paleogene ichthyofauna of the USSR and Mongolia. Moscow: Nauka Publishing House.

Szuma E. 2008a. Evolutionary and climatic factors affecting tooth size in the red fox *Vulpes vulpes* in the Holarctic. Acta Theriol., 53: 289-332.

Szuma E. 2008b. Geographic variation of tooth and skull sizes in the arctic fox *Vulpes*（*Alopex*）*lagopus*. Ann. Zool. Fennici, 45: 185-199.

Taiz L E, Zeiger E. 2010. Plant Physiology. Sunderland: Sinauer Associates.

Talwar P K, Jhingran A G. 1991. Inland fishes of India and adjacent countries, volume 1. New Delhi: Oxford and IBH Publishing House.

Tanai T. 1995. Fagaceae leaves from the Paleocene of Hokkoiado, Japan. Bulletin of the National Science Museum. Series C, Geology and paleontology, 21: 71-101.

Tang Q, Liu H, Mayden R, et al. 2006. Comparison of evolutionary rates in the mitochondrial DNA cytochrome b gene and control region and their implications for phylogeny of the Cobitoidea (Teleostei: Cypriniformes). Mol Phylogenet Evol, 39: 347-357.

Tanner J B, Zelditch M, Lundrigran B L, et al. 2010. Ontogenetic change in skull morphology and mechanical advantage in the spotted hyena（*Crocuta crocuta*）. Journal of Morphology, 271: 353-365.

Tao J R. 1988. Plant fossils from Liuqu formation in lhaze county, xizang and their palaeoclimatological significances. Academia Sinica Geological Institute Memoir, 3: 223-238.

Tapponnier P, Zhi Qin X, Roger F, et al. 2001. Oblique stepwise rise and growth of the Tibet plateau. Science, 294: 1671-1677.

Taylor T N, Taylor E L, Krings M. 2008. Paleobotany: The Biology and Evolution of Fossil Plants (second edition). New York: Academic Press.

Tedford R H, Qiu Z, Flynn L J. 2013. Late Cenozoic Yushe Basin, Shanxi Province, China: Geology and Fossil Mammals. New York: Springer.

Tedford R H, Wang X, Taylor B E. 2009. Phylogenetic systematics of the North American fossil Caninae (Carnivora: Canidae). Bulletin of the American Museum of Natural History, 325: 1-218.

Teilhard de Chardin P. 1926. Déscription de mammifères Tertiaires de Chine et de Mongolie. Annales de Paléontologie, 15: 1-52.

Teilhard de Chardin P. 1936. Fossil mammals from Locality 9 of Choukoutien. Palaeontol. Sinica S. C, 7: 1.

Teilhard de Chardin P. 1938. The fossils from locality 12 near Peking. Palaeontologia Sinica (New Series C), 6: 1-50.

Teilhard de Chardin P. 1940. The fossils from locality 18 near Peking. Palaeontologia Sinica (New Series C), 9: 1-101.

Teilhard de Chardin P. 1942. New rodents of the Pliocene and lower Pleistocene of North China. Institute of Geo-Biology in Peking, 9: 1-101.

Teilhard de Chardin P, Piveteau J. 1930. Les mammifères fossiles de Nihowan (Chine). Annales de Paléontologie, 19: 1-134.

Teilhard de Chardin P, Trassaert M. 1938. Cavicornia of south-eastern Shansi. Palaeontologia Sinica, New Series C, 6: 1-106.

Teilhard de Chardin P, Young C C. 1929. Preliminary report on the Chouk'outien fossiliferous deposits. Bull Geol Soc China, 8(2): 173-202.

Teilhard de Chardin P, Young C C. 1931. Fossil mammals from the late Cenozoic of northern China. Palaeontologia Sinica Series C, 9: 1-67.

Thenius E. 1954. Die Caniden (Mammalia) aus dem Altquartär von Hundsheim (Niederösterreich) nebst Bemerkungen zur Stammesgeschichte der Gattung Cuon. Neues Jahrbuch für Geologie und Paläontologie Abhandlungen, 99(2): 230-286.

Thenius E. 1964. Über das Vorkommen von Streifenhyänen (Carnivora, Mammalia) im Pleistozän Niederösterreichs [On the occurrence of striped hyenas (Carnivora, Mammalia) in the Lower Pleistocene of Austria]. Ann Naturhist Mus Wien, 68: 263-268.

Thew N, Chaix L, Guérin C. 2000. Cahier d'Archéologie Jurassienne, Porrentruy, Switzerland, 93-98.

Thewissen J G M, Madar S I, Ganz E, et al. 1997. Fossil yak (Bos grunniens: Artiodactyla, Mammalia) from the Himalayas of Pakistan. Kirtlandia, 50: 11.

Thomason J J. 1986. The functional morphology of the manus in tridactyl equids Merychippus and Mesohippus: Paleontological inferences from neontological models. J Vert Paleont, 6: 143-161.

Thomé T O. 1885. Flora von Deutschland, Osterreich und der Schweiz.

Thuiller W, Albert C, Araújo M B, et al. 2008. Predicting global change impacts on plant species' distributions: Future challenges. Perspectives in Plant Ecology, Evolution and Systematics, 9: 137-152.

Tiffney B H, Manchester S R. 2001. The use of geological and paleontological evidence in evaluating plant phylogeographic hypotheses in the Northern Hemisphere Tertiary. International Journal of Plant Sciences, 162: S3-S17.

Tim M B. 2007. Freshwater Fish Distribution . Chicago: The University of Chicago Press.

Tougard C, Delefosse T, Hänni C, et al. 2001. Phylogenetic relationships of the five extant Rhinoceros species (Rhinocerotidae, Perissodactyla) based on mitochondrial cytochrome b and 12S rRNA genes. Mol. Phyl. Evol., 19(1): 34.

Tranquillni W. 1979. Physiological Ecology of the Alpine Timberline. Berlin: Springer.

Traverse A. 2007. Paleopalynology (second edition). The Netherlands: Springer.

Tsao W S, Wu H W. 1962. An investigation of the fish biology and fishery problems in Ganze-Apa region of western Szechwan Province (in Chinese with English abstract). Acta Hydrobiol Sin, 2: 80-110.

Tseng Z J, Antón M, Salesa M J. 2011. The evolution of the bonecracking model in carnivorans: Cranial functional morphology of the Plio-Pleistocene cursorial hyaenid Chasmaporthetes lunensis (Mammalia: Carnivora). Paleobiology, 37: 140-156.

Tseng Z J, Li Q, Wang X. 2013. A new cursorial hyena from Tibet, and analysis of biostratigraphy, paleozoogeography, and dental morphology of Chasmaporthetes (Mammalia, Carnivora). Journal of Vertebrate Paleontology, 33: 1457-1471.

Tseng Z J, Wang X. 2011. Do convergent ecomorphs evolve through convergent morphological pathways? Cranial shape evolution in fossil hyaenids and borophagine canids (Carnivora, Mammalia). Paleobiology, 37: 470-489.

Tseng Z J, Wang X, Li Q, et al. 2016. Pliocene bone-cracking Hyaeninae (Carnivora, Mammalia) from the Zanda Basin, Tibet Autonomous Region, China. Historical Biology, 28: 69-77.

Tseng Z J, Wang X, Slater G J, et al. 2014. Himalayan fossils of the oldest known pantherine establish ancient origin of big cats. Proceedings of the Royal Society B: Biological Sciences, 281: 2013-2686.

Turner A, Antón M. 1997. The Big Cats and Their Fossil Relatives. New York: Columbia University Press.

Turner A, Antón M, Werdelin L. 2008. Taxonomy and evolutionary patterns in the fossil Hyaenidae of Europe. Geobios, 41: 677-687.

Uphyrkina O, Johnson W E, Quigley H, et al. 2001. Phylogenetics, genome diversity and origin of modern leopard, Panthera pardus. Mol. Ecol., 10: 2617-2633.

Vaillant L L. 1904. Quelques reptiles, batraciens et poissons du Haut-Tonkin. Bull Mus Natl Hist Natr (Ser 1), 10: 297-301.

van Couvering J A. 2004. The Pleistocene Boundary and the beginning of the quaternary. Cambridge: Cambridge University Press.

van Couvering J A, Castradori D, Cita M B, et al. 2000. The base of the Zanclean Stage and of the Pliocene Series. Episodes, 23(3): 179-187.

van Valkenburgh B, Wang X, Damuth J. 2004. Cope's rule, hypercarnivory, and extinction in North American canids. Science, 306: 101-104.

Vangengeim E A, Beljaeva E I, Garutt V Y, et al. 1966. Eopleistocene mammals of Western Transbaikalia. Trudy Geol. Inst. Akad. Nauk SSSR, 152: 92.

Vasnetsov V V. 1939. Evolution of the pharyngeal teeth in Cyprinidae. Memory of A N Severtzoff (in Russian). Mem Acad Sci USSR, 1: 441-491.

Vaughan D, Baker R G. 1994. Influence of nutrients on the development of gibbosity in fronds of the duckweed Lemna gibba L. Journal of Experimental Botany, 45: 129-133.

Verestchagin N K. 1954. The Baikalian yak (*Phoephagus baikalensis* n. ver. sp. nova, Mammalia) in Pleistocene fauna of eastern Siberia. Dokl. Akad. Nauk SSSR, 99: 455.

Vinuesa V, Madurell-Malapeira J, Ansón M, et al. 2014. New cranial remains of *Pliocrocuta perrieri* (Carnivora, Hyaenidae) from the Villafranchian of the Iberian Peninsula. Bollettino della Societa Paleontologica Italiana, 53: 39-47.

Vislobokova I. 2005. On Pliocene faunas with Proboscideans in the territory of the former Soviet Union. Quaternary International, 126-128: 93-105.

Vislobokova I A, Dmitrieva E, Kalmykov N. 1995. Artiodactyls from the Late Pliocene of Udunga, Western Trans-Baikal, Russia. Journal of Vertebrate Paleontology, 15: 146-159.

Vrba E S. 1975. Some evidence of chronology and palaeoecology of Sterkfontein, Swartkrans and Kromdraai from the fossil Bovidae. Nature, 254: 301-304.

Walter R C, Manega P C, Hay R L, et al. 1991. Laser-fusion 40Ar/39Ar dating of Bed I, Olduvai Gorge, Tanzania. Nature, 354: 145-149.

Wang B. 1987. Phytocoenology. Higher Edu. Press.

Wang B, Zhou J, Wen T, et al. 2009. Timing of terrestrial strata in Tibetan Nyima Basin and its significance. Natural Gas Technology, 3: 21-24.

Wang C S, Zhao X X, Liu Z F, et al. 2008a. Constraints on the early uplift history of the tibetan plateau. Proceedings of the National Academy of Sciences, 105: 4987-4992.

Wang L C, Wang C S, Li Y L, et al. 2011. Organic geochemistry of potential source rocks in the Tertiary Dingqinghu Formation, Nima Basin, central Tibet. Journal of Petroleum Geology, 34: 67-85.

Wang N, Chang M M. 2010. Pliocene cyprinids (Cypriniformes, Teleostei) from Kunlun Pass Basin, northeastern Tibetan Plateau and their bearings on development of water system and uplift of the area. Science China Earth Sciences, 53: 485-500.

Wang N, Chang M. 2012. Discovery of fossil Nemacheilids (Cypriniformes, Teleostei, Pisces) from the Tibetan Plateau, China. Sci China Earth Sci, 55: 714-727.

Wang N, Wu F X. 2015. New Oligocene cyprinid in the central Tibetan Plateau documents the pre-uplift tropical lowlands. Ichthyological Research, 62: 274-285.

Wang P X, Zhao Q H, Jian Z M, et al. 2003. Thirty million year deep-sea records in the South China Sea. Chinese Science Bulletin, 48: 2524-2535

Wang Q. 2012a. Fruits of Hemitrapa (Trapaceae) from the Miocene of eastern China, their correlation with *Sporotrapoidites* erdtmanii pollen and paleobiogeographic implications. Journal of Paleontology, 86: 156-

372

166.

Wang Q, Manchester S R, Gregor H, et al. 2013a. Fruits of *Koelreuteria* (Sapindaceae) from the Cenozoic throughout the Northern Hemisphere: Their ecological, evolutionary, and biogeographic implication. American Journal of Botany, 100: 422-449.

Wang S, Blisniuk P, Kempf O, et al. 2008b. The basin-range system along the south segment of the Karakorum Fault zone, Tibet. International Geology Review, 50: 121-134.

Wang S, Zhang W, Fang X, et al. 2008c. Magnetostratigraphy of the Zanda basin in southwest Tibet Plateau and its tectonic implications. Chinese Science Bulletin, 53: 1393-1400.

Wang X, Zhang L, Fang J Y. 2004. Geographical differences in alpine timberline and its climatic interpretation in China. Acta Geogr. Sin., 59: 871-879.

Wang X M. 1994. Phylogenetic systematics of the Hesperocyoninae (Carnivora: Canidae). Bull. Am. Mus. Nat. Hist., 221: 1-207.

Wang X M. 2004. New materials of *Tungurictis* (Hyaenidae, Carnivora) from Tunggur Formation, Nei Mongol. Vertebrata Palasiatica, 42: 144-153.

Wang X M, Hoffmann R S. 1987. *Pseudois nayaur* and *Pseudois schaeferi*. Mammalian Species, 278: 1-6.

Wang X M, Li Q, Qiu Z D, et al. 2013b. Neogene mammalian biostratigraphy and geochronology of the Tibetan Plateau. In: Wang X, Flynn L J, Fortelius M. Fossil Mammals of Asia: Neogene Biostratigraphy and Chronology. New York: Columbia University Press.

Wang X M, Li Q, Takeuchi G T. 2016. Out of Tibet: an early sheep from the Pliocene of Tibet, *Protovis himalayensis*, genus and species nov. (Bovidae, Caprini), and origin of Ice Age mountain sheep. Journal of Vertebrate Paleontology, 2016 (5): e1169190.

Wang X M, Li Q, Xie G. 2015a. Earliest record of *Sinicuon* in Zanda Basin, southern Tibet and implications for hypercarnivores in cold environments. Quaternary International, 355: 3-10.

Wang X M, Li Q, Xie G, et al. 2013c. Mio-Pleistocene Zanda Basin biostratigraphy and geochronology, pre-Ice Age fauna, and mammalian evolution in western Himalaya. Palaeogeography, Palaeoclimatology, Palaeoecology, 374: 81-95.

Wang X M, Qiu Z, Li Q, et al. 2006a. A new vertebrate fauna in late Pliocene of Kunlun Mountain Pass, northern Tibetan Plateau and its paleoenvironmental implications. J. Vertebr. Paleontol., 26: 136A.

Wang X M, Qiu Z D, Li Q, et al. 2007. Vertebrate paleontology, biostratigraphy, geochronology, and paleoenvironment of Qaidam Basin in northern Tibetan Plateau. Palaeogeogr, Palaeoclimatol, Palaeoecol, 254: 363-385.

Wang X M, Tedford R H, Taylor B E. 1999. Phylogenetic systematics of the Borophaginae (Carnivora: Canidae). Bull. Am. Mus. Nat. Hist., 243: 1-391.

Wang X M, Tseng Z J, Li Q, et al. 2014. From 'third pole' to north pole: A Himalayan origin for the arctic fox. Proceedings of the Royal Society B: Biological Sciences, 281 (1787): 20140893.

Wang X, Tseng Z J, Slater G J, et al. 2013d. Mid-Pliocene carnivorans from western Tibet and the earliest record of pantherine felids. Journal of Vertebrate Paleontology Online Supplement, 234.

Wang X M, Wang Y, Li Q, et al. 2015b. Cenozoic vertebrate evolution and paleoenvironment in Tibetan Plateau: Progress and prospects. Gondwana Research, 27: 1335-1354.

Wang X M. 1984. Late Pleistocene bighorn sheep (*Ovis canadensis*) of Natural Trap Cave, Wyoming. Lawrence: Master's thesis, University of Kansas.

Wang X M. 1988. Systematics and population ecology of Late Pleistocene bighorn sheep (*Ovis canadensis*) of Natural Trap Cave, Wyoming. Transactions of Nebraska Academy of Science, 16: 173-183.

Wang X Z, Li J B, He S P. 2007. Molecular evidence for the monophyly of East Asian groups of Cyprinidae (Teleostei: Cypriniformes) derived from the nuclear recombination activating gene 2 sequences. Molecular Phylogenetic Evolution, 42: 157-170.

Wang Y. 2012b. Regional Geological Survey of the People's Republic of China (Angdar Co) (in Chinese). Wuhan: China university of geosciences press.

Wang Y, Deng T, Biasatti D. 2006b. Ancient diets indicate significant uplift of southern Tibet after ca. 7 Ma. Geology, 34: 309-312.

Wang Y , Kromhout E , Zhang C , et al. 2008d. Stable isotopic variations in modern herbivore tooth enamel, plants and water on the Tibetan Plateau: Implications for paleoclimate and paleoelevation reconstructions. Palaeogeography, Palaeoclimatology, Palaeoecology, 260: 359.

Wang Y, Li G, Zhang W, et al. 2007b. Leaf epidermal features of *Rhododendron* (Ericaceae) from China and their systematic significance. Acta Phytotaxonomica Sinica, 45: 1-20.

Wang Y, Wang X M, Xu Y F, et al. 2008e. Stable isotopes in fossil mammals, fish and shells from Kunlun Pass Basin, Tibetan Plateau: Paleoclimatic and paleo-elevation implications. Earth and Planetary Science Letters, 270: 73-85.

Wang Y, Xu Y, Khawaja S, et al. 2013d. Diet and environment of a mid-Pliocene fauna from southwestern Himalaya: Paleo-elevation implications. Earth and Planetary Science Letters, 376: 43-53.

Wang Z, Chen C. 1996. A preliminary study on the pollination biology of Trapa L. Journal of Zhejiang University (Science Edition), 23: 275-279.

Weissengruber G, Forstenpointner G, Peters G, et al. 2002. Hyoid apparatus and pharynx in the lion (*Panthera leo*), jaguar (*Panthera onca*), tiger (*Panthera tigris*), cheetah (*Acinonyx jubatus*) and domestic cat (*Felis silvestris* f. *catus*). Journal of Anatomy, 201 (3): 195-209.

Werdelin L. 1988a. Studies of fossil hyaenas: the genera *Thalassictis* Gervais ex Nordmann, *Palhyaena* Gervais, *Hyaenictitherium* Kretzoi, *Lycyaena* Hensel and *Palinhyaena* Qiu, Huang & Guo. Zoological Journal of Linnean Society, 92: 211-265.

Werdelin L. 1988b. Studies of fossil hyaenids: The genera *Ictitherium* Roth & Wagner and *Sinictitherium kretzoi* and a new species of *Ictitherium*. Zoological Journal of Linnean Society, 93 (2): 93-105.

Werdelin L. 1999. Studies of fossil hyaenas: affinities of *Lycyaenops rhomboideae* Kretzoi from Pestlorinc, Hungary. Zoological Journal of Linnean Society, 126: 307-317.

Werdelin L. 2003. Carnivora from the Kanapoi Hominid site, Turkana Basin, Northern Kenya. Contribution of Science, 498: 115-132.

Werdelin L. 2010. Chronology of Neogenemammal localities. In: Werdelin L, Sanders W J. Cenozoic Mammals of Africa. Berkeley: University of California Press.

Werdelin L, Manthi F K. 2012. Carnivora from the Kanapoi hominin site, northern Kenya. Journal of African Earth Sciences, 64: 1-8.

Werdelin L, Peigne S. 2010. Carnivora. In: Werdelin L, Sanders W J. Cenozoic mammals of Africa. Berkeley: University of California Press.

Werdelin L, Solounias N. 1990. Studies of fossil hyaenids: the genus *Adcrocuta* Kretzoi and the interrelationships of some hyaenid taxa. Zoological Journal of Linnean Society, 98 (4): 363-386.

Werdelin L, Solounias N. 1991. The Hyaenidae: taxonomy, systematics and evolution. Fossils and Strata, 30: 1-104.

Werdelin L, Solounias N. 1996. The evolutionary history of hyenas in Europe and western Asia during the Miocene. In: Bernor R L, Fahlbusch V, Rietschel S. Later Neogene European biotic evolution and stratigraphic correlation. New York: Columbia University Press.

Werdelin L, Turner A, Solounias N. 1994. Studies of fossil hyaenids: The genera Hyaenictis Gaudry and *Chasmaporthetes* Hay, with a reconstruction of the Hyaenidae of Langebaanweg, South Africa. Zoological Journal of the Linnean Society, 111: 197-217.

Werdelin L, Yamaguchi N, Johnson W E, et al. 2010. Phylogeny and evolution of cats (Felidae). In: Macdonald D W, Loveridge A J. Biology and conservation of wild felids. Oxford: Oxford University Press.

Widga C, Fulton T L, Martin L D, et al. 2012. *Homotherium serum* and *Cervalces* from the Great Lakes Region, USA: Geochronology, morphology and ancient DNA. Boreas, 41: 546-556.

Wilde V, Manchester S R. 2003. Cedrelospermum-fruits (Ulmaceae) and related leaves from the Middle Eocene of Messel (Hesse, Germany). Courier-Forschungsinstitut Senckenberg, 214: 147-154.

Willerslev E, Gilbert M T P, Binladen J, et al. 2009. Analysis of complete mitochondrial genomes from extinct and extant rhinoceroses reveals lack of phylogenetic resolution. BMC Evol. Biol., 9: 95.

Wilson D E, Reeder D M. 2005. Mammal Species of the World. 3rd edition. Baltimore: Johns Hopkins University Press.

Wolfe J. 1979. Temperature parameters of humid to mesic forests of eastern Asia and relation to forests of other regions of the Northern Hemisphere and Australasia. U.S. Geol. Surv. Prof. Pap., 1106: 1-37.

Wolfe J. 1993. A method of obtaining climatic parameters from leaf assemblages. US Geol. Surv. Bull., 2040: 1-71.

Wong S Y. 2013. Rheophytism in Bornean Schismatoglottideae (Araceae). Systematic Botany, 38: 32-45.

Woodburne M O. 2004. Late Cretaceous and Cenozoic Mammals of North America: Biostratigraphy and Geochronology. New York: Columbia University Press.

Wu F L, Miao Y F, Meng Q Q, et al. 2019a. Late Oligocene Tibetan Plateau warming and humidity: Evidence from a sporopollen record. Geochem, Geophys, Geosyst, 20: 434-441.

Wu F X, He D K, Fang G Y, et al. 2019b. Into Africa via docked India: A fossil climbing perch from the

Oligocene of Tibet helps solve the anabantid biogeographical puzzle. Sci. Bull., 64: 455-463.

Wu F X, Miao D S, Chang M M, et al. 2017. Fossil climbing perch and associated plant megafossils indicate a warm and wet central Tibet during the late Oligocene. Scientific Reports, 7（1）: 878.

Wu W. 1991. The Neogene mammalian faunas of Ertemte and Harr Obo in Inner Mongolia（Nei Mongol）, China. - 9. Hamsters: Cricetinae（Rodentia）. Senckenbergiana Lethaea, 71: 275-305.

Wu Y Q, Cui Z J, Liu G N, et al. 2001. Quaternary geomorphological evolution of the Kunlun Pass area and uplift of the Qinghai-Xizang (Tibet) Plateau. Geomorphology, 36: 203-216.

Xia K, Su T, Liu Y S, et al. 2009. Quantitative climate reconstructions of the late Miocene Xiaolongtan megaflora from Yunnan, Southwest China. Palaeogeography, Palaeoclimatology, Palaeoecology, 276: 80-86.

Xia N, Turland N J, Gadek P A. 2007. Flora of China Vol.12. In: Wu Z, Raven P H, Hong D. Flora of China. Beijing: Science Press and St. Louis: Missouri Botanical Garden Press.

Xia Q B, Lowry II P P. 2007. Flora of China Vol.13. In: Wu Z, Raven P H, Hong D. Flora of China. Beijing: Science Press and St. Louis: Missouri Botanical Garden Press.

Xie S, Li B, Zhang S, et al. 2016. First megafossil record of neolepisorus. Paläontologische Zeitschrift, 90: 413-423.

Xing Y, Utescher T, Jacques F M, et al. 2012. Paleoclimatic estimation reveals a weak winter monsoon in southwestern china during the late Miocene: evidence from plant macrofossils. Palaeogeography, Palaeoclimatology, Palaeoecology, 358: 19-26.

Xu C, Huang J, Su T, et al. 2017. The first megafossil record of *Goniophlebium*（Polypodiaceae）from the middle Miocene of asia and its paleoecological implications. Palaeoworld, 26: 543-552.

Xu C, Su T, Huang J, et al. 2018. Occurrence of *Christella*（Thelypteridaceae）in Southwest China and its indications of the paleoenvironment of the Qinghai-Tibetan Plateau and adjacent areas. Journal of Systematics and Evolution, 57（2）: 169-179.

Xu H, Su T, Zhang S, et al. 2016. The first fossil record of ring-cupped oak（quercus l. Subgenus cyclobalanopsis（oersted）schneider）in tibet and its paleoenvironmental implications. Palaeogeography, Palaeoclimatology, Palaeoecology, 442: 61-71.

Yan D, Heissig K. 1986. Revision and autopodial morphology of the Chinese-European rhinocerotid genus *Plesiaceratherium* Young, 1937. Zitteliana, 14: 81-109.

Yan Y, Carter A, Huang C, et al. 2012. Constraints on Cenozoic regional drainage evolution of SW China from the provenance of the Jianchuan Basin. Geochemistry, Geophysics, Geosytems, 13（3）: doi: 10.1029/2011GC003803.

Yang Z. 2007. PAML 4. Phylogenetic Analysis by Maximum Likelihood. Molecular Biology and Evolution, 24（8）: 1586-1591.

Yin A, Dubey C S, Kelty T K, et al. 2006. Structural evolution of the arunachal Himalaya and implications for asymmetric development of the himalayan orogen. Current Science, 90: 195-206.

Young C. 1930. Mammalian remains from Chi-ku-shan, near Choukoutien. Palaeontologia Sinica, Series C,

7 (1): 1-19.

Young C. 1932. On the Artiodactyla from the Sinathropus site at Choukoutien. Palaeontologia Sinica, Series C, 8: 1-158.

Young C. 1937. On a Miocene mammalian fauna from Shantung. Bulletin of the Geological Society of China, 17: 209-238.

Youngman P. 1993. The Pleistocene small carnivores of eastern Beringia. Canadian Field Naturalist, 107: 139-163.

Yu Y, Harris A J, He X. 2010. S-DIVA (Statistical Dispersal-Vicariance Analysis): A tool for inferring biogeographic histories. Molecular Phylogenetics and Evolution, 56 (2): 848-850.

Yue L, Deng T, Zhang R, et al. 2004. Paleomagnetic chronology and record of Himalayan movements in the Longgugou section of Gyirong-Oma Basin in Xizang (Tibet). Chinese Journal of Geophysics, 47 (6): 1135-1142.

Zachos J, Pagani M, Sloan L, et al. 2001. Trends, rhythms, and aberrations in global climate 65 Ma to Present. Science, 292: 686-693.

Zachos J C, Dickens G R, Zeebe R E. 2008. An early Cenozoic perspective on greenhouse warming and carbon-cycle dynamics. Nature, 451: 279-283.

Zanazzi A, Kohn M J, MacFadden B J. 2007. Large temperature drop across the Eocene-Oligocene transition in central North America. Nature, 445: 639.

Zardoya R, Doadrio I. 1999. Molecular evidence on the evolutionary and biogeographical patterns of European cyprinids. Journal of Molecular Evolution, 49: 227-237.

Zdansky O. 1924. Jungtertiäre carnivoren Chinas. Palaeontologia Sinica, Series C, 2: 1-149.

Zdansky O. 1928. Die Säugetiere der Quartärfauna von Chou-K'ou-Tien. Palaeontologia Sinica, Series C, 5: 1-146.

Zdansky O. 1935. Equus und Andere Perissodactyla. Palaeontologia Sinica, Series C, 6 (5): 1-54.

Zelditch M L, Swiderski D L, Sheets H D, et al. 2004. Geometric Morphometrics for Biologists. San Diego: Elsevier Academic Press.

Zeuner F E. 1934. Die Beziehungen zwischen Schädelform und Lebenweise bei den rezenten und fossilen Nashörnern. Ber. Naturf. Ges. Freiburg., 34: 21.

Zhang H, He H, Wang J, et al. 2005. 40Ar/39Ar chronology and geochemistry of high-K volcanic rocks in the Mangkang basin, Tibet. Science in China Series D: Earth Sciences, 48 (1): 1-12.

Zhang K, Wang G, Ji J, et al. 2010. Paleogene-Neogene stratigraphic realm and sedimentary sequence of the Qinghai-Tibet Plateau and their response to uplift of the plateau. Science in China Series D: Earth Sciences, 53: 1271-1294.

Zhang P, Molnar P, Downs W R. 2001. Increased sedimentation rates and grain sizes 2-4 Myr ago due to the influence of climate change on erosion rates. Nature, 410: 891-897.

Zhang Y, Ferguson D, Ablaev A G. 2007. *Equisetum* cf. *pratense* (Equisetaceae) from the Miocene of Yunnan in Southwestern China and its paleoecological implications. International Journal of Plant Sciences, 168:

351-359.

Zhang Z, Zhang H, Endress P. 2003. In: Wu Z, Raven P H, Hong D. Flora of China Vol. 9. Beijing: Science Press and St. Louis: Missouri Botanical Garden Press.

Zhao K, Duan Z Y, Peng Z G, et al. 2009. The youngest split in sympatric schizothoracine fish (Cyprinidae) is shaped by ecological adaptations in a Tibetan Plateau glacier lake. Molecular Ecology, 18: 3616-3628.

Zhao W, Morgan W J. 1985. Uplift of tibetan plateau. Tectonics, 4: 359-369.

Zhegallo V I. 1971. *Hipparions* from the Neogene deposits of western Mongolia and Tuva. Sovmestana Sovetsko-Mongolskaia Nauchno-Issledovatelskaia Geologicheskaia Ekspeditsiia Trudy, 3: 98-119（in Russian）.

Zheng S H. 1994. Classification and evolution of the Siphneidae. In: Tomida Y, Li C, Setoguchi T. Rodent and Lagomorph Families of Asian Origins and Diversification. Tokyo: National Science Museum.

Zhou J. 1990. The Cyprinidae fossil from middle Miocene of Shanwang Basin. Vertebrata PalAsiatica, 28: 95-127.

Zhou Y, Xiang M. 1982. Preliminary study of amino acid racemization of fossil Lamprotula et Tingcun archaeological site of Shaxi Province. Moscow: INQUA, 2: 394.

Zhou Z, Barrett P M, Hilton J. 2003. An exceptionally preserved Lower Cretaceous ecosystem. Nature, 421: 807-814.

Zhou Z, Su T, Huang Y. 2018. Neogene paleoenvironmental changes and their role in plant diversity in yunnan, south－western china. In: Hoorn C, Perrigo A, Antonelli A. Mountains, climate and biodiversity. Hoboken: Wiley Blackwell.

Zhu D, Zhao Z, Niu Y, et al. 2013. The origin and pre-Cenozoic evolution of the Tibetan Plateau. Gondwana Research, 23: 1429-1454.

Zrzavý J, Řičánková V. 2004. Phylogeny of recent Canidae（Mammalia, Carnivora）: Relative reliability and utility of morphological and molecular datasets. Zoologica Scripta, 33: 311-333.